新曲綫
New Curves

用心雕刻每一本......

http://site.douban.com/110283/
http://weibo.com/nccpub

用心字里行间　雕刻名著经典

转　变

——女性、性别与心理学

第 3 版

〔美〕玛丽·克劳福德　著

徐华女　译

人民邮电出版社

北　京

图书在版编目（CIP）数据

转变：女性、性别与心理学：第 3 版 /（美）玛丽·
克劳福德 著；徐华女译 . -- 北京：人民邮电出版社，
2025. -- ISBN 978-7-115-66447-1

Ⅰ . B844.5

中国国家版本馆 CIP 数据核字第 202560UM69 号

Mary Crawford

Transformations: Women, Gender, and Psychology, 3th Edition

ISBN 978-0-078-02698-0

Copyright © 2018 by McGraw-Hill Education

转变：女性、性别与心理学（第 3 版）

- ◆ 著　　　［美］玛丽·克劳福德
  译　　　徐华女
  策　划　刘　力　陆　瑜
  特约编审　谢呈秋
  责任编辑　刘丽丽
  装帧设计　陶建胜

- ◆ 人民邮电出版社出版发行　北京市丰台区成寿寺路 11 号
  邮编　100164　电子邮件　315@ptpress.com.cn
  网址　http://www.ptpress.com.cn
  电话（编辑部）010-84931398　（市场部）010-84937152
  三河市少明印务有限公司印刷

- ◆ 开本：710×1000　1/16
  印张：35.75　　　　　　2025 年 3 月第 1 版
  字数：596 千字　　　　 2025 年 3 月河北第 1 次印刷
  著作权合同登记号　图字：01-2018-6936 号

定价：158.00 元

本书如有印装质量问题，请与本社联系　电话：010-84937152

内容提要

《转变》一书聚焦女性与性别心理学的多维度探讨，构建了一个既全面又引人入胜的知识体系。它关注文化多元、多样性和交叉性，运用实证社会科学、扎根于女性生活经历的诠释性分析，揭示了性别制度在社会文化层面、人际层面和个体层面的运作及其相互关联，不仅挖掘了性别不平等的根源，也提供了批判性思考的工具，帮助读者理解性别如何全面影响公共与私人领域的生活。

正如《转变》这一书名所示，书中探索了许多类型的转变。首先是女性在不同生命阶段所经历的身份、角色及行为变化。每一个在出生时被贴上女性标签的人，都会依次从对性别无知的婴儿成长为性别社会化的儿童，从女孩成长为成年女性，从年轻女性成长为年长女性，从性不成熟到性成熟和性能动的转变，以及一个年轻人从求学的学生到工作的成年人再到退休的老年人的身份转变。"母职"是另一个在自我、角色和行为上的深刻转变。做一名女性不是一个静止的状态，而是一种动态的、不断变化的社会建构。

书中不仅探讨了女性生活的发展性转变，还深入心理学内部的变革，指出传统心理学曾忽视女性议题并持有负面偏见，而今女性与性别心理学已成为该领域的活跃分支。通过最新研究与理论，展示了女性主义心理学如何重塑心理学的研究、实践与理论框架。

《转变》是一部兼具科学性与可读性的学术著作，不仅为读者构建了女性与性别心理学的全面知识框架，更激发了对性别议题的深入思考与行动意愿，旨在促进对性别制度影响的理解，推动社会变革，为女性争取更加平等和谐的未来。

谨以此书

纪念我的女儿

玛丽·埃伦·德鲁默

一位女性主义者的声音过早地沉寂了

作者简介

玛丽·克劳福德（Mary Crawford）是康涅狄格大学心理学荣休教授，也是该校女性研究项目的前主任。作为宾夕法尼亚州西切斯特大学的一名教员，她因在女性与性别领域教学和科研的终身成就而荣获理事奖。她还曾担任汉密尔顿学院女性研究 Jane W. Irwin 项目主任、新泽西学院杰出访问学者，并在南卡罗来纳大学指导女性研究领域的硕博学位项目。克劳福德早年在特拉华大学获得实验心理学博士学位。

克劳福德担任《性别角色》（*Sex Roles*）期刊的主编顾问《女性主义与心理学》（*Feminism & Psychology*）期刊副主编。她也是美国心理学协会（APA）和美国心理科学协会（APS）的资深会员。克劳福德曾为英国心理学协会《女士》杂志和《奥普拉·温弗瑞脱口秀》等多样化平台的读者和观众讲解或撰写关于女性与性别心理学的相关内容。她发表了 120 多篇关于女性与性别的文章，撰写和主编了 10 本书，包括：*Gender and Thought: Psychological Perspectives*, 1989；*Talking Difference: On Gender and Language*, 1995；*Gender Differences in Human Cognition*, 1997；*Coming into Her Own: Educational Success in Girls and Women*, 1999；以及获得美国女性心理学协会杰出出版物奖的 *Innovative Methods for Feminist Psychological Research*, 1999，等等。

作为富布赖特资深学者，她曾在尼泊尔加德满都生活和工作，并与尼泊尔的非政府组织合作，制定干预措施来减少性人口贩卖。她的著作 *Sex Trafficking in South Asia: Telling Maya's Story*（2010）既是一本在尼泊尔做女性研究的回忆录，也是对南亚地区性人口贩卖问题的女性主义分析。

译者序

    如果说价值观纷争是今日世界的一个突出现象，女性与性别议题应该是其中一个争议焦点，引发了大量讨论并常常出现观点上的对撞。在此背景之下，越来越多不同年龄阶段、不同身份认同、不同学科背景的人愿意参与到女性与性别议题的学习、讨论与研究中来。我从 2012 年开始在武汉大学心理学系开设女性与性别心理学选修课，这本书的前两版在开课最初就是重要的教学参考资料，可以说，这本书在一定程度上塑造了我对女性主义心理学的认识，引领了我在这个领域的教学工作，对我理解和思考全球范围内的女性与性别议题提供了很多启发，每次阅读也都会赞叹作者的功力，书中的分析和推理很吸引人读下去，读过多遍仍有兴趣再读，每次也都有新的收获。

    与心理学其他分支的不同之处在于，女性与性别心理学受到女性主义思潮与运动的推进，以女性主义心理学为核心，介绍与分析相关的理论、实证研究、实务与积极行动，横向与纵向分析女性生存处境与性别不平等议题，促进读者思考人类社会中女性权利与地位变迁的历史趋势，思考性别偏见的成因及相关文化变革，对解释性别议题的不同理论取向进行比较分析，思考心理学研究如何对促进性别平等作出贡献，并推动以性别平等为目标的社会变革。

    读者会关心的一个问题是，这本书如何处理女性主义的不同视角或分支？作者对不同视角是兼收并蓄的，并认为女性主义思想中价值观的多样性是健康而富有成效的，她借鉴了多种女性主义视角（含自由主义女性主义、激进女性主义、文化女性主义、有色人种女性主义、全球女性主义），将每个视角作为一个透镜，在具体主题上引用了最擅长处理该主题的分析视角，容纳了基于不同视角的观点和研究，也呈现和比较了不同女性主义视角对同一主题的思考。由于女性主义研究来自人文社科诸多领域，这本书广泛借鉴了哲学、历史学、人类学、社会学、政治科学和文化研究等领域的著述。

    在分析和写作思路上，本书带来的一个启发是，对性别制度的分析是从三个层面展开的，含社会结构层面、人际互动层面和个体层面，阐释了性别制度在每个层面如何运作（权力分配和差异产生的过程可通过思考此问题来理解），在不同层面的运作如何相互关联，以及在每个层面可以如何推动朝向性别平等的社会转变，为我们提供了一个很有效的思考框架。此外，这本书尊重女性经历的多样性，借鉴了关于身份的"交叉性"概念（由非裔女性主义理论家提出，源于观察到有色人种女性往往同时经历性别歧视和种族歧视），纳入了在族裔、社会阶层、性态、年龄等方面多样化的女性的经历，并呈现了以往研究中被忽略、不被看到的女性。作者也强调，对社会身份交叉性的意识有助于研究者理解多重压迫。

这本书的不同章节还包含了近年来热议或较新的关注点，比如对权力的性别化分配、通过女性身体建构社会性别、社会性别操演、重新理解性别差异、生物性别的社会建构、LGBTQI群体的经历、对女童的过早性化、当代的性双重标准、浪漫爱观念的危害、平等婚姻的特征、女同性恋butch和femme角色的含义、性取向流动性、性主体性、女性的情感劳动和辅助性劳动、女性职业生涯发展中指导者的重要性、母职迷思和母职强制、对医学分娩模式的批评、代孕的伦理问题、中年女性退出客体化游戏、非自愿色情产品（如报复性或未经同意的图像散播）、跨国的性人口贩卖、"疯女人"刻板印象、女性主义治疗、女性主义者遭遇的反冲等等，相信关注女性与性别领域的读者会很感兴趣阅读和思考这些内容。

关于心理学如何推进性别平等，作者认为女性与性别心理学的贡献始于指出心理学理论和研究中存在男性中心主义和性别主义（可能出现在假设、方法或结果解释中），女研究者曾经的遭遇也表明心理学家并未免受性别偏见的影响。女性主义心理学致力于挑战已有研究中隐藏的偏见，并倡导开展性别公平研究，作者还坦诚地讲述了自己基于对女性与性别领域社会意义的理解而从最初的动物研究转向了女性主义心理学研究。女性与性别心理学提倡批判性思考，注重对固有观念的重新思考，鼓励思维转变和价值重估。难点在于，当前的学术体系仍然是父权制运作模式，女研究者如何突破限制并尝试发展新的规则，仍然有待思考和探索。此外，这本书介绍并分析了近几十年领域内大量心理学量化和质性研究，读者可以看到不同研究方法对女性与性别研究的贡献，有志在此领域开展研究并尽一份力的同仁亦可在阅读中获得启发，发展研究思路。

每章最后都有"让转变发生"部分，讨论了心理学研究对改变习俗和制度的意义，并详细建议了在个体层面、人际层面和社会结构层面分别可以做什么来改变父权制社会的现状。如作者所说，改变这个世界，朝向性别平等的方向，是一个持续的过程，每个人都可以成为这一转变的一分子。阅读《转变》一书，读者会感受到与作者思路互动过程中正在发生的一些转变；书中亦包含生命全程发展的思路，完整读一遍可以帮助我们思考如何过好这一生，如何通过微小的努力来参与社会转变的过程。

曾有学生问，关注女性与性别议题会不会常觉沮丧？这些年我实际的感受是，现实世界仍然问题诸多，不过阅读女性主义作品是一个赋权和疗愈的过程，那些思想富有想象力、启发性并充满希望，常令人获得新的视角和能量，重塑价值观并改变个体理解世界的方式。此外，推进性别平等的集体合作也正在形成，图书出版、教学、研究、传媒、影视、心理咨询、支持性团体等等，每个人都可以在其中发挥一份作用，间接合作来促成我们期待的文化转型。

本书适合对女性与性别心理学感兴趣的广大读者阅读，亦可作为该领域教学、研究、实务和行动的参考资料使用。在翻译方面，感谢三轮审稿编辑和责任编辑对译稿做出的修改，我在一审后和清样阶段分别做了三轮全文修改，也在译文用词上注意了某些汉语词语是否含有性别偏见（此外，作者为了批判语言和文化中的性别主义，举了很多例子，那些词是按原意译的），如您发现任何疏漏或处理不当之处，敬请批评指正，可发送邮件至 xuhuanu@msn.com，我们会在重印时进行修改。祝您享受这段阅读旅程！

徐华女

武汉大学振华楼

2025 年 3 月 16 日

简要目录

目 录

第二编 社会背景下的性别

第三编　性别与发展

第5章　生物性别、社会性别与身体　　　　　151

第 11 章　后半生：中年与老化　398

序　言

当我在 2016 年下半年和 2017 年上半年撰写本版《转变》时，更大的社会和政治背景一直萦绕在我脑海中。在我总结女性领导力、对有胜任力的女性的反冲、性骚扰、跨性别认同、生育正义、女性主义积极行动等主题的最新研究时，一场总统竞选正在进行。这是美国历史上第一次由来自两大主要政党的一名男性候选人和一名女性候选人相互竞争，极为激烈且纷争不断。

这段时间，性侵犯和性骚扰也时不时在新闻中出现：福克斯新闻台长期存在的骚扰文化被曝光，其总裁罗杰·艾尔斯被迫辞职；针对比尔·考斯比悬而未决的性侵犯诉讼多次占据新闻头条。一项歧视跨性别者的"厕所法案"开启、终止，又再次开启。一些州立法机构和特朗普政府开始在美国和世界各地限制女性的生育权。这只是美国的情况。在全球范围内，女孩和成年女性被恐怖组织绑架并作为性奴关押；在女性被害的谋杀案中，近 2/5 的受害者是被伴侣或前伴侣杀害；世界上 2/3 的不识字者是女性；性人口贩卖有增无减。

2017 年 1 月 21 日，我加入了全球数百万人的抗议游行行列，我认为，无论一个人在政治或社会议题上立场如何，社会性别仍然是一个非常重要的类别。社会性别事关紧要：对我们每个人，作为一个个体，作为社会人，作为公民，皆是如此。

在全美对性别议题意见纷扰不断之际写这本书，我可以强烈地体验到 21 世纪女性主义理论、研究、学术和积极行动的重要性。为学生提供准确的信息、帮助他们学会批判而富有同理心地思考女性的生活，比以往任何时候都更为重要。实证社会科学、扎根于女性生活经历的诠释性分析以及批判性思维技能，这一切都是对抗性别主义和虚假信息的工具。《转变》第 3 版中所呈现的研究反映了我诚挚的努力，希望为你的课程学习提供最好的女性主义心理学学术成果。

　　我撰写本书的初衷是分享我对女性与性别心理学的兴奋之情。我选择以《转变》作为书名，是因为书中探索了许多类型的转变。在我写第 3 版的时候，"转变"这个概念仍然是我对女性与性别心理学这一心理学分支的核心思考。

　　首先，本书反映了女性生活的发展性转变。每一个在出生时被贴上女性标签的人，都会依次从对性别无知的婴儿成长为性别社会化的儿童，从女孩成长为成年女性，从年轻女性成长为年长女性。形成性别认同和性取向认同的过程是转变性的。再来想想从性不成熟到性成熟和性能动的转变，以及一个年轻人从求学的学生到工作的成年人再到退休的老年人的身份转变。母职是另一个在自我、角色和行为上的深刻转变。此外，遭受基于性别的暴力的女孩和成年女性，也常常不得不将自己从受害者转变为幸存者。做一名女性不是一种静止的状态，而是一种动态的、不断变化的社会建构。

　　书名的第二个含义反映了心理学内部的转变，正是这一转变使本书和其他类似书籍成为可能。在过去，心理学教科书常常忽略女性，探讨女性议题的研究非常之少且存在负面偏见，女性自身也在成为心理学家的道路上、在从事研究和实务等诸多方面屡遭阻力。今天，女性与性别心理学已经成为心理学中蓬勃发展的一部分。女性主义心理学的视角已经改变了心理学各个领域的研究、实务和理论。目前，心理学专业学位大部分由女性获得，大多数心理学系也开设了女性与性别方向的课程。这些通过女性主义积极行动和斗争而取得的转变，是一种巨大的成功。

　　我从 1975 年开始教授女性与性别心理学，1992 年开始为学生撰写这方面的教科书。我很荣幸，《转变》的前两版被许多教师采用，成为学生喜爱的教科书。接下来，我会首先描述本书的特点和概念框架，然后介绍本版新增的内容。

关注文化多元、多样性和交叉性

　　贯穿全书，美国有色人种女性和来自其他文化的女性同样处于研究和理论的中心。这种关注从第 1 章就开始了，其中介绍了黑人女性主义观点、跨国和全球女性主义观点，并将性别与种族 / 族裔等其他社会分层系统进行了比较。在第 1 章中，我对交叉性这一概念进行了界定，讨论了它对女性主义心理学的重要性，为将交叉性研究纳入后续主题奠定了基础。通过用独立的一节内容来介绍这一女性主义研究的关键理论原则，我点明了它的重要性。在后续的章节中，我将交叉性分析用于探讨微攻击、少数族裔压力、多重压迫、刻板印象威胁、性骚扰、工作场所的性别歧视以及在某些方面享有特权所产生的影响等诸多问题。

第 2 章继续强调制度性压迫，拓展了对社会分层系统如何相互联系和彼此强化的讨论。第 4 章"差异的含义"聚焦那些定义差异并导致一些群体被评价为不如其他群体有价值的社会维度。在确立了将交叉性和理解差异的社会建构视角相整合的理论框架后，后面的每一章都包含了在性态（sexuality）、族裔、社会阶层、有无残障、国籍和年龄等方面多样化的女性的经历。

所幸，正有越来越多的研究聚焦探讨同性恋和跨性别人群、有色人种女性和男性、残障人士以及国际人群。我将这些多样性的维度贯穿全书，探讨它们如何形构女孩和成年女性的经历，包括性别社会化、成人亲密关系、父母养育、身体健康和心理健康。

每一章都将多样性的各维度纳入其中，在这些维度上探讨身份的交叉性。以下是一些例子：对已婚女同性恋伴侣的研究（第 8 章），族裔多样性与性取向认同（第 7 章），种族 / 族裔刻板印象与社会阶层刻板印象（第 3 章），文化、族裔与情绪表达（第 4 章），与族裔和性别有关的工资差距、工作场所的性别歧视以及性骚扰（第 10 章），老化和对老年人态度的跨文化差异（第 11 章），跨族群和跨文化的性脚本（第 7 章），对多样化女性的女性主义治疗（第 13 章），残障与性（第 7 章），为人母的女性的多样性，包括少数族裔母亲、青少年母亲、跨性别父母和女同性恋母亲（第 9 章），以及族裔和社会阶层对性别社会化的影响（第 6 章）。

鉴于多方面的原因，跨文化视角是很有价值的。首先，跨文化视角可以帮助学生认识到，那些在他们自己文化中看似自然、正常、也许生理上注定的现象，其实并不是普世的。其次，跨文化视角可以促进学生将女性的地位和权利视为一个全球性问题，并进而对其进行批判性思考。最后，那些以往不被听到、不被看到的女孩和成年女性，现在我们可以看到她们并听到她们的声音。从心理学自身来看，也由以往以北美白人中产阶层为中心的心理学，开始转变为所有人的心理学，在这一过程中，这类教科书可以发挥重要作用。出于上述种种原因，我热切地希望可以确保本书能够反映各维度上多样化的女性。

社会性别：与地位和权力有关的社会系统

《转变》提供了一个广泛而全面的理论框架，以此来理解人们的生活（尤其是女孩和成年女性的生活）如何受到社会性别的影响。这本书并没有将社会性别视为个人特质或属性的集合，而是将社会性别视为一种用来对人进行分类并与权力和地位有关的社会系统。

纵观全书，对性别制度的分析是从三个层面展开的：社会文化层面、人际层面和个体层面。从一开始就将社会性别界定为一种社会系统很重要，因此本书第 2章致力于探讨社会性别、地位和权力，阐释了性别制度及其在上述每个层面如何运作，并展现了性别制度在三个层面的运作是如何相互关联的。

如第 2 章所述，在社会文化层面，男性拥有更多制度性权力和公共权力，因此，政治、宗教和规范性权力主要集中在男性手中。当然，并不是所有男性都享有同等的特权，也并不是所有女性都处于同等的处境不利地位。性别制度与基于种族 /族裔、社会阶层、异性恋性态及其他差异维度的制度会发生交互作用。在社会文化层面对性别制度的理解为从其他层面（人际层面、个体层面）理解性别制度提供了背景，也降低了将性别仅仅视为生物性别差异的倾向。

在性别制度的第二个层面，社会性别在社会互动中被创造、操演和延续，社会建构主义者称之为性别实作。我探讨这个主题，不仅将其视为差异的社会表现，也将其视为地位和权力的社会展演。例如，打断（对方说话）和微笑等性别相关行为，反映并延续了女性的从属地位。

随着女性将从属地位不断内化，性别制度开始在个体层面运作。有充分研究证据的一些心理现象，譬如，对个人遭受歧视的否认、缺乏应得感、性别化的心理障碍（如抑郁障碍）等，可能都与从属地位的内化有关。通过将性别界定为一种在三个层面上运作的社会制度，我的目标是为学生提供一个分析工具，以理解性别如何影响我们在公共领域和私人领域的所有生活。

研究方法：注重过程

从一开始，本书就以关于女性与性别的科学知识为基础。同前两个版本一样，本书非常重视研究过程。我认为，向学生呈现科学知识是如何获得的，帮助他们了解研究者得出结论的方法和过程，这些都非常重要。在第 1 章中，我介绍了心理学研究者会使用各种量化方法和质性方法，并对几种最常用的方法做了说明，简要讨论了它们的优势和局限。这一背景介绍为学生学习接下来第 1 章和第 4 章中更复杂的讨论奠定了基础，这些讨论涉及心理学研究中性别偏见的来源、统计显著性的含义（包括它不具有什么含义）、价值观在心理学研究中的作用以及研究中的女性主义价值观。

本书的另一个特点是加强了对方法论的强调："研究焦点"专栏聚焦特定研究，呈现其研究方法、结果和意义。这些专栏描述了多样化的方法，包括调查、实验、访谈和个案研究。除了这些着重呈现的研究，贯穿全书的还有一些图和表，呈现了其他研究的结果。此外，在描述单个研究时，我会详细介绍经典研究和近期研究所采用的方法和得到的结果，使学生可以了解到研究者是如何得出结论的。有时，我会指出一项研究的局限、反驳其结论，或者讨论研究过程中的伦理过失。我的目的是通过这些方式帮助学生理解有关性别的论断应该如何基于证据和推理得出，并学会批判性地思考知识的产生。

对社会变革的积极关注

本书的一个主要特点是它包含了关于社会变革的积极信息。对学生来说，学习女性与性别心理学将是一次大有裨益的经历。然而，了解性别主义、歧视以及改变性别制度的难度，也可能让人难以承受。我发现，尽管大多数社会科学研究聚焦于问题，但引导学生关注解决方法也同样重要。换言之，学生不仅要了解性别制度造成的问题，也要了解如何解决它们。因此，本书并不仅仅关注不公正和不平等。每章（首末两章除外）结尾都有"让转变发生"这样一个小节，关注的是社会变革。与组织本书的理论框架一致，"让转变发生"部分将呈现和评价社会文化层面、人际层面和个体层面的社会变革。改变心理学，改变这个世界，使其变得对女性更加友好、更加性别平等，这是一个持续的过程。本书的一个核心信息，以及"让转变发生"部分呈现的信息，均在表达每个学生都可以成为这一转变力量的一部分。

本版新增内容

《转变》第 3 版反映了最新的研究和理论，增加了自上一版出版以来的 600 多篇新参考文献。在此，我列出了新增和更新的主题。

第 1 章　铺平道路

- 新增关于交叉性的一节内容
- 对跨国女性主义的介绍
- 网络样本的使用如何减少了研究中的取样偏差

第 2 章　社会性别、地位与权力

- 关于在线交流中"性别实作"的新研究
- 微攻击：一个交叉性视角
- 对有能动性和进取心的女性的反冲
- "男性说教""男性独白"与主导谈话
- 如何改变性别主义态度
- 新专栏
  - 马拉拉·尤萨夫扎伊

第 3 章　女性的形象

- 关于性别主义语言和非性别主义语言的最新研究
- 关于媒体形象的最新研究
  - "后女性主义"广告
  - 拉丁裔、非裔美国女性
  - 媒体中的女运动员
- 对性别刻板印象和族裔刻板印象的交叉性分析
- 新专栏
  - 你最喜欢的电影能通过贝克德尔测验吗？

第 4 章　差异的含义

- 更加强调元分析，有关效应量和调节变量的作用及相关批评
  - 效应量的概念，较小、中等和较大效应量的含义

- ○ 调节变量
- 正在缩小的数学成绩方面的性别差距
- 从交叉性视角分析刻板印象威胁与刻板印象促进
- 在易感群体中减少或消除刻板印象威胁，使女孩在数学和科学领域获得平等机会的方法

第 5 章　生物性别、社会性别与身体

- 有大量更新，仍是本领域内唯一提出关于二元生物性别概念的社会建构观的教科书
- 关于 XYY 综合征、特纳综合征、先天性肾上腺皮质增生等染色体和激素变异的最新研究
- 关于雌雄间性、跨性别、流动性、性别酷儿、无性别和非二元认同的新研究
  - ○ DSM 障碍类别"性别不安"：界定；对儿童、青少年和成人的诊断；批评
  - ○ 对跨性别者遗传连锁的新证据进行了报告和评价
  - ○ 性别确认手术（以往称变性手术）的心理结果
  - ○ 跨性别者的心理调适
- 遗传对性取向的影响
- 出生前激素暴露（先天性肾上腺皮质增生）与女性的性取向
- 跨性别恐惧症、性别主义、针对跨性别人群的仇恨犯罪
- 关于其他文化中第三生物性别类别的最新信息
- 新专栏
  - ○ 争议：卡斯特尔·赛门亚、杜特·钱德和女运动员的性别验证
  - ○ 研究焦点：雌雄间性者的生活经历
  - ○ 性别酷儿代词：新用户指南

第 6 章　性别化的认同：儿童期和青少年期

- 教给儿童批判地思考故事书和电视上刻板印象信息的策略
- 为何有些女孩在整个儿童中期都是"假小子"，偏离了被规定的女性气质
- 对女孩的过早性化
- 关于身体攻击和关系攻击之性别差异的元分析和跨文化比较
- 对青春期女孩的性客体化

- 初中和高中校园里的性骚扰
- 如何帮助青春期女孩保持"在身体中"，减少自我客体化
- 新专栏
  - 孩子们从故事书里找出了隐藏的信息——并想出了一些促进性别平等的好主意
  - 关于性别化玩具营销的辩论

第 7 章　性、爱与浪漫爱情

- 本章进行了大量更新以关注当代问题
- 异性恋规范的浪漫爱理想对应于"勾搭"实践（性行为邀约、"有性关系但无感情承诺的朋友"……）
- "勾搭"经历的性别差异和性别相似性
- 过早发生性行为
- 对同性恋和双性恋女性出柜过程的新研究
- 女性的性取向流动性
- 族裔认同和性别认同的交叉
- 新增关于网络约会的内容
- 目前关于性双重标准的研究
- 对基于禁欲的性教育的批判
- 新专栏
  - 研究焦点：女性自慰和性赋权
  - 纯洁舞会和贞操誓言

第 8 章　承诺：女性与亲密关系

- 异性恋婚姻模式的转变
- 女性接连同居和长期单身的趋势
- 女同性恋伴侣和女同性恋婚姻
- 离婚的心理结果和经济结果
- 新专栏
  - 婚姻平权史上的重要日期
  - 值得铭记的婚姻：德尔·马丁和菲利斯·里昂

第 9 章　母职

- 一个包容性强的、交叉性的视角,内容包括青少年母亲、单身母亲、LGBT 母亲、非裔美国母亲,以及父亲在分娩和养育中的位置
  - 多生育主义的持续存在以及母职奥秘
- 自主选择不生育
- 不育
- 关于堕胎和企图限制堕胎的最新信息
- 代孕的伦理问题
- 对怀孕女性的态度
- 产后抑郁的风险因素
- 对家庭友好的社会政策和工作场所
- 新专栏
  - 妈妈崛起:女性及其组织联合起来的草根倡导力量

第 10 章　工作与成就

- 关于女性无偿劳动的最新研究
  - 家务劳动是真正的工作;关系劳动;双人事业
- 职业隔离、玻璃天花板
- 招聘和晋升中的性别偏见
- 象征现象:一个交叉性分析
- 指导的重要性
- 期望、价值观与职业生涯路径(埃克尔斯的期望 – 价值理论)
- 实现工作和生活的平衡
- 新专栏
  - 创业公司和风险投资业的女性在哪里?

第 11 章　后半生:中年与老化

- 个人主义和集体主义文化下的年龄歧视
- 老年女性在媒体中的形象
- 年龄刻板印象的社会影响
- 目前关于绝经期和激素替代疗法的研究

- 中老年期的运动与健身
- 年长女性的性：从"美洲狮"到年老
- 女同性恋者的老年生活：隐形、性、适应、伴侣、退休
- 老年期的角色转变：成为祖母、失去人生伴侣、退休

第 12 章 对女性的暴力

- 新增一节"暴力与社交媒体"，包含报复性色情产品、未经同意的性信息散播、其他形式的非自愿色情产品，以及针对这些犯罪行为的新的法律保护
- 新增一节"跟踪"，包括网络跟踪
- 有关强暴、性侵犯的最新研究，以及针对男性的暴力预防项目
- 新专栏
  - 这是我们的责任

第 13 章 心理障碍、治疗与女性的福祉

- 延续前两版的关注点，从女性主义取向和社会建构取向理解心理障碍，将心理健康置于社会和历史背景中
- *DSM* 中的经前期烦躁障碍
- 客体化、族群认同与进食障碍
- 经前期烦躁障碍作为一种文化相关综合征
- 制药业对 *DSM* 修订的影响
- 新专栏
  - 百优解、沙拉芬以及精神类药物商品名的变更
  - 朱迪思·沃勒尔：女性主义治疗先驱

第 14 章 让转变发生：为了女性更加美好的未来

- 关于以下主题的最新研究
  - 族裔多样化的学生对女性主义的态度
  - 女性主义者和非女性主义者对男性的态度
  - 女性的女性主义态度与心理健康

《转变》第 3 版的可读性进一步增强，内容生动且易于理解。这是一本对学生友好的教科书，有大量的漫画和图片点缀其中，为其增光添彩。每章最后都以

"进一步探索"结尾，为积极行动提供了新的研究资源、网站和信息。

致　谢

撰写一本教科书是一项艰巨的任务。如果没有家人、朋友和合作者的支持，我不可能完成这项任务。

安妮·福克斯（Annie B. Fox）博士撰写了第 12 章"对女性的暴力"，更新了第 13 章"心理障碍、治疗与女性的福祉"。安妮还构思并编写了贯穿本书的大部分生动的文字专栏。安妮，感谢你在《转变》第 3 版中发挥的重要作用，运用你的授课经验和心理学专业知识使新版比前两版更精彩。

第 13 章以往由布列登·斯科特（Britain Scott）撰写，由于其他工作安排，他没能参加这一版的编写。布列登的专业能力仍然可见于第 13 章具有创新性的社会建构取向、对历史的充分回顾以及平易近人的写作风格。我再次感谢布列登对前两版的贡献。

加州大学圣克鲁斯分校的研究生克里斯蒂·斯塔尔（Christy Starr）作为研究助理对本版的写作给予协助，她勤奋能干，并参与撰写了第 6 章中"对女孩的性化"这部分内容。克里斯蒂，谢谢你，感谢你对这项工作的奉献、你的女性主义理想和强烈的职业道德。感谢伊利诺伊大学香槟分校的研究生道恩·布朗（Dawn M. Brown），她提供了有关性别认同术语和代词使用的指南。与这些坚定而能干的年轻女性一起工作，使我燃起了新的希望，社会的女性主义转变一定能够继续进行下去。

感谢茱莉亚·阿普加和大卫·阿普加夫妇（Julia and David Apgar）、本·查芬（Ben Chaffin）和安妮·董（Annie Duong）为第 6 章提供了他们盛装打扮的孩子的照片；感谢明尼苏达州诺曼代尔社区学院的学生阿历克斯·奥尔森（Alex Olson），他帮我挑选了很多新图片，使本版增色不少。

感谢麦格劳－希尔教育出版公司的专业人士：产品开发人员弗朗西斯卡·金（Francesca King）、品牌经理杰米·拉夫雷拉（Jamie Laferrera）、内容授权专家梅丽莎·西格米勒（Melisa Seegmiller），以及 ansrsource 公司的策划编辑安妮·谢洛夫（Anne Sheroff）和图片研究人员詹妮弗·布兰肯希普（Jennifer Blankenship）。

我还要感谢本书出版前的审稿人，他们慷慨地给我提供了反馈，包括亚拉巴马大学的约翰·亚当斯（John M. Adams）、威斯康星大学的格雷斯·迪森（Grace Deason）、俄勒冈理工学院的艾莉西亚·亨通（Alishia Huntoon）、斯普林希尔学院的杰米·弗兰科–扎穆迪奥（Jamie Franco-Zamudio）、纽约州立大学西奥分校的詹妮弗·卡茨（Jennifer Katz）、迈阿密戴德学院的香农·昆塔纳（Shannon Quintana）、威斯康星大学绿湾分校的克莉丝汀·史密斯（Christine Smith）、内布拉斯加州大学科尼分校的梅根·斯特恩（Megan L. Strain），以及中佛罗里达大学的凯瑟琳·乌尔克哈特（Katherine Urquhart）。

最后，感谢我的朋友和家人，他们忍受了一个忙于大工程的作者的心不在焉和暴躁，尤其是我的伴侣罗杰·查芬（Roger Chaffin）。罗杰是一位颇有造诣的认知心理学家，当我们谈到我的工作时，那些对话对我都很有帮助，也很有建设性。他随时都在那里提供持续不断的鼓励和技术支持。最重要的是，他致力于建立平等关系，因此，我可以在工作和家庭之间维持平衡，享受充满爱、欢笑、音乐和冒险的生活。罗杰，谢谢你！

玛丽·克劳福德

第一编

概　述

第 1 章

铺 平 道 路

本书取名为《转变》。我希望这个书名能引起你的兴趣。我之所以选择以此命名本书，是因为我们现在所生活的时代，女孩和成年女性的发展机会已有显著变化，而且心理学在这些转变中发挥了作用。然而，性别平等仍然是一个尚未完成的转变。请思考一下当前的状况：

- 只有 19% 的美国国会议员和 12% 的州政府官员是女性。

- 在美国，男性每赚取 1 美元酬劳，女性只能赚取 78 美分。在全世界，男女收入差距更大，女性收入仅为男性的 52%。

- 据联合国估计，全球人口有 1.15 亿女性正在消失——死亡，因为作为女性，她们是不被需要的。

- 世界范围内，有 70 个国家曾有过女性元首。但是在另一些国家，女性还缺少基本的人权，如受教育权。

虽然一些情况已经有所改善，但是在全球范围内，工资的性别差距、女性在拥有地位和权力的职位上代表性偏低的现象依然存在，暴力侵犯女孩和成年女性等严重问题还时有发生。社会性别、性态和权力是世界各地社会争论的核心议题。

开 端

在我们生活的这个时代，关于女性、性态和社会性别的各种议题似乎都尚无定论。踏上这个变化的舞台，心理学开展了关于女性与性别的研究，并提出了相关理论。心理学的这一分支通常被称为**女性主义心理学**（feminist psychology）、**女性心理学**（psychology of women）或**性别心理学**（psychology of gender）（Russo & Dumont, 1997）。使用术语"女性主义心理学"的研究者倾向于强调与女性研究和社会积极行动的理论联系。使用术语"女性心理学"的研究者倾向于将研究主题聚焦在女性的生活和经历上。使用术语"性别心理学"的研究者则倾向于关注造成两性差异的社会过程和生物过程。本书囊括了所有这些视角并使用全部三个术语。在这个激动人心的领域，有太多的内容有待我们去研究和学习。

女性心理学是如何发端的

20 世纪 60 年代末的女性运动使女性与性别成为社会关注的核心议题，心理学界开始检视其对女性的认识中存在的偏差。心理学家越是仔细地审视心理学过往以何方式看待女性，发现的问题就越多。他们开始意识到，女性曾被很多研究所忽略。更糟的是，各种理论是从以男性为规范（male-as-norm）的视角建构的，女性的行为被解释为对男性标准的偏离。关于女性的刻板印象往往也不会受到质疑。女性的所谓"良好心理适应"，被定义为其行为符合传统女性化规范（traditional feminine norms），即结婚、生育以及不太独立或少有抱负。当女性的行为与男性不同时，这些差异可能被归因于生物因素而非社会影响（Marecek et al., 2002）。

这些问题是普遍存在的。心理学家开始意识到，关于女性与性别的大部分心理学知识是**男性中心的**（androcentric）。他们开始重新思考心理学的概念和方法，并且开启了以女性为焦点的新研究。此外，他们还开始研究对女性有重要意义的主题，发展分析女性与男性之间社会关系的方法。心理学由此开始以新的方式思考女性，拓展了研究方法，并建立了心理治疗和心理咨询的新取向。

心理学领域的女性研究者是促成这一变革的重要力量。从 20 世纪 60 年代末开始，她们出版许多书籍、发表大量文章，揭示心理学以往是如何歪曲女性的，并阐明心理学需要做出怎样的改变。娜奥米·韦斯坦（Wisstein, 1968）是其中一位先驱者，她声称当时的心理学根本无法说明女性事实上是什么样的，她们需要什么，她们想要如何，因为心理学根本就对女性知之甚少。另一位先驱者菲利斯·切斯勒（Phyllis Chesler）在其著作《女性与疯狂》（*Women and Madness*, 1972）中强调，心理学和精神病学曾被用来控制女性。

　　新生的女性主义心理学家开始研究以往被忽略的主题。这个新的领域很快创办了聚焦女性或性别心理学的专业研究期刊：例如，《性别角色》（*Sex Roles*, 1975年创刊）、《女性心理学季刊》（*Psychology of Women Quarterly*, 1977 创刊）、《女性与治疗》（*Women and Therapy*, 1982 创刊）以及《女性主义与心理学》（*Feminism & Psychology*, 1991 创刊）。在为研究提供发表渠道方面，这些期刊极为重要，因为对当时的心理学界来说，这些研究可能显得不正统、不重要，甚至微不足道。（我清楚地记得我的终身教职面试，当时委员会的一位资深男教授看了看我的论文发表清单，抬起头来，一脸疑惑地说道："这不是研究，只是些关于女性的东西。"幸运的是，我还用白鼠做了一些研究，它们显然足以证明我是一个真正的科学家。）这些新期刊所探讨的研究主题开辟了一个广阔而全新的知识领域。2011 年，在美国心理学协会（American Psychological Association, APA）主办的期刊《女性心理学季刊》创刊 35 周年之际，编辑们回顾了该期刊自创办以来发表的 100 篇最具影响力的文章，发现可将它们分为四大主题：女性主义研究方法；女孩和成年女性所处的社会背景，包括性别角色和性别主义；对女性的暴力；以及女性的身体和性态（Rutherford & Yoder, 2011）。这些领域在今天依然很重要，也是本书的关键组成部分。

　　向学生教授女性心理学知识，从一开始就是女性主义心理学的一项重要贡献。在 1968 年以前，大学里几乎没有女性或性别心理学课程。今天，在美国心理学协会女性心理学家委员会（Committee on Women in Psychology, CWP）等专业团体的努力下，女性与性别研究领域的本科和研究生课程业已成为许多（即使不是大多数）心理学系标准课程列表的一部分，有关女性、性别与多样性的研究也正在被整合到整个心理学课程体系之中（Chrisler et al., 2013）。以往以男性为中心的心理学已经被一个更具包容性的视角所取代，该视角把占人口半数的女性包括在内，并认可所有类型的人类多样性（Morris, 2010）。

　　女性与性别心理学有着丰富的理论视角和研究证据。心理学的每个领域几乎都曾受到女性与性别心理学的理论和研究的影响（Marecek et al., 2002）。本书邀请你一起探索这个领域的知识，并参与到女性主义心理学正在进行的争论中来。

心理学与女性运动

人们对女性与性别议题的兴趣，产生于 20 世纪 60 年代女性角色发生转变以及女性主义社会运动复兴的社会背景之下。女性解放运动引发了人们对女性地位的普遍质疑，心理学如何描述女性是其中被质疑的一部分。

女性主义运动的第一次浪潮和第二次浪潮

20 世纪 60 年代的女性运动并非最早的女性运动。100 多年前，第一次女性权利运动随着《塞尼卡福尔斯宣言》（Seneca Falls Declaration）于 1848 年的发表而达到顶峰，该宣言反驳了由学者和神职人员所宣扬的女性低劣的学说（Harris，1984）。然而，在女性赢得选举权后，女性主义运动的**第一次浪潮**（first wave）在20 世纪 20 年代失去了动力，因为当时女性相信选举权会带来政治、社会和经济上的平等。心理学对性别差异（sex differences）和社会性别（gender）的兴趣减退了。

随着 20 世纪 60 年代女性运动的复兴，研究者重新对女性和性别研究产生兴趣。在心理学领域，女心理学家和支持其目标的男性同仁开始为改善女性的地位而努力。女性主义积极行动（feminist activism）很大程度上改善了当时女性的处境，她们曾经遭受公开歧视。心理学家卡洛琳·谢里夫（Carolyn Sherif）这样回忆道：

> 于我而言，女性运动所创造的氛围，宛若常年哮喘之人一下子呼吸到了新鲜空气……作为一名社会心理学家，我并没有在 1969—1972 年间突然变得优秀起来，但我确实从那时开始被视为一名更优秀的社会心理学家。（Sherif，1983，p. 280）

一些积极行动者，大多是研究生和心理学新人，于 1969 年成立了心理学女性协会（Association for Women in Psychology, AWP）。与此同时，另一些人，主要是年长一些、更有建树的心理学家，说服美国心理学协会建立一个女性心理学分会。于是，第 35 分会（Division 35）于 1973 年被正式批准成立。美国心理学协会的女性心理学家委员会也于 1973 年成立。一个多世纪以来，心理学界的女性一直在抗议不公平的待遇，但是直到女性主义运动重新兴起，她们才参与集体行动并发出自己的声音。女性心理学家委员会代表心理学界的女性，持续开展了 40 多年的女性主义积极行动（Chrisler et al., 2013）。在女性心理学分会的支持下，少数族裔心理学分会（Division 45）、男同性恋 / 女同性恋议题分会（Division 44）、男性与男性气质研究分会（Division 51）也相继成立。加拿大心理学家群体和英国心理学协会（British Psychological Society）在吸纳女性成员方面也取得进展（Parlee, 1985），英国心理学协会现已成立了一个女性心理学分会（Wilkinson, 1997a）。

这些组织层面的变化，昭示了心理学领域中女性的多样性，并有助于提高她们的专业认同感（Scarborough & Furumoto, 1987）。不久之后，我们就见证了在获得心理学博士学位的人当中，女性占比为 74%，少数族裔占比为 24%（APA, 2014）。

女性主义运动的第三次浪潮

心理学女性协会继续蓬勃发展，每年都召开年会并欢迎学生参加。美国心理学协会第 35 分会，现名女性心理学协会（Society for the Psychology of Women），已然是美国心理学协会中一个较大、较活跃的分会。女性主义理论和积极行动继续发展，年轻女性为前两次女性主义运动浪潮尚未完成的一些目标继续努力，例如争取生育自由、终结对女孩和成年女性的暴力，以及促进女性获得领导职位。

女性主义运动的第三次浪潮兴起于 20 世纪 90 年代，年轻女性不仅对女性主义运动第二次浪潮的成果做出了回应，也对其局限进行了反思。与前两次女性主义运动浪潮相比，第三次浪潮与心理学发展的关联没有那么紧密。第三次浪潮的一些团体，比如"咆哮女孩"（Riot grrrls），来自反建制的朋克运动。在 20 世纪 90 年代，咆哮女孩乐队和杂志常常强调女性的性愉悦、独立和赋权。第三次浪潮中，女性主义积极行动的一个例子是"荡妇游行"（SlutWalk）运动，该运动始于 2011 年的加拿大，当时多伦多的一名警官建议女性"别穿得像个荡妇"以免被强暴。自此，世界各地许多城市相继发起"荡妇游行"，旨在声明性侵犯受害者不应受到谴责，同时使一个曾被用来羞辱女性的词（slut，荡妇）重获新的含义。

第三次浪潮的团体强调社会行动，女性团结起来为社会正义而奋斗，一如第二次浪潮的前辈所做的那样。虽然第三次浪潮的议题和声音有所改变，但其与前两次浪潮的愿景有清晰的关联（Baumgardner & Richards, 2000, 2005）。

来自边缘的声音：一段历史

直至最近，定义和探求知识的权力很大程度上依然掌握在男性手中。男性控制着知识创造和传播的机构，即使女性获得了专业资质，也并不总能得到她们应得的尊重或地位。历史上充斥着这样的故事，博学的女性的工作和贡献往往被归功于她们的父亲、兄弟、老师或"无名氏"。

玛丽·卡尔金丝（Mary Calkins, 1863—1930）的故事说明，即便女性拥有杰出的专业才能，也仍然得不到合法的地位。卡尔金丝于 19 世纪后半叶进入哈佛大学学习，因当时哈佛大学是全员男性的学校，她只被允许坐在帘子后面听课，或者接受单独的辅导。虽然卡尔金丝完成了一篇令人赞叹的博士论文，但是只因她是女性，哈佛大学拒绝授予她博士学位。尽管如此，玛丽·卡尔金丝在韦尔斯利学院任教多年，在那里建立了实验室，并对心理学作出了重要贡献。她既是美国心理学协会的首位女性主席，又是美国哲学学会的首位女性主席。1927 年，在她晚年的时候，哈佛大学毕业的一群杰出的男性心理学家和哲学家（他们都拥有哈佛大学学位）联名写信给哈佛大学校长，要求授予玛丽·卡尔金丝原本应得的博士学位，但是他们的要求还是被拒绝了（Scarborough & Furumoto, 1987）。

就个人而言，玛丽·卡尔金丝是成功的。但是她的故事表明，即使是杰出的女性也可能被边缘化。例如，她整个职业生涯都是在一所规模很小的女子学院任教，她在那里没有招收过博士生。在这样的条件下，她的理论和研究项目没有得到应得的认可和追随。相似的故事也发生在其他的早期女性主义心理学家身上（Scarborough & Furumoto, 1987）。如果一名女科学家无权令其研究和理论受到重视并传递给下一代研究者，那么她就被剥夺了真正的平等权。

在 20 世纪早期，美国和欧洲的女性开始有机会接受高等教育。最初受过科学训练的一些女性，她们的研究工作致力于挑战人们已经接受的关于性别差异程度和性质的普遍观点。海伦·汤普逊·伍利（Helen Thompson Wooley）开展了第一个关于心理特质性别差异的实验研究。在解释研究结果时，她强调女性和男性的表现在整体上是相似的。她也公开批评了一些男性科学家持有的那些反女性的偏见，她在 1910 年发表于《心理学公报》（*Psychological Bulletin*）的一篇文章中大胆地评论道："也许没有哪个追求科学性的领域会如此地肆无忌惮，为了支持偏见和毫无根据的断言，甚至感情用事的废话和胡扯，公然表达个人偏见，逻辑亦为此殉道"（Wooley, 1910, p. 340）。

这些心理学界女性先驱的工作开辟了一条研究道路，以取代那些未经检验的所谓女性"先天局限"的假设（Rosenberg, 1982）。她们决心证明女性与男性有为现代科学作出贡献的同等能力，于是选择研究项目来挑战那些有关女性局限性的观点。从某种意义上说，她们的研究项目受到他人研究问题的左右。她们必须证明自己有做研究的正当权利，为此，这些女性研究者加倍努力工作，以驳斥那些不可靠的假设。此外，她们开展研究工作的社会环境，一方面使她们因性别而失去机会，另一方面使她们被迫在工作和家庭之间做出残酷的选择（Scarborough & Furumoto, 1987）。她们的故事——

> 在很多方面，是一个失败的故事，是女性仅仅因为偏见而被限制在学术边缘地带的故事，她们从来没有机会在知名学府获得专业职位，从未获得可以开展大规模研究的基金支持，从未指导过可能会传播其影响力的研究生，而且到了 20 世纪 20 年代，她们不再拥有来自女性运动的支持，其观点也难以产生政治影响（Rosenberg, 1982, p. xxi）。

直到最近，女性和少数族裔的努力仍然是来自边缘的声音（见专栏 1.1）。心理学女性协会、美国心理学协会第 35 分会、女性研究学位项目和一些女性主义期刊的存在，确保了女性与性别心理学的研究不会像 20 世纪 20 年代那样再次衰退。因为女性心理学是在女性主义的社会背景下发展起来的，近距离细看二者的关系是重要的。

什么是女性主义

作家丽贝卡·韦斯特在 1913 年写道："我自己从来没能搞清楚女性主义的确切含义是什么，我只知道，每当我表达的观点使我有别于一个逆来顺受的受气包时，人们就称我为女性主义者"（Kramarae & Treichler, 1985, p. 160）。在 100 年后的今天，第三次女性运动浪潮的女性主义者珍妮弗·鲍姆加德纳（Jennifer Baumgardner）和艾米·里查兹（Amy Richards）（2000, p. 17）写道："对我们这一代人来说，女性主义就像氟化物一样。我们几乎没有注意到我们有它——它就在

专栏1.1　　女性与美国心理学协会（APA）

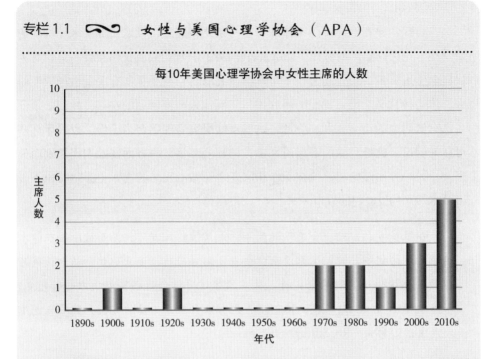

每10年美国心理学协会中女性主席的人数

在美国心理学协会 124 年历史中的大部分时间里，女性很少担任该组织的主席。1970 年以前，只有两名女性曾当选美国心理学协会主席。然而，从 20 世纪 70 年代女性主义运动兴起以来，当选美国心理学协会主席的女性人数持续增长。事实上，自 2010 年以来，美国心理学协会成员已经推选出 5 位女性主席。苏珊·麦克唐纳（Susan H. McDonald）是罗切斯特大学精神病学系的杰出教授，也是该系家庭研究所的主任。她曾于 2016—2017 年担任美国心理学协会主席。

Contributed by Annie B. Fox.

水里。"一路走来，一直有很多误解。究竟什么是女性主义，称自己为女性主义者又意味着什么？

女性主义具有多种含义

　　当代的女性主义理论有很多不同的变体。每个理论分支都可以被视为用不同的透镜来看待女性的经历，而且就像不同的透镜那样，针对特定现象，每种理论视角都有其诠释之道。

最有影响力的女性主义理论视角有哪些？在美国，它们包括自由主义女性主义、激进女性主义、有色人种女性主义和文化女性主义。这些不同分支的理念已经得到界定和可靠测量，并被用来预测人的行为（Henley et al., 1998）。随着女性主义在世界范围的扩展，全球女性主义也获得了新的关注。下面让我们来对各种女性主义视角做简要的介绍。

自由主义女性主义（liberal feminism）是大多数人所熟悉的，因为它依托美国人深信的平等信念，"平等"这一取向将自由主义女性主义与政治自由主义联系了起来。从这一视角来看，女性主义者认为女性应该享有与男性完全平等的法律和社会权利，并赞成通过法律、习俗和价值观的变革来实现平等的目标。自由主义女性主义视角推动了如下主题的研究：当有人违反性别规范时，人们对其作何反应（第 2 章），儿童如何被社会化去接受性别角色（第 4 章和第 6 章），以及就业中的性别歧视（第 10 章）。自由主义女性主义强调男性和女性之间的相似性，它认为，如果有平等的环境和机会，男性和女性会有相似的表现。

激进女性主义（radical feminism）强调整个历史进程中男性对女性的控制和支配。这一视角将男性对女性的控制视为首要和最基本的压迫形式：女性作为一个群体受到男性群体的压迫。激进女性主义者认为，因身为女性而受压迫是所有女性共有的处境。激进女性主义理论推动了很多关于暴力侵害女性行为的研究（见第 12 章）。一些激进女性主义者赞同**分离主义**（separatism），认为女性只有通过建立她们自己的女性专属共同体才能逃离父权制。例如，密西根 Womyn's 音乐节[1]，一个已有 40 多年历史的年度音乐节，便是建立在激进女性主义传统的基础上。只有女性可以参加该音乐节，很多人年年都来，她们珍视这个安全而赋权的女性空间（Browne, 2011）。该音乐节于 2015 年停办，部分原因在于，人们对是否应该将跨性别女性包含其中存在分歧（Ring, 2015）。

有色人种女性主义（women-of-color feminism）或**妇女主义**（womanism）始于批判白人女性运动将有色人种女性排除在外；妇女主义一词由非裔美国作家爱丽丝·沃克首创。这一女性主义视角聚焦于对少数族裔社群有重要意义的问题：

1　Womyn 意为女性，是激进女性主义者创造的词，以避免 women 一词中包含的 men——译者注

贫困、种族歧视、就业、医疗保健和教育。一般而言，妇女主义者并不把有色人种男性视为她们的压迫者，而是将他们视为与有色人种女性一样遭受种族歧视影响的兄弟；因此，妇女主义特别将男性包括其中，并反对分离主义的观点。采纳这一女性主义视角的研究者强调种族刻板印象的影响（第 3 章）和偏见的影响（第 2 章和第 10 章）。她们 / 他们也指出了少数族裔社群的优势和积极价值观，例如非裔美国家庭中多代人之间的相互支持与紧密联系（第 9 章）。

文化女性主义（cultural feminism）强调女性和男性之间的差异。这一视角强调，女性特有的品质被贬低了，这些品质应该在社会中受到尊重和重视。该视角将价值观和社会行为中的某些性别差异视为女性特征的重要部分，或认为某些性别差异的社会化程度太深，以至于它们几乎普遍存在且不可能改变，例如，女性比男性更具有养育和关怀的倾向。文化女性主义有助于理解女性所贡献的无偿劳动的重要性，例如照顾儿童、病人和老人（第 9~11 章）。

女性主义是一项世界范围内的社会运动。**全球女性主义**（global feminism）关注那些针对女性的偏见和歧视是如何跨文化相互关联的，以及它们与新殖民主义和全球资本主义的关系。全球女性主义者特别关注的问题，概括起来包括某些欠发达国家的血汗工厂劳动力问题、医疗保健和受教育权不平等问题、性人口贩卖问题以及对女孩和成年女性的暴力问题（第 12 章）。全球女性主义的独特之处在于它认识到，西方女性主义者并未给其他文化下女性面临的问题提供充分的答案。例如，在一些社会中，女性被强制接受生殖器切割（第 7 章），或者被要求在公共场所以面纱和长袍遮住面部和身体。虽然西方女性可能批评这些做法，但要知道，西方社会也会限制女性身体的自由和完整，例如公共场所性骚扰，通过节食和整形手术寻求完美身体的压力（第 2、3 和 11 章）等等。在世界各地，女性都承受着由殖民主义、全球资本主义和经济剥削所造成的不平等负担。将性别压迫与这些其他类型的权力不平衡结合起来理解，这正是**跨国女性主义**（transnational feminism）的工作，它需要结构层面的分析，也需要个体层面的分析（Else-Quest & Grabe, 2012; Grabe & Else-Quest, 2012）。

女性主义思想的框架和价值观多种多样，可能令人感到有些困惑，但这种多样性同时也是健康而富有成效的。不同的女性主义视角可以用来形成和比较关于女性经历的多样化观点。本书借鉴了各种女性主义视角，将每种视角作为一个透镜来帮助澄清特定的主题，有时还会比较几种女性主义视角对同一议题的看法。

不过，在心理学内部，自由主义女性主义和文化女性主义比其他视角引发了更多的争论和研究。因此，第 4 章着重从自由主义女性主义和文化女性主义视角比较分析同一个问题："女性和男性究竟有多不同？"

女性主义有简单的定义吗

女性主义的不同分支有两个共同的重要主题。首先，女性主义重视女性，将女性视为重要而有价值的人。其次，女性主义意识到，女性想要获得安全且令人满意的生活，就需要进行社会变革。也许对**女性主义者**（feminist）最简单的定义是持有如下基本信念的个体：女性是有价值的，需要进行造福女性的社会变革。女性主义者所倡导的社会变革的核心是结束所有形式的支配，包括男性对女性的支配以及女性之间的支配（Kimball, 1995）。因此，黑人女性主义理论家贝尔·胡克斯（bell hooks[2], 1984）给出了一个或许是对**女性主义**（feminism）最简单的定义：女性主义是一场旨在终结性别主义和性别主义压迫的运动。（性别主义的界定和启示，在第 2 章中有更充分的探讨）。对女性主义的宽泛界定，使女性主义者可以共同为政治和社会变革作出努力，同时又承认在有关如何实现目标的观点上可能有所不同。

男性可以成为女性主义者吗？当然！男性可以持有我所描述的女性主义价值观：他们可以重视女性，将女性视为有价值的人，并为旨在减少性别主义和性别歧视的社会变革付出努力。其中一些持有这样价值观的男性把自己称为女性主义者；还有一些人更倾向于使用**女性主义支持者**（profeminist）这一标签，他们认为这个词既承认了女性在女性主义运动中的领导地位，又表达了他们理解女性和男性具有不同的性别经历。

女性主义观点通常会被拿来与**保守主义**（conservatism）作对比（Henley et al., 1998）。社会保守主义者设法保持过去的性别设置，即男性拥有更高的公共权力和地位，女性则由其性态及其作为妻子和母亲的角色来定义。保守主义者常常极力主张回归到他们认为美好的旧时光，那时（显然）没有女同性恋者、男同性恋者或跨性别者，"好女人"都会结婚生育，没有堕胎和离婚问题，工作和成就是男性

2　贝尔·胡克斯有意将姓名首字母小写——译者注

的世界。

　　保守主义观点通常基于生物学或宗教意义来合理化自身。生物学角度的辩解声称，性别相关行为更多由先天、不可变的生物性差异决定，而非由社会环境决定。因此，女性不应该试图去做违背其天性的事情。例如，基于女性是实际分娩一方这一事实，女性在生物学意义上注定更善于养育，如果她们限制自己生育或从事可能干扰其养育角色的工作，那么就是反常和错误的。宗教角度的理由（通常与生物学的理由相结合）认为，一个至高无上的神规定了女性的顺服和从属。例如，有些宗教教导女性必须服从她们的丈夫；还有些宗教禁止避孕，或只授予男性离婚的权利。有些宗教禁止女性获得有权威或灵性力量的职位。直到 21 世纪，罗马天主教会仍坚持认为，任命女性为神甫是一种罪，等同于对儿童的性虐待（梵蒂冈众多愤怒者，2010）。就在几年前，美南浸信会要求女性回归顺从的状态，以此作为解决虐待儿童、暴力侵犯女性等社会问题的方式。在对保守主义宗教教义的歪曲中，ISIS 组织的激进主义者利用宗教来合理化他们对被俘女性的连环强暴和性奴役（Callimachi, 2016）。

　　在过去 40 年中，美国社会对女性的态度已经不再那么保守，变得更自由了（Donnelly et al., 2016）。然而，社会保守主义仍然是一股强大的政治势力，对女性的偏见以更不易觉察的形式出现（见第 2 章）。女性在心理学界的历史告诉我们，心理学家也未能免受这些偏见的影响。渗透在文化中的态度也会渗入科学研究中。女性主义心理学的一个重要目标是挑战研究中隐藏的偏见，从而推动关于女性与性别的研究朝着更好的方向发展。

心理学研究的方法和价值观

心理学的研究方法

　　心理学家使用各种研究方法来回答他们的研究问题。方法的多样性使心理学家能够为他们想要回答的问题量身定制一种方法。

　　多数心理学家使用**量化方法**（quantitative methods，也译作定量研究方法）：包括测量行为，对一组人的数据进行平均，并通过统计检验来比较组间差异。理想情况下，量化方法使用随机样本，以便结果可以进行**推广**（generalized），或应用于更广泛的人群，而不局限于少数被研究者。

有些量化方法，比如**调查法**（surveys），在很大程度上是描述性的，它们报告不同人群的信念、态度或观点。一个很好的例子便是民意调查，比如测量公众对同性婚姻或平权行动的态度。为了提高效率，所有研究对象都回答相同的问题。因此，须强调的是，调查法要设计和询问恰当的问题，并提供有意义的回答选项。

相关研究（correlational studies）可以判定两个或多个变量之间是否相互关联，但是不能确定变量间是否存在因果关系。例如，相关研究表明，在过去的 40 年里，随着越来越多的美国女性开始走出家门步入职场，离婚率有所增长。但是，这项研究并不能回答为什么女性外出工作和离婚率一起增长。这是因为职业女性不是好妻子吗？还是因为能够养活自己的女性不太会继续待在糟糕的婚姻里？抑或是因为在过去的 40 年里，传统态度已经发生了普遍性的转变，因而离婚和女性就业都更为社会所接受？其中的因果关系还需要其他类型的研究来回答，我将在第 8 章和第 10 章中介绍这些研究。

如果研究者对同一组研究对象随时间推移而发生的变化感兴趣，她可能会使用**纵向设计**（longitudinal design），在两个或多个时间点上对变量进行测量。举个例子，比如，研究者可以在第一个孩子出生前和出生后的两个时间点，询问伴侣们对婚姻的满意度。统计技术可以使研究者了解到，第一次测量中的哪些变量预测了第二次测量时的行为。还有一种方法是**档案研究法**（archival research），研究者利用现有数据库，比如全国测验分数，探寻变量间的关系。

很多心理学家依靠**实验法**（experiments），系统地操纵一个或多个变量，进而判定变量之间是否存在因果关系。实验法通常被认为是研究方法的黄金标准，因为探明变量 A 的变化是否引起变量 B 的变化，对科学理解和理论构建都很重要。而且，多数实验是在严格控制的实验室条件下进行的，这增强了心理学家准确测量变量的信心。

另一类心理学研究方法是**质性方法**（qualitative methods，也译作定性研究方法）：以开放式方法探索一个主题，并不试图系统地测量或操纵行为。**访谈法**（interviews，通常为个体访谈）和**焦点团体法**（focus groups，通常 3~12 人一组）是心理学和女性研究最常使用的质性研究方法（O'Shaughnessy & Krogman, 2012）。通常，研究者根据主题对研究对象的观点做归类，以对质性资料进行归纳；

他们可能也会直接引用研究对象所说语句。有时，研究者会采用**话语分析**（discourse analysis）这一术语下的某种方法来分析研究对象的表述。此外，质性研究还包括**个案研究**（case study，对单一个体的深度研究）和**民族志**（ethnography，研究者在一个社群中开展研究工作，试图了解其习俗和信念）。质性方法使研究者可以近距离地了解研究对象的想法和感受。不过，质性方法一般使用非随机的小样本以及非数值性的评估，因此质性研究的结果难以推广到更大的人群。

在研究女性与性别议题的职业生涯中，我曾使用过大部分量化方法和质性方法。通过做研究，我发现，每种方法各有其优势和局限。当我在本书中介绍各项研究（我自己的研究和其他人的研究）时，我会告诉你它们分别使用了什么方法；也会不时提醒你，科学研究的结果总是有局限性的，且对研究结果的解释具有主观性。

在面向学生时，科学研究通常被描述为一种纯粹客观的过程，中立的、不偏不倚的科学家通过科学研究去探究和揭示自然的奥秘。然而，在解释女性行为时，心理学有时并不中立。女性主义心理学家已经在那些关于女性的传统研究中，识别出了一些特定的方法谬误。

迈向性别公平研究

让我们来简要看看研究的过程。研究者首先通过系统地收集信息，提出一个有待回答的研究问题。研究问题可能来源于理论、个人经历或观察，也可能是由过往的研究提出的。下一步是形成系统的策略来回答这个研究问题，通常称为**研究设计**（designing the research）。在研究设计阶段，研究者会选择一种方法，例如实验法、调查法或个案研究法。然后，研究者会选择研究对象，设计研究材料（如问卷或实验室设置），并确定待研究行为的测量方法。

随后，研究者收集并分析数据，以使结果模式变得清晰。由于大多数心理学家依靠量化研究，因此他们通常使用统计技术来处理数据。之后，研究者解释其研究结果的含义并从中得出结论。如果审稿人和期刊编辑判断某项研究做得不错且较重要，那么其研究结果会被发表在科学期刊上，可以影响未来的研究和理论。有些发表在期刊上的研究还会被写进教科书，影响教师、学生和其他研究者。有些研究还会被大众传媒报道，进而可能影响众多读者和受众的思想。

偏差（biases）可能出现在研究过程的任何阶段。在介绍每个阶段常见的偏差类型时，我会集中于性别相关的例子。不过，性别公平研究的原则也适用于消除与其他特征相关的偏差，如与种族/族裔、社会阶层或性取向相关的偏差（Denmark et al., 1988）。

问题提出

研究问题的产生过程也许是科学工作中最易被忽略且最少被研究的部分。未经检验的个人偏见和以男性为中心的理论常常导致有偏差的研究问题。与研究主题有关的性别刻板印象可能会带偏研究问题，进而带偏研究结果。

例如，在过去，许多关于领导力的研究会根据支配、攻击和其他刻板印象化男性特征对领导力进行界定。直到最近，心理学家才对领导力提出更具包容性的定义，包括协商能力、体谅他人的能力、帮助他人用非对抗的方式解决冲突的能力，也就是那些使领导者更有效力的"人际技能"。以往曾有大量关于步入职场的母亲的研究，它们是研究问题形成中存在偏差的另一个例子。其中很多研究关注的问题是：母亲外出工作是否会危及孩子的心理幸福感。然而，很少有研究关心父亲外出工作是否会危及孩子的心理幸福感，或母亲就业是否对母亲或孩子有利。

研究设计

在研究设计阶段，一个重要的问题是：如何测量所要研究的行为。如果测量是有偏差的，那么结果也会有偏差。测量偏差的一个极端例子来自一项对女性性行为的调查研究。该研究让研究对象从给出的选项中做出选择，以描述她们在性行为中的角色，这些选项包括：被动的、反应性的、抗拒的、进攻性的、偏离常规的或其他。如果女性也可以从其他一些选项中做选择，例如积极的、主动发起的、好玩的、愉快的，那么研究结果可能会非常不同（Bart, 1971; Wallston & Grady, 1985）。

研究对象的选择可能会存在许多偏差。自 20 世纪 40 年代以来，心理学越来越依赖大学生样本，这造成了年龄、社会阶层和发展阶段相关的偏差（Sears, 1986）。此外，参与心理学研究的大学生甚至不能代表所有美国大学生，因为他们可能主要是从心理学导论课上招募的，而且研究主要是在综合性大学和精英学院，而不是在社区大学或生源不足的大学开展的。对研究者而言，心理学系样本池可能是获得充足样本量的一种便捷方式，但它远不能代表全体人类。

在研究对象的选择上，另一个重要偏差是，在心理学历史的大部分时间中，男性比女性更可能成为研究对象，参与者只有男性的研究被认为可以代表一般人群。相比之下，当研究者使用一个全部为女性的样本时，他们更可能会在文章标题中就标明这一点，而且会讨论他们研究女性的原因，也更可能指出研究结果不能被推广到男性身上（Ader & Johnson, 1994）。心理学家似乎觉得，指出全女性样本的局限是重要的，但是，他们并不觉得一个全为男性的样本有什么特别之处，在这里，男性成了规范。

其他类型的取样偏差也一直存在。针对少数族裔群体的研究很罕见，无论男女，只有当他们被认为造成了某种社会问题时才会被研究（Reid & Kelly, 1994）。例如，已有大量关于非裔美国女性青少年怀孕问题的研究，但是，对她们的领导力、创造力或应对种族歧视技能方面的研究却极为鲜见。贫困女性和蓝领阶层女性也几乎被研究忽略了（Bing & Reid, 1996; Reid, 1993）。另外，那些碰巧不是异性恋者的女性，也很难在心理学研究中找到与她们相似的人。对 1975—2009 年发表的所有心理学研究的回顾表明，只有不到 1% 的研究包含了非异性恋人群，而且相较于同性恋男性和双性恋男性，同性恋女性和双性恋女性显著更少被研究（Lee & Crawford, 2007, 2012）。

许多知名心理学家（既有女性也有男性）已经指出，本应是人类行为之科学的心理学，对其更准确的描述或许应该是"大二学生行为的科学"，而且是白人异性恋大二男生。所幸，上述许多取样偏差正在逐渐减少。例如，自 20 世纪 70 年代以来，只采用男性作为参与者的研究的比例一直在下降（Gannon et al., 1992），而且，在过去十年中，对低收入和蓝领阶层女性的心理学研究所占的比例已经显著增长（Reid, 2011）。网络样本的可得性也拓宽了心理学的取样基础，使其不再局限于大学生参与者。

分析数据：对差异的关注

心理学家越来越依靠量化方法，因此他们在数据分析中几乎总是使用统计检验。在过去的 35 年中，使用统计分析的文章数量以及每篇文章中统计检验的数量都有所增长。统计可以是一种有用的工具，但是它也可能会在有关生物性别和社会性别的研究中产生概念性困局。

统计学模型导致了对差异的关注，而非对相似性的关注。统计分析的逻辑包括将两组进行比较，看两组之间的均值差异在统计上是否显著（有统计意义）。遗憾的是，使用统计推理很难对相似性做出有意义的阐述。

同样遗憾的是，统计学家选择用**显著**（significant）这个术语来描述一组数学运算的结果。大多数人使用这个词时表达的是"重要"的意思，但是，统计学家使用它只是意味着两组间的差异不可能仅仅出于偶然。统计上显著的差异并不一定具有现实意义或社会意义（Favreau, 1997）。关于差异的含义以及对差异的解释，我将在第 4 章做更详细的讨论。

解释与发表研究结果

心理学对组间差异的关注，影响了人们以什么方式向他人解释和传达研究结果。其中一种解释偏差，被称为**过度泛化**（overgeneralization），指参与者于某一特定任务表现上的性别差异，被解释为更具普遍性的差异，甚至被认为是永久的、不可改变的差异。例如，某些初中资优男孩样本在 SAT（学业能力评估测验）数学测验上的得分高于相似的女孩样本，因此，一些心理学家就认为，男性普遍在数学能力上具有生物学优势。

另一种解释偏差是指，女孩或成年女性较典型的表现被贴上了负面标签。例如，女孩几乎在学校的每个科目上都能取得更好的成绩，但这通常不被认为是她们智力水平更高的证据。相反，女孩的学业成绩可能会被打折扣；有时她们被说成只是因为对人友善或听话才得到了好成绩。

过度泛化和其他解释偏差鼓励我们把男性和女性看作两个完全分离的类别。但是，"男人来自火星，女人来自金星"绝非事实。在很多特质和行为上，男性和女性的相似性远大于差异性。即使存在统计上的显著差异，两组之间也总是有相当一部分是重叠的（见第 4 章）。

结果解释上的问题因发表倾向存在偏差而变得更为复杂。由于心理学研究依靠统计分析的逻辑，报告两性间差异的研究比报告两性相似的研究更有可能得到发表。而且，大多数期刊的编委会仍然主要由白人男性组成，他们可能认为，相比那些涉及与已相似人群的主题，那些与女性和少数族裔有关的主题并没那么重要（Denmark et al., 1988）。在女性主义心理学形成之前，几乎没有关于怀孕和养育、女性领导力、对女性的暴力以及心理治疗中性别议题的心理学研究。

研究发表后，偏差仍会继续存在。媒体会关注某些研究发现，而忽略其他研究发现。电视和大众传媒通常热衷宣传关于性别差异的最新发现。其实，某些性别差异可能并不那么重要，还有些差异可能得不到后来研究的支持，但是，公众不太会获知这些信息，因为性别相似性不会出现在新闻报道里。

总之，研究是一项人类活动，研究者所带有的偏差会影响研究过程中的任何阶段。随着心理学研究者的日益多样化，他们正在带来新的价值观、信念和研究问题。他们也可能会质疑和挑战他人研究中存在的偏差。通过指出心理学研究中存在性别偏见，并阐明如何减少这种偏见，女性主义心理学家正在引领着这条道路。

性别公平研究并非价值无涉；也就是说，性别公平研究实践没有将价值判断从研究过程中去除。以男性为中心的研究所基于的价值判断是，男性及男性关注的问题比女性及女性关注的问题更重要、更值得研究。相比之下，性别公平研究所基于的价值判断是，女性和男性以及双方所关注的问题具有同等的价值和重要性（Eichler, 1988）。

研究中的女性主义价值观

尽管女性主义心理学家一直对心理学持批判态度，但她们 / 他们仍然致力于心理学研究，并在工作中表达女性主义价值观（Grossman et al., 1997）。这些价值观是什么呢？

实证研究是一项有价值的活动

虽然女性主义心理学家认识到科学远不够完美，但她们 / 他们重视科学研究的方法。科学研究方法是迄今为止用来回答关于自然界和人类社会问题的最系统的方法。女性主义心理学家并不是要抛弃这些研究方法，或不停地争论做研究是否有一种完美的女性主义方式；而是采用丰富多样的方法、理论和取向来开展研究（Kimmel & Crawford, 2000; Rutherford, 2011）。

研究方法必须经过批判性检验

女性主义理论家已经指出，方法并不是中立的工具，选择什么方法总是影响和制约着我们能够发现什么（Kimmel & Crawford, 2000）。例如，就研究女性的性态而言，哪种方法是更好的研究方法呢？是对性唤醒和性高潮过程中的生理变化进行测量，还是对女性在性唤醒和性高潮上的主观体验进行访谈？这两种方法可能会分别得到关于该问题的非常不同的发现（Tiefer, 1989）。

传统上，实验法是最受推崇的心理学研究方法。然而，实验法也受到了一些批评，究其原因，至少有两点。其一，在一项实验中，研究者创造了一种人为环境并操纵参与者的经历。由于这种人为性，实验室内的行为有可能无法代表其他情境中的行为（Sherif, 1979）。其二，实验情境存在固有的等级关系，在实验中，"有权力的、无所不知的研究者，对被试进行指导、观察和记录，有时还会使用欺瞒"（Peplau & Conrad, 1989）。当研究者是男性而被研究者是女性时，实验情境中的不平等可能尤为严重（McHugh et al., 1986）。

另一方面，在理解女性与性别方面取得的很多重要进展，都得益于实验研究的结果。例如，实验研究帮助我们理解了性别刻板印象及其影响（见第 3 章）。正如任何研究方法的使用都可能出现偏差一样，任何方法也都可以被用来服务于理解女性与性别这一目标（Rutherford, 2011）。当使用多种研究方法时，就可以将基于不同方法得出的研究结果进行相互比较，这样将会显现一幅更丰富、更完整的女性生活图景。

女性和男性都可以开展女性主义研究

心理学领域的大多数女性主义研究者是女性。美国心理学协会第 35 分会的会员中 90% 以上是女性，而且，自从第一批女性获得心理学博士学位以来，女性一直是女性与性别研究领域中发展新理论和开展新研究的领导者。然而，重要的是，不要把女性等同于女性主义者，把男性等同于非女性主义者。从生理心理学到临床心理学，作为心理学家的女性活跃于心理学的各个领域。女心理学家可能会认同自己是女性主义者，也可能不会；而且，即使她们认同自己是女性主义者，她们也可能不把女性主义视角带入其研究中。同样，男心理学家也可能认同自己是女性主义者。男性可以做、也确实在做关于女性与性别的研究，而且很多男性也开展关于男性气质、男性生活和男性性别角色的研究。当然，所有心理学家，无论男性还是女性，无论女性主义者还是非女性主义者，都至少应该尝试以性别公平的方式开展他们的研究，并尽量从他们的专业实践和行为中消除性别偏见。

科学永远不可能完全客观或价值中立

科学研究是由人开展的，所有人都会基于其个人背景而将自己的视角带入到研究之中。在一个社会中，处于支配地位的群体的视角会成为规范，因此，人们并不总能意识到这些视角带有支配群体的价值观。当其他群体，例如女性和少数族裔，质疑支配群体的假设时，潜在的价值观就会变得更可觉察。

研究和知识创造并不是发生在社会真空之中，这是女性主义最重要的见解之一。更确切地说，每个研究项目或理论都处于一个特定的历史阶段和一个特定的社会背景之中。女性与性别心理学并不是唯一受到女性主义、保守主义和自由主义等社会思潮影响的心理学分支。心理学的所有分支都受到了这些思潮的影响。此外，心理学以提供解读人类行为的方式，反过来又影响着社会议题和社会政策。心理学是一种文化建制（cultural institution），因此，开展心理学研究就不可避免地会成为一种政治行为（Crawford & Marecek, 1989）。

虽然价值观对科学研究过程的影响不可避免，但这种影响对女性而言未必是负面的。同其他很多女性主义心理学家一样，我认为心理学应该承认其价值观，并认识到它们是研究过程的一部分（Crawford & Marecek, 1989）。让我们的价值观经受检视，这只会增强我们的研究。能意识到科学具有政治性，有助于女性主义心理学家使用科学去推进社会变革、改善女性的生活（Peplau & Conrad, 1989）。

社会、历史和政治力量塑造人类行为

女性主义者认为性别平等是有可能实现的（尽管还没有实现），因此，她们/他们对社会背景和社会力量塑造人类行为和制约人类潜能的方式非常敏感。女性主义心理学家不仅试图理解社会性别的影响，也试图理解其他社会分层体系的影响，例如种族、社会阶层和性态。她们/他们试图澄清社会文化力量以何种方式影响行为，以及生物学和心理学因素以何种方式影响行为。

女性主义心理学家尊重女性的多样性，并认识到研究不同群体的重要性。例如，美国白人女性的自尊水平一般而言低于白人男性，但非裔美国女性则并非如此（不低于非裔男性）。此种差异可以表明女性的心理如何受到其所处社会和文化背景的影响，而非仅受其生物性的影响。

交叉性

女性并不都是相似的，我们不应该仅仅因为她们都是女性，就假设她们有许多共同之处。例如，一位富有而享有特权的女性，可能与富有而享有特权的男性有更多共同之处，而不是与一位终生贫困的女性有更多共同之处。当涉及种族主义生活经历时，非裔或拉丁裔女性与非裔或拉丁裔男性的共同经历，会多于其与白人女性的共同经历。作为性少数群体，女同性恋者与男同性恋者、双性恋者和跨性别者共享相似的感受，而不是与异性恋女性共享感受。有色人种女性和白人女性都可能遭遇性别主义，但方式不同。对女性和男性来说，年长和残障都是可能产生歧视的维度。所有这些例子都说明了**交叉性**（intersectionality）这一概念：每个个体都可归属于多种不同群体，而作为这些不同群体的成员，每一群体成员身份，都会对个人身份和社会地位产生影响。从社会角度看，最重要的群体是按性别、种族、阶层和性态划分的群体。

交叉性是女性主义研究中一个关键的理论原则，是黑人女性主义理论家的一项贡献。她们／他们观察到，有色人种女性往往同时经历性别歧视和种族歧视（Cole, 2009）。对社会身份交叉性的认识使得研究者能够理解多重压迫，并理解相对特权对某些维度而非其他维度的影响。

交叉性对心理学研究而言也是一项重要的理论原则。女性主义心理学家伊丽莎白·科尔（Cole, 2009）提出，认真对待交叉性，可促使我们对自己的研究设计提出三个问题：

- 某一类别中都包括谁？"女性"这个类别包括不同社会阶层、族裔、性态和年龄的女性。提出"某一类别中都包括谁"这一问题，可以鼓励研究者去呈现那些在过去的研究中被忽略的人，并避免对少数群体成员的误解。
- 不平等产生了什么影响？诸如社会性别、种族、阶层和性态等社会类别并不仅仅代表不同，它们也代表权力和地位。这些类别的成员身份，将个体置于相对有利或不利的地位，并可能影响他们的感知和生活经历，甚至影响他们的健康以及遭遇暴力的可能。第 2 章将探讨社会性别、权力和地位，以及它们与社会身份其他维度上的偏见和歧视之间的联系。
- 他们有何相似之处？如果着眼于人们的行为和经历，而不是把他们纯粹视为某些群体类别，那么研究者会发现，即使那些看起来可能有根本性差异的群体，也可能具有共同基础。

心理学长期以来的男性中心偏差，以及将多样化人群排除在知识库之外的历史，终于发生了改变。这为理解一些问题拓宽了路径，有助于人们理解个人的交叉身份以及该交叉身份所导致的生活经历，如何与更大的社会结构和制度性压迫相关联（Rosenthal, 2016）。在整本书中，我将采用交叉性视角来探讨女性生活，包括性别刻板印象、生理与心理性别差异、性别社会化、人际关系、性态、养育、工作、身体健康、老化和心理健康。

关于本书

本书借鉴了数百位心理学家的研究成果，其中既有女心理学家也有男心理学家，她们／他们为心理学持续发生的转变作出了贡献。本书也借鉴了其他学科女性主义理论家和研究者的研究，包括哲学、历史学、人类学、社会学、政治科学和文化研究。随后，本书对以男性中心视角认识女性的观点进行了批判，并介绍了从女性主义心理学中产生的开创性研究。

当你读到后面的章节时，你会发现某些线索贯穿始终。有三条线索尤其重要，有必要在一开始着重强调。

第一条线索是：女性尚未获得与男性完全平等。在影响女性生活的权力和社会地位上，差异持续存在。在许多文化和历史时期，女性一直被作为二等公民对待。有些不平等是显而易见的，例如，否认女性拥有选举权、个人财产权、使用公共空间权或身体自主权。还有一些不平等则不易觉察，例如遭受日常的性别主义烦扰或职场所获酬劳更少。侵害女孩和成年女性的暴力行为仍在世界各地屡见不鲜，触目惊心，这一现象与权力差异密切相关。社会性别、权力和社会地位是如此重要，因此第 2 章将集中探讨这些问题。对女孩和成年女性的各种暴力行为的原因和后果，将在第 12 章着重介绍。

第二条贯穿本书的线索是：差异性和相似性。女性和男性并非处于完全相反的两极。取而代之，女性和男性的心理有大量的相似之处。性别差异固然重要，但我们也应该考虑到性别相似性。当性别差异确实发生时，我们不禁要问：它们来自哪里？它们跟权力和社会地位上的差异有何关联？

第三条贯穿本书的线索是：心理学可以为社会变革作出贡献。传统上，心理学家关注的是如何改变个体。他们已然开发出各种技术来改变态度，提升洞察力和自我认识，教授新的行为技能，减少或消除自我挫败的想法和行为。他们已将这些技术应用到各种教育和治疗情境中。本书中有许多关于女性主义心理学如何吸收和使用这些技术的例子。

然而，关于女性与性别的研究表明，个人改变的力量会受到某些限制。女性面临的许多问题是社会结构与社会运行的结果，这些因素将女性置于不利境地，妨碍了她们去过快乐、充实的生活。仅仅通过个人态度和行为的改变，无法解决社会结构问题；更进一步说，那些任由女性受贬低和迫害的社会制度，也必须被改变。因此，在整本书中，我讨论了心理学研究对改变习俗和制度的意义，这些制度化内容涉及传统婚姻、语言使用、子女养育、职场和媒体等。每章的结尾都有一节内容叫作让转变发生，通过展示一些例子，表明个人和群体正如何将社会转变成一个更符合女性主义理想的地方。

个人反思

我认为个人价值观决定了一个研究者如何切入他／她的主题，因此我想跟你分享一点我自己的情况，以及我的经历和价值观，它们使我形成了本书的写作思路。

起初，我是"学习理论"领域的心理学研究者。我所受到的教导是，若要成为一名优秀的科学家，我必须将我关注的个人或社会问题与我的科学研究分离开来。我的博士论文分析的是大鼠的物种特异性反应及其对经典条件反射和操作性条件反射的影响。我很喜欢做研究。学习如何设计一项好的研究、做统计检验、写文章发表，这些都令我兴奋不已。学习理论是心理学最古老的分支之一，方法和理论都发展得很成熟了，我可以从成果卓著的专家那里学习如何做该领域的研究。我的博士论文导师是一位优秀的科学家，也是一位尊重我、和蔼可亲的绅士。他能够理解，我作为一个带着两个孩子的单身母亲，要同时应对很多相互冲突的要求，他也鼓励我成为我所能成为的最好的研究者。

　　然而，在我完成博士论文后不久，我对做一名心理学研究者的感受开始发生变化。我的研究似乎越来越像一系列智力谜题，跟我生活的其他部分毫无联系。在实验室里，我研究条件反射的抽象理论，接受了"大鼠和人类行为的原理是相似的"这一假设。在"真实世界"中，我开始投身女性主义积极行动，并开始关注一些我以往从未注意到的事情。我发现我所在的大学里存在性别歧视，也认识了一些在贫困中挣扎着养家糊口的女性。我尝试建立新的平等婚姻，并以非性别主义的方式养育我的孩子，这使我更强烈地意识到遵从传统性别角色的社会压力。我开始问自己，为什么我所做的心理学研究对于我所了解的这个世界竟然无话可说。为了使我的个人生活与学术生活相一致，我转向研究女性与性别，并开始使用我的心理学技能推动社会变革。

　　今天，我仍然珍视我的早期研究，从中我学会了如何系统而尽责地进行科学探索，但是，对于什么是心理学的重要问题，以及哪些理论框架最具潜力，我已经改变了看法。我选择去发展一个新的专业领域——女性与性别研究，从那以后，我在这个领域已经开展了一些研究。我之所以写这本书，是希望通过把女性心理学介绍给下一代学生（和未来的心理学家），为促进心理学的转变做一点绵薄贡献。

　　我给研究生和本科生讲授女性心理学，迄今已有 35 年。我的学生来自不同种族和族裔，他们的年龄、生活经历和性态各不相同。他们在女性主义、女性和性别等议题上的个人信念与价值观也相差甚大。简言之，我的学生是一个多样化的人群。我一直欢迎这种多样性，我也尝试在本书中反映我从中学到的东西。无论你来自何种背景，我都欢迎你，我的新学生，欢迎来到女性与性别研究领域。我希望它会使你发生改变。

　　我希望你像我以前的许多学生那样，在学过本书之后，至少会在以下一些方面获得成长：

- 批判性思维技能　通过学习女性心理学，你可以学会批判性地评价心理学研究，并成为一名更敏锐、更有洞察力的人类行为观察者。
- 对女性的共情　你可能会更加理解和赞赏你的母亲、姐妹和女性朋友的经历与观点。此外，女学生可能会体验到自身与女性群体间更强的联结。
- 有能力看到女性社会地位和身份认同的交叉性　女性的心理与她们在社会和文化中的地位密切相关。

- **加深对社会不平等的认识和理解** 其中的重点是性别制度、性别主义和性别歧视。然而,性别总是与其他支配系统(如种族主义、异性恋主义)交互作用。
- **为社会变革而努力的决心** 只有付诸实践,心理学研究和知识才能发挥重要作用。

很多以前的学生告诉我,他们学习的第一门女性与性别的课程,解开了他们的很多困惑,但也提出了同样多的问题,而且有时很有挑战性,甚至令人苦恼。从这些学生那里我了解到,我不能向我未来的学生保证,这些问题会有一个简单的答案。无论是专业研究者还是大学生,获取知识都是一个持续进行的过程。我诚挚地邀请你加入这趟旅程。

进一步探索

Special Section: Intersectionality Research and Feminist Psychology. *Psychology of Women Quarterly*, 2016, 40, 155–183.

这是顶尖研究者关于如何将交叉性整合到研究方法和实践中的深入讨论。在她们 / 他们的对话中,你可以观察到女性主义心理学家正在开展的工作,她们 / 他们通过发展交叉性理论,带来了更具包容性的心理学。

Rutherford, A., Marecek, J., & Sheese, K. (2012). Psychology of women and gender. In D. K. Freedheim & I. B. Weiner (Eds.), *Handbook of Psychology, Volume 1: History of Psychology, Second edition* (pp. 279–301). New York: Wiley.

这本书概述了女性主义心理学的发展及其对心理学作为一门致力于助人的科学和专业的影响。

Cobble, Dorothy S., Gordon, Linda, & Henry, Astrid. (2014). *Feminism Unfinished: A Short, Surprising History of American Women's Movements*. New York: Norton.

这本书的作者是三位睿智而活跃的历史学家,作者说:自女性赢得选举权以来的近一百年里,女性主义已经完全改变了我们的世界。女性主义的影响甚广,已经融入文化之中,但却没有得到充分的分析。作者的目的是要补救这一点,于是就有了这本令人爱不释手的介绍女性主义发展史的书。

第二编

∽

社会背景下的性别

第 2 章

〜

社 会 性 别 、 地 位 与 权 力

世上只有两种女人：女神和"擦鞋垫"。

——艺术家巴勃罗·毕加索

"请原谅我的措辞——她是个典型的婊子，你明白我的意思吗？"

——电视主持人格伦·贝克对当时总统候选人希拉里·克林顿的评论

（Biedlingmaier，2007）

如果战斗意味着生活在战壕里，那么女人待在战壕里 30 天就会出现生理问题，因为她们会感染疾病，而且她们上半身没有力量……反之，男人基本上都是小猪仔。你把他们丢到战壕里，他们会在里面打滚。

——前美国国会发言人纽特·金里奇谈军队中的女性

我感觉每个人都不得不努力成为一个男人或一个女人。跨性别人群可能更能意识到这种刻意为之，就是这样。

——跨性别积极行动者凯特·伯恩斯坦

就我而言，成为任何一种社会性别都是一种拖累。

——摇滚音乐人帕蒂·史密斯

这几位发言者，对男性、女性和社会性别都给出了非常明确的看法。然而，他们的说辞反映了对这些概念相互矛盾的观念。金里奇认为，女性具有不适合在军中服役的生物局限性，而男性的"猪仔"素质似乎就不成问题。格伦·贝克和巴勃罗·毕加索，这两位拥有权力和影响力的男性，不加掩饰地以负面和刻板印象的方式谈论女性。相比之下，帕蒂·史密斯和凯特·伯恩斯坦几乎将生物性别和社会性别视为一种选择，就像一套人们可以选择穿或不穿的戏服。

生物性别、女性气质、男性气质以及与之相关的社会角色，均具有多重而相互冲突的含义，对心理学家来说，把它们梳理清楚并非易事。在本章中，我们把生物性别和社会性别区分开，单独来看社会性别与地位和权力如何关联。

什么是社会性别

女性心理学研究者对生物性别和社会性别两个概念做出了区分，这一区分于20世纪70年代末首次提出（Unger, 1979）。**生物性别**（sex）被定义为：在遗传构成、生殖解剖构造和功能上的生物性差异。基于生殖器的外观，人类婴儿在出生时被贴上一种或另一种生物性别的标签——女性或男性。这听起来像是简单而直截了当的事，但事实上它可能出奇地复杂（见第 5 章）。

与生物性别不同，**社会性别**（gender）最初被定义为每个社会认为适合男性或女性的特征和特质，即构成男性气质和女性气质的那些特质（Unger, 1979）。所有已知的社会都认可生物性别，并以此作为社会区隔（social distinctions）的基础。在美国社会，性别化的过程从出生便开始了。当一个婴儿出生时，阴道或阴茎的存在代表了生物性别，但接下来用来包裹婴儿的粉色或蓝色毯子则代表了社会性别。从一开始，毯子就暗示着这个婴儿要被当作男孩或女孩，而不是被当作一个一般的人类成员来对待。

根据这些定义，生物性别之于社会性别，就像天性之于教养。也就是说，生物性别涉及生物性或天性的方面，而社会性别则涉及习得性或文化的方面。生物性别和社会性别的区分是重要的，因为它使心理学家能够在概念上将社会性别的社会性与生物性别的生物性区分开来，并为此类主题的科学研究开辟了道路，比如儿童如何被社会化，以遵从他们所在社会的性别期待。将生物性别与社会性别区分开来，对于认识到"生理并非命运"至关重要，女性和男性之间的明显差异，很多可能是社会强加的，而非天生或不可避免。

然而，当时做出的生物性别和社会性别的区分，很快就被认为是有局限性的。首先，它将生物性别和社会性别设置为一种天性对教养的二分模式。现在大多数心理学家承认，天性和教养在人类心理学中如此紧密交织，以至于通常不可能确定每个因素的确切作用。另一个问题是，将社会性别视为一组稳定的、社会化的特质，没有捕捉到那些动态的、互动性的方式，人们以此方式扮演自己的性别角色，并根据他人的社会性别对他们做出回应（Deaux & Major, 1987; Crawford, 1995）。社会性别的特质观也未能认识到，社会性别是一种文化层面共用的制度，社会通过这一制度来组织男性和女性之间的关系（Bem, 1993），即社会性别标志着社会权力和地位（Henley, 1977; Crawford, 1995）。总之，我们需要一个更广义的社会性别概念。

在本书中，我采用了一种动力学的取向，把社会性别定义为"一个影响权力和资源的获取并塑造女性与男性之间关系的分类系统"。所有已知的人类社会都在社会性别的基础上做出社会区隔。

性别区隔（gender distinctions）发生在社会的多个层面。它们的影响是如此普遍，以至于我们就像鱼在水中一样，可能没有意识到它们就环绕在我们周围。社会性别相关的过程会影响个体的行为、思想和感受，影响个体间的互动，并且协助确定社会建制的结构。通过思考社会性别在社会、人际和个体三个层面如何运作，我们可以理解差异的产生和权力的分配过程。在本章中，我将描述在这三个层面上性别区隔是如何被制造和保持的，以及这三个层面如何相互关联。在整本书中，我都将回到这三个层面的分析，以阐明社会性别是如何发挥作用的。

社会性别塑造社会和文化

大多数社会是**等级制的**（hierarchical），它们有一个或多个支配群体，还有其他从属群体。支配群体拥有更多该社会所看重的资源，无论是牲畜、土地、接受良好教育的机会，还是高薪工作。换言之，支配群体拥有更大的**权力**（power），即一种通过提供或扣留资源来控制他人所得的能力；支配群体也拥有更高的**地位**

（status），即能带来尊重的社会地位（Keltner et al., 2003）。社会基于宗族、种姓、肤色、宗教等各种任意的区分来组织等级制度，并且等级制度的组织因社会而异。然而，社会性别是被普遍使用的。大多数现代社会或多或少属于**父权制**（patriarchal）社会，此词的字面含义是"由父亲统治"。父权制社会制度把更大的权力和更高的地位分配给男性。

社会性别与权力

社会性别所赋予的权力是普遍且多维的。例如：

- 总的来说，男性制定人人都必须遵守的法律。据联合国报道，2015 年女性在世界各国国家级议会和代表大会中所占的席位只有 22%。

- 有组织的宗教对维持父权制具有强大的影响。有些宗教传统将神视为男性化的，将从属性或受限角色分派给女性，并限制女性在宗教机构内部的参与和影响。在不同文化中，对女性的敌意、对性别平等的反对，通常与更虔诚的宗教信仰有关（Harville & Rienzi, 2000; Taşdemir & Sakallı-Uğurlu, 2010）。

- 男性对公共言论有更大的控制权。例如，电视上的外交政策分析家和新闻记者有 78% 是男性；在有影响力的脱口秀节目中，如《面对国家》和《会见新闻界》，74% 的嘉宾也是男性。86% 的电视节目是由男性导演的（Women's Media Center, 2015）。将多样化的女性排除在社评和娱乐的掌权职位之外，给大众媒体中普遍存在的对女性的刻板印象和贬低性形象留下了很大的空间（见第 3 章）。

- 据联合国报道，几乎在每个社会，男性都拥有更多的财富和休闲时间。女性所做的大量工作是无偿的（如照护孩子、自给农业和家务劳动）。当女性工作赚取酬劳时，她们在相似或同等工作或任务上收入显著低于男性（见第 10 章）。因此，尽管女性的劳动时间比男性长，但女性积累的财富却比男性少。

- 女性接受教育的机会少于男性。在某些欠发达国家，更多男孩被送去上学，而女孩则被留在家里照顾弟弟妹妹和做家务。在世界范围内，女性的识字率相对更低（UNESCO, 2016）。在女孩和成年女性有机会接受教育的发达国家，研究显示，男孩从教师那里得到更多关注，并且更常被允许主导课堂时间（Beaman et al., 2006; Fisher, 2014）。

性别不平等是全球性的。世界经济论坛每年都会编制一份《全球性别差距指数报告》(Global Gender Gap Index),在四个重要指标上对 145 个国家的女性和男性进行比较,包括健康和生存、教育成就、经济参与和机会以及政治赋权(World Economic Forum, 2015)。"全球性别差距指数"衡量了女性与本国男性相比境况如何。截至 2015 年,世界上还没有哪个国家在这个指数上实现完全平等(美国排名第 28 位)。好消息是,一些国家,最突出的是北欧国家,已接近平等,而且随着时间的推移,日益趋向平等发展成了一种全球性趋势。然而,全球性别平等差距提醒我们,社会性别不仅是女性气质和男性气质的通用标记,也是社会地位和权力的通用标记。

对性别不平等的合理化

支配群体不仅拥有更大的权力,他们还会使用各种手段,把控权力并维持群体间的不平等(Sidanius & Pratto, 1999)。**合法化迷思**(legitimizing myth)指的是用来对等级化社会实践进行合理化的态度、价值观和信念。很多父权制下的合法化迷思都强调女性在根本上有别于男性。她们可能被视为邪恶和奸诈的(需要控制),或没有能力的(对她们进行限制是为她们好)。她们也可能被视为无助、过于情绪化和脆弱的(需要保护),或纯洁和自我牺牲的(需奉在高台之上)。这样的迷思深深植根于文化之中。例如,女性会以邪恶和奸诈的典型形象反复出现在宗教(猎杀女巫,夏娃)、童话故事(恶毒的继母)、人格刻板印象(女性被视为爱传闲话、为人刻薄)和强暴迷思(认为女性为了陷害男性而经常作出虚假指控的信念)中。合法化迷思如此广为接受,以至于它们似乎是不可否认的事实。

偏见(prejudice)是指人们因一个人在特定社会群体的成员身份而对其产生的一种负向态度或感受。这种负向态度或感受可能包括蔑视、仇恨,或仅因身处被贬低群体的成员周围,就会感到不适。偏见通常包含这样一种信念,即不平等地对待他人是可接受或正确的。以生物性别或社会性别为基础的偏见被称为**性别主义**(sexism)。例如,认为给男孩好的教育比给女孩好的教育更重要,这种观念就是性别主义的。然而,性别主义往往比这个例子中的情况更不易觉察、更复杂;在本章稍后的内容中,我们会再来讨论性别主义偏见(sexist prejudice)。与此相关的另一种偏见是**异性恋主义**(heterosexism),或者说是对女同性恋、男同性恋、跨性别和双性恋人群的负面态度和观念。

歧视（discrimination）指人们因特殊群体成员身份而被不公平地对待。如果一位教师在课堂上更关注男孩，或一个评审委员会把奖学金优先授予男生，那么他们就是在实施**性别歧视**（sex discrimination）。许多研究已经发现，性别歧视很常见，比如在职场招聘和晋升中（Crosby et al., 2003）。

当偏见和歧视成为一种广泛而系统的模式时，可以将之称为**压迫**（oppression）。例如，在 1996—2002 年，塔利班政府对阿富汗的成年女性和女孩实施压迫，剥夺她们的基本人权，如医疗保健、教育、行动自由和公共事务发言权（Brodsky, 2003）。巴基斯坦女童教育倡导者、最年轻的诺贝尔和平奖得主马拉拉·尤萨夫扎伊，她的人生既是一个令人震惊的受压迫的例子，也是一个鼓舞人心的、反抗的故事（见专栏 2.1）。

社会性别塑造社会互动

社会性别影响了人们在日常生活中的互动。这里我们来看看人们是如何注意到社会性别的，以及地位和权力是如何通过社会性别线索来表现的。

想想你上次购买咖啡或点心，试着快速地描述一下招待你的店员，列出那个人最重要的特征。尽量提供你能给出的最好的"目击证词"。

你首先列出了什么特征？在一项研究中，为了说明社会性别是人际互动中一个非常重要的分类属性，研究者让参与者完成一项类似的任务——描述刚刚卖给他们地铁票的人（Grady, 1977）。社会性别确实重要。参与者总是提到地铁售票员是一位女性；事实上，性别是每名参与者都会列出的第一或第二个特征。在此例中，售票员碰巧既是女性又是非裔美国人。从统计上来说，首先提到族裔会提供更多的信息，因为"女性"仅仅排除了美国一半人口，而"非裔美国人"则会排除大约 85% 的美国人口。但是，人们并不按照统计数据进行分类。有些类别比另一些类别更凸显、更明显，而社会性别就是其中最凸显的类别之一。很多其他研究已经表明，人们过度依赖社会性别，将它作为一个认知类别。例如，当参与者观看一个讨论小组的视频后，试图记起谁说过什么或做过什么时，他们更容易混淆的是性别相同的两个人，而不是年龄、族群甚至名字相同的两个人（Fiske et al., 1991）。

专栏 2.1 　　马拉拉·尤萨夫扎伊

马拉拉·尤萨夫扎伊于 1997 年出生在巴基斯坦的明戈拉。马拉拉的父亲是一名反塔利班的积极行动者，直言不讳地反对塔利班对女童教育的限制。当塔利班禁止女孩接受教育并要求女校关闭时，马拉拉开始公开发言。在她 11 岁的时候，她发表了一场题为"塔利班怎敢剥夺我接受教育的基本权利"的演讲。2009 年，她开始匿名为 BBC 撰写博客，讲述她在塔利班统治下的生活，以及她对女孩受教育权的看法。通过演讲和写博客，马拉拉成为女孩和成年女性受教育权的极力倡导者，甚至获得了 2011 年国际儿童和平奖的提名。

但马拉拉的积极行动并非没有代价，她成为塔利班要对付的目标，塔利班领导人扬言要杀死她。2012 年 10 月 9 日，马拉拉在放学回家的公交车上头部中弹。在这次袭击中，马拉拉幸存了下来，最终乘机前往英国伯明翰接受治疗。经过多次手术，她受损伤的面部和颈部得到了治疗和修复，并得以开始在伯明翰上学。

马拉拉于 2013 年获得诺贝尔和平奖提名，并于 2014 年获奖。当年她 17 岁，成为最年轻的诺贝尔奖获得者。2013 年，她还出版了一本书，题为《我是马拉拉》。今天，马拉拉继续为女孩和成年女性的权利而战。她和父亲一起创办了马拉拉基金，

©Splash News/Newscom

目的是提高人们对女孩和成年女性接受教育之重要性的认识，并为人们赋权以提高其寻求变革的能力。2015 年，在她 18 岁生日那天，她在黎巴嫩为叙利亚难民开办了一所学校，计划为 200 名 14~18 岁女孩提供教育。

Contributed by Annie B. Fox.

图 2.1   社会性别作为一种操演。女性化的外表是时间、金钱和努力的结果。

社会性别如此重要，以至于当社会性别线索模糊时，人们会进行认知解谜来弄清"正确"的社会性别。

在现实生活中，这些线索通常是清晰的；当它们不清晰时，就会让我们感到不安（见图 2.1）。当我们与他人互动时，我们需要清楚他们的社会性别，因为社会性别是我们用来对他人进行分类和评估的最重要的社会特征之一。

通过女性身体建构社会性别

社会性别在互动中是如此重要，因此人们努力让它在第一眼就显现出来。也就是说，女性气质和男性气质是通过衣着、发型、身体暴露等方式来表达的。但是，由身体所承担的社会性别建构的负担在男性和女性身上是不平等的。到目前为止，当代工业化文明中的大部分社会性别建构是通过女性的外表来进行的。

请思考一个假设情境：假设一群女性和男性被放逐到荒野几个月，那里没有镜子、剃刀、美容产品或节省劳力的设备（也没有真人秀摄制组人员潜伏在树林中）。当这群人回到我们文明社会的时候，他们看起来更"女性化"还是更"男性化"？好，让我们来看看，他们会变得更多毛、更脏、体味更重、肌肉更发达……不太符合美国文化对女性气质的看法。对我们来说，身体上更自然意味着更男性化；更加整洁、有香味、有修饰和有装扮，则意味着更女性化。想想女性每天被敦促用来从头到脚创造女性化外表的各种美容方式：给头发染色、拉直、烫卷和造型，画睫毛、眉毛和眼影，用化妆品修饰面部皮肤，涂口红，涂抹乳液和面霜以平滑皮肤和防止皱纹，把身体晒成铜棕色，去除腋下、腿部和生殖器区域的毛发，给手指甲和脚指甲涂色——随着新的美容产品被源源不断发明出来，以弥补（社会捏造的）女性气质的缺陷，这个列表还可以无限延长。

服装和配饰同样传递着女性气质的信息。牛仔裤是性别中立的，但是如果牛仔裤超级紧身，那就是女性化的。平底鞋是性别中立的，但是若加上高跟的话，就是女性化的。T 恤是性别中立的，但是，如果是深 V 领和有盖袖的，就是女性化的。半身裙和连衣裙是女性化的。任何有蝴蝶结或花边的东西都是女性化的。发饰是专为女孩设计的。相比之下，我们的文化不再将任何服装或配饰指定为明确的男性化信号，也许，那种为预防运动撞击而设计的下体护身裤除外。

女性气质和男性气质在某种程度上都是一种操演，但是与男性化的外表相比，女性化的外表有更多操演的成分（见图 2.2）。在呈现女性化人格脸谱（personas）的过程中，女性的身体不仅成为她与物质世界互动的手段，也成为一种显然可见的标记，服务于维持社会建构的性别差异和性别角色。当然，男性和女性在自然属性上看起来有所不同；能够对生物性别做出区分对异性生殖来说是重要的，乳房、胡子等第二性征有助于我们做到这一点。但是，做出区分的这种自然需求，并不必然要求大部分区别都必须通过女性的外表来进行。女性的身体基本上充当了油画布，人们在上面描绘社会性别，这可能与权力有关。

作为自我呈现的社会性别

外表并不是我们努力将自己作为性别化的存在来呈现的唯一方式。我们现在转向探讨人们如何操演其被指定的社会性别。

想象一下，你正在决定穿什么衣服去参加求职面试。你想得到这份工作，并预期面试官会是一位重要的男性。现在想象一下，你发现面试官对女性持有非常

图 2.2

传统甚至性别主义的观念。当女大学生作为这一情境下的研究参与者时，她们根据自己对面试官的预期改变了自己的风格。与预期遇到一位非性别主义的男性相比，当她们预期遇到一位性别主义的男性面试官时，她们会下更多功夫化妆和佩戴饰品。虽然面试官完全不知道她们的预期，并以相同方式对待所有人，但是女性参与者与"性别主义的"男性面试官眼神接触更少，而且对他提出的婚育计划问题也做出了更为传统的回答（von Baeyer et al., 1981）。这就是一个**自我呈现**（self-presentation）的例子，或者说是根据他人的期待来表演自我。

　　无论女性还是男性，双方都会为"观众"调整其自我呈现。在一项经典研究中，女大学生可以看到对某位男大学生的一段描述：他作为潜在约会对象，要么是合意的，要么是不合意的；具有传统的价值观，或具有更现代的价值观（2×2实验设计）。当女性认为她们有机会见到这位男性时，她们会改变对自己的描述来迎合男性的传统价值观或现代价值观，但这只会发生在他有吸引力的情况下（Zanna & Pack, 1975）。后来的一项研究表明，当男大学生认为他们有机会见到一位有吸引力的女性时，他们的做法也完全相同（Morier & Seroy, 1994）。

自我呈现是一个策略性的选择。在社交网络（聊天室、脸谱网、推特等）时代，制造和保持女性化或男性化的自我呈现，已十分不同于在老式的面对面交流时代。当你创建个人网站或脸谱网个人资料页时，你必须列出或描述个人身上明显的特征。这就使你有机会可以选择呈现自己的哪些方面。

一组研究人员通过分析异性恋青少年（17~19 岁）在聊天室中发送的 1 000 条信息，对线上的性别化自我进行了探讨（Kapidzic & Herring, 2011）。结果表明，青少年期的女孩，倾向于将自己呈现为情绪流露、友好、善于倾听、性可得和想要取悦男性的；而青少年期的男孩，则倾向于将自己呈现为更有决断力、爱操控、主动和视觉支配的。

线上的性别化自我一定是受到管理的，因为它可能非常公开。例如，年轻女性可能想要喝醉、玩得痛快，但仍希望被视为可敬而女性化的，这就制造了自我呈现的两难困境（Hutton et al., 2016）。一项关于年轻女性饮酒行为和脸谱网使用的质性研究，组织年龄在 18~25 岁的新西兰女性友谊小团体开展焦点团体讨论，结果显示，她们在公共场合和在线表现"醉态女性气质"时都经历了明显的紧张感。例如，她们在脸谱网上发布自己参加派对和喝醉的照片，但她们会"粉饰"或编辑这些照片，尽量将醉酒状态最小化。

在数字化时代，不仅仅是年轻人，成年人也面临着自我呈现的两难困境。在一项对在线交友网站用户的访谈研究中，女性和男性受访者（年龄从 18 岁到 47 岁），都承认自己的个人资料页创造了一个更吸引人的自我（Ellison et al., 2011）。一位有"大肚腩"的男性，仍然把自己的体型列为"运动型"——他辩解道，他确实有肌肉，只是恰好被他的大肚子盖住了。一位女性的个人资料页显示，她每周去健身房 2~3 次，尽管她实际上不是健身房会员。她解释说，她一旦找到更好的工作，有了钱，就打算成为会员。许多受访者说，他们认为一定量的"谎言"是可以接受的，并且预期别人也会说谎：女性会把她的年龄少说几岁，男性会把他的身高多报 2.5~5 厘米，任何人都有可能在个人资料页中少报几斤体重。

自我呈现策略合乎情理，因为它们可能会对他人产生积极影响。显然，人们的行为会影响别人如何对他们做出回应。人们的行动甚至可能会引发他们期望别人做出的行为。这一点可以通过一项经典研究来说明。该研究欺瞒了参与者谁是真正的互动对象，让组对的男女大学生通过电话进行交谈。在女生不知情的情况下，研究者随机给男生提供了女生的照片，一些有吸引力，一些不太有吸引力。

因此，每名男生都认为他在与一位有吸引力或不太有吸引力的女生交谈，但是，事实上，与他交谈的人并不是他在照片上看到的那位。接下来，独立的评判者（完全不知情的第三方）去听交谈中女生所说的内容，并评估每名女生的人格特质。与被标记为低吸引力的女生相比，评判者将被标记为有吸引力的女生评价为更友好、更善社交和更讨人喜欢。这里发生了什么？显然，男性以微妙的方式对女性进行了区别对待，于是，被当作有吸引力的女性对待的那些女生，在交谈中表现出了更优秀的特质（Snyder et al., 1977）。当人们只有极少量关于他人的信息时，这种影响更有可能发生，例如初次见面时（Valentine et al., 2001）。

这些研究表明，社会性别可以成为**自我实现预言**（self-fulfilling prophecy）。换言之，期望可以使预期的事情成真。最早对自我实现预言的研究表明，它们能够产生强大且持久的影响。当使一位教师相信某个特定儿童有天赋时，即使那个孩子是随机选择的，他／她的 IQ 分数也会上升（Rosenthal & Jacobson, 1968）。显然，教师的信念会使他们无意中以促进智力提升的方式对待"有天赋"的孩子。性别相关的自我实现预言可能会伤害到女性，其中一个情境就是工作面试。通常，应聘者和面试官互为陌生人，因此，他们对彼此作为个体的背景信息都不甚了解。如果面试官对女性在工作场所担任领导者和管理者的能力持有刻板印象式的负面信念，这些信念会影响应聘者的面试表现以及最终的招聘决定吗？在一项模拟面试实验中，男大学生被分派了面试官的角色，女大学生被分派了求职者的角色，应聘的是便利连锁店区域营销经理的职位（Latu et al., 2015）。首先，在他们以为属于另一项研究的测量中，研究者测量了他们的性别刻板印象信念和性别主义态度。面试结束后，每位面试官和应聘者都独立地评估了应聘者的表现。毫不意外，男性面试官越是将女性与不胜任联系在一起、将男性与胜任联系在一起，他对女性应聘者的评价就越低。同时也出现了自我实现预言：男性面试官对女性应聘者的评价越低，女性应聘者在面试后对自己受雇可能性的评价就越低，独立观察者对她真实表现的评价也越低。在面试的社会互动过程中，男性面试官负向的刻板印象预期的确以某种方式传达给了应聘者，影响了她的表现。

"性别实作"

考虑到这些动态过程，社会性别可以被视为一种社会操演：就像戏里的演员一样，人们扮演"男性"或"女性"。他们以自己和他人为观众，主动地创造和建构自己的社会性别。从这个角度来看，社会性别不是人们拥有的什么，比如棕色的眼睛或卷曲的头发，而是人们做的什么（West & Zimmerman, 1987）。在这个持续的操演过程中，"做一个女人"是由社会共识创造的：

> 没有什么比"做一个女人"更能定义我们文化下的女性状态（womanhood）了——从我做什么类型的工作，到我的性偏好，到我穿的衣服，再到我使用语言的方式（Cameron, 1996, p. 46）。

社会性别的操演有时是故意为之。你有没有看到过"900 热线"的电视或平面宣传广告？广告宣称保证可以跟"辣妹！""性感妞！"交谈。一位研究者对一些受雇于这些热线的电话性工作者进行了访谈（Hall, 1995）。这些电话性工作者报告说，她们会有意识地努力把自己塑造成主顾想要的幻想中的女性。电话性行为并不提供视觉线索，因此，电话性工作者完全通过她们的语言来创造色情幻想中的性感宝贝。作为商品的销售者，这些电话性工作者意识到了什么类型的女性语言是适销对路的性感语言：女性化或华丽的用词，有暗示性的评价，以及有动态变化的语调模式（带呼吸声、兴奋、有音高变化、欢快）。

这项研究表明，人们在制造社会性别的过程中相互合作（Marecek et al., 2004）。对拨打电话的男性而言，完全通过语言建构的、幻想中的女性大概是令他满意的。电话拨打者对这项服务付费不菲，而且许多人会与同一位电话性工作者反复通话。这些电话性工作者说，她们喜欢这份工作，因为她们收入丰厚且开销很低（该工作不需要昂贵的服装，而且可以在家完成）。有人甚至说，她经常一边刷盘子一边与拨打者对话。不可思议的是，最成功的电话性工作者之一竟然是一位假扮女性的男性！显然，这位男性很擅长操演女性气质。

当然，社会性别操演并不局限于女性气质。事实上，女性气质只有相对于男性气质而言才有意义。性别制度对男性"做"一个男人的要求与对女性"做"一个女人的要求同样多。一项研究探讨了男大学生观看篮球比赛转播时的谈话，他们吹嘘自己对女性的性剥削，还会讲其他男性的闲话，尤其是那些他们不喜欢的男性，说他们是"男同性恋"（gay）、"附庸风雅的同性恋"（artsy fartsy fags）或"同性恋"（homos）。在他们的谈话中，这些年轻男性展示出他们的异性恋取向，并与那些据传缺乏男性气质的男性保持距离。这种谈话"不仅与男性气质有关，也是一种持续的男性气质操演"（Cameron, 1997, p. 59）。

在互动中建构社会性别

在外貌范围以外，性别实作（doing gender）通常是在没有思考或意识觉察的情况下进行的，记住这一点很重要。与电话性工作者不同，大多数人在与他人互动时并不是有意识地努力制造一种性别化的人格脸谱。相反，就像前文介绍的研究那样，女性参与者塑造自己的行为来满足她们所以为的面试官的期待，男性参与者贬低"同性恋者"，大多数人在性别实作时并未对该过程进行有意识的思考。即便被询问时声称自己信奉性别平等，他们还是会那么做（Rashotte & Webster, 2005）。随着人们在日常社会互动中进行着这种性别实作，女性的二等公民地位也因此被创造和维持。让我们来看看这是如何发生的。

说话居高临下、呼来喝去以及沉默不语

在日常谈话中，从属群体成员可能会受到无礼的对待。支配群体的成员可能使用特殊的谈话方式或几种不同的话语，以此来宣示和维持他们的地位，尤其是当交谈对象希望被平等看待时（Ruscher, 2001）。

谈话过程中最基本的一种不尊重表现为：通过打断、控制话题和占据大部分谈话时间等方式，不允许对方发言。大量研究表明，男性在与女性谈话时使用这些策略的次数，超过了他们与其他男性谈话以及女性间相互谈话时使用这些策略的次数。例如，在一项经典的研究中，研究者在公共场所听同性间谈话和异性间谈话，结果显示，在男女对话中，有96%的打断是男性发言者所为；在同性间对话中，双方相互打断的次数大体相当（Zimmerman & West, 1975）。当然，并非所有打断都是敌意的。有时，听者会插话，此时的打断是出于兴趣和热情。这种类型的打断是相对性别中立的。然而，男性会做出更多**侵入性打断**（intrusive interruptions），即一种主动结束对方此轮发言并接管对话的打断。此外，与在非常接近日常互动的实验室情境下相比，男性在无结构且自然的情境下做出侵入性打断的可能性更大（Anderson & Leaper, 1998）。

如果女性确实打断了另一名发言者，那么她会面临社会非难的风险，尤其当她打断的是一名男性时。当大学生听到（仔细匹配的）同性互动和异性互动的录

音时，他们对打断男性的女性评分最低。男女参与者都认为她比其他配对中的打断者更加粗鲁、无礼。他们的评判反映了这样一种观点，即男性在谈话中应该有更高的地位。当女性打断男性时，她所做的不仅仅是在打破礼貌规则，也是在违反一种给予男性更多尊重的社会秩序（LaFrance, 1992; Youngquist, 2008）。

这种双重标准也延伸到了礼貌问题上，至少你去问唐纳德·特朗普的话，情况会是这样。一位研究者使用话语分析法分析了商业真人秀节目《学徒》（*The Apprentice*）的一集内容（Sung, 2012）。在这一集里，一位女士温和地批评了另一位女士。而在整个节目系列中行为都充满着攻击性男性气质的特朗普，反复提到那位女士的评论如何如何粗鲁，说她像对待狗一样恶劣地对待对方，其行为非常令人厌恶。可是他似乎并没有把这一行为跟他自己经常使用的打断、攻击、侮辱、批评和支配性语言作比较，而是认为女性应该总是非常有礼貌，即使在真人秀会议室那种竞争性和高度男性化的氛围中也应如此。

虽然人们普遍认为女性话更多、说个不停，但是已有研究显示，男性在各种场合下的发言时间超过了公平份额，包括在教室里、在商业会议上以及在非正式谈话中（Crawford, 1995）。有研究者对 40 年来的 63 项研究进行了综述，发现其中 34 项研究中男性的总发言量多过女性，仅有 2 项研究中女性的发言量多于男性，其余研究未发现差异或呈现混合结果（James & Drakich, 1993）。这种差异在任务取向的情境下最为明显，例如在委员会会议、课堂上和问题解决小组中。这些结果表明，情境确实起重要作用：在维护自己地位和按自己方式行事方面有利害关系的情境中，男性更倾向主导谈话的进行。

相比只是占据大部分谈话时间，谈话中的主导可能更加不易觉察。例如，想象一下你正在教人如何洗衣服。你更可能使用直接命令的方式，比如"把白色衣物放在一起"，还是使用建议的方式，比如"最好把白色衣物和有色衣物分开"？祈使（命令）动词的使用可能是一种居高临下的说话方式，意味着学习者能力不足。在一项关于性别、地位和语言的有趣研究中，大学生通过观看幻灯片学习如何实施海姆利克急救（Duval & Ruscher, 1994）。研究者之所以选择这项任务是因为它是性别中立的，而且大多数学生对它都不熟悉。在看完幻灯片后，参与者要向一位没看过该幻灯片的男性或女性解释海姆利克急救的操作流程。研究者预测，与向男性解释时相比，男性在向女性解释这项技术时会使用更多的直接命令，因为他们会假定女性在社会地位和知识上不如他们。正如预测的那样，男性在教女性时使用的祈使动词，比其他任何教者和学习者组合使用的祈使动词都更多。

陷入一个几乎全程都是对方发言的谈话一点儿也不好玩。有人向你解释一些其实你完全理解的事情同样相当乏味。

这种情况经常发生，以至于在英语中产生了两个新词：*manologue*[1]（男性独白）和 *mansplaning*[2]（男性说教）！事实上，使用这些术语并不公平，因为它们会导致对男性的刻板印象；当然，并不是所有男性都犯这种谈话主导错误，女性在谈话中也可能是不敏感和专横的。然而，可以公平地说，谈话主导与社会性别有关，被居高临下地谈话和被呼来喝去，都有可能造成自我实现预言。一段时间后，被视为似乎不重要和能力不足的接收方，可能就开始觉得自己不重要和能力不足。

非言语信息

塔拉（女）和汤姆（男）是当地一家企业不同分公司的两位助理经理。他们约好共进午餐，讨论如何增加盈利。当汤姆说话时，塔拉一直看着他并总是微笑。而塔拉说话时，汤姆则盯着窗外。当他想写些东西时，问都不问，拿过塔拉的笔就用。在他们谈话时，汤姆靠着椅背远离塔拉，把桌上的文件拉向靠近自己的位置。当他们起身离开时，塔拉仔细观察汤姆的脸色，猜测汤姆是否觉得这次讨论有意义。汤姆则是轻轻拍了一下塔拉的肩膀。

正如这个例子所示，不是所有沟通都依赖语言。这里我们关心的是非言语交流的性别化模式如何在北美社会中传递地位和权力的信息。虽然表面看来塔拉和汤姆是同级别的同事会面，但是，他们的非言语交流模式传递出了清晰的信息：谁更有权力、谁更重要。

地位高的人拥有更多非言语特权，且只需要履行较少的非言语义务。他们可以占据更大的空间、侵入他人的空间、触摸他人及其物品。他们不太有义务表现出对他人的谈话感兴趣并投入其中。心理学家南希·亨利的开创性研究促使她提出了这样一个理论，即当女性和男性互动时，男性的非言语行为与地位高的支配者相似，而女性的非言语行为则与地位低的从属者相似（Henley, 1973, 1977）（见

1　manologue，即 man+monologue——译者注

2　mansplaning，即 man+explaining——译者注

©JGI Media Bakery RF

图 2.3　人际互动中地位的线索包括微笑、姿势、手势、眼神接触、说以及听的模式。

图 2.3）。这种非言语支配不仅反映地位的差异，而且也在操演并因而保持地位的差异。请记住南希·亨利的理论，让我们再来看看汤姆和塔拉所展现的每一项差异。

许多研究已经发现，女性在互动中比男性笑得更多（Hall, 2006; LaFrance et al., 2003）。微笑是一种社交性积极活动，它传达情绪信息并展现兴趣和投入，但是所有微笑都是真诚的吗？地位高和地位低的人可能会表现（以及获得）不同类型的微笑。当人们与地位平等或地位偏低的人互动时，他们的微笑可能与他们体验的情绪一致。然而，当人们与地位高的人互动时，他们的微笑则未必是真实的积极情绪（Hecht & LaFrance, 1998）。换言之，地位高的人对他人微笑是因为他们感觉良好；而地位低的人对他人微笑则可能是因为他们觉得需要取悦对方。地位高的人也许不应该仅仅因为下属在笑，就想当然地以为他们高兴极了或者是对交谈很感兴趣。与地位低的人相似，女性似乎感到有义务去微笑（LaFrance, 2001）。如果一位女性违背了这一义务，那么她可能会被告诫要"高兴起来"，或会被问"你怎么了？"

汤姆和塔拉注视和说话的模式也反映了地位的差异。交谈时注视对方可以表达尊重和兴趣。一个人拥有的权力和地位越高，他 / 她就越不需要给予对方这种尊重。地位高的人在对下属说话时会看着下属，但是轮到下属说话时，他们则会看向别处——这种模式被称为**视觉支配**（visual dominance）。一项关于异性组对互动的研究发现，当在话题上的专业知识多过其交谈对象时，男女参与者的视觉支配是大体相当的。然而，当他们的专业知识与交谈对象不相上下时，男性则比女性表现出更多的视觉支配。换言之，当参与者缺少任何其他关于地位的线索时，他们会依赖社会性别，在眼神接触中操演男性支配（Dovidio et al., 1988）。

当汤姆靠着椅背，远离塔拉，并把文件拉向自己一边时，他这种行为与以往研究记录的疏远行为的性别化模式相呼应。在一项研究中，研究者对大学生进行同性组对和异性组对，每对有 10 分钟时间来搭建一个多米诺塔（Lott, 1987）。与跟另一位男性一起搭建相比，当跟女性一起搭建时，男性参与者更经常把脸和身体转向别处，并把多米诺骨牌放在离自己更近的地方。女性参与者对待男性和其他女性的方式相似。这种微歧视（microdiscrimination）反映并强化了男性更高的地位。

汤姆和塔拉之间最隐晦的非言语行为，可能就是汤姆离开时触碰了塔拉的肩膀。这一行为是在传达友谊、性兴趣，还是在暗示"别忘了这里我做主"？像许多其他的非言语行为那样，触碰可以表达亲密，也可以表现支配。在图 2.4 中，A 是在"爱抚"B，还是在对 B"动手动脚"？是有感情的还是侵犯性的？这可能很难确定（Ruscher, 2001）。南希·亨利指出，若要对亲密行为和支配行为做出区分，可以根据接收者是否欢迎这种触碰，以及她能否自在地以同样方式回应对方来判断。男性因其具有更高的地位而被允许发起更多碰触女性的行为，尤其是在公开的互动中。

在一项有创意的现场研究中，大学生研究者接受训练去悄悄观察教授们在专业会议上的互动（Hall, 1996）。研究者不仅要确定男性碰触女性是否比女性碰触男性多，他们还对各种碰触进行了编码：短暂的"点"触，或更个人化的轻拍和拥抱；身体的哪些部位被碰触（手、胳膊、肩膀）；以及明显的功能（问候、情感、控制）。此外，他们根据教授的论文发表量、所在大学的声望以及相关指标，对每名教授的地位进行了独立评价。强有力的证据表明，地位低和地位高的人发起的是不同类型的触碰。地位低的人更多发起握手，而地位高的人更经常碰触他人的手臂或肩膀。看上去，地位高的人是在通过使用更具侵入性的手臂和肩膀碰触来展示其

©SoumenNath/iStock/Getty Images RF

图 2.4　触碰可能是一个模棱两可的线索。在这种办公室互动中，它意味着友好、乐于帮忙还是性冒犯？

地位优势，而地位低的人则试图通过礼貌地主动握手来获得地位。社会性别也同样重要。当互动中的男教授和女教授地位平等时，男性发起更多的碰触。换言之，当其他方面都相同时，社会性别本身充当了地位的一个线索，女性如同地位低的人那样被对待。

在非言语行为上的性别差异并不完全取决于权力和地位。非言语行为有很多功能，且在很大程度上因年龄、族裔和文化而异。非言语行为可能也与体型差异有关。不过，显然，非言语线索的一个功能是表现女性和男性的不平等地位。

烦扰、压力源与微攻击

如果女性的确被当作一个从属群体对待，那么我们预期，她们会经常遭遇与次等地位有关的"烦扰"。研究证实，这些烦扰确实是女性生活的一部分。一系列研究发现，当女大学生和男大学生被要求在日记里写下性别主义遭遇及其影响时，女性报告平均每周会经历一到两次此类事件，而男性则报告大约每两周经历一次

（Swim et al., 2001）。以下是女性所报告的一些经历：

性别角色刻板印象化："你是个女人，所以叠好我的衣服。"

贬低性评论："我跟几个朋友一起出去玩，公寓里有个家伙冲我说，'姐，给我搞点啤酒来！'"

性客体化：聚会结束后回家的路上，一位女性遇到了三位男性。其中一位男性称赞她的腰带好看，另一位则说："别看腰带了，看看她的大胸。"

每天生活在充斥着性别主义的世界里，无论是女性还是男性，其幸福感都会受到消极影响。在这些研究中，遭遇更多性别主义烦扰的参与者报告了更高水平的愤怒、焦虑和抑郁，并且在社交情境中自尊偏低、舒适感下降。女性遭遇的性别主义烦扰在整体上显著多于男性，因此对女性来说，这一影响更严重。

采用多样化样本进行的研究也得出了相似的结果。当研究者使用详细的问卷去测量女性在过去一年中以及有生以来的性别主义经历时，他们发现，类似的经历几乎普遍存在，有99%的女性至少经历过一次性别主义事件，而在过去一年中经历过性别主义事件的高达97%（Klonoff & Landrine, 1995）。最常见的经历包括：遭遇性别主义玩笑（94%）、被不尊重地对待（83%）、被以性别主义名称称呼（82%）、遭受性骚扰（82%）。填写问卷的大多数女性（56%）报告，她们因身为女性而被打、被推搡或受到人身威胁（见表2.1）。

这项研究的样本包含了600多名女性，她们来自不同的族裔，具有不同的社会经济地位。有色人种女性和白人女性经历了相似类型的性别主义事件；不过，有色人种女性整体上报告了更多性别主义经历。如同日记研究中的大学生那样，这些女性也承受了心理上的代价。性别主义经历的数量与心理和躯体症状的总量相关，也与抑郁、经前期症状和强迫行为等特定问题有关。事实上，与单纯测量应激性生活事件相比，性别主义在统计上更能预测心理和躯体问题（Landrine et al., 1995）。在一项针对军人的研究中，性别主义烦扰的影响也很明显（Murdoch et al., 2007）：相比男性，更多女性（80% VS 45%）报告曾经经历过诸如性骚扰、质疑性取向等应激性事件。有更多应激经历的军人，无论男性还是女性，都在社交和职业功能上显著受损，有更多躯体问题，出现更多创伤后应激障碍、抑郁和焦虑的症状。

表 2.1 女性的性别主义经历（"因身为女性"而遭遇各类事件的女性参与者的百分比）

条目	有生以来有此经历的女性的百分比（%）	过去一年有此经历的女性的百分比（%）
受到何人的不公平对待		
教师 / 教授	53	25
你的雇主、老板或主管	60	32
你的同事、同学或同行	58	37
服务行业从业者（商店店员、服务员、酒吧招待、银行出纳员、机械维修人员）	77	62
陌生人	73	59
助人行业从业者（医生、护士、精神科医生、个案工作者、牙医、学校心理咨询师、治疗师、儿科医生、校长、妇科医生）	59	40
你的男朋友、丈夫或你生命中的其他重要男性	75	50
在你应得的情况下，却被拒绝加薪、升职、授予终身职位、分配好的任务、入职或工作中其他类似的情况	40	18
对你做出不适当或不受欢迎的性接近	82	55
未对你表达应有的尊重	83	62
对自己遭遇的性别主义事件真的感到很生气	76	52
被迫采取强硬措施（提起申诉 / 诉讼、离职、搬走）来处理性别主义事件	19	9
被以性别主义名称称呼（如婊子、贱货、小妞或其他称呼）	82	54
因自己或他人遭遇性别主义事件而陷入争论或打斗	66	44
被取笑、捉弄、推搡、猛推、殴打或威胁	56	29
听到有人讲性别主义笑话或侮辱性的黄色段子	94	84

资料来源：Klonoff, E. A., & Landrine, H. (1995). The schedule of sexist events: A measure of lifetime and recent sexist discrimination in women's lives. *Psychology of Women Quarterly*, 19, 439–472.

近期的研究表明，异性恋主义烦扰对女同性恋者、男同性恋者和双性恋者（LGB）都有消极影响。在一项日记研究中，一组 LGB 人士报告，遭遇异性恋主义烦扰增加了他们的愤怒和焦虑。此外，这些经历降低了 LGB 参与者对自己作为

LGB 个体的接纳性，并对他们如何感知其他女同性恋者、男同性恋者和双性恋者产生了负面影响（Swim et al., 2009）。此外，一项针对双性恋女性的焦点团体研究显示，她们经历了更不易觉察的不尊重，包括间接敌意、施加改变的压力以及否认 / 拒斥她们的性取向。该研究中的一位女性表示，双性恋意味着"就像那里有地雷一样，要小心翼翼地生活"（Bostwick & Hequembourg, 2014, p. 493）。

这些不易觉察的侮辱属于**微攻击**（micro-aggressions），包括简短的言语或行为侮辱，因某人是被贬低群体成员而对其表现出敌意或贬低态度（Nadal et al., 2015）。这些轻蔑和侮辱可能是故意的，也可能是无意的，但它们无疑是有害的。少数族裔 / 种族群体成员以及女性，都面临着微攻击（Nadal et al., 2014）。还有一些研究开始关注残障人士和宗教少数群体成员遇到的类似问题（Nadal et al., 2015）。

大多数对微攻击的研究聚焦于单一身份。但是，正如我们在第 1 章中了解到的，多重身份的交叉性至关重要。一组研究人员对以往 6 项关于微攻击的质性研究的资料进行重新分析（这些研究的参与者包括男性、女性、跨性别者、非裔美国人、女同性恋者、男同性恋者、双性恋者和阿拉伯裔美国人），从中寻找交叉领域，如种族和性别、种族和宗教、性别和宗教、性别认同和性取向认同。分析结果显示了与交叉身份有关的几个主题。例如，其中一个主题是有色人种女性有时被视为具有异国情调，并且有别于其他女性；另一个主题是对女同性恋者和男同性恋者的基于性别的刻板印象（如所有男同性恋者都热衷时尚）（Nadal et al., 2015）。因为每个原始研究都只关注一个群体，因此在质性资料分析中，他们忽略了微攻击的这些交叉性。

烦扰、压力源和微攻击对具有多重边缘身份的不同人群具有不同的影响，这表明了第 1 章介绍的交叉性原则的重要性。有些女性的身份不仅与其性别地位有关，而且与其作为有色人种或同性恋 / 双性恋女性的边缘地位有关，她们经历了更多此类负面事件。显然，在日常互动中被当作二等公民对待是压力的主要来源，研究已经表明，这些事件与身心健康和幸福感的下降存在关联。当你因女性身份、有色人种成员身份、同性恋者身份或同时具有以上所有身份而被轻视时，这在本质上是侮辱性的，而且非常个人化。它是对你无法改变的基本身份的攻击（Klonoff & Landrine, 1995）。

反冲与双重束缚

为什么女性（以及其他从属群体成员）甘于忍受不平等的对待？为什么她们不现在就开始像支配群体成员那样行事？无疑，女性也能讲性别主义笑话、对男性呼来喝去、打断他们、辱骂他们。除了这种"平等"会制造一个非常不愉快的社会，这当中还有其他原因。

支配行为与男性紧密相关。一项研究向大学生和其他年轻成人呈现了一系列支配性和顺从性社会行为，并要求他们评估一个典型的男性或女性如此行事的频率。参与者报告说，支配行为（为群体设定目标、拒绝在争论中让步）更有可能由男性做出，而顺从行为（接受言语虐待、商家多收费时不投诉）更有可能由女性做出（McCreary & Rhodes, 2001）。在人们的信念体系中，支配行为是与男性联系在一起的，因此，当女性做出支配行为时，这些行为可能就不会那么奏效。

反冲（backlash）指的是针对行为违反性别规范的女性的一种负面反应。从20 世纪 80 年代到现在，许多研究都表明，那些担任领导角色或表现得有决断力或有支配性的女性，被认为比举止相同的男性更具敌意、社交技能更差，或者更不讨人喜欢（Amanatullah & Tinsley, 2013）。我们很容易就能找到对女性进取心和能力作出苛刻评判的例子。例如，一项研究调查了 2010 年朱莉娅·吉拉德成为澳大利亚首位女总理后五天内的报纸报道（Hall & Donaghue, 2013）。吉拉德的进取心被描述为既冷酷无情（她"拿起刀插在他的背上"），又性别偏离（"任何因女人掌权而期待议会变成一个更温和之地的人，都可能会感到失望"）。

让我们来看看揭示反冲效应的实验室研究。在一系列实验中，大学生们观看女性或男性为自己或他人谈判工作机会的片段或视频，并对谈判者进行评价。当谈判者是一位为自己争取机会的女性且表现得有决断力时，反冲现象出现了。人们认为她傲慢、自命不凡、有支配性，并表示不想和她一起工作。只有当女性谈判者为别人而非为自己谈判时，她才被积极对待。无论是为自己还是为别人谈判，有决断力的男性都会被积极看待（Amanatullah & Tinsley, 2013）。在另一项研究中，参与者对片段中健谈的女性首席执行官的评价显著低于发言量完全相同的男性首席执行官（Brescoll, 2011）。该研究的所有参与者都是有工作经验的成年人。看来他们在现实世界中已经学到，女性不应该通过大胆发声来展现自己的力量。

对有决断力的女性的反冲制造了一种**双重束缚**（double bind），即一种"真该死，你做了不对，你不做也不对"的尴尬处境。那些表现得有决断力的女性，可能被视为有胜任力但不讨人喜欢；而那些表现得更加符合对女性的刻板印象的女性，则可能被视为讨人喜欢但缺乏胜任力。双重束缚会造成取胜无望的局面。

让我们以沟通风格为例。在美国社会，人们非常看重为自己发声、发表意见和主张个人权利，因此，决断力训练工作坊是一种流行的心理自我提升方式。其中许多工作坊是专门面向女性的。然而，与语言风格相同的男性相比，当女性采用这种有决断力的风格时，她们可能会受到不同的评判。在一项早期研究中，大学生和老年人被要求阅读一系列场景描述，这些场景中的男性或女性发言者表现得有决断力且值得尊重（例如，礼貌地要求主管不要在客户面前称呼他 / 她为"孩子"）。参与者认为有决断力的女性虽然与有决断力的男性同样有胜任力，但不那么讨人喜欢。老年男性参与者尤其会这样认为（Crawford, 1988）。这种双重束缚是显而易见的：女性，而不是男性，必须在不决断（由他人支配自己）和决断（冒着被讨厌的风险）之间做出选择。对女性来说，胜任力与讨人喜欢的双重束缚持续存在。最近一项对 71 个研究进行的元分析得出结论：与有支配性的男性相比，有支配性的女性可能难以得到聘用或获得选票，这是因为她们被认为不那么讨人喜欢，而不是因为她们被认为缺乏胜任力（Williams & Tiedens, 2016, p. 179）。在美国，女性在由选举产生的政治职位中仍然只占一小部分，反冲的影响是非常现实的。

其他研究也表明，在使用所谓的男性化语言时，女性用就不如男性用那么奏效。在男性评价者看来，与使用相同方式的男性相比，以一种有胜任力、有决断力的方式发言的女性，更不讨人喜欢、更不具影响力且更有威胁性，除非她们竭力表现得热情而友好（Carli, 2001）。这种双重标准阻碍了女性政治家的发展。在 2016 年美国民主党初选期间，当希拉里·克林顿在与伯尼·桑德斯的竞争中提高发言音量时，反对者开始攻击她。一位反对者说："没人告诉她麦克风管用吗？"另一位则建议她"别再尖叫了"。与此同时，她的支持者指出，伯尼·桑德斯几乎总是"声嘶力竭地咆哮"（Milbank, 2016）。当桑德斯或其他男性政治家大声叫喊时，人们认为这表明了他们对事业的投入；然而，当希拉里·克林顿或其他女性政治家大声疾呼时，给人的印象却是尖锐刺耳。

女性不仅在声音上面临双重束缚，在外貌上也面临双重束缚。在 20 世纪 80 年代，人们认为，女性若想获得有权力和有影响力的职位，就需要穿权力套装：

带有垫肩、海军蓝或灰色、保守剪裁的职业装,但领口带有女性化的蝴蝶结。2016 年,《纽约时报》时尚增刊建议女性现在可以穿"新权力装"去办公室,即那种高缝裙、露脐装、蕾丝吊带裙、皮衣、有荷叶边和亮片的衣服(Prickett, 2016)。无论哪种方式,这些建议都告诉我们,与男性相比,女性仍然更大程度上被通过外貌来评判,而且,不得不在讨人喜欢和胜任力之间保持平衡。男性则没有这种两难困境。西装和领带足以满足专业人士的职业需求,卡其裤和纽扣衬衫适合技术行业。在合理的范围内,没有人会根据你的穿着来质疑你的胜任力或讨人喜欢的程度。我们能想象一本男性杂志会建议男士们在办公室里把衬衫解开到腰间以彰显权力吗?

当女性试图搞清楚自己应该在多大程度上专注于看起来性感而有吸引力时,外貌的双重束缚就在给她们制造现实的两难困境。面对这些困境,没有简单的答案。一项实验发现,人们对性感着装的女性的评价,取决于她们拥有高职位的工作还是低职位的工作。参与者评估了录像中的一位女性目标人物,其身体吸引力保持恒定不变,但穿着性感装或职业装,职位为经理或接待员。与穿职业装的经理相比,参与者对穿性感装的经理持较负面的态度,且评价她们的胜任力较低。相比之下,接待员的着装风格并没有影响参与者对她们的讨人喜欢程度或胜任力的评判。这些发现表明,性感的自我呈现危害了职位高的女性,但对职位低的女性则没有这种影响(Glick et al., 2005)。

性别管理游戏

社会性别对男性而言是一笔资产,因为男性气质与人们对支配性、胜任力和规范行为的感知有关。社会性别对女性而言则是一笔负债,因为这些支配性和掌控性的特征在女性身上仍然未被平等认可,而且女性受到肯定的特征——试探性、柔和的言语风格以及女性化的吸引力——并不总是与胜任力有关。女性若采用那些对男性而言可接受的行为方式,则可能被贬低、讨厌或漠视。这种始终存在的可能性意味着女性必须采取**性别管理策略**(gender management strategies):旨在柔化女性的影响力、向他人保证她没有威胁性、既展现友好又展现(不太多)胜任力的行为方式。这并非易事,使一位女性显得更有胜任力的行为(如坦言自己的能力)也可能会使她显得不那么讨人喜欢(Rudman & Glick, 1999)。

实验室研究已经发现了性别管理策略。在一项研究中,参与者面临一种假设情境,在该情境中他们是问题解决小组内权力最低或最高的人(Brescoll, 2011)。

权力高的女性表示她们会在小组中少说话，这样她们就不会被讨厌，男性则不会这样。同一位研究者还研究了现实世界的权力部署情况：美国参议员在参议院发言的时间。通过对每位参议员实际权力（在重要委员会中的职位、推动立法获得通过等）的独立测量，研究者计算了每位男参议员和女参议员在美国公共事务广播电视网（C-SPAN）的发言时间与其权力的相关度。对男参议员来说，二者之间存在直接的正相关：权力越大，发言越多。对女参议员来说，二者没有关联。尽管这项研究是相关关系研究，不能说明因果关系，但考虑到所有其他关于女性受到双重束缚的研究，研究者的最佳猜测是，即使有权力的女参议员也会担心，如果她们"说得太多"就会遭遇反冲。

如果女性不参与性别管理游戏，又会怎样呢？安·霍普金斯便是一个这样的例子。一家大公司拒绝了她的合伙人申请，尽管事实上她比申请合伙人资格的 87 位男性职员中的任何一位都付出了更多的工作时间且贡献了更多的收益——2500 万美元的利润（Fiske et al., 1991）。那么原因是什么呢？安·霍普金斯被告知，她缺乏人际交往技能，应该去"礼仪学校"学习、化妆并佩戴首饰、做发型，以及穿更女性化的服装。安·霍普金斯义愤填膺，向法院提起了诉讼。当这一案件（安·霍普金斯诉普华永道）提交到美国最高法院审理的时候，一组杰出的心理学家作为她的专家证人参与了此次诉讼。所幸，法庭并没有被这家大公司拒绝晋升安·霍普金斯的借口所愚弄。法庭做出了对她有利的判决，并特别指出了她所处的双重束缚的境地：

> 一个反对女性进取（但她们的职位又要求这一特质）的雇主，将女性置于一种无法忍受的进退两难的境地：表现得进取会丢掉工作，表现得不进取也会丢掉工作（转引自 Fiske et al., 1991）。

社会性别塑造个体

女性和男性或多或少地接受了在社会结构层面显见的性别区隔，并将性别区隔作为自我概念的一部分在人际层面展演出来。这个过程被称为**性别塑型**（gender typing）。当个体性别塑型后，他们接受了所属文化中对其生物性别群体而言规范化的特质、行为和角色。性别塑型对大多数人来说是自我认同的一部分，而且该主题已经涌现了大量的心理学研究。在第 6 章中，我们将详细介绍儿童期和青少年期的性别塑型过程。为了与权力和地位这一主题保持一致，本章我会集中分析女性的从属地位是如何被内化的。

人们不仅接受了其文化所标定的男性化或女性化特质，他们还内化了支持该性别制度的意识形态。这些意识形态成为双方同意的共识，被支配群体和从属群体成员共同接受（Sidanius & Pratto, 1999）。换言之，无论支配群体还是从属群体，都开始相信支配群体的合法化迷思，并形成了一种将支配群体的统治合理化的态度。当从属群体成员接受了将其不平等地位合理化的迷思时，支配群体通常无须诉诸武力或其他强硬方式进行控制。相反，从属群体常常会控制他们自己。

对不平等的合理化

"压迫在很大程度上是一种合作游戏"（Sidanius & Pratto, 1999, p. 43），这听起来可能有点奇怪。让我们来看看女性和男性都持有的一些信念和态度，它们将不平等合理化并维持下去。

对个人化歧视的否认

美国的法律制度建立在公平理念之上：如果你认为自己被冤枉或者遭到了歧视，你有权寻求公正。遗憾的是，大量社会心理学研究表明，不公正事件的受害者往往没有意识到他们正在遭受不公平对待。

并不是说人们对群体层面的歧视视而不见。如果你向拉丁裔询问美国的种族歧视，或向女性询问性别歧视，或向同性恋者询问异性恋主义歧视，他们很可能承认这些歧视确实存在。然而，当被问及他们是否曾经在个人层面遭遇过歧视时，他们就不太会承认歧视曾发生在自己身上。这种不一致被称为**对个人化歧视的否认**（denial of personal discrimination）（Crosby et al., 2003）。

对个人化歧视的否认是普遍存在的。有证据表明，这种现象会发生在加拿大的女性、少数族裔和语言少数群体身上，也会发生在美国的女性、同性恋者和非裔美国人身上（Crosby et al., 2003）。在该领域的首个研究（现已成为经典）中（Crosby, 1982），研究者从美国东北部在职女性和男性员工中选取了一个大样本，详细询问他们对职业女性地位的看法，以及他们对自己工作职位的满意度。研究者惊讶地发现，虽然根据客观指标，受雇女性是薪酬歧视的受害者，但是，她们对职场待遇的满意度并不比男性低。她们确实承认职业女性普遍面临的不利处境，但"似乎每位女性都觉得自己是性别歧视普遍规律的一个幸运的例外"（Crosby et al., 2003, p. 104）。一个群体遭受歧视而群体中的每个个体都能幸免，这在逻辑上当然是不可能的！

对个人化歧视的否认可能与"相信世界是公正的"这一内在需求有关。在一个公正的世界里，每个人都会得到他 / 她所应得的（Crosby et al., 2003）。它也可能与评价标准的变换有关，人们可能认为，每周 X 美元的薪水对男性来说只能算还可以，但对女性来说则算相当不错，而不是平等地进行比较（Beirnat & Kobrynowicz, 1999）。而且，对个人化歧视的否认还与支配群体的合法化迷思有关。换言之，一个人越是接受能将权力和地位现状合理化的意识形态，他就越不容易感知到歧视。有一项研究将高地位群体（欧裔美国人和男性）与低地位群体（非裔美国人、拉丁裔美国人和女性）进行了比较，对这一假设进行检验。低地位群体成员越是接受"美国是一个开放社会，只要足够努力，任何人都能获得成功"这一信念，他们就越不可能报告自己曾经遭受过歧视。接下来，研究者设置了一种实验室情境：女性遭受男性的拒绝（在实验中没有得到理想的工作）或男性遭受来自女性同样的拒绝。一名女性越是相信开放社会迷思，她越不可能认为自己被拒绝是因为歧视。相比之下，男性越是相信这一迷思，他越可能认为自己遭遇了歧视。因此，向上流动的信念——支配群体的意识形态——影响人们解释他们是否遭受了歧视（Major et al., 2002）。

对个人化歧视的否认具有重要的社会影响。当从属群体成员意识不到个人遭遇不公正对待时，他们可能不会及时采取行动来对抗自己的不利处境。如果你不知道自己被冤枉了，你就不可能提出抗议；如果没有人认识到个人化歧视，人们就很难试图去纠正它。

你的工作值多少薪水？性别与应得感

你是一家老年人生活辅助设施公司的职员。你的主管正在考虑为居民提供购物帮助，并让你就"鼓励网购是否是个好主意"提出一些想法。因为这是一个额外的项目，所以主管让你提议，完成这一任务你该得多少报酬。

在一项与此情境相似的实验中（Jost, 1997），女性参与者付给自己的酬劳比男性参与者少 18%，她们对自己观点原创性的评价也比男性要低，尽管事实上独立的评判者（不清楚被评判者的性别）对男性和女性所提创意的评价同样好。研究一再表明，当要求女性和男性明确指出自己的工作应获得多少报酬时，与男性相比，女性认为自己工作的价值相对较低（Steil et al., 2001）。她们似乎并不觉得自己有权享有平等。

女性常常认为自己的工作质量不如他人，以此来合理化她们付给自己较低的酬劳，即使当她们意识到自己的工作质量与他人相同时，她们仍然可能付给自己较低的薪酬（Major, 1994）。就像对个人化歧视的否认一样，这是一个普遍存在的现象，它阻碍了女性对其从属地位采取行动或表达抗议。就像对个人化歧视的否认一样，这可能反映了支配群体价值观的内化。

女性可能不觉得有权享有同等报酬的一个原因是，她们将自己与其他同样酬不抵劳的女性进行比较（Davison, 2014）。另一个原因是，她们的公平薪酬观建立在以往经验的基础上，而事实上，她们以往都是酬不抵劳的。在一项研究中，大学生被问及他们对未来收入的预期。与男性相比，女性倾向于认为她们应得的更少。然而，这种应得感的性别差异，可以由学生刚结束的暑期工作的实际收入差异来说明，女性的平均收入显著少于男性（Desmarais & Curtis, 1997）。应得感的性别差异也反映了其他类型的地位不平等。当研究者通过实验设置来提高女性的地位时（告诉参与者女性特别擅长这项任务），性别差异就消失了，地位高的女性付给自己的酬劳与男性一样多（Hogue & Yoder, 2003）。

无论"对个人化歧视的否认"和"应得感的性别差异"的深层原因是什么（可能有多个原因），这一系列研究表明，那些被当作二等公民对待的人学会了将不平等作为规范来接受。这些信念和态度，由不同的机会塑造，并在社会互动中得以维持。它们是性别制度的产物。

性别主义态度

性别主义偏见并不只是一个男性讨厌女性的问题。性别主义态度较此更为复杂。无论女性还是男性，双方都认为女性通常比男性更友善且更蔼可亲（Eagly & Mladinic, 1993）。此外，在过去几十年里，人们对女性的态度已经开始向积极的方向转变。然而，性别主义仍然存在。今天的性别主义可能比过去更不易觉察、更具内在冲突。

当代针对女性的性别主义可能是**矛盾的**（ambivalent）：它既包括对女性的敌意，也包括对女性的善意（Glick & Fiske, 1996）。**敌意性别主义**（hostile sexism）包含的信念是：女性是次等的，而且她们威胁要取代男性正当的（支配）地位。在敌意性别主义上得分高的人会同意类似这样的陈述：

- 女性试图通过控制男性来获得权力。
- 大多数女性把无意冒犯的评价或行为解读为性别主义的。

善意性别主义（benevolent sexism）强调，女性是需要被珍爱和保护的特殊存在，可由类似这样的条目测得：

- 一个好女人应该被她的男人奉在高台之上。
- 很多女人拥有男人少有的纯洁品质。

如果善意性别主义反映了女性应该被男性珍爱和保护这样一种正向观点，那为什么它是一个问题呢？虽然善意性别主义看上去没有敌意性别主义那么有害，但是它有几个潜在的危险。它夸大了女性和男性之间的差异（见第 4 章）。它可能导致女性接受某些规则或规定，即她们可以去哪里、可以做什么，因为"这是为你自己好"（Moya et al., 2007）。它可能导致女性怀疑自己的能力，进而削弱女性在认知任务上的表现（Dardenne et al., 2007）。此外，纯洁、天真、脆弱和值得保护的人，也就不可能被认为是有能力的领导者。被奉在高台之上可能为父权制的现状提供了一些补偿。然而，在高台上的生活可能是相当受限的。

同时赞同两种性别主义的男性被称为**矛盾的性别主义者**（ambivalent sexists），他们对女性的印象是两极化的。例如，他们承认"职业女性"是聪明和勤奋的，但也认为她们具有攻击性、自私和冷漠。他们对那些扮演的角色满足了男性需要的女性给予了最积极的评价，例如家庭主妇和"性感宝贝"（Glick et al., 1997）。赞同善意性别主义的女性有可能在心理应得感（即普遍意义上应得特殊待遇的感觉）这一人格特质上得分较高（Grubbs et al., 2014; Hammond et al., 2014）。矛盾的性别主义很难改变，因为无论女性还是男性，通常都不会意识到善意也可能是偏见的一种形式（Baretto & Ellmers, 2005）。因此，有性别主义态度的男性很容易否认他的偏见（"但我爱女人；我认为她们很好，值得珍视！"）。这种父权家长式作风，可能会妨碍他和其他人意识到其性别主义中颇具敌意的一面（"……只要她们待在自己的位置上"）。而且，善意性别主义的保护主义，有可能会使一些女性感觉自己像公主。

研究者已经在 19 个国家的 15 000 多人中测量了矛盾的性别主义（尽管样本中大学生占很大比重）（Glick et al., 2000）。结果发现，无论敌意还是善意性别主义都相当普遍。在所研究的每一个国家中，男性都比女性更赞同敌意性别主义，虽然某些国家（南非、意大利）的性别差异比另一些国家（英国、荷兰）大得多。然而，令人惊讶的是，在约半数的取样国家中，女性对善意性别主义的赞同程度与男性相当，而且其中 4 个国家（古巴、尼日利亚、南非和博茨瓦纳）的女性的得分比男性更高。数据间的相关性模式表明，一个国家中男性的性别主义程度越高，该国家的女性就越赞同善意性别主义。

此外，在这项研究中，国家之间的差异与每个社会内部女性的地位和权力有着系统性关联。研究团队使用了由联合国开发的性别不平等测量指标，如女性在国会中所占席位的比例、收入、识字率、预期寿命等。结果发现，一国的男性越赞同性别主义信念，该国女性的地位就越低。

善意性别主义和敌意性别主义存在统计上的相关，而且二者相辅相成，共同维系着父权制。善意性别主义奖励那些接受传统性别规范和权力关系的女性。因此，当女性认为周围的男性赞同善意性别主义信念时，她们也倾向于赞同这一信念（Sibley et al., 2009）。敌意性别主义惩罚那些挑战现状的女性。例如，当英国男大学生阅读一段关于熟人强暴的情境叙述时，那些在敌意性别主义上得分高的男性，更可能认为受害者的抵抗不是真实意愿；而且表示，如果他们处在相同的情境，可能也会像强暴者那样去做（Masser et al., 2006）。在许多男性都是敌意性别主义者的社会中，女性的应对方式可能是去相信：倘若她们按照社会规定的好女人准则行事，她们就会受到保护。"具有讽刺意味的是，女性被迫从威胁她们的群体那里寻求保护，而且威胁越大，女性接受善意性别主义中保护观念的动机越强"（Glick & Fiske, 2001, p. 113）。

诸如此类的性别主义态度，将女性描绘成要么是有胜任力且自主的，要么是讨人喜欢且值得尊敬的。而且，它们是类似前文所述的许多双重束缚的一个来源。无论敌意性别主义还是善意性别主义，二者都有助于使男性更高的地位和社会权力得以延续。

性别主义与对低地位群体的偏见有关。**社会支配取向**（social dominance orientation，SDO）衡量的是个体在多大程度上支持所谓优势群体对弱势群体的支配（Sidanius & Pratto, 1999）。社会支配取向与歧视的多个维度有关，包括种族、宗教、性态、社会性别和国籍。在社会支配取向上得分高的人倾向于同意类似这样的陈述：

- 如果弱势群体安于其位置，这个国家会更好。
- 为了取得人生的成功，有时需要把其他群体的人踩在脚下。

在社会支配取向上得分高的人往往会表现出种族和族裔偏见、性别主义、异性恋主义、强暴迷思、政治保守主义以及右翼威权主义（Christopher & Mull, 2006; Christopher et al., 2013）。他们倾向于支持有利于高地位群体的社会政策，反对那些赋予低地位群体更多权力的政策。因此，他们可能支持加大在监狱和军事方面的开支，反对女性权益、同性恋者权利、全民医疗保健、反贫困计划和平权行动。研究者在来自 10 个国家的 45 个样本中使用过社会支配取向量表，共 19 000 多名男女参与者接受了测量。在其中 39 个样本中，男性在社会支配取向上的得分显著高于女性；在另外 6 个样本中，性别差异不显著；没有一个样本表明女性得分高于男性（Sidanius & Pratto, 1999）。

小结：将社会性别的各层面联系起来

社会性别具有复杂的意义结构。女性主义者最先将社会性别与生物性别区分开来，将其定义为"所属文化认为适合男性或女性的特质和角色"。在这一定义中，女性主义者强调社会性别是与自我和身份认同有关的社会化的一部分。今天，人们对社会性别的理解要宽泛得多。我们已经了解到，社会性别可以被概念化为：

- 赋予男性更高权力和地位的一种普遍的社会分类制度
- 操演"作为女性或男性意味着什么"的一个动态过程
- 个人身份认同和态度的一个方面

当将社会性别视为一种社会制度时，我们强调的是支持父权制的社会权力结构。当将社会性别视为一种自我呈现和操演时，我们强调的是人们以许多细微、几乎不可见的方式，将自己呈现为性别化的存在，遵从他人基于性别的期待，强调对女性而言，性别实作也意味着扮演从属角色。社会性别的操演通常不是一种有意识的、自我觉察的选择，而是一种对社会压力或多或少的自动化反应。当将社会性别视为个体社会化的一个方面时，我们看到，生活在性别等级背景下的人，无论男女，都可能会接受那些将性别不平等合理化并加以维持的信念和态度（通常也见于其他形式的不平等，如种族主义和异性恋主义）。换言之，社会性别的父权制意识形态"进入你的头脑"，成为个体的身份认同和世界观的一部分。性别制度的三个层面相互关联，彼此强化。

社会性别具有一个重要的方面，可以刻画所有这三个层面的特征，那就是权力。父权制是一种赋予男性更多权力和更高社会地位的制度。社会性别在不同社会的表达有所不同，女性的从属程度在不同时代和不同地方也存在差异，但是，在任何已知的文化中，女性拥有的社会和政治权益都比男性要少。

在本章中，我描述了社会科学家通过各种类型的系统性研究来理解性别制度。在结束这一议题之前，让我们通过一位女性的眼睛，再次审视性别制度。

舒克里亚的故事

舒克里亚在阿富汗喀布尔一家繁忙的医院工作，是一名麻醉科护士。她对性别制度的了解，可能比我们大多数人都更多一点。她三十岁左右，已婚，是三个孩子的母亲。可是，直到结婚前一个月，舒克里亚都还是舒库尔，而舒库尔是个男孩。

在阿富汗，儿子是如此宝贵，以至于当一个家庭没有儿子或儿子很少时，女孩可能会被当作男孩抚养。很大程度上，这是一种隐秘的习俗，被称为女扮男装（Bacha Posh）（Nordberg，2014）。当然，她的父母和一些亲近的家庭成员都知道其真实生物性别。但是在外面的世界——学校、清真寺和商店，她是父母的儿子，拥有个人和家庭所享有的一切地位。对一个女孩来说，这是一种荣誉。她拥有其他女孩被剥夺的权利，如行动自由、受教育的机会和地位，直到青春期即将到来时，她才被迫再次成为女孩。与"他"的五个姐妹不同，舒库尔不必做家务，比如做饭和打扫卫生。他和他的一个兄弟可以最先吃饭、大胆发言、在户外玩耍。舒库尔很强壮，也很聪明，他想尽办法说服家人让他接受护士培训。很快，他在医院的收入就足以让他把自己的男性身份保持到青少年晚期。但是后来塔利班来了，乔装变得过于危险。舒库尔的父母宣布为她安排了一位丈夫，并给她置办了女装。在订婚宴上，她见到了未来的丈夫，有生以来第一次打扮成一个女人。

作为新娘，舒克里亚必须学会身为女性如何操演性别，尽快丢掉她那种男性化风格。被当作男孩养育的过程并没有改变她的性态，她很好地适应了婚后的性生活和母亲角色。但是，她说话的声音还是太大，嗓音太低沉。她跷着二郎腿，不知道什么坐姿合适。她习惯了走得很快，抬着头，摆动双臂，或者双腿叉开，双手插兜，穿着牛仔裤和皮夹克。现在，她透过头巾的小纱网，几乎看不到该往哪里走。其他女性不得不经常提醒她，如何顺从地低头走路，不要占据太多空间。她不知道如何做饭、打扫或缝补丈夫的衣服，而这些对女性来说都被认为是再自然不过的事情。她的头发乱乱的，讨厌香水的味道，也根本不知道如何与其他妻子闲聊女性感兴趣的事情。起初，最难的事情是意识到她不能离开家了。可是，她还是像个男人一样走出家门，然后又被拽回来，还要挨骂。换回身份 15 年之后，舒克里亚仍然觉得，她首选的表达方式还是男性气质的表达，尽管她一直知道自己是女性，但她不得不改变自己的一切来遵从其所在社会对女性的定义。

舒克里亚生活在一个极端的父权社会里。女性仍被视为男性的财产，离婚对女性来说几乎是不可能的，家庭暴力是常态，这些都是性别制度在结构层面如何限制女性的例子。在人际层面，舒克里亚切身体验到，女性和男性如何在姿势和言语上，分别以顺从和支配的方式，差异化地表现着自我；也深切地感受到，外貌规范如何增强了性别等级。在个人层面，舒克里亚感觉她仍然需要非常努力地去做一个女人，而且她可能永远做不到完美。然而，她并不为自己感到难过。相反，她相信，在内心深处，她有勇敢男性的灵魂。

你可能认为，只有在一个高度父权制的社会里，社会性别才能对一个人的生活产生如此广泛的影响。但是，请你不妨试着想想：如果你明天早上醒来发现你的社会性别改变了，你的生活将会有怎样的不同。

让转变发生

世界各地不同时代的女性运动，其参与者都是那些致力于为所有人争取平等人权的女性和男性。第一次浪潮的女性主义积极行动者中，不乏 20 世纪早期为女性赢得选举权的女性参政论者。第二次浪潮的积极行动始于 20 世纪 60 年代，致力于争取生育权、职场平等，终结媒体中的性别主义以及针对女性的暴力等问题。许多年轻女性将自己认同为第三次浪潮的女性主义者，她们正在为下一轮社会变革确定她们的目标。

改变我们自己

怎样才能改变那些内化的性别主义信念和态度呢？ 20 世纪 70 年代，第二次浪潮的女性主义者建立了一些意识提升小组（consciousness raising groups），女性以小组形式进行非正式会面，谈论她们身为女性的生活。参加这些小组的女性开始意识到，她们的问题并不是个人的不足，而是与社会对女性的贬低有关。意识提升小组鼓励社会行动，引发了诸如为受暴女性开放庇护所、为抗议性别主义做广告等活动。随着女性在 20 世纪 70 年代和 80 年代推动了一些社会进步，这些小组消失了（Kahn & Yoder, 1989）。然而，在这些小组活跃的时期，它们为其中的女性带来了积极的变化，包括增强了对性别主义和不公正的意识，改善了自我意象和自我接纳（Kravetz, 1980）。今天，女性（和男性）更可能在网上找到一个亲女性主义社区（比如一些开放的网站，人们可以在上面发布博客，发出怒吼、咆哮和表达意见）。第 13 章讨论的女性主义心理咨询和治疗，也能够为那些想要改变自己生活的女性、男性和不同性态的伴侣赋权。

教育是减少性别主义的另一个有力工具。当人们学会批判地思考性别制度时，他们可能更能意识到性别主义，甚至可能改变自己的性别主义态度。提升对男性特权的意识是另一个起点。在一项研究中，实验组学生观看一段视频，视频中男大学生讨论了诸如较低的性侵犯风险、不用一直担忧相貌和外表、工资差距等主题，控制组学生则阅读包含这些信息的文字材料。结果表明，与控制组相比，实验组无论男生还是女生都加深了对男性在社会中享有的优势和特权的了解（Case et al., 2014）。然而，这些学生在敌意和善意性别主义倾向上的分数并没有改变。这些潜在的态度更难改变。女性与性别研究相关课程对改变也会有所助益。一项研究发现，只需选修一门女性研究课程，就可以在一定程度上降低女性对性别主义的被动接受，提升她对女性主义的承诺，促进她们制订社会积极行动计划（Bargad &

Hyde, 1991）。女性与性别研究的课程既可以改变女性的态度，也可以改变男性的态度（Steiger, 1981）。不过，选修这类课程的男性很少，除非这类课程是多样性或多元文化要求的一部分。

改变人际关系

如本章所述，性别不平等在人们的日常互动中反复被塑造，且通常是在我们未意识到的情况下进行的。即使最具善意的人也可能以性别主义的方式回应他人，而性别主义的互动模式会导致自我实现预言。这些社会过程在很大程度上是隐匿的，且被视为理所当然。

当人们越来越意识到性别制度如何运作时，性别实作就可能被瓦解。注意到我们通常如何对作为某类别成员的他人做出回应，是实现改变的一个重要策略（见第 3 章）。了解权力和吸引力如何制造了对女性的双重束缚，将有助于改变那些造成性别歧视的类别化过程。越来越多的女性在商业、教育和公共服务领域寻求掌权和领导职位。如果我们每个人都尽量对女性如何受到评判保持觉察，即与男性相比，女性受到胜任力和讨人喜欢的双重束缚以及行为上的双重标准的限制，我们也许就不太会做出那些错误的判断，而更可能在平等的基础上做出判断。在2016 年美国总统大选期间，记者弗兰克·布鲁尼（Bruni, 2016）通过让人们想象一个名为"唐娜·特朗普"的候选人来提醒公众注意这些双重标准。唐娜是富有的、鲁莽的房地产大亨兼真人秀明星，她结过三次婚，吹嘘自己的财富和性能力，对男性做出性别主义和粗俗的评论，对少数族裔和移民做出种族主义评论。你认为唐娜·特朗普在民意测验中的支持率会如何？

当人们对性别主义的意识有所提升时，一些小的抵抗行为就会出现。作家格洛丽亚·斯泰纳姆将这种抵抗称为"义愤行为和日常反抗"（Steinem, 1983）。例如，当人们面临性别主义时拒绝合作或沉默，性别实作的日常形式就会被瓦解。当你听到带有性别主义色彩的评论时，勇于指正并不容易。不过，研究表明，这（指出性别主义评论）是有效的。当对质的语气不带有威胁性，或不是由目标群体成员指出时，与偏见的对质最有可能改变态度（Monteith & Czopp, 2003）。换言之，反对种族主义的白人、反对性别主义的男性以及反对异性恋主义的异性恋者，他们的声音可能特别容易被听到，尤其是当他们以尊重和圆融的方式表达时。

试图打破性别规范是另一种形式的"日常反抗"。（如果一位女性为一位男性开门，或她为两人的酒吧消费买单，会发生什么？）一位女性主义者提议"抵制微笑"：在一天中，尝试仅当自己真正开心时才笑，并记录下自己和其他人的反应。你认为对那些拒绝微笑的男性和女性来说，各自的结果会有何不同？

转变不平等的社会结构

在社会结构层面对社会性别现状进行转变，是与前述个体层面和人际层面的转变相关联的。当人们作为个体得到赋权时，他们可以公开反对各种不公正，也可以开始改变那些伤害女孩和成年女性的制度、法律、习俗和规范。这种影响是相互的，因为指出不公正就可以提升自我效能感和赋权感。

社会变革并非易事。它需要集体行动的力量——共同为社会变革而奋斗。历史上许多伟大的社会运动都是由从属群体的成员领导的，例如南非的反种族隔离运动（Lee et al., 2011）。女性运动的历史，是千千万万的女性和男性为女性争取平等而采取的集体行动的历史。

是什么因素影响着当今的女性参与集体行动？对女性的一系列研究（有些研究选取的是大学生样本，还有些是通过网络选取的老年人样本）表明，接触到敌意性别主义，通常会增加参与者对性别主义采取行动的意愿（Becker & Wright, 2011）。然而，接触到善意性别主义，则降低了她们对社会变革的意愿。例如，在一项研究中，参与者首先阅读关于敌意或善意性别主义的观点声明，然后获得机会在大学里分发关于性别平等的传单，或者签署一份要求雇佣更多女教授的请愿书。那些读过敌意性别主义声明的参与者，更有可能参与这些形式的集体行动；而那些读了善意性别主义声明的参与者，则不太会参与这些活动。善意性别主义的意识形态增强了这样一种观念，即性别制度是公平的，作为女性本身也有自身优势。研究者称之为"骑士风度的黑暗面"，即支配群体使用"甜蜜的说服"来维持掌权地位。我们也可以认为这是"敌意性别主义的光明面"，尽管遭遇敌意性别主义的烦扰并不愉快，但它可以激励女性为更具性别平等的社会而共同奋斗。

当女性确实参与集体行动时，这种参与对她们的幸福感是有益的。在一项研究中，女性阅读有关性别主义的资料，然后被随机分派到推特上发布（或不发布）关于性别歧视问题的信息。与控制组相比，发布推文者的消极情绪降低，心理幸福感上升（Foster, 2015）。显然，即使是对性别主义稍有微辞，也比保持沉默要好。

终结父权制不平等仍然是对未来的愿景，任重而道远。全球女性主义的愿景是：一个公正且充满关怀的社会，"不仅把面包与玫瑰、诗歌与权力给予男性，也给予女性"（Alindogan-Medina, 2006, p. 57）。

进一步探索

Solnit, Rebecca (2015). *Men Explain Things to Me*. Chicago: Haymarket.

这是一部精彩的女性主义散文集。标题文章（以篇名作为书名）既有趣又尖刻（在一次聚会上，一位男性向这本书的作者——一位女性，解释了她写的一本书！）。另外六篇文章充满智慧且机智地探讨了广泛的议题，以说明父权制权力和应得感问题并不那么有趣。

Fitzpatrick, Ellen. (2016). *The Highest Glass Ceiling: Women's Quest for the American Presidency*. Cambridge: Harvard University Press.

你以为希拉里·克林顿是第一位参与竞选总统的女性吗？事实上，在她之前已经有 200 多位女性参加过竞选。这本书讲述了其中三个人的故事：维多利亚·伍德赫尔（自由爱、反对大银行）、玛格丽特·蔡斯·史密斯（第一位女参议员）和雪莉·奇肖姆（第一位黑人国会女议员）。发生在她们及其他有政治抱负的女性身上的历史，告诉了我们很多关于美国性别制度的事情。

社会问题心理学研究协会（Society for the Psychological Study of Social Issues, SPSSI）

作为美国心理学协会的第 9 分会，社会问题心理学研究协会是一个由心理学家和其他社会科学家组成的国际性团体，他们共同关注的研究领域是社群、国家和世界所面临重要社会问题的心理因素。社会问题心理学研究协会出版学术期刊《社会问题杂志》（*Journal of Social Issues*），也欢迎学生入会。

第 3 章

~

女 性 的 形 象

医学博士塔米卡·克罗斯在从底特律飞往明尼阿波利斯的途中，遇到同机的一名乘客突然生病，空乘人员通过广播召唤医生。克罗斯医生走过去帮忙，但一名乘务员跟她说："噢，不，亲爱的，把手放下。我们正在寻找真正的医生、护士或某类医务人员，我们没有时间和你交谈。"克罗斯医生反复解释说，她是一名真正的医生，但乘务员却屡次打断她，而且，要求查看她的行医资格证。

这是怎么回事？塔米卡·克罗斯是一位非裔美国女性，她"看上去不像个医生"。后来一名白人男性走上前说他是医生，这时乘务员不再有疑问并接受了他的帮助。航空公司后来为这一事件做出道歉（Hawkins, 2016）。

这个例子展示了文化形象的力量，以及在这些形象中，可能还会有种族和社会性别的叠加影响。在本章，我们将探讨有关女性的言语描述、视觉和认知呈现如何影响我们思考和对待女性的方式，以及如何影响女性对自身的感受。我们将从最基本的呈现开始：描述女性的语言。

语言永远不会伤害我？

当人们使用语言与他人交流时，他们做出的选择不仅是实践性的，也是政治性的。**语言性别主义**（linguistic sexism）指的就是嵌入语言中的对女性和男性的不公平对待。女性主义者一直努力引起人们对性别主义语言的关注，并试图使其产生改变（Crawford, 2001）。

描述女性和男性的语言

20 世纪 70 年代，对语言性别主义的研究识别出了语言性别主义的几种不同类型。研究者发现，语言模式有时会将女性渺小化，使用带有性别标记的词，例如乘务员（steward）和女乘务员（stewardess）。还有一些词会凸显女性性特征或贬低女性。英语中，有关女性的负面的性相关词汇远多于男性，而且指称女性的词往往会随着时间的推移而获得更多负面的含义（Schultz, 1975）（见专栏 3.1）。语言性别主义还会标记那些与社会期待的职业和角色相偏离的女性和男性，使用诸如"职业女性""男护士"这样的词。

其中一些做法已经有所改变，但是朝向非性别主义语言的转变还没有完成。例如，女乘务员（stewardess）已经被性别中立的空中乘务员（flight attendant）所取代，但女子运动队仍然叫"野马女队"（Bronco-ettes）或"狮子女士队"（Lady Lions）。有一所大学有个"公羊女士队"（Lady Rams），这种称谓甚至在解剖学上都讲不通！让我们来看看其他类型的语言性别主义。

男性化的女士

传统上，语言将女性标记为男性的所有物。直到现在，人们还在使用"夫人"（Mrs.）或"小姐"（Miss）来标明一位女性的婚姻状况；然而，对应的男性称谓"先生"（Mr.）则与婚姻状况无关。当女性主义者提出把"女士"（Ms.）作为"先生"（Mr.）的对应词时，她们被指责为"蓄意篡改英语的危险激进分子"（Crawford et al., 1998）。与保留传统称谓的女性相比，使用 Ms. 的女性会被认为更男性化、更不讨人喜欢（Dion, 1987）。虽然人们对 Ms. 的接受度已明显提升，但是一项研究发现，与使用 Mrs. 和 Miss 的女性相比，使用 Ms. 的女性可能仍被视为较男性化和不太女性化（Malcolmson & Sinclair, 2007）。

女性婚后冠夫姓的做法是一种父权制传统。大多数女性仍然遵从这一习俗，选择保留自己的姓氏则因其象征意义而存在争议。在一个美国大学生样本中，大

专栏3.1　～　"他是……她是……"：语言中的不平等

请思考下列词对：

男性称谓	女性称谓
Lord（主、勋爵）	Lady（女士、夫人）
Sir（先生）	Madam（女士、卖淫场所女老板）
King（国王）	Queen（王后、男同性恋者）
Master（主人）	Mistress（女主人、情妇）
Dog（狗）	Bitch（母狗、婊子）

随着时间的推移，女性称谓通常在地位上会变得更低。*Lord* 和 *Lady* 最初是对等的称谓。如今，只有上帝和一些英国贵族被称作 Lord，而任何女性都可以被称呼为 "Hey, Lady"（嘿，女士）。

女性称谓也随着时间的推移产生了负面的性内涵。*Sir*、*king* 和 *master* 一直是尊称，但是，它们以前对应的称谓已经有了新的含义。Mistress（情妇）是性伴侣，madam 可能是"卖淫女性"或女皮条客，queen 也成了一个称呼男同性恋者的含贬低意味的词。

甚至动物名称也未能免除语言性别主义。Dog（狗）是"人类"（man's，男性）最好的朋友，但 bitch（母狗、婊子）不是任何人的朋友！

多数女性愿意在结婚后使用伴侣的姓氏，而绝大多数男性不愿意这么做（Robnett & Leaper, 2013）。对善意性别主义的赞同与较传统的偏好有关。想要保留自己姓氏的女性表示，这是因为她们想保持自己的身份认同。

由于婚后姓氏选择在实际意义和象征意义上的复杂性，有些已婚女性会根据情境来改变她们的姓氏。例如，一名女性可能在某些情境下使用连字符来连接自己的姓氏，而在另一些情境下则不这样；或者在家庭背景下使用丈夫的姓氏，而在专业领域中使用她的出生姓氏。一项对 600 名已婚女性的研究发现，约有 12% 的女性改过姓氏（Scheuble & Johnson, 2005）。改变姓氏可能反映了女性在作为妻子还是个体的身份认同上模棱两可，或者担心其他人可能不赞成她们的姓氏选择。

对同性伴侣而言，改变姓氏与否不需要背负父权制的包袱，也没有社会压力。

在一项对 30 对已经进入承诺关系的女同性恋和男同性恋伴侣的研究中，只有一名女性改变了她的姓氏，而且大多数人都没打算这么做，尽管有些参与者说她们会考虑用连字符连接她和伴侣的姓氏。她们选择保留自己姓氏的主要理由有：保持个人身份和职业身份、避免麻烦，还有就是抵制异性恋规范（Clarke et al., 2008）。

He/Man 语言

在许多语言中，表示 *man* 的词被用来指称一般意义上的人——在西班牙语中是 *hombre*，在法语中是 *homme*，在意大利语中是 *uomo*。在英语中，这种以 *man* 为通称的情况长期以来在学术语言和日常语言中都很常见，比如 "a history of man"（人类历史）、"the rights of man"（人的权利）、"the man in the street"（街上的那个人）。因为英语中没有性别中立的单数代词，说英语者必须选择使用 *he* 或 *she*；传统上，*he* 被用来既指称男性又指称女性。

遗憾的是，这些"通称"的男性化词汇根本不是真正通称的。过去 35 年的大量研究已经表明，当看到 *he*、*his* 和 *man* 时，人们想到的是男性，而不是一般意义上的人（Gygax et al., 2008; Henley, 1989）。此外，这种解读会影响人们的行为。与阅读性别全纳版（使用 "he or she"）的相同短文相比，当男女大学生阅读一篇从头到尾使用 *he*、题为"心理学家和他的工作"（The Psychologist and His Work）的性别排斥版短文时，女大学生随后在回忆短文事实的任务中表现相对较差，尽管她们实际上不记得读的是哪个版本了。对男大学生而言，语言上的这种差异对其记忆没有影响（Crawford & English, 1984）。

对女性来说，暴露在排斥她们的语言环境中也会削弱其动机。在模拟工作面试中，与那些听到更多性别全纳（"he or she"）或性别中立语言的女性相比，面对面试官性别排斥性语言的女性变得动机不足，归属感较低，对那份工作的认同感也较低（Stout & Dasgupta, 2011）。所幸，人们很容易改变他们对性别主义代词的使用（Koeser & Sczesny, 2015; Koeser et al., 2015）。

世界上只有一个国家试图在语言中加入一个真正性别中立的代词。这个国家就是瑞典。2012 年，性别中立的第三人称代词 *hen* 被提议作为已有瑞典语代词 *hon*（*she*）和 *han*（*he*）的补充。当性别未知或不相关时，代词 *hen* 既可以作为通称使用，也可供想要避开性别二元系统的人作为跨性别者的代词使用。大多数瑞典人对语言变革的反应是消极的，但仅仅过了两年，人们的态度就开始转变，新代词的使用量也增加了（Sendén et al., 2015）。与在英语中引入 *Ms.* 或 *he and she* 相比，一个新代词的使用所带来的变化要剧烈得多，但是就像英语中的这些变化一样，人们似乎可以在相当短的时间内习惯它们。（我将在第 5 章中讨论为跨性别和非二元性别人群创造的新的英语代词。）

人们可能存在一种超越语言的认知偏差。即使当听到性别中立的词语时，人们可能仍然假设男性是主语。这种**"人 = 男性"偏差**（people = male bias）已被证实存在于多种语言中，包括英语、法语、德语和挪威语（Gygax et al., 2008; Merritt & Kok, 1995; Silveira, 1980）。例如，当要求参与者在阅读一组性别中立的指导语后描述一个（未指明性别的）人物时，他们自发描述男性的次数是女性的 3 倍（Hamilton, 1991）。

甚至还存在一种**"动物 = 雄性"偏差**（animal = male bias）。当向三个年龄组的儿童以及成年人呈现毛绒玩具（狗、鹿、老鼠等）并让他们讲述有关玩具的故事时，无论儿童还是成年人都表现出使用男性化代词的压倒性偏差。例如，所有 3~10 岁儿童和所有成年人都使用 he 来指代一个泰迪熊。学龄前儿童使用 he 来指代狗（100%）、老鼠（95%）、鹿（87%）、蛇（94%）和蝴蝶（88%）。只有猫（有时）被视为是雌性的，而且主要是女孩这么认为。即使当实验者试图通过使用女性化代词介绍动物（"这是一只熊猫。她正在吃竹子，不过她早餐吃的是鱼"）来打破这一偏差时，所有儿童仍然在他们的故事里使用了男性化代词（Lambdin et al., 2003）。随着性别主义语言发生改变并最终被消除，这些认知偏差也会发生改变吗？时间会证明一切。

宝贝、小妞、妓女和婊子

与指称男性的俚语相比，指称女性的俚语具有性含义的可能性要大得多（Crawford & Popp, 2003）。在英语中，一些性化的词以身体部位指称女性，从相对温和的 *Big Booty Judy*（大屁股朱迪）和 *tail*（屁股），到 *piece of ass*（尤物）、*pussy*（会阴部）和 *cunt*（阴部）[1]。当学生被要求列出有关两性的俚语时，50% 指称女性的词具有性内涵，相比之下，只有 23% 指称男性的词具有性内涵（Grossman & Tucker, 1997）。最常用的指称女性的词是 *chick*（小妞）、*bitch*（婊子）、*babe*（宝贝）和 *slut*（荡妇）；对男性而言，它们是 *guy*（家伙）、*dude*（伙计）、*boy*（男孩）

1　此类举例是为了批判语言中的性别主义。书中其他类似内容同上——译者注

和 *stud*（种马）。正如这些例子所示，指称女性的词不仅更有性的意味，而且更负面。

俚语通过为词汇库提供新词而丰富了英语，但它可能是极端性别主义的。根据在线俚语词典类网站记载，女性经常被称作动物（cow, chick, fox）或食物（arm candy），而且根据外貌（如 butterface 是指身材吸引力高但面容吸引力低的女性）和性可得性来定义。

流行文化提供了更多贬损女性的例子。"婊子""妓女""荡妇"等词在性互动和日常谈话中的传播，部分原因在于说唱音乐的流行以及网络色情产品的泛滥（Wright et al., 2016）。但是，它们早已从色情词汇变成了中产阶层女大学生谈论彼此的正常方式的一部分（Armstrong & Hamilton, 2013）。到目前为止所描述的所有语言偏见，合起来构成了真实的歧视形式，尽管有时是不易察觉的。让我们来看一个具体的领域，这个领域中的语言将男性作为规范，将女性作为偏离者：媒体对运动员的报道。

维纳斯（Venus）与费德勒先生（Mr. Federer）：描述女性和男性运动员

媒体对女运动员的描述与对男运动员的描述有所不同，体现在以下几个方面。当记者使用诸如"篮球"和"女子篮球"来分别指称男子运动和女子运动时，女运动员及其运动项目被不对称地做了**性别标记**（gender mark）。传递出的潜在信息是，男子篮球是规范，而女子篮球是变体（Messner et al., 1993）。当体育评论员把女运动员称为女孩而不把男运动员称为男孩时，或当他们以名字（如 Venus, Serena, Svetlana）称呼女运动员，但以姓氏和头衔称呼男运动员（如 Federer 或 Mr. Federer）时，媒体就是在以微妙的方式传达着女性和男性相对的社会权力。

媒体常常以性别塑型化和渺小化的方式描述女运动员的成就。这里有一些 2016 年夏季奥运会的例子（Moran, 2016）。当匈牙利游泳选手卡汀卡·霍斯祖打破 400 米混合泳世界纪录并获得金牌时，美国国家广播公司（NBC）的摄影机转向担任她教练的丈夫，评论员说："那个男人是（夺冠的）原因"。社交媒体用户非常愤怒地指出，奥林匹克运动员自身才是获得金牌的主要原因。当一名美国运动员在飞碟射击比赛中获得铜牌时，《芝加哥论坛报》甚至没有在文章标题中提到她的运动项目："科丽·科格德尔，熊队前锋米奇·昂赖恩的妻子，在里约热内卢获得铜牌。"报道中没有提到这是她在奥运会上获得的第二枚奖牌，而且她是第三次参加奥运会，相反，报道热衷于深挖她丈夫的运动纪录。显然，对这些天才的女运动员来说，好像最重要的是她们生活中的男性。另一位美国国家广播公司的评论员甚至极度渺小化强大的美国女子体操队，当她们在第一轮获胜后谈笑风生时，他却说她们看上去"就像站在购物中心里一样"。

媒体评论往往更多关注女运动员的外貌和性吸引力，而不是她们的表现。此外，像其他女性公众人物一样，在媒体报道中，女运动员比男运动员更有可能被描述为他人的母亲或配偶。由于沙滩排球和体操运动的流行，在 2016 年夏季奥运会期间，对女子运动项目的播报实际上占用了略多的电视黄金时间。但媒体研究者报告说，报道的内容仍然跟男子运动有很大不同。"我们发现报道将男性描述为最快、最强、最成功。但对女性而言，报道的内容则是未婚、已婚以及她们的年龄。报道中显然存在着一种不平等"（Rogers, 2016）。

我们是否受到了用来描述女运动员的语言的影响？一项在美国南部四年制学院和大学中开展的研究发现，使用性别主义队名（如前所述）与女生参与竞技体育运动的机会之间存在负相关（Pelak, 2008）。缺少机会不能归咎于队名，但是二者都强化了对女性参与体育运动的文化偏见。有两项研究探讨了对女运动员的描述会产生怎样的影响，结果发现，当根据女运动员的吸引力对其进行描述时，无论男性还是女性阅读者都认为她相对缺乏天赋和进取心（Knight & Giuliano, 2001, 2003）。

一图胜千言：媒体形象

每天，我们每个人都会接触到数以百计的女性和男性形象，其中大部分来自大众媒体：电视、报纸、杂志、电影、漫画、电子游戏、广告牌和互联网。大多数时候，我们很少把注意力放在这些形象上；然而，女性和男性的媒体形象制造了一个扭曲的现实，而这确实会影响我们。让我们更仔细地来看看，与男性相比，女性的媒体形象如何。

女性和男性的代表性

一般而言，女性在媒体中的代表性是不足的。美国约有 51% 的人口是女

专栏3.2 ～ 你最喜欢的电影能通过贝克德尔测验吗？

贝克德尔测验（Bechdel test）是漫画小说家艾莉森·贝克德尔于1985年在她的漫画《小心这群女同性恋者》（*Dykes to Watch out for*）中开发出来的。一部电影要通过贝克德尔测验，必须满足以下三个标准：

● 是否包含两个或多个有名字的女性角色？

● 她们是否相互交谈？

● 如果她们相互交谈，她们讨论了男人之外的事情吗？

这个简单的测验，让我们得以深入了解女性在电影中的存在。从表面上看，这项测验似乎相当简单，一部电影只需要有两个有名字的女性角色，且她们谈论了除男人之外的任何事情。然而，事实证明，电影要通过这个测验却出奇地困难！根据众包网站的数据，大约40%的电影无法通过这个测验。有趣的是，一项研究使用了1990—2013年上映电影的数据，结果发现，能通过贝克德尔测验的电影，预算的中位数更低，但票房收入却高于通不过

该测验的电影。

未通过测验的电影

《阿凡达》（*Avatar*）

《玩具总动员》（*Toy Story*）

《无间行者》（*The Departed*）

《魔戒三部曲》（*Lord of the Rings Trilogy*）

《搏击俱乐部》（*Fight club*）

《心灵捕手》（*Good Will Hunting*）

《星球大战三部曲》（*The Original Star Wars Trilogy*）

《复仇者》（*Avengers*）

《蒂凡尼的早餐》（*Breakfast at Tiffany's*）

通过测验的电影

《饥饿游戏》（*The Hunger Games*）

《阳光小小姐》（*Little Miss Sunshine*）

《神秘河》（*Mystic River*）

《黑客帝国》（*The Matrix*）

《头脑特工队》（*Inside Out*）

《冰雪奇缘》（*Frozen*）

《星球大战：原力觉醒》（*Star Wars: The Force Awakens*）

《泰坦尼克号》（*Titanic*）

《侏罗纪公园》（*Jurassic Park*）

《哈利·波特与密室》（*Harry Potter and the Chamber of Secrets*）

漫画来源：The Bechdel Test from *Dykes to Watch Out For* by Alison Bechdel. Used by permission of Alison Bechdel.
Contributed by Annie B. Fox.

性，但女性出现在媒体上的频率显著低于男性。在电影、有线电视节目、网络电视和真人秀的主要角色中，男女比例为 2:1（见专栏 3.2）。自 2007 年开始监测以来，每年在票房收入最高的 100 部电影中，女性平均只占有台词角色的 30% 左右（Women's Media Center, 2015）。而且，不仅是在影视作品中，在各类商品广告中，除了健康和美容产品，女性的代表性也是不足的，而且这一差距自 20 世纪 80 年代首次测量以来就没有改变过（Ganahl et al., 2003）。其他国家的媒体中也存在类似模式的代表性不足现象，包括英国和沙特阿拉伯（Nassif & Gunter, 2008）、肯尼亚（Mwangi, 1996）、葡萄牙（Neto & Pinto, 1998）以及日本。在日本，电视节目中的男女比例是 2:1（Suzuki, 1995）。没有哪种媒体形式可以免受代表性不足偏差的影响，即使是心理学教科书（见图 3.1a 和图 3.1b）。成年女性和女孩甚至在漫画（LaRossa et al., 2001）、儿童绘本（Hamilton et al., 2006）和麦片包装盒（Black

©Time Life Pictures/Mansell/The Life Picture Collection/Getty Images

图 3.1a　这张伊万·巴甫洛夫和同事在实验室里的照片出现在众多心理学学生使用的心理学导论教材中。

©Sovfoto/UIG/Getty Images

图 3.1b 遗憾的是，巴甫洛夫的某些同事被从历史记录中抹去了。这张是完整的原版照片。在心理学历史上，对女性的选择性删除如何影响学生对女科学家的态度和看法？

et al., 2009）中的代表性也是不足的。

在媒体对女性的描述中，纯粹数字统计方面的问题可能是最小的问题。媒体形象对女性和男性的人格特质做出了非常不同的描绘。研究者分析了流行电视节目中1 600 个商业广告对女性和男性的描绘后发现，与女性人物相比，白人男性和非裔美国男性人物都更有攻击性、更主动并下达更多命令。白人女性人物，而不是非裔美国女性人物，比男性人物更被动、更情绪化（Coltrane & Messineo, 2000）。

媒体也描绘了不同场景和职业中的女性和男性。例如，一项研究考察了面向女性、男性和一般读者的杂志中近 8 000 幅男性插图。在面向男性的杂志中，男性几乎总是以工作和职业角色出现，几乎从不作为丈夫或父亲出现。与家庭成员在一起或照顾孩子的男性形象只出现在女性杂志中（Vigorito & Curry, 1998）。相比之下，女性的工作却被淡化了。与男性相比，电视广告很少表现工作中的女性（Coltrane & Adams, 1997），更多表现家庭中的女性（Coltrane & Messineo, 2000）。后续研究再次证实了这种偏差。在黄金时段的电视节目中，女性人物仍然主要出现在浪漫关系中、家庭中以及与朋友在一起的时候，而男性人物则主要在工作（Lauzen et al., 2008）。

这些有差别的性别描绘具有跨文化性。例如在印度，电视广告所描绘的女性，几乎无一例外地出现在产品选择可以使其成为更好的家庭主妇和母亲的情境中（Roy, 1998）。在日本，就像在美国一样，大多数女性在外工作，但是，一项对日本电视广告的研究显示，广告所描绘的工作者以男性为主（Arima, 2003）。一项研究比较了英国和沙特阿拉伯的电视广告，结果发现，与男性相比，女性更常出现在家庭场景中，更少出现在工作或休闲场景中，而且更可能推销身体护理和家务清洁用品（Nassif & Gunter, 2008）。

面部主义

在媒体如何呈现男性和女性方面，有些差异没有另一些差异那么明显。虽然大多数人都不会注意到，但是男性和女性形象的构图是非常不同的。这种现象被称为**面部主义**（face-ism）（Archer et al., 1983）。面部主义是以面部占整个图像的比例来衡量的。

如图 3.2 所示，在公开发表的图片中，男性的面部突显性通常高于女性。一项对杂志和报纸中 1 700 多张照片的研究发现，男性的平均指数是 0.65，女性的平均指数只有 0.45。换言之，一张典型的男性照片中有 2/3 是面部，而在一张典型

©(left): Ingram Publishing RF; (right):©moodboard/SuperStock RF

图 3.2 女性和男性形象中的面部主义。

的女性照片中面部所占比例还不到一半（Archer et al., 1983）。

面部主义有多普遍？对 11 个国家中已登载照片进行的研究也显示出相似的结果，即男性的面部突显性更高。研究者还考察了艺术博物馆中的绘画，发现面部主义从 17 世纪开始出现，并随时间推移而增长（Archer et al., 1983）。一项对新闻杂志的研究发现，不仅男性的面部主义指数高于女性，而且欧裔美国人的面部主义指数高于非裔美国人；黑人女性的面部主义指数最低（Zuckerman & Kieffer, 1994）。

面部主义的研究始于 20 世纪 80 年代。今天，从广告宣传到政治舞台，面部主义的例子仍然随处可见，这可能对处于领导职位的女性造成严重影响。在迄今为止最大规模的面部主义研究中，研究者利用来自 25 种文化的 6 610 位政治家的官网照片，探讨每种文化中面部主义与性别平等之间的关系。性别平等通过宏观层面的指标来衡量，例如女性的识字率、预期寿命的性别差异等。令人惊讶的是，在性别平等程度更高的文化中，却有着更强的面部主义（男性政治家比女性政治家的头部比例更大）。这项研究表明，即使在男女相对平等的文化中，微妙的性别主义仍能持续存在。

为什么我们要关注面部主义？因为它能对他人如何评价一个个体产生真实的影响。我们往往把一个人的个人特征、人格和智力与其面部建立联系。有研究让学生对不同照片中的同一个人进行评价，当照片的面部主义指数更高时，参与者对个体在支配性、进取心和智力上的评价更高（Archer et al., 1983; Zuckerman & Kieffer, 1994）。换言之，如果在照片中看到的面部特征较多而身体特征较少，我们会认为那个人在性格和能力上更优秀。对男性的面部呈现更多、对女性的身体呈现更多这一普遍倾向，可能会在我们意识不到的情况下发挥作用，使我们将注意力集中在男性的性格和女性的身体特征上。这对女性领导者的影响是很明显的。

性客体化

与男性的身体相比，女性的身体不仅更多地被展现出来，而且更多地被性化（sexualized）。整体上，在美国的电视广告中，每 4 个白人女性、每 10 个黑人女性中就各有 1 个是以"性挑逗"的方式穿着或摆姿势的；相比之下，男性的这一比例则是 1/14（Coltrane & Messineo, 2000）。在广告中，女性常常是部分裸露或完全裸体，即使暴露身体与产品使用毫无关系。对国际电视节目和杂志广告进行的内容分析显示，虽然女性裸露的程度因文化而异，但女性比男性裸露更多却具有跨文化普遍性（Nelson & Paek, 2005, 2008）。

当媒体将女性的身体性化时，女性常常被化约为只是身体，甚至只是身体的一部分（见图 3.3）。这就是性客体化（sexual objectification）的含义。当一名女性被客体化时，她被视为一个身体或身体各部分的组合。她身体的价值主要在于被他人使用，而她并不被认为是一个有自己的思想和感受的人（Fredrickson & Roberts, 1997）。与男性相比，电影和电视节目对女性的性客体化要多得多，整个节目都聚焦女性身体是司空见惯的。想想所有的"选美"比赛，比如美国小姐、环球小姐、模特比赛、泳装特辑、健身比赛和时装秀等，几乎都是对女性的身体进行排名和评判。每个报摊上都有成排的杂志，封面上都是姿态诱惑、穿着暴露的年轻女性的特写；内页里就更多了，而且无数网站不断提供被性客体化的女性。说唱、节奏布鲁斯和嘻哈歌词也都着重描绘女性的性感部位和性感度（Flynn et al., 2016）。

这样的女性形象并不是新现象；相对较新的是对虚拟女性的客体化。对视频游戏的几项内容分析表明，女性虚拟形象远比男性虚拟形象更可能穿着紧身、暴露的衣服并被性化（Vandenbosch et al., 2016）。《侠盗猎车手 5》在发布后的头三天就赚了 10 亿美元，但长期以来，它也因其描绘脱衣舞俱乐部中高度性化的虚拟形象以及模拟跟女性卖淫者发生性行为而臭名昭著。与其他类型媒体中的形象不同，虚拟人物被设计用来对用户的行为做出回应。与虚拟形象互动与看杂志上的图片非常不同，用户对虚拟人物的反应常常就像真的一样。用户也可以体验一个虚拟身体，仿佛它就是自己的身体一样。虚拟形象客体化可能对线下行为产生强烈而持久的影响（Fox et al., 2015）。

我们每天注视着无数被客体化的女性形象。这些形象不仅把女性化约为她们的身体，而且以理想化和扭曲的方式，不切实际地表现着女性。

理想化与扭曲

媒体中长期以来都充斥着女性之美的理想化形象（Banner, 2006）。想想 19 世纪 90 年代穿紧身胸衣的吉布森女孩[2]、20 世纪 20 年代男孩气的新潮女郎[3]、50 年代

2　吉布森女孩（Gibson Girl），指 19 世纪末美国画家吉布森所描绘的理想化美国女孩——译者注

3　新潮女郎（flapper），指当时举止和衣着不受传统约束的时尚女性——译者注

图 3.3　被客体化的女性。一位女性的身体被展示在城市的街道上（上图），但至少她还有头部，不像下图的那位女性。

丰满的海报女郎、60 年代的崔姬[4]以及今天过于纤瘦但胸部丰满的模特。理想化的女性形象随时尚风潮发生了变化，但不变的事实是，所有理想化形象都要求对女性的自然外貌进行实质性的改造。

无论是针对女性的时尚杂志（如 *Elle, Glamour*）还是针对男性的时尚杂志（如 *Maxim, Men's Health*），都会刊登扭曲女模特的全页广告来迎合读者的幻想。在时尚杂志上，女性既是完美的，又是被动的。在男性杂志上，她们被象征性地置于无声状态，而且侵害女性的暴力行为受到美化。在上述两类杂志中，女性都可能被呈现为性化的身体部位（双腿、胯部或臀部特写）而不是完整的人（Conley & Ramsey, 2011）。当然，时尚杂志中理想化的完美形象对现实中的女性来说是"无法达到的"。几十年来，美容与时尚产业使用浓妆、欺骗性的服饰、艺术照明、精心摆姿势以及照片修图来创造理想的形象。然而，近年来，数字技术已将此带到一个新水平，可以对女性形象进行彻底改变和完全虚构，而观看者全然意识不到那些形象在多大程度上是人为的。在现实生活中，即使是女演员和模特看起来也不像我们所见到的那些形象。例如，在电影《亚瑟王》的宣传海报中，网上发布的修图前后的对比照片显示，修图师赠送了女演员凯拉·奈特莉完美无瑕的皮肤，还有更大的胸部、更瘦的手臂和更细的腰身（Borland, 2008）。

当代理想化的女性形象以极度纤瘦为特征，但过去并非一直如此。《花花公子》插页里的模特和美国小姐参赛者的身材数据在过去 40 年里逐渐缩减。现在很多模特的体重符合厌食症的体重标准。与此同时，美国成年人的实际体型却在增大（Owen & Laurel-Seller, 2000; Spitzer et al., 1999）。最新版的理想化女性不仅要极其纤瘦，而且胸部要大——臀围 4 号、腰围 2 号、胸围 10 号（Harrison, 2003）。当然，这种体型在自然情况下是罕见的，须通过手术干预才能制造出来。在一个大学生样本中，更多接触电视中理想形象的参与者，无论男性还是女性，都更加赞成女性做整形手术，如吸脂、隆胸（Harrison, 2003）。这似乎意味着，你看电视越多，就越认为真实女性的身体外貌[5]还不够好。

被理想化、性化和非人化的女性形象所包围，女性会受到怎样的影响呢？被视为客体会如何影响女性对自己身体的感知？对女性身体的客体化会如何影响她

---

4 崔姬（Twiggy），英国知名时尚模特——译者注

5 在体象和性客体化研究中，身体外貌包括体重、性吸引力、身体吸引力、身体量度值以及紧实的、有线条的肌肉——译者注

们的社会互动？我们将通过探讨关于"对女性的客体化"的研究来解答这些问题。

体　象

体象（body image）既指一个人对自己外表的心理图像，也指对自己身形大小、形态和吸引力的相关感受（Dorian & Garfinkel, 2002）。许多研究者已经探讨了体象和整体自尊之间的关系，而且大多数研究发现，与男性相比，女性在自己身体外貌上投入更大，而且对自己的身体更不满意。这种对外貌的关注始于儿童期，并持续终生（例如，Murnen et al., 2003）。而且，这种现象在每个族裔中都存在。一项元分析综合考察了近 100 个关于"身体不满意"的研究，结果发现，白人女性、亚裔美国女性和拉丁裔美国女性对自己身体不满意的程度相似。非裔美国女性对自己身体不满意的程度只是稍低一点（Grabe & Hyde, 2006）。

许多理论家将体象的性别差异归因为（至少部分归因为）理想化的"美女"形象对女性的影响。很多实验研究都是让女性观看有吸引力的模特形象，然后测量她们的自尊、对自身吸引力的感知以及心境，结果发现模特形象带来了显著的负面影响（Grabe et al., 2008; Groesz et al., 2002）。大多数研究者认为，这种负面影响是**社会比较**（social comparison）过程的结果（Want, 2009）。也就是说，理想化的"美女"形象使女性感觉糟糕，因为相形之下，她们自己的外貌就显得"不够好"。不过，可能还有比社会比较更复杂的因素在起作用。在女性原来的生活环境中，"美女"形象常常伴随着一些信息，它们无情地提醒女性：外貌吸引力是女性气质的核心，在任何情况下都很重要，对女性而言尤为重要，不改变自然的身体就不可能变美。也许，实验室中呈现的理想形象对女性产生了消极影响，不仅是因为它们设置了高的比较标准，也是因为它们提醒了女性这些更为普遍的信息以及她们被客体化的地位。

另一些关于女性对理想化形象的反应的研究却发现，理想化形象并未产生影响，或带来的是积极影响。为什么会有这种不一致呢？女性最初对身体的不满意程度可能是一个重要因素，对自己身体更不满意的女性对实验和现实生活中的理想化形象会产生更消极的反应。另一个因素是提供给参与者的指导语。当参与者不从外貌角度思考所呈现的形象时，消极影响更有可能发生（Want, 2009）。这可能是违反直觉的，但社会比较的过程似乎是自动化的。然而，真正去思考图像中光彩夺目的模特，可能有助于女性有意识地抑制与其作比较的倾向。

在大多数关于媒体形象影响的研究中，参与者是白人大学生。但是，有色人种女性也受到了媒体形象的影响。在一项关于客体化个人经历的质性研究中，非裔美国女性描述她们在媒体上看到的黑人女性形象"总是性可得"，而且黑人模特"几乎就是白人"：浅肤色、直发、苗条。她们在这些黑人女性形象中看不到自己的影子，并且发觉那些形象令人感到压抑和沮丧（Watson et al., 2012）。一项针对非裔美国大学生的研究发现，那些具有积极的种族认同和多元文化全纳性观点的大学生，最能抵抗此类描绘对其体象感知的负面影响（Watson et al., 2013）。

随着西方媒体中的女性形象在全球传播，我们可能会看到全球范围内女性对自己身体的不满意程度在增长。一项对 5 个阿拉伯国家女大学生的调查发现，接触电视和杂志的程度与节食和担忧体重的程度增长存在关联（Musaiger & Al-Mannai, 2014）。在伊朗这样一个要求女性遮住整个身体的国家，面部整形手术很受欢迎（*The Economist*, 2015）。非洲女性正在使用可能导致皮肤癌的皮肤漂白化妆品。她们的目标是拥有看起来像欧洲人的白皙皮肤（Cooper, 2016; Lewis et al., 2011）。甚至在喜马拉雅山脉南麓的小国尼泊尔，女性也参加按西方审美标准评判的"选美"比赛，并且开始报告身体不满意和进食障碍（Crawford et al., 2008, 2009）。

自我客体化

心理学家芭芭拉·弗雷德里克森和汤米-安·罗伯茨（Frederickson & Roberts, 1997）的**客体化理论**（objectification theory）解释道，在性客体化文化中，女孩和成年女性逐渐习得了"将观察者视角内化为其身体自我的主要视角"（p. 1），即她们在进行**自我客体化**（self-objectification）。这个观点并不是弗雷德里克森和罗伯茨最先提出的，许多学者和研究者曾先于她们阐述了女性如何将自己视为"供他人评价的存在"这样一种客体（Beauvoir, 1953; Berger, 1972; McKinley & Hyde, 1996）。但是，客体化理论本身很重要，因为它阐明了自我客体化的心理和行为后果。

自我客体化包含习惯性和长期的自我监察，自我监察破坏了女性与其主观体验的联结，分散了她们的注意力。持续的身体监控不仅制造了一种自我分裂——主体自我和自我作为客体之间的分裂，而且占用认知资源，并因外貌担忧而干扰思维。以下是美国女性描述她们的习惯性自我监察和身体羞耻感的一些例子：

如果有一面镜子，我很可能会快速瞥一眼，确保我看起来是整洁的（比如，头发梳理到位、牙齿上没有口红印、妆没有花）……每过一会儿就看看自己的样子，确保我看起来还不错，这会增强我的信心。

——一名 26 岁的女性

我会经常看看自己，并把自己和其他女性作比较。

——一名 24 岁的女性

我发现体重对我而言成了一种强迫思维。我一天至少会想 20 次。这让我怀疑我是不是有什么心理问题。

——一名 45 岁的女性

资料来源：Crawford et al., 2009.

自我客体化使个体的注意力分散在自我监察和其他心理任务上。我们从认知心理学中了解到，人的心理资源是有限的。我们只能同时思考有限的事情。如果女性把她们的一些心理资源投入到与自我客体化有关的情绪和认知加工上，那么可用于其他方面的资源就会变少。研究已经确认了自我客体化和认知表现之间的关联（详见专栏 3.3）。

接触客体化媒体并不是与自我客体化有关的唯一因素，但它是一个非常重要的因素。越来越多的研究显示，对不同类型大众媒体的接触量与女性自我客体化程度增长存在关联，有时男性也是如此。接触电视、音乐电视、时尚杂志和社交媒体都能预测自我客体化（Vandenbosch & Eggermont, 2012）。花在脸谱网（Facebook）上的时间是自我客体化的一个重要预测因素，尤其是当你把自己和脸谱网上的同伴进行比较时（Fardouly et al., 2015）。观看真人秀电视节目的时间也与自我客体化有关，无论女性还是男性都是如此（Ward et al., 2015）。

"后女性主义"广告描绘了一些有意利用自身性力量的具有吸引力的年轻女性，这些广告又有何影响呢？这些形象是客体化的，但与传统的被动形象相反，它们将"对女性的性客体化"呈现为赋权的、受女性控制的。在检验这些形象之影响的实验中，研究者随机分配女大学生去观看不同的女性形象，包括一组"后女性主义"形象、一组更被动的客体化形象或一组中性形象（Halliwell et al., 2011）。与接触中性形象相比，接触两种客体化形象都导致了更强的自我客体化和体重不满意，而且"后女性主义"形象比被动的客体化形象具有更大的影响。这些广告的伪赋权甚至可能比传统广告中的客体化更具破坏性。

专栏 3.3 〜

我穿那件衣服看起来胖吗？
泳衣 – 卫衣研究

　　20 多年前，心理学家芭芭拉·弗雷德里克森和汤米 – 安·罗伯茨提出了心理学中最重要且最有影响力的理论之一，即客体化理论。客体化理论最著名的检验之一是一项有创意的实验，有时被称为"泳衣 – 卫衣研究"（Swimsuit-Sweater Study）。弗雷德里克森与合作者测量了女性和男性在试穿一件卫衣或泳衣后在数学题上的表现。实验者告知参与者，他们正在参加一项与"情绪和消费者行为"有关的实验。实验者将男女参与者随机分配到一间有全身镜的房间里试穿一件卫衣或一件泳衣，并告诉他们要对衣服进行评价。参与者穿上那件衣服后（他们要穿 15 分钟），还要完成一系列数学题，表面上是填答教育系正在进行的另一项实验（其实没有这项实验，数学题事实上是他们正在参加的实验的一部分）。

　　研究团队发现，男性的数学成绩不受实验操纵的影响，而女性则在泳衣条件下表现不佳，身穿泳衣暂时性地增强了她们的自我客体化。穿泳衣制造了女性的身体羞耻感，但没有对男性产生影响。与女性相比，男性报告说感觉"更傻、更尴尬和更愚蠢"，而女性却报告感觉到更强的"厌

©Comstock Images/Alamy RF

恶、嫌恶和反感"。

　　自 1997 年客体化理论被提出以来，研究者一直在证明自我客体化对女性的负面影响，包括抑郁、焦虑、身体羞耻感和进食障碍。这个开创性的理论，继续为理解并最终减少性客体化文化对女性的影响提供重要的研究框架。

资料来源：Fredrickson, Roberts, Noll, Quinn, & Twenge, 1998

Contributed by Annie B. Fox.

客体化理论已经引发了大量重要的研究，这些研究证实，对女孩和成年女性而言，自我监察、身体羞耻感与消极心理后果之间存在关联（Moradi & Huang, 2008）。自我客体化与青春期女孩和女大学生的进食障碍有关（Tiggemann & Williams, 2012; Tylka & Hill, 2004）。自我客体化与女大学生的焦虑、抑郁心境和抑郁状态有关（Muehlenkamp & Saris-Baglama, 2002; Tiggemann & Kuring, 2004; Tiggemann & Williams, 2012），也与解离倾向和自伤的可能性有关（Erchull et al., 2013）。启动女性的自我客体化思维会增强她们未来接受整形手术的意愿（Calogero et al., 2014）。正如客体化理论所预测的那样，我们周围的文化形象已经被内化了，引发了对女性有害的心理后果。

有些女性即使没有遭受与外貌有关的明显心理困扰，也不可避免地会受到自我客体化的困扰。美国女性每年在化妆、美发、护肤和整形手术上的花费高达数百亿美元，以试图改善和补救她们感知到的身体瑕疵。自我客体化可以解释许多女性与自己身体之间的对立关系。女性描述自己身体的语言常常带有敌意和对抗性。女性会谈论"时刻监控"自己的体重并与自己的脂肪"作斗争"。她们"驯服"自己的头发并"控制"自己的肚子。当一位女性说她"痛恨"自己的臀部、大腿、肚子、皱纹的时候，我们并不觉得可怕。你最近一次听到一位男性说他"痛恨"自己身体的某个部位是什么时候？

看不见的女性

在媒体所呈现的女性中，谁被排除在外了？一个简短的回答可能是："任何非白人、不够年轻、不够纤瘦、不够富有、不够女性化和性不可用的女性！"让我们来看看那些代表性不足或看不见的女性。

有色人种女性

2015 年，美国电影艺术与科学学院宣布了最佳男演员和女演员的提名，每一位奥斯卡奖获提名者都是白人，这引发了对缺乏多样性的一连串抗议。当这一情况在 2016 年再次发生时，抗议变成了愤怒，推文话题"奥斯卡太白了"（#Oscarsowhite）诞生了，主持人克里斯·洛克给颁奖典礼贴上了"白人择优奖"标签。大多数人可能只是在每年的奥斯卡颁奖典礼上才注意到这一点，但是在电影的重要角色中很难找到有色人种女性（和男性）。对历年来排名前 100 位的电影的分析显示，约 74% 有台词的角色是白人，尽管一再呼吁多样化，但这一比例并没有随着时间的推移而改变（Women's Media Center, 2015）。例如，在 2013 年，有台词的角色中只有 14% 是非裔美国人，5% 是西班牙裔，5% 是亚裔，1% 是中东裔，美洲印第安人不到 1%。同一族裔中，有色人种男性角色的数量始终超过女性角色。

拉丁裔尤其可能被从媒体中抹去。1950—2013 年，拉丁裔人口增长了约 5 倍，占美国人口的 17%，但在英语的电视节目中担任主角的拉丁裔比例则从 4% 下降到 0%，在电影中担任主角的拉丁裔比例也从 2% 下降到 0%（Women's Media Center, 2015）。在美国的电视节目中，只有西班牙语电视连续剧中的拉丁裔女性与拉丁裔男性人数相当（Rivadeneyra, 2011）。当拉丁裔女性在电影中扮演某个角色时，她们要么被高度性化，要么被描绘成女佣和管家（Lewis, 2002）。例如，在 2013 年，娱乐媒体中 69% 的女佣被描绘为拉丁裔女性（Women's Media Center, 2015）。

不仅仅在电影和电视节目中如此，有色人种女性也会以其他方式被置于不可见状态。她们在女性杂志（Covert & Dixon, 2008）和电视广告（Coltrane & Messineo, 2000）中出现的可能性也相对较低。女演员莫妮克在《珍宝》中扮演了一位了不起的妈妈之后，一位采访者问她是否得到了很多工作机会，你猜她是怎么回答的？"连鬼都没搭理我"（Carter, 2010）。

年长女性

如果火星上的观察者要通过电视节目估计美国的人口情况，他们可能会以为某种神秘的病毒已经把 40 岁以上的女性全部杀死了。年长女性是大众媒体中最不可见的群体之一。只有男性电视主播才可以有灰白的头发和布满皱纹的额头。20 世纪 70 年代至今的研究表明，商业广告中的大多数女性人物在 35 岁以下。一项研究对年龄超过 51 岁的人在美国人口中的真实比例与黄金时间商业广告大样本中的人物代表性进行了比较。虽然 51 岁以上者占总人口的 27%，但他们在商业广告人物中只占 18%。虽然事实上年长人群中女性人数多于男性，而且差值呈扩大趋势（因为女性平均寿命更长），但商业广告的年长人物中有 2/3 是男性（Ganahl et al., 2003）。

并不是只有美国媒体对年长人士存有偏见。一项对德国黄金时间电视人物的研究显示，只有 8% 的人看上去超过 60 岁（相比之下，实际人口中 60 岁以上者占 22%），而且其中 2/3 是男性。与年长男性相比，媒体对年长女性的描绘更加负面（Kessler et al., 2004）。一项针对英国电视广告的内容分析显示，英国只有 7% 的广告展现了 50 岁以上者，而且主要是背景角色。其中约有一半广告把年长者描绘为有能力的，20% 的广告把他们描绘为"黄金长者"。但是，他们也会被视为保守、传统、健康状况不佳、无能力和易受伤害（害怕、多疑和悲伤）。

电视对年长者的刻板印象式描绘具有重要的社会影响，主要原因如下：年长者比年轻人看电视时间更长，这些刻板印象会影响他们的自我形象和对老化的预期。也有证据表明，所有年龄段的重度电视受众都低估了年长者在人口中的比例，因为这些观众很少在电视上看到年长者。

体型较大的女性

分析媒体上体型较大女性形象面临的一个挑战是，屏幕上的这类形象太少了，代表性不足。1980 年，研究者首次对黄金时段电视节目中不同体型人物的占比情况开展研究，结果发现，88% 的电视人物体型偏瘦或中等。在其余 12% 体型较大的人物中，男性是女性的两倍。此后，其他研究也发现了相似的结果，体型较大的人物代表性不足，而且体型较大的女性人物代表性极度不足（Fikkan & Rothblum, 2012）。当媒体描绘一名象征性的超重女性时，她很少能像其他女性那样。她的体重定义了她，使她不招人喜欢（想想电影《完美音调》中的胖艾米）。一项对情景喜剧的分析显示，男性人物对较瘦的女性人物有更积极的评价，对较重的女性人物则有更消极的评价（Fouts & Burggraf, 2000）。对较重女性的消极评价大都伴随着笑声，这表明嘲笑超重女性是为社会所接受的。食品广告经常把苗条描绘成女性一生的主要目标，并用有道德意味的词汇来描述女性的食欲和进食行为。女性被告知，有食欲是不好的或罪恶的，除非是想吃瘦身食品（Kilbourne, 2002）。

一项研究对报道肥胖的网络新闻故事的配图进行了分析，发现描绘超重者的图像中有 72% 是负面和污名化的（Heuer et al., 2011）。与体重正常者的图像相比，超重者的图像更可能缺少头部或只呈现腹部，超重者更不可能穿戴整齐、职业装扮或正在锻炼。在另一项研究中，参与者被分派去阅读一个关于肥胖的新闻故事，要么配有一张肥胖女性的典型照片（吃垃圾食品或强调体型），要么配一张非典型照片（穿着讲究或正在锻炼）。与那些看到非典型照片的参与者相比，看到典型照片的参与者对肥胖者表达了更消极的态度（McClure et al., 2011）。一项研究对主要新闻来源中有关肥胖的报道进行了内容分析，研究者发现，与不超重者相比，超重及肥胖的成年人和青少年更可能被描绘成以下形象：缺少头部、身体某些部位的特写、有损形象的后视图、吃不健康的食物、久坐不动以及穿不合身的衣服（Puhl et al., 2013）。这些对超重者的污名化和客体化描绘可能会强化社会对他们的偏见。

研究表明，超重女性会在社会和经济层面遭受痛苦，这是由媒体推动的反肥胖态度造成的。例如，对女性来说，体型大是一个不利因素，无论在教育（如大学录取歧视）、就业（薪酬歧视）还是在医疗保健和心理治疗方面（Fikkan & Rothblum, 2012）。在过去 10 年中，体重歧视的盛行率增长了 66%，与目前种族歧视的比率持平（Puhl et al., 2013）。

低收入女性

媒体批评人士已经指出，电视上的人物似乎很少真正靠工作来谋生；相反，他们闲来无事。他们穿着昂贵的衣服，住在豪华的房子和公寓里；每个人都隐约属于中上阶层。过去的蓝领阶层人物和情景喜剧（罗莎娜、阿奇和伊迪丝·邦克）都消失了。挣最低工资或用双手劳动的人只会出现在《干尽苦差事》（Dirty Jobs）那样的真人秀节目上（Morris, 2016）。

蓝领阶层和贫困女性尤其会被媒体挑出来加以轻视，或充其量只是怜悯。在下午时段的脱口秀节目中，蓝领阶层女性被描绘成失控、好斗的人，或者功能失调家庭的受害者。在纸质媒体中，报纸和杂志会在有关福利改革或无家可归的故事中着重描绘贫困女性（特别是有色人种女性），但不会在其他议题的故事中这样做。很少有女性被邀请去评论贫困问题,尽管美国的大部分贫困人口是女性和儿童。大多数贫困和低收入女性，在困难的条件下辛勤工作、照顾家庭，但她们却被认为不配上电视（Bullock et al., 2001）。

关于福利改革的讨论，可能是你能在媒体上发现的非裔美国女性代表性偏高的少数几个领域之一。一项对 1992—2007 年福利改革新闻报道的内容分析显示，在公共援助接受者中，非裔美国女性代表性显著偏高，而且用来描述她们的语言充满了种族主义刻板印象。"福利母亲"被描述为太缺乏智慧或太幼稚而摆脱不了福利，而且多育、懒惰、不够敬业，是传递"贫困文化"和制造"福利依赖循环"的坏母亲（Kelly, 2010）。今天，福利改革的时代已经过去了，但我们仍然可以听到类似的关于其他有色人种低收入人群的刻板印象化和污名化言论：无合法居留身份的蓝领工人和移民，被说成一心想要破坏美国的罪犯和恐怖分子。谋求获选的政客们承诺要筑起隔离墙来拦住他们，并将数以百万计的家庭驱逐出境。

权威的声音

在媒体上，女性较少作为负责任的公民和专家出现。新闻媒体对男性的行动、观点和专业技能的关注远远多过女性。例如，对周日早间脱口秀节目的研究发现，2 150 位嘉宾中有 77% 是男性（Garofoli, 2007）。到了 2014 年，情况几乎没有任何改善。在五大周日脱口秀节目中，如《面向全国》《福克斯周日新闻》和《CNN 国情咨文》，主持人都是白人男性，而且 73%~77% 的嘉宾也是男性（Women's Media Center, 2015）。电视上白人男性代表性过高可能很大程度上是由于男性在幕后控制：93% 的电视网络和演播室负责人是白人，其中 73% 是男性。即使权威的声音只是在销售一种产品，通常也是男性的声音。美国、澳大利亚、丹麦、法国和葡萄牙等许多国家的研究显示，在电视商业广告中，70%~90% 的权威性旁白是男性的声音（Bartsch et al., 2000; Furnham & Mak, 1999; Neto & Pinto, 1998）。

无论情境如何，媒体呈现女性的方式都聚焦于外貌、家庭角色和身体方面，而鲜少聚焦于言谈和思想，这一做法自 20 世纪 70 年代以来就已被记录在案（Foreit et al., 1980）。这种偏见使女性更不可能被认真对待。例如，在一篇关于希拉里·克林顿竞选总统的文章中（Keller, 2003），作者用一些渺小化的语言来描述出席的女性，比如："一个来自牛顿市的 40 多岁的女人，满头可疑的黑发，羊绒衫上带着汗渍"，"一个衣着考究的 50 多岁的女人"，"一个戴着昂贵眼镜的中年女人"，"一个 40 多岁的黑人女人"。相比之下，男性则是以姓名和职业被描述的（"医疗保健工作者安迪·约翰逊"）。他们的年龄、种族和时尚偏好都未被提及。总的来说，希拉里的支持者被称为"山羊芝士和霞多丽葡萄酒姐妹会"，而且一位支持者说希拉里有"漂亮的皮肤，让我告诉你，那对女人很重要"这句话，竟被媒体特意引述并重点强调。换言之，希拉里的支持者被描绘成"愚蠢的中年女性"，而不是了解政治的知情选民。

即使当女性拥有发表意见的权力时，她们的外表也被认为是至关重要的。网络新闻史上第一位独当一面的女主播，新闻记者凯蒂·库里克以这样的造型出现在《时尚芭莎》杂志 2010 年 3 月期：照片中的她"坚韧而性感，化着烟熏妆，眼影浓重,穿着单肩CK紧身裙和一双古驰厚底鞋",并且配文中谈到了她目前的恋情,以及她打肉毒杆菌来掩盖皱纹(von Pfetten, 2010)。我们很难想象安德森·库珀会被这样要求为时尚传播摆造型。

现在应该清楚了,我们用来描述女性的语言以及看到的女性形象会对我们产生影响。一篇对实验研究的综述表明,向参与者呈现有偏见的媒体形象,会增加他们对带有性别偏见的信念的接受度(Herrett-Skjellum & Allen, 1996)。现在,我们将转向讨论那些带有性别偏见的信念,以及它们如何影响我们感知和对待生活中的真实女性。

对女性和男性的刻板印象

刻板印象(stereotype)可以被认为是人们头脑中业已形成的关于某一特定群体成员如何思考、如何行动、外表是什么样子以及这些属性又是如何相互关联的理论。个体可能意识不到自己持有刻板印象信念或按照这些刻板印象信念行事。尽管如此,围绕着某个群体的关联网络形成了一个**图式**(schema)或心理框架,引导人们感知周围的世界(von Hippel et al., 1995)。只有当某个图式的内容与其他人对同一群体的图式相似时,这一特定图式才会被视为一种刻板印象。例如,夏洛特可能认为矮个子的人性情都暴躁,但是这一信念是特异性的,不是一种刻板印象。然而,如果夏洛特认为女性比男性更可能在危机中变得情绪化,并且许多人也都这么认为,那么这就是一种刻板信念。**性别刻板印象**(gender stereotypes)是反映人们关于两性的"共同智慧"的信念网络。

刻板印象并不是一个全或无的问题,有四点局限尤其值得注意。第一,人们不会说(除非被迫选择)女性和男性是完全不同的;相反,人们认为女性和男性在平均水平上存在差异,而且承认可能存在重叠(Deaux & Lewis, 1984)。第二,虽然大多数人都知道那些刻板印象,但并不是每个人都信以为真。第三,当你正在对陌生人形成第一印象或在普遍意义上对一类人进行思考时,刻板印象往往会产生最大的影响(Deaux & Lewis, 1984)。第四,在我们的头脑中,刻板印象的激活往往是一个不受意识控制的自动化过程,即使我们不相信那些刻板印象,它们也可能被激活。然而,对于是否使用刻板印象,我们确实是有一些控制力的(Devine &

Sharp, 2009)。

回想一下本章开头的例子。大多数人都会同意，刻板印象中的医生形象是白人男性，但大多数人也会同意，真正的医生有男有女，且有广泛的族裔背景。在对陌生人进行评估时，刻板印象最有可能被激活，比如本章开头例子中空乘人员身处的那种情境。刻板印象的激活是自动和无意识的，但它可以被理性思维推翻。如果空乘人员稍停片刻，反思一下他们的想法，并尝试摒弃这种刻板印象，那么处于病痛中的乘客会更快得到帮助，克罗斯医生也会得到她应得的尊重。

性别刻板印象的内容

一般而言，人们会把性别与各种属性联系起来，包括身体特征、人格、行为和角色。

身体特征

身体外貌尤为重要，因为它是我们见到某人时最先感知到的。事实上，这一信息在 1/10 秒内传递完成（Locher et al., 1993 ）。它比刻板印象的任何其他组成部分都更重要，它能激活其他组成部分。

一项经典研究证明了身体外貌的特殊作用，研究者让参与者阅读一段对假设的女性或男性人物的描述。这段内容使用性别刻板印象的一个组成部分来描述目标人物：要么是人格特质、性别角色行为、职业，要么是身体特征。随后，参与者要判断目标人物具有其他刻板印象特征的可能性。当目标人物被描述为具有刻板印象中的女性化身体特征如娇俏、柔和、优雅时，参与者非常确定她们也会具有女性化的人格、职业及相应的性别塑型化行为。参与者对男性做出了同样的判断：当他们被描述为身材高大、强壮、魁梧时，参与者非常确定他们也会有刻板印象中的男性化人格、性别角色行为和职业。如果最初的描述集中在特质、职业或行为上，参与者几乎不能确定地说出目标人物在其他维度上是什么样的（Deaux & Lewis, 1984 ）。

人格特质

当要求人们判断一系列特质更具女性特征还是更具男性特征，或评价每个特质对女性和男性而言的典型性时，他们将独立、竞争、果断、积极、自信、主导、有能力、不情绪化、爱冒险、有进取心这样的特质更多地归于男性。相比之下，他们把热心、温和、通情达理、擅长养育、乐于助人、能觉察他人感受、有表现力、情绪化、顺从、敏感这样的特质更多地归于女性。被认为更具男性特征的特质是**工具性的**（instrumental）和**能动性的**（agentic）：它们描述的是一个积极的能动者和有效力的实干者。被认为更具女性特征的特质是**情感性的**（affective）和**合群性的**（communal）：它们描述的是一个关注感受和关心他人的人。性别刻板印象的工具性 / 情感性（或能动性 / 合群性）维度大约在 50 年前被首次发现（Broverman et al., 1972）。多年来，这种差异被定期测量（Spence & Buckner, 2000; Williams & Best, 1990），而且近期研究发现该现象仍然存在（Andreoletti et al., 2015; Haines et al., 2016）。

　　几项跨文化研究显示，几乎在所有被研究的国家中，能动性 / 工具性特质都与男性有关，合群性 / 情感性特质都与女性有关（Best, 2001; Williams & Best, 1990）。这表明，关于能动性和合群性的性别刻板印象是普遍存在的。然而，对此也有其他解释。首先，跨文化研究通常采用大学生样本，而大学生可能受到西方文化的影响，并不能代表他们国家的所有人。其次，多数跨文化研究只测量了特质刻板印象。也许性别刻板印象的其他组成部分，如身体特征、社会角色等，具有更大的变异性。在更多的跨文化研究发表之前，性别刻板印象的普遍性仍是一个未有定论的问题。

角色刻板印象

　　许多行为和社会角色被刻板印象化，使之要么在男性中更典型，要么在女性中更典型。当要求人们思考特定类型的女性和男性时，刻板印象的这一方面就会变得明显起来。在性别亚型的第一项研究中（Deaux et al., 1985），参与者很容易想到女性和男性的亚类。对女性来说，这些亚类包括家庭主妇或母亲，被认为是自我牺牲、专注家庭和养育子女的人。家庭主妇或母亲亚类最接近关于女性的普遍刻板印象，暗示一个真正的女人是妻子和母亲。另一个亚类是性感女性，对她们的描述较少涉及人格特质，而更多涉及身体特征：好身材、长头发、涂指甲油，等等。（这两个亚类之间缺少重叠也意味着，母亲永远不会性感，性感女性也永远不会是母亲，这一点我们将在第 9 章中详细讨论。）还有一个亚类是运动型女性，参与者一般通过身体特征（肌肉发达、强壮）和人格特质（有进取心、男性化）来描述她们。最后，参与者还提出了职业女性亚类，认为她们聪明、勤奋、有条不紊和不太女性化。

对应的男性亚类包括蓝领型、运动型、男子气概型和商人型。虽然被归于每个亚类的特征有所不同，但所有男性亚类都被视为男性化的，蓝领型男性被描述为努力工作的，男子气概型男性被描述为粗壮多毛的，而且没有哪个亚类被视为具有任何女性化特质或行为。相比之下，有些女性亚类则被视为比其他亚类更女性化（如家庭主妇相比职业女性）。人们对女性和男性亚型的信念，与整体上对女性和男性的一般信念同样强烈。

在很大程度上，人们仍然会对"家庭主妇或母亲"和"职业女性"这两个亚类进行区分，而且家庭主妇亚类仍然在属性上与一般女性或假定的典型女性最为接近（Irmen, 2006）。然而，由于女性社会角色的转变，一般的对女性的刻板印象开始包括以往只被归入男性化女性亚类（如职业女性）的属性（Diekman & Eagly, 2000）。

职业刻板印象

是否存在特定的职业性别刻板印象呢？ 1975 年的一项研究首次提出这一问题，20 多年后，它再次经受检验（Beggs & Doolittle, 1993）。当要求女性和男性参与者把 129 种职业划分为男性化、性别中立或女性化职业时，他们对其中 124 种职业的归类与 1975 年那项研究的结果一致。大多数工作被认为是性别塑型的，而非性别中立的。

职业刻板印象植根于现实之中，因为历史上大多数工作和职业都被授权给了某一性别，而不是平均分配。儿童在 6~8 岁时就习得了这种刻板印象，而且从很小的时候开始，这些"知识"就塑造着他们对未来职业的偏好（Adachi, 2013）。这种刻板印象在其他文化中也一直存在。近期一项使用日本成人网络样本的研究发现，最为男性化塑型的职业包括木匠、飞行员和系统工程师，最为女性化塑型的职业包括护士、幼儿园老师和超市收银员（Adachi, 2013）。

实验研究已表明，我们对职业刻板印象的使用可能是自动的，不受我们的意识控制（Oakhill et al., 2005）。研究者让参与者判断每对职业标签和亲属标签是否可以指同一个人，有些配对与性别刻板印象一致（如，姐妹 – 秘书，父亲 – 管道工），有些配对与性别刻板印象不一致但有可能存在（如，兄弟 – 护士），还有一些是不可能存在的（如，叔叔 – 女店主）。相较于与刻板印象一致的条件，在与刻板印象不一致但有可能的条件下，参与者做判断的准确性和速度要更差。这表明，一旦读到职业名称，性别刻板印象就会自动激活，我们不一定能够抑制它们，即使当这样做很有意义时依然如此。

性态刻板印象

在大多数人的认知图式中，社会性别和性态有紧密的联系。同性恋者的存在对性别刻板印象构成了挑战，因为这些刻板印象在内隐层面是异性恋的。传统上，人们解决这一认知问题的方式是，把女同性恋者归入男性/男性化图式，把男同性恋者归入女性/女性化图式。在身体特征上尤为如此，这对整体刻板印象化过程至关重要。例如，早期探讨性态的研究者声称，他们发现女同性恋者"长阴蒂、窄臀部、小乳房和嗓音低沉"（Kitzinger, 2001）。即使在今天，女同性恋者仍然被刻板印象化为"男性化的"或"男子气的"，而男同性恋者仍然被刻板印象化为"女子气的"（Blashill & Powlishta, 2009）。

在人格或运动技能上特别强的女性，可能被刻板印象化为女同性恋者，这是一个认知诡计，有助于维持两种刻板印象：异性恋女性是两性中相对较弱的一方，女同性恋者是男子气的。例如，有两个长期存在且仍然盛行的关于女运动员的迷思，一个是"体育运动使女孩变得男性化"，另一个是"只有女同性恋者才参加体育运动"（Hall, 2008）。当然，有些运动员是女同性恋者，可是女同性恋者中也有教师、律师和空乘人员，而这些职业中的大多数女性是异性恋者。"显然，对体育运动和性取向的任何关联都是误导"（Hall, 2008, p. 107）。一项研究通过测量参与者对异性恋、肌肉发达的女健美运动员的感知，使其直面对"女运动员是女同性恋者"这一观点的挑战（Forbes et al., 2004）。结果，参与者认为，与普通女性相比，这些女性较不女性化、较不受欢迎、较没有吸引力，也是较糟糕的母亲（而且她们的男性伴侣是超级男性化的）。

无论是在体育运动领域之内还是之外，性态刻板印象都可能是使女性一直处于从属地位的一种手段。只要"女同性恋者"的标签带有社会污名，那么它就可能被用作对付任一女性的武器。另一方面，女同性恋者男性化这一刻板印象可能会避免她们遭受（第 2 章讨论的）针对女性能力的消极评价。你可能还记得，女性在领导力和职场方面常常会面临一种双重束缚：如果她们表现得有决断力和支配性，就会被认为有胜任力但冷漠、不讨人喜欢和霸道；如果她们以更传统的女性化方式行事，就会被认为虽然讨人喜欢但没有胜任力。近期的一项研究表明，当女同性恋者做出传统意义上女性化的决定时，她们可能被认为比异性恋女性更有能力。在这项研究中，实验情境是一次模拟的工作面试，女性求职者已经决定搬到新的住处去适应伴侣的工作安排（Niedlich et al., 2015）。研究结果表明，由于被认为更加男性化，女同性恋者可能像男性那样相对免受讨人喜欢和胜任力的双重束缚。男同性恋者可能也有类似的意外收获，他们被认为在职场上比异性恋男性拥有更好的社交技能，这也许是因为他们被视为更加女性化（Niedlich & Steffens, 2015）。在对职场中的男女同性恋者进行评估时，需要更多的研究来探索偏见和正向刻板印象的交互作用。

性别刻板印象与族裔刻板印象的交叉

大多数关于性别刻板印象的心理学研究都询问过参与者"典型"的女性和男性是什么样的。这种方法有一个比较大的问题：参与者（大多是大学生）可能将"典型"等同于中产阶层白人。只有当研究者专门问及种族或阶层时，这个问题才变得分明起来。例如，当研究者要求大学生列出"美国女性"和"黑人女性"的特质时，排名靠前的特质没有任何重叠。典型的美国女性被视为聪明、物质主义和敏感（与白人女性的刻板印象相似），而典型的黑人女性被视为嗓音大、喋喋不休和咄咄逼人（Weitz & Gordon, 1993）。

这种负面刻板印象与美国文化中黑人女性的原型有关：嬷嬷（Mammy）、耶洗别（Jezebel）和萨菲尔（Sapphire）（Watson et al., 2012; West, 2008）。嬷嬷的原型可以追溯到电影《乱世佳人》，影片中的嬷嬷是个快乐的奴隶，她那巨大的乳房和永恒的微笑，象征着她作为养育者的角色；而她那黝黑的皮肤、裹着头巾的头发、宽阔的脸庞和胖胖的身材，标志着她是无性的。杰迈玛大婶，一个多世纪以来嬷嬷的象征，最终在 20 世纪 90 年代失去了她的头巾。最初，杰迈玛大婶用讽刺的奴隶方言说："亲爱的……你知道那些男人和年轻人都爱吃我做的薄煎饼"（West,

©Michael Caulfield Archive/Getty Images

图 3.4　戴安·阿莫斯做过普通演员，也做过喜剧演员，但她最出名的角色是派素女士。

2008, p. 289）。今天的派素女士[6]可能不再裹着奴隶头巾，但仍然是面带微笑、胖胖的、慈母般的样子，还喜欢叫别人"亲爱的"（见图 3.4）。

　　耶洗别是一种针对黑人女性的具有高度性意味的刻板印象。在奴隶制时期，奴隶主和贩卖者残忍地对待非裔女性，强暴她们，逼迫她们生孩子并把孩子带走卖掉，禁止她们跟非裔男性结婚，企图摧毁黑人家庭。他们把黑人女性描绘为不道德、有诱惑力和乱交的形象，如此一来，受害者反倒遭了谴责，而压迫却得到了合理化。今天，在音乐视频、嘻哈音乐、广告和色情产品中，耶洗别这一刻板印象是以"风骚女人"（hoochie）或"妓女"（ho）的形象出现。

　　萨菲尔的形象是霸道、好斗、强悍，不太女性化。这种刻板印象可能同样源于奴隶制，当时黑人女性被迫与黑人男性一起从事重体力劳动，此刻板印象既被用来证明压迫是正当的，又被用来与南部白人女性扮演的被动、脆弱和家庭性的角色相区分。萨菲尔是一个有敌意、爱责骂人的"唠叨鬼"，她会把男人赶走，欺

6　派素女士（Pine-Sol Lady），Pine-Sol 为一款清洁剂品牌——译者注

负所有其他人（West, 2008）。几乎所有电视真人秀节目中都会出现这种带着怒气和态度的黑人女性，包括嘻哈传奇中的黑帮女孩，还包括会训斥任何人并接着一顿揍的马蒂亚祖母。与嬷嬷和耶洗别相似，萨菲尔这一刻板印象可能是对黑人女性在数百年压迫下生存策略的一种扭曲和夸张。

对于非裔美国人或任何其他族裔来说，性别刻板印象和种族/族裔刻板印象是如何相互关联的呢？针对这一问题还缺乏系统的研究。交叉性理论提出，性别刻板印象和族裔刻板印象的交叉（比如亚裔美国男性、中东裔女性）包含独特的元素，而非族裔刻板印象和性别刻板印象中单独元素的简单相加。研究者对这一假设进行了检验，他们要求 600 多名美国大学生报告不同族裔在整体上和不同性别上的刻板印象属性，族裔包括亚裔、黑人、拉丁裔、中东裔和白人。如果交叉性假说是正确的，那么在每个交叉类别中都应该包含群体大类所没有的属性。例如，关于中东裔女性的刻板印象与一般意义上的中东裔人多少有些不同。表 3.1 总结了本研究的一些结果。你可以看到，交叉性的族裔刻板印象包括正面特征和负面特征，以及身体特征、人格特质和角色行为的混合。你认为哪些刻板印象最为正面？哪些最为负面？哪些是基于身体特征的？

就交叉性假说而言，每个族裔与性别交叉的群体都有独特的属性。例如，中东裔女性，而不是中东裔男性或一般意义上的中东裔人，被刻板印象化为安静和受压迫的。拉丁裔女性，而不是拉丁裔男性或一般意义上的拉丁裔人，被刻板印象化为厨艺好、喜欢据理力争。于是，交叉独特性假说得到了证实。了解族裔刻板印象的内容和独特性十分重要，它有助于人们了解偏见和防止歧视。

刻板印象是否准确

刻板印象在某种程度上反映了社会世界，并且有些刻板印象也包含些许真实成分（Jussim et al., 2009）。如果你对护士的刻板印象是女性，而对计算机科学家的刻板印象是男性，那么你的判断会比没有刻板印象更准确，因为在这些职业中女性和男性的比例确实有很大差异。我们在前文了解到，随着女性在劳动人口中的实际比例发生变化，职业刻板印象也多少会有所改变。为了使刻板印象起到有效认知捷径的作用，它们至少需要有几分扎根于现实（Ottati & Lee, 1995）。

然而，什么可以算作现实并不总是清晰的。应该用什么标准来维护或驳斥刻

表 3.1　性别与族裔刻板印象

在这项研究中，研究者让参与者思考每个群体的成员，并列出最先想到的 15 个形容词。以下是他们最常列出的特质。

* 表示是一个独特属性。

亚裔男性	亚裔女性	亚裔群体
聪明	聪明	聪明
个子矮	安静	开车技术差
书呆子	个子矮	擅长数学
安静	开车技术差	书呆子
擅长数学	害羞	个子矮
开车技术差	身型小	害羞

黑人男性	黑人女性	黑人群体
体格健壮	有态度	贫民区 / 粗俗
肤色深 *	嗓音大	罪犯
嗓音大	臀部大 *	体格健壮
易怒 *	超重 *	嗓音大
个子高	自信 *	歹徒
暴力	肤色深 *	贫穷

拉丁裔男性	拉丁裔女性	拉丁裔群体
大男子主义	据理力争 *	贫穷
贫穷	身体曲线明显 *	子女多
肤色深	嗓音大	非法移民
临时工	有吸引力	肤色深
滥情 *	厨艺好 *	受教育程度低
个子矮	肤色深	重视家庭

中东裔男性	中东裔女性	中东裔群体
留胡须	安静 *	极端分子
肤色深	虔诚信教	肤色深
极端分子	遮盖身体 *	压迫女性
性别主义者 *	受压迫 *	毛发多
讲英语有口音	保守	戴头巾
醒醌	肤色深	

白人男性	白人女性	白人群体
富有	傲慢	地位高
个子高	金发碧眼	富有
有才智	富有	有才智
有决断力 *	有吸引力	傲慢
傲慢	身型小	有特权
成功 *	没头脑 *	金发碧眼

板印象式的判断，永远存在争议，而且辩论者的立场往往取决于他们的社会背景和政治议题。比争论刻板印象是否准确更重要的是要意识到，即使刻板印象作为对群体的整体判断有几分准确，在对一个个体进行判断时，它们也可能非常不准确。依赖刻板印象往往会造成伤害。

> 当刻板印象被滥用时，问题就产生了。当一位雇主因认为男性天生更适合某份工作，从而雇佣一位男性而不是一位女性时，它就是个问题。当有人告诉女孩，她们在中学应该学英文而不是学数学时，它就是个问题。当一个黑人家庭受到排斥，不能在好的街区拥有房子，是由于房地产经纪人认为他们会生太多孩子而不能保管好房产时，它就是个问题。从这个意义上说，刻板印象的关键问题不在于感知者的知觉平均而言是否准确，而在于它是否带来了潜在的负面结果……（Stangor, 1995）。

即使刻板印象有一定道理，它们也不可能适用于群体中的每个成员。遗憾的是，尽管刻板印象作为认知辅助工具有其局限性，也可能带来潜在的社会危害，但刻板印象并不容易被消除。

难以改变的刻板印象

对性别刻板印象的研究至今已有 60 余年。在此期间，女性的地位发生了巨大的变化。人们对女性权利的态度变得更加自由，女性也已经更多地进入政治、法律、医学和职业体育等领域（Haines et al., 2016）。然而，性别刻板印象的变化却微乎其微。早在 20 世纪 50 年代就有多项研究对性别刻板印象进行了测量，后来在 20 世纪 70 年代、90 年代以及 21 世纪头 10 年，研究者们对此又做了研究，并将之与 20 世纪 50 年代的研究结果作比较（Lueptwo et al., 1995; Spence & Bruckner, 2000; Werner & LaRussa, 1985）。结果发现，在 20 世纪 50 年代被认为代表女性和男性的那些特质，几十年过后仍然适用。

正如我们所了解到的，刻板印象不仅仅涉及特质。一项研究通过互联网选取美国成人样本进行数据收集，比较了 20 世纪 80 年代的刻板印象与今天的刻板印象，不仅包括特质，还包括角色行为、职业和身体特征。与 20 世纪 80 年代初的研究结果相似，人们在工具性和情感性特质以及刻板印象的所有其他组成部分上，都感知到了典型男性和典型女性之间的巨大差异。事实上，对女性性别角色的刻板印象随着时间的推移还显著增强了（Haines et al., 2016）。研究者承认，在争取性别平等的社会变革持续开展的 30 年间，性别刻板印象的持久性和持续性着实令他们感到惊讶。

社会现实一直在改变，为什么刻板印象却相对不变呢？即使刻板印象信念受到新的或不相符的信息挑战，人们仍然倾向于坚持他们的刻板印象。究其原因，有如下几点（von Hippel et al., 1995）。我们坚持刻板印象，可能是因为它们能让我们自我感觉良好。关于“没头脑”的金发女郎或女子气的男同性恋者的玩笑和故事，可能会使某些人有一种优越感。而且，既然“每个人”都知道金发女郎和男同性恋者“都是那样的”，那么刻板印象就会使内群体成员感到更有凝聚力，彼此更协调一致。当有人对男同性恋者（fags）、日本人（JAPs）[7]或福利女王（welfare queens）[8]发表评论时，内群体成员会感觉自己比外群体优越（Ruscher, 2001）。

刻板印象之所以持续存在，还因为它们是有用的认知捷径，可帮助我们高效地分配认知加工时间，从而以最少的脑力度过一天。刻板印象思维有助于防止我们在复杂的社会世界中穿行时陷入困境。有很多证据与这个观点一致。例如，人们在最不清醒的时候更加依赖刻板印象——“晨鸟型的人”在晚上更依赖刻板印象，“夜猫子型的人”在早上更依赖刻板印象。大多数人在时间压力下或输入信息超载时更加依赖刻板印象（von Hippel et al, 1995）。

刻板印象得以存在的另一个原因是，它们影响个体获取信息的数量和种类。当你有一个成熟的图式时，你会倾向于对那些与该图式一致的信息进行编码，然后停止编码。你不会感知到周围那些与该图式不一致的信息。举个例子，想象一个由四位女性和四位男性组成的委员会。其中一位女性比一般人更健谈。如果组内其他成员持有“女人都是话痨”的刻板印象信念，他们可能会尤其注意到她健谈这一点。但是，也许其他三位女性说得很少，并且总体而言四位男性说得更多（第 2 章讨论的一种常态模式）。由于沉默的女性与刻板印象不一致，因此她们的行为不太会被编码到记忆中并据此形成判断。

对男同性恋者、双性恋者和女同性恋者的刻板印象可能比通常所说的性别

7　JAPs，对日本人的蔑称——译者注

8　welfare queens，指依靠政府救济和福利生活，含有负面刻板印象意味——译者注

刻板印象更加难以改变，因为人们可能经常与同性恋者互动但没有意识到。于是，与刻板印象不相符的男同性恋者（比如开 SUV 或玩橄榄球的男同性恋者）或女同性恋者（比如穿连衣裙或做插花的女同性恋者）可能就不被认为是同性恋者（Garnets, 2008）。

当面临与刻板印象不相符的信息时，另一种维持刻板印象的认知机制是亚型的形成。特丽莎相信女人是爱孩子的，如果她遇到一位专注于事业且对孩子没有兴趣的女性，她可能会把这位女性归入"职业女性"这一亚型来维护她的刻板印象。特丽莎可能判定，职业女性不太女性化，但真正的女性仍然是爱孩子的。

刻板印象的影响

刻板印象是个大问题，不容忽视！下面我们来看看刻板印象产生实际影响的三种方式：（1）成为自我图式的一部分，可能导致刻板印象威胁并制造有害的自我实现预言；（2）强化地位和权力的差异；（3）启动性别主义行为并导致歧视。

刻板印象、自我与刻板印象威胁

由于性别在感知和评价他人时是如此重要的一个维度，因此性别图式就成为自我图式的一部分。换言之，人们可能开始相信，性别刻板印象的属性是其身份认同的真实表达。

关于当今的自我图式，现有研究既提供了好消息，又提供了不太好的消息。好消息是，与前几代女性相比，今天的女大学生认为自己更具有工具性特质。她们对诸如"表现得像位领导者""自力更生""有决断力"等特质的认同程度与男大学生相似。然而，男生对自身工具性特质的评价仍然高出约 40%。因此，虽然工具性特质上的性别差距正在缩小，但尚未消失。不太好的消息是，女性和男性对自身表达性特质的看法仍然存在较大差异。事实上，每个表达性特质——友善、情绪化、通情达理、热心、温和、温柔等——被女性认同的程度都仍然显著高于被男性认同的程度（Spence & Buckner, 2000）。因此，性别刻板印象仍然作为自我的一部分被内化。虽然刻板印象的内化与过去有所不同，但是这种变化对女性和男性而言不是同等的。女性认为自己更具工具性特质了，而男性并不认为自己更具表达性特质。

当人们知道存在一种关于自己所在群体能力的负面刻板印象时，由害怕此刻板印象被证实而产生的压力就会干扰他们的表现——这种现象被称为**刻板印象威胁**（stereotype threat）。例如，艾莎在数学测验上表现不佳，可能是因为她满脑子都在担忧是否会证实"女性在数学上处于劣势"这一刻板印象。（关于刻板印象威胁的研究，见第 4 章。）

此外，刻板印象可能会导致自我实现预言，因为刻板印象通常不仅描述了人们对事物现状的共识，还描述了对事物应该如何的共识。换言之，刻板印象不仅是描述性的，也是**规定性的**（prescriptive）：它们规定了理想的女性或男性应该如何思考、如何行动，以及看起来应该如何。例如，一位不想生孩子的女性，不仅违反了女性应该养育孩子这一刻板印象，而且可能被认为是一个不称职的女人；一位没有抱负或不坚强的男性，可能被认为不是一个真正的男人。规定性刻板印象给两性施加了强大的压力，迫使女性表现得更女性化，男性表现得更男性化，两性都按性别规则行事。

刻板印象、地位和权力

一般而言，权力较大的人会对权力较小的人产生刻板印象（Keltner et al., 2003）。有权势的人比没有权势的人更注意与刻板印象一致的信息，而较少注意与刻板印象相矛盾的信息。虽然这两种倾向都有助于维持不平衡，但在认知和社交意义上解释得通。有权势的人可能会试图确证那些对他们有利的信念。他们不需要过多关注无权者之间的个体差异，因为他们的福祉似乎并不依赖于此。例如，工人对老板的情绪和要求的关注，肯定多过老板对工人情绪和要求的关注，因为老板控制着对工人而言重要的结果。

群体相关的权力差异也增强了刻板印象化的倾向。回想一下，社会权力较大的人（比如，男性相对于女性，欧裔美国人相对于非裔美国人）往往具有较高的社会支配取向（见第 2 章）。反过来，社会支配取向也预测了对他人产生刻板印象的倾向，社会支配取向得分越高，越容易形成刻板印象。重要的是，关于**行为证实**（behavioral confirmation）的研究表明，当高权力者（如男性）与被他们刻板印象化的低权力者（如女性）互动时，他们可能有意或无意地以某些方式对待对方，事实上这会引发对方做出与刻板印象相一致的行为，甚至当刻板印象不准确时也是如此（Chen & Bargh, 1997; Snyder & Klein, 2005）。然后，他们的刻板印象得到了证实，即第 2 章中描述的自我实现预言。

刻板印象与性别主义行为

刻板印象的另一个有害影响是，它们能够启动性别主义行为。请思考一项基于现实世界性别歧视的获奖研究。

20 世纪 90 年代初，明尼苏达州施特罗啤酒公司的女工因工作场所性骚扰对公司提起诉讼。代表女工的律师使用了施特罗公司臭名昭著的"瑞典比基尼队"啤酒广告，作为该公司容忍敌意性工作场所的证据。她的论点是，任何制作此类性别主义和客体化广告的公司都在向其雇员传达着如何看待女性的明确信息。该案件最终庭外和解，但研究生劳丽·拉德曼从中受到启发，开始探讨将女性描绘为性客体的商业广告对男性观众有何影响。劳丽·拉德曼与合作者尤金·博尔吉道通过采用电脑计时的词汇再认任务发现，与观看未将女性描绘为性客体的广告的男性相比，观看性客体广告的男性会更快识别将女性性客体化的刻板印象词汇（如荡妇）。此外，当这些男性参与者面试一位女性求职者时，他们对她的胜任力评价更低，对她的简历内容记得更少，而对其外貌记得更多。换言之，刻板印象的激活扭曲了男性对女性求职者的感知，并影响了他们对待她的方式（Rudman & Borgida, 1995）。

如何避免刻板印象

刻板印象及其消极结果是不可避免的吗？当然不是。诚然，改变或消除刻板印象并不容易。刻板印象是类别化认知过程的一部分，因此刻板印象是相对自动化的，其激活无需意识参与。但是，人们可以有意识地决定对自动激活的刻板印象保持注意，并努力对抗他们根据刻板印象来评判他人的自然倾向。

虽然自 20 世纪 80 年代末以来，已有 100 多项研究证实了刻板印象的自动激活，但研究者已经找到了几种干预手段，用于扰乱这一过程，并使人们可以对刻板印象的产生过程施加控制（Blair, 2002; Lenton et al., 2009）。其中一个能促成重大改变的因素是感知者的动机（Blair, 2002）。

例如，当人们试图对他人做出准确判断时，他们很少依赖刻板印象。在一项研究中，研究者向参与者提供关于另一个人的刻板印象信息和非刻板印象信息，并通过指导语让参与者把他们的印象传达给另一个人。当向参与者强调准确性很重要时，他们传达了更加平衡（更少刻板印象）的信息（Ruscher & Duval, 1998）。参与者没有忽视那些提供给他们的非刻板印象信息，而是将其纳入了他们的叙述中。这项研究表明，有意识地努力追求准确性会减少刻板印象。

还有证据表明，无偏见者能够抑制或推翻他们的刻板印象（von Hippel et al., 1995）。换言之，几乎每个人都能意识到嬷嬷、荡妇、辣妹、家庭主妇等刻板印象的存在；美国文化中的词语和图像经常会激活这些刻板印象。有偏见者——那些在性别主义和种族主义测量中得分高的人（见第 2 章）——可能会在刻板印象被激活时依赖刻板印象；这些刻板印象会影响他们的判断和行为。偏见较少的人会停下来思考这些刻板印象，并用更准确的信息来替换它们，因此他们不太会根据刻板印象回应他人，更可能将对方作为具体的个体来回应。避免刻板印象需要思想开放、投入注意以及有意识地做出选择，而这是可以做到的。

让转变发生

在美国文化中，性别主义的表现无处不在，它们可以成为推动偏见态度和歧视行为的强大因素。女性主义者将这些表现视为重要的机会来开展教育和工作，推动社会变革。下面我们来看看她们／他们的一些努力。

改变语言

来自不同文化和社会的女性主义者已经采取行动，通过**女性主义语言改革**（feminist language reform）来改变语言性别主义，即致力于消除在语言结构、内容和用法上的性别偏见，并提供非性别主义的替代方案（Pauwels, 1998）。女性主义语言改革已经改变了旧的语言，并创造了新的语言（Crawford, 2001）。

女性主义语言改革最大的成功之一是采用了非性别主义的语言指南。到 20 世纪 70 年代中期，主要的教育出版机构和专业组织（如美国心理学协会和美国国家英语教师委员会）都已采纳了这类指南。1975 年，美国劳工部消除了职业头衔中的性别偏见。几乎在同一时期，德国、意大利、法国、西班牙等国家的政府机构也采用了非性别主义语言（Pauwels, 1998）。

非性别主义语言指南带来了显著而重要的变化。现在，职业头衔和术语几乎都是性别中立的——在日常用语中，letter carrier（邮递员）取代了 mailman，chairperson（主席）取代了 chairman。在研究涉及的所有国家中，杂志和报纸中使用伪通称男性化词语的情况已大幅减少（Pauwels, 1998）。政治人物通常会非常小心地称公民为"他或她"，称军队为"穿军装的男性和女性"。然而，非性别主义语言指南并没有处理语言性别主义中更不易觉察的方面，例如"人 = 男性"（people = male）偏见。这些指南也没有解决以动物、外貌和性态来指称女性这一公然的性别主义问题。

女性主义者为英语添加了许多词语，为新的时代提供了新的用词。有些词，如"男性说教"指出了女性经历中那些被忽视的方面。作家格洛丽亚·斯泰纳姆表达了命名的重要性，以及 20 世纪 70 年代女性主义积极行动对语言的影响，她说："我们现在有了'性骚扰'（sexual harassment）和'受暴女性'（battered women）这样的术语。不久之前，它们只是被称为'生活'。"（Steinem, 1983, p.149）

女同性恋、男同性恋、双性恋和跨性别的积极行动者也掌握了命名权。同性恋积极行动者创造了异性恋主义（heterosexism）、同性恋恐惧症（homophobia）和双性恋恐惧症（biphobia）等新词。他们拒绝了 homosexual（同性恋）这一精神医学标签，采用了 gay 这个词，并使 LGBTQ 成为一个描述多样化性态的简称。以往的贬义称呼，如 queer（同性恋者）和 dyke（女同性恋者），现在被重新用作身份认同的正面标识（Marecek et al., 2004）。

尽管遭遇了阻力和反冲［如女权纳粹（feminazi）等词］，但改变语言的努力仍在继续。这一努力是重要的，因为"语言不仅仅是交谈而已。在使用语言的过程中，我们创造了我们的社会现实。通过改变语言，我们正在为改变现实作贡献"（Crawford, 2001, p.244）。

挑战客体化

对女性的客体化是一种有利可图的商业行为。我们不能指望利益驱动型组织的行为会发生显著变化，除非这些组织得到的信息是：对女性的客体化将使他们付出代价。

作为消费者，我们拥有巨大的力量去影响流行文化。人们用一个简便的短语"sex sells"（性是卖点）就驳回了客体化女性这一问题。这与用"boys will be boys"（男孩终归是男孩）来驳回针对女性的性骚扰或性暴力问题没有什么不同。我们不能仅仅因为有些事情发生了就得接受它。而且，对女性的客体化不是性的问题，它是对半数人口的非人化，是一个剥夺女性的人性的过程。美国社会是由经济力量塑造的。在商业驱动的文化中，若想改变对女性的客体化，那些知悉内情的消费者就要用他们的声音，还有他们的金钱，去教育那些在形象制作、产品和服务方面过多地依赖将女性客体化的人。

我们现在知道，客体化对女性的健康是有伤害的。如果要求那些将女性客体化的广告像香烟广告那样贴上警示标签，情况会如何？体象研究者玛丽莎·提格曼与合作者检验了在时尚广告上贴标签所产生的影响。（"警告：这张图片经过了数码处理，以使肤色均匀，手臂和腿更纤细。"）遗憾的是，到目前为止，该警示产生的效果并不一致（Slater et al., 2012; Tiggemann et al., 2013），这表明还需要开展更多的研究。也许这些警示需要具体说明不切实际的形象、身体不满意和抑郁之间的关联。同样重要的是，应该运用心理学研究来尝试以其他方式告知女性商业化形象中的欺骗及其影响——这是实验心理学如何能够促成女性生活发生改变的一个例子。

许多女性主义积极行动者和普通公民已经致力于提高人们的意识，让人们认识到性别主义和刻板印象的言论、形象和信念造成的伤害，并提供了正面的替代选择。那些希望加入反对媒体性别主义教育和积极行动的人，可以通过本章结尾列出的团体渠道获取信息。通过录像记录广告中的性别主义的教育工作者珍·基尔伯恩就是一个积极行动的恰当例子，如今她已成为大学校园里一个熟悉的身影（见专栏3.4）。虽然针对文化中女性呈现方式的女性主义积极行动已有很长一段历史，但变革的需求仍然十分迫切。

专栏 3.4 珍·基尔伯恩：媒体积极行动者

Courtesy of Jean Kilbourne

"珍·基尔伯恩的工作，对美国文化中探讨最不充分但却最具影响力的领域之一——广告领域——的话语而言，起到了开创性和关键性的作用。我们对她深表感激。"

——苏珊·法鲁迪，撰稿人

珍·基尔伯恩是一位屡获殊荣的教育工作者、演说家、电影制片人、作家和媒体积极行动者。她最为人所知的就是围绕"媒体如何描绘女性"开展的系列演讲和宣传工作。在她的演讲中，基尔伯恩剖析了广告商完全以销售产品的名义，多种方式利用客体化的女性形象，制造不切实际的审美标准。她还探讨了媒体形象是怎样与社会中的严重问题相关联的，包括青少年怀孕、性骚扰、对女性的暴力、药物滥用和进食障碍。《纽约时报》提名珍·基尔伯恩为美国大学校园最受欢迎的演说家之一，在其职业生涯中，她曾在美国近半数的学院和大学做过演讲。基尔伯恩把自己的演讲改编成有史以来最受欢迎的教育电影之一：《温柔地杀害》(*Killing Us Softly*) 系列，包括《温柔地杀害：广告中的女性形象》《仍然温柔地杀害》《温柔地杀害3》《温柔地杀害4》。基尔伯恩与戴安·莱文合著了《如此性感，如此之早：性化的童年与父母如何保护孩子》。她还因著作《真爱无价：广告如何改变我们的想法和感受》而获得心理学女性协会颁发的杰出出版物奖。2015年10月，她入选美国女性名人堂。基尔伯恩是一位先驱者，她敏锐地认识到，并进而呼吁人们警惕广告商所描绘的女性形象对女性和整个社会产生的有害影响。通过继续谈论广告和媒体如何影响我们的生活，基尔伯恩教育、赋权并激励他人采取行动。

Contributed by Annie B. Fox.

进一步探索

改变主意（About Face）网站：该网站的使命是"使成年女性和女孩具备能力去理解并抵制那些影响自尊和体象的有害媒体信息"。这个活跃的网站上有一个胜利者展览，还有一个侵犯者展览。你可以在 YouTube 上观看其视频"秘密更衣室行动"。

Ellen Cole and Jessica Henderson Daniels (Eds.). (2005). *Featuring females: Feminist analyses of media*. Washington, DC: APA.

心理学家报告了他们的原创性研究，分析了真人秀电视节目、电影、新闻节目、杂志、电子游戏和广告对女性的描绘。这本书阐述了媒体如何对待老化、种族 / 族裔、体象、性别角色、性取向与亲密关系以及暴力问题。作者认为，对消费者来说，培养媒体素养并对女性与性别的刻板印象化呈现进行批判是重要的。

女性主义多数派基金会（Feminist Majority Foundation）已经在其网站上创办了一系列可供选择的女性主义杂志。女性主义电子杂志如《胸部》（*Bust*）是可以替代主流媒体的一种机智而有趣的选择；还有为年轻女孩提供的选择，如《新月女孩》（*New Moon Girls*）。

媒体观察（Media Watch）网站成立于 1984 年，旨在通过教育和积极行动去挑战媒体中常见的侮辱性刻板印象及其他有偏见的形象。你可以在 YouTube 上观看其视频，并且还有一个脸谱网群组。

第 4 章

差异的含义

　　大多数人都认为，女性和男性在许多重要方面存在差异。就像一本通俗心理学畅销书所说："男人来自火星，女人来自金星。"然而，我也曾经看到一件 T 恤上写着："男人来自地球。女人也来自地球。接受这个事实吧！"

　　本书第 3 章中讨论的形象和刻板印象，的确在以截然不同的方式描述男性和女性。但是，男孩与女孩之间，或者成年女性与男性之间，双方在特质、能力和行为上真正的差异是什么？通常，心理学学生想要的是"事实，而且只是事实"，他们期望科学心理学能够提供这些事实。心理学确实拥有高效的研究方法。然而，对群体差异的研究并非仅是一个确立事实的问题，因为心理学研究中出现的差异，在其来源、含义和重要性方面还存在争议。

差异性和相似性的政治

　　在西方社会，群体间的有些差异并不那么重要。几乎没有人会把现实社会划分为有雀斑的人和无雀斑的人，或者会动耳朵的人和不会动耳朵的人。但还有些差异（如图 4.1 中的差异）则非常重要。这些差异会产生社会和政治后果，呈现出"特权对弱势"的各个维度（Morgan, 1996）。在女性主义理论和政治运动中，长期以来存在两种思考性别相关差异的方式（Kimball, 1995, 2001），分别以自由主义女性主义和文化女性主义为基础（见第 1 章）。**相似性传统**（similarities tradition）主张，女性和男性在智力、人格、能力和目标上非常相似。这一传统源于自由主义女性主义，被用来争取性别平等。毕竟，如果男性和女性的相似性远大于差异性，男女难道不应该被平等对待吗？

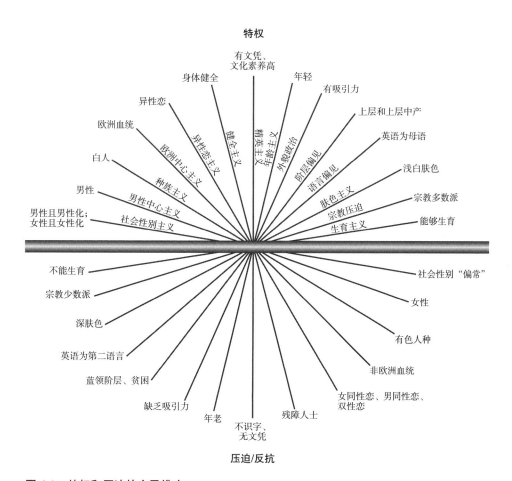

图 4.1　特权和压迫的交叉维度

个体可能在这些维度中的任一维度上受到社会评价。每个维度都明显存在优势端和劣势端。一些人通过占据大多数维度的有利一端而享有多重特权，另一些人则受到多重压迫。

资料来源：Ann Diller, Barbara Houston, Kathryn Pauly Morgan, and Maryann Ayim, *The Gender Question in Education: Theory, Pedagogy, and Politics*, Figure 8.1 (p. 107). Copyright © 1996 by Westview Press, Inc. Reprinted by permission of Westview Press, Inc., a member of the Perseus Books Group.

差异性传统（differences tradition）主张，女性和男性之间存在根本性差异，这些差异应该得到承认和尊重。这一传统源于文化女性主义，被用来主张社会应该对女性的活动、特质和价值观给予更多的认可。毕竟，如果照顾他人和维系关系（传统意义上的女性化特征）与支配和个人进取心（传统意义上的男性化特征）得到同样多的回报，这个世界岂不是可以变得更好吗？

沿着这两种思维方式，都产生了一些研究，也形成了一些政治策略。在女性研究中，关于哪种取向更好的争论已经持续了很长时间。在心理学内部，对量化研究的重视为思考差异性和相似性提供了新路径。相似性假说（similarities hypothesis）提出（Hyde, 2014），在大多数（虽非全部）心理维度和能力上，女性和男性的相似性大于差异性。那些强调女性和男性总体上相似的研究者指出，在过去，性别差异被解释为女性的劣势，并被用来证明歧视是正当的。另一些研究者认为，所谓的"女性的本性"这一观点是一种善意性别主义。然而，通过某些方式，被归于女性的特征可能被低估而未被充分重视。在本书中，我对两种传统都进行了探讨，分析了源自每种传统的重要研究。我的目标并不是要确定哪种传统更好，相反，我希望你会做出判断，看到两种传统都有价值，"在理论上和政治上，双重视野都比基于单一传统的视野更丰富、更灵活"（Kimball, 1995, p. 2）。

有关群体差异的主张可能在政治和社会意义上存在争议，因此在界定差异、测量差异以及理解结果时的价值观和解释上，都尚未达成一致。让我们来更详细地探讨这些争论。

定义差异性和相似性

确定性别差异的事实听起来好像比较容易：心理学家对一组女性和一组男性的某种特质或能力进行测量，并计算两组之间的均值差。这类研究有着悠久的传统。当在心理学文摘索引数据库（*PsychInfo*）中快速搜索 1967 年至 2016 年 3 月期间涉及性别差异（sex differences 或 gender differences）的研究时，我找到了 129 218 篇文章！

你可能会认为，基于所有这些研究，我们就能得出一些明确的答案。然而，差异的含义可能非常含糊不清。假设你听到有人在解释为什么美国的男法官多过女法官时说："让我们面对现实吧！女人就是不能像男人那样做推理。当需要推理时，她们就是缺乏足够的能力。"你的第一反应可能是，这只是一个过时的刻板印象。你的第二反应可能是问自己，有证据支持这个说法吗？

那位发言者声称，在推理这项认知能力上存在性别差异。在考察证据之前，让我们先思考一下他 / 她可能想表达什么。一种解读是，所有男性都具有而女性不具有推理能力，换言之，推理能力是基于生物性别二分的。如果可以用一个具有完美信度和效度的推理能力测验来测量所有男性和女性，那么男性和女性的测验分数将形成两个不重叠的分布，其中女性的分布在分数上相对较低。但是，尽管我们对性别差异的研究已有百年历史，但并没有人发现男性和女性在哪种心理特质或认知能力上是完全不同的。

认为女性绝对劣等（如图 4.2a 所示）是荒谬的，因此那位发言者在谈到差异时可能另有它意。也许他想说的是存在一个均值差（mean difference），也就是女性的均值可能比男性略低（图 4.2b），也可能低得较多（图 4.2c）。然而，均值差本身并不能说明很多问题。不同分布模式可以在均值上有同等差异，而在变异性上有很大不同，**变异性**（variability）被界定为数据的全距或离散度。图 4.2d 显示男性的分数比女性的分数有更大的变异性，图 4.2e 显示女性的分数比男性的分数有更大的变异性。观察每种分布模式中男性和女性分数分布不重叠的区域，就可

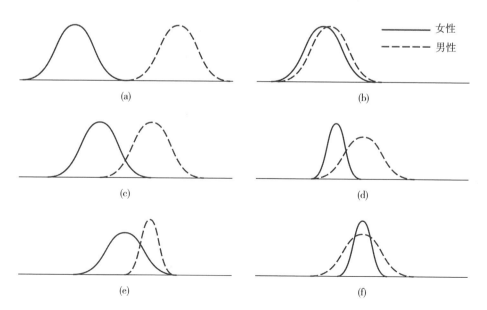

图 4.2　女性和男性推理能力的可能分布模式

以发现差异的含义各不相同。也就是说，低于男性最低分的女性所占的比例，以及高于女性最高分的男性所占的比例，从一组假设分布到另一组假设分布，有着很大的差异。

此外，可能的总体分布模式并非只有这些。女性和男性的均值可能相等，但其中一种性别的分数可能具有更大的变异性，如 4.2f 所示；图中女性和男性分数分布的重叠区域大于不重叠区域。

大多数关于性别差异的研究报告了女性样本和男性样本之间的均值差异，并通过统计检验来确定差异是否在统计上显著（即不可能是随机发生的）。如第 1 章所述，"统计显著性"的含义并不等同于通常意义上的"有意义"。一个差异可能在统计上显著，但是，这个差异太小了，对预测其他情境下的行为差异并没有什么用处。换言之，统计显著性并不等同于重要性。

统计上的显著差异达到多大，我们才有理由声称男性和女性是不同的而非相似的？某项性别差异的重要性应该根据什么来判断，根据平均值、每个群体的变异性，还是根据女性和男性两个分布的重叠程度？当考察相同特质或能力的不同研究所得结果不一致时，我们如何对结果进行比较？要开展多少研究才足以解决一个问题？研究结果需要有多大程度的一致性？对不同年龄段、社会阶层、族裔和文化背景的人群进行特质或能力测量是否重要？抑或是否可以稳妥地假设，对北美大学生而言反映实情的结果对所有人都适用？所有这些问题的答案均涉及对差异含义的价值判断。

测量差异

假设一位心理学家想要对"推理能力存在性别差异"这一观点进行检验。她[1]可能会使用标准化的推理测验对一个女性样本和一个男性样本进行比较，并在任何其他可能影响推理能力的因素，如受教育年限上，对两组一一进行匹配。她会对女性和男性的均值进行比较，以恰当的统计检验来确定她所得到的差异是否是随机发生的。

实验设计和假设检验的逻辑使心理学家更重视那些发现差异的结果，而非发

---

1 she，这里是作者有意为之——译者注

现相似性的结果。统计检验使心理学家可以在发现差异存在时，相当有信心地认为结论是正确的。但是当没有发现差异时，心理学家并不能确定总体中不存在差异；所得结果可能只是表明该实验在检验差异方面是失败的。他们可能会在结论中表示，他们应该再作尝试，而不会认为他们关于差异的假设是错误的。按照相似的逻辑，正如第 1 章中所讨论的，与报告差异性的文章相比，专业期刊较少发表那些报告两性间相似性的文章。过分强调差异是假设检验的一个内在固有的局限。

性别研究中偏差的来源

即使一项研究合乎伦理且方法得当（绝大多数已发表的心理学研究都是如此），它也可能反映了无意的性别偏见。如第 1 章所讨论的，在确定什么主题重要以及如何研究这些主题上（问题形成和研究设计），在数据分析过程中以及在解释和发表研究结果时，都可能出现偏差。

性别差异研究中最持久的偏差来源之一是：难以将性别与我们社会中所有其他与之相关的因素分离开来。性别与其他因素的交互作用导致了**混淆**（confounding），其中两个或多个变量的效应混合在一起，无法确定是哪个变量引起了实验效应。

例如，假设我们正在为假想的推理能力实验进行参与者匹配。我们当然不会选择将一个大学学历的男性样本与一个高中毕业的女性样本作比较，因为这会混淆性别和受教育程度。显然，两个群体不同的背景和经历可以解释推理能力上的差异。但是，即使当研究者试图测量具有可比性的男性和女性时，通常也很难确定应该将哪些特征进行匹配。假设研究者要比较女大学生和男大学生。虽然男女大学生在受正规教育的程度上是匹配的，但是女生和男生在数学、科学和人文学科方面的背景可能非常不同，并且可能各自集中在不同的专业。这些差异对某些研究问题来说是不相关的，但对另一些研究问题则相当重要。

元分析：一个有用的工具

一种称为**元分析**（meta-analysis）的技术可以解决性别差异研究中的一些定义和测量问题。元分析使用量化方法来总结不同时期不同研究者的研究结果（Hedges & Becker, 1986）。它使研究者可以对同一主题的许多研究的结果进行整合，并用统计方法评估差异效应的大小和一致性（Hyde & Linn, 1986）。

在做元分析时，研究者首先识别和选定某一主题上所有相关的研究。下一步是用一个通用的测量单位来总结每项研究的结果。统计显著性有不同的程度，有些研究的结果可能比另一些研究的结果更有效力。在元分析中，可以根据性别相关差异的大小对研究进行分类。最终，元分析使研究者可以把研究分为不同的亚类，从而评估性别以外的变量的影响。例如，如果一个研究者对关于性别和推理能力的研究做元分析，她可能会根据所用的任务类型或情境中是否存在时间压力来对研究进行分类。也许性别差异只出现在男性擅长的任务中或有时间压力的情况下。这种与另一个变量发生交互作用而改变其效应的变量，被称为**调节变量**（moderator variable）。

元分析还使研究者可以估计性别相关差异的大小。我们在第 1 章中注意到，差异可能具有统计显著性，但仍然非常小。同样，在元分析中，整体差异可能是小的、中等的或大的。当研究者报告这一差异的大小时，称之为**效应量**（effect size），它有助于解释性别相关差异的重要性。对于一个小的效应量而言，女性和男性两个分布之间可能大约有 85% 的重叠，即相似远大于差异。即使对于一个非常大的效应量而言，仍然可能有大约 45% 的重叠，即女性和男性之间远非完全不同（Hyde, 2014）。

你现在可能已经明白元分析为什么如此有用了。它帮助研究者解读来自大量研究的数据，并使他们能够估计性别相关差异的大小。它简化了对与性别有交互作用的其他变量的研究（这一点很重要，因为几乎总是有其他因素牵涉其中），也有助于揭示可能的混淆变量。贯穿本书，我引介了许多性别差异议题的元分析结果。

但是元分析不能完全弥补原有研究的偏差，也不能确保做出客观解读。元分析研究者仍然必须要确定哪些研究是切题的，以及同一构念的几种测量方法（如推理能力的不同测验）所测的是否是相同的东西。此外，在元分析中，所有被纳入的研究可能都有一个被忽略的、共同的偏差来源，这可能导致得出的总体结论有偏差（Hedges & Becker, 1986）。例如，如果研究中使用的多数推理能力测验都恰巧使用了男性更熟悉的问题和例子，那么元分析中就可能出现虚假的性别差异。

没有哪种统计技术能够解决差异解释中的所有问题。元分析可以显示哪些变量调节了性别差异的发生，但是它不能得出关于差异原因的结论。此外，对于差异究竟要有多大才能算重要的差异，仍存有争议。近期，在一项对元分析的元综合研究中，研究者使用了来自 20 000 多项研究、1 200 万名参与者的数据，评估性别相似性假说（Zell et al., 2015）。他们发现，平均效应量较小或非常小，支持了性别相似性假说。然而，他们仍然坚持认为需要开展更多的研究，并得出结论认为，性别相似性和差异性是"一项令人兴奋但具有挑战性的任务，在未来的几十年里，研究者应该为此付出努力"（p.18）。差异的含义仍然存在争议，因为用数字制造意义的正是人类本身。

解释结果：研究中的价值观与意识形态

要看到对性别相关数据的解释背后的价值观和假设，并不总是那么容易。学生会学到，科学是价值无涉的，科学家是客观的、不偏不倚的真理探求者。但是，与性别相关的价值观和信念已经对整个科学史中的研究产生了影响（Gould, 1981; Harding, 1986）。回顾关于某些性别议题的科学研究简史，将有助于澄清价值观和研究实践之间的联系。

在西方历史的大部分时间里，女性在才智和道德上的劣势被视为不证自明。19 世纪末，科学家开展了第一项关于女性的系统实证研究，将女性的劣势视为既定的事实，并旨在揭示其生物性决定因素（Gould, 1980; Hyde & Linn, 1986; Russett, 1989; Shields, 1975）。换言之，当时的大多数科学家都相信女性不如男性聪明，他们只是致力于寻找女性和男性之间的生物性差异，并以此来解释他们确信为真的东西。理解他们为何这么做需将这个问题放到当时的政治背景下思考。在一个女性权利激荡的时代，支配性社会群体的成员需要证明其他群体的低劣以维护现状。"你是女人，所以不同"，这是他们要传达的信息。"你的不同使你不够资格去承担你似乎（极不明智地）希望承担的世俗角色"（Russett, 1989, p. 23）。有时，科学家的反女性主义偏见是直接表达出来的；一位英国人类学家报告了一篇号称是科学论文的文章，谴责"肤浅、平胸、嗓音尖细的亚马逊女战士，她们对男性暴政和女性受奴役，滔滔不绝地说着令人作呕的瞎话"（Russett, 1989, p. 27）。

女性的脑：不同且劣等

历史上，性别主义、种族主义和阶层偏见往往交织在一起，大脑常常是争论的战场（Bleier, 1986; Winston, 2003）。首先，研究者断言，女性和有色人种之所以劣等，是因为他们的脑比较小。一位著名的科学家断言，许多女性的脑的大小，更接近大猩猩的脑，而不是男性的脑（Gould, 1981）。同样，科学家测量了颅容量来代表各"种族"，并得出结论：可以根据颅容积的测量值（代表智力）来进行种族排序，肤色深的人（如非洲人）排在底端，亚洲人处于中间，白人欧裔男性排在顶端。当科学家意识到，按照这个标准，大象和河马应该比人类聪明得多时，脑容量假说就破灭了。随后他们转向脑容量与体重之比，以此作为智力的测量指标。后来人们发现，该测量指标事实上对女性有利，从此就再也听不到关于它的消息了。

科学家放弃了诸如脑容量这样的粗疏差异，转向检验特定脑区的所谓差异。人们曾经认为最高脑力存储在额叶，男性的额叶被认为更大、更发达。然而，当顶叶被认为更重要时，便出现了一些历史修正主义。现在，人们认为女性的额叶与男性相似，但顶叶比男性小（Shields, 1975）。

当脑区大小的性别差异不可证实时，争论转向了**变异性假说**（variability hypothesis）。有人断言，男性群体内部有更大的变异性，换言之，虽然男性和女性可能在平均水平上相似，但有更多男性处于人类行为的两个极端。变异性被认为是一个使物种能够适应性地进化的有利特征。变异性假说被用来解释为什么才智高的男性比女性多得多。只有男性能够达到天才的高度。

女性的心智：不同且有缺陷

另一类测量人类能力的研究也有相似的历史，始于 19 世纪弗朗西斯·高尔顿爵士对生理变异和运动技能的研究。高尔顿测量了身高、握力和反应时，因为他认为这些指标反映了心智能力。当发现身体能力与智力功能不相关时，心智测验运动开始了。当心智能力测验未能证明男性的智力优势时，科学家又回到了变异性假说，以此来解释明显的相似性如何反映了潜在的差异性，声称男性和女性在平均水平上可能是相似的，但只有男性会出现在心智能力分布的顶端（Hyde & Linn, 1986; Shields, 1982）。

第一代女心理学家中的一些人致力于反驳这些论断。例如，莉塔·霍林沃斯和海伦·蒙塔古考察了 2 000 名新生儿的医院档案以检验变异性假说。还有研究者检验了情绪性和智力的性别差异（Wooley, 1910）。这些研究几乎没有发现任何差异。然而，关于心智能力具有先天性别差异的普遍信念一直存在。今天，人们还在不停寻找智力功能背后的生物性差异。

历史的教训

　　这段试图寻找基于生物性的性别差异的历史，表明了性别相关差异研究的一些重要观点。这段历史的大部分时期都表现出对各种差异的随意测量。当然，可能存在的差异数量是无限的，而且证明其中一种或多种差异的存在并不会提供关于其成因的任何信息。也许最重要的是，这段历史表明，科学知识具有历史局限性和背景局限性。事后看来，不难发现过去时代的种族主义和性别主义偏见如何导致研究者去寻找女性和有色人种劣等的理由。我们不太容易发现的是个人价值观如何影响当代科学家的工作，但是这种影响确实存在。即使在今天，与被归于男性的特质相比，被归于女性和少数族裔的特质仍然不太受社会赞许。由于白人男性仍然是评判其他人的标准，而且由于这个支配群体通常掌管着科学研究的设计、实施和解释，因此科学有时可能被用来维持社会现状。

　　我们应该如何理解女性和男性之间的差异呢？一种途径是从性别制度的角度来分析这些差异，以思考它们在社会文化层面、人际互动层面和个体层面是如何产生和维持的。为了使这项任务更简单，我会聚焦两个领域，即数学成绩和情绪性，这两个领域的性别差异已被发现具有社会意义（以及统计学意义）。

认知的性别化："女孩学不好数学"

　　女性和男性在认知能力和技能上相似远大于差异（Hyde, 2014）。然而，数学能力和成绩是以往研究中显示出存在一致的性别差异的极少数几个领域之一。让我们来看看数学成绩方面的这些差异。

　　目前广泛使用的测量数学能力和成绩的方法有两种：学业成绩和标准化测验成绩[2]。在标准化测验中，男孩成绩更佳；而在学业成绩方面，女孩成绩更佳。从小学到大学，所有族裔的女孩和年轻女性的学业成绩都比男孩和年轻男性更高，甚至在能力测验中男孩得分更高的领域也是如此。女孩相对较少留级，较少被分到特殊教育班，较少在行为或学业上遇到麻烦，她们更可能获得荣誉、学习大学

2　如 SAT-M，SAT 是美国高中毕业生学业能力水平考试，其成绩是申请美国大学入学资格的重要参考
　　依据——译者注

预修课程、登上光荣榜以及被选入班委会（Coley, 2001; Hill et al., 2010; Hyde & Kling, 2001）。她们更高的学业成绩很少被解释为女孩更聪明。相反，有人声称，女孩是凭借安静、有条理、听从指挥和努力取悦老师来获得高分的。这可能是一个贬低从属群体特征的例子。事实上，女孩更高的分数不仅与她们克制课堂捣乱行为的能力有关，也与她们掌握知识的驱动力有关（Kenney-Benson et al., 2006）。

在小学阶段，女孩在标准化数学测验中的成绩优于男孩。在高中阶段，她们的表现和男孩一样好（Hyde, 2014）。几代之前，女孩在数学测验中的成绩落后于男孩，可能是因为她们在高中阶段上的数学课相对较少。今天，在以上大学为目标的高中生中，女孩与男孩修满四年数学课的可能性基本相同（Hill et al., 2010）。女孩数学成绩的历史性变化，常被用作例子说明当女孩获得平等的教育机会时会发生什么。

然而，在高阶数学成绩上，有充分证据表明存在性别差异，男性成绩相对较高。在过去 40 年里，男孩在 SAT 数学部分的得分一直高于女孩。随着时间的推移，这一性别差距已经大大缩小，但这仍然是一个值得关注的问题。在 20 世纪 70 年代，该差距大约是 45 分；到了 2015 年，该差距是 31 分（College Board, 2015）。在使用 SAT 和类似测验进行的全美数学资优生筛选中，被认定为资优生的男孩远多于女孩，而且资优男孩的分数高于资优女孩的分数（Hill et al., 2010）。数学成绩的性别差距出现在每个受测的族裔中（白人、非裔、西班牙裔、美洲原住民和亚裔美国人），也出现在用于研究生录取的 GRE 测验中。

对心理学研究来说，这是一个多么难解的谜啊！在标准化数学测验中，女孩比男孩表现更好、成绩更高。然而，当她们读高中的时候，她们在高阶数学上的成绩就相对偏低了。而且她们选择数学专业或从事数学相关职业的可能性，远低于测验成绩相同的男孩（Ben-Zeev et al., 2005; Hill et al., 2010）。

哪些因素影响数学成绩

正如你所预期的那样，许多因素都会影响数学成绩性别差异的形成。一些研究者强调，能力差异可能具有生物学基础。另一些研究者则强调社会因素，诸如性别刻板印象、对数学的自信和态度上的性别相关差异、刻板印象威胁，等等。

生物学观点

性别差异，尤其是在高阶数学推理方面，可能一定程度上受到性别相关的遗传因素、激素或脑结构差异的影响（Hill et al., 2010）。然而，到目前为止，还没有人能够确切地说明相关的生物学差异是什么，以及它们如何造成了表现上的差异。很久之前，研究者便已排除了决定数学能力的性别相关基因的存在（Sherman & Fennema, 1978）。女性和男性的脑存在一些生理差异，但是这些差异是否与认知差异有关尚不清楚。有些性别相关差异并不具有跨文化普遍性（Ben-Zeev et al., 2005），还有些性别相关差异则随时间推移而逐渐缩小（Hill et al., 2010）。例如，30 年前，在 SAT 数学测验得分超过 700 的 13 岁儿童中，男女比例是 13:1；今天，该比例仅为 3:1。这个差异仍然不小，但是差异缩小了如此之多的事实表明，环境影响肯定是重要的。在一项综述研究中，研究者回顾了 400 多篇关于女性为什么在数学和科学领域代表性偏低的文献，最后得出结论：生物因素影响的证据弱于社会因素影响的证据（Ceci et al., 2009）。不过，仍有研究在不停寻找性别相关的生物性因素与智力表现之间的可能关联。

数学：“专属”男性的领域

请闭上眼睛想象一位数学家。你想到的形象很可能是一位看起来高智商的男性，他戴着眼镜，有一种洞悉一切但心不在焉的神情，也许你想到的是爱因斯坦。早期的研究显示，人们具有强烈的刻板印象，认为数学是男性（而且是书呆子男性）的专属领域。当研究者向初中生和高中生询问他们对数学相关职业（如科学、工程和物理）的从业人员有何感知时，他们描述的是穿着白大褂的独行者，单独待在实验室里，没有时间陪伴家人或朋友。毫不奇怪，女性数学家被赋予的刻板印象是缺乏吸引力、男性化、冷漠、不善社交和过于理智（Boswell, 1979; 1985）。正如我们在第 3 章中了解到的，自 20 世纪 80 年代以来，职业刻板印象并没有发生太大的变化（Haines et al., 2016），数学和科学相关的职业是最易被刻板印象化为专属于男性的职业类型。

“数学和科学是属于男性的领域”，与这一刻板印象有关的是男孩和成年男性更擅长数学和科学的刻板印象。这些数学刻板印象的核心是第 3 章中所描述的工具性 / 情感性维度（Carli et al, 2016）。性别刻板印象将自主性和理性思维归于男性，因此很难想象女性会喜欢（并擅长）需要这些特征的职业。情感和与人联结被归于女性，因此一位从事数学或科学等刻板印象中的男性化职业的女性，可能被视为反常且不怎么女性化。

在过去，人们认为，持有"数学是专属男性的领域"这种信念的主要是女孩和成年女性，并且这种信念妨碍了她们选择数学课程和与数学相关的活动。然而，关于数学态度的元分析表明，男性的这种信念远比女性更强烈（Hyde et al., 1990）。这一结果表明，性别相关因素对数学选择的影响在人际互动层面和社会结构层面所起的作用，至少与在个体层面的作用一样大。换言之，我们不能再得出结论认为，女性在数学和科学领域的代表性偏低，完全源于她们自以为数学不适合她们。相反，这可能至少部分是由于其他人认为数学不适合女性。这样的信念会制造自我实现预言（第 2 章），因为他人的行为可能对女孩和成年女性施加不易察觉的压力，使她们遵从刻板印象式的期待。

吸取教训："我只是不擅长数学"

即使男孩和女孩学习相同的课程，他们在课堂上的经历也可能不同。对课堂互动的研究证实，男孩和女孩并不总是受到同等对待。所有年级的情况都是如此，少数男孩主导课堂互动，而其他学生则沉默和被忽视（Eccles, 1989）。性别和种族存在交互作用：白人男孩从老师那里得到的关注最多，少数族裔男孩和白人女孩次之；少数族裔女孩获得的关注最少。这种歧视造成了负面影响：所有族裔背景的女孩，尤其是非裔美国女孩，从小学阶段开始，在课堂上就变得不那么主动、缺乏自信且不被看到（Sadker & Sadker, 1994）。

课堂上的性别主义有可能是善意性别主义（Hyde & Kling, 2001）。教师可能试图保护女孩们的感受，不叫她们回答有难度的问题，或者倾向于赞美她们的外貌而不是学业表现。然而，正如我们在第 2 章中了解到的，善意性别主义是有代价的。当女孩在学校受到挑战而不是受到保护时，她们可能会尽全力做到最好。课堂上的性别主义也可能是敌意性别主义。例如，女生遭遇来自同学和老师的性骚扰的频率高于男生（American Association of University Women Educational Foundation, 2001）。

到八九岁的时候，女孩开始对自己能在数学方面学得和男孩一样好甚至更好失去信心，而且她们的态度变化与真实表现无关。当她们在数学题目上遇到困难时，往往将其归因于自己能力不足，而且更容易受自己以为的老师对其看法的影响，而非自己的真实表现（Dickhäuser & Meyer, 2006）。与五年级男孩相比，五年级女孩从数学成绩中获得的愉悦感和自豪感相对较低，焦虑、无望和羞耻感相对较高（Frenzel et al., 2007）。在中学阶段，虽然女孩的成绩仍然比男孩好，但她们对自己的数学能力评价相对较低，认为数学课程更难，也更不确信自己将来会在数学课上获得成功。这种情况可能早在小学三年级就开始了，在意大利一项对 476 名二年级到五年级学生的研究中，二年级学生的数学自信没有性别差异，但到了三年级，男孩的自信超过了女孩。到了五年级，男孩和女孩都认为男孩更擅长数学（Muzzatti & Agnoli, 2007）。元分析研究表明，青春期男孩的数学自信水平更高，而女孩的数学焦虑水平更高（Hyde, 2014）。这些元分析的效应量，虽然只是小到中等程度，但比同年龄段学生的真实成绩之性别差异的效应量要大，而且在预测未来的教育和职业选择上，态度可能与真实成绩同样重要。如果劳尔认为 AP[3] 数学课是有趣的挑战，而塔尼娅却担心她可能跟不上，那么，即使他们都在十年级代数上表现不错，在受教育之路（以及未来的赚钱能力）上也将开始分道扬镳。

随着数学自信的降低以及男孩更擅长数学的刻板印象的内化，女孩对数学的整体态度开始与男孩不同。相较于男孩，她们更可能说自己不是非常喜欢数学，而且认为数学对自己的未来发展也没那么重要。她们报告的自己在数学课上的努力程度也相对较低（Muzzatti & Agnoli, 2007）。换言之，尽管她们的表现跟男孩一样好，但她们避开数学，从其他方面获取自尊。随着时间的推移，男孩的数学自信和他们赋予数学的价值同样也会降低，不过没有女孩下降得多。对青春期女孩来说，她们的自尊更多与她们对男孩的外貌吸引力这一自信有关，而较少与她们对学业能力的自信有关（Eccles et al., 2000）。

女孩的父母可能在此类态度转变中起了一定的作用。父母往往将女儿在数学上的成功归因于勤奋和努力，而将儿子的成功归因于天分。他们认为数学对女孩来说更难，对男孩来说更重要。父母对性别差异的刻板印象信念预测了孩子后来对自身数学能力的信念（Tiedemann, 2000）。父母的信念可能表达得很微妙，不易察觉（对约翰尼数学成绩的赞扬只是比苏珊多一点），也可能表达得比较明显（只有爸爸辅导数学作业，妈妈说数学超出了她的能力范围），但这些因素综合起来可

3　AP 是 Advanced Placement 的缩写，即大学预修课程——译者注

能向男孩传达了这样一种信息，即他们天生具有数学才能。然而，女孩收到的信息可能是，勤奋不能完全弥补她们能力的欠缺。

刻板印象威胁

有关性别和数学能力的信念是怎样影响数学成绩的呢？其中一个重要途径是通过"刻板印象威胁"。正如第 3 章所讨论的，当人们知道存在一种关于其群体能力的负面刻板印象时，他们会害怕证实这一刻板印象，由此形成的压力会干扰他们的表现。

研究者一般通过实验室实验来研究刻板印象威胁。在一项此类研究中，研究者让大学生完成一项有难度的数学测验，并告诉他们男性和女性通常在这个测验中表现得一样好，结果，女生和男生得到了相似的分数。另一组大学生接受同样的数学测验，但他们被告知预期测验成绩会有显著的性别差异。在这组大学生中，男生的表现优于女生。第三组大学生直接接受测验，指导语没有提及性别相似性或差异性（与 SAT 测验的情境相似），结果男生的表现也优于女生（Spencer et al.，1999）。这些结果表明，数学成绩上的性别差距，至少部分是由受刻板印象影响的信念和预期造成的。当女性相信男性会在数学测验中做得比她们更好时（要么因为她们受到实验者的引导，要么因为她们已经从别处习得了这种信念），她们往往会制造出预期的结果。然而，当女性存在劣势的刻板印象受到明确的挑战时，女性会与男性表现得一样好。

在过去十年中，美国和其他国家的研究者已经开展了数百项关于刻板印象威胁的研究。它们显示刻板印象威胁对女学生和少数族裔学生有明显的影响，从小学生一直到高中生、大学生和研究生，皆是如此（Régner et al.，2014）。综合来看，这些研究提供了大量的信息，譬如，是什么激活了刻板印象威胁，影响因素有哪些，谁可能受到影响，以及如何预防或减少刻板印象威胁。一项对 151 个实验的元分析显示，刻板印象威胁的破坏性影响对女性和少数族裔两个群体而言在结果上是一致的（Nguyen & Ryan，2008）。接下来，我们将聚焦于与性别和数学成绩有关的刻板印象威胁。

每当群体的负面刻板印象（这里是女孩不擅长数学）在情境中被凸显时，刻板印象威胁就有可能被激活。例如，仅仅在接受测验时有男性在场，就可能激活女性的刻板印象威胁。在一项研究中，学生分组接受数学难题测验，有的组全部是男生，有的组全部是女生，还有的组由不同比例的男女生组成。当与其他女生一起接受测验时，女生的正确率是 70%。当组内有 1/3 的男生时，她们的正确率降到 64%。当组内男生人数超过女生时，她们的正确率只有 58%。群体构成对男生的表现没有显著影响（Inzlicht & Ben-Zeev，2000）。身为少数群体成员似乎会增加焦虑和刻板印象威胁，进而妨碍了女性的表现。专栏 4.1 给出了另一个关于刻板印象威胁直接影响女性数学成绩的例子。

　　仅仅通过凸显性别认同，刻板印象威胁就可以被激活。在一项对 7~8 岁法国

专栏 4.1　　研究焦点：刻板印象威胁对女性数学成绩的影响

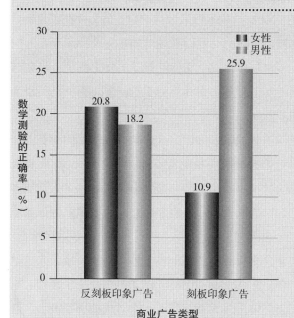

在这项研究中，研究者选取了数学态度较好且成绩较好的女性和男性大学生作为参与者。然后，让这些学生观看一些电视商业广告。其中一些广告带有性别刻板印象（一名女性因一款护肤品在床上欢呼雀跃，或者对着巧克力蛋糕兴奋得流口水）；另一些则是反刻板印象广告（一名女性非常专业地谈论着医疗保健问题）。之后，所有学生接受一项较难的数学测验。虽然这些广告内容都与数学无关，但观看刻板印象广告后，女生的数学成绩明显下降，因为她们担心刻板印象被证实。男生的表现没有受到影响，这可能是因为关于女性的性别主义刻板印象在个人层面与他们无关。

资料来源：Adapted from Davies, P. G., Spencer, S. J., Quinn, D. M., & Gerhardstein, R. (2002). Consuming images: How television commercials that elicit stereotype threat can restrain women academically and professionally. *Personality and Social Psychology Bulletin*, 28(12), 1615–1628. doi:10.1177/014616702237644.

女孩和男孩的课堂研究中，研究者通过让儿童给一幅画涂色来启动他们思考性别。让男孩涂色的画是一个拿着球的男孩；让女孩涂色的画是一个拿着布娃娃的女孩。控制组的任务则是给一幅风景画涂色。在性别认同启动之后，儿童完成标准化测验中的数学题。性别启动干扰了女孩解决较难数学题的能力，但对男孩的问题解决能力则没有影响（Neuville & Croizet, 2007）。

刻板印象威胁究竟是怎样破坏表现的呢？当它被激活时，刻板印象威胁会：唤醒与压力相关的生理反应，使女性过分关注自己在任务上的表现，要求女性努力抑制消极的想法和情绪（Schmader et al., 2008）。所有这些影响结合在一起，破坏了工作记忆，干扰了形成良好问题解决策略的能力（Quinn & Spencer, 2001）。

对女性来说，刻板印象威胁可能更经常发生在男性主导的领域。例如，相比人文、教育和社科专业的女大学生，数学、科学和工程专业的女大学生报告的刻板印象威胁程度更高（Steele et al., 2002）。从事数学和科学职业的女性在职业生涯的大部分时期都属于少数派，刻板印象威胁对她们来说可能是一个持续存在的问题。在一项有趣的研究中，相比那些与非性别主义男性互动的女工程师，那些与表现出性别主义行为的男性互动的女工程师，在随后的工程测验（而不是英语测验）中表现相对较差（Logel et al., 2009）。

刻板印象威胁几乎会影响任何一个被赋予负面刻板印象的群体中的成员。我们在第 3 章中了解到，少数族裔可能被刻板印象化为不如白人聪明（Ghavami & Peplau, 2013）。低收入人群也经常被刻板印象化为学业能力较差。当一个人归属多个被污名化的群体时又会发生什么？研究表明，这些个体会经历**多重刻板印象威胁**（multiple stereotype threat）。在一项研究中，低收入、中等收入或高收入的非裔、拉丁裔和白人男女大学生被分配到含刻板印象威胁的各实验条件下。接下来，他们接受了数学和工作记忆测验（Tine & Gotlieb, 2013）。结果显示，基于性别、族裔和收入水平的刻板印象威胁都会影响测验成绩；收入水平对成绩影响最大。这些结果凸显了多重身份的交叉性效应，以及有交叉性身份认同的学生如何受多重刻板印象威胁的影响。

族裔刻板印象和性别刻板印象有时是相互矛盾的。例如，人们对亚裔美国女性可能持有的刻板印象是"不擅长数学"（因为她们是女性），或者是"擅长数学"（因为亚裔被赋予数学能力强的刻板印象）。为了了解这些相互矛盾的刻板印象如何影响亚裔美国女性的数学成绩，研究者尝试操纵性别认同或族裔认同的凸显性：

让一组参与者先填写关于性别的问卷，另一组先填写关于族裔的问卷，然后让她们接受数学测验。控制组填写不涉及族裔或性别的一般问卷。正如假设的那样，族裔启动组的女性在数学测验中表现最好，控制组的女性表现次之，性别启动组的女性表现最差（Shih et al., 1999）。这些研究显示了交叉性的另一个方面：如图 4.1 中的特权和压迫维度所示，个体可能因其身份的某些方面而遭受污名化，同时又会因其身份的另一些方面而享有特权。人们对亚裔美国人持有擅长数学的刻板印象，因此无论男女，高度认同自己族裔的亚裔美国人都可能经历"刻板印象促进"，即当族裔刻板印象被激活时，他们的表现会得到促进（Armenta, 2010）。

刻板印象威胁甚至会干扰白人男性的表现。当研究者首先唤起白人男大学生关于亚裔比白人更擅长数学的刻板印象，随后让他们完成一个有难度的数学测验时，他们的表现与中性控制组相比有所下降，即使这些学生在数学方面能力很强（Aronson et al., 1999）。

关于刻板印象威胁的研究已经表明，有几个因素影响了刻板印象威胁发生的可能性及其影响表现的严重程度。例如，女性的数学表现更容易受到微妙的而非明显的刻板印象启动的影响。如果女孩或成年女性认为数学对她而言是一个重要领域，那么她更容易受到影响。任务难度也很重要，负面效应通常只出现在困难的任务中，而不会出现在简单任务中（Keller, 2007; Nguyen & Ryan, 2008）。

刻板印象威胁可以避免吗？答案是肯定的，研究者已经发现了几种可以有效防止刻板印象威胁激活的策略。其中一种策略只需要让女性了解刻板印象威胁的可能性，仅仅知情似乎就可以避免或减轻其影响（Johns et al., 2005）。另一种策略是用一种与个体有关的正面刻板印象去对抗负面刻板印象。例如，激活诸如"大学生擅长数学"或"像我们学校这样的精英大学的学生通常不会经历刻板印象威胁"的信念，可以避免女大学生受到"女性不擅长数学"这一刻板印象的影响。更有力、更直接的对立信息比不易觉察的对立信息效果更好（McGlone & Aronson, 2007; Nguyen & Ryan, 2008; Rydell et al., 2009）。第三种策略是提醒女性其身份认同的其他方面，实际上是传达"你不仅是一位女性，还是一名作者、一个朋友、一名学者"，等等。在一项研究中，与被要求画简单的自我概念图的学生相比，被要求画详细的自我概念图的学生在随后有难度的数学测验中表现得更好，这可能是因为该任务唤起了他们的多重身份认同（Gresky et al., 2005）。在另一项研究中，那些写下自己最宝贵的个人特质的学生，在随后的任务中可以避免受到刻板印象威胁的影响（Martens et al., 2006）。

　　提供正面例子是减少或防止刻板印象威胁的另一个好策略。女大学生在接受数学测验前阅读一篇报纸文章，该文强调了科学、技术和数学领域的女性人数以及近年来这一数字的不断增长，接下来，她们在随后的测验中表现得跟男大学生一样好（Shaffer et al., 2013）。在另一项研究中，六年级学生接受数学测验之前阅读了一段对同性角色榜样的描述。他们被告知，角色榜样在数学上的成功，要么是由于勤奋学习，要么是由于天赋异禀；在控制组，没有关于成功原因的解释（Bagès et al., 2016）。当女孩阅读了关于勤奋学习的角色榜样的描述后，她们在测验上的得分跟男孩一样好，但在另外两种实验条件下则没有男孩表现好。无论男孩还是女孩，接触勤奋学习的角色榜样都提高了他们在数学上的自我效能感。显然，即使一点点激励也能使女孩在数学上更有效能感（男孩同样如此），并且也确实表现更好。尤其对女孩来说，在数学测验情境下，任何弱化性别刻板印象的因素，都可减少刻板印象威胁干扰她们表现的可能性。

性别化认知对社会的启示

　　女孩和男孩仍然成长于一个性别化的世界中（见第6章）：洋娃娃和公主装是给女孩的，显微镜、积木套装和电脑是给男孩的。在美国，数学成绩的性别差距带来的一个启示是，我们的社会需要更加关注女孩的智力发展。帮助小女孩发展认知能力的一种方式是：为她们提供电脑以及所谓的男孩玩具。心理学家黛安·哈普恩是一位研究认知方面性别差异的专家，她说："我们给女孩只提供传统且带有性别刻板印象的玩具，这可能对女孩的智力发展产生不利影响"（Halpern, 1992, p. 215）。另一种策略是为女孩和年轻女性提供良好的教育环境，优化女孩和年轻女性学好数学和科学的机会（见专栏4.2）。

　　数学领域性别差距的第二个启示是，我们的社会对测验分数的重视可能是错位的。全美每年至少有170万高中生参加SAT考试，还有190万高中生参加ACT考试。这些标准化测验的目的是要预测大学成绩。虽然女生在这些测验中的得分低于男生，但她们在大学里的成绩却优于男生。事实上，在SAT数学测验中得分比男生低33分的女生，她们在同样的大学数学课程上成绩与男生相当。因此，这些测验低估了女生的表现（Gender Bias in College Admissions Tests, 2007）。这种**低**

专栏 4.2 **培养你的女儿（或侄女或妹妹）成为火箭科学家**

如何鼓励女孩学习数学和科学

虽然从很小的时候就有人告诉女孩，她们可以成为任何想要成为的人，譬如医生、律师、科学家等。但是美国大学女性联合会的一项报告发现，女孩们并没有遵循这一建议，尤其涉及寻求科学、技术、工程和数学等领域的职业时。那么，我们如何让女孩产生（并保持）成为火箭科学家的兴趣呢？美国大学女性联合会的报告提供了一些建议，主要内容如下：

1. 告诉她，智力是不断发展的。与具有"固定型思维模式"的学生（他们相信智力天生且不可改变）相比，具有"成长型思维模式"的学生（他们相信智力可以通过努力和勤奋学习而提高）更可能在学业挑战中坚持下去，并在所有领域（包括数学和科学）取得成功。研究表明，具有成长型思维模式的学生在数学和科学成绩上没有性别差异。

2. 谈论刻板印象威胁。从很小的时候，儿童就会意识到"男孩比女孩更擅长数学和科学"的刻板印象。遗憾的是，对刻板印象威胁的研究表明，当人们获知一个与其所属群体有关的刻板印象后，他们在刻板印象相关任务上的表现就会受到损害。可以通过跟女孩谈论刻板印象威胁的负面影响来克服它。

3. 提醒她，成绩得到 B 和 C 也是可以接受的。在女孩认为男孩天生更擅长的课程（即数学和科学）上，她们往往对自己要求更苛刻。如果她没有得到 A，就认为证实了男孩比女孩擅长数学的刻板印象。鼓励女孩，让她们相信，测验是对其是否理解学习材料的公平评估，与性别无关。请你女儿的老师设置清晰的评估标准可能也会有好处。

4. 鼓励她发展空间技能。空间技能是男孩始终胜过女孩的一个领域，比如心理旋转能力。不过，女孩可以轻松地提高她们的空间推理能力，不仅通过玩乐高玩具！缝纫、绘画、电子游戏等活动都可以发展和提高女孩的空间技能，尤其是她们的心理旋转能力。

5. 让她接触从事科学工作的女性。女性在科学领域的低可见性会导致人们维持"女孩很难学好数学和科学"的刻板印象。让女孩接触这些领域内的榜样和导师，甚至只是指出电视上出现的从事科学工作的女性也是有益的。让她参加那些突出女性从事科学技术工作的课外活动和夏令营，创造机会给她提供优秀的榜样。

Contributed by Annie B. Fox.

估女性效应（female underprediction effect）损害了女性平等受教育的权利。测验领域的积极行动者指控说，一项测验低估了一半以上受测者的表现，如此不公平，它应该被视为欺诈用户。

低估效应的后果是严重的。大多数四年制学院和大学都使用测验分数来决定录取与否。虽然女性的大学成绩较其测验分数预测的要高，但是一些女性却被大学拒之门外，机会留给了某些未来将在大学课程上表现不如她们的男性申请者。此外，女性失去了数百万美元的助学金。例如，美国国家优秀奖学金大部分发给了男性（Nankervis, 2013）。当采用 SAT 和 PSAT 分数来决定录取谁时，女孩也失去了进入为资优者开设的特殊课程项目的机会。最终，一个人的测验分数不仅影响了她的自信，还影响了她未来的学业目标（Hill et al., 2010）。

一些学院和大学，包括声望很高的大学，已经决定将标准化测验分数只作为录取决策的可选参考（Simon, 2015）。他们的这一决定，是出于担心把有天分的女性和有色人种学生排除在外，这些学生的标准化测验分数可能低估了他们在大学获得成功的能力。这些院校和一些测验专家都认识到，这些测验并没有测量有助于学业和职业成功的某些重要的人类成就领域，如动机、自我理解、尽责性和创造力（Teitelbaum, 1989）。到目前为止，这些院校大多数都发现，在依据和不依据测验分数录取的学生之间，毕业率差异很小（Simon, 2015）。

最终，所谓的女性不擅长数学和科学思维的信念，导致女性和少数族裔持续被排除在许多职业之外。科学、数学、计算机科学和工程学仍然是男性主导程度最高的领域（见图 4.3）。男性主导程度越高，参与其中的女性就越少。女性在科学、数学和技术领域代表性偏低仍是一个严重的问题。这些工作有趣、有声望，并且在未来几十年内需求持续较高。而且，这些工作的薪酬也颇为丰厚！当女性放弃这些领域时，她们也失去了好的职业机会。比个人成功更重要的是，科学、数学和技术对国家的未来至关重要，因为我们试图解决环境、资源使用、食品生产和医疗保健方面的问题。忽略半数的人口，意味着我们无法获得应对 21 世纪挑战所需的完整人才库（Hill et al., 2010）。

遵循相似性传统的研究者试图证明，假如有相同的机会，女性可以在数学和科学上取得和男性一样好的成绩。女性主义研究者通过质疑认知差异的大小，并考察认知差异是如何在社会层面被制造出来的，为性别平等作出了贡献。然而，尽管女性已经获得了一些非常实际的利益，尤其是白人女性，但平等尚未实现。"数

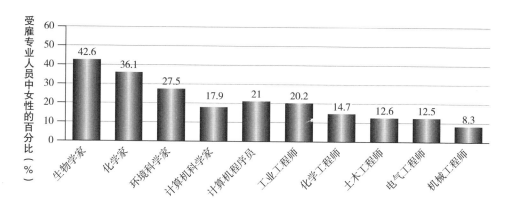

图 4.3　2015 年在部分科学技术行业中从业的女性

资料来源：U.S. Bureau of Labor Statistics.

学和科学是男性的专属领域"这一信念仍持续存在；有色人种女性在科学领域的代表性仍然极低；对女性的歧视也依然存在。

　　社会变革需要集体行动。当麻省理工学院的女科学家决定共同努力以终结所在机构中的性别歧视时，一个成功的故事便开始了。在麻省理工学院的科学学院，有终身教职的男性多达 197 人，而女性只有 15 人。这 15 名女性都怀疑存在性别歧视，要求进行调查。结果显示，她们的实验室空间和收入都比男同事少，而且她们被排斥在掌权职位之外。作为回应，麻省理工学院将女性的薪酬平均提高了 20%，将退休福利平等化，并承诺会将女性学术人员的数量提升 40%（Zernike，1999）。麻省理工学院女科学家的成功表明，可以通过坚持、勇气和集体行动，直面和挑战性别歧视，并最终取得成功。

情绪的性别化："男孩不哭"

　　女性和男性，谁更情绪化？你脑海中闪现的答案很可能是"女性"！大多数人想到情绪时，性别化的形象就会浮现在脑海中——女人会因为一丁点儿小烦恼就哭，或因尴尬而脸红。让我们更仔细地来看看情绪的体验和表达与性别的关系。

情绪刻板印象

从测量刻板印象开始，女性比男性更情绪化这一观点就一直被记录在案（Broverman et al., 1972; Plant et al., 2000; Shields, 2002）。不仅美国人普遍持有这种观念，许多其他国家的人也是如此（Williams & Best, 1990）。人们不仅形成了"女性是情绪化的性别"这一刻板印象，而且把特定情绪归于女性。表 4.1 呈现了美国大学生和在职成年人样本的情绪刻板印象。请注意，相比男性，有更多种情绪被归于女性，无论是积极情绪还是消极情绪。只有愤怒、轻蔑和自豪这三种情绪被认为更具男性特征。情绪刻板印象在认知上是如此根深蒂固，以至于在实验室实验中，人们对男性愤怒情绪、女性快乐或悲伤情绪的感知，比对女性愤怒情绪、男性快乐或悲伤情绪的感知要快（Becker et al., 2007; Parmley & Cunningham, 2014）。

仔细思考"女性是情绪化的性别"这一刻板印象就会发现，它依赖于一种对

表 4.1　关于美国男性和女性的情绪刻板印象

男性情绪	女性情绪	性别中立情绪
愤怒	敬畏	愉悦
轻蔑	厌恶	兴趣
自豪	忧伤	嫉妒
	尴尬	
	恐惧	
	内疚	
	高兴	
	爱	
	悲伤	
	羞耻	
	害羞	
	惊讶	
	同情	

资料来源：Apadted from Plant, A. E., Hyde, J. S., Keltner, D., & Devine, P. G. (2000). The gender stereotyping of emotions. *Psychology of Women Quarterly*, 24, 81–92.

情绪的奇怪界定。男性的情绪表达通常不会被贴上情绪化的标签。事实上，我们很容易想到一些男性表达强烈情绪的例子：一个网球明星在球场上大发脾气，一支橄榄球队在触地得分后欣喜若狂地相互拥抱，一个愤怒的男司机在交通灯前对另一个司机大喊大叫。但是当人们将女性视为情绪化的性别时，他们想到的情绪似乎是那些女性比男性被允许更多表达的情绪，比如悲伤、爱、惊讶和恐惧。通过把愤怒从情绪的日常定义中排除出去，"女性是情绪化的性别"这一刻板印象得以维持（Shields, 2002）。一个为爱犬之死而哭泣的女人可能会被视为情绪化，但一个踢狗的男人则可能不会被视为情绪化。

是否存在情绪方面的性别差异，支持"女性比男性更情绪化"这一刻板印象？在美国开展的关于表达自身情绪和识别他人情绪的研究确实发现了一致的性别差异。在言谈和写作中，女性比男性使用了更多的情绪词（Brody & Hall, 2000）。当被问及情绪体验时，女性比男性报告了更强烈的情绪（无论高兴还是悲伤），而且她们越认同情绪刻板印象，报告的情绪越强烈（Grossman & Wood, 1993）。女性比男性更能意识到自己和他人的情绪状态（Barrett et al., 2000）。女性也更善于识别他人表达的情绪，这被称为**解码能力**（decoding ability）（Hall et al., 2000），而且她们在情绪智力测验中的得分往往高于男性，"情绪智力"是应用心理学中常被用来预测工作绩效的一个模糊概念（Joseph & Newman, 2010）。不过，并不是每项研究都发现了这样的模式，有些研究发现了相反的结果。一些关于情绪表达的元分析已经证实，总体而言，性别差异是微不足道的，充其量女性的情绪表达性略高，但效应量很小（Hyde, 2014）。

尽管人们持有"女性过于情绪化"的刻板印象，但女性和男性在情绪上的相似要大过差异。为了理解这些相似性和差异性，以及为什么持续存在对差异的夸大，让我们来看看情绪性及其含义在社会文化层面、人际层面和个体层面是如何被社会建构的。

文化、族裔和情绪性

表达情绪

自达尔文（Darwin, 1872）以来，科学家一直在研究情绪是如何表达的。跨文化研究可以帮助我们理解情绪表达的相似性和差异性。早期研究表明，不同文化背景的人常常能够识别一系列摆拍照片中呈现的情绪，这使得心理学家提出理论：情绪表达是一种具有进化基础的生物普遍现象。然而，一项元分析显示，与识别其他文化群体成员表达的情绪相比，人们更擅长识别本文化中的成员所表达的情绪（Elfenbein & Ambady, 2003）。

虽然情绪表达可能具有生物普遍性，但不同文化教给了人们不同的情绪表达方式。每种文化都有其情绪**表达规则**（display rules），规定了哪些情绪可以表达、在什么情况下表达以及如何表达（Safdar et al., 2009）。例如，在有些文化中，人们被期待在葬礼上尖叫、哀号和哭泣。如果没有足够多的家庭成员表现出适当的哀号齐鸣，他们可能会雇专业的哀悼者代劳。在另一些文化中，人们则被期待通过安静、情绪上克制的哀伤表达来表示对逝者的尊重。

社会的情绪表达规则往往包含性别刻板印象。在美国，女性被期待比男性更爱笑，因此女性会比男性更多地接受唇部胶原蛋白注射、牙齿漂白等医学手段，以提升笑容的魅力。然而，在日本，女性露齿大笑被认为是不礼貌的，而且女性还可能会用手遮住她们的笑容（见图 4.4）。在一项比较日本、加拿大和美国情绪表达规则的跨文化研究中，日本人整体上情绪表达程度最低。然而，在三种文化中，性别相关的情绪表达规则是相似的：男性比女性更多地表达强势的情绪，而女性比男性更多表达无力的情绪（害怕、悲伤）以及快乐这一积极情绪（Sadfar et al., 2009）。

图 4.4　笑容的跨文化差异。

（左）：© Purestock/Superstock RF;（右）：© Glow Images/SuperStock RF

在美国社会，情绪表达规则在不同族裔中是否存在差异？询问不同族裔的人各自期待男性和女性如何表达各种情绪，是找到上述问题答案的一种方法。当向四个族裔（非裔、亚裔、欧裔和西班牙裔）的成员提出该问题时，许多差异显现了出来（Durik et al., 2006）。在白人欧裔美国参与者中，愤怒和自豪被刻板印象化为更适合男性。而非裔美国参与者对这两种情绪的看法是，它们对女性和男性同样适合。当被问及"爱"这种积极情绪时，欧裔美国人和非裔美国人的回答相似：他们都认为女性对爱的表达比男性多得多。然而，亚裔美国人认为该情绪上性别差异较小，女性和男性对爱的表达整体上都比较少。在这四个族裔中，参与者都预期女性比男性表达更多的内疚和尴尬。这些跨族裔的差异性和相似性模式表明，情绪表达规则是在特定文化背景下习得的。

体验情绪

文化差异不仅影响情绪表达，还会影响情绪体验。例如，日本大学生报告，当他们体验与联结（interconnections）有关的情绪时，如对他人的友好感受，通常会感觉更快乐。相反，美国大学生则是在体验与分隔状态有关的情绪时，如对自身成就的自豪感，感到更快乐（Kitayama et al., 2000）。

这些研究结果与两种文化更广泛的差异有关：有些文化鼓励**独立自我**（independent self）的发展，而另一些文化则推崇**互倚自我**（interdependent self）（Markus & Kitayama, 1991）。美国和西欧持有独立性的理念：每个人都被视为独特的，每个人的任务都是去实现自己的潜能并成为一个自主的人。世界上其他很多地方持有与之截然不同的理念：个体被视为在关系网络中是相互联结的，其任务是通过适应、留在合适的位置以及与他人建立互惠关系来维持这些联结。通过对比美国和日本的谚语，就可以说明自我概念的文化差异。

> 吱吱叫的轮子有油加。（美国）
> 竖起的钉子挨锤砸。（日本）

大多数关于性别和情绪的研究是在重视独立性的西方国家开展的。有趣的是，情绪感受和情绪表达的性别差异，在集体主义国家中要比在个人主义国家中小得多。在集体主义文化下，无论女性还是男性都可以感受和表达情绪。当观看宝莱坞电影《三傻大闹宝莱坞》时，我明白了这一点。这部电影的主角是一所工科学院的三个男生。在每个不可思议的戏剧性情节转折点，他们都潸然泪下并互相拥抱。他们是聪明、正常、爱玩的大学生，而且与片中的女主角（一位骑摩托车的医生）一样情绪化。

情绪性和社会互动

学习情绪规则

儿童在很小的时候就学会了所在文化的情绪表达规则。其中的一个重要影响因素是父母跟他们的"情绪谈话"。许多研究表明，与儿子相比，父母更可能与女儿谈论人和情绪（Aznar & Tenenbaum, 2015）。此外，父母跟女儿和儿子谈论的是不同的情绪。在一项对 2 岁半到 3 岁儿童的研究中，21% 的母亲在半小时的谈话中与儿子讨论了"愤怒"，但没有一位母亲与女儿讨论"愤怒"；而且，母亲对女儿使用了更积极的情绪词（如高兴）（Fivush, 1989）。还有研究表明，无论母亲还是是父亲，都更可能与女儿而非儿子讨论"害怕"和"悲伤"（Fivush et al., 2000; Fivush & Buckner, 2000）。当研究者让父母与学步期子女讨论性别中立的儿童表达基本情绪（愤怒、恐惧、悲伤和快乐）的照片时，父母将愤怒的照片更多地贴上男孩的标签，将悲伤和快乐的照片更多地贴上女孩的标签，这传达出了刻板印象式的性别信息（van der Pol et al., 2015）。这种对女孩和男孩情绪的差别化关注很快产生了影响：到三四岁的时候，女孩比男孩更可能在谈话中涉及情绪话题，尤其是谈论悲伤体验（Fivush & Buckner, 2000）。

当儿童开始以性别化的方式思考情绪时，社会环境将女孩和男孩塑造成了不同的样子。在一项对学龄前儿童的研究中，表达愤怒的女孩（而不是表达悲伤或痛苦的女孩）可能会被同伴拒绝，而表达愤怒的男孩则往往受到同伴欢迎（Walter & LaFreniere, 2000）。而且，女孩很早就学会了隐藏自己的消极感受，因为她们被认为应该表达"令人愉快的"情绪。例如，想想如果有人送给你一件你不喜欢的礼物，你会怎么做。大多数成年人习得的社会规范是，在这种情况下，你应该假装高兴。当研究者向一年级和三年级儿童赠送令人失望的礼物时，女孩表达的积极情绪比男孩多，表达的消极情绪比男孩少，这表明她们已经内化了该规则，而且比男孩更善于掩饰她们的真实感受（Davis, 1995）。

儿童不仅习得了情绪表达规则，也习得了**情绪感受规则**（feeling rules）（Shields，2002）。也就是说，他们习得了体验一种情绪意味着什么，他人期望他们感受到什么，以及他们应该如何识别他人的情绪。所有这些"课程"都带有浓厚的性别化色彩。"情绪教育不仅包括'因为你是个男孩，所以你要感受和表现某种情绪'，还包括'为了成为一个男孩，你要感受和表现某种情绪'"（Shields，2002, p. 91）。例如，一项对城郊地区白人青少年男孩的研究显示，他们重视嘲笑和欺凌，因为抑制情绪反应关乎他们的身份认同。与他人之间的敌意互动让他们有机会练习"忍耐"和"像个男人一样接受它"（Oransky & Marecek，2002）。对男孩和女孩来说，恰当地表达情绪，业已成为性别实作、展演自己男孩或女孩身份认同的重要组成部分。

透过性别滤镜

认为男性和女性具有不同情绪的信念可能会影响对他人情绪的感知。一些经典研究表明，当观察者要从视频短片中判断婴儿和幼儿的情绪时，他们会把性别作为一个线索。与告知观察者他们看到的是个女孩时相比，当告知他们看到的中性着装的孩子是个男孩时，观察者感知到了更多的愤怒（Shields，2002）。

性别对情绪感知的影响也发生在人们对成年人情绪的感知上。在一项研究中，参与者观看表现出特定情绪的女性和男性的面部照片（Plant et al.，2000）。一些照片清晰地表现了愤怒，另一些照片清晰地表现了悲伤，还有些照片表现出的情绪模棱两可，混杂着愤怒和悲伤。当人们观看幻灯片时，他们认为看到的是什么情绪取决于表达情绪的人是女性还是男性。即使照片中的人物表达的是相同的情绪，参与者也会认为男性的混合情绪看起来比女性更愤怒，而女性的混合情绪看起来比男性更悲伤。此外，即使面部表情非常清晰地呈现出一种单一情绪，参与者仍然使用相同的性别滤镜。他们认为女性的愤怒程度没有男性高，并且在女性不含悲伤的愤怒情绪中看到了悲伤。在另一项研究中，参与者观看一组清晰表现出强烈情绪的标准化图片。又一次，参与者认为男性比女性表达了更强的愤怒；而表达出愤怒的女性被认为是害怕，但表达愤怒的男性则不会被这样认为（Algoe et al.，2000）。

这些研究表明，情绪的性别刻板印象足以导致人们错误地感知他人的感受，即使当情绪表达得非常清晰时也是如此。这些研究还表明，对女性而言，愤怒确实是一种被禁止的情绪。愤怒的女性是如此令人不安和无法接受，以至于人们拒绝在女性明显的愤怒情绪中看到愤怒，而是选择看到悲伤或害怕。此外，这项研究表明，人们会对引发情绪的原因做出带有性别偏见的判断，以维持他们的刻板印象。

情绪的性别化：小结

关于"女性是情绪化的性别"的社会建构是以多种方式进行的。不同文化在表达和感受情绪的规则上有所不同，但大多数社会都有与性别相关的规则。在不同文化中，情绪化都是对女性的刻板印象的核心特征之一。在美国社会中，这种刻板印象得以维持，一定程度上是因为对情绪性的界定更多依据被归于女性的情绪（如悲伤）而非被归于男性的情绪（如愤怒）。刻板印象会影响感知，因此女性和男性的相同行为可能被认为表达了不同的情绪。此外，刻板印象为自我实现预言开辟了道路。人们预期女性更情绪化，于是他们以鼓励情绪表达的方式对待女性。

性别化情绪性的社会影响

情绪性的性别差异在社会意义上并不是中性的。相反，它们关乎权力和地位，而且影响人们如何看待什么是适合女性或男性的角色、职业和机会。

情绪、地位和权力

情绪表达不仅与性别有关，还与地位和权力有关（Smith et al., 2015）。如果表达悲伤、哀恸或恐惧等情绪，那么情绪性可能被视为软弱的表现。然而，其他的情绪则是留给有权者的。人们意识到这一社会事实，并预期在相同情境下，地位高和地位低的人会表达不同的情绪。例如，当大学生阅读有关员工得到积极绩效评估的故事时，他们认为地位低的员工应该感到更感激，而地位高的员工应该感到更自豪。当故事描述的是消极绩效评估时，他们预期地位低的员工应该感到悲伤或内疚，而地位高的员工应该感到愤怒（Tiedens et al., 2000）。请注意，人们对高地位者情绪感受的预期，即愤怒和自豪，与对白人男性情绪感受的预期是相同的（Plant et al., 2000）。表达愤怒的权利是一种社会权力。

情绪性、地位和权力之间的另一种联系与人们认为女性或男性分别适合什么角色和职业有关。表达恐惧和悲伤的人较不可能被认为会成为政府、商界或军队的领袖；表达愤怒、轻蔑和自豪的人较不可能被认为会成为全职父母、教师或护士。

在我描述过的所有研究中，女性和男性在情绪性上的相似远远大于差异，一如其他与性别相关的差异。遗憾的是，情绪性仍然是对女性的刻板印象的核心。随着其他性别差异领域（如智力和数学能力）受到挑战并发生改变，情绪在区分男性和女性时可能变得越来越重要。"在'男性化'工作或'男性化'服饰都不能明确将性别定义为差异的时代，情绪是为数不多的仍存在争议的领域之一……在这个领域里，在男性化 / 男子气和女性化之间划出一条界线仍然行得通"（Shields, 2002, p. 136）。

我们没有理由认为一个人不能既感性又理性，然而在感知者看来，这些特质似乎是两极化的，理性的男性和感性的女性处于相反的两极。历史上，女性被假定为情绪化的，并以此来证明将她们排斥在教育和职业机会之外是正当的。在本章前面的内容中，我讲述了 19 世纪的科学家认为女性的推理能力不如男性。他们还认为女性的情绪更加脆弱、敏感和不稳定。因此，他们推断，女性最好被限制在家里，在家里她们失控的情绪相对容易控制。如果允许女性参与公共生活，她们较弱的推理能力可能会"被情绪的力量淹没"（Shields, 2002, p. 72）。美国心理学的一些奠基者也持有同样的观点。直到 1936 年，刘易斯·推孟还声称，与男性相比，女性更温柔，更富有同情心和爱心，不过也更羞怯、胆小、嫉妒和多疑。推孟认为，幸运的是，女性的顺从、温顺和缺乏冒险精神常使她们远离麻烦（Shields, 2002）。

这种古老的偏见仍会不时出现。在 20 世纪 90 年代，女性试图获得两所全员男性大学的入学资格，即弗吉尼亚军事学院和南卡罗来纳军事学院。这两所大学是进入南方政治和经济权力网络的敲门砖，都提供军事化教育。虽然两校的经费来自纳税人，但在美国军事院校已经招收女学员很久之后，它们仍然拒绝招收女性。当它们的歧视性录取政策受到挑战时，这两所大学声称，女性因其天性而不适合军事生活。在美国最高法院的证词中，弗吉尼亚军事学院的代理律师声称，心理学研究已经证明：

> 女性在身体上相对较弱；她们更情绪化，不能像男性那样承受压力；她们缺乏进取心，也害怕失败；还有 100 多种生理差异形成了一种让女性无

法与男性竞争的"自然等级"（United States of America v. Commonwealth of Virginia, 1994, p.4）。

作为回应，一大批女性主义心理学家（我是其中之一）在法庭之友意见书中作证称，弗吉尼亚军事学院的证词歪曲和滥用了心理学关于性别差异的研究。在对弗吉尼亚军事学院歧视性政策的裁决中，法庭指出，对女性"天性"的泛化，即使可能适用于某些女性，也不能成为否认机会面前人人平等的理由。

情绪和关系冲突

女性被视为情绪方面的专家，因此人们期待她们对他人和自己的感受负责（见图 4.5）。"男性不表达情绪"这一刻板印象暗示着，男性需要被引导去识别和表达自己的感受，而这恰是女性的工作。这也意味着，女性要负责保持关系的平稳和

图 4.5 当男性不表达情绪时，其他人只能猜测他们的感受。
资料来源：Tom Cheney/The New Yorker Collection.

无冲突。对于那些把对伴侣和关系的承诺置于自己需求之上的女性来说，这种期待可能使浪漫关系成为毁灭性的陷阱（White et al., 2001）。已婚女性可能被期待承担情绪管理者的角色，不仅负责配偶的情绪，也要负责孩子的情绪，而且要在伴侣、孩子和其他家庭成员之间进行调解。对其他所有人的感受负责，这算得上是一份全职工作了，也是压力的主要来源。（第 10 章将对女性的关系劳动进行更全面的讨论。）

在美国文化中，男性很可能会习得，表达愤怒是一种可以接受的、有效控制他人的手段。社会对男性愤怒和攻击的接受，使异性恋女性面临伴侣暴力的风险。在约会关系和婚姻关系中表现出暴力倾向的那些男性，通常也认为亲密伴侣之间的暴力是可以接受的（White et al., 2001）。（关于关系暴力的更多内容，详见第 12 章。）同时，当涉及积极情绪时，不表达情绪可能有助于维持对男性有利的地位和权力差异。拒绝识别伴侣或孩子的感受可能是一种控制手段，也是一种位高者的特权。而且，只要是女性主要负责维持情感联结，她们在工作、成就和公共生活方面的机会就会受到限制，她们也更可能持续面临破坏性和暴力关系的风险。

限制情绪表达对男性而言也是有代价的。在坚忍克己与男性气质测量中得分高的男性，往往对他人表现出很少的情感投入，且不喜欢表达感受，对情绪的耐受性也较低。与情绪上较少受限制的男性和女性相比，这些男性的总体生活质量相对较低。值得特别关注的是，当他们遇到适应方面的问题时，他们不太会寻求心理帮助，这将对他们的长期心理健康产生重要影响（Murray et al., 2008）。这样的男性在生病时也会尽量弱化症状、推迟就医，而且他们的健康状况也比女性和较少限制情绪的男性要差（Himmelstein & Sanchez, 2014）。

让转变发生

有关生物性别差异的那些说辞，常常被用来为维持女性现有地位辩护。即使在今天，有关女性劣等的假说以及针对性别相关心理差异的新论断也仍然层出不穷。社会制度制造了各种类型的差异和支配，性别差异是社会建构的产物。由于性别是一种在社会文化、人际互动和个体层面发挥作用的社会分类制度，因此我们可以在所有这些层面上转变性别差异造成的后果。

个体层面：批判性地思考差异性和相似性

在本章中，我将重点放在了性别相关差异的两个领域。在数学成绩方面，除了用于大学和研究生院录取的标准化测验成绩，总体上呈现出性别相似性的模式。女孩虽然在数学标准化测验中的成绩相对较低，但不能据此预测她们在大学的实际表现。随着时间的推移，数学成绩的性别差距已经逐渐缩小。在情绪表达方面，女性的表达水平略高但性别差异较小，而且不同文化之间差异很大。人格和行为方面的其他性别差异将在本书后续章节中进行讨论。然而，关键是要记住，在思维、推理、人格和行为的更多领域，始终没有显示出性别差异。因此，在批判性地思考性别与差异时要谨记：差异是在总体相似的背景下发生的，而且，相似的领域远多于差异的领域（Hyde, 2014）。

此外，在认知技能、能力和人格特质上，每种性别内部的变异性都比性别之间的变异性更大。因此，仅凭性别不可能对一个人的行为做出预测，即使是在整体上存在性别差异的领域。例如，回忆一下弗吉尼亚军事学院的录取政策。平均而言，对军事教育感兴趣并准备接受军事教育的男性多于女性，这可能属实。然而，我们很难预测某一具体女性或男性的表现。泰莎会比霍华德在弗吉尼亚军事学院表现得更好吗？这不仅取决于他们的性别，还取决于他们的身体素质、智力和决心。只知道霍华德或泰莎的性别并不能告诉我们很多，因为组间均值差异并不能很好地预测具体个体的行为。

在个体层面，我们每个人都可以试着思考性别相关差异及其复杂性，抵制将女性和男性视为相反两极的冲动。尽管人们很容易认为"男人来自火星，女人来自金星"，但是，女性和男性之间相似远远大过差异。对所谓的性别差异进行批判性和负责任的思考，有助于促进以平等为目标的社会变革。

人际互动层面：差异和歧视

我们已经了解到，性别相关差异对人们界定男性气质和女性气质来说很重要。因此，即使女性和男性以相似方式行事，他们也可能被视为不同。例如，回忆一下麻省理工学院的女科学家，尽管做着相似的科学工作，她们却被认为不如男同事有能力或有价值。同样，对情绪表达的判断也可能取决于情绪来自女性还是男性。带着性别偏见来解读行为会为自我实现预言创造充分的机会。意识到这种可能性并加以防范，有助于在评价他人时确保性别公平。

即使某种性别相关差异得到了可靠的证实，也不能证明群体歧视是正当的。假设你是一位家长，有人跟你说你的女儿可能不应该申请 AP 数学课程，因为以往女孩在这门课上的不及格率比男孩高。你很可能会坚持认为，应该从个体角度而不应从性别角度来评价你女儿。如果她的成绩、动机和技能表明她可以胜任 AP 数学课程，那么她的性别在这里就没那么重要。消除性别歧视的一个方法就是把人们作为个体来评估。然而，在某些时候，这是不可能的。如果有 2 000 人向一所精英大学提交入学申请，但只能录取 300 人，那么招生人员会认为他们必须根据考试分数来做决定。因此，确保测验公平非常重要。

积极行动组织一直在密切关注测验行业。例如，公平测验组织向公民权利办公室提起诉讼，认为美国国家优秀学生奖学金的竞争中存在性别偏见。此后，测验得到了修改，女性晋级者的比例显著增加。

社会文化层面：为平等创造机会

教育工作者已经创立了很多项目，旨在使女孩和年轻女性在科学、技术、工程和数学领域（STEM）获得平等的机会。这些项目使女孩得以探索不熟悉的科目，发现感兴趣的新领域；或者在那些本就感兴趣的领域获取技能和知识（Propsner, 2015）。女子学院在开展仅面向女孩的 STEM 夏令营方面起到了示范作用。女子学院有培养女性担任领导角色的传统，并且它拥有一个优势，即女性担任了大多数或全部领导职务。凭借这些传统和优势，它们为有抱负的年轻科学家提供了良好的角色榜样。在夏令营中，从七年级到高中的女孩都可以在女子学院的科学实验室里学习，并与科学和数学系的教授互动。在一个全员女性的环境中，可以大大减少刻板印象威胁，并拓宽女孩关于谁能成为科学家的眼界。因此，心理学家和教育工作者已经创建了一些项目，为女孩和成年女性提供数学和科学领域的平等机会。

其中一个例子是"计算可能性"项目，这是一个由美国国家科学基金会资助的面向初中生和高中生的暑期项目（Pierce & Kite, 1990）。该项目根据成绩、对科学的兴趣以及以往的课程作业选拔女孩参加。在为期四周的时间，女孩们住在一个大学校园里。在此期间，她们参观了公司，与制药、工程、医学及其他领域的女科学家进行了互动。她们还跟职业生涯咨询师会面，咨询师帮助她们探索自己的兴趣和目标。此外，每个女孩都与一位导师合作开展化学、生物或其他领域的研究项目。其他活动还包括邀请嘉宾演讲，以及女科学家通过邮件对她们进行指导。当被问及她们喜欢这个项目的哪些内容时，女孩们的评价非常正向：

> 所有一切！这是最好的学习经历！我学习了如何做科学研究，这很有趣。我了解到，女性在这个世界占有一席之地，也有为之努力的权利。
>
> 这些参观活动让我明白，要实现平等，女性还有很长的路要走。我喜欢跟导师一起工作。她们的经历和故事给了我极大的帮助，真的无法用言语来形容。这说明科学家可以是真实具体的人（Pierce & Kite, 1999, p. 190）。

不是每个人都能参加科学营。不过有时即使非常简单的努力也能有所帮助。在一项研究中，中学女孩观看一段 20 分钟的视频。这段视频讲述了女工程师的生活以及工程师职业的好处，强调了工程师能够帮助人类和社会，并鼓励学生相信自己有能力成为一名工程师。结果如何？女孩对工程师职业的兴趣显著地增加了（Plant et al., 2009）。一个关心平等机会的社会需要为女孩提供更多类似的项目。

基于自由主义女性主义的性别相似性传统，为面向女孩的数学和科学特别项目提供了动力。很难想象联邦政府会资助旨在促使情绪表达、关系取向和同理心平等化的项目。根据性别差异性传统的观点，这些都是所谓的女性化特征，不太为社会所重视。秉持差异性传统的研究者认为，女性及其特征性活动应该被重新评估（Jordan et al., 1991）。女性被分配了促进他人发展和照顾他人的任务，这些任务需要同理心和集体性。然而，无论是她们还是整个社会，都没有得到鼓励去重视这些互动和活动，这类互动和活动在职场可能报酬很低（见第 10 章），而在家庭中又被视为理所当然（见第 9 章）。

秉持差异性传统的研究者认为，心理学及其理论通过贬低女性的优势而导致她们失败。许多关于人类发展的心理学理论都将**自主性**作为终点。也就是说，理想的成年人是指自我概念与他人完全分离、独立自主的人。如果你认为这听起来很像是对男性的一般刻板印象，那么你是对的。但是很少有人是真正自主的，而且当个体看起来真正自主时，通常是因为很多其他人在默默地帮助他们。有一种观点认为心理发展是一个与他人分离的过程，这可能是由处于支配地位的男性所助长的一种错觉。也许人类发展理论应该强调人与人之间的联结和关怀，而不是约翰·韦恩和克林特·伊斯特伍德主张的自主人的理想。从这个角度看，人类发展的标准应该包括一种能力，即参与到关系中，为他人和自己赋权。因此，成为这样一种理想的，应该是共情或同理心（empathy），而不是自主性（autonomy）（Jordan et al., 1991）。

相似性和差异性能否调和

支持相似性传统和差异性传统的研究者都认识到，性别的社会文化维度支配着获取资源的途径；例如，社会力量将女性排除在数学和科学领域的职业之外，并且过分看重社会中支配群体的属性。两种传统也都认识到，当女性开始认为自己不擅长数学而擅长理解他人感受时，社会性别得以内化。相似性传统鼓励关注女孩和成年女性在家庭、职业和教育领域的平等机会。差异性传统认为，女性的特征，比如与他人更强的情感联结，是优点而不是缺点。

一位女性主义者，要么倾向差异性传统，要么倾向相似性传统（Hare-Mustin & Marecek, 1990）。特定的研究可能会对特定的政治目标有利。然而，这两种传统在女性主义理论中都占有重要的位置。无论我们是按性别、文化还是其他类别进行比较，都会发现相似性和差异性，它们也都各有优势和局限（Kimball, 2001）。熟悉这两种传统有助于解决一个非常重要的问题：性别制度是如何被隐形的，从而使社会制造的性别看上去是不可避免的、自然的和自由选择的？

进一步探索

美国大学女性联合会（AAUW）

美国大学女性联合会（American Association of University Women）是一个拥有 10 万多名会员的全国性组织，通过倡导、教育和慈善事业促进女孩和成年女性获得平等权益。该组织最重要的贡献之一是资助并报道关于数学、科学和技术领域中的女性的研究。该组织的网站提出了许多这方面的新举措。

公平测验组织（FairTest）

　　一个积极行动组织，致力于减少对标准化测验的误用，并鼓励开发对女性、少数族裔和经济弱势人群公平的测验。

Fischer, Agneta, and Evers, Catharine (2013). The social basis of emotion in men and women. In M. K. Ryan & N. R. Branscombe (Eds.), *The Sage Handbook of Gender and Psychology* (pp. 183–198). London: Sage.

　　仅仅说女性和男性在情绪表达和调节方面存在差异就太过简单了。"如何"和"为什么"存在差异是可供探讨的有趣问题。圣智出版公司的这本《性别与心理学手册》的这一章着眼于文化刻板印象和文化规范、个人化的动机和期望以及男女可能发现自己身处的不同角色，很好地综述了当前关于性别与情绪的研究现状。

第三编

性别与发展

第 5 章

生物性别、社会性别与身体

　　"是个女孩！"或"是个男孩！"出生时，孩子的生物性别被公之于世。生物性别是给这个新生命贴上的第一个标签，它将在孩子的一生中具有深远的意义。为什么呢？作为男性或女性意味着什么？

　　过去，在我们的社会中，有关生物性别的三个假设是如此根深蒂固，以至于大多数人从未对此加以思考（Kessler & McKenna, 1978）。这三个关键假设是：

- 有且只有两种生物性别。
- 生物性别作为生物事实存在，与任何人对它的信念无关。
- 生物性别和社会性别自然地协调一致发展。

　　前两个假设认为，基于生物事实，身体总是被分为两种清晰、天然的类别。第三个假设认为，社会性别自然跟随生物性别发展。换言之，一旦孩子的生物性别被识别，无论在出生时还是通过孕期影像学检查，性别化的过程都将遵循一条正常而天然的路线。一个女婴应该逐渐认识到自己是个女孩，接受其女性性别作为其身份认同的核心部分，表现得像个女孩，并成长为一名异性恋的女性。同样，一个男婴在身份认同、兴趣、角色和性态方面应该明确地成长为男性化的人。这些假设是性别制度（见第 2 章）的基础，为两性规定了不同角色并赋予男性更高的权力和地位。

　　这三个假设成立吗？生物性别及其与**心理社会性别**（psychological gender）的关系出奇地复杂且不可预测，根本不是"生物性别和社会性别永远一致"的整齐二元体系。本章探讨生物性别及其与社会性别和性取向的复杂关系，我们先从生物性别如何发育的问题开始。

生物性别是如何发育的

　　生物性别（sex）通常被定义为一个物种内部的两种生殖形式。一个物种的雌性和雄性具有专门化的结构、器官和激素，它们在生殖过程中起着不同的作用。因此，生物性别所涉及的远远不止出生时有阴茎和阴囊或是阴蒂和阴道。任何一个单独的特征都不能定义生物性别。生物性别涉及一系列在出生前逐渐形成的生物属性，包括遗传、激素和解剖结构等。让我们来看看在出生前发育过程中，生物性别是如何形成的，这是一个被称为**性分化**（sexual differentiation）的过程。

胎儿发育过程中的性分化

　　人类身体的每个细胞都有 46 条染色体。我们每个人都继承了这 23 对染色体，每对染色体中有一条来自母亲，另一条来自父亲。在这 23 对染色体中，有 22 对是**常染色体**（autosomes），还有一对由**性染色体**（sex chromosomes）组成，称为 X 染色体和 Y 染色体。X 染色体的大小与常染色体相似，但 Y 染色体要小得多；Y 染色体上包含的基因不到 50 个，而 X 染色体上包含 1 000~2 000 个基因（Wizemann & Pardue, 2001）。

　　从遗传学上讲，女性被定义为具有两条 X 染色体的人，而男性被定义为具有一条 X 染色体和一条 Y 染色体的人。新孕育的胚胎从母亲那里继承了一条 X 染色体，从父亲那里继承了一条 X 染色体或一条 Y 染色体。因此，遗传意义上的生物性别在受孕的那一刻便确定了。

　　在怀孕后的第一个月左右，胚胎没有明显的生物性别迹象。胚胎没有内部或外部性器官，只有日后会发育出内外性器官的胚胎结构。例如，胚胎具有一个将发育为阴蒂或阴茎的结构，这取决于它遵循的是女性发育路径还是男性发育路径

（Fausto-Sterling, 2000）。然而，胚胎不会长时间停留在这种性别未分化的状态。性染色体上的基因，特别是 Y 染色体上的基因，很快就启动了性分化。

我首先描述男性的性分化，因为它比女性的性分化得到了学界更充分的理解。大约从怀孕的第 6 周开始，一个称为 **"Y 染色体性分化区"**（sex-differentiation region of the Y chromosome, SRY）的基因，会使胚胎的性腺或 **生殖腺**（gonads）生长并发育成 **睾丸**（testes），这对男性性腺在很久之后（从青春期开始）会产生精子（Sinclair et al., 1990）。当然，只有遗传学意义上的男性胎儿会发育出睾丸，因为只有他们有 Y 染色体。

一旦睾丸形成，它们就会产生几种类固醇激素，统称为 **雄激素**（androgens）。反过来，这些雄激素会塑造典型男性身体的发育。雄激素 **睾酮**（testosterone）会使男性性解剖结构的内部结构得以发育，例如，以后将精子从睾丸输送出去的导管。**双氢睾酮**（dihydrotestosterone）使阴茎生长、睾丸形成。**缪勒管抑制激素**（Müllerian duct inhibiting hormone, MIH）阻止胚胎内部结构发育成女性器官，如子宫。

在出生前发育过程中，当所有这些激素都在正确的时间按正确的顺序被激活时，胎儿会发育出男性的性与生殖解剖结构。到母亲怀孕的第 12~14 周，这个过程完成。胎儿在基因、激素和解剖意义上成为男性。

生物性别在女性胚胎中是如何发育的呢？人们对这一过程的了解要少得多，这可能是因为过去很多生殖生物学家更关注男性发育，认为女性发育是缺省路径。换言之，如果没有刺激雄激素产生的 Y 染色体，胚胎就作为女性发育。这种取向将女性视为有缺憾的产物，即恰巧是在没有 Y 染色体的情况下出现的生物性别。由于这种以男性为中心的观点的存在，直到近期才逐渐开始有研究探讨女性发育的过程（Vilain, 2006）。

在女性胎儿体内，生殖腺发育成 **卵巢**（ovaries），即含有卵子的一对女性性腺。在青春期，卵巢产生类固醇激素，称为 **雌激素**（estrogens）。然而，雌激素在女性胎儿发育中的作用与雄激素在男性胎儿发育中的作用并不完全相同。在卵巢形成之前，阴道、阴唇和阴蒂这些女性结构已经有很大程度的发育，因此它们的发育不可能是雌激素作用的结果。相反，雌激素可能在之后的胎儿发育中发挥重要作用，但是，该过程还没有被完全了解（Fitch & Denenberg, 1998）。

与男性相似，女性的性分化过程是在母亲怀孕的第 12~14 周完成的。遗传上的女性胎儿此时具有了女性的内部结构（子宫、卵巢和输卵管）和外部解剖结构（阴

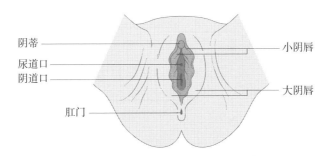

阴蒂 ——
尿道口 ——
阴道口 ——

—— 小阴唇

—— 大阴唇

肛门 ——

图 5.1　出生时的女性外部性解剖结构

资料来源：Adapted from González, J. L., Prentice, L. G., & Ponder, S. W. (2005). *Newborn Screening Case Management. Congenital Adrenal Hyperplasia: A Handbook for Parents*. Texas Department of State Health Services.

道、阴蒂、阴唇）（见图 5.1）。

　　正如你所看到的，性分化是一个受基因和激素影响的协调发展过程。这个过程很复杂，关于它是如何运作的，尚有许多内容有待了解。近期的研究表明，不仅仅是 Y 染色体性分化区（SRY），X 染色体和 Y 染色体也都含有启动性分化的多种基因。性分化也可能会受到环境的影响，但由于大多数研究是在大鼠和小鼠身上进行的，我们对其在人类身上的作用还知之甚少（McCarthy & Arnold, 2011）。

　　发育中的胎儿形成了生物性别的内部结构和外部解剖结构之后，直到个体进入青春期，性激素才会再次大量产生。

胎儿发育中的变异：雌雄间性

　　在绝大多数情况下，生物性别的所有组成部分是彼此一致的。染色体为 XY 的胎儿发育出精巢，产生雄激素，并发育出阴茎和睾丸。染色体为 XX 的胎儿发育出阴道和阴蒂、卵巢和子宫。根据出生时生殖器的外观，婴儿被赋予"女性"或"男性"生物性别标签，即**被指定的生物性别**（assigned sex），并被作为女孩或男孩来抚养。

　　然而，大约有 1.7% 的婴儿在某些方面不同于两种性别的生物常态（Fausto-Sterling, 2000）。换言之，对这些个体来说，其生物性别的各组成部分并不完全一致。要正确看待这一人口比例，性发育异态的发生概率是白化病的两倍，与囊性纤维化的发生概率大致相当，大约是唐氏综合征发生概率的一半（Kessler, 2002）。**雌雄间性**（intersexuality）[1] 是关于生物性别主题的一些特定变异的总称；具有任何此类变异的人通常被称为**雌雄间性者**（intersex individuals）。

在许多文化下和不同历史时期都有关于雌雄间性的记载。不符合任一种生物性别的人往往成为社会争议的对象，他们的案例通过历史记录流传了下来：

- 1843 年，康涅狄格州的居民列维·S 被禁止参与投票，因为镇政府官员说他"不像个男人，更像个女人"，而当时只有男性拥有投票权。他们请来一位医生给列维·S 做了检查。医生发现他有阴茎和睾丸，于是宣布他是男性。列维·S 因此获得了投票权。然而，医生后来发现列维·S 有月经来潮，而且还有阴道。但并没有关于列维·S 的投票是否被作废的记录。
- 1601 年，在意大利，一位名叫丹尼尔·伯哈默的铁匠兼士兵生下一个孩子之后，"承认"自己是"半男半女"。教会称这个孩子是个奇迹，但是，由于伯哈默不符合丈夫的定义，因此准许他的妻子与他离婚。

生物学家安妮·福斯托－斯特林（Fausto-Sterling, 2000）提供了这些历史上的例子。她指出，在许多文化中，明确区分男性和女性，这在法律、宗教和政治中一直都相当重要。那些不符合二者之一的人，有时被迫要选择男性或女性身份并固守那个选择；如果他们不能或不愿做出选择，就会受到惩罚或排斥。

有些雌雄间性变异是看得见的，即一个人的外生殖器或外貌的其他方面表现出非常规样态。另一些雌雄间性变异，如染色体不规则，可能不会造成任何过于明显的身体外观差异。生物性别方面的变异有哪些？它们会影响行为吗？

染色体为 XYY 的男性：天生的罪犯？

有些人的基因构成是 XYY，甚至是 XYYY。由于 Y 染色体及相关的激素分泌会引发男性性分化，因此除身高比男性平均身高更高（通常超过 1.83 米）外，他们看起来跟其他男性很相似。除非他们做了遗传检测，否则大多数有这种情况的男性都不会意识到这一点。

多一条 Y 染色体会影响行为吗？早期研究显示，XYY 男性在监狱人口中的比

1　intersexuality，常译为"间性"，因"间性"在某些语境中有歧义，故本书译作"雌雄间性"——译者注

例偏高。基于这一证据，许多人开始相信，XYY 男性的生物学特性决定了他们的犯罪行为。当媒体（错误地）声称一个臭名昭著的杀人狂是 XYY 男性，因此"天生就是杀人犯"时，公众的这种信念就得到了强化。

有关 XYY 男性和暴力行为之间关系的证据，实际上与媒体的炒作截然不同。一项大型且控制良好的研究对 XYY 男性、遗传上典型的男性（XY 男性）和另一种染色体不规则的 XXY 男性（或**克兰费尔特综合征**，Klinefelter's syndrome）进行了比较。克兰费尔特综合征使男性出现不太男性化的体型和外观（阴茎和睾丸较小、乳房增大、体毛稀少），通常也伴随学习障碍的风险增加（Diamond & Watson, 2004）。研究者预测，与 XY 男性相比，男性化程度低的 XXY 男性的犯罪率会非常低，而男性化程度高的 XYY 男性的犯罪率会异常高，尤其是暴力犯罪（Witkin et al., 1976）。

研究结果出乎意料。与预测不同，男性的染色体构成与其犯罪记录没有直接关系。究竟什么因素能够预测犯罪行为呢？智力水平偏低和受教育程度偏低与犯罪有关，与 XY 男性相比，XXY 男性和 XYY 男性在这两个因素上均处于劣势。至于暴力，它与染色体状况无关。智力水平偏低的人，包括一些具有不规则染色体的男性，最常因盗窃等非暴力犯罪而入狱。换言之，多一条 Y 染色体会导致男性成为暴力罪犯的观点没有得到支持。相反，某些染色体不规则可能会影响智力，智力又可能与受教育程度低和被监禁可能性高有关。经过 50 多年的研究，仍然没有证据表明 XYY 及类似的综合征与暴力犯罪有关（Re & Birkhoff, 2015）。

对"杀手染色体"的狂热表明，用生物决定论进行简单化思考是危险的（Dar-Nimrod & Heine, 2011）。例如，由于所谓的多一条 Y 染色体与暴力之间的关联，有人提议对新生男婴进行是否存在"多余"染色体的大规模检测。一部关于犯罪的电视剧刻画了一个有着天使外表但极度邪恶的 XYY 小男孩。对染色体构成进行大规模检测，极有可能会污名化所有被发现染色体不规则的人。反过来，污名可能会导致区别对待，区别对待进而又会制造行为证实以及自我实现预言。如果他人认为一个男孩天生就是杀人犯，那么不难想象他的生活将会受到怎样的影响！

雄激素不敏感

1988 年，西班牙顶级女子跨栏运动员玛丽亚·帕蒂诺在前往奥林匹克体育场开始她的第一场比赛时，因未能通过性别检测而被禁止参赛。帕蒂诺看上去像一位女性，也相信自己是女性，"在医学、上帝，最重要的是，在我自己看来，我就是女性"。然而，性别检测（只对女运动员强制执行）表明，帕蒂诺的细胞含有 Y 染色体，而且检查显示，她没有子宫和卵巢，但确实有睾丸。帕蒂诺受到了媒体的公开羞辱。她将生命奉献给体育运动，现在却被剥夺了所有的头衔和奖牌，被取消了体育奖学金，并被禁止在未来参加比赛。她的男朋友也离开了她（Fausto-Sterling, 2000, pp. 1-2）。

以一种异常残酷和公开的方式，玛丽亚·帕蒂诺发现自己有**完全性雄激素不敏感综合征**（complete androgen insensitivity syndrome, CAIS）（Diamond & Watson, 2004）。她的基因构成是 XY，但是她的身体完全不能加工雄激素。因此，在胎儿性分化过程中由睾丸产生的雄激素没有促成男性生殖结构的发育。从外表看起来，她与其他女性没什么两样；她的睾丸隐藏在阴唇的褶皱中。到了青春期，她的睾丸和其他腺体产生了足够的雌激素，发育出典型女性所具有的乳房和身体曲线。

玛丽亚·帕蒂诺挑战了国际奥林匹克委员会的性别检测政策。最终，她被允许重返西班牙奥林匹克代表团（Fausto-Sterling, 2000）。然而，其他运动员在与国际奥委会的性别纠纷中就没有如此完满的结局了，争论还在继续（见专栏 5.1）。

缺失的 X 染色体

大约每 1 900 个新生儿中就有一个在出生时具有 XO 的染色体构成，即缺失另一条性染色体 X 或 Y，这种情况被称为**特纳综合征**（Turner syndrome, TS）（Baker & Reiss, 2016）。具有这种特征的胎儿在发育过程中缺乏雄激素和雌激素（由母体产生的激素除外）。因此，胎儿未能发育出完整的内部生殖结构。然而，从外部看，有特纳综合征的人看起来像正常的女性，有阴道、阴蒂和阴唇（回忆一下，在没有雄激素的情况下女性外生殖器的发育）。有特纳综合征的女孩身材较矮，而且在某些数学和空间视觉化任务上，例如看地图和对物体的心理旋转，可能存在某种程度的认知缺陷（Mazzocco, 2009）。一项对数学能力倾向研究的元分析显示，有特纳综合征的女孩与其他女孩相比有很大的不足，特别是在有时间压力的情况下。当能够使用言语策略时，她们的表现比必须进行计算时要好（Baker & Reiss, 2016）。这些特定认知缺陷的确切原因尚不清楚；有特纳综合征的女孩在个人整体智力水平上是正常的。

基于生物性别严格的遗传学定义，有特纳综合征的人，既非男性（XY）也非

专栏 5.1　争议：卡斯特尔·赛门亚、杜特·钱德和女运动员的性别验证

©Michael Kappeler/dpa/Alamy

2009 年 8 月，18 岁的南非田径运动员卡斯特尔·赛门亚在世界锦标赛 800 米比赛中一马当先，赢得金牌，并跑出了该项目年度最好成绩。然而，在她获胜后不久，国际田径联合会禁止赛门亚继续参加比赛，并要求她接受所谓的性别验证检测（gender verification testing）。虽然官方从未将某些外貌特征列为性别检测的正式理由，塞门亚肌肉发达的体格、低沉的嗓音、男性化的面部特征可能关联其中。竞争对手和观众都质疑她是否是女性，而且在比赛时，塞门亚常常不得不跟其他竞赛选手一起进洗手间，这样她们可以直观地验证其生物性别。

性别验证检测在生理和心理上都是侵入性的，要进行体检，还要有妇科医生、内分泌专家、心理学家、内科专家和社会性别专家的介入。之后，专家集体开会，做出该运动员是男性还是女性的裁定。但是，这一裁定并不像有些人想象的那么简单。一个女运动员（或就此类事件而言的任何其他人）如何才能被认定为是一位女性呢？是因为有阴道的存在？或是卵巢的存在？甚至国际田联使用的标准也不甚清晰。

2011 年，国际田联停止了性别验证检测，转而开始对高雄激素血症（hyperandrogenism）进行检测，认为与高雄激素血症有关的天然高水平睾酮使可疑女性获得了竞争优势。根据这项政策，如果一名女运动员的睾酮水平处于男性睾酮水平的范围内，她将被禁止参加比赛，除非她采取措施降低睾酮水平（通过激素治疗或手术）。有趣的是，国际田联并没有调查男运动员体内的高水平睾酮，尽管它可能也会带来竞争优势。

2014 年，印度短跑选手杜特·钱德对国际田联的高雄激素血症政策提出质疑，称其为歧视性政策，并将她的案例提交到国际体育仲裁法庭。国际体育仲裁法庭同意钱德的观点，并表示没有足够的证据表明，相较于其他可能影响表现的因素（包括遗传、指导甚至营养），雄激素水平高更能给女运动员带来优势。国际体育仲裁法庭将国际田联的政策推迟到 2017 年 7 月，给国际田联留出时间去寻求证据，证明睾酮水平高会给女性带来不公平的优势。

专栏5.1　争议：卡斯特尔·赛门亚、杜特·钱德和女运动员的性别验证（续）

2016 年奥运会期间，随着塞门亚和钱德两名运动员参赛，围绕她们的争议再次凸显出来。钱德在她的项目中没有获得奖牌，但塞门亚获得了女子 800 米比赛的金牌。睾酮水平高给她带来了不公平的优势吗？她的一些竞争对手可能会这么认为。但现在，科学和法律站在她这边。

把人分为男性和女性的需要深植于社会文化之中，以至于那些不符合这种划分的个体会遭到质疑、嘲笑，而且往往被非人化。性别验证和高雄激素血症检测要求女运动员证明她们是女性。回到我们之前提出的问题：从哪一点来看，一位女性被认为是女性？赛门亚和钱德这样的案例也提出了另一些重要的问题。当一个人是雌雄间性的或天生睾酮水平高时，是否应该允许他们作为男性或女性参赛？是否有另一种不按性别划分人群的方式，可以让人们进行公平的体育比赛？你怎么看呢？

资料来源：Levy, A. (2009, November 30). Either/Or: Sports, sex, and the case of Caster Semenya. *The New Yorker*, pp. 45–59.

Longman, J. (2009, November 19). South African runner's sex verification results won't be public.

Longman, J. (2016, August 18). Understanding the controversy over Caster Semenya.

Padawer, R. (2016, June 28). The humiliating practice of sex-testing female athletes.

Contributed by Annie B. Fox.

女性（XX）。然而，由于外生殖器是女性特征，她们被贴上了"女性"标签，并被当作女孩抚养。进入青春期的时候，有特纳综合征的女孩可施以雌激素来刺激乳房和成年女性体型的发育。

模棱两可的身体

有完全性雄激素不敏感综合征（CAIS）和特纳综合征的人看起来像女性，因此她们被当作女孩对待并抚养长大。相比之下，一些雌雄间性的情况会形成看起来模棱两可的身体：外生殖器可能是阴茎样结构和阴道样结构的某种组合，内部腺体和器官也可能是雌雄间性的。历史上，具有性别模棱两可身体的人被称为**双性人**（赫梅弗洛狄特，hermaphrodites），此名称是根据希腊神话中希腊之神赫尔墨斯和阿芙洛狄蒂的名字命名的，他们生的孩子（赫梅弗洛狄特）具有父亲和母亲的所有属性（Fausto-Sterling, 2000）。

　　性别模棱两可的身体可能是受到遗传、激素和环境因素某种影响的结果。例如，**部分性雄激素不敏感**（partial androgen insensitivity, PAIS）个体的外部性器官可能被归类为较大的阴蒂或较小的阴茎。在身体内部，他们有男性睾丸，但不在阴囊内，睾丸可能位于腹部或阴唇里（Diamond & Watson, 2004）。

　　形成性别模棱两可身体的最常见原因之一是**先天性肾上腺皮质增生**（congenital adrenal hyperplasia, CAH），这是产生类固醇激素皮质醇所需的一种或多种酶的遗传性功能失调（Berenbaum & Beltz, 2011）。这种激素缺乏导致母亲的身体产生过多其他激素，而这些激素对发育中胎儿起到的是雄激素的作用。如果在婴儿出生时便发现了这种情况，那么就会使用可的松等来阻止雄激素的过度分泌。类似情况也发生在孕妇被施以激素以避免流产之时，那些激素会对胎儿产生雄激素的作用。

　　正如我们已知的，雄激素负责男性生殖结构和解剖构造的形成。有先天性肾上腺皮质增生及相关失调的女性（XX）胎儿，会发育出女性内部结构，即子宫、卵巢和输卵管，然而，在出生时，她们的外生殖器可能看起来像男婴的外生殖器，或可能是模棱两可的。阴蒂可能较大并能够勃起。阴唇可能是闭合的（即长在一起），致使阴道被隐藏了起来，婴儿看起来有一个男性阴囊（见图5.2）。

　　有时候，遗传意义上为女性、有先天性肾上腺皮质增生的个体，在出生时被标记为男性，并被当作男孩抚养。例如，在一项研究中，大约6%的案例属于这种情况（Zucker, 2001）。其他案例则应当事人的要求重新指定了性别（Jorge et al., 2008）。今天，这种情况通常在出生时就能识别出来，至少在发达国家是这样，并

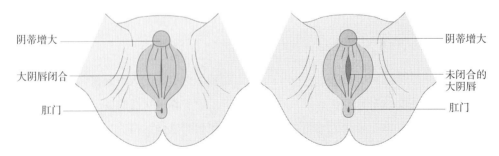

阴蒂增大　　　　　　　　　　　　　　　　　　　　　　　　　阴蒂增大

大阴唇闭合　　　　　　　　　　　　　　　　　　　　　　　　未闭合的
　　　　　　　　　　　　　　　　　　　　　　　　　　　　　大阴唇

肛门　　　　　　　　　　　　　　　　　　　　　　　　　　　肛门

图5.2　由先天性肾上腺皮质增生引起的女婴外生殖器的模棱两可

资料来源：Adapted from González, J. L., Prentice, L. G., & Ponder, S. W. (2005). *Newborn Screening Case Management. Congenital Adrenal Hyperplasia: A Handbook for Parents.* Texas Department of State Health Services.

且有先天性肾上腺皮质增生的婴儿会被指定为女性。

雌雄间性状况的出现表明，关于生物性别的三个关键假设，其中有两个并不总是正确。绝大多数人确实具有两种不同身体形态中的一种，女性或男性，并伴有相应的遗传构成和激素史。然而，有些人并非如此。我们现在转向第三个假设：生物性别和社会性别自然地协调一致发展。

生物性别、性别认同和性别塑型

对大多数人来说，生物性别的遗传、激素和解剖各方面是一致的。出生时，他们被指定的生物性别与这些要素相符。伴随在婴儿期的成长，他们发展出一种**核心性别认同**（core gender identity），即一种归属于某一生物性别或另一生物性别的基本意识。儿童几乎总是发展出一种与其生物性别相应的核心性别认同。对大多数儿童来说，核心性别认同是在 3 岁时习得的。一旦形成，通常永久。之后，儿童成为性别塑型的个体，遵守其文化中性别制度的规则。例如，女孩被期待做出其文化所定义的适合女孩的行为，并避免那些被定义为对女孩而言越界的行为。每个个体也会发展出一种受到他人性吸引力与情感吸引的倾向，通常是异性恋。

这一切背后的一个假设是，生物性别和社会性别的所有组成部分都应该协调一致。一个遗传意义上的女性，应该具有作为女性的核心性别认同。她也应该成为一个女孩气的女孩，偏爱女性化的玩具、服装和娱乐，而且以后她也应该成为一名异性恋女性。与第 3 章讨论的性别刻板印象相呼应，其中的假设是：身体属性、特质和行为都是紧密相关的。如果不是这样，那么这个人就没有"正常"发展。

雌雄间性与性别认同

个体的哪些因素可以预测性别认同？是染色体构成、出生前激素、外生殖器、被指定的性别，还是这些因素与其他因素的某种组合？研究者已经通过研究雌雄间性者的社会性别，试图解答这个问题。医学文献常常将这些个体（雌雄间性者）称作"大自然的实验"，使科学家能够检验伦理上不允许诱导的生物不规则性的影响。（当然，对影响人类性分化的因素进行实验研究是不符合伦理的。）但重要的是要认识到，雌雄间性者首先是人。像其他人一样，他们有个人身份、朋友和家庭、性欲和亲密关系、成就目标以及对未来的梦想。虽然他们不符合社会所认可的性别分类，但他们又不得不生活在这样一个性别区分的世界里。

当一个人的生物性别是一种模棱两可的变体时，他/她的社会性别又会怎样呢？有大量研究试图确定生物性别的哪些方面（如果有的话）会影响一个人的核心性别认同和性别塑型。

特纳综合证个体的成长

显然，一个人不需要有两条 X 染色体也可以发展出作为女性的核心性别认同。尽管染色体异于常人，但特纳综合征个体被指定为女性，并发展出作为女性的核心性别认同。有特纳综合征的女孩在兴趣和活动方面与其他女孩相似。

虽然特纳综合征不会造成性别认同和性别塑型方面的问题，但它可能会导致其他发展问题。例如，有特纳综合征的女孩身材较矮，并且缺乏诱发青春期发育的激素，这可能会导致社会适应问题。她们及其家人可能不得不决定是否在儿童期使用生长激素，以及是否使用雌激素来刺激青春期发育。医疗保健从业人员需要细心体察有特纳综合征的女孩的心理社会发展（见专栏 5.2）。

雄激素不敏感与性别认同

完全性雄激素不敏感是一种罕见的情况，在新生儿中的发生概率低于 1/100000。由于具有女性生殖器外形，有完全性雄激素不敏感综合征的婴儿，几乎总是被归类为女性并被作为女孩抚养。在一篇研究综述中，研究者考察了 156 个完全性雄激素不敏感综合征案例，他们全部都建立并维持了女性性别认同，而且成年后，没有人对自己的性别不满意或试图改变性别（Mazur, 2005）。这类儿童在外观和行为上都像正常女孩，她们被当作女孩对待，她们的性别认同与其被指定的生物性别一致。

在儿童期，有完全性雄激素不敏感综合征的女孩及其家人可能都没有意识到孩子的这一情况。然而，当孩子进入青春期时，家人可能会因为她没有月经来潮而寻医。在这一点上，医生可能会给出一些模糊的解释，不会向她透露其 XY 状况。甚至她的父母可能也不知道真相（Diamond & Watson, 2004）。就像奥林匹克运动员玛丽亚·帕蒂诺那样，大多数有完全性雄激素不敏感综合征的个体，其实并不

专栏5.2 ～ 作为一名有特纳综合征的女性

Courtesy of Dr. Jessica Lord Bean

作为一名有特纳综合征的女性，我面临过一些有趣而独特的挑战。特纳综合征会对个体的身体、神经心理和心理社会方面造成各种困难，不过特纳综合征人群在很多方面仍有良好的功能。重要的是，如果有特纳综合征的女性得到了恰当的医疗、教育和社会情感支持，其中大多数会过上快乐、健康、充实且有意义的生活。

作为一名有特纳综合征的女性，我所面临的特定挑战随着我的成长而发生变化。个子矮通常与特纳综合征有关，我记得上小学的时候，我非常渴望长到 1.5 米。在使用了 3 年生长激素之后，我对身高的兴趣减弱了，并开始询问医生，我怎样才能看起来更像我的朋友们，她们的乳房正在发育，身体形成了曲线，长成了"成人"的样子。当我进入职场时，我敏锐地意识到，尽管从外表看来我年纪偏小，但我要以适合年龄的方式呈现自己。作为一个当时正在寻找伴侣共享生活的成年女性，我想知道应该何时以及如何恰当地跟一位重要他人分享关于我不育的细节。很幸运，我找到了一位非同一般的男性，我们已经结婚 12 年了，生活很幸福。我们收养了两个漂亮的男孩，现在一个 6 岁、一个 2 岁。作为母亲，这一身份真的是我收到的最好的礼物。我最喜欢的一句关于收养的话是："她生之子呼我为母。我深知这背后的悲剧之深和荣耀之大"（Jody Landers）。这些话是多么真实啊！

我为之苦苦挣扎的问题和经历使我成为了一个更好的人。作为一名儿童心理学工作者，我相信我的个人经历会使我在处理有关家庭的问题时更富有洞察力和同情心。作为母亲，我也感受到，当我在抚养一个因其遗传状况而有特殊需要的孩子时，我自身的经历为我提供了指引。正如我常常对其他有特纳综合征的人所说的：虽然我们无法控制自己有这种遗传状况的事实，但我们确实可以控制自己的态度以及我们从这一经历中学到的东西。通过这种方式，我将特纳综合征视为一个获得成长和帮助他人的绝佳机会。

Contributed by Jessica Lord Bean, PhD.

清楚自己的雌雄间性状况，因为医生和家人给她们的只是一些筛选过的信息。

先天性肾上腺皮质增生的影响

已有大量研究在关注有先天性肾上腺皮质增生（CAH）的女孩，因为研究者相信她们的情况可以提供证据表明雄激素对核心性别认同和性别塑型的影响。确实，胎儿发育过程中暴露于雄激素环境影响了这些女孩的身体发育。雄激素也会影响她们的性别认同、兴趣和能力吗？

受 CAH 影响的女孩几乎总是会形成作为女性的核心性别认同。换言之，无论是暴露于雄激素环境，还是家人对其出生时模棱两可的外生殖器的反应，都没有扰乱她们的性别认同：CAH 女孩认为自己是女性，并对自己的女性性别认同感到自在。在少数情况下，CAH 女孩也会被当作男孩抚养，其中的大多数会发展出男性性别认同，因为他们被指定的生物性别与其外生殖器相符，并且他们也被当作男孩进行社会化（Berenbaum & Beltz, 2011）。

在游戏模式和性别塑型的其他方面，CAH 女孩是否更像男孩？研究者已经在该领域开展了数十项研究。通常，研究者会将 CAH 女孩与其非 CAH 姐妹或其他女性家庭成员进行比较；有时也会把她们跟男孩做比较。一般而言，受 CAH 影响的女孩在某种程度上更活跃，更可能成为"假小子"（tomboys），她们也比其他女孩更爱玩所谓的"男孩玩具"。一些研究声称，她们的攻击性比其他女孩强（Mattews et al., 2009）。她们也比其他女孩更强壮，在朝目标投球或掷飞镖等任务上表现得更像男孩（Collaer et al., 2009）。总之，她们的性别相关行为似乎比其他女孩更加男性化（Berenbaum & Beltz, 2011）。

CAH 女孩的性别非典型兴趣持续存在。到了青少年阶段，她们对电子产品、汽车和运动的兴趣往往高于对啦啦队、时尚和化妆的兴趣。成年后，她们会选择更男性化塑型的职业[2]（Berenbaum & Beltz, 2011），更喜欢与"物"打交道的职业（化学家、机械师等）而非与"人"打交道的职业（社会工作者、教师等）（Beltz et al., 2011）。

认为出生前激素会永久性影响大脑并决定性别塑型行为的理论受到了质疑，当然，我们无法在人类身上进行实验检验。该理论欠缺的一点是，缺乏对雌雄间

2　被刻板印象化为属于男性的职业——译者注

性者社会性别生活经历的认识（Jordan-Young, 2012）。先天性肾上腺皮质增生不仅影响生殖器的外形，还会影响那些他人可见并用来污名化女孩的身体特征。由于激素失衡，CAH 女孩可能身高较矮、超重、体毛过多、有严重的痤疮。因为这些特征不符合女性化吸引力的文化标准，因此，她们可能被自己和他人视为缺乏吸引力，并且更可能认为自己不够女性化或比较男性化。此外，CAH 女孩要经受密集的、终身的医学检查和精神干预。女婴的情况一旦被诊断出来，她就会被怀疑是男性化的，且这种预期会传达给她的父母和其他家庭成员。在赞同出生前激素理论的研究者中，很少有人认真对待这些预期的作用，几乎没有人系统地研究过它们可能产生的影响。然而，启动家人关于孩子的某种信念会造成自我实现预言（Jordan-Young, 2012）。

总之，雌雄间性儿童的性别认同似乎很大程度上（但并非完全）取决于社会因素。被指定为女性并被作为女孩抚养，其作用通常超越了生物性别各组成部分的不一致，特别是当外观明显是女性时。然而，这并不意味着性别认同和性别塑型与生物性别无关。与未受 CAH 影响的女孩相比，一些受 CAH 影响的女孩会以一种性别塑型程度较低的方式成长；其中是否有出生前激素、身体外观差异、社会因素或是这些因素与其他因素相结合的影响，目前尚不清楚。由于这些状况通常被保密，以及潜在的污名化，一些雌雄间性者可能在性别认同上遇到了问题，心理学研究者目前还没有对这些问题进行研究。已有研究明确告诉我们的是，生理性别（physical sex）和心理性别（psychological gender）之间并不是简单、直接的关系（见专栏 5.3）。相反，这种关系是复杂的，由多重因素决定，而且仍然有些神秘。

跨性别认同

詹姆斯·莫里斯（James Morris）的人生充实而富有冒险精神。他曾在英国军队担任战地通讯员，退伍后，他成为了一名成功的记者，婚姻幸福，并育有 5 个孩子。

然而，莫里斯感觉哪里有些不对劲。从年幼时起，他就相信自己注定会成为一个女人，而不是一个男人。经历了无数次自省和内心冲突之后，莫里斯开始了

专栏5.3 〰 *研究焦点：大卫·雷默——被当作女孩养育的男孩*

1965年，珍妮特·雷默和罗恩·雷默夫妇生下了一对健康的双胞胎男孩，分别取名为布鲁斯和布莱恩。9个月后，在一次常规的包皮环切手术中，布鲁斯的阴茎因手术事故被毁。雷默夫妇不顾一切地想找到方法让儿子过上正常的生活，于是有人将他们介绍到了约翰·霍普金斯大学性别认同专家约翰·莫尼（John Money）博士那里。

莫尼博士认为，儿童出生时是性别中立的。决定性别认同的是教养，而不是天性。雷默的案例为他提供了一个千载难逢的机会去证明他的教养理论，因为布鲁斯还有一个被作为男孩抚养的同卵双生兄弟——一个对控制组而言完美匹配的案例。他建议布鲁斯接受性别重置手术（gender reassignment surgery）并被作为女孩抚养。布鲁斯的父母当时还不到20岁，他们认为没有其他选择可以让孩子过上"正常"的性生活了，于是同意把布鲁斯当作女孩来抚养，给他改名为布兰达。布兰达接受了手术，摘除了睾丸并构建了阴道。后来，她被施以雌激素治疗来促进女性青春期发育（即乳房的发育）。父母给布兰达穿上裙子，鼓励她玩洋娃娃，以强化其女性性别认同。

在布兰达的儿童期，雷默一家多次前往约翰·霍普金斯大学与莫尼博士会面。莫尼博士使用了一些值得怀疑的方法，例如给她看异性恋性行为的色情图片，来强化布兰达的女性性别认同和异性恋取向。他还让布兰达的兄弟也参与这些治疗，让布兰达和布莱恩模拟性姿势。在整个20世纪70年代，莫尼博士在医学期刊、著作和全美各地演讲中都宣称"约翰/琼案例"（John/Joan case，他用来指称布鲁斯/布兰达的假名）的成功。虽然布兰达不是天生的雌雄间性，但莫尼博士利用这个案例去支持他关于雌雄间性者的治疗理论，认为他们可以适应与其生殖器外观相一致、但与其遗传性别不一致的性别认同。

虽然莫尼博士声称布兰达已经成功接受了女性性别认同，但是布鲁斯向布兰达的转变几乎不成功。布兰达喜欢玩弟弟的玩具，拒绝穿裙子，并因为缺乏女性气质而常常在学校遭到嘲笑和骚扰。虽然雷默夫妇向莫尼博士报告了布兰达的行为，但他反驳说这只是一个阶段性问题，或是雷莫夫妇没有遵从医嘱。在布兰达14岁的时候，雷默夫妇违背莫尼博士的命令，听从了一位精神科医生的建议，决定告诉布兰达关于她过去的真相。不幸的是，伤害已经造成了。

布兰达决定重新回归其生物性别。他

专栏 5.3　　　　**研究焦点：大卫·雷默——被当作女孩养育的男孩（续）**

开始接受睾酮注射，接受手术切除乳房并重建阴茎和睾丸，给自己取名为"大卫·雷默"（David Reimer）。虽然他最终结了婚，抚养了妻子带来的孩子，但他并未完全从童年创伤中恢复过来，一直承受着重度抑郁和愤怒的痛苦。大卫的家人也因其童年经历而深受影响。他的母亲受抑郁症折磨并试图自杀，父亲成了一名酗酒者，他的弟弟患上抑郁症且吸毒，并于 2002 年死于吸毒过量。

在大卫 30 岁的时候，他遇到了米尔顿·戴蒙德（Milton Diamond）博士，后者一直都在批评莫尼博士的研究，从 20 世纪 70 年代起就一直关注"约翰/琼案例"。莫尼博士在 20 世纪 70 年代末停止发表关于该案例的报告，戴蒙德博士想知道"约翰/琼"后来怎么样了。当大卫发现莫尼博士吹嘘他的性别重置如何成功，

并用他的案例来推动对雌雄间性者和生殖器受损者的性别重置手术时，他决定将自己的真实经历公之于众。1997 年，戴蒙德博士在一本医学期刊上发表了一份报告，大卫也决定与记者约翰·科拉平托合作撰写一本有关他的人生和童年的书，书名为《天性使然：被当作女孩养育的男孩》。该书于 2000 年出版。大卫的案例也被拍成了一部 BBC 纪录片，受到了媒体的广泛关注。由于案例细节广为人知，莫尼博士的研究伦理受到了许多人的批评。尽管大卫的故事以悲剧告终，他于 2004 年自杀了，但是其案例的公开使人们注意到需要修改关于雌雄间性者的伦理指南和临床治疗指南。大卫饱受折磨的一生也表明，科学还没有完全理解生理性别和心理性别在人类心灵中的关系。

Contributed by Annie B. Fox.

长达 10 年、转变为女性的历程。经过多年激素治疗之后，他接受了当时所谓的变性手术[3]（sex change surgery）：切除了阴茎和睾丸，建构了一个阴道。莫里斯跟妻子离婚了，但情感上仍然亲密，友谊和对孩子共同的爱将他们联结起来。她改名为简·莫里斯（Jan Morris），继续其作家生涯，并且取得了很大的成功，迄今她已经出版了 30 多部著作。

3　这一名称后来又经历了"性别重置手术""性别确认手术"的变迁——译者注

莫里斯在《她他》(*Conundrum*，1974)一书中讲述了一个人为"生在错误的身体里"而挣扎的经历。转变性别之后，这位曾经健壮而爱冒险的男性描述了自己在女性气质日常仪式中享受到的乐趣：化妆、穿柔软的衣服、跟女邻居闲聊、在平行泊车或开酒瓶时得到帮助。成为一名女性也使得莫里斯强烈地意识到女性可能面临的不利处境："在生命中的每一天，我都被视为次等的，身不由己，日复一日，我默默接受着这种状况"(p. 149)。不过她觉得，作为女性受到帮助、奉承和更友善的对待所带来的好处，超过了为之付出的代价。

简·莫里斯确信，作为一个女人，她找到了真正的自我。即使历经激素和手术治疗的磨难，那似乎也只是为了使她的生物性别与社会性别一致而付出的一点小代价："我宁愿经历 10 次全程治疗，也不愿回到含糊不清或伪装的过去"(p. 145)。她将自己的跨性别历程描述为"35 年身为男人……10 年介于两性之间，余生做自己"(p. 146)。

简·莫里斯具有**跨性别**(transgender)认同。跨性别是对各种变体性别认同的统称。有些跨性别者，像简·莫里斯那样，最终完全以与出生时被指定的生物性别和社会性别相反的性别生活。为了实现这一转变，他们可能会接受外科手术或激素治疗，以使生物性别与性别认同相一致。另一些跨性别认同或变体性别认同的个体具有流动的性别认同。他们可能认为自己不完全属于一种或另一种性别，也可能认为自己的性别认同会随时间的推移而改变(Levitt & Ippolito, 2014a,b; Williams, 2014)。

性别不安

莫里斯的叙述反映了一种观点，即生物性别与其核心性别认同不符的人具有心理障碍。**性别不安**[4](gender dysphoria, GD; *DSM-5* 中文简体版中译作性别烦躁)是一种官方的精神医学分类命名，适用于那些在指定的生物性别与其核心性别认同之间出现分离的个体。美国精神医学学会将"性别不安"定义为，具有成为另一生物性别的强烈而持久的愿望，或相信自己事实上属于另一生物性别(American Psychiatric Association, 2013, 2000)。

当儿童表达出想要成为另一性别的强烈愿望或者相信自己属于另一性别，经

---

4 *DSM-5* 将旧版的性别认同障碍更名为性别不安——译者注

历了有临床意义的痛苦和社会功能受损，且表现出与另一性别相似的行为时，会被诊断为性别不安。家长会被问及孩子的玩具偏好、穿着打扮、幻想游戏和同伴关系（American Psychiatric Association, 2013）。女孩更常符合儿童期性别不安的诊断标准，但男孩更有可能被转介去接受治疗（Berenbaum & Beltz, 2011; Ristori & Steensma, 2016）。小女孩的性别不遵从会被容忍，她们可能被认为只是"假小子"，长大后就不再如此；但是，男孩的性别不遵从更常被认为是令人担忧的。

青少年的性别不安诊断呈上升趋势。跨性别青少年面临许多问题，包括欺凌和社会排斥，而且常常遭受抑郁和焦虑的困扰。他们企图自杀和自我伤害的概率很高。一些跨性别青少年及其家人选择从 12 岁左右开始使用激素治疗以延缓青春期的到来。这给了青少年时间来稳定性别认同，延缓了做出是否接受手术改变性别的决定。初步的研究表明，青春期的推迟有助于长期的心理适应（Fuss et al., 2015; Leibowitz & de Vries, 2016）。

具有跨性别认同的人占多大比例？一项元分析整合了来自 12 个国家的 9 500 万人的数据（Arcelus et al., 2015）。每 10 万人中只有 4.6 人，或 21 739 人中有 1 人，被诊断为性别不安并接受治疗。其中，男性是女性的 2.5 倍。当然，变体性别认同和跨性别人群的数量可能要比这高得多，因为并非所有跨性别者都被诊断为性别不安。例如，在一项对新西兰高中生的全国性调查中，有 1.2% 的学生说他们是跨性别者，另有 2.5% 的学生说他们不确定自己的社会性别（Fuss et al., 2015）。基于临床诊断的研究也可能低估了女性向男性转变的比例。因为对女性而言，穿男性服装、注射睾酮来改变身体轮廓相对简单，也许更多女性会跳过诊断，默默地以男性身份生活。此外，在美国社会中，男性气质的规范比女性气质的规范更具限制性。一位穿长裤、剪短发、打橄榄球的女性几乎不会受到什么非议，但是，穿裙子、化妆或找别人帮忙提一袋食物的男性则可能不受尊重。因此，变体性别认同的男性可能比女性更容易被诊断为性别不安。

心理学和医学研究者已经在探寻跨性别者的脑结构和脑功能有何特殊之处。然而，迄今为止，研究结果都还是初步的、无定论的或阴性的（Erickson-Schroth, 2013; Kreukels & Guillamon, 2016; Leibowitz & de Vries, 2016）。跨性别个体的遗传性别、激素史和生殖解剖结构几乎总是表现为明确的生物性别，要么是女性要么是男性（Berenbaum & Beltz, 2011; Gooren, 2006）。他们的童年通常没有什么特别之处，只是越来越觉得自己和其他孩子不同，他们被指定的生物性别是一个错误。

这种意识，以及他们对与出生时生物性别一致的性别塑型的抵抗，常常导致与父母的冲突，进而被诊断为性别不安。

遗传关联性的新证据来自一项双生子研究，这些双生子中的一人或两人发生了转变。尽管你可能会认为这类情况并不多，但研究者还是找到了 112 对参与者（Diamond, 2013）。令人惊讶的是，在基因完全相同的同卵双生子中，有 33% 的男性双生子和 23% 的女性双生子均为跨性别认同。换言之，同卵双生子中有一人转变了性别，另一人也转变了性别。在异卵双生子（他们之间的基因相似性同任何其他兄弟姐妹之间的相似性一样）中，则只有 3% 的双生子均为跨性别认同。研究者得出结论，与童年经历相比，跨性别认同更容易受到遗传的影响；然而，这项研究并没有告诉我们哪些特定的遗传因素可能会有影响。

改变性别

从一种性别转变到另一种性别，通常要经过很长一段时间。女性可能会通过束胸和剪男性化发型来改变其外表。男性可能会化妆，穿女性衣服，把阴茎绑在两腿之间。一些跨性别者使用激素补充剂：男性使用雌激素来促进女性化乳房生长并减少体毛，女性使用雄激素来增长肌肉并使声音变低沉（Wassersug et al., 2007）。还有些跨性别者接受了手术。跨性别男性可能会通过手术切除乳房、子宫和卵巢，但并不是所有人都选择建构阴茎，因为这项手术很复杂且结果通常令人失望（Morgan & Stevens, 2008）。

跨性别者必须要适应一个正在变化的身体，学习新的行为方式，适应其他人对其新的身体和行为的反应（Bolin, 1996）。正如我们在第 2 章所了解的，言语和非言语行为中无数细微的差异都标志着社会互动中的性别。一个男人转变成女人，不仅被期待要穿得像个女人，她还应该在行走、坐姿、说话、调情、喝咖啡和掷球等方面都像个女人。要做一个合格的女人，她应该有女性化的兴趣和活动。而且，她必须学会如何回应别人将她作为女性来对待。一位跨性别女性报告说，除激素治疗外，"我花了近一年时间去适应以女人的身份走向公共场所，并逐渐习惯自己是个女人，我努力调整我的外貌、声音、举止、化妆和衣着……为成为我想要成为的人，尽我所能地做好最基本的事"（Wassersug et al., 2007, p. 107）。

改变生殖器解剖结构和第二性征以符合性别认同，此类手术目前在跨性别群体内部被称为**性别确认手术**（gender affirmation surgery）。虽然正在被改变的是身体的生理特征，这符合改变生物性别而非社会性别这一传统定义，但那些认同自己为跨性别者的人则从社会性别角度界定这种转变。手术或其他治疗充当了一种使身体与核心性别认同和谐一致的手段。因此，当讨论从女性到男性的转变或从男性到女性的转变时，我会使用"社会性别"这一术语。

对跨性别者进行的性别确认治疗，其结果通常是积极的。一项综述回顾了 38 项针对跨性别者接受治疗前后心理健康状况的研究，结果表明，在治疗前，他们焦虑和抑郁障碍的发病率（incidence）比一般人群高得多。（然而，他们在精神分裂症和双相障碍上的发病率与人群平均水平并无差异。）经过性别确认治疗后，无论是手术治疗还是激素治疗，或二者兼用，他们的心理健康状况都趋于与一般人群相似（Dhejne et al., 2016）。

如今，经常有跨性别名人出现在新闻中。积极行动者珍妮特·莫克（Janet Mock）的获奖回忆录《重新定义真实》成为一本畅销书。拉弗恩·考克斯（Laverne Cox）因扮演《女子监狱》中的索菲亚而为人所知，并登上了《时代周刊》的封面。然而，绝大多数跨性别者仍然生活在过度紧张的环境中。对 17 名变体性别认同者的深度访谈显示，他们体验到强烈的性别觉察，不断监控自己的行为以使遭受拒绝、攻击或暴力的风险降至最低。他们也遭受了拒绝，得不到朋友和家人的支持。他们报告说，这些经历使他们洞悉了父权制的运作方式，那些转变为男性人格脸谱的人从男性特权中获益，而那些转变为女性人格脸谱的人则遭受着职场歧视和其他类型的性别主义（Levitt & Ippolito, 2014a）。

好消息是，跨性别和变体性别认同者越来越容易建立友谊和社群。在一项对 536 名认同自己为跨性别或变体性别认同者的线上研究中，参与者描述了他们与其他跨性别、非跨性别、女同性恋、男同性恋及异性恋朋友的友谊。研究者采用交叉性方法询问每位参与者，拥有在性别认同和性取向上与自己相似或不同的朋友，有哪些独特的好处和阻碍（Galupo et al., 2014）。（如果你的朋友在这些方面与你不同，你可以先思考这些问题，再进一步了解情况。）

跨性别者看重那些较符合常态的朋友，因为在他们身边感觉更正常，因为跨性别议题不会主导谈话，还因为这些朋友为他们提供了更多样化的观点和互动。跨性别者也看重自己的跨性别朋友，因为他们有共同的经历，相互理解，能够谈论跨性别话题并提供支持、指导和资源（Galupo et al., 2014）。在这项研究中，被 LGB 朋友接纳和被异性恋朋友接纳对跨性别者来说都很重要，这是对他们身份认同的确认。

生物性别与性取向

　　绝大多数男性被女性吸引，而绝大多数女性被男性吸引。这可能看上去平淡无奇，但的确是两性之间最大的差异之一。**性取向**（sexual orientation）是一个涉及性吸引、情感关系、性行为、性幻想和情感依恋的多维概念。性伴侣的性别只是其中一个组成部分，且并不总是最重要的那个。通常，同一个人的各个组成部分是不一致的（Hoburg et al., 2004; Rothblum, 2000）。此外，一个人的性取向可能会随时间推移而改变。尽管定义性取向相当复杂，但研究者已经在探寻遗传和激素对性取向的影响。

存在同性恋基因吗

　　几项研究显示，同性性取向会在家族中传递。换言之，女同性恋者、男同性恋者和双性恋者（LGB）亲属中的 LGB 人数往往高于平均水平。这些研究表明，特定家庭环境或遗传因素，会增加 LGB 取向的可能性，但无法对这两种因素的作用进行区分。当然，环境和遗传因素可以共存于同一家庭之中。通过对同卵双生子和异卵双生子进行比较，双生子研究有助于分离遗传和环境的影响（请记住，同卵双生子在遗传上是相同的，而异卵双生子在遗传上的相似性则与其他兄弟姐妹间的遗传相似性相同）。如果同卵双生子有相同性取向的概率高于异卵双生子，则表明遗传对性取向有一定作用。总的来说，对男性双生子的研究确实表明存在遗传的影响。在一项研究中，男同性恋者的同卵双生兄弟中有 66% 也是同性恋者；相比之下，男同性恋者的异卵双生兄弟中的同性恋者仅有 30%（Whitam et al., 1993）。这项研究还发现一例同卵三胞胎均为男同性恋者。然而，对女性而言，情况就并不是那么清晰了。一些双生子研究显示出与男性研究相同的模式。然而，还有一些研究则显示，遗传相似性与女同性恋或双性恋取向之间的关联很小或没有关系（Hines, 2004）。

　　近期的基因序列研究已经鉴别出与男性同性性取向有关的 X 染色体上的特定

连锁（Sanders et al., 2015）。性取向的基因序列仍然是一个新的研究领域，迄今该领域的研究显示，可能存在多种与性取向有关的基因。科学家尚未确切了解这些基因是如何影响性取向的，但是，显然它们并不单独决定性取向，因为也有强有力的证据表明非遗传因素的作用。例如，在双生子研究中，总的来说，男同性恋者的同卵双生兄弟中大约有一半不是同性恋者（Hines, 2004）。对女性而言，相关研究还比较少，数据结果也更加不清晰。关于性取向的生物学起源，仍然有许多悬而未决的问题。

激素与性取向

请回想一下，XX 胎儿和 XY 胎儿在发育期间会暴露在不同的性激素环境中。男性胎儿暴露于雄激素环境，而女性胎儿则不会暴露其中。胎儿的雄激素是否会对后来发展出的"指向女性的性吸引"起作用？研究胎儿激素暴露对后来性取向影响的一种方法是：对宫内激素暴露非典型者的性取向进行评估。

部分性雄激素不敏感综合征的个体是 XY 男性，他们在胎儿发育期间有效接受的雄激素很少，因而发育出模棱两可的生殖器。根据出生时生殖器的外观，个体可能被指定为男性或女性，其生殖器会经过外科手术改造以符合被指定的生物性别。无论他们被作为哪种生物性别抚养长大，部分性雄激素不敏感综合征的个体通常会发展出异性恋取向，即被当作女孩抚养长大的个体被男性吸引，被当作男孩抚养长大的个体被女性吸引。在这些案例中，很显然，对于个体发展出指向另一性别的性取向而言，正常剂量的胎儿雄激素并不是必需的。尽管他们有相似的激素史，但作为男孩和作为女孩被抚养的个体发展出了不同的性取向，这表明人类心理性欲的发展具有很大的灵活性（Hines, 2004）。

另一些研究者还提出疑问：胎儿发育期间雄激素过量是否易导致女性后来被女性吸引？为了回答这个问题，他们研究了有先天性肾上腺皮质增生史的女性的性取向，因为先天性肾上腺皮质增生会使胎儿接触到雄激素。（回想一下，先天性肾上腺皮质增生也会造成男性外观的雌雄间性的生殖器，这种情况通常会在婴儿期接受手术改造。）

绝大多数有先天性肾上腺皮质增生（CAH）的女性是异性恋者。然而，与非 CAH 姐妹或家庭中其他女性成员相比，受 CAH 影响的女性更可能报告自己有女同性恋取向、幻想或经历，而较少会有异性恋取向、幻想或经历（Hines, 2011）。然而，我们不应该过早得出结论认为，这些差异完全是由出生前激素暴露所致。如前所述，CAH 女性与其他女性之间还有许多其他差异。对于由 CAH 引起的生殖器形态不同的女性而言，异性恋性交可能是疼痛且令人不满意的。此外，这些女性还要终生经受密集的医学检查和心理干预，通常包括多重生殖器手术和阴蒂全部切除。许多 CAH 女性认为，她们经受的治疗是违反道德的、不人道的，可能会对她们与男性的性适应产生负面影响（Jordan-Young, 2012）。

这一领域需要女性主义研究方法，不仅探索生物学因素的作用，还要探索女性的主观体验（Jordan-Young, 2012）。另一方面，出生前激素显然并不能完全决定性取向，因为绝大多数出生前暴露于雄激素的女性都认同自己为异性恋者，而且对绝大多数认同自己为同性恋者或双性恋者的女性来说，也没有证据表明她们在出生前有异常的激素暴露史（Hines, 2011）。

生物性别作为一种社会建构

雌雄间性身体的存在挑战了一个基本假设，即一个人要么是男性要么是女性，这是一个"不可化约的事实"（Kessler & McKenna, 1978, p. vii）。在生物性别上自然发生的变异也挑战了另一个假设，即社会性别会自然地随着生物性别发展。如果生物性别不是一个确定无疑的二元体系，那么为什么社会性别一定要遵循男性气质／女性气质的二元模式呢？

根据一些女性主义理论家的观点，生物性别是一种**社会建构**（social construction），这意味着，我们关于生物性别的常识性信念所基于的假设是特定文化的产物，而不是有关天性的普遍或固定真理（Marecek et al., 2004）。换言之，生物性别是一个信念体系，而不是一个事实（Crawford, 2000）。然而，在每一种文化中，关于生物性别的信念体系对该文化的成员而言似乎再自然不过。在我们自己的社会中，大多数人坚信，生物性别是一个生物学二分体系。人们很难意识到，被视为事实的东西可能是社会协商和文化共识的产物。

甚至"这是个女孩"或"这是个男孩"的标签也是一种社会建构。正如我们所见，这种分类通常是基于外生殖器的外观，但是，生殖器只是生物性别的一个方面。依靠生殖器外观而非其他决定因素来确定生物性别是社会共识的产物，而且生物性别划分是创造社会性别的关键第一步。因为我们已经把某个人归类为男性或女性，所以我们可能使用的所有其他社会性别属性——男性化、女性化、女同性恋、男同性恋、跨性别——才讲得通。例如，核心性别认同和性取向的概念假定，每个婴儿首先是男性或是女性，之后这些心理过程才开始。

当然，我们如何成为性别化的人也是有趣而重要的问题。但更重要的问题是，有且只有两种生物性别的社会现实最初是如何被建构的（Golden, 2008）。在这里，我们通过探讨对雌雄间性者的医学治疗，来看看创造两种生物性别的社会决策过程。这些治疗引发了激烈的争论，因为治疗涉及改造不合乎规范的身体，以符合我们社会中仅有的两种被认可的生物性别类别。

建构两种生物性别

多年来，对雌雄间性的标准治疗，始于在孩子出生后尽快为其指定男性或女性标签。接下来是进行医疗和手术干预，旨在改造生殖器，使其看起来更"正常"。这些手术是在孩子尚未成熟到可以做出"知情同意"时实施的。通常，父母并没有得知确切的诊断。随着雌雄间性儿童逐渐长大，他们很少被告知有关自身状况的真相。相反，他们的医疗记录被封存了。我们来思考一下该过程中每一步的社会含义。

当医生意识到一个孩子是雌雄间性时，便试图为这个孩子选择他们所声称的**最佳性别**（optimal gender）。他们的意思是"这个孩子最适合哪种生物性别？"最佳匹配的标准是灵活的。医生考虑的是：这些孩子是否具有作为男性或女性的生殖潜力；他们作为男性或女性，能否发挥性功能；以及他们能否被塑造成典型的男性或女性。如果在诊断出雌雄间性状况之前，孩子已经成长到形成了核心性别认同，那么这一点也必须被纳入考虑之中。

正如你能想象到的，决定一个孩子的最佳性别是件颇为复杂的事情，既涉及医疗标准，也关乎社会规范。一些批评者认为，那些标准可能以性别主义的方式被使用：对于那些被指定为男性的孩子，性功能是首要的，而对于那些被指定为女性的孩子，生殖能力被赋予了更大的权重（Fausto-Sterling, 2000; Kessler, 1998, 2002）。换言之，对男性而言，勃起和进行异性恋性行为的能力是首要标准；但对女性而言，首要标准则是做母亲的潜力，而不是性功能或性愉悦。

　　虽然医学专业人士在业界使用"最佳性别"这一概念，但是他们认为，孩子真实生物性别的不确定会令父母感到不安。批评人士称，在治疗雌雄间性儿童和为其家人提供心理咨询时，医疗行业使用了一种关于性别的暧昧之词，有意掩盖雌雄间性状况。他们不会说婴儿是女性和男性的混合体，也不会说他们正在决定最佳性别，而是告诉家人，他们知道"真正"的生物性别，并将"纠正"该"发育不全"（Fausto-Sterling, 2000; Kessler, 1998）。甚至当医生对雌雄间性儿童实施大手术时，他们也认为最好不要说得太直白。很有可能，秘而不宣甚至超过手术，成为传统雌雄间性治疗中最具创伤性的方面（见专栏 5.4）。

　　为什么医生要对患者及其家人隐瞒雌雄间性的真相？传统上，他们认为儿童的核心性别认同可能要做出让步，这会导致心理冲突和适应不良。这里反映出的假设是，一定只有两种生物性别，而且性别认同和性别塑型必须遵从生物性别。虽然医生知道，有些婴儿不符合这种模式，但他们觉得有义务假装生物性别/社会性别二元体系是普遍存在的。

　　在为雌雄间性婴儿建构明确的生殖器方面，医疗行业强制执行了一项标准，即不允许男性生殖器和女性生殖器之间有交集或模棱两可。对于一个雌雄间性儿童来说，如果要被认为是一个功能良好的女孩，她必须有一个较小的阴蒂，要小于对男孩来说可允许的最小阴茎。如果她的阴蒂"过大"，就会通过手术"缩小尺寸"（Fausto-Sterling, 2000, p. 60）。过去，医生常常会把雌雄间性女孩的阴蒂完全切除。今天，医生实施的是阴蒂缩小手术。尽管出生时阴蒂的大小有相当大的自然变异性，但是，医生通常依靠他们对该器官的恰当大小及外观的个人印象或看法做出判断。心理学家苏珊娜·凯斯勒（Kessler, 1998, 2002）整理了一份医学文献中用来描述被认为需要手术缩小的阴蒂的形容词列表，其中包括有缺陷的、畸形的、突兀的、令人不适的、麻烦的和受损的。显然，这些都属于价值判断。被"过大"阴蒂困扰的是医生，而不一定是那个孩子、她的父母，或她未来的性伴侣。

　　一些雌雄间性个体在生命的头几年接受过若干次生殖器手术，进入青春期后又接受了更多次手术（Fausto-Sterling, 2000）。被指定为女性的儿童可能会面临多次手术来建构阴道。手术之后，父母必须每天在新建的结构中放置器械，以保持其开放。被指定为男孩的儿童可能需要做生殖器手术来修复或建构一个阴茎。医学文献报告了数百种用于这项任务的技术，还有一些技术是为了修复以往手术不

专栏 5.4　🙠　**研究焦点：以色列雌雄间性者的生活经历**

许多雌雄间性者在成长过程中并不知道自己的雌雄间性状况。他们可能会经受侵入性的检测、检查、激素治疗甚至手术改造，却从来没有人告诉他们，为什么他们需要这样的治疗。在一项对以色列三位雌雄间性者生活经历的质性研究中，莉莫·美乐蒂·达农（Danon, 2015）探讨了三位遭受的雌雄间性状况的隐瞒对他们产生了怎样的影响。例如，一位有完全性雄激素不敏感综合征的女性不知道自己出生时有睾丸并接受了手术切除。父母和医生对她保守了秘密：

在八年级与九年级交替的夏日，我经历了一次手术。妈妈让我对外说那是疝气手术，我也照做了……他们告诉我，他们要切除我残留的卵巢，这样我就不会得癌症之类的病了。我当时不知道，切除的居然是其他东西……

一位有典型先天性肾上腺皮质增生的男性，出生时同时有阴茎、卵巢和子宫。他声称，童年多次入院治疗期间，他深感自己被客体化了，而不是被当作一个活生生的人对待：

你还是个小孩子，他们整天给你脱衣服、穿衣服、看着你，这是司空见惯的事情。我知道自己是一个罕见的特殊案例，所以他们都想围观、都想摸，就是这样。我就像博物馆里的展品一样。

达农的受访者讲述了他们成年后如何继续向朋友和他人隐瞒自己的雌雄间性身体。一位有先天性肾上腺皮质增生的女性报告说，父母对她的兄弟姐妹保守了她先天性肾上腺皮质增生的秘密，这影响了她与兄弟姐妹之间的关系。她还谈到父母对她身体状况的秘而不宣怎样影响了她建立亲密关系的愿望和能力。她不能接纳自己，觉得自己无法体验爱情：

我怎样才能告诉别人，我生来就与人不同，他们看到的，或多或少是一位成功的整形外科医生的作品？我不知道和正常人相比我看起来如何。我会说，医生的工作不是百分之百完美，我太不同了。我不知道，我是说他们忘了在我的生殖器上文一个方位图（笑）。

给雌雄间性者指定二元生物性别，反映出我们的社会面对模棱两可的身体时是多么地无所适从。生物医学模式呼吁治疗和隐瞒，而不是将雌雄间性身体正常化，这剥夺了雌雄间性者对自己身体的自主权。

资料来源：Danon, L. M. (2015). The body/secret dynamic: Life experiences of intersex people in Israel. SAGE Open, April–June 2015, 1–13. DOI: 10.1177/2158244015580370.
Contributed by Annie B. Fox.

理想的结果。生殖器手术的代价包括明显的疤痕、性感觉的丧失以及性高潮能力的丧失。对成年雌雄间性者的访谈以及关于生殖器手术结果的医学数据表明，整体外观不佳和对结果不满意是常见情况（Kessler, 2002; Hines, 2004）。

针对雌雄间性儿童的医疗干预还有其他代价。受影响者可能无法获得他们的医疗记录，因此他们可能不知道那些会危害其健康的医疗状况。此外，由于反复经历手术以及怀疑受到欺骗，一些雌雄间性者开始不信任医疗行业，以至于当出现其他健康问题时，他们也不去就医，进而导致整体健康状况恶化（Kessler, 2002）。

一些令人鼓舞的迹象表明，对雌雄间性的医学管理正在发生改变。2006 年，雌雄间性领域的 50 位国际专家发表了一个共识声明：不应鼓励父母为雌雄间性婴儿寻求生殖器整形手术，因为没有可靠的医学证据表明生殖器整形手术改善了雌雄间性者的生活质量（Golden, 2008）。出于伦理和科学考虑，最好等到孩子有知情同意能力时再做手术（Diamond & Garland, 2014）。为了指导医生为雌雄间性的求医者做决策，欧洲已经建立了一个案例登记库，追踪治疗及其长期结果。然而，目前美国还没有进行这种登记。

雌雄间性状况的医学管理规范正在发生变化，这表明，生物性别并非仅是一种生物意义上的既定事实，其含义是在社会决策过程中协商形成的。在社会协商中，支配群体成员拥有更大的权力来界定现实。在这种情况下，医学界比雌雄间性者自身或其家人拥有更大的权力来界定雌雄间性者的生物性别。雌雄间性者的结局有时是悲惨的，因为他们在没有知情同意的情况下遭受了改变其人生的医学治疗。直到最近，对雌雄间性者的治疗才朝着更人性化的方向有所改进。

重新思考性别不安

跨性别者长期以来一直在努力，以使他们的状况得到医学界的认可。他们对法律承认和医疗保健的要求，已经迫使社会去认识和命名他们的问题，并帮助他们改变生物性别和社会性别。然而，并不是每个人都认为，将跨性别认同标记为一种精神障碍完全是一种积极的改变。有些人认为，性别不安这一诊断类别会导致对多样化性别认同人群的污名化，且这种诊断只是基于行为者的性别，就给一些普通行为贴上了精神疾病的标签。另一些评论家指出，没有证据表明跨性别认

同或跨性别行为本身会制造心理问题或痛苦。相反，正是污名化制造了这些问题
（Sanchez & Vilain, 2009）。第三种批评是，在强化"有且仅有两种生物性别，社会
性别必须与生物性别相一致"的观念方面，"性别不安"这一诊断已经产生了自相
矛盾的结果。根据这一观念，跨性别者通过要求手术使自己的身体与社会性别相
匹配，强化了医学界的哲学，即在一个人身体内部，生物性别和社会性别必须一
致（Fausto-Sterling, 2000）。他们在性别认同上的两难处境，可能正是生物性别和
社会性别二元体系的结果。事实上，性别不安的诊断标准完全基于这种二元模型。
如果你觉得自己不像个男人，那么你一定是个女人，没有其他选择。

　　在一项质性研究中，研究者访谈了为雌雄间性和跨性别的求医者提供医疗
服务的人员。他们对性别二元体系持有坚定的信念，没有为"雌雄间性身体或跨
性别认同也是健康的"这一观念留有任何余地。他们将医疗干预的理想结果视
为重新创造二元体系：制造适应异性恋规范化生活的男性化男性或女性化女性
（Davis et al., 2016）。但是，在性别不遵从已经不再被视为罪孽或精神疾病的时代，
LGBTQ 群体的生活也因此变得更加容易了，那么异性恋规范是否还应该是一个
普遍的目标呢？

　　性别不安这一诊断类别仍然存在争议。它究竟是将性别不遵从病理化并施加
了污名，还是为获得心理咨询和照护打开了一条途径？人们在这个问题上意见并
不一致（Lev, 2013），可以继续关注进一步的发展。

　　综上所述，对雌雄间性和跨性别的医学和精神医学治疗表明，无论生物性别
还是社会性别，都是社会共识和社会强制的过程。通过手术干预建构两种且仅两
种生物性别，可能出于一片好心，但是，它也可能强化了一种信念，即这两种类
别是仅有的自然且可接受的类别。然而，还有其他可以对人类的身体和心理进行
分类的方式。

超越二元体系

　　对于我们这些在生物性别和社会性别的二元体系中长大的人来说，可能很难
跳出框架去思考。然而，在某些文化中，"人们有两种以上生物性别"这种观念很
平常。换言之，这些文化中有女性、男性和其他人（Williams, 1987）。在美国文化

中，也有一些人挑战了传统观念，即一个人必须在两种生物性别或社会性别类别之间做出选择。我们现在来探讨一下这些超越二元体系的情况。

不止两种生物性别

世界上许多地方都可以找到有"第三生物性别"的社会。这些类别与我们社会中男性/女性、男性化/女性化以及同性恋/异性恋这些二元分类形成了对比。第三生物性别可以二者皆非、二者皆是，或含上述所有情况。第三生物性别人群的社会角色和社会地位因文化而异。让我们来看几个例子。

跨文化的第三生物性别

在印度，大约有 100 万人认同自己是**海吉拉斯**（Hijras）（Sharma, 2014）或**阿拉维尼斯**（Aravanis）（Mahalingam, 2003）。根据他们自己的定义，海吉拉斯和阿拉维尼斯是第三生物性别人或"第三自然"人，既不是男性也不是女性（Kalra, 2012）。海吉拉斯取女性的名字，穿女性服装，但他们通过在行为上有更公开的性表达将自己与女性区分开来。与传统的印度女性不同，他们浓妆艳抹，常开性的玩笑，头发松散着。一个人的生殖器不能决定其是不是海吉拉斯。有一些海吉拉斯有男性生殖器，也有一些出生时是生物意义上的男性但选择了阉割，还有一些出生时有雌雄间性的生殖器。在他们的社会中，海吉拉斯不被认为是女性，因为他们不能生孩子；他们也不被认为是男性，因为他们不像男性那样发挥性功能。在印度北部，海吉拉斯被认为承载了女神的神圣力量；他们在婚礼和出生庆典上载歌载舞，而且传统上，人们会让他们为新生婴儿祝福（Kalra, 2012）。

在印度南部，海吉拉斯被称为阿拉维尼斯。与北印度社会的海吉拉斯相似，他们像女性一样穿着打扮，可能会使用激素或手术来改变性别。然而，他们不是仅仅试图去模仿真正的女性；相反，"性别转向（gender-bending）是他们身份认同的核心"，而且他们"为自己是'女超人'而感到自豪"，这是一种既操演女性气质又藐视女性气质的第三社会性别（Mahalingam, 2003, p. 491）。

海吉拉斯和阿拉维尼斯的社会地位模糊不清，他们面临着污名、歧视和骚扰，有时受到尊敬，有时又受到迫害。但是在印度社会，甚至在宝莱坞电影中，都可以看到他们的身影。在电影中，他们以各种形象出现：有时作为有趣人物，有时作为反派，甚至有时作为体贴而关爱的母亲（Kalra & Bhugra, 2015）。2014 年，印度最高法院授予他们作为第三生物性别的合法地位，赋予宪法保护、法律权利以及政府职位上的平权行动（Sharma, 2014）。

在南太平洋，萨摩亚人把第三生物性别称为**菲阿菲范**（fa'afafine），意思是"以女人的方式"。通常，菲阿菲范是生物意义上的男性，但他们像女性一样穿着打扮，承担诸如照顾、教育等女性的任务。他们作为舞者和艺人受到高度评价，通常会得到尊重和接纳（Vasey & Bartlett, 2007）。然而，虽然他们在社会互动中被视为女性，但是他们被明显区别于生物意义上的女性和男性（Vasey & VanderLaan, 2009）。菲阿菲范的一个流行绰号是"半男半女"（50/50s），因为他们既可以男性化又可以女性化。像男性一样，他们可以讲下流笑话、跳辣身舞、打棒球；像女性一样，他们可以富有艺术性，关心时尚和外貌，愿意照看幼童（Fraser, 2002; Vasey & VanderLaan, 2009）。

研究北美印第安文化的人类学家和历史学家发现，其中 150 多个印第安社会有（或曾经有）第三生物性别类别，人类学家称之为**博达克**（berdache），美洲原住民自己称之为**双灵人**（two-spirit people）（Pullin, 2014）。在不同的美洲原住民文化和不同的时期，双灵人的特征差异很大（Fausto-Sterling, 2000）。最常见的情况是，他们是生物意义上的男性，穿女性服装，承担女性的一些角色和任务。然而，他们也可以采用男性的习俗、穿男性服装，来回切换，或两者结合（Roscoe, 1996）。故而，他们的社会性别是可变的，并不总是与他们的性解剖结构相一致。双灵人常常被认为特别有创造性和艺术性。今天，美洲原住民使用这个术语来囊括他们的 LGBTQ 群体（Pullin, 2014）。

誓言处女（pledged virgin）这一习俗很不寻常，因为它在女性中构成了一种第三生物性别类别。该习俗存在于巴尔干地区（Gremaux, 1996）。当一个家庭中没有男性，或当女性拒绝结婚和做母亲的时候，誓言处女就接管男性社会性别。誓言处女不再被视为女性。他们穿男性服装，从事繁重的工作，甚至作为男性在军中服役。与其他第三生物性别类别者不同，誓言处女不被允许进行性活动。尽管如今这种习俗几近消亡，但当记者近期采访最后一批誓言处女时，这些长者表示，以社会中女性的生活交换誓言处女的相对自由，他们从不后悔（Malfatto & Prtoric, 2014）。

第三生物性别类别与性别制度

在他们各自的文化中，第三生物性别的人不会被视为同性恋者。例如，菲阿菲范会与所谓的异性恋男性发生性行为，而且通常是在年轻男性与女性发生性行为之前，对他们进行性启蒙，让他们做一些练习。萨摩亚的多数异性恋男性都报告说，他们曾在一生中的某些时候与菲阿菲范发生过性行为；这并不被认为是同性恋性行为（Vasey & VanderLaan, 2009）。换言之，一个人的生物性别是根据其社会角色定义的，而不是根据其解剖结构。严格禁止同性恋的文化可能会接受第三生物性别的人，例如印度和萨摩亚。正如一个萨摩亚人所解释的那样，牧师在布道时可能会说同性恋者是不虔敬的，而同时，每个礼拜日教堂唱诗班里都有一名菲阿菲范在唱歌（Fraser, 2002, p.74）。

在许多文化中，男性都比女性有更多机会选择成为第三生物性别。正如我们所知，海吉拉斯、阿拉维尼斯和菲阿菲范都是生物意义上的男性（或更罕见的雌雄间性者）。只有少数美洲原住民社会允许女性成为双灵人，穿男性服装，承担一些男性的任务。

为什么男性比女性更容易成为第三生物性别？关于生物性别和社会性别的信念或许可以提供答案。一项独特的研究询问了100名阿拉维尼斯关于改变生物性别的可能性的想法（Mahalingam, 2003）。阿拉维尼斯认为，无论是女孩还是男孩，性别不遵从都同样可接受。例如，他们认为男孩想在头上戴花或女孩想做木工活都没有什么问题。然而，当被问及一个女孩是否可以成为一个男孩时，或者一个男孩是否可以成为女孩时，他们则几乎一致认为只有男孩可以通过穿得像异性、做手术或举行宗教仪式来改变性别。换言之，他们将男性的性别视为可变而流动的，而将女性的性别视为不可变且固定的。他们认为女孩可能成为男孩的唯一方式是轮回转世。

当然，所有阿拉维尼斯本身是已经改变了生物性别/社会性别的生物学男性。他们也是印度教教徒，他们的宗教强调女神崇拜，并将女性身份呈现为原始、强大而有力的。因此，对阿拉维尼斯而言，生物性别和社会性别的"事实"受到其文化、宗教和社会地位的影响，并与我们自己的"事实"有很大的不同。

综上所述，世界各地的各种第三生物性别挑战的不仅仅是"生物性别二元分类"的假设。包含第三生物性别的社会可能将生物性别和性取向视为依社会情境可变（Roscoe, 1996）。这些观点与我们的社会关于生物性别和性取向在生物意义上固定且永久不变的信念形成鲜明对比。它们也指出了诸如性别不安等诊断类别的文化偏见。例如，萨摩亚的菲阿菲范小时候无疑是变体性别认同者，但是大多数菲阿菲范都报告说，他们的不同带来的是快乐和满足，而不是心理困扰（Vasey & Bartlett, 2007）。

性别酷儿

在美国社会中，有些人永久地采用了一种既非女性也非男性的跨性别认同。他们并不认为自己是从一种生物性别转变到另一种生物性别。相反，他们把自己和其他相似的人视为第三生物性别。例如，跨性别积极行动者凯特·伯恩斯坦将自己描述为一个性别不法者，她说："我不是个男人，关于这一点我非常清楚，而且我也已经得出结论，我可能也不是个女人"（Bornstein, 1994）。或者他们可能将生物性别和社会性别视为连续体，就像一个人可以把他/她自己放在滑动量尺的任何位置一样。一些跨性别者过着异性的生活，但保持他们生物意义上原有的身体完好无损，他们是有阴道的男性和有阴茎的女性。

那些性别认同既不完全是男性也不完全是女性，而是处于性别二元体系之外的人，通常称自己为性别酷儿（genderqueer）、性别扩张者（gender-expansive）、非二元性别者（non-binary）或无性别者（agender）。最后一个词意味着根本没有社会性别。该社群使用的另一个术语是性别流动（genderfluid），意味着一个人在多种社会性别之间变动，或其社会性别随时间而波动和变化。正如我们在第 3 章了解到的，改变语言可以成为一种提升意识和引发人们关注社会或政治议题的方式。现在人们甚至可以选择非二元分类的代词，虽然起初可能有点令人困惑（见专栏 5.5）。跨性别积极行动者确实成功地提高了人们对性别认同变异性的认识。2014 年，脸谱网为其用户增加了 50 种自定义性别，"无性别"现在也成为某些约会网站（OKCupid）的一个选项。

一些跨性别积极行动者宣称，他们的生活揭示了生物性别的社会建构，因此他们的观点对女性主义社会变革至关重要。他们并不试图转变或改变性别，而是希望"使他们的跨性别被看见，以此反驳只有两种生物性别的主流叙事"（Marecek et al., 2004, p. 207）。跨性别运动有时宣告了"对生物性别和社会性别的激进重构"（Fausto-Sterling, 2000, p. 107）或"反对针对生物性别、社会性别和性态的主流建

专栏5.5 性别酷儿代词：新用户指南

杜恩斯伯里　　　　　　　　　　　　　　　　　　　加里·特鲁多创作

虽然许多跨性别者认同自己是女性或男性，但并不是每个人都是在这种二元认同体系内部做出性别认同的。随着越来越多的人习惯于在二元体系之外表达他们的身份认同，超越她／她的（she/her/hers）和他／他的（he/him/his）的代词出现了。但是，你怎么知道某个人会使用什么代词呢？你是如何习惯使用这些新词的？

对于认同自己为性别酷儿或处于性别二元体系之外的人，有许多代词可供他们使用，例如，性别中立的代词：they/them/their, ze/zim/zir, sie(zie)/hir/hirs。这些只是较为常见的性别中立代词，还有很多其他的词。这样的代词有助于超越二元体系创造社会性别的含义，并为社会性别更加多样化的呈现提供空间。当与跨性别者交谈或提及某个跨性别者时，使用合适的代词很重要。当跨性别者频繁遭遇社会性别错认时，他们可能会感到更严重的污名化和焦虑。

询问别人选择使用何种代词称谓，这可能会让人感到尴尬或不自在。然而，当你不知道别人用何种代词称谓时，鼓起勇气去问也很重要，这样你就不会增强他们被污名化的感受。你可以简单地问，"用什么代词称呼你呢？"要过渡到使用你可能从未用过的代词，这可能有些困难。很多人都在努力地把 they/them/their 作为单数代词使用（"Have you met my friend Jae? They just moved here."）。当你对别人使用了不正确的代词时，要原谅自己的无心之错。只需道歉，下次尽量使用正确的代词，然后继续这样做。

遗憾的是，性别酷儿群体在媒体中缺

专栏5.5 〜 **性别酷儿代词：新用户指南（续）**

乏代表性。然而，随着跨性别积极行动变得越来越可见，希望主流媒体中的性别酷儿角色也会增多。这种呈现有助于性别中立代词变得更为人们所熟悉，并可能减少对性别酷儿认同的污名化。

Contributed by Dawn M. Brown.

资料来源：

FORGE (2016). Publications and resources.

McLemore, K. A. (2015). Experiences with Misgendering: Identity Misclassification of Transgender Spectrum Individuals. *Self and Identity*, 14(1), 51–74.

Wentling, T. (2015). Trans* Disruptions Pedagogical Practices and Pronoun Recognition. *TSQ: Transgender Studies Quarterly*, 2(3), 469–476.

构的游击战"（Marecek et al., 2004, p. 207）。不过，并不是每个人都同意生物性别和社会性别应该被解构。另外一些跨性别者仍然希望以他们选择的性别去生活，作为一名普通女性或男性融入二元体系。他们不想承担那些成为革命者而需要背负的负担（Elliot, 2009）。

根据保守派组织家庭研究委员会的说法，跨性别运动只不过是对"基本事实——所有人都有一种生物性别，出生时可识别且终生不变，这使得人们要么是男性要么是女性"的一种意识形态攻击（O'Leary & Sprigg, 2015）。保守派认为，承认性别认同变异性会对异性恋婚姻和家庭造成破坏。事实上，值得一问的是，如果男性和女性的"基本事实"得到了扩展，那么父权制性别制度会发生什么变化？接纳跨性别意味着我们当前的生物性别和社会性别概念会完全消失吗？安妮·福斯托－斯特林（Fausto-Sterling, 2000）认为，这并不会消除这些类别，但会使我们更多关注变异性、更少关注一致性。如果我们的社会要发展出更具包容性的生物性别和社会性别定义，那么它将变得更像我讨论过的那些社会，允许一些人既不是男性也不是女性，而是"其他"。它还将为手术"矫正"雌雄间性者提供其他替代选项。如果针对生物性别模棱两可身体的污名减少了，那么一些拥有与众不同身体的人就可能会选择保留自己独特的身体，并享受它们本来的状态。

但是，仅仅承认变异性或允许第三生物性别，并不能保证性别制度发生改变。

正如我们在第 2 章了解到的，性别制度不仅仅是个人信念问题，它还是一种管控权力获取的社会分层制度。如果承认和接纳生物性别的变异性，那么规范婚姻和性行为的法律和习俗也必须发生改变。

让转变发生

转变社会：为性少数者争取平等

对雌雄间性者的医学治疗日益受到质疑。谢丽尔·蔡斯是一位打破沉默的积极行动者。对于我们社会中的雌雄间性者而言，蔡斯的个人经历并不罕见。她出生时有模棱两可的性腺，但有女性的内部器官，由于她的阴蒂很大，她出生时被指定为男孩，在一岁半以前被当作男孩抚养。然而，她后来被重新指定为女孩，并接受了阴蒂切除手术。她的父母听从了医生的建议，消除了她过去作为男孩的所有痕迹。她的名字被改了，衣服被换了，婴儿时的照片也被销毁了（Fausto-Sterling，2000）。

蔡斯的父母对她隐瞒了她的雌雄间性史。直到很久之后，她因严重抑郁而接受治疗，她才开始拼凑起事实真相。谢丽尔·蔡斯意识到，她在成长中所经历的许多困难和性满足缺乏，都是因为她接受的治疗以及医学界及其家人对其雌雄间性状况附加的污名。1993 年，谢丽尔·蔡斯创建了北美雌雄间性协会（Intersex Society of North America），这是一个非营利性组织，"致力于为那些生来具有被某些人认为不符合男性或女性标准解剖结构的人，终结羞耻、保密以及不必要的生殖器手术"。2007 年，北美雌雄间性协会建立了一个新的团体"条约联盟"（Accord Alliance），如今它是促进雌雄间性者及其家人的医疗保健和长期结果方面的领导者。另一个积极行动组织是 StopIGM，该组织将自己描述为一个由幸存者和盟友组成的国际人权组织，为所有生而具有性解剖结构变异的儿童争取身体完整权和自我决定权。

在揭示医学治疗对雌雄间性者和跨性别者的负面影响方面，性学研究者米尔顿·戴蒙德（Milton Diamond）是一位领袖人物，他在呼吁制定更好的治疗伦理标准方面发挥了重要作用。此外，他多次指出，有必要对病例、治疗和长期结果进行登记，以便医生参考这些信息来帮助雌雄间性和跨性别求医者（Diamond，2011）。科学家和研究者还可以对跨性别研究的未来作出很多贡献，尤其是当他们将医学和生物学知识与变体性别认同人群的心理经验相结合进行研究时。

污名和歧视对雌雄间性和跨性别社群而言是重要的问题。术语**跨性别恐惧症**（transphobia，也译作恐跨症）或**性别主义**（genderism）被界定为对变体性别认同人群的负面态度，这种现象普遍存在，且对跨性别者的安全构成威胁（Levitt & Ippolito, 2014a）。在北卡罗来纳州通过了一项歧视性法律之后，2016—2017 年，全美范围内对跨性别者使用公共厕所大为不满。作为回应，奥巴马政府向全美的公立学校发布了指南，允许跨性别学生使用与其性别认同相匹配的厕所。特朗普政府废除了这些指南，再次允许各州歧视跨性别者，最高法院也拒绝审理由一名跨性别高中生提起的一起检测案件。对跨性别厕所的巨大恐慌显示了恐惧和误解的后果。但对跨性别者而言，跨性别恐惧症的后果可能比被拒于厕所门外的污名更为严重。在一起法庭案件中，陪审团裁决一位母亲在其儿子因交通事故死亡后获得近 300 万美元的赔偿金。原因是，当时，她的儿子跨性别着装，当救护人员发现他的男性生殖器时，停止了对他的治疗（Taylor, 2007）。跨性别者，特别是跨性别女性，遭遇仇恨犯罪的风险很高，包括谋杀（Levitt & Ippolito, 2014a）。

现在，美国联邦对仇恨犯罪的定义已扩展，包括基于社会性别、性别认同和性取向而对人们实施的犯罪（Levitt & Ippolito, 2014a）。美国心理学协会已经宣布了一项基于性别认同的非歧视政策（APA, 2009）。跨性别运动取得了实质性的进展。但是，每一项民权运动，从女性投票权到消除种族隔离，再到同性恋者的权利，都遭遇过抵制和反冲。要使性别不遵从人群享有平等，仍然有许多工作要做。

改变我们自己：接受生物多样性和社会多样性

本章的内容或许使许多学生感到不适。最令人不安的观点可能是，不仅社会性别是一种社会建构，生物性别也是一种社会建构。保守派组织家庭研究委员会宣称，对大多数人来说，存在两类生物性别是一个"基本事实"，换言之，它是一种根深蒂固的、顽固抗拒改变的信念。然而，苏珊娜·凯斯勒和温迪·麦克纳合写了一本关于生物性别之社会建构的开创性著作，她们坚持认为，只要"女性"和"男性"被视为客观的生理事实，生物性别和社会性别就会成为歧视和压迫的基础。她们指出，除非我们将性别，包含生物性别在内的性别的所有表现形式，都视为一种社会建构，我们才会慢慢改变对它的看法。凯斯勒和麦克纳敦促"人们必须面对具有其他可能性的现实以及存在其他现实的可能性"（1978, p.164）。在本章中，我已试图对现实和可能性做出探讨，鼓励你开始思考生物性别和社会性别不仅包含女性和男性、女性化和男性化，还包含男女皆非、男女皆是以及上述所有皆是。

进一步探索

Fausto-Sterling, Anne (2000). *Sexing the body: Gender politics and the construction of sexuality*. New York: Basic Books.

几乎没有人敢说自己精通生殖生物学、女性主义理论和科学史这三个领域。福斯托 – 斯特林是一个例外。在这本内容详尽的著作中，她展示了文化假设如何创造生物现实。

Reis, E. (2009). *Bodies in doubt: An American history of intersex*. Baltimore: Johns Hopkins University Press.

一位历史学专家提供了一段美国从早期到现代如何看待雌雄间性的文化、社会和医疗史，表明模棱两可身体的含义是由文化决定的。

第三次浪潮基金会（Third Wave Foundation）

一个女性主义积极行动团体，致力于在全美范围支持 15~30 岁的年轻女性和跨性别青年。该基金会由年轻女性、男性和跨性别积极行动者所组成的委员会领导，目标是通过支持年轻的女性主义者并发展她们的领导技能，为性别正义、种族正义、经济正义和社会正义而努力。

第 6 章

性别化的认同：儿童期和青少年期

"树苗若歪了，树必长不直。"这句谚语反映了一种信念，即儿童年幼时习得的观念会塑造他们的一生。对所有文化下的儿童来说，学会如何做一名女性或男性是他们最重要的任务之一。

性别发展的理论

在探讨性别发展时，一些心理学理论强调环境如何塑造儿童的学习和行为，另一些理论则强调儿童内在的认知因素。这些理论之间的差异是相对而不是绝对的。多数发展心理学家认识到，性别化过程（becoming gendered）是生物、认知和社会因素交互作用的结果。

社会学习理论

几乎每个人都会记得一些童年时的事情，这些事教导儿童，一个好女孩或好男孩应该做什么或不应该做什么。也许，我们被期待去做性别特定的家务劳动，比如男孩出去倒垃圾，女孩摆桌子准备开饭。我们可能被鼓励去模仿一个同性榜样，"苏珊就不会跟她妈妈顶嘴……"当问学生们，男性和女性为什么看起来如此不同时，他们常常会回忆起类似这样的事情，并表达这样一种观点："我们都受到了社会的塑造"。这种对社会性别的思考方式与**社会学习理论**（social learning theory）一致，该理论取向强调儿童如何从环境中习得性别化的行为（Mischel, 1966, 1970; Bussey & Bandura, 2004）。

通过强化来学习

根据社会学习理论，人们主要通过**强化**（reinforcement）过程来习得他们特征性的行为模式（Bandura & Walters, 1963）。伴随着称心结果的行为会得到强化，并且在未来更可能再次发生。如果一种行为从未得到强化，它最终将不再出现。

对性别相关行为的强化并不总是显而易见的。父母并不总是会跟着他们的小女儿转，在她拿起洋娃娃时会给她糖吃，在她拿起玩具推土机时就会对她皱眉！但是无须如此明显，行为塑造也可以起到作用。当小黛比安静地在涂色书上涂画时，坐在电脑前工作的父亲只需面带温暖的微笑抬头看她一眼；而当她搭积木塔时，父亲则继续专注于自己的工作。那么，根据社会学习理论，她未来就更可能涂画而不是搭积木塔。这种新习得的行为可能会泛化到其他情境——无论是在学校还是在家里，黛比可能会开始偏爱涂画，而不是搭积木。这一"经验"可能也是相当宽泛的，黛比可能会习得，一般而言，安静的游戏比活跃的游戏更好。

当父母设置某种环境使某些活动更可能出现（并因而得到强化）时，习得性别塑型行为就变得更容易了。20世纪70年代以来的研究表明，大多数儿童生活中的物理环境都带有非常明显的性别刻板印象，以至于未经训练的观察者也能迅速分辨出，他们看到的照片中的房间是男孩房间还是女孩房间（Sutfin et al., 2008）。

根据社会学习理论，无论成年人是否有意试图影响行为，强化都会发生。即使成年人无意给儿童上一堂关于性别的课，他们的行为也可能会强化儿童的性别差异化行为。父母、教师、祖父母和其他成年人可能由衷地认为，他们对待男孩和女孩的方式是相同的，而实际上他们在强化非常不同的行为（见图6.1）。

通过模仿和观察来学习

社会学习理论提出，人们也会通过观察和模仿他人的行为来学习。**模仿**（imitation），即复制他人的行为，在年幼儿童中似乎是一种自发的行为（见图6.2）。

图 6.1　父母是事后诸葛亮。

儿童会模仿语言，正如许多父母曾沮丧地发现，他们一不留神说出的脏话被学步期的孩子重复了一遍。儿童也模仿各种各样的其他行为。一个小男孩会在爸爸刮胡子时用一个玩具剃须刀刮胡子；一个小女孩会在妈妈喂婴儿时玩她的洋娃娃。模仿常常表现在游戏中，比如孩子玩"过家家"或"上学"游戏。

观察学习（observational learning）是通过观察他人行为来进行的。尽管可能并不总是立刻模仿，但这一经验会被储存起来供以后使用。一个男孩可能观察到爸爸花了大量时间观看电视体育节目，于是他后来也发展出同样的兴趣。一个小女孩可能观察到妈妈购买服装、规划新穿搭、化妆、做头发以及节食减肥。她通过这些观察习得，吸引力对女性来说非常重要，尽管她可能在长大后才会把那些"知识"充分展现出来。

阿尔伯特·班杜拉（Bandura, 1965）的一项经典研究展示了强化和模仿在习得攻击行为方面的作用机制。在班杜拉的研究中，儿童观看三条影片中的一条。在所有这些影片中，都有一个成年人表现得非常具有攻击性，对一个巨大的玩具小丑拳打脚踢。在第一条影片中，成年人得到了奖励；在第二条影片中，成年人受到了惩罚；在第三条影片中，攻击行为没有带来特定的结果。随后，儿童得到机会去玩玩具小丑。正如社会学习理论所预测的那样，当攻击行为得到强化时，儿童对攻击行为的模仿最多；也就是说，观看第一条影片的儿童比观看其他两条影片的儿童更具攻击性。总体而言，男孩比女孩更具攻击性。

©Ty Milford/Getty Images RF

图 6.2　儿童通过模仿成人来学习。

在实验的第二部分，如果儿童尽可能多地表现出他们记得的影片中成人榜样的攻击行为，他们可以得到小奖励。这次，所有儿童都更具攻击性，而且整体上女孩的攻击性几乎和男孩一样强。班杜拉的实验表明，儿童会模仿成人榜样的行为，即使他们没有受到直接强化去那样做。尤其是，他们会模仿那些得到奖励的榜样。此外，儿童可能通过观察习得一个特定行为，但直到得到强化才会表现出来，就像实验第二部分的女孩们那样。

习得社会性别

社会学习理论认为，性别认同和性别塑型是发展中的儿童与直接社会环境（母亲和父亲及其他照顾者、媒体、学校、玩伴）之间日常互动的结果。社会学习理论假设，一个孩子习得的关于女性气质和男性气质的内容，会因其社会阶层、族群和家庭构成（包括任何社会因素和环境因素）而有所不同。

儿童越容易接触到性别塑型行为，就越容易习得这种行为。大多数学龄前儿童在母亲身上看到的是性别塑型行为，因为母亲通常会做更多家务和子女照护工作，而且她们在做这些事情的时候孩子就在旁边。当儿童上幼儿园或日托机构时，照护他们的通常也是女性。当他们看到主要是女性在打扫房间、换尿布、照看幼童时，无论女孩还是男孩都会习得，此类事务是女性的工作。即使父母在家里共同分担这些任务，孩子通常也有很多机会在媒体上看到性别刻板印象行为。当妈妈外出工作时，儿童不会直接观察到她的工作，因此他们没有机会看到妈妈做不太性别刻板印象式的行为。

虽然社会学习理论强调环境对性别塑型的影响，但认知因素也起一定作用。一旦儿童知道了有两种社会性别类别，并发展出核心性别认同，他们就会更加关注同性而非异性榜样。儿童模仿同性别成人某一行为的可能性，取决于同性别成人表现出该行为的概率。换言之，偶然看到一期关于女赛车手的电视节目的学龄前女孩，可能会去玩玩具车，也可能不会。然而，如果她看到了几十个描绘女性照护孩子的电视节目和广告，那么她很可能会玩玩具娃娃，并模仿她在电视上看到的照护孩子的行为。一种行为越性别典型化，儿童越有可能去模仿它。随着社会学习理论的发展，加之认知因素受到更多强调，该理论有时也被称为**社会认知理论**（social cognitive theory, Bussey & Bandura, 1999; 2004）。

社会学习／社会认知理论意味着，我们可以减弱儿童身上的性别塑型。对女孩而言，父母、学校和媒体可以选择去强化和塑造更具冒险性和工具性的行为，对男孩而言，可以选择去强化更具养育性和合作性的行为。该理论中隐含的观点是，无论是作为社会还是作为个人，如果我们选择这样去做，那么性别塑型就可以被减弱，甚至被消除。

认知理论

- 6 岁的尼尔从能够拿起蜡笔开始就喜欢画画。他画的画，得到了幼儿园老师很多关注和表扬，家里冰箱上也贴满了他的画。父母为他的天分感到骄傲，甚至带他去见了一位真正的艺术家。当尼尔突然对绘画失去了兴趣，表示"艺术是为女孩准备的"时，他的父母感到十分惊讶。

- 罗莎今年 3 岁半，她会去一位儿科女医生那里做定期检查，并且她有一个做医生的姨妈。因此，当听到她跟玩伴说"女孩不能做医生！女孩是护士，医生是男孩！"时，她的父母都大吃一惊。

这些行为很难用社会学习理论来解释。如果被强化和塑造的是非刻板印象信念和态度，那么，尼尔和罗莎的那种性别塑型信念又是如何习得的？性别发展领域的认知发展理论和性别图式理论为这个问题提供了答案。这两种认知理论提出了一个有趣的观点，即儿童愿意将自己社会化为男性化个体或女性化个体（Martin & Ruble, 2004）。

认知发展理论

这种理解性别发展的理论取向建立在让·皮亚杰研究的基础上，他观察到年幼儿童的思维方式与较大儿童和成年人有质的不同（Kohlberg, 1966）。皮亚杰认为，儿童的认知发展过程会经历一系列固定的阶段，有些概念在达到适当的认知阶段之前是无法掌握的。儿童思维中可预见的错误表明，他们与成人相比有着不同的、不成熟的思维方式——复杂度低的认知组织模式。然而，无论儿童已发展到哪个阶段，他们都会积极努力地去解读和理解周围的世界。根据认知发展取向的观点，性别认同和性别塑型是儿童对其物理世界和社会世界进行积极认知建构的结果。

儿童对那些与生物性别和社会性别概念相关的事物的理解，要远远早于对其他事物的理解。当他／她被问及自己是男孩还是女孩时，两三岁的孩子能够正确回答，也能够对他人进行分类（Zosuls et al., 2009）。然而，儿童可能认为，人们可以通过改变发型或衣着来改变性别。（我的一个孩子在两岁半时固执地认为，男孩和女孩的真正区别在于只有女孩才戴发夹。）儿童可能认为男孩长大后可以成为妈妈，看看这两个小男孩是如何对话的：

> 约翰尼（4岁半）：我长大了要当一名飞机制造师。
>
> 吉米（4岁）：我长大之后，要做一个妈妈。
>
> 约翰尼：不，你不能做妈妈。你必须做爸爸。
>
> 吉米：不，我会做一个妈妈。
>
> 约翰尼：不，你不是女孩，你不能做妈妈。
>
> 吉米：我可以。
>
> 资料来源：Kohlberg, 1966, p.95.

这段对话表明，儿童对性别的理解是具体而有局限的。稍大一点的约翰尼理解了**性别恒常性**（gender constancy）——他知道性别是恒久的，而吉米还不知道。到六七岁时，几乎所有孩子都能理解性别恒常性。根据认知发展理论，这是认知成熟的结果。

一旦儿童知道他们是且永远是某种生物性别，他们就会开始按照社会对其所属生物性别的期待那样行事。几乎就在儿童学会用生物性别去标记自己和他人之后，他们开始参与性别塑型游戏（Zosuls et al., 2009）。他们开始重视与其社会性别相一致的行为、物体和态度。事实上，他们夸大了社会性别。在采纳了我们社会唯一允许的社会性别二元建构之后，儿童将这种二元建构内化。男孩开始沉迷于象征力量的超级英雄、武器、战斗以及工程机械和恐龙。女孩则把自己打扮成戴着闪亮头饰的公主，甚至在寒冷的天气里也坚持穿粉色褶边连衣裙（Halim et al., 2011）。这些行为都不需要父母去鼓励，它们是内部驱动的（见图 6.3）。

在儿童中期，很多女孩经历了从公主到"假小子"的惊人转变，她们想参加体育运动、穿裤装，和男孩一样活跃和冒险。大约 35%~50% 的小学女生会使用"假小子"标签称自己（Halim et al., 2011）。男孩没有表现出相应的转变，大

图 6.3 根据认知发展理论，年幼儿童往往会寻求性别遵从的活动和角色。图中的男孩和女孩发明了他们自己的全套装束。

多数男孩从学龄前开始就稳定地保持着性别塑型。奇怪的是，几十年来，关于性别发展的理论很大程度上忽视了"假小子"现象，也许是因为这一现象只在女孩身上出现（这可能是男性中心思维的一个例子），也许是因为这些理论无法解释这一现象。在一个主要强化性别遵从并且男孩们严格遵守这一规范的世界里，这么多女孩如何能够表现得性别不遵从并有幸逃脱呢？

2011年，正在攻读博士学位的梅·玲·哈利姆（May Ling Halim）与合作者提出了一个理论来解释女孩在儿童中期转变成"假小子"的原因。首先，随着女孩在认知上的成熟，她们意识到自己地位偏低且可能遭受性别歧视。对一些女孩来说，她们可能会增加对男性化属性的重视。男孩的活动和特质很吸引人，因为女孩可以看到，相较于女孩和女孩做的事情，社会更多地欣赏和奖励男孩和男孩做的事情。其二，随着女孩在认知上的成熟，她们对社会性别的理解变得更加灵活。做一个"假小子"，既可以享受男孩的某些地位特权，同时仍然可以做一个可接受的女孩。为了支持这一理论，针对5~13岁女孩的一项访谈研究发现，"假小子"们认为自己是可以做选择的女孩，她们不一定拒绝"女孩的东西"，她们只是也喜欢"男孩的东西"。有趣的是，与更传统的儿童相比，她们对其他孩子的性别越界（gender transgressions）持有更灵活、更平等的态度（Ahlqvist et al., 2013）。

如同社会学习理论，认知发展理论也引发了大量研究。这些研究支持了这样一种观点：儿童对社会性别的理解与其认知成熟度有关。不过，认知发展理论提出的儿童只有在理解了性别恒常性之后才会进入性别塑型过程的观点并未得到研究支持。相反，儿童3岁时便表现出对性别塑型的物体和活动的偏好（Maccoby, 1998），尽管他们通常要到几年后才完全理解性别恒常性。近期关于"假小子"这一性别不遵从现象的研究和理论，是对认知发展取向的一个有趣补充。

性别图式理论

正如第3章所述，图式是一种心理联结的网络。根据图式理论，当你不能将信息与某个图式连接，或当你无意中将它与错误的图式连接时，就很难甚至无法理解信息。**性别图式理论**（gender schema theory）使用这一认知取向来解释性别塑型。与其他图式相似，性别图式被个体用来协助思考和理解（Bem, 1981）。根据性别图式理论，个体很早就习得了性别图式并在其引导下成为性别塑型的人。当儿童学习其所在社会的性别图式的内容时，他们会学到哪些属性与自己的性别有关，并因而与他们自己有关。性别图式理论认为，性别塑型是一种准备状态，在此基础上根据性别组织世界，并根据性别联结进行信息加工。这不仅是学习男孩和女孩在每个维度上如何被排序，例如男孩被认为应该比女孩更强壮；而且了解了在评价男孩时，强壮维度更重要（Bem, 1981）。

　　换言之，性别塑型度高者和性别塑型度不高者之间的一个差异是，前者拥有发展完善的性别图式，并且在理解世界时自发地依赖这个图式——他们是**性别图式化的**（gender-schematic）。性别塑型度不高者有着不发达的性别图式，并且更依赖其他图式——他们是**性别非图式化的**（gender-aschematic）。这种差异只是程度问题，因为我们社会中的每个人都在某程度上发展了性别图式。

　　性别图式会导致选择性注意和选择性记忆。在一项实验中，研究者让 5 岁和 6 岁儿童观看一些照片，照片上的男孩和女孩在做一些与刻板印象一致（如男孩玩卡车）或与刻板印象不一致（如女孩使用锤子）的活动。一周之后，当测量儿童对照片的记忆时，儿童往往会记错那些与刻板印象不一致的照片。例如，他们认为自己看到的是一个男孩在使用锤子（Martin & Halverson, 1983）。这项研究表明，早在 5 岁的时候，儿童就有了性别图式，当他们对周围世界进行分类时，会使用这些图式来过滤信息。到这个年纪时，他们已经认为，某些职业是男性专属的，另一些职业是女性专属的。当问他们长大后想成为什么样的人时，他们很可能会选择一份符合性别刻板印象的职业（Helwig, 1998）。

　　性别图式理论认为，可以采用能够最大限度弱化性别图式发展的方式养育儿童，从而避开性别刻板印象式思维和行为。如果儿童周围的人不太关注性别，那么儿童就不会自动按性别分类，就像他们不会自动按眼睛颜色分类一样。如果教儿童使用生物性别概念来指代解剖结构的差异，他们就不会把不相关的维度同化到性别图式中。他们会在性态和生殖方面区分男性和女性，而认为人们行为的其他方面是性别中立的（Bem, 1983）。性别图式理论引发了大量研究，主题涉及儿童图书和玩具中的性别刻板印象、对性别塑型程度不同者的心理比较等。30 多年来，作为理解性别的社会范畴的一种框架，性别图式理论一直很有用（Starr & Zurbriggen, 2016）。

　　综上所述，社会学习理论和认知理论强调影响儿童性别发展的不同因素。社会学习理论认为，儿童是由他们在日常生活中遇到的人和环境塑造的。认知理论则强调，儿童试图主动地理解性别信息并对其进行分类。认知发展理论提出，这一现象发生在不同的阶段；而性别图式理论则强调关于性别的复杂心理网络的逐渐发展，以及该心理网络如何被同化到自我之中。没有哪个单一理论能够给出所有答案，但几乎所有心理学家都认可，在性别发展方面，社会力量与生物和认知因素交互作用（Powlishta et al., 2001）。在接下来的内容中，我们将详细探讨性别对儿童生活的影响，展示这些因素如何相互作用从而塑造出适应性别制度的成年人。

儿童日常生活中的社会性别

几乎从婴儿出生的那一刻起，成人就会根据其生物性别将他们视为不同的，并以不同方式对待他们。这种区别对待会塑造儿童，使他们符合所在文化的性别规范。首先，父母和家人对社会性别的影响最大。随着儿童的成长，同伴变得更加重要。与此同时，玩具、书籍、电影、电子游戏和电视都提供了高度性别化的信息。当儿童形成了认知图式，并发展到以认知成熟度更高的方式思考性别时，他/她的社会性别概念会与上述所有影响因素发生交互作用。这些来自成人、其他儿童、媒体、物理环境以及儿童自身认知发展的影响因素，在人际互动层面建构社会性别。对塑造一个可以融入性别制度的成年人而言，这些因素都很重要，我们将对其一一进行更详细的探讨。

父母的影响

一旦某位女性宣布自己怀孕了，其他人就会问：是男孩还是女孩？今天，父母通常在孩子出生之前就可以通过超声成像知道孩子的生物性别。但是这只是近来的发展。纵观历史，有许多用来猜测未来婴儿生物性别的迷信方法。如果母亲肚子高高隆起，就是个男孩；如果肚子隆起较低，就是个女孩。如果胎儿很活跃，频繁活动和踢腿，就一定是个男孩。如果母亲在怀孕期间生病，就是个女孩。在众多这样的民间智慧中，成对特征（低/高、患病/健康）中更具负面象征意义的特征被用来预示女孩。而且有许多确保生儿子的民间方法，例如吃草药、吃特殊食物，甚至许愿。

在许多传统文化中，女孩的出生是一件令人失望的事，正如这些谚语所示：

生为女孩将命运不济。（尼泊尔）

一女尚嫌多，三子犹觉少。（韩国）

男孩：首选生物性别

在某些社会中，重男轻女的观念非常严重，以至于降低了女婴的存活率。纵观历史，一些社会有**杀女婴**（female infanticide）的做法。在古希腊，女婴有时会被扔到山上，暴露在外致死或被野兽吃掉（Rouselle, 2001）。虽然今天没有哪个社会正式批准杀女婴，但时不时有报道称，在一些特别贬低女孩价值的地区仍然有杀女婴的情况发生。在印度南部的泰米尔纳德邦，没有明显医学原因的女婴死亡率是男婴的 5~17 倍（Mahalingam et al., 2007）。当地女性描述了一些杀婴的方式，比如把牛奶和有毒的树木汁液混合，在数天内毒死婴儿（Diamond-Smith et al., 2008）。该地区杀女婴率很高，促使政府向那些可使女儿在儿童期幸存的父母提供奖金（Miller, 2001）。

人们还会采用其他方式选择让男孩存活下来。**选择性堕女胎**（female-selective abortion），即仅仅因为是女孩就选择打掉健康的胎儿，这在东亚和南亚国家较为普遍。例如，几乎就在印度的城市有了胎儿性别鉴定技术之后，就有社会工作者报告说，被堕胎胎儿的性别比例严重失衡；一项对 8 000 例堕胎的研究显示，其中有 7 997 例是女性胎儿。

世界人口中因偏爱儿子而消失的女性人数估计有 1.15~2 亿。在那些日益繁荣（家庭可以承担胎儿性别检测和医学流产的费用）但持有儿子更有价值的强烈传统观念的社会，这个问题尤为严重。在这些社会中，性别选择性堕胎、杀女婴和忽视女婴的方法人尽皆知（Diamond-Smith et al., 2008），严重影响了许多国家的性别比例。

偏爱儿子的原因与父权制有关。一个社会父权制程度越高，男性对经济、政治和社会权力的控制程度就越高，性别意识形态也越支持他们继续占据支配地位。在一些传统的亚洲社会，女性往往在经济上依赖父亲和丈夫，社会地位较低，且被认为是不纯洁的或受污染的。传统观念认为，只有儿子能够在父母晚年时给他们养老。所有这些因素共同作用，同时影响了女性和男性，使他们偏爱生儿子，避免生女儿。此外，嫁妆制度要求新娘的家庭向新郎的家庭提供大笔金钱和昂贵财产，因此女儿的出生等同于一场经济灾难。在印度南部，虽然性别选择性堕胎是非法的，但是移动超声波 / 堕胎诊所会巡游乡村进行广告宣传，"现在支付 50 卢比，以后节省 5 万卢比"（Diamond-Smith et al., 2008; Miller, 2001）。

在美国社会中，偏好男孩的情况又如何呢？盖洛普民意调查主要通过选取代表性大样本对美国成年人的态度进行测量，自 1941 年以来，它已经在 10 次民意调查中问及"如果你只能有一个孩子，你更想要男孩还是女孩？"。在每次民意调查中，男性的偏好都是男孩。在 2011 年的民意调查中，男性对男孩的偏爱超过女孩，对应比例为 49% 对 22%；女性的偏好则要均衡一些：31% 偏爱男孩，33% 偏爱女孩（其余的男性和女性表示没有偏好）（Newport, 2011）。

在美国，没有办法知晓准父母使用性别选择技术或选择性堕女胎的频率。对 65 名居住在美国的寻求产前超声服务的已婚印度裔女性的深度访谈显示，其中 40% 的女性曾经因胎儿性别为女而终止妊娠，而在当时正怀有女胎的女性中，有 89% 选择了堕胎（Puri et al., 2011）。这些女性报告了来自"婆家"女性和丈夫要求生儿子的压力；其中 62% 的女性描述了她们因没有生出男孩而受到言语虐待，33% 的女性描述因此而受到了身体虐待。

父母：对待孩子并非性别中立

从婴儿生命的最初几分钟起，父母就开始形成对这个新的小生命的印象。父母是否以带有性别刻板印象的方式感知他们的孩子呢？在一项研究中，实验者让母亲和父亲在实验所提供的属性列表上评价自己的新生儿。与女孩的父母相比，男孩的父母认为他们的孩子更强壮，也不那么娇弱、女性化和清秀。然而，当让父母对婴儿做出描述时，父母使用的语言并没有因为婴儿的性别而有所不同（Karraker et al., 1995）。这项研究表明，对婴儿的性别刻板印象是可以被启动的。在此例中，启动它的是那份带有性别刻板印象的属性列表。当然，我们的社会提供了许多方式来启动对于婴儿的性别刻板印象（见专栏 6.1）。

一周后，当让父母完成同样的任务时，该研究中的母亲对自己的婴儿不再带有刻板印象，但父亲仍然有（Karraker et al., 1995）。母亲的刻板印象化倾向有所减弱，可能是因为她们日渐将孩子作为个体来认识，而跟婴儿接触较少的父亲则不是这样。针对婴幼儿的许多其他研究表明，与母亲相比，父亲以更具性别刻板印象的方式看待他们的孩子。虽然父亲可能更易带有刻板印象，但是，因为他们与婴幼儿相处的时间整体上要少得多，他们把自己的性别图式传递给后代的机会更少一些（Tenenbaum & Leaper, 2002）。

亲职行为的差异可以为儿童观察和模仿提供重要的榜样。当儿童在场时，父亲或母亲所做的每一件事都提供了关于社会所期待的女性和男性行为的例子。以养育为例，在大多数社会中，年幼儿童观察到，通常是母亲照顾他们的身体需求，抚慰和安慰他们，并温柔地陪他们玩耍（Bronstein, 2006）。

跟孩子说话，是父母对婴幼儿进行社会化的重要方式之一。在学步期和学前期，父母跟女孩和男孩所谈论的情绪在种类和数量上有所不同，这导致了情绪方

专栏 6.1

性别刻板印象很早就开始了
"这是个男孩！" "这是个女孩！"

茱迪思·布里奇斯（Bridges, 1993）从康涅狄格州哈特福德的 18 家商店和 4 个不同的市镇选取了 61 张祝贺女孩出生的贺卡和 61 张祝贺男孩出生的贺卡，对贺卡上的视觉图像和言语信息进行了研究。针对这些贺卡的内容分析显示，男孩和女孩的贺卡之间存在的差异体现了性别刻板印象。男孩贺卡上的视觉图像包含更多身体活动，如机动玩具和活跃的婴儿。女孩贺卡包含更多表达性的言语信息，如讨人喜欢和分享。令人惊讶的是，男孩贺卡比女孩贺卡向父母和/或孩子呈现了更多快乐的信息。

尽管这项研究是三十多年前做的，但出生贺卡仍然倾向于展现性别刻板印象。当我于 2017 年查看本地一家零售商的贺卡区域时，我发现，大多数贺卡对女婴的描绘和对男婴的描绘非常不同。事实上，整个贺卡区只有少数几张性别中立的贺卡！除了更明显的粉色与蓝色区分，有几张男孩贺卡上还写着几行字，称新生婴儿为家里新的"小男子汉"或"小伙子"。一张贺卡的正面用超大字体写着"男孩终究是男孩！"，还有几张男孩贺卡告诉父母，他们正在开始一场"冒险"。一张女孩贺卡的正面有一首诗，"让我们看看……10 个小手指，10 个小脚趾，500 双鞋子……"。另一张女孩贺卡上有一张小女孩头戴公主发冠、手持权杖的照片。这些贺卡暗示着父母可以对孩子怀有哪些期待？这些期待又会如何制造自我实现预言呢？

Contributed by Annie B. Fox and Michelle Kaufman.

面的性别差异（第 4 章）。总的来说，与父亲相比，母亲跟孩子交谈更多，且谈话更有支持性、更关注情绪，而父亲与孩子的谈话则更具指导性和信息性（Leaper et al., 1998）。亲职行为的这些差异与性别刻板印象是一致的，即女性富有表达性，而男性更具工具性。母亲跟女儿谈话更多，尤其会对女儿使用更有支持性的语言。这种模式与促使女孩向注重联结性和集体性的方向社会化相一致。

在学前期的几年时间里，父母也会以不同的方式跟儿子和女儿玩耍。他们跟女儿玩更多假想游戏和幻想游戏；跟儿子玩更多打斗性、身体性和假装攻击的游戏，尤其是父亲（Lindsey et al., 1997; Lindsey & Mize, 2001）。一项对 150 多个北美研究的元分析发现，父亲比母亲更可能鼓励孩子玩性别塑型的游戏和活动（Lytton & Romney, 1991）。

很显然，儿童接收到了父母传达的信息。在一项对 4 岁儿童的研究中，几乎有一半男孩说他们不能玩女孩的玩具，因为父亲会觉得那样做不好（Raag & Rackliff, 1998）。一项元分析发现，父母对自己的男性气质 / 女性气质的态度以及对他人的性别刻板印象式态度，显著预测了孩子的性别相关信念和态度。父母的性别意识形态越传统，孩子性别塑型的程度就越高。有趣的是，母亲的影响更大（Tenenbaum & Leaper, 2002）。因此，儿童的性别图式，既应用于自己也应用于他人，部分是通过接触父母的性别图式形成的。

在你得出结论认为父母对性别塑型的女孩和男孩的养成负有全责之前，请记住以下几点。首先，元分析表明，父母在更多的领域，是以相似方式而非不同方式对待儿子和女儿的（Lytton & Romney, 1991）。其次，最近的元分析选取的只是截至 20 世纪 80 年代的研究，那些研究主要局限于白人中产阶层的异性恋家庭。也许从那时起，父母对性别的态度已变得更加灵活，不那么传统的家庭可能会以不同的方式对孩子进行社会化。例如，一项更近期的研究对女同性恋、男同性恋和异性恋伴侣收养的孩子进行了比较，结果发现，与异性恋家庭的孩子相比，男同性恋和女同性恋家庭中的男孩和女孩在游戏中的性别塑型程度更低（Goldberg et al., 2012）。此外，父母如何对待孩子可能也受孩子自身特点的影响。父母跟女孩交谈更多，可能是因为女孩通常对交谈反应更积极。父母跟男孩玩更粗野和惊险的游戏，可能是因为男孩更喜欢这些游戏。孩子的性格特征可能与父母对性别的信念交互作用，从而影响父母对儿子和女儿的区别对待。最后，还有很多其他的影响因素，父母几乎无法控制。

同伴的影响

从很小的时候起，儿童就选择跟同性朋友一起玩耍，这种模式被称为**性别隔离**（gender segregation）。这一偏好出现在两岁左右，那时女孩开始更倾向于跟女孩玩；大约在 3 岁左右，男孩开始更喜欢跟男孩玩（Powlishta et al., 2001）。性别隔离在学前期的几年中稳步增长。到 4 岁半时，在儿童的社会性游戏时间里，大约有 90% 的时间，他们都是与同性伙伴一起度过（Martin & Fabes, 2001）。这种自发的性别分类不仅可见于美国社会，也可见于许多其他社会（Fouts et al., 2013）。

成年人通常不会发起或鼓励性别隔离，那么，为什么儿童会按性别进行自我隔离呢？一种基于认知发展理论的解释指出，儿童希望符合自己被规定的性别角色，而这一点在同性游戏群体中更容易实现。另一种理论认为，儿童选择跟游戏风格相容的同伴玩耍。根据这种解释，平均而言，男孩比女孩有更高的活跃水平（这种差异可能有其生物学基础），并且可能更喜欢同那些和他们一样活跃的同伴玩耍。女孩在言语和社交方面可能领先发展，因此更喜欢同那些和她们一样擅长分享和交流的同伴玩耍（Moller & Serbin, 1996）。这两种解释都得到了研究的支持。例如，一项关于小学生对同性同伴态度的研究表明，他们具有内群体偏好，对内群体互动有积极期待（Zosuls et al., 2011）。换言之，儿童按性别自我隔离，既是因为他们更喜欢与其他女孩（或男孩）在一起，也是因为他们喜欢做其他女孩（或男孩）正在做的事情（Leaper, 2015）。当孩子们在性别隔离的群体中玩耍时，他们的游戏风格会分道扬镳，变得越来越性别塑型化（Martin & Fabes, 2001）。在性别隔离的群体中，男孩的游戏涉及更多竞争、对抗和冒险，女孩的游戏则涉及更多协商、合作、谈论自己以及与成人的接触（Maccoby, 1998）。游戏越具有领地性，身体对抗程度越高，小学儿童在玩游戏时就越有可能形成性别隔离（Kelle, 2000）。换言之，游戏中的性别差异是由同伴情境塑造的。

性别化的游戏会反过来影响友谊风格。到四五年级的时候，女孩的友谊围绕彼此倾诉和谈论他人来形成，而男孩的友谊更经常围绕体育运动和其他活动来形成。这些不同的友谊风格一直延续到成年期。儿童期的玩伴群是制造每一代新的性别塑型成年人的重要一步（Maccoby, 1998）。

性别隔离的游戏不仅是一个差异问题，也是一个地位问题。男生尤其会制造内群体团结并贬损外群体（女孩）。例如，男孩会嘲讽不符合群体规范的其他男孩，称他们为"同性恋者"（Thorne & Luria, 1986）或"娘娘腔"（Edwards et al., 2011）。他们还通过取笑或对浪漫吸引开玩笑来强化性别隔离。如果汤丽是个地位低、不受欢迎的女孩，那么男孩们在取笑另一个男孩时，会说他喜欢汤丽，他会从她那儿染上"虱子"。女孩们很少因为其他女孩是"假小子"而取笑她们，或者指责男孩有虱子。当一个女孩挑起争斗时，她可能被指责好斗，但不会被说像个男孩（Shields, 2002）。通常情况下，是男孩在群体间的边界巡逻，他们鼓励男孩和女孩之间保持对立，用性和污秽来定义异性间的接触，并将一些女孩描述为"不可接触的"，让她们充当替罪羊（Thorne & Luria, 1986）。对于像汤丽这样不受欢迎的女孩来说，来自地位高的男孩群体的敌意取笑可能使游戏时间成为一场噩梦（Keltner et al., 2001）。

当男孩形成竞争、支配取向的游戏风格，女孩形成更具合作性的游戏风格时，女孩在混合群体中会处于劣势。女孩在同性别群体中用来获得权力和影响力的策略（劝说和协商）基本不适用于男孩。在一项早期研究中，儿童4人一组（2个男孩、2个女孩）玩一个"观看电影的玩具"（movie-viewing toy）。每次只能有1个孩子"看电影"。在这个情境中，男孩最终"观看"的时间是女孩的3倍（Charlesworth & LaFreniere, 1983）。当儿童不得不在教室里共用电脑或争夺教师的关注时，也会出现相似的模式。男孩在纯男性游戏群体中学到的策略有助于他们在许多不同类型的互动中获得支配地位。

我们不应该得出结论认为，女孩没有竞争力或对地位不感兴趣。其中的差异似乎在于，女孩的游戏风格教给她们的是人际交往技能，无论她们是在竞争还是在合作，她们都更倾向使用这些人际交往技能而不是明显的身体攻击。当女孩想变得有攻击性和支配性时，她们可能会进行**关系攻击**（relational aggression），即试图破坏他人的紧密关系或社会地位的敌意行为（Crick & Rose, 2000）。换言之，一个女孩可能会散播关于另一个女孩的谣言，阻碍她在公交车或午餐厅坐下，或在社交平台上发布她所有朋友聚会的照片，这样人人就都确切知道谁被排除在外了（Maybury, 2015）。关系攻击可能跟身体攻击一样有害。

传统上，心理学家声称，攻击行为的性别差异具有一致性，从儿童期早期开始男孩就比女孩更有攻击性（Maccoby & Jacklin, 1974）。这种所谓的性别差异可能是由对攻击的男性本位界定导致的，因为它只包括身体攻击。一项元分析表明，男孩表现出的身体攻击性确实比女孩更高，具有中等效应量（Archer, 2004）。然而，当关系攻击被纳入攻击的定义中时，情况就更复杂了，该项元分析显示女孩的关系攻击水平更高，存在一个较小的效应量。那么，跨文化的差异性和相似性又如何呢？一项研究通过让儿童自我报告两类攻击行为，考察了中国、哥伦比亚、意大利、约旦、肯尼亚、菲律宾、瑞典、泰国和美国的 7~10 岁儿童，结果发现，在所有 9 个国家中，男孩的身体攻击性都更强，但在关系攻击上没有一致的性别差异（Lansford et al., 2012）。总的来说，女孩和男孩可能倾向不同类型的攻击，但他们之间的相似性远远超过差异性。男孩的身体攻击性略高，女孩和男孩都会进行间接的关系攻击。几乎每所学校都有"刻薄女孩"和"刻薄男孩"。

性别隔离以及由此产生的互动方式的差异不是绝对的或不可避免的。一项研究考察了"开端计划"中由 4 岁儿童组成的多元文化群体，结果发现，那些在游戏中性别隔离和性别刻板印象程度低的女孩和男孩，与他们的同伴具有相似水平的良好适应和社交能力（Martin et al., 2012）。对在操场上活动的小学儿童进行的一项经典观察研究发现，他们的游戏类型多种多样。非隔离和非刻板印象式的游戏事实上常常会出现。最严格的隔离发生在最受欢迎的、社交上受人瞩目的学生中，其他学生则安静地玩自己的，并且经常违反性别隔离规则（Thorne, 1993）。跨性别友谊确实会发生，尽管可能不太为其他人所知。我还记得中学时我与一个男孩的友谊，他跟我一样痴迷化学实验。我们在学校里从来不交谈，但每逢周六，我们会尝试把一些能够腐蚀物质的药水兑在一起，开心地观察会发生什么，以至于把家里的地毯烧了几个洞。虽然我们的友谊是地下友谊，但是它对我们双方来说都很重要。

性别化的环境

女孩和男孩一起长大，但是他们的生活环境却塑造着不同的活动、价值观和信念。这里，我们只看众多环境因素中的一个因素：儿童玩的玩具。

在我 8 岁的时候，我真的很想要一套化学实验玩具。我请求父母把它作为生日礼物送给我，但生日时我收到的却是一块灰姑娘手表。虽然我喜欢那块手表，但我还是想要一套化学实验玩具。我把它写在我的圣诞礼物清单上，可是圣诞老人也没有让我如愿。最后，在我 9 岁生日那天，我的愿望终于实现了，我的"化学灾难"生涯也就此开始了。多年以后，当我偶然看到一项研究显示，儿童更可能收到圣诞礼物清单上符合性别刻板印象的礼物时（Etaugh & Liss, 1992），我真的一点儿也不感到惊讶。我的父母并不吝啬，他们只是在依赖其性别图式给我买玩具，而且像他们这样的父母还有很多。从 20 世纪 70 年代起，在几个国家开展的研究表明，仅 5 个月大的男孩和女孩就会收到不同的玩具，比如男孩收到更多玩具车，女孩收到更多娃娃（Nelson, 2005; Pomerleau et al., 1990; Rheingold & Cook, 1975）。不过，玩具方面的性别塑型不能全都归于父母的影响，从很小的时候起，儿童自身就对性别塑型化玩具表现出强烈的偏好。

在学龄前和小学阶段，性别化的玩具偏好有所增长（Powlishta et al., 2001）。男孩和女孩仍会继续玩性别中立的玩具，只是会避开所谓的异性玩具，并且男孩比女孩更可能这样做。儿童也会根据他们的玩具发展活动偏好。一般而言，女孩的玩具与吸引力、养育和家务技能有关，而男孩的玩具则与暴力、竞争和冒险有关（Blakemore & Centers, 2005）。

这些性别塑型模式受到了直接针对儿童的刻板印象式营销的公然强化。几乎所有的儿童玩具都有颜色编码：粉色和紫色是女孩的专属，其他颜色则是为男孩准备的。数十项研究表明，学步期儿童在 2~3 岁发展出了性别塑型的颜色偏好，并回避那些与自身性别"不匹配"的颜色（Weisgram et al., 2014; Wong & Hines, 2015a, 2015b）。像玩具反斗城这样的大型玩具零售商明确区分了男孩通道与女孩通道，男孩通道有色彩明亮的动作人物、坦克、卡车和枪，女孩通道有色彩柔和的工艺品、玩具娃娃、玩具小家电和化妆包（Bannon, 2000）。当研究者分析迪士尼销售网站上为男孩列出的 410 件玩具和为女孩列出的 208 件玩具时，他们发现了相似的模式：色彩明亮的动作人物、积木、武器和车辆是为男孩准备的，而粉色和紫色的娃娃、美容用具、珠宝和家庭用具则是为女孩准备的。91 件被列为既适合女孩又适合男孩的玩具，其颜色设计是为了吸引男孩，他们大概不会接近任何粉色或紫色的东西（Auster & Mansbach, 2012）。今天，儿童周围环境的每个方面都装点着高度性别化的形象：他们的背包、T 恤、睡衣、鞋子，甚至他们的水壶。对男孩来说，它是蜘蛛侠或变形金刚，是有攻击性或好斗的男性气质的形象。对女孩来说，它是迪士尼公主或明星，是美丽和超女性化的形象。似乎没有什么玩具或活动可以免受性别约束。即使是一个无可争辩的性别中立的玩具，比如自行车，制造商也设计了两个版本：粉色、有花朵装饰、带柳条筐的自行车是为女孩设计的，黑色、重型的越野自行车是为男孩设计的。类似这样的区别可能会促使年幼儿童发展出更延展的性别图式。就像生活中的成年人告诉他们的那样，"性别是世界上最重要的分类，就连你的自行车也必须有性别！"。一些家长和儿童发展专家开始抵制针对儿童的性别化玩具营销（见专栏 6.2）。

专栏 6.2 关于性别化玩具营销的辩论

　　无论是在实体店还是在网上购物，你都可能看到过针对男孩和女孩的性别化玩具营销。然而，在 2015 年，两家大型零售商采取了举措以努力减少或消除性别化玩具营销。塔吉特公司宣布将在其商店中去除基于性别的儿童玩具标签，亚马逊网站在其搜索筛选器中停止使用基于性别的玩具分类。性别化玩具营销是一个备受争议的话题。近期，心理学家科黛丽亚·费恩和哲学家艾玛·拉什仔细研究了这场辩论，分析了辩论双方的观点。

　　性别化玩具营销的支持者认为，这种营销方式反映了男孩和女孩之间的根本差异，因此，它通过强调那些突出"自然"特征的玩具，对儿童产生了中性或积极的影响。然而，有关性别、儿童发展和儿童玩具偏好的心理学研究并不支持这种观点。关于儿童玩具偏好的实验和观察研究表明，男孩和女孩的偏好存在很大程度的重叠，而且这些偏好是可塑的。研究还表明，性别化玩具营销强化了性别刻板印象，并使儿童的刻板印象化倾向和偏见增强。性别化玩具营销的支持者还认为，转向性别中立营销在经济上是难以维持的。然而，以性别中立的方式销售玩具，实际上可以通过向所有儿童开放所有玩具（而不仅仅是其中的一半）来扩大潜在市场，从而增加利润。

专栏 6.2 ～～　**关于性别化玩具营销的辩论（续）**

在世界各地，有许多积极行动组织和运动致力于消除玩具、图书、服饰和媒体中的性别刻板印象，以下是其中一些运动。

积极行动的资源

让玩具成为玩具

让图书成为图书

这些由家长主导的运动要求玩具和图书产业终结性别化营销，代之以根据主题或功能来组织和标记玩具和图书。自 2014 年推出以来，已有 10 家图书出版商同意将"男孩"和"女孩"标签从他们的图书中删除。

了不起的女孩（A Mighty Girl）

世界上最大的、为那些致力于培养强而有力且有自主权的赋权女孩的人们准备的图书、玩具、电影和音乐收藏网站。

粉色令人厌恶（Pink Stinks）

这项运动的目标是批判那些通过服装、玩具和流行媒体的"粉色化"，指向女孩的限制性和破坏性信息。

不受限地玩玩具

澳大利亚的这项运动致力于终结性别化玩具营销，代之以促进男孩和女孩不受限的游戏体验。为了抵制假日期间发生严重的性别化玩具营销，他们赞助了"无性别十二月"活动，鼓励人们"送礼物而不是送刻板印象"。

资料来源：Fine, C. & Rush, E. "Why does all the girls have to buy pink stuff?" The ethics and science of the gendered toy marketing debate. *Journal of Business Ethics* (2016). doi:10.1007/s10551-016-3080-3

Contributed by Annie B. Fox.

媒体的影响

儿童阅读的书籍、观看的电视节目以及玩的电子游戏都是性别社会化的重要来源。自 20 世纪 70 年代起，女性主义者就开始呼吁人们关注儿童读物和故事书中的性别刻板印象。20 世纪 70 年代到 90 年代初的几项研究表明，男孩和成年男性常被描述为独立、主动、有能力和有攻击性，而女孩和成年女性则更多被描述为被动、无助、养育或依赖。总的来说，男性比女性更常作为主角出现。

20 世纪 90 年代，性别刻板印象有所减弱，但并未消失。一项对 1995—1999

年出版的 83 种儿童读物的研究表明，主要人物中约有半数是女性，这比过去有了很大的改善。但大多数女性人物仍然以母亲或祖母的身份出现，偶尔会以洗衣工或女巫的形象出现（Gooden & Gooden, 2001）。相较于女性，男性人物展现的角色和职业类别要丰富得多，他们很少被刻画为照顾孩子的人，也从未被刻画为做家务的男人。一项研究对同一时期的学校读物做了内容分析，结果显示，其中的男性人物更好辩、有攻击性和竞争性，而女性人物则更深情、情感丰富、被动和温柔（Evans & Davies, 2000）。

21 世纪的情况有所改变吗？并没有多大改变。一项对 2001 年后出版的 200 种最畅销和获奖的儿童读物的研究表明，男性主角的数量几乎是女性主角的两倍，倒退到了 20 世纪 70 年代的状况。女性远比男性更可能被塑造为养育孩子的角色，男性和女性人物几乎无一例外地从事符合刻板印象的职业。好消息是，女性不再是更被动的或更可能被救助的形象（Hamilton et al., 2006）。

在类似这样的"助力"之下，儿童自幼就习得了性别刻板印象也就不足为奇，即使当他们依偎着妈妈或爸爸听睡前故事的时候。正如心理学家米科尔·汉密尔顿所说，儿童读物"每晚都在不断强化男孩和成年男性比女孩和成年女性更有趣、更重要的观念"（Hamilton et al., 2006, p. 764）。所幸，只要稍加帮助，很小的孩子也能学会批判性地思考故事里的性别主义（见专栏 6.3）。

大多数儿童花在看电视和玩电子游戏上的时间远远多于花在读书上的时间。2~11 岁儿童每周看电视的时间大约是 24 小时（Nielsen, 2015）。他们在儿童节目中看到的内容呼应了成人节目中的性别刻板印象：女性角色比例偏低；女孩被描绘成更加脆弱、情绪化、胆小和具有养育性；男孩被描绘成更具支配性、攻击性和寻求关注。在男孩和女孩的关系上，孩子们了解到了什么呢？在一项对流行的儿童节目（德雷克和乔西、汉娜·蒙塔娜等）的内容分析中，最常见的关系主题是男孩只看重女孩多么"性感"，女孩则客体化自己并奉承男孩（Kirsch & Murnen, 2015）。

社会认知理论、认知发展理论和性别图式理论均预测，儿童会内化和模仿他们在电视上看到的内容，果然，他们确实会这么做。一项元分析表明，孩子看电视越多，他 / 她就越有可能具有性别刻板印象式信念（Herrett-Skjellum & Allen, 1996）。一项对 134 名学龄前儿童开展的研究发现，男孩看超级英雄节目的时间越长，一年后测量时，他们玩的游戏越带有刻板印象中的男性化特征。无论男孩

专栏6.3 〰 **孩子们从故事书里找出了隐藏的信息——并想出了一些促进性别平等的好主意**

格温多林、米洛和他们的朋友们还不到4岁，就读于俄勒冈州波特兰市一所进步的幼儿园。在老师的帮助下，他们正在学习批判性地思考媒体的影响。老师采取的一种方式是，鼓励孩子们在故事书中寻找"隐藏的信息"；另一种方式是给他们提供反刻板印象的故事。摩根老师给他们读了一本名为《我的妈妈是一名消防员》（*My Mom Is a Firefighter*）的书，然后询问他们对这个故事的看法，下面是孩子们的对话片段：

米洛：　　我希望我妈妈是个消防员！

玛雅：　　是啊，也许她会让你玩水管！

埃皮：　　这本书里有1个女消防员和4个男消防员。

格温多林：在现实生活中常用哪个词来表示"firefighter"？

摩根老师：你是说"firemen"吗？

格温多林：是啊，如果你用"firemen"，女孩会认为她们不能尝试，但我想试试。

一些男孩注意到，他们的衬衫和袜子上有消防车图案。孩子们继续讨论消防玩具和衣服是否只适合男孩。

格温多林：做衣服的人想要欺骗女孩，这样她们就会觉得自己不能当消防员，这是不好的。

米洛：　　嘿，我有个好主意！我们可以为女孩做一些有消防车图案的衣服，然后展示给她们看！

格温多林：但是我们怎么能展示给她们看呢？

米洛：　　我们只要把T恤举起来，她们就看到了！（米洛在亮黄色的纸上画了一幅画）我正在为女孩做一件带有消防车图案的T恤……这是水管。我想让我妈妈看到它！

Reprinted by permission of ChildRoots and with thanks to Teacher Morgan and the parents of the remarkable Api, Gwendolyn, Maya, and Milo.

还是女孩，观看超级英雄节目都预测了他们一年后更多地玩武器类玩具（Coyne et al., 2014）。一些研究将观看暴力电视节目与现实生活中的暴力联系起来。例如，一项在3~5年级学生中开展的纵向研究发现，学生在学年初通过电视、电子游戏和电影接触更多暴力，预测了他们该学年后期出现更多言语攻击、关系攻击和身

体攻击，以及更少积极社会行为（Gentile et al., 2011）。

所幸，除了简单化的性别刻板印象，面向儿童的作品还有其他选择。花木兰和《冰雪奇缘》中的埃尔莎这样的迪士尼人物扩展了女孩的可能性。卡通片《我的小马：友谊是魔法》在播出的 4 年间（2010—2014）成了一种文化现象。媒体研究者的一项内容分析研究显示，它以可爱的人物、彩虹和柔和的颜色吸引了小女孩，但它也对性别刻板印象提出了健康的挑战：所有的主要人物都是女性，她们身处有权威的地位，而且她们以非刻板印象的方式引领情节的发展（Valiente & Rasmussen, 2015）。遗憾的是，男孩似乎仍然不被允许喜欢有关友谊和共情的节目；许多男孩说因观看这样的节目而被称为"同性恋者"。2014 年，北卡罗来纳州的一个学区禁止 9 岁的格雷森·布鲁斯把"我的小马"（蓝色）书包背到学校，因为他因此受到了他人欺凌。直到这一事件传播开来，该学区才有所让步，决定就欺凌问题对学生展开教育，而不是惩罚受害者（Heigl, 2014）。

电子游戏可能在流行性和性别主义方面超过了所有其他媒体。玩游戏是 6 岁以上儿童最主要的在线活动，约有 84% 的儿童报告，他们在过去一个月玩过电子游戏，有 20% 的儿童每天都玩。游戏玩家还会花时间阅读游戏类杂志、参与游戏博客交流以及跟朋友谈论游戏（Dill & Thill, 2007）。11~14 岁男孩是游戏玩家中最大的群体。

孩子们从电子游戏中学到了什么？一个研究团队总结出了如下的性别信息："一种性别主义的、父权制的观念，即男性具有攻击性、拥有权力，女性则不被视为健康、完整的人，而被当作性客体、花瓶、通常意义上的二等公民"（Dill & Thill, 2007）。女性人物在电子游戏中一直代表性偏低。不过，女性缺席可能更好，因为当她们出现在游戏中时，常常是作为性客体、无助的受害者或受攻击的目标。男性人物则有更大的能力和权力（Miller & Summers, 2007）。

电子游戏更受男孩欢迎，而芭比娃娃及其周边产品更受女孩欢迎（见图 6.4）。在 3~10 岁美国女孩中，有 99% 的人至少拥有一个芭比娃娃，平均拥有数量是 8 个。许多女孩报告说，她们经历过一个强烈认同芭比娃娃的时期，认为她很完美，想要像她那样（Dittmar et al., 2006）。但是，芭比娃娃的体型为女孩提供了一个极其不切实际的日常"榜样"。如果芭比娃娃是一个真人大小的女性，她的身体测量值将分别为：胸围 106cm、腰围 46cm、臀围 83cm，并且她会因为体重太轻而无法月经来潮（Dittmar et al., 2006; Gray & Phillips, 1998）。与芭比娃娃拥有相同体型的

图 6.4　芭比娃娃无处不在。这是在尼泊尔的加德满都，两个小女孩正在屋外玩她们的芭比娃娃。

真实女性，在人群中的比例大约为十万分之一。芭比娃娃那个叫肯恩的男朋友明显更符合实际，与他拥有相同体型的男性比例大约是 1/50（Norton et al., 1996）。

　　我们应该关注芭比娃娃对小女孩的影响吗？一方面，它只是个玩具娃娃。另一方面，它提供了女孩应该看起来如何和应该怎样的"榜样"。换言之，芭比娃娃是性别社会化的一个有力工具。让我们来看两项研究。在第一项研究中，5~8 岁女孩先分别观看芭比娃娃的图像、艾蒙娃娃的图像（艾蒙娃娃体重更重一些，根据体型丰满的同名模特设计）或不观看任何娃娃的图像，然后完成关于体象（body image）的测量。与其他条件下的女孩相比，观看了芭比娃娃形象的小女孩对自己身体的满意度更低，并更渴望变瘦（Dittmar et al., 2006）。对自己的身体不满意会导致人们不健康饮食、过度节食，并最终导致进食障碍。

　　在第二项研究中，研究者先随机分配 4~7 岁女孩去玩 5 分钟芭比娃娃或白薯头夫人娃娃，随后询问她们对未来从事 10 种职业的态度：她们能做多少种职业，以及男孩能做多少种职业。总的来说，女孩认为男孩能做的职业比她们能做的更多，而且对于玩过芭比娃娃的女孩来说，这一差异更大（Sherman & Zurbriggen, 2014）。这两项研究表明，即使是玩几分钟芭比娃娃，也会影响小女孩的体象和职业信念。也许，芭比娃娃并非一件无害的时尚玩具。

不仅仅是芭比娃娃。另一项研究发现，在美国 4 家大型商店销售的时尚娃娃中，58% 具有中等到很高程度的性化特征（Starr & Zurbriggen, 2014），这是一种令人不安的趋势，在越来越小的年龄对女孩进行性化（APA, 2007）。**性化**（sexualization）被定义为不恰当地将性特征强加于人，对一个人进行性客体化，或仅凭性吸引力来评估一个人的价值（APA, 2007）。你不必走太远就能看到对小女孩进行性化的例子。在本地的一家商店里，沿着摆放女孩玩具的货架走过去，你会发现，过度消瘦的"精灵高中"时尚娃娃化着浓妆、脚蹬齐膝胶靴，还会发现超短裙和高跟鞋搭配的"女警"制服（但没有警棍）。冒险进入女孩服装区，你可能会发现一些为青春期前女孩准备的有衬垫的胸罩和丁字裤。即使在针对小女孩的产品和媒体中，性化也并不罕见。例如，在美国 15 家受欢迎的商场中，29% 的女孩服装具有性化特征（Goodin et al., 2011）。

考虑到性化产品和媒体的普遍存在，许多女孩开始变得自我性化也就不足为奇了。在 6~9 岁女孩中，当让她们在一个穿露脐短上衣和迷你裙的性化娃娃与一个穿牛仔裤和长袖衫的非性化娃娃之间选择，希望自己看起来像谁时，68% 的女孩更倾向于选择性化娃娃，72% 的女孩认为她更受欢迎。那些观看更多媒体内容并有一个自我客体化母亲的女孩更可能想要自己看起来像性化娃娃，换言之，这些小女孩希望自己看起来像她们在媒体上和现实中看到的性成熟女性（Starr & Ferguson, 2012）。另一项对 815 名 4~10 岁女孩母亲的研究发现，尽管明显的性化行为很少，但是很多女孩会做一些主动性化的行为，例如使用美容产品（Tiggemann & Slater, 2014）。这是令人担忧的，因为内化的性化与女孩的成绩和测验分数相对较低有关，也与自我客体化有关（McKenney & Bigler, 2014, 2016）。人们也可能将穿着性化的女孩视为与其他女孩不同，并以不同的方式对待她们。令人不安的是，在一项研究中，成年人认为穿性化服饰的小女孩相对不那么聪明、不那么道德，以及对自己的受害负有更大责任（Holland & Haslam, 2016）。

交叉性与性别塑型

罗克珊·多诺万出生在西印度群岛的圭亚那。像大多数圭亚那人一样，罗克珊有多种族血统，是非洲人、欧洲人、南亚人、西班牙人和原住民的混血。小时候，她从没有想过种族问题，直到她 8 岁时和家人一起搬到美国，在那里经常有人问她：“你是什么人？”“你是黑人吗？”。有一天，一位老师跟班上的学生说，当听到念自己的种族时请举手。罗克珊不知道该怎么办。所以，当老师说到白人、非裔、西班牙裔的时候，她都举起了手……罗克珊受到了嘲笑，甚至被她最好的朋友、一个非裔女孩嘲笑。很久以后，她才意识到她的朋友可能感到被背叛了，认为罗克珊试图否认她的非洲血统（Suyemoto & Donovan, 2015）。

正如罗克珊的故事所反映的，肤色和外貌议题可能促使儿童发展性别化的种族认同。在一项对非裔美国女性的焦点团体访谈研究中，一名受访者回忆了她意识到自己是黑人的时候，“大约就在我开始意识到自己是个女孩的时候，在我开始意识到我的头发卷曲、我有宽鼻子和厚嘴唇的时候”（Thomas et al., 2011, p. 536）。

类似这样的诉说提醒我们，世上没有所谓的通指的女孩（或男孩）。大多数关于儿童发展的研究是以白人中产阶层为样本开展的。直到近些年，研究者才询问了更加多样化的儿童。在一项对非裔、墨西哥裔和多米尼加裔美国儿童的研究中，研究者对 229 名儿童在 3~5 岁进行了追踪，结果发现，他们的性别刻板印象式的服装选择、装扮游戏、玩具游戏和性别隔离都与以往研究（以同龄白人儿童为对象）得到的模式非常相似（Halim et al., 2013）：小男孩穿着“硬汉”服装，打扮成超级英雄；小女孩戴着粉色头带，打扮成公主。

然而，我们不应该从类似这样的研究中得出族裔不重要的结论。一个孩子的社会化不仅受到社会性别的影响，还受到族裔和社会阶层的影响，而且这些因素可能是相互交织的。父母对社会性别的态度往往基于其族群的文化遗产。例如，亚裔美国家庭可能会保留这样一种传统，即女性应该是养育和家庭取向的，男性应该是坚强、坚忍的，但也应该重视家庭，这些理想仍然在被传递给亚裔美国儿童（Bronstein, 2006）。

在一项深度访谈研究中，当询问 20~45 岁拉丁裔女性，父母教她们女孩和男孩应该举止如何时，大多数人都回想起传统的角色期望。她们的兄弟被给予更多自由，而女孩则被期待帮忙料理家务、学做饭和举止得体。另一项针对拉丁裔大学生的更大规模的研究支持了这些发现，结果显示，性别社会化信息通常是由父母中同性别一方传达的：父亲教给男孩社会对男孩的期望，母亲教给女孩社会对女孩的期望（Raffaeli & Ontai, 2004）。

在非裔美国家庭中，大家庭的亲戚和邻居常常参与到儿童的生活中，形成了一个进行规训和指导的扩展共同体。超过半数的非裔美国儿童由外出工作的单身母亲抚养。因此，非裔美国儿童把女性既视为供养者又视为照护者，这可能对女孩来说尤为重要。一些研究表明，与欧裔美国女孩和成年女性相比，非裔美国女孩和成年女性较少做出性别刻板印象行为，且较少持有刻板印象态度；与非裔美国男孩和成年男性相比，亦是如此。当把同样来自单身母亲家庭的非裔美国人和欧裔美国人进行比较时，这种差异就会相对较小。因此，这些族群差异可能是由成长于不同类型的家庭结构造成的（Leaper, 2000）。

非裔美国家庭的社会阶层差异可能也制造了不同的性别社会化模式。在一项包含不同阶层非裔美国父母的访谈研究中，他们普遍强烈支持性别平等。大多数父母强调，他们对男孩和女孩都怀有较高的培养目标，而且他们期望儿子和女儿都学会独立，都能理解和践行角色平等。正如一位母亲所说：

> 我一定会教我的儿子，男性和女性是平等的；他不是任何人的头儿。在生活中的任何事情上，他未来的妻子永远都有发言权，有决定权。他需要知道这一点……在我们小时候，男孩会洗碗、煮饭，女孩也会洗碗、煮饭。我妈妈平等地教我们做各种事，万一你需要独自生活，就不必依赖别人了（Hill, 2002, p. 497）。

然而，研究中的一些家庭刚刚步入中产阶层，他们出身低收入家庭，或者受教育程度低于样本中的其他家庭。这些父母给他们的孩子提供了更为混合的信息。例如，一位母亲说，她希望女儿成为一名追求种族正义的战士，同时也希望女儿受人尊敬、坐姿得体、不大声喧哗，表现得像个淑女。这些家庭的父亲更可能担心，如果没有教给儿子传统的男性气概，他们有可能成为同性恋者。这项研究表明，非裔美国父母对性别平等的支持取决于他们在中产阶层地位上的安全感；安全感高的家庭更有能力承担一定的风险，抚养社会性别相对灵活的孩子（Hill, 2002）。

儿童与贫困

美国是一个富裕的国家，存在于这种富裕表象之下的贫困往往是隐形的。超过 1/5 的美国儿童生活在贫困之中（Huston, 2014）。贫困儿童在其社会环境和物理环境中都面临许多不利于健康成长的障碍。

与中等收入家庭的孩子相比，低收入家庭的孩子在家中、附近街区和学校接触到的暴力更多，他们更可能经历父母离异、家庭破裂和寄养（Evans, 2004），出现心理健康问题的可能性是前者的 2.5 倍（Reiss, 2013）。贫困使父母很难或无法满足孩子的需要。相比中产阶层的父母，贫困的父母更可能做两份或多份工作，而且工作更长时间。这意味着这些父母只有较少的时间为孩子读书、辅导孩子完成家庭作业、带孩子去图书馆，或陪伴和监督孩子玩耍。他们往往缺乏基本的资源，比如一辆耐用的车、医疗保险以及像样的托幼服务。此外，父母的贫困与其抑郁紧密相关，导致养育中的一致性和有效性较低（Belle, 2008）。从婴儿期开始，与中等收入家庭的孩子相比，贫困家庭的孩子受到的惩罚更多，且体验到的父母互动没有那么正向。

无论是对女孩还是对男孩，贫困都有"对学业成绩的毁灭性负面影响"（Arnold & Doctoroff, 2003, p. 518）。与富裕家庭的儿童相比，贫困家庭的儿童得到的认知刺激更少且丰富性更低（Huston, 2014）。他们家里有电脑或能上网的可能性也更小。他们的学校无法弥合这一差距，因为这些学校可能师资薄弱、设备陈旧、教学材料匮乏（Evans, 2004）。

贫困的物理环境包括更多地接触有毒物质，如铅中毒和空气污染，以及拥挤和紧张的居住条件。例如，与其他儿童相比，贫困儿童血液中铅含量超标的可能性高出 4 倍，住在老鼠出没的房子里的可能性高出 3.6 倍，冬天取暖条件不足的可能性高出 2.7 倍。社会环境和物理环境中的多重压力源对贫困儿童有累积性影响（Evans, 2004）。

我一直很关注美国的贫困儿童，但儿童期贫困是一个世界性问题。在贫穷和欠发达国家，许多儿童缺乏安全的饮用水和基本的卫生设施。他们的住房特别紧张，而且可能位于洪泛区、有毒废弃物区或其他不适宜居住的地方（Evans, 2004）。他们可能上不起学，甚至没有学校可读。

儿童期贫困对男孩和女孩都有影响，但其影响并不是性别平等的。在美国，由于男孩更可能表现出问题行为并给他人造成麻烦，因此他们的问题可能会受到更多关注，帮助他们的项目也更多。那些更可能折磨女孩的问题，如学业成绩不佳、抑郁和心理健康状况不佳，则较少得到注意和处理（Arnold & Doctoroff, 2003）。在某些欠发达国家，父母常常把女孩留在家里做家务，不让她们接受有助于她们摆脱贫困的教育。世界上不会读写的人口中，2/3 是女性（UNESCO, 2016）。

告别童年：青春期和青少年期

一个孩子何时会蜕变为一个成年人？**青春期**（puberty）的一系列生理事件使孩子转变成有生殖能力的人。然而，成为一个成年人不仅仅是具备生殖能力那么简单。从青春期开始到成年期之前的这个时期，我们称为**青少年期**（adolescence），是社会留给年轻人逐渐成熟并进入其成年角色的时期。青少年必须在尚未成年的时候，在性态、独立性和个人认同方面进行协调。

青春期的生理变化与青少年期的社会意义紧密交织在一起，因为生理变化发生在界定其含义的文化背景中。对青春期男孩来说，身体的成熟意味着地位和权力的增长。随着男孩长得越来越高、肌肉越来越发达，他们被给予了更多的自由。对女孩来说，身体的成熟意味着一个更加复杂的状况。成为一个女人是美妙的，有些女孩热切地等待着她们的第一次月经和第一个胸罩。另一方面，女孩可能不会被赋予更多的自由——事实上，她们的独立可能会被削弱。在本节中，我会讨论青春期的身体变化及其社会意义。

变化中的身体

青春期始于激素分泌的增长，并逐渐促成身体成熟。对女孩而言，第一个外部标志可能是**生长突增**（growth spurt）或**第二性征**（secondary sex characteristics）——乳房和体毛——的发育。生长突增不仅有身高的增长，还有体脂的增加。这种增长是必要且正常的。女孩的体脂必须达到某一临界水平才可能开始月经来潮（Frisch, 1983）。健康成年女性的体脂含量是健康成年男性的两倍（Warren, 1983）。然而，女性身体曲线的发育在使女孩的性特征变得明显的同时，与追求极度纤瘦的社会规范发生了冲突。许多女孩对自己变化中的身体感到不安：

> 我很早就发育了，六年级的时候就开始了，我一点都不喜欢自己的身体……我的胸部太大了，我的意思是，胸部丰满，它们很大但我体型很小，它们很碍事……我真的很讨厌它们……我只记得我感觉自己要长大了，唯一能做的就是做个花花公子兔女郎（Lee, 2003, p. 89）。

在青少年期，女孩对体重的关注急剧增长（Smolak & Striegel-Moore, 2001）。在一项考察身体不满意感预测因素的研究中，最重要的因素不仅是事实上超重，还包括感知到的来自他人的瘦身压力、相信"瘦即是好"这一审美理想以及缺乏社会支持（Stice & Whitenton, 2002）。

白人女孩尤其倾向于把自尊和体重联系起来，而非裔美国女孩则较为满意自己的身体。例如，在一个非裔美国女孩的大样本中，有40%的女孩觉得自己有吸引力；相较而言只有9%的白人女孩觉得自己有吸引力（Phillips, 1998）。尽管白人女孩对自己身体不满意的程度更高，但是这在两个族群中都是存在的。对体重的时刻关注会对健康产生严重的影响。例如，女孩可能通过吸烟和服用减肥药以减少体脂（Phillips, 1998）。有些女孩出现了进食障碍（见第13章）。

月经的开始被称为**月经初潮**（menarche），是青春期最明显、最引人注目的标志。平均而言，月经初潮发生在12岁半左右。欧裔美国女孩比非裔和拉丁裔美国女孩的月经初潮晚几个月，但比亚裔美国女孩要早，这种族裔差异可能与平均体重有关。然而，初潮时间有很大的变异性。有些女孩早在8岁就出现了初潮（O'Sullivan et al., 2001）。

几乎每名女性都记得她第一次月经来潮的日子：

> 那时我10岁，对它（月经）一点都不了解。事实上，我对它有很多误解。我记得从书上看到，经血不知怎么就从你的下腹外部流出，就像从你的皮肤里渗出来！……所以我告诉了妈妈，她的回应是"噢"，她看起来确实很高兴，不过不像我得了好成绩或在学校戏剧表演中领唱时的那种高兴……她拿出高洁丝卫生巾套装，那时我才开始有点明白，这就是它（月经），它并不是从你的腹部流出来的！（Lee, 2003, p. 93）。

> 它（初潮）来的时候，我在欧洲一所高中做交换生，住在一个朋友家里。我觉得自己失控了，我身上发生了一些我无法阻止的事情。我的血流得到处

都是，染遍了整个床单。我极尴尬地告诉了朋友的姨妈（尤其是因为我不知道用什么词合适，月经几乎不是你必须学习的常用词汇之一）……我感觉这一切仿佛发生在别人身上，而不是我身上，就像我在看电影中的自己，现在我变成了这样一个性的存在（Lee, 2003, p. 87）。

　　　我看到我的内裤上有血迹，当时好像我正坐在马桶上……我就叫了声"妈妈"。妈妈走进来，她的反应是："什么？哦，亲爱的，恭喜你，你现在是位小女士啦。"而我的反应是："你说什么？！！"（Lee, 2003, p. 93）。

　　月经是"成为女人"的一个方面，关于它，女孩既收到了积极的信息也收到了消极的信息。尽管一些研究表明，女性对月经有积极感受是健康的标志，也是对女性身份的确认，但在美国社会和许多其他社会中，月经更常与厌恶、羞耻、烦恼、保密，以及一系列"应做和不应做"的事情有关（Johnston-Robledo et al., 2006; Marvan et al., 2006; Reame, 2001）（见专栏 6.4）。一项深度访谈研究要求18~21 岁美国女性回忆她们的月经初潮，结果显示，她们担心的是如何掩盖、隐藏和处理月经，尤其是有男孩在周围的时候。甚至在其他女孩面前，除了抱怨月经，她们也不愿意承认自己正月经来潮。在彼此周围以及在母亲周围，她们会用委婉和间接的语言来指代"它"（Jackson & Falmagne, 2013）。月经来潮的女性仍然会遭受污名。在一项有创意的研究中，大学生先是看到一名女性"不小心"将一个发夹或一个卫生棉条掉在他们面前，然后，被问及他们对那位女性的态度，但他们并不知道自己的反应与这一事件有什么关系。结果显示，与掉发夹相比，当那位女性掉落卫生棉条时，参与者（无论男女）都将其评价为更不讨人喜欢、更没有能力，并且会选择坐得离她远一点（Roberts et al., 2002）。

　　媒体助长了对月经的污名化。多年来，月经产品一直被禁止在电视和广播中播放，而且杂志广告内容也过于含糊，以至于很难分辨出广告推销的是什么。即使在今天，关于月经产品的广告也远非直接呈现的。对《17 岁》（*Seventeen*）和《时尚》（*Cosmopolitan*）两本杂志中相关广告进行的内容分析发现，它们使用了理想化的形象，或者将女性的身体完全排除在画面之外（Erchull, 2013）。2003 年，美国食品药品监督管理局批准了一款长周期口服避孕药"季信"[1]（Seasonale），旨在用来抑制月经。从医学上讲，抑制月经是有争议的，而且尚无关于其影响的长期

1　其作用包括将月经调整为每三个月来潮一次——译者注

专栏 6.4 　　叫什么都行，就是别叫"月经"

为了掩饰或减弱禁忌话题的含义，社会创造了一些委婉语。围绕月经，人们已创造了很多委婉语。以下这些说法哪些你听过？哪些是新的？

兔子时间（Bunny time，澳大利亚）

月事（Monthlies，澳大利亚）

玛丽来访（Mary is visiting，比利时）

我在月事中（I have my moon，加拿大）

滴落（Blobbing，英格兰）

越橘日（Lingonberry days，芬兰）

日本周（Japanese week，德国）

月税（Monthly tax，德国）

蔓越莓女人（Cranberry woman，德国）

临时休假（Casual leave，印度）

在户外（Out of doors，印度）

玛丽姨妈（Aunty Mary，爱尔兰）

果酱抹布（Jam Rag，爱尔兰）

饼干（Cookies，墨西哥）

草莓小小姐（Little Miss Strawberry，日本）

番茄酱（Ketchup，日本）

煮过火的番茄汤（The tomato soup overcooked，荷兰）

面条夫人（Mrs. Noodles，新西兰）

服刑中（Doing time，尼日利亚）

贝莎姨妈（Aunt Bertha，苏格兰）

姨妈把她的红色保时捷停在了外面（My aunt parked her red Porsche outside，南非）

奶奶开着红色法拉利来了（Granny came in a red Ferrarri，南非）

戴着红色贝雷帽（Wearing the red beret，越南）

诅咒（The curse，美国）

瘟疫（The plague，美国）

姨妈流（Aunt Flow，美国）

骑着棉花小马（Riding the cotton pony，美国）

红色之上（On the red，美国）

鲨鱼周（Shark week，美国）

资料来源：Museum of Menstruation & Women's Healt. Contributed by Michelle Kaufman and Annie B. Fox.

追踪研究。然而，一项对"季信"面世前发表在流行出版物上的 22 篇文章的研究表明，很少有文章提到目前缺乏（有关月经抑制的）长期研究，而大多数文章把月经描绘为凌乱、烦人、不健康、不方便和不必要的。月经抑制的倡导建议被引用的频率是反对意见的两倍，月经抑制被认为不仅适用于有严重月经问题的女性，而且适用于几乎任何人（Johnston-Robledo et al., 2006）。这种有偏差的报道令人担忧，因为研究表明，女性了解月经抑制的风险和获益的主要信息源……你猜对了，就是媒体（Rose et al., 2008）。月经抑制可能尤其吸引那些身体自我意识较强并希望青春期消失的女孩，而且大型制药公司已经准备好针对这种焦虑和污名开展销售（Barnack-Tevlaris, 2015）。

性别增强

在一项对女大学生、她们的母亲和外祖母三代人进行的研究中，大多数参与者说她们在儿童期曾是"假小子"。她们大部分在 12 岁半左右放弃了"假小子"风格，不过这不是因为青春期的身体变化。她们仍然喜欢活跃、冒险的游戏，但是却报告说，在要求她们更加女性化的社会压力之下，她们安静了下来（Morgan, 1998）。

从"假小子"向年轻女士的转变展示了**性别增强**（gender intensification）的过程，或者说始于青少年期早期的、符合性别角色的压力逐渐增长（Signorella & Frieze, 2008）。到十一二岁时，女孩开始从父母、其他成年人和同伴那里获得更多的信息，要求她们以女性化方式行事，把自尊的赌注押在吸引力上，并遵从针对女性的社会规范。这并不是说，此时女孩一定认为自己真的更女性化了，男孩一定认为自己真的更男性化了；而是说，他们的角色和行为发生了变化。例如，他们在家务劳动上变得更加性别塑型，而且他们会花更多时间跟父母中同性别的一方在一起（Priess et al., 2009）。

如你所料，青春期到来的时间点会影响这些信息出现的时间。一个女孩成熟得越早，她受到性别增强影响的时间也越早。一方面，早熟可能会使女孩更受男孩欢迎。早熟女孩比晚熟女孩约会更多，而且更可能在初中交男朋友（Brooks-Gunn, 1988）。另一方面，早熟女孩经历了一个应激性更强的青少年期。例如，她们学业成绩的等级和分数都低于晚熟女孩。她们尝试一些更有风险的行为，如吸烟、饮酒、较早发生性行为，而且她们出现抑郁和进食障碍的比例高于晚熟女孩。总之，早熟与女孩的一系列发展问题有关（Ge & Natsuaki, 2009; Mrug et al., 2014; Vaughan et al., 2015）。

之所以会发生这种时间效应，是因为早熟女孩往往会进入年龄更大、经历更丰富的同伴群体，并从中模仿他们的活动。压力也可能来自成年人，他们期待一个身体成熟的女孩表现得像一个成年女性那样——如第 3 章中所述，身体特征对于触发性别刻板印象尤为重要。然而，一个 12 岁的女孩，即使拥有类似成年女性的身体，但在情绪、认知和生活经验方面，她仍然是个 12 岁的女孩。

青少年期的脆弱性

从儿童期向成年期的转变，传统上被认为是一个自信心和能力均在增长的时期。然而，对女孩来说，青少年期则可能是一个自信和自尊下降的时期。这是因为她们习得的是：大胆说出来和勇敢做自己，很可能会招惹麻烦，而且其他人似乎只看重她们的外貌。

这个新的自我是谁

对初中阶段的青少年女孩的访谈显示，很多女孩为了适应和被视为一个好女孩而压制了自己的感受和想法，即一种被称为**自我沉默**（self-silencing）的现象（Brown & Gilligan, 1992）。参与这项研究的女孩来自优势群体，就读于私立学校。然而，经历自我沉默的并不只有她们。在另一项研究中，来自不同种族和族裔背景的女孩被要求完成一个句子："使我陷入麻烦的是＿＿＿＿"。超过半数女孩回答"我的嘴"或"我的大嘴"（Taylor et al., 1995）。在一项对加拿大 149 名有进食障碍的青少年女孩的研究中，自我沉默与她们的症状密切相关；她们对社会接纳的焦虑程度越高，对自己的身体越不满意，也越努力试图让自己变瘦（Buchholz et al., 2007）。

自我沉默可以与**关系本真性**（relational authenticity）形成对比，关系本真性是指一个女孩的想法和感受与她在关系情境中的做法之间的一致性，换言之，就是一个女孩能够在多大程度上做自己（Impett et al., 2008）。本真性可以促进心理健康和幸福感。青少年女孩可能会出现自我沉默和本真性丧失，因为她们碰到了"一堵名叫'应该'的墙，在这堵墙内，赞赏与沉默有关"（Brown, 1998）。成为一个完美女孩的压力是：不仅要漂亮和聪明，而且始终要友善和礼貌，从不生气或对抗。这导致一个女孩对自己的知识和感受的真实性产生怀疑。

自尊（self-esteem）是指一个人对自己持肯定态度的自我欣赏和自我尊重的总体水平。自尊的测量是通过询问人们是否同意诸如"我对我自己以及我是谁感觉良好"的陈述来进行的。青少年女孩是否受到低自尊的困扰？对数百项针对各年龄段儿童和成人的自尊研究的元分析显示，男孩和成年男性的自尊得分高于女孩和成年女性。这一差异在小学阶段是很小的，在初中时有所扩大，到高中时达到最大（Hyde, 2014; Kling et al., 1999; Major et al., 1999）。当对不同族裔的样本分别进行检验时，自尊的性别差距仅出现在欧裔美国人群体中。自尊还与社会阶层有关，经济处境不利群体中的性别差异最大。换言之，一个女孩的自尊不仅依赖于她的性别，还取决于影响其社会地位的其他因素。此外，认为所有青少年女孩自尊都极低的观念，是近期媒体中出现的一种迷思（Hyde, 2014）。自 1991 年以来，自尊得分的性别差异处于中等水平，而且一直保持稳定（Bachman et al., 2011）。

当低自尊确实发生时，它无疑是一个令人担忧的因素，因为它与心理适应、身体健康和生活满意度等问题有关。外貌在社交中变得更加重要可能是导致青少年自尊问题的一个原因。当然，这对男孩和女孩而言都适用。在一项对加拿大 7~11 年级学生的研究中，男孩和女孩都有超过 1/3 的人表示其整体自尊是由外貌决定的（Seidah & Bouffard, 2007）。但是，女孩比男孩更可能发现，无论是从象征意义还是仅字面意思来说，她们的肉身都被塞进了一个不切实际的审美理想中（Pipher, 1994）。这个曾经作为盟友、一起探索世界的身体，现在变成了一个对手，被迫服从于人为的外貌标准。女孩的自我监察、身体不满意度和身体羞耻感都会在青春期增强（Lindberg et al., 2007）。

- "我喜欢我的臀部。我不在乎别人怎么说，我爱我自己！"
- "你应该认为自己是漂亮的，我认为我很漂亮……但如果我减肥的话，可以让自己看起来更漂亮……我不喜欢我的肚子和大腿。"
- "比如，人们太关注体重这些方面了……人们会被划分到跟她们相像的类别中去，比如，你要么是胖的，要么是尚可的。"
- "但是当我们去参加工作坊的时候，总是听到'你就是你，你是完美的'……诸如此类的说法。大多数女孩，我们只是坐在那里，心想'都是一堆废话'……我们知道那不是真的，因为别人对你的第一印象就是你长什么样。"

这些就是女孩们的声音。前两条是 13 岁非裔美国女孩在关于体象的访谈中提到的（Pope et al., 2014）。后两条是澳大利亚一所女校的高中生说的（Carey et al., 2011）。从她们的声音中，我们可以听到青少年女孩普遍的挣扎，因为她们意识到，在别人眼中，外貌是她们最重要的东西。在我们这样一种媒体饱和的文化中，她们一刻都无法摆脱这种意识，媒体曝光与她们的痛苦密切相关。在一项对 11 岁女孩的研究中，看杂志、上网以及朋友之间谈论外貌的频率都预测了她们的自我客体化和身体羞耻感，进而导致节食和抑郁症状（Tiggemann & Slater, 2015）。在一项对荷兰 11~18 岁青少年的研究中，无论男孩还是女孩，社交媒体的使用频率更高都预测了他们对外貌的更多投入，以及对整形手术的更大兴趣（de Vries et al., 2011）。

好消息是，青少年的自我客体化似乎会随时间的推移而减弱。一项对 587 名 13~18 岁白人女孩和拉丁裔女孩的纵向研究发现，在高中阶段，身体自我客体化有所下降，自尊有所上升（Impett et al., 2011）。自我客体化程度下降最多的女孩，自尊最高、抑郁症状最少。

同伴文化与骚扰

缅因州的一位校长讲述了一起事件，女孩说男孩吓唬她们：

> "你是我的女朋友。我要跟你结婚……我们要做爱"……这种话很有攻击性，声音也很大，很快所有男孩都说："是啊，我们要和你做爱"，"是啊，我们要强奸你，我们要杀了你"。"是啊，因为你是我们的女朋友"。然后，一个男孩说，"我要给你戴上订婚戒指，因为你爱一个人的时候你就会这么做，但是我要把它钉上去，直到流血！"（Brown, 1998, p. 104）。

这些孩子才六七岁。他们还太小，不能完全理解"性"和"强奸"这些词的含义，但他们却表现出男性化支配的一幕："男孩们使用敌对语言时感觉很强大，他们知道那些语言会强烈影响到女孩；而女孩们……感到不舒服、害怕和愤怒"（Brown, 1998, p. 105）。

研究表明，由同龄人施加的性别相关骚扰在学校中很普遍，而且随着儿童进入青少年期，这种骚扰在加剧（Petersen & Hyde, 2009）。美国大学女性联合会对 8~11 年级的学生开展了一项全国性调查，他们发现，83% 的女孩和 79% 的男孩遭受过骚扰。骚扰行为包括散布与性有关的谣言、评论他人的身体或性态、强迫接吻以及不受欢迎的触摸（AAUW, 2001）。白人女孩报告的性骚扰最多，其次是非裔女孩和拉丁裔女孩。虽然从遭受骚扰的总体比率来看，女孩和男孩大致相当（83%和 79%），但后果却有很大不同。这项研究及其他研究均发现，男孩倾向于将性化的关注视为奉承，他们说这让他们感到自豪，女孩则更可能报告说，这让她们感到害怕、不自在和尴尬。研究表明，同辈性骚扰增加了女孩的自我监察和身体羞耻感（Lindberg et al., 2007），二者均与心理和身体健康的负面后果有关。

一些研究表明，男孩甚至比女孩受到更多骚扰，因为他们是其他男孩的目标。在另一些研究中，女孩更常成为骚扰的目标。在一项对荷兰 14~15 岁学生的大型研究中，女孩报告在学校遭受的恼人的性关注是男孩的两倍多（Timmerman, 2003）。对男孩来说，最常见的骚扰形式是言语嘲讽，比如"gay"（同性恋者）或"homo"（同性恋者）。对女孩来说，身体骚扰更多。正如一个女孩所说："他们对我动手动脚，还拦我的路。我非常害怕和无助。那是一群男孩。"在一项对澳大利亚高中生和教师的访谈研究中，男孩和女孩都报告说，男孩使用某些称呼（如妓女、婊子、荡妇和贱人）以及对体型（如鲸鱼）和特定身体部位（如平胸、西瓜、漂亮屁股）的评论来嘲弄女孩。一些男孩报告说，"男孩们径直走到一个女孩跟前，抓住她……抓她的乳房"（Shute et al., 2008, p. 481）。

美国学校里的情况也没什么不同。在一个包含 18 000 多名美国高中生的代表性大样本中，37% 的女孩报告自己在过去一年内遭受过性骚扰，而男孩报告自己是骚扰者的比例是前一数据的 2.5 倍（Clear et al., 2014）。当对中西部一所中学的学生（平均年龄为 12 岁）进行调查时，大多数人在学校的走廊、自助餐厅、教室和体育课上经历过或看到过性骚扰。超过 1/3 的男孩和女孩报告说，曾有人说过关于他们身体或外貌的伤害性的话语，60% 的人见过有人用性意味的称呼骂人（Lichty & Campbell, 2012）。男孩对男孩的恐同式辱骂，以及男孩和女孩都对女孩做出的更大范围的性骚扰和性别主义骚扰，是许多研究中都出现的一种模式。性别不遵从的学生遭受的同辈骚扰比其他任何群体都更多。在一项对 5 907 名 13~18 岁 LGBT 学生的互联网调查中，72% 的女同性恋 / 酷儿女孩、66% 的双性恋女孩和男同性恋 / 酷儿男孩，以及 81% 的跨性别青少年都报告说，他们在过去的一年里遭受过性骚扰（Mitchell et al., 2014）。

在儿童和青少年中，同龄人性别骚扰的一个显著特征是，它经常发生在成年人的视线范围内，但成年人可能几乎不会阻止它。通常情况下，当性嘲弄和性骚扰发生时，教师会袖手旁观、不置可否地看着，这给男孩和女孩都传递出了有影响力的信息（Shute et al., 2008）。女孩报告受到骚扰时，可能只是被告知"男孩终究是男孩"。有一起特别可怕的事件，据媒体报道，日本一所重点大学发生了一起团伙强暴女生的案件。作为回应，一名国会议员在一个公共论坛上说，"实施集体强暴的男孩们状态良好。我认为他们很正常。哎呀，我不该这么说的"（French, 2003, p. A4）。

女孩可能被鼓励以异性恋浪漫爱情的视角来解释她们遭受的性别相关骚扰和敌意。例如，在前文所述的"我们要强奸你"事件之后，7 岁的梅丽莎努力去理解那些她认为算是朋友的男孩为何如此充满敌意。当她想起祖父曾告诉她"如果男孩追你（chase you），那就意味着他们爱你"时，她得到了安慰（Brown, 1998, p. 105）。虽然梅丽莎的祖父可能是出于好意，但我怀疑这对梅丽莎来说究竟是不是一次好的教育。欲知更多关于异性恋浪漫爱观念以及它与女孩和成年女性遭受暴力侵害之间的关系，请参阅第 7 章和第 12 章。

不幸的是，教师也可能是性骚扰的施害者。所有年龄段的学生都受到法律保护，教师不得与学生发生任何性接触（Watts, 1996）。然而，教师对学生的性骚扰被大量记录在案。一项对荷兰高中生的调查发现，在学校内发生的不受欢迎的性行为中，有 27% 是教师、校长或其他成人权威人物所为。施害者绝大多数是男性，受害者主要是女性。教师骚扰比同辈骚扰更为严重，并会导致更多负面的心理后果（Timmerman, 2003）。

教师和学生之间的权力不平衡导致这类暴力的报告率偏低，因为学生害怕后果。当一个 13 岁的日本女孩指控 51 岁的老师在学校办公室触摸她时，40 多名教师签署请愿书，请求对被指控者从宽处理。那个女孩却遭受了同学的排斥，她最好的朋友跟她说，她毁了那个老师的生活。女孩回答说，情况恰恰相反（French, 2003）。

让转变发生

女性主义者坚持认为，无论男孩还是女孩，把他们培养成高度性别塑型的人都是有害的，因为它对男孩和女孩的发展而言都关闭了某些可能性。只要孩子们从小相信，由于自身的性别，他们不能或不应该做某些事情，社会就会失去潜在的独特贡献，个人也会失去潜在的成就感来源。

改变社会互动：扩大女孩的选择范围

许多女性主义研究者和父母都对抚养孩子的其他途径进行了探索（Katz, 1996）。首先，父母应该做出怎样的示范？与那些在更传统的家庭中长大的孩子相比，在父母共同照顾孩子和分担家务的家庭中长大的孩子，在学龄前阶段性别塑型的程度较低（Fogot & Leinbach, 1995）。母亲在性别中立或男性主导行业中工作的儿童，其兴趣和信念的性别塑型程度较低（Barak et al., 1991）。父母可以从对孩子的期望变得更加灵活做起，而不是把他们推向带有性别刻板印象的活动（Bem, 1998）。他们可以提供性别中立的玩具，并提供日常生活中反刻板印象的人物和活动的例子（如描绘参与养育的男性和强壮的女性的图画书）。即使学龄前儿童具有非常强烈的性别刻板印象，他们也可能只是在存储这些经历，而以后，他们对社会性别的认知会变得更加灵活。

过早性化可以被认为是性别塑型的结果，因为性别塑型的女孩会努力模仿她们在周围接触到的女性，包括媒体中的女性。培养媒体素养或者跟孩子谈论媒体上发生的事情，是减少过早性化的一种方式。那些母亲会与之谈论电视节目内容的女孩，自我性化的可能性显著更低，这比简单限制看电视的效果要好（Starr & Ferguson, 2012）。这项研究还发现，让孩子上舞蹈课，以及与女孩分享精神灵性价值观，均与性化降低有关。很可能，体育运动（女子足球队）和其他价值观（女性主义）也是保护性因素。

此外，减少文化中的性化现象并成为知情的媒体消费者也很重要。一些组织，如星火运动（the SPARK movement），旨在引起人们对媒体中性化现象的关注并进行抵制。星火运动平台的独特之处在于，它为儿童和青少年提供了一个写博客和创作其他媒体内容来提升意识的空间。另一些组织，如常识传媒（Common Sense Media），努力让父母了解孩子正在使用的媒体，并提供工具帮助父母与孩子交谈，鼓励他们成为批判性的媒体使用者。

对于处于青少年期这个脆弱阶段的女孩来说，她们面临的主要议题是保持健康的认同和自尊，对作为女性的身体感到自在舒适，以及在亲密关系中自如地表达她们的性。我们会在接下来的章节中讨论最后一个主题。现在，让我们来看看哪些因素有助于培养青少年女孩的健康自尊及预防自我客体化。

在一项针对多样化样本的研究中，女孩被问及是什么让她们对自己感觉良好。体育运动名列榜首（Erkut et al., 1997）（见图 6.5）。参加体育运动的女孩在学业上表现更优秀、辍学的可能性更小，应激和抑郁的概率更低，自尊更高。参加体育运动的女孩，她们自尊的提升来源于身体胜任感、体象的改善以及较少受女性化性别角色束缚（Richman & Shaffer, 2000; Schmalz et al., 2007）。

©Purestock/Superstock RF

图 6.5   参加体育运动和户外娱乐活动可能有助于女孩免受自我客体化之害。

在美国，高中体育运动中仍然存在性别差距，各族群的女孩参加体育运动的可能性都小于男孩（Shifrer et al., 2015）。这是令人遗憾的，因为对女孩来说，体验"在身体中"（in the body）具有重要的心理意义，这可以帮助她们了解自己的身体是强壮而有能力的，而不是他人根据外貌来评判和评价的客体。有直接的实证证据表明，参与体育运动对减少自我客体化有重要作用。一项对澳大利亚女孩的纵向研究发现，女孩花在体育活动上的时间越多，一年后测量时她们自我客体化的程度就越低（Slater & Tiggemann, 2012）。体育运动可使女孩和年轻女性通过积极与身体共处来挑战女性气质的局限，但它不是唯一路径。"户外娱乐"正变得越来越受女性欢迎（Henderson & Roberts, 1998），而且可能带来与体育运动不同的益处。与体育运动相似，户外娱乐符合传统的男性气质，但不符合传统的女性气质。"理想化"的女性化形体没有块头或肌肉，不会摆出"不雅观"的姿势，例如攀岩动作。对于那些看待自己身体时聚焦外貌的女孩和年轻女性来说，将媒体和镜子替换成树林和小径可能是一种解放的体验。户外教育者柯普兰·阿诺德（Arnold, 1994）解释说：

> 作为一名年轻女性，我在户外拓展训练中的经历深深地影响了我的自我接纳、自尊和体象。我因自己的力量和敏捷性而得到了赞赏……我的身体不是一个需要装饰和完善的客体，它成为了一个盟友（pp. 43–44）。

女孩们提到的另一个有助于她们自我感觉良好的重要影响因素是"创造性的自我表达"，譬如音乐、艺术或戏剧（Erkut et al., 1997）。在一个族裔和地域多样化的样本中，这些活动为女孩提供了迎接挑战的机会（这对更丰满的女孩、欧裔和亚裔美国女孩以及美国城市女孩尤为重要），也因为它们令人愉快或可以与朋友一起参与（对美国乡村女孩来说最为重要）。

像演奏乐器、在合唱团唱歌或学习跳舞这样的创造性活动都要求"在身体中"并减少对外貌和性化的关注。例如，英国一项研究招募了 55 名 14 岁女孩来学习现代舞。在课程结束时，她们的上身力量和整体的体能都显著增强，自尊也显著提升（Connolly et al., 2011）。

"服务他人"是另一种有助于女孩自我感觉良好的经历（Erkut et al., 1997）。当境况优越的女孩帮助那些处境不利者时，两个群体都会受益。在一个成功的项目中，一所女子学院的学生担任了贫民区高中生的指导者，这些高中生大多来自

贫困的拉丁裔和移民家庭（Moayedi, 1999）。高中女孩参观了大学校园，参加了
领导力和生涯规划工作坊。大学女生和这些高中女孩都从这一经历中学到了许多。
正如一名大学生指导者所说，"我的朋友伊丽莎白没有人可以依靠。她来这里的时
候一无所有，从底层开始了新的生活。这就是为什么我从她身上学到了更多"（pp.
237–238）。至于这些高中女孩，她们报告说，在参加指导项目之前，她们从来没
有进过大学校园，认识的白人寥寥无几，也从没想过要上大学。由于这个项目，
她们的目标扩展了，她们的选择也增加了。

　　来自处境不利背景的儿童尤其需要他人指导，以帮助他们克服贫困造成的不
足。"大哥哥 / 大姐姐"项目是一项全美计划，旨在通过指导来促进处境不利儿童
的健康发展。研究表明，参与"大哥哥 / 大姐姐"项目改善了儿童的学业成绩、学
习技能以及与父母和同伴的关系（Grossman & Tierney, 1998; Herrera et al., 2011）。

改变我们自己：拒绝性别塑型

　　女孩（和男孩）并非只是性别社会化的被动受害者。相反，许多女孩积极抵
制性别压力，发展出与女性气质规范相反的认同。在美国社会中，我们越来越多
地见到一些将自己定义为性别不遵从的年轻人。在社会中为性别塑型程度较低
（或根本没有性别塑型）的女孩和男孩创造空间是一项重要的正义事业，尽管女性
主义第二次和第三次浪潮已持续 50 多年，但这项工作几乎还没有开始。迄今为止，
心理学已开展了大量关于性别塑型的研究，但针对如何避免性别塑型的研究却少
之又少。

　　要理解女孩如何抵制性别塑型，可能需要仔细研究她们对自己经历的描述。
在一项对缅因州小镇女孩的民族志研究中，心理学家琳恩·米克尔·布朗（Brown,
1998）报告说，蓝领阶层背景的女孩尤其倾向于"必要时进行言语和身体上的抗
争，说出不可言说的事，既具有养育性又坚强且自我保护"，打破了女性气质的界
限。她们不是老师期望的好女孩，但她们可能正在一个不理解或不看重她们的制
度中坚持自己的认同。

　　理解和支持女孩是女性主义研究和行动的一个关键领域，因为女孩有潜力为
后父权社会（post-patriarchal society）的出现作出贡献。琳恩·米克尔·布朗（1998,
p. 224）指出，我们需要帮助女孩接纳自己：

作为一种完整和整体的存在，拥有一系列与其经历相关联的感受和思想。教女孩学会确认是什么造成了她们的愤怒或痛苦，以及如何基于自己的感受采取建设性的行动。可以说，它提供了一种为社会正义而战的勇者训练。

进一步探索

Bem, S. L. (1998). *An unconventional family*. New Haven, CT: Yale University Press.
　　一位杰出的女性主义心理学家的个人回忆录，讲述了她和丈夫如何尝试培养非性别化的孩子。已经长大成人的孩子艾米丽和杰里米也发表了他们的看法。这本书是有争议的，详见期刊《女性主义与心理学》（*Feminism and Psychology*，2002，12，120–124）刊载的书评。

坚韧女孩、健康女性（Hardy Girls Healthy Women）
　　这个非营利组织由女性主义心理学家琳恩·米克尔·布朗创建，致力于为女孩和年轻女性提供能够为她们赋权的机会、项目和服务。坚韧女孩组织的规划、资源和服务立足于有关女孩发展的心理学研究，也关注社会结构的变化。

新月女孩（New Moon Girls）
　　新月女孩是一个国际性的、多元文化的线上社区及杂志。在新月女孩平台上，女孩们创作和分享诗歌、艺术品、视频等，一起聊天和学习。它为 8~14 岁女孩提供了一个安全的网络社区，也提供了一本旨在建立自尊和积极体象的纸刊。

国际计划："因为我是个女孩"（Plan International: Because I Am a Girl）
　　这项计划旨在抗击性别不平等、提升女孩的权利并帮助女孩摆脱贫困。在世界各地，女孩都面临性别和年龄的双重歧视。她们得不到医疗保健和教育，面临暴力、虐待和骚扰。在这项计划的网站上，你可以看到关于世界各地女孩状况的最新报道，也可以参与援助。

第四编

性别化的人生道路

第 7 章

性、爱与浪漫爱情

性、爱和浪漫爱情似乎是自然之事——本能的、非习得的、普遍存在的。例如，想想接吻（kiss）。这再自然不过了，对吧？在西方社会，接吻被视为一种表达爱意和增强性唤醒的本能方式。然而在许多文化中，接吻是不存在的。这些文化中的人听说我们有接吻习俗，都很诧异，认为这种做法很危险、不健康、简直令人恶心。当某个非洲社会的成员第一次看到欧洲人接吻时，他们讥笑着说："瞧他们，相互吃对方的口水和脏东西"（Tiefer, 1995, pp.77-78）。

尽管听起来可能奇怪，但性（sex）就像接吻一样，并不是一种自然的行为。换言之，性态（sexuality）不是一种可以从纯粹生物学角度理解的东西。相反，它是一种社会建构。

性是如何被文化塑造的

世界上每一种文化都对人类的性心理和性行为有所控制。由于男性拥有更大的社会权力和政治权力，这种控制通常对他们有利。对女性而言，性的文化建构致使在愉悦和危险之间存在持续的紧张关系（Vance, 1984）。

什么是性脚本

我们每个人都会学习有关性行为的规则和规范——"何人、何事、何时、何地、为何"我们才可以进行或不被允许进行性行为。这些规则和指导原则被称为**性脚本**（sexual scripts）（Gagnon & Simon, 1973; Kimmel, 2007）。

性脚本是关于性概念和性事件的图式，用于指导个体的行为并解释其他人的行为。例如，当 20 世纪 80 年代的大学生被要求列出人们第一次约会时通常会做些什么时，他们提到的一些事件是一致的。例如，一起出去玩，通过开玩笑和聊天来了解彼此，努力给对方留下好印象，亲吻道晚安，然后回家。在这个脚本中，男性发出约会邀请并主动进行身体接触（Rose & Frieze, 1989）。在近期的研究中，很多旧的约会脚本已经消失了，但仍然是男性迈出第一步（Krahé et al., 2007; Seal et al., 2008）。

当代的性脚本

与 20 世纪 80 年代的约会脚本相比，今天的性脚本更加多样化。它们涵盖了从灰姑娘式的浪漫爱情，到勾搭和有性关系但无情感承诺的朋友等各种情形。让我们来仔细看看。

浪漫爱观念：性脚本的核心内容

浪漫爱观念（romantic ideology）包括了这样一些信念：爱是你所需要的一切；真爱是永恒的；真正相爱的人会融为一体；爱是纯洁而美好的；以爱之名做的任何事情都不会错（Ben Ze'ev & Goussinsky, 2008）。虽然这些爱的观念是积极的，但是它们有时被用来合理化一些可怕的行为，如跟踪、性侵犯甚至谋杀（见第 12 章）。

在我们的社会中，浪漫爱观念无处不在（见图 7.1）。从童年早期开始，女孩就被鼓励去认同那些童话故事中的女主人公，譬如，有被英俊的王子拯救的（《灰姑娘》）；有昏迷的"贞女"被一个好男人的爱唤醒的（《睡美人》《白雪公主》）；还有通过无私的奉献，把前景无望转变为美好姻缘的（《美女与野兽》）。

浪漫爱观念的一个普遍来源是浪漫爱情小说，这是一个每年有 10.8 亿美元的产业，而且仍在继续增长（Holson, 2016）。每一本浪漫爱情小说的封面，都描绘了一个女人（几乎总是年轻漂亮的白人）热切地凝视着一个高大、强壮、英俊男人的眼睛。专门针对青少年的浪漫爱情小说通过学校读书俱乐部进行销售，年年受欢迎。虽然大多数浪漫爱情小说都在美国、英国、加拿大出版，但它们的读者遍布全球（Puri,1997）。

没有人会说这些小说是伟大的文学作品。它们普遍遵循着一个可预测的脚本：爱能战胜一切障碍。女主人公吸引了男主人公，她没有心机或密谋。事实上，她常常要奋力抵抗这种吸引，这是一种难以抗拒的体验，无论在身体上还是情感上——她的膝盖发软，头开始眩晕，心怦怦直跳，脉搏也加快了。男主人公通常是冷漠、

图 7.1　浪漫爱观念和意象遍布我们周围。

迟钝和拒绝的，但是在小说的结尾，读者得知，他的冷漠只是对爱的一种掩饰。女主人公神魂颠倒，最终屈服于爱和情欲的力量。

为什么这么多女性喜欢这些幻想？虽然男主人公起初是冷漠而傲慢的，有时甚至是残酷的，但事实上他爱着女主人公。在她爱的力量的感召下，他渐渐转变成一个敏感而关怀的伴侣。在读浪漫爱情故事时，女性可能学会将男性伴侣的不敏感或控制行为，解释为冷漠外表下隐藏着一颗金子般的有男子气概的心（Radway,1984）。难怪这是一个吸引人的幻想，但也可能是一个危险的幻想（见第 12 章）。

电视提供了浪漫爱脚本的另一个主要来源。根据哈里斯民意调查，近半数美国青少年说电视是他们获取爱情和浪漫关系知识的主要来源（Ben Ze'ev & Goussinsy, 2008）。他们从中学到了什么？一项对 625 名大学生的调查发现，那些看婚恋真人秀电视节目（《单身汉》《百万富翁媒人》）的人更相信一见钟情，相信可以找到完美伴侣。那些观看浪漫爱情喜剧电影的人相信爱能战胜一切障碍；那些喜欢看情景喜剧的人持有的浪漫爱信念最少（Lippman et al., 2014）。这些研究

结果说明的只是相关关系，不能确定接触某种特殊类型的媒体信息是否会导致这样的信念（即不能确定是否存在因果关系）。但有趣的是，这些信念与媒体信息是一致的：在婚恋真人秀电视节目中，人们几乎会立刻坠入爱河；在浪漫爱情喜剧中，爱情总能以圆满告终；而在情景喜剧中，人们往往对浪漫关系持怀疑态度。

媒体的性脚本还有另一面：性别不平等。一项对青少年观看最多的 25 个黄金时段电视节目的内容分析发现，由男性主导的延续性别不平等的异性恋关系脚本仍占主导地位。对男性的描绘是性活跃和有进攻性，而对女性的描绘则是自愿将自己客体化（Kim et al., 2007）。在一项对真人秀约会节目的研究中，那些更沉迷观看此类节目的大学生更可能认为浪漫关系是敌对的（男性和女性带着不同目标参加一场竞赛）。他们更可能认为男性是由性驱动的，外貌在浪漫关系中非常重要，约会是一场游戏（Zurbriggen & Morgan, 2006）。

总之，浪漫爱观念包含了爱的积极方面，如相互奉献和亲密，但也传达了更多可疑甚至有害的信息：没有男人，女人什么都不是；男人应该是爱和性的进攻性发起者，而女人应该是羞怯的、乐于接受的守门人。男人的控制行为是可接受的，甚至是令人兴奋的，只要它是以爱之名做出的。如果能换来被爱，一个女人应该将自身客体化。相比之下，通过实践安全性行为来照顾好自己和伴侣，则很少成为脚本的一部分（Alvarez & Garcia-Marques, 2009）。而且几乎不用说，所有脚本都是异性恋的。

勾搭脚本

勾搭（hooking up）是指两个没有浪漫关系的人之间的性活动。当研究者让大学生描述一段典型的勾搭经历时，该脚本包括参加派对、朋友相聚、喝酒、调情、闲逛和聊天、跳舞以及性活动。然而，勾搭中性活动确切是什么，含义不明。它的范围可以从拥抱、亲吻，到口交、肛交或阴道性交（Holman & Sillars, 2012）。社会学家丹妮尔·库里尔通过访谈研究，探讨了大学生的勾搭史。她发现，85%的人报告至少有过一次勾搭行为（Currier, 2013）。同时，他们很难定义这个词："从接吻到做爱的任何事情""现在很难真正说清它是什么""对它的看法因人而异"。库里尔的访谈表明，"勾搭"一词的模糊性可能是有用的，因为男大学生迫于压力，经常要通过性征服来展现自己的男子气概；而女大学生则想要躲避"荡妇"这类标签。通过使用"勾搭"这个泛称，男性和女性都不必确切说出他们究竟做了什么性行为。

随意性行为（casual sex）的其他脚本还包括有性关系但无情感承诺的朋友（friends with benefits），即两个没有恋爱关系的朋友，有时会发生性行为。**性伙伴**（fuck buddy）是指一个只与其发生性行为的人，而不是恋人或朋友。人们也会通过**性行为邀约**（booty call）、发短信或打电话请求见面，来发生一次随意的性关系（Wentland & Reissing, 2014）。在勾搭脚本中，伙伴之间可能无意建立承诺关系，甚至无意再次联系，但他们之间的性行为是可接受的（Boislard et al., 2016）。

一方面，当今的性脚本比过去更平等了，也就是说，它们描绘了女性和男性都对性愉悦感兴趣，都积极寻求性愉悦（Dworkin & O'Sullivan, 2007）。另一方面，那些随意性行为的脚本，其实常常只是把性视为一场游戏。一个研究小组分析了70 期流行的女性杂志（《时尚》《魅力》）和男性杂志（《马克西姆》《男性健康》）中所有关于如何拥有更好性生活的文章。他们发现，大多数建议是关于技法（尝试新姿势、学习新技巧）和多变性（尝试粗暴性爱、色情产品、性道具等）。然而，强调将好的性爱作为关系（亲密、交流）的一部分的建议还远未列入清单。男性在性方面被描绘为狂野的、进攻性的和兽性的，而女性则被建议要害羞、含蓄、关注男性的愉悦（Menard & Kleinplatz, 2008）。

性脚本的跨族群和跨文化差异

有关性、爱和浪漫爱情的脚本，无一不受种族、社会阶层和性别的影响（Mahay et al., 2001）。基于一个全美样本，表 7.1 显示了不同族群性脚本的某些差异。从表中你可以看到，性别和族裔（随同宗教信仰）的交叉性塑造了一个人的性脚本。在不同的社会中，关于性、爱和关系的脚本还会更加多变（Goodwin & Pillay, 2006）。例如，美国人认为，爱情对于婚姻是不可或缺的。但是在世界大多数地方，婚姻是由家庭包办的，并不是由新娘和新郎自己做主。浪漫爱情可能被认为是无关紧要的，甚至有破坏性。在对 11 个国家和地区（印度、泰国、墨西哥、菲律宾、美国等）的大学生的研究中，参与者被问及：如果对方拥有他们渴望的所有品质，他们是否会与不爱的人结婚。印度有约一半的参与者回答"会"；泰国、菲律宾和墨西哥约有 10%~20% 的参与者表示同意。然而，其他国家或地区，包括美国，只有极少数人说他们会在没有爱的情况下结婚。

表 7.1 关于性的社会脚本在美国族裔 / 族群中存在差异，即使考虑了社会阶层

性脚本	族裔 / 族群					
	非裔美国人		墨西哥裔美国人		美国白人	
	男	女	男	女	男	女
关于性的道德和态度在美国正发生怎样的变化存在很多讨论。如果一个男人和一个女人在婚前发生性关系，你认为：这总是错的、几乎总是错的、有时是错的，还是根本没错？（错的 %）	25.5	38.3	27.7	41.8	21.6	30.3
如果他们是青少年呢，比如14~16 岁？在这种情况下，你认为婚前性关系：总是错的、几乎总是错的、有时是错的，还是根本没错？（错的 %）	67.6	83.2	75.9	92.4	73.5	84.6
我的宗教信仰塑造和引导着我的性行为。（同意的 %）	49.5	69.2	51.8	60.9	44.4	56.6
除非我爱上某个人，否则我不会与其发生性行为。（同意的 %）	43.3	77.0	56.6	78.3	53.1	76.4

资料来源：Mahay et al. (2000). Race, gender, and class in sexual scripts. In E. O. Laumann & Michael (Eds.), *Sex, love and health: Private choices and public policies* (pp. 197–238). Chicago: University of Chicago Press.

在与美国类似的文化中，浪漫爱情得到了高度认可，不在浪漫关系中可能会非常孤独。一项研究对美国和韩国的大学生进行了比较，在韩国文化中，浪漫爱情没有家庭义务那么重要（Seepersad et al., 2008）。当不在浪漫关系中时，美国学生会比韩国学生感到更孤独；当处于浪漫关系中时，美国学生则比韩国学生感到更快乐。显然，美国文化既放大了围绕浪漫爱情的积极感受，也放大了消极感受。

有关性和浪漫爱情的文化信念影响的不仅仅是感受，它们还导致了性行为上的族群差异。例如，与美国大学生相比，中国大学生首次约会的年龄更大、约会频率更低，而且与约会对象发生性行为的可能性更小（Tang & Zuo, 2000）。对加拿大一所大学的亚裔学生和非亚裔学生的比较表明，亚裔学生在行为上更为保守（如他们较少发生性行为或自慰；即使处于性活跃状态，他们的性伙伴也较少）（Meston et al., 1996）。

随着世界其他地方越来越受美国和欧洲媒体的影响，西方的浪漫爱理想正在四处传播。然而，这种浪漫爱理想是根据当地的规范进行解读的。例如在印度，约会通常是不可接受的，女性被期待结婚时是"处女"，而且浪漫爱情与选择人生伴侣也没有什么关系。然而，印度可能是全世界浪漫爱情小说销量最大的市场。一项对印度 100 多名中产阶层年轻单身女性的研究表明，阅读浪漫爱情小说是一种文化抵抗。女性在其中探索着与男性的其他形式的浪漫关系。她们钦佩有勇气、女性化但坚强的女主角。她们还从中获得了关于性的信息。正如一名女性所言，她在学校学到了性的生物学知识，但正是从浪漫爱情小说中，她了解到性并没有什么错，事实上，它是令人愉悦的（Puri, 1997）。无论损益，浪漫爱情小说、电视真人秀和好莱坞电影都是西方文化全球化的一部分。

青少年的性行为

性行为在青少年期是如何出现的

随着青春期到来，性兴趣和性行为激增。在过去 50 年间，无论是在美国还是在世界其他地方，青少年的性活动模式都发生了很大变化：

- 更多的青少年在婚前发生性行为。
- 女孩发生性行为的增幅更大。
- 初次性交的平均年龄变得更小。

在 20 世纪 40 年代，只有大约 33% 的美国女性（和 71% 的美国男性）在 25 岁之前有过婚前性行为（Kinsey et al., 1948, 1953）。当时的性脚本强调女孩在婚前保持"童贞"；对男孩来说则没那么重要。在一项全美研究中，70% 的女性和 78% 的男性报告在结婚前有过性行为（Laumann et al., 1994）。性经历上的性别差距几乎消失了。然而，尽管男孩比女孩更晚进入青春期，但男孩仍然比女孩更早发生性行为。

世界各国的比较表明，初次性交的平均年龄是相似的（多数国家在 16~18 岁）。然而，由于天主教的影响，拉丁美洲国家未婚女性发生性行为的比例低于美国或非洲。年轻人越来越多地接触放宽性规范的大众媒体，因而婚前性行为在全球范围变得越来越普遍（Hyde & DeLamater, 2017）。

什么因素影响发生性行为的决定

性行为的开始很大程度上取决于社会因素。无论对于男孩还是女孩，性活动最有力的预测因素之一是感知到的密友的性活动程度。一项对青少年性决策研究的元分析（包含 15 个国家近 7 万名青少年）发现，有关他人行为的信念比同伴真实的性态度或同伴的直接压力更重要（Van de Bongardt et al., 2015）。换言之，青少年开始发生性行为，主要是因为他们认为朋友们正在这么做。用一个青春期女孩的话说："我只是觉得别人都在做这件事，他们全都在谈论这件事，可我没有什么可谈的。所以我想，好吧，我也可以做"（Skinner et al., 2008, p. 596）。

这就对所谓的"自由选择"提出了令人忧虑的疑问。在一项对澳大利亚城区 14~19 岁性活跃女孩的研究中，女孩接受了关于她们初次性交经历的深度访谈。一些女孩说，她们当时已经做好准备了，对发生的时机和第一个对象感到舒适，"我和男朋友等了很久，直到我觉得准备好了，直到我信任他，这花了很长时间。"另一些女孩说，她们的第一次性交是她们不想要的。通常情况是她们当时喝醉了，"我那时才 15 岁，我很傻，很年轻，我不应该那么做。那是在一次聚会上发生的。我喝醉了，他也喝醉了。真的很糟糕。"还有一些女孩说，尽管还没有准备好，她们还是向压力屈服了。"我只是为了让他开心"（Skinner et al., 2008, pp. 596–597）。在一项大型全美研究中，所有种族和族群的女性都显著地比男性更可能报告她们的第一次性行为是不想要的（Laumann & Michael, 2000）。

父母对其青少年子女的性行为有一定的影响（Miller et al., 1997）。一项对城市非裔美国青少年的研究发现，女孩第一次性交经历的推迟与她们和母亲相处的时长有关，男孩第一次性交经历的推迟与他们和父亲相处的时长有关（Ramirez-Valles et al., 2002）。无论非裔美国女孩还是美国白人女孩，那些感觉与父母亲近且能跟父母谈论性的女孩，她们的性行为比没有这样做的女孩要少（Murry-McBride, 1996）。这些研究表明，父母在允许青少年发展独立性的同时，表达对孩子的支持、爱和关心是非常重要的。近期一项研究对一个青少年大样本进行了为期一年的纵向追踪。在追踪开始时，这些青少年都还没有发生过性行为。在研究期间，这些青少年推迟开始性行为的最大因素是父母的关心；而父母对青少年行为的控制则不那么有效（Longmore et al., 2009）。

虽然成年人很容易将青少年的行为归因于激素水平的高涨，但激素与性活动的关系是复杂的。激素水平对女孩的性兴趣水平有很强的影响，但对其性行为的影响则很微弱（Udry et al., 1986）。在黑人和白人青少年中，较早的月经初潮与较早的性行为有关（Smith, 1989; Zelnick et al., 1981），这可能是由于激素变化和社会压力的双重作用。正如第 6 章所述，较早进入青春期导致了较早的性别增强，这对女孩有诸多影响。

对性行为来说多早算是"过早"？发展心理学家一致认为，15 岁之前发生性行为是有害的，因为那个年龄的青少年还没有为安全和自愿的性行为做好认知上的准备。他们容易冲动且容易受到社会压力的影响，这增加了无保护性行为、性传播感染和意外怀孕的风险（Boislard et al., 2016; Hyde & Delamater, 2017）。长期研究表明，对较早发生性行为的青少年而言，无论男孩还是女孩，结果都不太好（Vasilenko et al., 2016）。

青少年与安全性行为

我们已经注意到，年轻人的性行为决策，经常基于他们认为别人在做什么。对于冒险行为和性行为的开始来说均是如此。一项对美国大学生的大规模研究表明，大学生认为同伴从事的行为的风险性比同伴实际报告的更大，而且他们自己冒险的依据是感觉别人也在那么做（Lewis et al., 2007）。此类研究表明，减少危险性行为的一种方法是：为年轻人提供关于其同伴群体规范的准确信息。

然而，同伴群体规范（peer group norms）可能存在某些问题。浪漫爱情的性脚本暗示女性应该为爱倾倒，勾搭脚本又把性行为视为一场游戏。这两种脚本都不允许女性与伴侣就安全套的使用以及其他负责任的性行为进行协商。后果是意外怀孕和性传播感染风险增加。性传播感染包括细菌感染（如衣原体和淋病）、病毒感染（如疱疹和生殖器疣）以及人类免疫缺陷病毒（HIV 会导致艾滋病）。所有这些性传播感染，都是通过生殖器、肛门或口腔的性接触而传播，都会造成严重的长期健康伤害。虽然性传播感染对任何年龄段的性活跃人群都是一种风险，但青少年尤其易受伤害，因为他们往往有更多的性伴侣，而且也不坚持使用防护措

施。美国每年有一半的性传播感染案例发生在 15~24 岁的年轻人身上，而且每 4
个性活跃的青少年女孩中就有 1 个出现性传播感染（Hyde & DeLamater, 2017）。

　　艾滋病在继续蔓延。全世界有超过 7500 万人受到感染，几乎一半是女性。在
美国，女性目前占艾滋病病例的 23%。绝大部分（84%）感染人类免疫缺陷病毒
或艾滋病发病的美国女性是通过异性恋性接触而感染的；注射毒品是大多数其他
病例的感染途径。艾滋病目前是 25~34 岁非裔美国女性死亡的首因，排在同年龄
段所有女性死亡原因的第 5 位（Hyde & DeLamater, 2017）。

　　安全套是异性恋性接触中预防性传播感染的最有效手段。但是，媒体对性和
浪漫爱情的描述，几乎从未包括性接触中安全套的使用。这可能就是很多人即使
知道安全套有效也不坚持使用的一个原因。在一项对女大学生的研究中，那些看
浪漫爱情小说最多的女生对安全套的使用持最消极的态度和意向（Diekman et al.,
2000）。这项研究还表明，在浪漫爱情故事中加入安全的性脚本会使人们对安全套
形成更积极的态度。

体验性行为

第一次性行为：称不上幸福？

　　社会学家和心理学家已经探讨了影响人们初次性行为决策的因素。但是第一
次性行为的体验又是怎样的呢？这方面的研究还很少。在美国社会中，这叫作失
去"童贞"（virginity），其脚本符合浪漫爱观念。这里有一个例子，摘自一本滑稽
的浪漫爱情小说：

　　　　在那长久而永恒的一刻，罗迪俯视着熟睡的身影，看着月光轻柔地洒在
　　她的脸上……他轻轻地拉开毯子，躺到安睡的女孩身旁。她在睡梦中转过身来，
　　一只手向他伸来。他温柔地抚摸着她脸上的一缕黑发，然后把她揽入怀中……
　　她还在半梦半醒之间，还有些许白兰地的醉意，她发现自己在抚摸着他的头发。
　　"多么完美的梦，"她喃喃道，又再次闭上了双眼。
　　　　"不是做梦，我的女士"，罗迪的唇寻到了她的唇，令她不再作声。他温

柔地将睡衣丝带滑下她的双肩，随着他的手指在她胸前热烈地划过，她的身体向他拱起。当他把她的睡衣扔到地板上时，她喉咙深处发出一声呻吟。然后，他的身体压向她，她感受着裸露的肌肤之上的皮肤，喘息着……

在纯粹的本能驱使下，她向他靠近，雨点般地吻着他粗糙的皮肤，手指滑过他肌肉发达的胸膛。他的呼吸愈加不均匀，他的手在她身下滑过，把她拉得更近，当他最终占据了她的身体时，她发出一声轻微的投降的叫声，当他们在疯狂的节奏中一起移动，她的手指抠住了他的肩膀。她身体里似乎涌起了一口巨大的井，当房间爆炸成碎片状的光时，她听到一个声音在喊"我爱你"……（Elliot, 1989, pp. 116–118）[1]。

浪漫爱理想与现实之间可能存在一定差距。在一项对 1 600 名美国大学生的研究中，当回忆第一次性交经历时，女性比男性报告了更多的内疚、更少的愉悦。当要求在 7 点量表上评价第一次性交的愉悦度时，女性评价的均值是 2.95（Sprecher et al., 1995）。以下叙述来自一名大二女生撰写的性经历自传，如她所写转载如下：

我想我永远不会忘记失去童贞的那个夜晚。就在今年 9 月（确切地说是 9 月 7 日）。我和男友约会已有半年。那天晚上我在聚会上碰到他，不过，我到那儿的时候，他已经喝得烂醉。我们回到了我的房间，因为我的室友不在。我的男友喝得醉醺醺的，至少看上去一副非常多情的样子。我们一到床上，我就知道他到底想做什么，他对我又摸又亲。我想我们可能会做爱……所以，我决定随他所愿。对于实际的性行为本身，我第一次是讨厌的。不仅很疼，还把我的被子弄得一团糟。当时我恨我男友。真的，我把他赶出了我的房间，送他回家了。我感到沮丧的原因很多：我男友喝得酩酊大醉，他都不记得那一夜到底发生了什么。所以我任由他为所欲为是个错误决定；整个过程没有投入任何感情；我一点也不享受；我失去了童贞，背叛了父母。好几天我都很难过。

自那第一夜之后，我和男友之间的性爱就很棒了（Moffat, 1989, pp. 191–192）。

第一次性交体验，对年轻女性和年轻男性来说往往是不同的。在一个包括白

1　此类引用是为了进行女性主义文化批判，前文已经批判了当代的性脚本和浪漫爱观念——译者注

人、非裔、亚裔和拉丁裔美国大学生的样本中，当被要求描述第一次性交经历时，他们使用最多的描述用词既有积极的（"很特别、完美、难忘"），也有消极的（"我们真的不知道在做什么""不愉快，感觉不好"）。与以往研究相似，男性比女性更可能把第一次性交描述为总体上积极的、身体愉悦的，而女性则更可能描述为疼痛的、消极的。不过，女性比男性更多地将其描述为一种积极的情感体验（Walsh et al., 2011）。

失去"童贞"有很多含义。研究者劳拉·卡朋特对一个由 61 名不同宗教、社会经济背景和族裔的异性恋、男同性恋和女同性恋青年组成的多样化样本进行了访谈，探讨了失去"童贞"的含义（Carpenter, 2005）。关于第一次性行为，访谈中发现了三种观点。第一种观点：约半数受访者提到，"童贞"是一方给予另一方的礼物。这不足为奇，礼物的比喻可能受到学校禁欲型性教育项目的影响，持该观点的受访者多数为异性恋女性。第二种观点：有 1/3 以上的受访者认同"童贞"是一种需要摆脱的污名。污名这一比喻，异性恋男性更多提及，但有些女性也使用这一比喻，以拒绝女性气质的传统观念。第三种观点认为，失去"童贞"是人生过程中的一步，对异性恋者而言，是成为成年人的一步，对 LGBT 群体而言，是出柜的一步。该研究使用的是质性研究方法，所以我们不能将此结果推广到一般人群，但它确实提供了样本中的人们如何为自己的经历赋予意义的丰富图景。看来，"童贞"对不同的人意味着不同的东西。

女性的性高潮体验

性经历不多的女性有时不能确定她们是否有过性高潮，因为她们不知道性高潮应该是什么感觉。了解性高潮主观体验的一种方法是让女性描述自己的行为和感受。海蒂在一项对 3 000 多名女性的调查研究中就是这样做的（Hite, 1976）。虽然海蒂的研究方法不够系统，但她请求一位又一位女性加入她未来的样本，并使用开放式问题。很多参与者写下了非常详细的回答。《海蒂报告》在当时是一次女性主义轰动性事件，因为它以女性自己的声音描述了性高潮和其他性经历。

男性和女性对性高潮的体验不同吗？研究表明，体验是相似的。一项研究要求大学生参与者写下自己的性高潮体验，评判者（心理学家和医生）无法可靠地区分这些描述哪些来自女性，哪些来自男性（Vance & Wagner, 1976）。在近期一项对英国年轻成人的质性调查中发现，男性和女性都将性高潮描述为性活动的主要目标和终极愉悦。无论男性还是女性，当他们与伴侣相处舒适并了解彼此的性偏好时，都体验到了更为美妙的性高潮（Opperman et al., 2014）。

自慰的罪恶感还是自我取悦的愉悦感

个体刺激自己的生殖器是一种很常见的性行为。传统上，这种做法被赋予了一个临床术语**自慰**（masturbation），使之看起来像是一种障碍。自慰确实被认为会导致从黑眼圈到精神错乱等广泛的症状。然而，今天大多数人认为，自慰既算不得有害，也说不上有错（Peterson & Hyde, 2010）。对自慰更积极的说法包括**自我取悦**（self-pleasuring）和**自我满足**（self-gratification）。

女性通常通过刺激阴蒂来自慰，利用手或使用振动器。其他方法包括利用枕头按压阴蒂，或在洗澡或淋浴时使用水流。大多数自慰的女性会在自慰时进行性幻想。海蒂调查的参与者既描述了她们的自慰方式，也描述了她们的性幻想。

自慰经历存在持续的性别差异。奇怪的是，与男性相比，女性并没有报告对自慰更消极的态度，但是她们肯定更不可能说自己自慰（Das, 2007; Oliver & Hyde, 1993）。在一项全美研究中，只有约 42% 的女性报告她们有过自慰行为，而几乎所有男性都报告他们有过自慰行为（Laumann et al., 1994），非裔和亚裔美国女性报告自慰的比例低于美国白人女性（Das, 2007）。对于美国社会的年轻女性来说，形成对自慰的积极态度可能需要时间，因为在自慰问题上存在文化沉默和羞耻感。当要求女大学生写下关于自慰的感受和经历时，类似这样的故事很常见：

- 当说到性，我妈妈愿意与我讨论任何我想问的问题……然而，不知什么原因，我对自慰从不曾有过了解，也从未跟人讨论过自慰。
- 我在一个基督教家庭长大，我认为婚前性行为和性游戏是可耻的。我认为所有形式的性经历都是肮脏的……（Kaestle & Allen, 2011, pp. 986–7）。

自我取悦可以成为女性了解自己性唤醒和性满足模式的一种重要方式。通过练习，她可以了解什么样的性幻想最能激发性唤醒，什么类型和程度的刺激是最愉悦的，以及可以期待自己的身体会有什么反应。出于这些原因，性治疗师经常使用自我取悦的教育来帮助那些无法跟伴侣达到性高潮的女性（LoPiccolo &

专栏 7.1 　研究焦点：女性自慰和性赋权

在一项对 765 名美国女性的匿名调查中，克莉丝汀·鲍曼询问了女性对自慰的态度，她们为什么自慰，以及她们对自慰的内心感受如何。样本中大约 96% 的女性报告有过自慰，约 62% 的女性在过去一周有过自慰。研究者向女性提供了 17 种不同的自慰理由，并询问她们以每种理由自慰的频率。回答集中在五大类（按频率由高到低排序）：性愉悦、替代伴侣间性行为、释放、了解身体 / 愉悦、性不满足。对于"你自慰这件事让你感觉如何？"，回答集中在三类：性赋权、羞耻感以及害怕被指责为自私。

鲍曼样本中的女性基本上对自慰持积极态度。事实上，85.5% 的女性报告她们对自慰很少或没有羞耻感，近 92% 的女性认为自己那样做并非自私的表现。鲍曼还研究了性赋权的预测因素。她发现，如果女性自慰是为了获得性愉悦或者更多地了解自己的身体，如果她们在性方面有效能感（在性关系中自在地表达自己的需求），以及如果她们有积极的生殖器自我形象（对自己的阴道有积极态度），她们更可能在性方面有赋权感。

资料来源：Bowman, C. P. (2014). Women's masturbation experiences of sexual empowerment in a primarily sex-positive sample. *Psychology of Women Quarterly*, 38(3), 363–378.

Contributed by Annie B. Fox.

Stock, 1986）。女性主义倡导者鼓励女性以自我满足作为获得性爱技巧和性独立的途径（Dodson, 1987）（见专栏 7.1）。

同性恋与双性恋女性

到目前为止，本章一直在讨论异性恋，因为异性恋是占主导的、受社会认可的性表达形式，有着清晰而普遍存在的脚本。现在，让我们来看看其他的性取向认同（sexual identities）和性经历，即那些属于同性恋或双性恋女性的性取向认同和性经历。

定义性取向

女同性恋者是指在情感和性方面被其他女性吸引的女性；双性恋女性的情感和性吸引对象既可以是男性也可以是女性。虽然这些定义看似简单，但性取向是一个复杂的问题，不仅涉及吸引，而且涉及爱、亲密、幻想、行为，以及最重要的——个体对自身性取向认同的主观感觉。

非异性恋规范的认同是难以融入主流文化的。认同自己为双性恋的个体不符合同性恋 / 异性恋的二元体系；传统上，一些研究者和临床工作者坚持认为，真正的双性恋者是不存在的，暗指他们只是困惑或犹豫不决，最终会决定做个同性恋者或异性恋者（Rust, 2000）。一些双性恋者可能会感到自己同时被同性恋文化和异性恋文化边缘化。同性恋社群可能指责他们想避免同性恋标签的污名，或是利用异性关系来隐藏自己的同性恋认同（Rust, 2000; Hayfield et al., 2014）。另一方面，一些女性主义者认为，双性恋是一个革命性概念，因为它挑战了性取向的狭隘定义，并推动社会超越对性取向的二元思维（Firestein, 1998）。确实，一些双性恋者说他们的双性恋认同反映了他们的性别政治（gender politics）：他们是被"人"吸引，而不是被"性别"类别吸引（Rust, 2000）。

随着跨性别者在社会中越来越可见，"谁算是女性"这一问题也越来越凸显。如果一名认同自己为女同性恋者的女性转变成一名跨性别男性（transman），那么她还是女同性恋社群中的一员吗？那些认同自己是性别酷儿（genderqueer，男女皆是，或男女皆非，在性别二元体系之外）但又认同自己是女同性恋者的人又如何呢？社会心理学家夏洛特·泰特提出了新的性取向模型，将"女性"定义为任何认同自己为女性的人，即使这个人在出生时没被标定为女性，这样就把认同自己为女同性恋者的跨性别者和性别酷儿纳入了这个类别（Tate, 2012; Tate & Pearson, 2016）。泰特认为，如果我们真的认为性别是社会建构的，那么女性性别认同、作为女性的生活经历以及作为女同性恋者，不仅对出生时被标定为女性的人开放，也对后来认同自己为女性的人开放。

即使在顺性别（cisgender）女性（性别认同与出生时的生物性别匹配的女性）中，人们在说"我是女同性恋者"时表达的意思也并不总是一样的。心理学家西莉亚·基青格（Kitzinger, 1987）在英国进行了一项开创性研究，比较了 41 名 17~58 岁自我认同为顺性别的女同性恋者对自己女同性恋认同经历的解释或叙述。

仔细比较这些叙述后发现了五种观点。

第一种观点认为女同性恋是一种个人实现。主要以这种方式看待自己的女性，确信自己是女同性恋者，对自己的性取向不感到羞耻，并认为自己是健康而幸福的人：

> 对于发现自己、接受自己和发现所有其他同类女性，我一直感到宽慰和快乐，这意味着，我几乎在生命中的每一天都是快乐的……我从不后悔做一名女同性恋者（Kitzinger, 1987, p. 99）。

第二种观点从爱的角度定义性偏好，即成为女同性恋者被视为爱上一个特定的人的结果，只不过碰巧这个人是女性。虽然这些女性把自己定义为女同性恋者，但她们觉得，如果她们爱上的是一个男人，她们也能或将会有一段异性恋关系。第三种观点与"天生如此"的感受有关，但抵制性标签：

> 我就是我。我是……一名社会工作者；我是一个母亲。我已经结婚了。我喜欢柴可夫斯基；我喜欢巴赫；我喜欢贝多芬；我喜欢芭蕾。我喜欢做各种各样的事情，噢，是的，在这一切之中，我碰巧是一个女同性恋者，我深爱着一个女人。但那只是我的一部分（Kitzinger, 1987, p. 110）。

第四种观点的持有者包括通过激进女性主义开始认同自己为女同性恋者的女性：

> 只有通过女性主义，通过了解男性对女性的压迫、异性恋的强制执行对女性的压迫，以及在该压迫下使女孩进入异性恋状态的条件反射，我才决定，无论发生什么，我都永远不会后退到被男人搞……做这个决定是因为我是一名女性主义者，不是因为我是女同性恋者……我把"女同性恋者"这个标签作为女性主义斗争策略的一部分（Kitzinger, 1987, p. 113）。

最后一种观点的持有者认为，她们的性取向是一种罪恶或缺点，犹如背负的十字架。这些女性有时会因自己是女同性恋者而感到羞耻，说她们本不该选择这个身份，如果她们是异性恋者会更快乐。

这项经典研究探讨了女性对她们的性取向所赋予的多重含义，以及她们的性取向与未来生活的关系。这些女性对其性取向的每一种主观体验，对个体来说既有代价又有收益。性取向的社会意义随着时间推移已发生改变，个人的自我定义也可能随之改变。目前，该定义已经超越了同性恋或异性恋的狭窄框架，越来越容纳跨性别和性别酷儿人群。请继续关注进一步的发展。

女同性恋或双性恋认同的发展

出柜（coming out）是个体先自己认同，然后向他人承认自己是 LGB（女同性恋、男同性恋和双性恋者）或酷儿的过程。通常，LGB 人群的出柜经历有一系列的里程碑：第一次性吸引、第一次认同自己是 LGB、第一次同性恋性行为以及第一次向他人表露。在一个包含 1 200 多名 18~84 岁 LGB 成人的随机样本中，大多数人在早年就自我确认了。女性的初次性经历比男性要晚，但表露更早，这可能是因为女同性恋者受污名化的程度比男同性恋者要小一些。双性恋个体经历这些里程碑的时间比同性恋个体平均晚一年。然而，这些里程碑的时间点有很大的个体差异（Calzo et al., 2011）。

男同性恋、双性恋和女同性恋青少年的日子并不轻松。他们在低自尊、情感孤立、学业成绩不佳、辍学及各种其他问题上面临更高风险。被家人拒绝与 LGB 青少年的心理健康问题密切相关。在一项对白人和拉丁裔青少年的研究中，与未受家人拒绝的同伴相比，那些在青少年时期遭受家人更多拒绝的青少年报告曾尝试自杀的可能性高出 7 倍，有高水平抑郁的可能性高出 5 倍，非法使用毒品或进行无保护性行为的可能性高出 2 倍（Ryan et al., 2009）。双性恋女孩在高中出现过早性行为、危险性行为、抑郁和物质滥用的比例尤其高（White Hughto et al., 2016）。这些研究表明，学校心理咨询项目亟待为 LGB 青少年提供针对其性心理需求的服务。

双性恋者或女同性恋者的出柜可能会受到刻板印象的阻碍。在一项对有双性恋认同的女大学生的质性研究中，参与者报告了其他人对双性恋的刻板印象，即双性恋取向只是一个阶段（"毕业前是双性恋"），或女性为了取悦异性恋男性而做的一种展示（醉酒或发生三人性行为时"相互亲吻的女孩们"）（Wandrey et al., 2015）。这些刻板印象通过把双性恋与"性乱交"等同起来，贬低了参与者的身份认同。女性主义心理学家、从事 LGBT 研究的教授琳达·加尼特描述了她自己的"真相时刻"：

　　我还记得自己第一次遇到一对女同性恋伴侣的情景。我当时开始觉得，我可能真的是女同性恋者，所以我想认识一些其他同性恋者。我认识的同性恋者非常少，我对同性恋者的外貌和行为有很多幻想。我清楚地记得当我站在前门等待她们的到来时，头脑中闪过关于她们的各种可能的刻板印象。我以为她们会骑摩托车来，头发泛油，还有文身。我在那儿发抖。不过当我打开前门时，站在那里的是两个看起来极普通的女子。我想她们一定是走错地方了（Garnets, 2008, p. 233）。

　　虽然出柜可能很难，但它有很多好处。在一个包含 7 800 多名 LGBT 高中生的全美样本中，出柜与更高的自尊和更低的抑郁有关。但是，出柜并不都是积极的。同一项研究发现，出柜也与言语骚扰和身体骚扰有关（Kosciw et al., 2015）。对 LGBT 高中生来说，出柜是面临风险时展现出的一种韧性，尽管冒险但仍能促进心理健康。对所有年龄段的同性恋和双性恋女性而言，出柜都与更多的社会支持、更好的关系以及更少的心理痛苦有关（Jordan & Deluty, 2000; Legate, et al., 2012; Morris et al., 2001）（见图 7.2）。

　　至此为止，我一直在描述性取向认同，仿佛它是固定不变的：一旦一名女性意识到自己是同性恋者、异性恋者或双性恋者这个基本事实，她就准备这样过一生了。然而，女性的性取向认同似乎更具潜在可变性（Bohan, 1996; Golden, 1987; Rust, 2000）。

　　性取向流动（sexual fluidity）是指性取向的一个或多个成分随时间推移而发生变化。它可以包括性吸引（一个人可能从只被男性吸引转变为既被男性又被女性吸引）、性取向认同（从认同自己为女同性恋者转变为认同自己为双性恋者）或行为（第一次进行同性性活动）。心理学家运用访谈法和调查法，并在纵向研究中对参与者进行追踪，发现性取向并不是对每个人而言都固定不变。性取向流动一点也不罕见，尤其是在女性身上。

　　在一项对 14~21 岁同性恋和双性恋女性的研究中发现，许多年轻女性的性取向认同已经随时间推移而发生了改变；一半以上认同自己为女同性恋者的女性曾在过去某段时间认同自己为双性恋者，而且其中大多数人与女性和男性都发生过性行为（Rosario et al., 1996）。一项对 155 名 18~26 岁的女同性恋和男同性恋年轻成人的调查发现，年轻女性显著比年轻男性更可能报告在性吸引和性取向认同

图 7.2　对爱上女性的女性而言，出柜与更好的心理调适相关。

上具有流动性。女性也更可能认为性取向是可变的，且受环境影响（Katz-Wise &
Hyde, 2015）。近期研究还显示，性别不遵从、跨性别和多重恋（polyamorous）人
群表现出相当大的性取向流动性（Katz-Wise et al., 2015; Manley et al., 2015）。（多
重恋者是指同时与多个人保持亲密关系的个体。）

　　在最早关于同性恋和双性恋女性的纵向研究中，参与者在 16~23 岁首次接受
访谈，并在两年后的追踪研究中再次接受访谈。结果发现，一半的人不止一次地
改变了她们的性取向，1/3 的人在两次访谈之间的两年中改变了性取向。心理学家
丽莎·戴蒙德对该样本的性取向和性行为进行 10 年追踪研究后得出结论：性取向
流动是女性性取向的特征（Diamond, 2000, 2008）。

族裔认同与性取向认同的交叉

　　在心理学研究中，同性恋和双性恋女性并未得到充分关注（Lee & Co, 2007;
2012）。针对有色人种同性恋和双性恋女性的研究则少之又少（Sung et al., 2015）。

不同族裔和种族背景的女性在身份认同发展上有差异吗？身份认同的交织可能会带来更多的压力。例如，在非裔美国家庭中，LGB 人群可能会保持未出柜状态。另外，身份认同交织也可能会带来力量和韧性。例如，在亚裔美国家庭中，强烈的家庭忠诚度可能会战胜身为一名 LGB 家庭成员的污名；非裔或拉丁裔美国家庭学习处理种族主义的应对技能，在一定程度上有助于应对同性恋恐惧症（Kuper et al., 2014）。

在某些方面，多样化的同性恋和双性恋女性群体的发展可能大同小异。一项直接比较白人、非裔、亚裔和拉丁裔同性恋和双性恋女性的研究，考察了一个包含 967 名平均年龄为 21 岁的网络女性样本的身份认同发展和幸福感。这四个族群的同性恋和双性恋女性都在大约相同的年龄达到了发展的里程碑，比如经历第一次同性性行为。她们内化恐同倾向的程度，以及对 LGBT 社群的参与程度也大致相当。唯一的较大差异是，有色人种女性都比白人女性更少向家人出柜。尽管有更多客观的压力源，如失业，但这项研究中的有色人种女性仍努力与 LGBT 社群建立联系，并保持了积极的同性恋和双性恋认同，体现出韧性和智慧（Balsam et al., 2015）。

非裔、拉丁裔和亚裔美国女同性恋者的经历有所不同，因为她们有着不同的文化背景，而且这些文化群体内部也存在差异。最初开展女同性恋研究的心理学家奥利娃·埃斯平（Oliva Espin）在 20 世纪 80 年代初首次对拉丁裔女同性恋者进行了研究，她指出：

> 作为拉丁裔美国人，她是少数族裔者，所以她在美国社会必然是双文化的。她是女同性恋者，所以她在拉丁裔群体中又必然是多元文化的。拉丁裔女同性恋者面临的困境是，如何将她们在文化、种族和宗教上的认同与她们作为女同性恋者和女性的认同整合起来（Espin, 1987a, p. 35）。

拉丁裔女同性恋者也许比白人女同性恋者更倾向于保持不出柜，对家人和朋友保守自己性取向的秘密，因为她们族群中的多数成员对女同性恋持强烈反对态度。然而，那些意识到女儿有女同性恋倾向的家长，不太可能公开拒绝她或与她断绝关系。他们会保持沉默，默默接受现实而不公开（Castañeda, 2008）。

在一项对 16 名拉丁裔女同性恋者进行的问卷研究中，参与者对自己的女同性恋倾向有着广泛的主观理解，这与以往研究中的白人参与者相似。她们还明确写下了整合族裔认同和性取向认同的困难。下面这名女性早先曾说，身为古巴人和身为女同性恋者对她同样重要：

> 我在想，如果非要做一个选择，我会选择在女同性恋群体中生活……但我想指出，如果我所有的拉丁文化都从我的女同性恋生活中消失，我会非常地不开心……我感觉我既是古巴人也是女同性恋者，我不想被迫做选择（Espin, 1987, p. 47）。

罗马天主教是拉丁裔社群中占主导地位的宗教，其教义认为同性恋是一种不可饶恕的大罪，这给拉丁裔女同性恋者造成了有关忠诚的困境。迄今为止，关于拉丁裔女性如何调和教义要求与其同性恋或双性恋认同的矛盾还鲜有研究。埃斯平（Espin, 2012）有力地阐述了她如何解决自己的精神灵性认同问题：

> 没有什么比我与上帝的关系更重要了。不过，我拒绝让宗教机构和宗教权威来决定我应该或将要如何生活。宗教和灵性不是关于规则和圣典的。它们关涉的是我们的内心、我们的期望、希望以及对超越的渴望……因我们是女同性恋者而惩罚或迫害我们的，不是上帝，也不是庄严和神圣感，而是某些自称上帝代理人的人，他们把自己的性别主义和异性恋主义当作上帝的话来传播（Espin, 2012, p. 53）。

非裔美国女同性恋者还描述了整合多重认同和群体成员身份的问题：作为女同性恋者，作为黑人社群的成员，以及作为带有种族主义、性别主义和异性恋主义的更大文化的一部分。正如这项个案研究所示：

> 黛安（犹豫地）谈论起她在大学时作为女同性恋者的感受。她就读的那所大学以白人为主，黛安很大程度上依靠那里的黑人社群给予的支持。她认为向这些人出柜可能会危及该群体对她的接纳度。虽然黛安在内心继续探索她的女同性恋感受，但她也继续与男性约会。几年后，当她开始向他人出柜时，她害怕自己的女同性恋认同会拉开自己与主要参照群体（美国黑人）的距离（Loiacano, 1993, pp. 369–370）。

在非裔美国社群中，非裔美国人的教会通常起着核心作用，而且宗教一直有助于非裔美国人应对美国历史上的压迫。然而，很多牧师教导他们的会众，同性恋是一种罪，并引用《圣经》证明该信念的正当性（Trahan & Goodrich, 2015; Walker & Longmire-Avital, 2012）。因此，非裔美国同性恋者和双性恋者可能会推迟或避免出柜。正如一名年轻女性对研究者坦言的那样：

> 我们都是基督徒，都是浸信会信徒……我不知道你是否清楚，在非裔家庭里，同性恋就像……怎么说呢，真的、真的是禁忌……我们一生都去教堂，在教会长大。这就是我没有立刻出柜的原因，就是因为这一点（Trahan & Goodrich, 2015, p. 152）。

一项对非裔美国同性恋和双性恋年轻成人的研究发现，宗教信仰与高韧性有关，但也与恐同内化程度高有关（Walker & Longmire-Avital, 2012）。换言之，更虔诚的宗教信徒有更大的力量去应对生活中的挑战，但是他们对自己的性取向也有更强的羞耻感。对这些年轻人而言，宗教真的是利弊参半。

虽然亚裔美国同性恋和双性恋女性与其他少数族裔同性恋和双性恋女性有一些共同的经历，但她们的身份交叉经历[2]在其他方面有其独特性。某些传统的亚洲文化是高度父权制的，对同性恋持非常负面的态度。因此，亚裔同性恋和双性恋女性可能既因身为女性而被贬低，也因身为性少数者而受到贬低（Sung et al., 2015）。因为传统亚洲价值观非常重视大家庭，所以女性被期待通过结婚生子来传宗接代。身为女同性恋或双性恋者会使整个家庭蒙羞。另一方面，传统的东亚宗教，如佛教，并不特别谴责同性恋，性行为被认为是家庭内部的私事（Chan, 2008）。

亚裔美国女性如何应对她们的交叉认同带来的挑战？研究者对这个问题进行了探讨，她们收集了一个50名亚裔美国女性的网络样本，平均年龄24岁，族裔背景多样：华裔、韩裔、越南裔及其他（Sung, et.al., 2015）。研究者使用开放式问题，询问她们身为同性恋和双性恋女性面临怎样的挑战，如何应对，以及身为亚裔美国同性恋和双性恋女性有哪些积极的方面。结果表明，她们面临的最大挑战是自己与亚裔美国家人之间的冲突，以及不敢向家人出柜。许多女性说，她们的应对方式只是不在家里谈论自己的个人生活，更多地强调自己的学业成就。由于亚洲文化对公开谈论性取向和性行为存在禁忌，她们能够引导谈话远离敏感主题，并对家人隐瞒自己的性取向和女同性恋关系。尽管亚裔美国同性恋和双性恋女性面

2　指族裔和性取向的交叉——译者注

临更大的挑战，但参与者也认为有积极的方面。例如，她们感受到自己是 LGBT 社群的一部分。一些人报告说，她们形成了积极的自我感和"看世界的独特而交叉的视角"，这能让她们"更加批判和智慧地"看待社会，"发现诸多不同社群的共同点"（Sung et al., 2015, p. 60）。

勾搭、约会与浪漫爱情

回到关于"女性性态"（female sexuality）的异性恋规范脚本，让我们来看看异性恋女性在随意性行为、约会和浪漫关系中的性满足与情感体验。

勾搭文化？

媒体宣称，我们现在生活在一种"勾搭文化"中。确实，研究表明，60%~80% 的大学生有过"勾搭"经历（Garcia et al., 2012）。但是，在你得出结论认为浪漫爱情已死、大学里全是"狂野女孩"之前，请记住，勾搭的定义是模糊的（Currier, 2013）。性态度或性行为并没有发生巨大而突然的变化。20 世纪 90 年代和 2012 年两次美国综合社会调查（U.S. General Social Survey）的结果显示，人们对青少年性行为和非婚性行为的态度并未发生改变。他们并没有找更多不同的性伴侣，也没有更频繁的性行为。然而，他们更可能报告与一个随意约会对象或朋友发生了性关系，他们也更加接受同性恋和双性恋性行为（Monto & Carey, 2014）。是的，这是一种社会变迁，但说不上是一种全新的文化。相反，浪漫爱情和承诺为核心的老脚本与性自由和性独立为核心的新脚本共存。

那些赞成勾搭的人表达了这样一种观念，即没有情感承诺的性满足无害而有趣。它允许个体对自己的性施加控制，并体现了他们的性自由和性自主（Boislard et al., 2016）。例如在一项研究中，大学生描述了勾搭的好处：能带来性满足和积极的情感体验。然而，当他们跟之前"勾搭"过的伙伴再勾搭时体验会更好，此外，就勾搭的情感体验来说，男性好于女性（Snapp et al., 2015）。另有研究显示，大多数大学生（无论男女）均表示，他们更喜欢有承诺的浪漫关系，而不是勾搭。他们参与勾搭，是希望勾搭有一天可以转变为约会关系（Garcia et al., 2012）。积极情绪是勾搭之后的常态；然而，后悔也很常见，可能与勾搭情境下典型的大量饮酒有关。一项研究发现，在过去一年有过勾搭经历的约 1/3 的女性以及几乎相同数量的男性表示，如果他们没有喝酒，他们就可能不会那么做，或不会在身体上进行到那一步（LaBrie et al., 2014）。

勾搭经历存在一些性别差异。女性在勾搭中获得性高潮的可能性远低于在亲密关系中，男性在勾搭中获得的性高潮和性满足显著高于女性（Boislard et al., 2016; Garcia et al., 2012）。造成这种性高潮差距的原因来自这样几个方面。对女性来说，特定的伴侣、承诺和情感都与性高潮的获得有关。通常情况下，这些因素在勾搭的性行为中是缺乏的。也许最重要的是，当使用深度访谈评估人们对勾搭伴侣的态度时，结果往往表明，无论女性还是男性都不认为女性有权享受勾搭中的快感——那更多是"他的快感"。一名女学生表达了对男性快感的关注，她说："我会尽我所能，无论我和谁在一起，都会让他们爽翻。只是因为这让我觉得自己很擅长性爱……因为在勾搭里，那就是你实际拥有的一切。"另一名女性描述了大学联谊会上一次"丢脸"的经历，当她正在给对方口交并等待他的反应时，结果他却睡着了。一名男生说："我只是想让她达到高潮"，但当问到他是否指某个特定的"她"时，他回答："女朋友的'她'；勾搭中的'她'，我才不在乎呢"（Armstrong et al., 2012, p. 456）。

尽管关于性自由说得头头是道，但勾搭依然发生在性别不平等的背景之下。在勾搭脚本中，男性仍然更可能是性活动的发起者。他们有时从互动中获得了更多性满足和情感满足。女性可能被迫超出自己的性界限。当研究者让大学生写下有关性接触的经历时，近半数女性认为男性应该迈出第一步，或者总该男性追求女性。男性一致认为，他们希望能主动带头，"因为我是男方"。大多数学生还认为，口交是女性给予而男性接受的。正如一名男性所言："她可以给我一次口交，但她什么也没得到。"有相当一部分男性表示，他们会使用进攻性策略让女性跟他们发生性关系（Jozkowski & Peterson, 2013）。

在其他人眼中，勾搭并不是完全没问题。在一项全美调查中，约半数大学生说他们会瞧不起那些频繁勾搭的人，无论男女。另一些人（男性多于女性）则说，他们只会瞧不起那些频繁勾搭的女性（Allison & Risman, 2013）。这些结果表明，人们发生随意性行为就踏上了一条既存之路，而这条路对女性另有所指。虽然现在女性因随意性行为而受到的评价不像过去那么负面，但发生"太多"勾搭的女性仍会被称为"荡妇"（Boislard et al., 2016）。当然，没有人确切知道"多少次是太多"；看不见的路线才是最难走的。

网上约会

我的邻居劳伦已经结婚两次、离婚两次，但是她并没有打算放弃爱情。她住在新英格兰乡下，在一个养着鸡、鸭、猫、狗和两匹马的小农场里生活，她很少出门，也没遇到多少合适的男性。后来她在一个养马人约会网站上注册了账号。劳伦想，任何一个有同理心和爱心去照顾一匹马的人一定是好人。她很快遇到了意中人，在六个月内，经过多次热切的在线聊天和两次短暂的会面，劳伦卖掉了她的农场，带着马匹、长途跋涉，跟伊森结了婚。劳伦、伊森和他们的七匹马，从此幸福地生活在伊森的农场里。（这是一个真实的故事。我改了劳伦和伊森的名字，但马的数量没改！）

网上约会的出现，彻底改变了人们寻找浪漫爱情伴侣的方式。寻找范围不再局限于你的家乡、你的教会或当地酒吧，你现在可以接触到数百万潜在的伴侣。不仅如此，只要你愿意，你还可以在真正见到他们之前，通过电子邮件和聊天软件与对方交流。而且，很多约会网站承诺，他们可以利用科学方法或数学算法将你与适合的伴侣匹配，为你找到"完美伴侣"。换言之，他们声称比你更了解谁是百分百适合你的人（Finkel et al., 2012）。

网上约会不同于老式的传统约会方式，但它更好吗？在某些方面，的确如此。正如劳伦和伊桑的故事所体现的那样，网上约会可以把原本永远不可能相遇的人联系起来。这可能大有裨益，特别是对少数群体和乡村地区的人而言。在要求男女隔离的地方，如中东，网络约会平台使年轻男女可以相互交谈，并开始将对方作为具体的人来理解（Hatfield, 2016）。即使他们不能真正地面对面，能够与异性自由交谈也是打破传统性别限制的重要一步。

另一方面，人们在约会网站上"遇见"的成千上万的人并非真正的人，那些仅是个人简介——人们的二维呈现。因为约会网站注册的人很多，他们都通过照片和精心制作的简介来呈现自己，所以人们很容易将他们客体化，就像买双鞋子一样货比三家。可悲的是，可搜索的属性，如教育经历、收入水平等，并不能很好地预测关系满意度。另一些搜索不到的属性，如友善，需要时间与他人互动来发展，而它们恰能更好地预测长期的关系满意度（Finkel et al., 2012）。奇怪的是，人们寻找伴侣时所偏好的属性，往往与他们线下见面时实际偏好的属性并不一致。似乎我们并不总是知道我们想要什么样的伴侣。

男性在约会网站上更主动地发起接触，女性更倾向于等待联系（Hitsch et al., 2010）。无论自己的吸引力和收入高低，两性都倾向于接触极具吸引力的高收入人群，即网站上的超级明星。换言之，约会网站甚至比传统约会更注重吸引力和收入（Finkel et al., 2012）。另一个缺点是，在网上沟通比线下面对面更容易说谎和伪装自己，对方也更难觉察。几乎每个人都会搞点欺骗，比如虚报年龄或体重（Ellison et al., 2011）。好在，欺骗通常轻微，但欺骗如果严重，比如隐瞒一段或三段婚史，要如何才能知道呢？

约会网站做出帮你找到灵魂伴侣的夸张承诺，这助长了一种浪漫爱情神话：每个人在世间都会有一个完美的伴侣。顺便说一句，这些公司声称他们的"科学方法"或"数学算法"能帮你找到更匹配的伴侣，但目前还没有已发表的科学研究支持这些说法。相反，数十年的社会科学研究表明，他们所使用的潜在伴侣之间相互匹配的人格特质和态度根本无法有力预测关系的结果（Finkel et al., 2012）。浪漫关系的长期结果更多受到社会压力源（比如贫穷、疾病）和伴侣互动模式的影响，但你不可能在双方见面之前就兼顾这些因素。

性发起与性愉悦的微妙脚本

勾搭脚本描绘的似乎是一种性自由以及不带羞耻地享受随意性行为。然而，性自由背后隐藏的是一些旧观念：发起性行为仍然更常是男性的权利；他的愉悦比她的愉悦更重要；多少勾搭行为才算"太多"对男女而言可能是不同的。在网络约会中也是如此，男性仍然更多发起互动，而且人们很容易被当作商品那样对待。在当代的性脚本中，似乎仍然充斥着一些关于性别和性行为的古老观念。

人们在性接触中情感是脆弱的；想发起性行为的女性和想拒绝的男性可能都害怕遭到排斥以及被人贴上偏离常规者的标签。遵循熟知的模式让人感觉更舒适和更安全，正如这名 16 岁的英国女孩在接受访谈时所表达的：

> 访谈者：你认为总是男孩主动吗？
>
> 受访者：是的。

访谈者：真的？你希望他们这么做还是……

受访者：是的！当然！这是传统（笑）。

访谈者：是吗？为什么？这让人感觉更好还是……

受访者：我不知道，我只是觉得他们应该这么做。

访谈者：哦。

受访者：事实上，因为我不会主动，所以我希望他们主动。

访谈者：那为什么你不主动点？

受访者：我不知道，因为我是女孩子？（两人都笑了）（Sieg, 2000, p.501）

男孩似乎同意这种想法，研究表明，性脚本在这一点上变化缓慢。在一项对有持续亲密关系的男大学生的研究中，超过一半的男生说他们全部或大部分的性行为都由自己发起。他们给出的理由有"我是男人""她是女孩""这不是她的天性"以及"我更有进攻性/地位更高/更主导"。有趣的是，在亲密关系中负责发起性行为的多数男性表示，他们希望性行为的发起更加平等，尽管他们并未积极尝试让这种改变发生（Dworkin & O'Sullivan, 2007）。

令人满意的性行为取决于伴侣双方的沟通、学习和主动性。一项对社区 104 对处于长期亲密关系的伴侣进行的研究（不出所料地）表明，性自我表露有助于伴侣理解彼此的需要，也有利于总的关系满意度和性满意度。这些结果对女性和男性均适用。伴侣间能够坦诚谈论性方面的好恶，这对建立和保持相互愉悦的性脚本无疑是有益的（MacNeil & Byers, 2009）。

性脚本与性功能失调

因为我们的社会不允许女性拥有与男性一样充分的性体验，因此女性体验到的性愉悦可能低于男性。一项元分析表明，女性对性的焦虑、害怕和内疚感高于男性（Peterson & Hyde, 2010），性满意度低于男性。另有研究表明，异性恋关系中的女性在性活动中体验到的愉悦感低于她们的伴侣。在全美样本中，女性比男性更可能报告缺乏性兴趣或性愉悦（Laumann, 1999），而男性则在他们的关系中体验到更多的情感和身体满足（Waite & Joyner, 2001）。

女性的性功能失调以及性欲的压抑，与其对传统性脚本的接受有着密切的关系。性愉悦和性高潮需要人们意识到自己的需求，还要觉得自己有权表达此类需求并使其得到满足。女性对自己作为"有性之人"的认识在很多方面受到文化因素的阻碍。例如，女性可能为自己有性需求而感到内疚，或觉得是否有些自私，也害怕自己一旦表达出性需求会遭到伴侣的反对。在一项包括 600 多对约会伴侣的研究中，平均而言，与男性伴侣相比，女性对谈论性健康、性愉悦和性界限感到不那么自信。性态度不太传统的女性更善于交流性议题，发起或拒绝性行为也更自如（Greene & Faulkner, 2005）。

客体化也会影响女性的性愉悦。客体化理论预测，当女性遭遇性客体化时，她们也会变得客体化自己，导致自己与自己的身体疏离，包括出现性功能失调（Fredrickson & Roberts, 1997）。一些研究已经发现自我客体化与女性性功能的关系（Tiggemann & Williams, 2012）。自我客体化的女性在性活动中会担心自己的外表，这会妨碍愉悦的性行为（Vencill et al., 2015）。当女性在对方的注视之下被视为一个客体时，她可能会在自己的性欲和想取悦对方两种欲望之间失去区分的能力。她的性生活可能会让她感觉自己好像正在扮演某个角色，或是按照需求提供服务。

性表达的社会背景

性态（sexuality），包括信念、价值观和行为，总是在文化背景中表达的。它具有社会性、突现性和动态性（White et al., 2000）。

美国的文化多样性

非裔美国女性背负着乱交、性可得和有诱惑力的性态刻板印象。第 3 章讨论的耶洗别原型仍然存在。在近期的一项研究中，大学生对匹配的美国非裔女性和白人女性照片进行评判。他们的评判是，非裔女性与更多人发生性行为、更少采取避孕措施、更可能曾经怀孕，这反映了对黑人女性性行为的刻板印象：缺乏自律和控制（Rosenthal & Lobel, 2016）。具有讽刺意味的是，研究显示，社会阶层相似的非裔女性和白人女性在性行为上几乎没什么差异，即使在有差异的项目上，差异的方向往往也是非裔女性采取更为保守的行为（Hyde & DeLamater, 2017）。

与非裔女性相似，拉丁裔美国女性在社会阶层上也是多样化的群体。此外，她们的家庭来自许多不同的国家，包括古巴、波多黎各、危地马拉和墨西哥。尽管有这种多样性，某些共同因素仍会影响浪漫关系和性方面的态度和行为。由于历史影响和天主教信仰，贞操是一个重要概念。在西班牙裔文化中，家庭荣誉与家中女性的性纯洁有关。圣母玛利亚被视为年轻女性的重要榜样，婚前禁止性行为在文化中受到强调（Castañeda，2008）。宗教对拉丁裔的影响表现在行为上：使用全美青少年和年轻成人数据库的研究发现，那些认为自己是更虔诚宗教信徒的人，始终进行风险更低的性行为（Edwards et al., 2011）。

传统的西班牙裔男性理想形象是有**男子气概**（machismo），即男性被期待通过强壮、展示性能力以及维护他们对女性的权威和控制，彰显他们的男子气概。与之互补的女性角色**玛利亚气质**（marianismo，根据圣母玛利亚命名），则在性方面是纯洁而受控的，也是恭顺而服从的。她们的权力和影响力主要源于她们作为母亲的角色。这些传统角色因社会阶层、城乡地域和代际差异而大不相同（Castañeda，2008）。然而，贞操、殉道和从属的文化要求仍然在对西班牙裔女性的爱情体验施加影响。玛利亚气质可以被视为道德上的优越性和优势：女性被尊崇是因为她们比男性更加纯洁而美好。这可能是善意性别主义的一种古老形式，一种与男子气概相抗衡的应对策略（Hussain et al., 2015）。然而，玛利亚气质的观念仍然在影响年轻一代。近期一项研究发现，墨西哥裔美国男女青少年一致认为女性应该是纯洁而守贞的；男孩比女孩更倾向认为拉丁裔女性应该保持沉默以维系关系的和谐，并且应当从属于男性（Piña-Watson et al., 2014）。

在亚裔文化中，性的公开表达是受压制的，性话题也很少有人讨论。然而，性被视为生活中健康和正常的一部分。亚裔文化的儒家和佛教传统强调女性作为妻子、母亲和女儿的角色，非常重视维护家庭的和谐。受这些传统的影响，亚裔在性方面往往比其他族群更保守；例如，亚裔美国大学生性活跃的可能性低于他们的白人同伴（Chan, 2008）。

因为美国亚裔家庭往往不公开谈论性，因此来自父母的此类信息是隐晦的。例如，一名母亲可能会批评电视节目的某个情节，从中给女儿上一次道德课。当研究者调查亚裔美国大学生从父母及同伴那里获得的性信息时，女生报告她们受到的教导包括禁欲、传统性别角色以及性在亲密关系中的重要性（如性行为是一种只适合相爱之人的特殊经历）（Trinh et al., 2014）。

人们对性和性实践的态度存在文化和族群差异，这提醒我们，并没有一种思考性态的"正确"方式。这些差异也再次体现了交叉性的重要性：女性作为"性存在"的认同是在她的拉丁裔（或亚裔、非裔、其他族裔）身份和她的社会性别的交叉中形成的。

吸引力与择偶偏好

身体吸引力是浪漫关系的一个重要因素（Sprecher & Regan, 2000）。许多文化下的研究都表明，漂亮的外貌对男性选择未来的性伴侣或配偶而言尤为重要（Ha et al., 2012）。当研究者要求人们列出希望浪漫伴侣拥有的品质时，男性通常强调身体吸引力，而女性强调赚钱能力和/或个人品质（Eastwick & Finkel, 2008）。这种吸引力偏见对于那些性格出色但相貌一般的女性来说可能有点令人沮丧，但是还有其他方面需要考虑。首先，它可能只适用于勾搭，而不适合稳定的关系。当美国（Nevid, 1984）和印度（Basu & Ray, 2001）大学生评价性关系中重要的身体、个人和背景方面的特征时，与预期相一致，男性偏爱身体特征，而女性偏爱个人品质。然而，当评价长期、有意义的亲密关系中重要的特征时，男性和女性对个人品质的看重都超过外貌。在这两项研究中，女性和男性希望对方拥有的特质有相当大的重叠。

吸引力重要性的另一个局限是，人们表达的择偶偏好与实际的选择可能并不一致。为说明这一点，我会介绍一项研究：先快速约会，随后在问卷上回答择偶偏好（Eastwick & Finkel, 2008）。研究者招募大学生参加几轮4分钟的速配，要求参与者记录双方的互动，以及他们对再次见到速配对象的兴趣。速配结束后，研究者在一个月里通过问卷多次询问参与者是否有兴趣再次见到每一个速配对象。出乎意料的是，女性和男性都同样看重外貌、赚钱能力和人格。最奇怪的结果是，无论是在问卷调查还是在现实生活中，他们表达的择偶偏好与实际选择并没有关系。例如，那些认为身体吸引力对约会对象而言非常重要的参与者，并没有比其他人更喜欢他们认为有身体吸引力的对象，没有更加受其吸引或更强地感到与其产生"化学"反应。似乎在浪漫爱情这个问题上，人们可能不知道他们真正想要什么。

对浪漫爱情伴侣的品质的偏好也与性别主义态度有关。女性的善意性别主义信念预测了她们偏爱赚钱能力强和有丰富资源的伴侣，也与她们的右翼威权主义态度有关。男性的敌意性别主义信念预测了他们偏爱有吸引力的伴侣，也与他们的社会支配取向有关（Sibley & Overall, 2011）。这些研究表明，有性别主义信念的女性和男性在寻找浪漫伴侣时，他们的双重动机致使性别不平等得以延续。那些认为自己应该被奉在高台上的女性，会寻找那些有资源、有态度使她们身居这种地位的男性；那些讨厌女性、只希望她们"待在自己位置"的男性，会寻找他们能够支配、有吸引力的女性。

残障与性

人们对残障的女孩和成年女性的评判与对无残障女性的评判没有太大区别，也是根据她们的吸引力做出的。而且，这些评判是参照身体不虚弱、无疼痛、不受限的"完美之人"做出的。对脑性瘫痪和脊髓损伤的女性的访谈表明，她们面临的心理任务之一是，努力以社会对女性的规范来协调好自己的身体和体验（Parker & Yau, 2012; Tighe, 2001）。

父母对残障女儿的态度和期望对她们的性发育有重要影响。一项对 43 名有身体和感官残障（包括脑性瘫痪和脊髓损伤）女性的研究发现，很多父母对女儿建立异性恋关系的期望都比较低，因为他们觉得女儿无法履行作为妻子和母亲的典型职责。其中有些女儿变得较为性活跃，部分原因是叛逆，想证明父母是错的；而另一些人在性和社交方面一直处于孤立状态。相比之下，还有一些父母把女儿视为正常的年轻女性，残障只是她们诸多独特特征中的一个而已。在正常的成长过程中，这些年轻女性在社交和性方面变得活跃。一名受访者报告：

> 童年时父母就引导我相信，我与没有身体残障的表兄弟姐妹一样，都被期望有同样的社会表现。我在社交方面之所以能取得成功，部分原因可归功于母亲期望我成功（Rousso, 1988, p. 156）。

残障女性面临这样一些刻板印象：性活动不适合她们；残障人士需要的是照料者而不是恋人；她们无法处理性关系；她们都是异性恋者；她们若能找到任何一位想与她们一起生活的男性都应心怀感激；她们太脆弱以至于不能有性生活。当人们表达这些刻板印象信念时，残障女性很难将自己视为潜在的性伴侣和浪漫爱情伴侣。这些信念会妨碍残障女性的性表达，破坏她们发展亲密关系的机会。

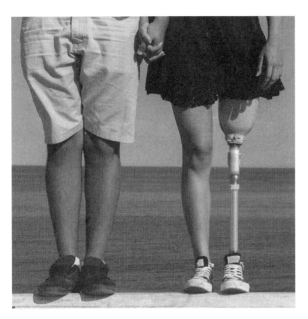

图 7.3   在一起。

一项比较 18~83 岁残障和无残障女性的全美调查发现，残障女性对约会频率的满意度较低，并且切身体会到阻碍约会关系的个人和社会因素（Rintala et al., 1997）。事实上，残障女性比残障男性更不可能结婚，而且在被诊断为多发性硬化症这类残障时更可能被伴侣抛弃（Chrisler, 2001; Fine & Asch, 1988）。

批评者指责心理学对残障人士的边缘化应负部分责任，因为鲜有心理学研究探讨这一群体的健康功能、性取向认同和性关系，而且几乎没有研究在取样时将有色人种残障人士纳入其中（Greenwell & Hough, 2008）。尽管存在刻板印象化和边缘化，许多残障女性仍然设法保持健康的身份认同和关系（见图 7.3）。网络约会对残障人士来说很宝贵，因为它使人们可以在不凸显残障的情况下相互了解。残障女性强调，亲密和性爱的需求可以通过许多方式得到满足。正如一位女性对访谈者所说，"性不只限于性交"（Parker & Yau, 2012, p. 20）。

性话语是性别主义的吗

正如第 3 章所述，对女性的性态的负面评价深深植根于语言之中。语言学家一致认为，每一种语言，在描述一个社会特别感兴趣或对其而言特别重要的概念时，都会有大量的词语。英语中专门以性的方式描述女性及其生殖器的词就有很多，其中大部分是负面的，*whore*（妓女）、*bitch*（婊子）、*cunt*（婊子、女性阴部）、*gash*（切口）是其中的几个例子。在语言中缺席也同样有揭示意义。对男性而言，*virile*（阳刚）和 *potent*（有力）意味着正向男子气概的性，就像其他更口语化的词一样，如 *stud*（种马）、*macho man*（硬汉）和 *hunk*（猛男）。然而，对一个性活跃的女性而言，任何描述她的英文词语在内涵上都是负面的。

那些表示性交的英文俚语，如 *ramming*（撞击）、*banging*（敲打）和 *nailing*（钉钉子），都清楚地表明，那是对女性暴力而机械的行为，而不是双方共同的愉悦。甚至同一个动词，既可以描述伤害，又可以描述性——就像"她被拧紧了"（she got screwed）。有位人类学家研究大学生在自然居所（宿舍）的谈话，发现约 1/3 的年轻男性在相互交谈时称女性为"chicks（小鸡）、broads（贱货）和 sluts（荡妇）"。他们的那种"更衣室风格"般的谈话，其特点是"专注于性本身最鲜明的肉体性，剥除了任何刻板印象中的女性化的感性方面，比如浪漫爱情，而且通过客体化女性、常常是掠夺性的态度来实现这一点"（Moffat, 1989, p. 183）。

在另一项研究中，研究者是新西兰的心理学学生。他们观察朋友在一周的日常生活中如何谈论性，然后分析了其中使用的各式各样的隐喻。四种最常见的隐喻是：（1）食物与进食，比如 munching rug（嚼地毯，指为女性口交），tasty（美味，指漂亮的女性），fresh muffin（新鲜松糕，指刚满 18 岁的性感女生），meat market（肉类市场，指性市场）；（2）运动与比赛，比如 muff diving（阴部潜水，指为女性口交），getting to first base（到达一垒），chasing（追逐），scoring（进球）；（3）动物，比如 pussy（猫咪，指女阴），spanking the monkey（打猴子，指自慰），hung like a horse（垂着像马似的，指男性有很大的阴茎）；以及（4）战争与暴力，比如 whacking it in（猛击），sticking（坚持），pussy whipped（猫咪鞭打，指怕老婆、对女友俯首贴耳），launching his missile（发射导弹）。男性成为积极能动者的可能性是女性的 2.5 倍，反映了对女性客体化的倾向（Weatherall & Walton, 1999）。

研究者也研究过美国大学生的情况，让他们报告他们使用的性语言。男大学生，尤其是那些兄弟会成员，比女大学生更可能使用侮辱性的词语指代女性生殖器，使用攻击性的词语指代性行为。这些学生随后听了一段对话，其中一方告诉另一方，自己与刚认识的一个人发生了性行为。当谈话者使用更有侮辱性的词语来谈论性伴侣时，参与者会将他们（指性伴侣）视为不那么聪明，也不那么道德（Murnen, 2000）。

当性语言显示出女性角色被贬低，女性遭到随意的性侮辱时，不难发现女性是如何变得对性愉悦矛盾起来的。一场反性骚扰运动发现，在短短三周时间里，推特（Twitter）用户用 slut（荡妇）和 whore（妓女）这两个词发送了 20 万条攻击性的推文（大约每 10 秒发一条）（Dewey, 2016）。

种马和荡妇：双重标准是否仍然存在

性双重标准（sexual double standard）是指这样一种信念，对于同样的性行为，女性和男性应该受到不同的评判。女性在传统上被期待婚前保守贞操，婚后保持单偶关系，而男性的婚前性行为和婚后不忠则是可以容忍的。这种双重标准在亚洲和拉丁美洲很多地区一直存在，但到了 20 世纪 70 年代，除了保守的宗教群体，美国的这种双重标准已经式微。双重标准减少的证据主要来自实验室研究：要求大学生评判某种假设的女性／男性的性行为。在近期的研究中，结果常常（但并不总是）表明，在对性行为进行的评判中，女性和男性受到了相同的评判（Bordini & Sperb, 2013; Crawford & Popp, 2003）。

然而，我们不应该草率地认为女性和男性目前在性行为上同样自由。首先，近期几项假设情境研究已经表明，对于不寻常或越界的性行为，双重标准仍然存在。发生性传播感染或参与三人性行为的女性仍然比同样情况的男性受到更加负面的评判（Bordini & Sperb, 2013）。其次，虽然人们在回答假设的问卷条目时可能否认双重标准，但他们在日常生活中并非总是如此。通过对研究对象进行访谈、小组会面或仅仅闲聊，研究者发现，双重标准仍被用来控制女孩和成年女性的性自主（Bordini & Sperb, 2013; Crawford & Popp, 2003）。例如，一项对非裔美国母亲及其青少年子女的研究显示，母亲在对后代进行性教育时使用了双重标准。她们只跟女孩谈论什么是"纯洁"、什么是"放荡"；而对男孩，母亲只是告诉他们要谨慎，要采取安全措施（Fasula et al., 2007）。

相隔十年的两项重要研究综述都发现，研究者选用的研究方法，严重影响了有关性双重标准的研究结果（Bordini & Sperb, 2013; Crawford & Popp, 2003）。访谈、焦点团体和民族志分析等质性方法更为敏感；问卷和假设情境等量化研究方法往往没有发现双重标准的证据。也许，当被问及假设情境时，人们试图刻意做到开明和公平，但当他们思考自己和同伴时，就会表现出更加微妙的态度。此外，大多数量化研究的对象是大学生，而质性研究则是在更多样化的人群中进行的。无论出于什么原因，这种方法论效应都会引出第 1 章提到的观点：对心理学研究者来说，重要的是各种量化和质性方法都要使用，而且要进行比较；另外，要研究多样化的人群（Kimmel & Crawford，2000）。

在人们所处的社会背景下对他们进行研究，揭示了性双重标准的新证据。例如，对青少年的纵向研究显示，性伴侣或性经历较多的男孩更容易被同伴接纳；但对女孩来说，这种相关性的方向则是相反的：性经历越多，同伴接纳度越低（Kreager & Staff, 2009; Kreager et al., 2016）。在访谈研究中，年轻人坦率地表达了他们的观点：

> （对男生来说，那就是）"噢，你昨晚进球了！太棒了！"但到了女孩身上，她是个"婊子"！她放开得太早了……（凯拉，17 岁，见 Lyons et al., 2011, p. 444）。

> 我想，如果一个女孩与 25 个男孩做爱，她会被贴上"荡妇"的标签；但是，如果一个男孩与 25 个女孩做爱，那么他就是"大众情人"——干得漂亮（杰德，大三学生，见 Stinson et al., 2014, p. 66）。

使女孩保持性沉默

身体羞耻感在儿童期早期就会出现，如在学习命名身体性器官这一简单任务中所体现出来的。21 世纪的美国儿童，肯定会被教导使用解剖学上正确的名称来称呼自己的生殖器吧？并非如此。一项对 3~6 岁儿童的母亲进行的网络调查显示，只有 46% 的男孩和 40% 的女孩被教导使用 penis（阴茎）和 vagina（阴道）来命名自己的生殖器。男孩还被教导使用其他正确的词汇，如 scrotum（阴囊）和 testicles（睾丸）。还有一些儿语词汇，如 pee-pee（尿尿）和 willie（小鸡鸡）。女孩更可能被教导使用一些语义模糊的词，如 privates（私处）、coochie（外阴）、thingy（那话儿）、down there（下面）、booty（臀部）和 butt（屁股）。该研究中的 631 位母亲没有一人曾教女儿使用 clitoris（阴蒂）一词（Martin et al., 2011）。由于不准确和不完整的指称，女孩可能在接近青春期时仍不清楚阴道口和尿道口的区别，不知道自己有阴蒂，也不清楚它在性愉悦中的作用。对青春期子女进行性教育这件事，让许多父母感到很不自在（见图 7.4）。

学校能填补性教育的空白吗？在美国许多学校，性教育受到来自保守主义家长和宗教团体的压力的影响，他们认为教性知识会鼓励性行为。保守派和自由派政客之间正在进行一场战争，青少年处在火线之上。很多学校采纳了联邦资助的项目，如"性尊重"（Sex Respect），该项目教导学生，禁欲是关于性的唯一安全

卢安 格雷格·埃文斯创作

图 7.4 性教育 101？

和道德的方式。中学生被教导要在课堂上喊出诸如"不要做'讨厌鬼',等待你的伴侣"的口号,并做出贞洁承诺(Hyde & DeLamater, 2017)。

这些项目将异性恋婚姻视为性表达的唯一场域。它们对性别刻板印象的编码是,男孩是性欲永不满足的进攻者,女孩则是"童贞"的守卫者。女孩至多被教导要避免成为青少年怀孕和性传播感染的受害者。她们也会学到"好女孩就是要对性说不"。但是,她们根本听不到女孩和成年女性可能喜欢、想要、需要、寻求或享受(异性恋婚姻之外的)性行为。即使在更开明的项目中,女孩也只是观看关于月经的教学视频,而男孩观看关于遗精、勃起和阴茎大小的视频。而且,LGBT 学生对信息的需求可能被完全忽视。

这种性教育不允许年轻女性坦然接受她们自身的性感受。它"让女孩对一个未必是她们自己的问题做主要决定,说是或否"(Fine, 1988, p. 34)。通过向女孩强调她们多么容易受害,可能也传达出这样一种观点:女性脆弱且易受伤害,而所有男人都掠夺成性。黑人女性主义理论家贝尔·胡克斯(bell hooks, 1989)尖锐地描述了她十几岁时如何开始把男人视为自己贞操的敌人。"他们有力量改变女性,把她从一个好女人变成一个坏女人,变成妓女、变成荡妇"(p. 149)。

因为社会根据"男孩和成年男性的冲动可能是危险和难以控制的"来对性进行建构,所以女孩和成年女性被分派的角色就是使一切处于控制之中(Tolman &

Brown, 2001）。年轻女性极少有机会学习如何在性活动的任何阶段说"不"，也没有机会学习在她们愿意时说"是"，或学习在她们愿意成为主动一方时如何提议。通过假定女孩和成年女性在自身的性方面不是积极的能动者，性教育加剧了对女性欲望的抑制。

> 欲望、愉悦或性应得感，特别是对女性而言，在美国公立学校的性教育大纲中几乎是不存在的。当教育涉及这些内容时，也多是以提醒"后果"的方式出现，这些后果包括情绪的、身体的、道德的、生殖的和 / 或经济的……若真的想要就"欲望"展开坦诚的交流，需要邀请青少年根据他们自己的体验、需求和界限，探索什么样的感觉是好的或是不好的，是称心的或是不称心的（Fine, 1988, p. 33）。

以禁欲为基础的性教育项目将青春期女孩置于守门人的位置。她们的任务是对性说"不"，并持续地说"不"。但是，这些项目没有意识到她们的亲密关系中可能存在权力不平衡，而且，如果她们不再想说"不"的话，也没有教给她们与对方协商的技能。例如，在一个处于亲密关系的全美青少年样本中，男性对安全套的态度可以预测安全套的实际使用情况，而女性的态度几乎没有影响（Vasilenko et al., 2016）。

以"从禁欲到异性恋婚姻"为基础的性教育，受到美国心理学协会、美国公民自由联盟、美国儿科学会以及数十个科学和公共卫生组织的反对，然而美国国会仍继续资助这些项目（Hyde & DeLamater, 2017）。这类项目所展示的信息在科学上是有局限且不准确的。它们强化了对男孩和女孩有害的性别刻板印象，并加剧了女孩与她们的性的疏离。它们并未教青少年如何在相互尊重的情况下对性关系进行协商。此外，研究表明，以禁欲为基础的项目是完全无效的，事实上，在学校教育中使用这些项目的州，青少年怀孕率倒有所增加（Hyde & DeLamater, 2017）（另一种试图控制女孩的性的可疑方式，详见专栏 7.2）。

对女性的性的控制

激进女性主义的观点认为，男性支配在根本上是对性的支配。换言之，男性对女性的权力是在男性对女性的性的控制中表达和执行的。男性支配可以定义和

专栏 7.2 ～ 纯洁舞会和贞操誓言

　　"唯禁欲"运动导致的两个现象是纯洁舞会和贞操誓言。在纯洁舞会上，女孩和她们的父亲身穿正装，吃一顿美味的晚餐，然后整晚跳舞。但是，舞会的关键是宣誓仪式，父亲发誓要过有道德的生活并保护女儿的贞操，女儿要签署一份贞操誓言，发誓在婚前保持性纯洁。在某些仪式上，父亲会送女儿一个象征纯洁的戒指，或女儿送父亲一把钥匙（象征她们的贞操）。父亲必须保护好这把钥匙，并在女儿结婚当天转交给她的丈夫。她们也可能在十字架上放一朵白玫瑰，象征她们将贞操献给上帝。1998 年，第一场纯洁舞会在科罗拉多斯普林斯举行，此后，纯洁舞会已经在美国 48 个州以及世界上 17 个国家举行。

©Rick Wilking/Reuters/Alamy

　　支持者认为，这些舞会并非仅仅关于贞操誓言，而是关于鼓励父亲更多地参与女儿的生活。事实上，研究表明，与父亲关系密切的女孩自尊水平更高，学业表现也更好。她们也更可能上大学，更不可能在青少年期怀孕、坐牢或出现心理健康问题。但是，纯洁舞会的主要目的不是为了增强父女关系，而是为控制女孩的性。此外，研究表明，贞操誓言不起作用，而且事实上可能会导致危险性行为的增加。根据全美青少年健康纵向研究的数据，发表过贞操誓言的女孩中有 88% 会在婚前发生性行为。与没有发表贞操誓言的女孩相比，发表过的女孩更少使用安全套和采取节育措施，而且更可能受到性传播感染或发生意外怀孕，还可能出现心理和情绪上的后果。当女孩或年轻女性违背贞操誓言时，她们可能会产生内疚和无价值感，因为她们被教导把自己的性等同于自己作为人的价值。

资料来源：Baumgartner, J. (December 31, 2006). Would you pledge your virginity to your father? Glamour Magazine.

Paik, A., Sanchagrin, K. & Heimer. K. (2016). Broken Promises: Virginity Pledge Breach and Health. *Journal of Marriage and Family.*

Khazan, O. (May 4, 2016). Consequences of purity pledges. The Atlantic Online.

Contributed by Annie B. Fox.

塑造女性的性态的确切含义（MacKinnon, 1994）。对女性尤为公开而有害的一种文化控制是生殖器切割，其目的是确保女性处于适当的从属地位。

在 28 个非洲国家以及亚洲和中东部分地区，**女性生殖器切割**（female genital mutilation，俗称女性割礼，尽管比男性割礼涉及更激烈的手术）是一种较为常见的做法，通常是对 4~12 岁的女孩实施。这类操作可能包括切除部分或全部阴蒂（clitoridectomy，**阴蒂切除术**），切除阴蒂加上小阴唇的部分或全部，或是在切除术之后，还会把大阴唇缝合以覆盖尿道口和阴道口，只留下一个小开口供尿液和经血排出（infibulation，**阴部扣锁术**）。经历阴部扣锁术的女性，阴部要被割开才能分娩（Abusharaf, 1998）。

该手术通常是由未经医学培训的"接生婆"实施的。手术通常在缺乏卫生条件的情况下进行，因此感染和大出血等并发症很常见。开放性创口的存在使女性极易感染人类免疫缺陷病毒。其他长期的健康后果，尤其对做过阴部扣锁术的女性而言，包括出现慢性盆腔和尿路感染、排尿困难和疼痛以及分娩并发症。心理后果也可能很严重。一项研究综述发现，高达 44% 的受影响女性患有创伤后应激障碍，焦虑障碍和抑郁障碍也很常见（Mulongo et al., 2014）。由于阴蒂被切除或留下疤痕，阴道可能部分阻塞，做过生殖器切割的女性可能出现性交疼痛、缺乏性欲和性高潮（Berg & Denison, 2012a）。"生殖器切割的目的是抑制女性的性享受，就该目的而言，它有效得令人不寒而栗"（Abusharaf, 1998, p. 25）。

国际特赦组织已将生殖器切割作为人权问题进行调查。据该组织报道，目前有 1.35 亿在世的女性曾经遭受生殖器切割的折磨。世界卫生组织估计，每年新增遭受生殖器切割的女孩约 300 万人（Odeku et al., 2009）。生殖器切割正在蔓延到一些有大量来自非洲、亚洲和中东难民的国家，这些国家包括加拿大、法国、瑞典、美国等。例如，据估计在比利时，目前有 6 000 多名成年女性遭受过生殖器切割，每年有 2 000 名年幼女孩面临这一风险（Dubourg et al., 2011）。大多数欧洲国家纷纷立法，禁止生殖器切割；英国在 1985 年禁止生殖器切割，当时有三名女孩在切割后因失血过多而死亡，但是从未有人被依法起诉过（Laurance, 2001）。

为什么这种习俗会持续存在？人们相信它可以净化女性并控制她们的性欲，使她们更加温顺和服从。未经生殖器切割的女性得不到尊重，并会成为社会的弃儿。那些经历过生殖器切割的女性才可以结婚（Berg & Denison, 2013）。生殖器手术这一做法一直很难改变。然而，研究表明，受教育程度越高的女性，越不愿意让她们的女儿做生殖器切割。随着发展中国家的女性在社会平等方面取得进展，越来越不依赖婚姻生存，她们的态度可能会发生转变。同时，对女孩的生殖器切割反映了女孩和成年女性在社会和经济层面的无权处境（Berg & Denison, 2012b; Odeku et al., 2009）。

生殖器切割的习俗是对性的文化建构的一种结果，在局外人看来可能是野蛮的。然而，仅在一百多年前，它事实上在英国和美国还是一种常见的做法，那时医生用阴蒂切除术来治疗性欲亢进的上流社会女性。一名健康专家向那些有自慰行为的女孩的父母建议，把纯石炭酸涂在女孩的阴蒂上（Michael et al., 1994）。而且在旁观者看来，当前西方的某些做法似乎也很野蛮。什么算正常取决于一个人的文化立场：

> 今天，西方的一些女孩和成年女性强迫性地让自己挨饿。还有一些女性接受了痛苦且有潜在危险的医学手术，诸如拉皮、抽脂、隆胸等，以遵循美丽和女性气质的文化标准……工业化国家的人们必须认识到，事实上，他们也受传统性别角色和要求的影响，往往是破坏性的（Abusharaf, 1998, p. 24）。

让转变发生

在西方社会，性规范正在迅速发生变化，这些变化具有全球性的影响（见专栏 7.3）。人们越来越能够接纳同性性行为和非婚性行为，这在某种程度上是一种解放；但是性的双重标准仍然存在，女性的性也仍然受压制，这种压制既有公开的方式（生殖器切割），也有隐秘的方式（双重标准）。下面，我将着重讨论为女性赋权来帮助她们保护自己，以使她们在没有强迫或羞耻感的情况下，做出自己的性选择——既能掌控性之风险，又能享受性之愉悦。

更安全和更好的性

怎样才能减少危险的性行为？心理学家已经开发出适用于各类群体的策略，包括城市少数族裔青少年以及大学生（Fisher & Fisher, 2000; Fisher et al., 1996;

专栏 7.3　女性的性态新观点

从 20 世纪 80 年代和 90 年代开始，学术界和大众日益强调行为及行为问题背后的医学、生物学和遗传学基础。这一现象就像激素和大脑一样，突然出现在每个关于学习、记忆、性别、性态、儿童行为问题、心理健康、心境、情绪、饮酒问题、犯罪等方面的新闻报道和研究报告中。女性主义者和社会科学家勇敢地抵制这一趋势，称之为"医学化"，并坚持认为这是一种偏差，它低估了文化、学习、人格及其他心理社会和政治因素的重要性。"医学化"并不完全是近期出现的趋势，但由于新的遗传学和神经科学研究得到广泛宣传，"医学化"趋势逐渐升级。

Courtesy of Leonore Tiefer

1998 年，随着第一种性功能药物"伟哥"的出现，性研究和性治疗的医学化取向得到一次巨大的飞跃。此后不久，我开始积极挑战性学研究的这个新方向。

在 20 世纪 80 年代和 90 年代，我在纽约市医院的男性性健康诊所工作。这些以泌尿科为基础的诊所逐渐取代了精神科的性治疗诊所。在我看来，把性治疗转交给泌尿科医师（他们是受过医学训练、关注泌尿生殖器官健康状况的外科医生），导致实际学习性心理学和相关技术的患者减少，接受心理咨询的伴侣也在减少，同时，大多数患者接受了医学和处方药治疗。

我开始批判性地写下我观察到的"性的医学化"倾向——关于性是如何变得更像消化而不是舞蹈！我担心这会带来一些负面影响，即为了证明自己性"正常"、有标准化的性表现目标和性自我意识，人们不得不承受着越来越大的压力。我认为人们会更加不理解文化、情感和个性是如何在性中表达的。

1998 年，围绕"伟哥"的宣传铺天盖地，记者们开始追问："女性的'伟哥'在哪里？"我认为，对女性的性态的医学化升级可能是一种有害的趋势，它会使数十年来关于女性的性的社会背景的研究（如性别化的双重标准、暴力侵害女性现象的盛行、普遍存在的媒体客体化）黯然失色。

专栏7.3　　女性的性态新观点（续）

因此，在1999年，我利用我在20世纪70年代第二次女性解放运动浪潮早期学会的女性主义组织技能，发起了"新观点运动"（The New View Campaign, NVC），这是一项由基层民众发起的倡议，旨在挑战对性的过度医学化，并强调在性态方面颂扬性文化、差异性和多样性，而不是医学式的规范和治疗。我们的活动包括：

- 建立了一个网站，内容包括我们的活动和许多有关女性的性资源；如果你对女性与性感兴趣，这是一个很棒的网站。

- 发表了一份批判"女性性功能失调"并为女性的性问题提供不同观点的宣言（已译为多种语言）。

- 出版了一本书，《女性性问题的新观点》（*A New View of Women's Sexual Problems*）。

- 召开了五次会议（2002年在旧金山，2005年在蒙特利尔，2010年在拉斯维加斯，2011年在温哥华，2016年在布卢明顿）。

- 编写了一份供课堂和工作坊使用的手册。

- 建立了一个在线邮件用户清单服务。

- 为医疗专业人员提供在线课程。

- 2004、2010和2015年，当治疗"女性性功能失调"的药物申请批准时，在美国食品药品监督管理局的听证会上作证[*]。

- 组织了一次抗议女性生殖器整形手术的街头示威。

- 组织了一次赞赏生殖多样性的艺术画廊活动。

- 将活动扩展到脸谱网和推特社交网络。

- 制作YouTube视频（尤其强调讽刺作品作为积极行动工具的重要性）。

- 在媒体上发布访谈、专栏和博客。

我们的成员是跨年代和跨学科的，我们对学术学问和政治行动同等关注。我们希望我们长期的后继影响将有助于这几项运动：女性主义、批判性的健康研究、反大企业的公共健康计划以及人本主义性学。

资料来源：Contributed by L. Tiefer, PhD.

---

* 反对此类药物上市——译者注

1999）。成功的策略包括向人们提供关于性传播感染途径的知识，增强他们设法降低自身风险的动机，并教给他们特定的技能和行为。这些技能和行为可能包括与伴侣谈论安全套、避免在性行为前饮酒或吸毒，学习如何购买和使用安全套。

基于社区的工作也很重要，部分原因是校本教育项目往往不充分，另有部分原因是很多学生对学校学习缺乏热情和投入。一个例子是埃斯佩兰萨（Esperanza，意为"世界语"）项目，这是一个为不同种族、阶层和性取向的城市青少年提供的同伴教育项目（Ashcraft, 2008）。埃斯佩兰萨项目的同伴教育为学校和青少年组织提供关于性传播感染、避孕、性决策和健康关系等课程。这些知识对教与学的双方都是有益的，同伴教育者本身就是低收入背景的城市青少年，既有同性恋者也有异性恋者。一位同伴教育者说："你不能总相信你所听到的……这就是为什么他们（朋友）现在来找我谈性方面的事情，因为这就像'她掌握了知识……她知道内情'"（Ashcraft, 2008, p. 645）。

另一个例子是心理学家米歇尔·考夫曼为"大姐姐/小妹妹"组织开发的项目（Kaufman, 2010）。这个项目提供了关于性的准确信息，以及如何向那些家里有接近青春期的小妹妹的大姐姐们讲述性。该项目中的女孩来自条件困难的家庭，她们在过早性行为、意外怀孕和性传播感染方面有较高风险。通过与自己信任的大姐姐交谈，有助于她们理解和掌控自己的性，这是一项重要举措。

在性教育上，什么起作用取决于群体规范。例如，强调对个人构成风险的信息在更个人主义的文化中可能更有效，而强调对家庭造成伤害的信息在更集体主义的文化中可能更有效。那些一般性的呼吁，诸如"只要说不就好"或"采取更安全的性行为"，都不太会改变行为。最重要的是，研究者需要开发一些女性主义路径，以承认女性生活中面临的多样化现实，诸如男性对性决策的控制、受到男伴侣的强迫、对男性的经济依赖以及物质滥用，这些都是影响女性危险性行为的因素。即使那些未受这些因素不利影响的女性，也会受到性脚本的影响，性脚本告诉她们，爱就是你所需要的一切，女人应该尽其所能地取悦她的男人。为女性赋权，让她们掌控自己的身体，这是她们性健康的关键所在（Amaro et al., 2001）。

有关性的思考，除男性中心以外还有其他取向。女性主义者正在积极创建和支持一些性理论，赞赏多样性并将性表达的社会背景整合其中。

女性主义理论家从女性主义视角提出了**性主体性**（sexual subjectivity）这一概念，将性的各个方面包含其中。性主体性包括三个关键成分：

- 个体对自身性欲和性反应的觉醒
- 相信一个人有权享受性愉悦
- 有能力捍卫自己的性安全和性愉悦

换言之，它"包括知道自己想要什么和如何得到它，以及知道自己不想要什么和如何阻止它"（Schick et al., 2008, p. 226）。当然，对女性来说，实现健康的性主体性，说起来容易做起来难，因为它与所谓性别适宜的行为规范相冲突。

性吸引和性唤醒并非仅是文化输入给我们的程序。通常，它们甚至可能与文化规定相抵触，比如一些女性发展出健康的女同性恋和双性恋认同，或使用女性主义思维来宣称她们的性。研究表明，做一名女性主义者与发展一种健康的性主体性之间存在关联。在一项对 342 名女大学生的研究中，研究者对三组参与者进行了比较：一组赞同女性主义价值观且认同自己为女性主义者；另一组赞同女性主义价值观（如同工同酬）但没有给自己贴上女性主义者的标签（称为 egalitarian，平等主义者）；还有一组是非女性主义者，拒绝女性主义的一切主张。结果显示，女性主义者对性的态度最为积极。平等主义者的态度是矛盾的。一方面，她们自信在性方面有决断力；另一方面，像非女性主义者一样，她们赞同性的双重标准。平等主义者似乎认为，性自由对她们自己而言是可接受的，但对其他女性而言则是不可接受的；而女性主义者更能意识到文化对所有女性的限制，并且对性仍持积极态度（Bay-Cheng & Zucker, 2007）。

其他研究也发现，女性主义信念和对传统性别角色的拒绝与性主体性和性满足感有关（Emmerink et al., 2016; Schick et al., 2008）。持有女性主义信念和态度的人更能意识到自己的性欲，并出于积极的原因发生性行为。她们对使用安全套是自在而坚定的，会照顾好自己的健康和安全。在一项研究中，即使她们在充满敌意的性别主义环境中受到挑战，持有强烈女性主义信念的女性仍坚持认为，她们会在下次性接触中主动要求使用安全套（Fitz & Zucker, 2014）。嚣张的性别主义并没有阻碍她们的性自我效能感。

尽管社会对女性的性施加了控制，但大多数女性都渴望并享受与男性或与其他女性的性愉悦。请不要忘记，尽管有来自各方的社会压力，一些女性有时仍能够设法爱护自己的身体，用自己的方式定义性愉悦，并拥有美好的性！

进一步探索

Boston Women's Health Book Collective and Judy Norsigian (2011). *Our bodies, ourselves: Informing & Inspiring Women Across Generations*. New York: Touchstone.

这本书通过确立女性在其身体方面的专家地位，开启了女性健康领域的女性主义革命。它尊重女性在性取向认同和性表达上的多样性，是不可或缺的参考书，适用于各个年龄段和人生阶段的女性。

Hyde, Janet S., & De Lamater, John (2017). *Understanding human sexuality* (13th ed.). New York: McGraw-Hill.

事实上，这本书探讨人类的性态，是一本非性别主义的大学教科书。该书富于智慧和幽默，提供了大量的真实信息。

Braun, Virginia (2012). Female genital cutting around the globe: A matter of reproductive justice? In J.C. Chrisler (Ed.) *Reproductive Justice: A Global Concern* (pp. 29–56). Oxford: Praeger.

这本书对各种类型的女性生殖器切割进行了全面的考察，包括对雌雄间性者施加的手术，以及西方女性出于整形原因选择进行的手术。作者布劳恩结合手术的社会和文化背景讨论了每种情况的伦理问题。

《阴道独白》(*The Vagina Monologues*). (DVD). (2002). An HBO Production.

由伊芙·恩斯勒（Eve Ensler）创作和表演，其中戏剧性的表演捕捉了恩斯勒对她这部有争议作品的独特表现。她表演了她对其他女性进行的访谈，关于她们的阴道、性行为、性高潮和月经。

第 8 章

~

承诺：女性与亲密关系

罗莎琳·卡特与她的丈夫美国前总统吉米·卡特已经结婚 70 年了。据卡特夫妇说，他们的婚姻之所以长久而幸福，是因为他们有共同的理想，他们也喜欢一起活动：滑雪、观鸟、骑行。他们都通过非营利组织"卡特中心"为世界和平做出努力（Alter, 2016）。

在结婚之时，人们都希望婚姻能够持续一生。这些希望受到了像罗莎琳和吉米这类模范夫妻的激励，他们共同创造了彼此相爱和相互尊重的生活。而这也不仅限于民主党，美国前总统乔治·布什和他的妻子芭芭拉已经结婚 71 年，他们打破了卡特夫妇的纪录！

然而，尽管生活中有这样一些例子，也并不是所有的婚姻都能美满幸福。除了婚姻，还有人们对伴侣的持久承诺。直到近年，同性恋伴侣才获得结婚的权利，此外，越来越多异性恋伴侣同居但不结婚。本章我们要探讨伴侣对彼此做出的各种承诺，以及这些承诺对女性的影响。

婚　姻

正如一个很古老的笑话所说，"婚姻是一种制度，但谁想生活在制度中呢？"

这个笑话表明，婚姻是社会管理伴侣间私人关系的一种方式。法律和法规明文规定了谁可以与谁结婚。例如，在过去，法律禁止跨种族通婚。法律还规定了最低结婚年龄、婚姻解体时的财产分割（事实上还包括是否准许他们离婚），以及婚姻中伴侣双方的责任（哪些行为构成离婚的依据）。宗教法典和社会规范也约束着婚姻和离婚。

虽然西方社会的人意识到婚姻是一种受国家规制的法律契约，但一旦涉及自己，他们很少以这种方式思考婚姻。相反，受到浪漫爱观念的影响，他们选择伴侣时将对方视为个体，希望依照自己的需要和愿望来度过婚姻生活（见图 8.1）。然而，国家规定的权利和义务可能对双方都有影响，尤其是当婚姻结束之时。

婚姻作为一种制度，具有很强的父权制传统（Grana, 2002）。历史上，财富和头衔只会通过男性继承人代代相传。在许多国家，已婚女性仍然被视为丈夫的财产。在美国，大多数女性仍然会在婚后放弃自己的姓氏并冠夫姓。

父权制传统的改变是缓慢的。即使在 21 世纪，人们还是期待男人单膝跪地，同时向女人献上一枚钻戒来求婚。在一项调查中，2/3 的美国大学生表示，他们肯定是希望男性成为求婚的一方，而没有一个人（不论男女）说自己肯定希望女性求婚。他们把求婚这件事留给男方，主要理由是以社会性别为基础的传统。男性

©LWA/Jay Newman/Blend Images LLC RF

图 8.1　大多数人都希望结婚。

只是说"因为我是男人。"女性则会说:"这样更浪漫。我就能把这个故事讲给我的闺蜜们听……"(Robnett & Leaper, 2013, p.106)。

人们结婚不仅仅是在建立一种私人关系,也是在融入一种脚本化的社会制度。"婚姻的观念大于任何单个的婚姻。丈夫或妻子的角色大于任何扮演那个角色的个体"(Blumstein & Schwartz, 1983, p. 318)。

何人何时结婚

根据美国人口普查的数据,90% 以上的美国人会在一生的某个时候结婚(Lewis & Kreider, 2015)。不同族群的婚姻模式各不相同。例如,非裔美国女性是所有群体中结婚可能性最低的。然而,婚姻研究很少采用美国非裔、西班牙裔、亚裔或其他族群的样本,也很少研究蓝领阶层(Orbuch & Brown, 2006)。大多数关于美国婚姻的研究采用白人中产阶层样本;记住这一偏差有助于我们探索这个主题。

一般来说,相比男性,女性结婚时年龄更小。在世界范围内,发展中地区的女性很年轻就结婚了。在非洲和亚洲的许多地方,年轻女性平均不到 20 岁就结婚了,而且童婚是一种持续存在的压迫形式(Callaghan et al., 2015; United Nations, 2000)。在美国,女性的结婚年龄比过去有所推迟。根据近期的人口普查(U.S. Census Bureau, 2010),初婚新娘的年龄中位数是 26.5 岁,初婚新郎的年龄中位数是 28.7 岁。而就在他们上一辈,女性初婚的年龄中位数是 20 岁,男性是 22.8 岁。其他发达国家也出现了类似的晚婚趋势。

为什么美国女性比过去更晚结婚?与前几代女性相比,她们更可能将时间和精力投入到接受高等教育。此外,避孕技术的进步也降低了婚前性行为和同居伴随怀孕的风险。对非裔女性来说,一些社会经济因素导致适婚男性数量不足(Orbuch & Brown, 2006)。(有关非裔美国家庭模式的更多内容详见第 9 章。)当年轻人感到难以实现经济独立时,经济因素对结婚年龄推迟也起到一定的作用(Teachman et al., 2006)。

无论原因是什么,晚婚倾向对女性具有重要影响。一名女性可以在 20~26.5 岁做很多谋生之事。她可以完成职业培训、读完大学、做好实习。她可以开始一份工作或一项事业,独立养活自己,学习如何理财并独立生活。她可以建立亲密关系，探索自己的性以及想要什么样的伴侣。总之，她可能在拥有成熟的身份认同和广阔的人生视野后，在年龄大一点时才步入婚姻。

何人与何人结婚

在一项跨文化研究中，研究者让来自世界 37 个国家和地区的 9 000 多人评价潜在伴侣的 31 个特征的重要性（Buss et al., 1990）。这些特征包括健康、贞操、可靠性、智力、社会地位、宗教背景、整洁、进取心和社交能力。

最大的跨文化差异体现在一组反映传统价值观的特征上，比如婚前守贞、善于烹饪和料理家务，以及渴望家庭和孩子。例如，来自中国、印度尼西亚、印度和伊朗的样本非常重视贞操；然而，来自斯堪的纳维亚的样本则认为贞操无关紧要。

总的来说，文化差异比性别差异重要得多。同一文化背景的两性择偶偏好的相似性，高于不同文化背景的男性（或女性）之间择偶偏好的相似性。事实上，男性的排序和女性的排序整体上几乎是相同的，相关系数为 0.95。这种性别相似性表明，在社会化过程中，每种文化（无论是保加利亚、爱尔兰、日本、赞比亚、委内瑞拉，还是其他文化）都会让男性和女性去认识并接受各自文化特定的婚姻脚本。当将上述各种文化都考虑在内时，理想伴侣的整体形象就出现了。女性和男性都认为，潜在婚姻伴侣的四个重要特征是：相互吸引和爱、可靠的品格、情绪稳定以及令人愉悦的性情。

不过也有一些性别差异。不同文化的女性都更可能重视伴侣的挣钱能力，而男性都更可能重视伴侣的身体吸引力。女性希望找到拥有物质资源的男性成了一个理论上有争议的问题，因为一些进化心理学家声称，这是一种内在于人类物种的跨文化普遍现象，与女性需要男性养育后代有关（Buss, 2011）。另一些社会文化取向的心理学家则认为，这种偏好可能主要是由于女性在历史上缺乏养活自己的机会。心理学家爱丽丝·伊格利率先检验了这一理论，结果显示，在女性自己获取资源能力最小的国家，女性对拥有物质资源的男性偏好最强，这些国家的女性被剥夺了平等受教育和就业的机会（Eagly & Wood, 1999）。此后研究者开始对世界上更多国家和地区的性别平等进行更复杂的测量，并重新分析了最初含 37个国家和地区的那项研究的数据，结果发现，随着各个国家和地区女性获得更多的平等，择偶偏好的性别差异变小。随着女性在性别平等方面取得进展，她们在伴侣身上所寻求的东西也发生了变化。她们对未来伴侣的经济前景和进取心的关注减弱了，而对社交能力、教育经历、智力和相互吸引的关注增强了（Zentner & Mitura, 2012; Zentner & Eagly, 2015）。女性择偶偏好的这种灵活变化表明，选择一个地位高的富有男性，与其说是进化压力的结果，不如说是应对父权制的一种方式。

各种类型的婚姻

在美国，多种婚姻模式并存。我依据三个重要特征：权威的划分、婚姻中角色的界定以及陪伴和共同活动的多少（Peplau & Gordon, 1985; Schwartz, 1994），将婚姻划分为 3 种类型：传统婚姻、现代婚姻和平等主义婚姻。

传统婚姻

在**传统婚姻**（traditional marriage）里，夫妻双方都同意丈夫应该拥有更大的权威，他是一家之主。即使在妻子有一定决策权的领域（如家庭购物），丈夫仍然对妻子的决策有否决权。妻子是全职家庭主妇，不外出工作赚钱。丈夫和妻子的职责有明确的划分。妻子负责料理家务和照料子女，丈夫负责养家。在这种婚姻中，夫妻双方可能都不会期待彼此成为最好的朋友；相反，妻子会与邻居、姐妹、亲属或同教会成员等其他女性结伴。丈夫的友谊圈是男性亲属和同事，他的休闲活动与妻子是分开的。

在过去的几十年里，人们对传统婚姻的态度发生了很大变化。这些变化并不意味着基于传统观念和价值观的婚姻完全成为了过去。某些宗教团体，譬如，正统派犹太教徒、后期圣徒（摩门教徒）、一些福音派基督教教派和守约者组织等，都仍然强烈支持传统婚姻。他们坚持认为不同的性别角色以及妻子对丈夫的服从是婚姻稳固和社会稳定不可或缺的（Hewlett & West, 1998）。在子女未成年的女性中，约 29% 的人是全职妈妈，这一比例近年来有所增长（Pew Research Center, 2014）。一对夫妻原本可能计划妻子生完孩子后继续工作，但一旦第一个孩子出生，他们就改变了主意，他们的婚姻很快变得比他们预想得更加传统。下面，有两位传统的丈夫向访谈者描述了他们是如何决定让妻子留在家里带孩子的：

> 当时我女儿出生还不到 18 个小时……那天晚上，我在房间里抱着她，和我太太一起，我就那么看着我的女儿，然后我跟太太说："我可不能把孩子送

到托儿所。"

　　我一直都不敢碰我儿子，他太小了。让我待在家里照顾孩子根本不可能。那样我就得整天打电话问她："亲爱的，这个你是怎么做的？""这东西怎么给他穿上？"噢，不，那从来就不是我考虑的问题（Kaufman & White, 2016, p. 1593, 1594）。

现代婚姻

　　在**现代婚姻**（modern marriage）中，夫妻之间是一种"高级合伙人与低阶合伙人"或"类同伴"关系。现代婚姻的妻子会外出工作，但是夫妻双方一致认为：妻子的工作没有丈夫的工作重要。丈夫是养家的主力，妻子外出工作只是帮衬。此外，这种婚姻对妻子的期望是，她的有偿工作不会妨碍她料理家务和照顾子女的责任。在现代婚姻里，丈夫和妻子花在有偿工作上的时间可能一样多，但是由于人们认为男性才是真正的供养者，因此有偿工作对夫妻双方含义并不一样（Steil, 2001）。现代婚姻的夫妻强调陪伴，希望一起参加休闲活动。他们重视团聚，而且可能会讨论丈夫和妻子的角色，而不是像传统的夫妻那样将其视为理所当然。

　　与传统婚姻相比，现代婚姻可能看起来更平等，但是这种平等是相对的，因为妻子对家庭和孩子担负了更多的责任。现代婚姻中的妻子每天都要做**"第二班"**（second shift）工作——她们白天外出工作挣钱，晚上回家又要再做一份工作（Amato et al., 2007; Hochschild, 1989）。孩子们希望由妈妈来做这"第二班"照料他们的工作，如果不得不由爸爸来做，他们会认为这是不公平的（Sinno & Killen, 2011）。

　　现代婚姻中不平等的劳动分工是规范性的，且难以改变。同样，丈夫的工作或事业也被赋予了更大的优先级。在 2007—2009 年经济衰退期间，一项对美国夫妻进行的全国性调查显示，妻子更可能表示，如果丈夫找到了一份好工作，她们愿意搬去数百公里外的地方；而反过来，丈夫则不那么愿意为妻子这样做（Davis et al., 2012）。即使在经济衰退的严峻形势下，伴侣们也不愿意优先考虑妻子的事业。

平等主义婚姻

　　平等主义婚姻在过去很罕见，现在正变得越来越普遍（Knudson-Martin & Mahoney, 2005; Schwartz, 1994）。在**平等主义婚姻**（egalitarian marriages）中，伴

侣双方拥有平等的权力和权威。他们也平等地分担责任，而不考虑性别角色。例如，夫妻一方的有偿工作不能优先于另一方。在实践中，这意味着任何一方都有可能为适应对方的升职而搬迁，或任何一方都会同意请假来照顾生病的孩子。平等主义婚姻中的丈夫并不认为妻子是唯一有资格照顾孩子的人。他们乐于使用日托中心和幼儿园。正如一位有两个孩子的父亲所说，有着全职妈妈的孩子未必境况更好：

> ……他们一直待在家里，到 5 岁的时候，他们还不太适应上学。我的意思是，一时之间，他们还不习惯分享东西，不习惯与许多其他人在一起，不习惯离开妈妈（Kaufman & White, 2016, p. 1598）。

夫妻双方根据兴趣和能力分配每天都要做的那些家务，包括打扫、做饭、缴费、跑腿等，而不是因为某些工作被认定为应由女性来做，另一些工作被认定为应由男性来做。一位处于平等主义关系的妻子致力于非性别主义的任务分配，她是这样描述的：

> 我觉得人们应该灵活一些。如果一个女人能修电灯，那么她就应该去修电灯……我不信奉照顾丈夫那一套……我洗澡时，他会为我熨衣服……甚至做饭，也不固定由谁来做，尽管我喜欢做饭（Quek & Knudson-Martin, 2006, p. 64）。

这种婚姻属于**后性别关系**（post gender relationships），伴侣双方已经超越了以性别定义婚姻角色。平等主义婚姻比其他任何类型的婚姻都更能为伴侣双方提供亲密、陪伴和相互尊重。下面这位丈夫的妻子在受教育程度和职位上都与他相当（双方都有硕士学位，职位等级也相似），他表示自己无需感到比妻子优越：

> 我需要（关系）平等。如果我处在更主导的位置，这会让我感觉不太好。我只会觉得好像我无法在我想要的层面跟我生命中最重要的人建立关系（Quek & Knudson-Martin, 2006, p. 61）。

主张平等主义的夫妻会共享很多东西，因此他们很可能相互理解、沟通良好，会选择花很多时间待在一起（见图 8.2）。通常，伴侣彼此都会说对方是自己最好的朋友，珍贵无比且不可替代，他们的关系是独一无二的（Risman & Johnson-Sumerford, 1998; Schwartz, 1994）。

图 8.2　主张平等主义的夫妻喜欢一起活动。

婚姻中的权力

夫妻双方各自应该承担什么责任，应该如何相处，不同的婚姻类型反映了不同的信念。完全平等主义的婚姻仍然是相对少见的。虽然美国人乐于认为婚姻是一种平等的伙伴关系，但是男性最终仍然可能拥有更大的权力。为什么缓缓步入教堂并说出"我愿意"的结果往往是长期的不平等关系呢？

权力的一种定义是随心所欲或影响决策的能力。在 20 世纪 60 年代和 70 年代对婚姻权力的经典研究中，社会学家发现了严重的不平衡。例如，60% 的男性有权决定其妻子能否从事一份有报酬的工作（Blood & Wolfe, 1960）。在一项对加拿大家庭的研究中，76% 的妻子说丈夫是一家之主，只有 13% 的妻子说双方权力平等（Turk & Bell, 1972）。尽管不平衡不再那么极端，但有研究证实，婚姻平等仍然不是常态（Bulanda, 2011）。在异性恋双事业伴侣中，平等分配婚姻角色的夫妻还不足 1/3（Amato et al., 2007; Gilbert & Kearney, 2006）。对大多数夫妻来说，虽然他们的角色和责任比传统婚姻更加平衡，但是仍然可能存在一种双方都接受的一贯的不平等模式。例如，尽管女性和男性都同意，在大多数婚姻中，女性在料理家务和照顾孩子上做得要多得多，但大多数人并不认为这是个问题。在一项于 1980 年首次开展、2000 年再次施测的大型调查中，大多数参与者在这两个时间点都认为这种不平衡是公平的（Amato et al., 2007）。夫妻双方可能会建构一种**平等的迷思**（myth of equality），拒绝承认性别社会化和社会力量是如何引导他们走向传统角色的（Knudson-Martin & Mahoney, 1996; 2005）。

夫妻双方如何为婚姻不平等辩护

婚姻中的权力既受结构性因素的影响也受意识形态的影响，它与赋予男性更高地位和赚钱能力的社会结构有关，也与关于谁更擅长养育或更适合做家务的信念有关（Dallos & Dallos, 1997）。婚姻中的权力是如何被行使和合理化的呢？夫妻双方如何构建平等的迷思，又是如何为自己婚姻中的不平等辩解的？

当研究者向一组受过高等教育的双事业夫妻询问其他夫妻的关系时，他们会根据任务分担来定义平等。然而，当被问及自己的伴侣关系时，他们较少谈到谁负责做饭和打扫房间，而是更多谈及诸如相互尊重之类的抽象概念（Rosenbluth et al., 1998）。事实上，大多数夫妻并没有实现他们的平等理想，女方做更多家务，而且她们的事业较之丈夫是次要的。她们并没有集中谈及谁为家里付出多少，也许是因为这样做会使不平等看上去更为明显。对情境进行再定义是一种避免感知到各种不公平的常见方式（Steil, 2001）。

在一项对 17 对英国夫妻的深度研究中，夫妻双方首先一起接受访谈，然后，18 个月后，他们再分别接受访谈（Dryden, 1999）。研究者意识到，一般而言，已婚夫妻可能不会公开承认不平等。在意识形态层面，大多数夫妻认为，婚姻应该是充满爱、分享和相互尊重的。由于要依赖丈夫的收入或要照料年幼的孩子，妻子可能尤其无法挑战婚姻中的不平等。公开承认自己的不满，在情感上可能"难以接受"（p. 58）。对丈夫而言，承认不平等可能会导致权力和特权的丧失。因此，研究者通过分析访谈资料来考察男女双方会以哪些微妙的方式为现状辩护。

女性会采用不直面问题的方式，以模糊和猜测的词语讨论行为和角色，而不是公开挑战她们的丈夫（"有些男人整天坐在那里看电视……"）。当冲突发生的时候，她们会尽可能减少冲突或者责备自己（"我们只是为一些愚蠢的小事争吵，也

许是我太较真了"）。她们在将自己的丈夫与别人的丈夫进行比较时，也对自己的
丈夫做出了更为积极的评价（"有些女性的情况真的很糟糕，她们的老公一点都不
帮忙，所以我的处境还算相当平等"）。这些策略有助于女性为自己和访谈者创造
一种婚姻相对平等的景象。

尽管女性的挑战是间接的，以自责来闪烁其词，但男性通常试图转移问题，
不会真正提及不平等。他们的策略包括将妻子描述成"不够胜任"（"如果她能安
排得更合理一些，她可以用剩下的时间完成她所有的工作"），而把自己描绘得"颇
为委屈"（不得不长时间工作，以及需要更多时间外出和兄弟们在一起）。研究者
注意到，丈夫给予妻子的反馈是她们已经通过自责制造的一种负面认同，一种"微
妙的破坏过程，具有加剧女性信心缺乏、低自尊和某些情况下导致抑郁的力量"
（p. 86）。显然，这些夫妻正在以保存和延续婚姻不平等的方式进行性别实作。

男性更大的权力从何而来

许多因素与丈夫在婚姻中的支配地位有关（Steil, 1997）。社会阶层和族裔制
造了差异：黑人夫妻和蓝领阶层夫妻二人之间的权力差距小于白人中产夫妻和上
层社会夫妻。有工作的妻子比全职主妇拥有更大权力。传统婚姻中的白人中产阶
层女性可能比任何其他群体的女性拥有的婚姻权力都更小（Bulanda, 2011）。

婚姻中权力的天平偏向男性，其中一个原因是受传统性别观念的影响。如果
配偶一方或双方都认为男性应该当家做主，那么男性就可能拥有更大决策权。传
统性别观念在强调家庭和社会责任高于个人需要的集体主义文化中最为强烈。在
集体主义文化下，女性不被允许优先考虑自己的事业，不能拒绝为男人和孩子服务，
不能把自己的需要放在首位。一项对新加坡（一个高度发达和经济成功的亚洲国
家）新婚夫妻的研究发现，一些夫妻朝向平等关系努力，而另一些夫妻则仍然宣
扬传统的性别价值观。一位妻子说："男人必须永远是一家之主。重要的决定由他
来做。"另一对夫妻在被问及他们婚姻中的权力和权威时，双方一致认为：

> 妻子：我必须是给予支持的一方。我仍然认为，每个成功男人的背后都有一
> 个好妻子，一个充满爱的妻子。
>
> 丈夫：我更有权威，因为我们的观念属于老一辈的观念（Quek & Knudson-
> Martin, 2006, p. 60）。

这种传统性别观念并不局限于集体主义文化。在美国，它通常与基于信仰的态度（上帝想要女性和男性扮演不同的角色）或关于人类天性的信念（性别差异是先天的、物种内置的）有关。例如，詹姆斯（一名学校心理咨询师）和简（一名会计师）已经有一个孩子，第二个孩子即将出生。简坚持认为詹姆斯是理所当然的掌事者，"我希望孩子父亲是一家之主，希望他来领导或做重要决定。"她形容丈夫"善于思考"，比自己"强大"，而将自己描述为"较为情绪化"。詹姆斯说，眼里有家务活儿不是他的"天性"，而这正是简经常做家务的原因（Knudson-Martin & Mahoney, 2005）。

婚姻中男性权力更大的另一种解释来自**社会交换理论**（social exchange theory）（Thibaut & Kelley, 1959）。该理论提出，为关系带来更多外部资源的一方会对关系有更大的影响。为关系提供较少资源的一方，无论是地位、金钱还是知识，可能会退居次位。性别本身就赋予男性更高地位，而且即便夫妻双方都有全职工作，丈夫通常也比妻子挣钱多（这是事实，原因有很多，我会在第 10 章中讨论）。如前所述，在已婚女性群体中，无收入或无工作的妻子的权力最小。此外，由于婚姻梯度的存在，在大多数婚姻中，丈夫的受教育程度高于妻子。在美国社会，教育成就本身会带来地位和声望，也与更高的收入有关。当丈夫收入更高时，许多夫妻都会默认他自动拥有家庭财务决策权。但是他带来的收入也可能使他有权做出与金钱无关的其他决定。在英国的一项研究中，一名妻子描述了当她开始自己挣钱时，情况发生了怎样的变化：

> 以前，我有五个孩子，也非常脆弱，我会避免提出一些问题，因为我担心他不给我钱了……他曾这样威胁过几次，我受够了……现在我能挣钱了，情况发生了变化，我现在对我不喜欢的事情不再那么沉默了（Dallos & Dallos, 1997, p. 58）。

由于金钱在现实意义和象征意义上的重要性，许多婚姻受到因钱争吵的困扰就不足为奇了。在一项研究中，200 对夫妻用日记记下了他们之间发生的冲突，其中，金钱并不是他们最常争吵的主题，孩子和琐事位居前列。然而，有关金钱的争吵更加严重，更棘手，也更可能再次发生，即便夫妻双方（尤其是妻子）一直在试图解决这类问题（Papp et al., 2009）。

社会交换理论有其局限性，它侧重经济交换而忽略了性别角色的象征意义。

与女性相比，养家糊口或供养者的角色对男性而言仍然更加重要，这意味着男性挣钱的能力比养育孩子的能力更受重视。反过来，对女性而言，关怀丈夫和孩子比挣钱能力更受重视。即使妻子的收入与丈夫一样多，她可能也没有同等的权力，因为她的成功被视为破坏了丈夫的供养角色，也妨碍了她自己的养育角色。换言之，同样的资源（此例为收入）对丈夫和妻子而言可能产生不同的作用。

赚钱能力对婚姻平等究竟有多重要？它对丈夫和妻子影响一样吗？要回答这些问题，有必要研究一下妻子与丈夫收入相当或妻子比丈夫收入更高的夫妻的情况。这类夫妻过去很少见，但今天约有 30% 的妻子比丈夫收入高（Commuri & Gentry, 2005）。

在一项研究中，研究者对两组各含 30 对夫妻的样本进行了比较，一组妻子的收入至少比丈夫多 1/3，另一组丈夫的收入至少比妻子多 1/3（Steil & Weltman, 1991）。参与者要回答关于事业的相对重要性的问题（"在你们的关系中，谁的事业更重要？"）以及关于决策权的问题（"谁对家务/财务问题更有发言权？"）。与社会交换理论一致的是，夫妻中收入高的一方认为自己的事业更重要，在家中也比收入低的一方更有发言权。然而，整体上妻子的财务发言权更小，对孩子和家务负有更大的责任，并且觉得丈夫的事业比自己的事业更重要。

在另一项研究中，参与其中的夫妻在两年时间里多次接受访谈。每对夫妻都有一个共同点，即妻子的年薪至少比丈夫多 1 万美元，其中有些夫妻的收入差距高达 12 万美元。这些夫妻挣扎于如何对男方的供养角色表示尊敬，尽管他并不是养家的主要贡献者。他们使用的一种策略是把钱存入一个共享账户，使性别化的收入差异不那么明显（Commuri & Gentry, 2005）。相比之下，丈夫收入更高的对照组则很少使用这种财务策略。取而代之的是，夫妻双方都按收入比例支付家庭开销。

收入更高的意义在白人样本和少数族裔样本之间存在差异。传统上，作为为家庭赚取收入的人，非裔美国女性扮演着非常重要的角色，对她们来说，只有当她们在性别信念上也高度虔诚和传统时，她们的收入超过丈夫才会对她们的婚姻幸福感产生负面影响（Furdyna et al., 2008）。

综上所述，双方收入相当是婚姻中权力的均衡器，但即使妻子比丈夫收入高，关于男女适宜角色的信念仍有可能影响权力的平衡，使之朝着有利于男性的方向变化。这意味着，为了改变婚姻中的权力失衡，女性的经济权力和夫妻双方的性别意识形态都必须改变。由于女性的挣钱能力似乎比性别意识形态变化得更快，那些妻子比丈夫收入高的夫妻就会使用一些策略，比如把他们的收入放在一起，以应对性别角色偏离常态带来的尴尬。好消息是，世界上很多地方的婚姻平等程度正在提高。女性受教育程度越来越高，经济上与男性越来越平等，结婚年龄也有所推迟，因此她们为亲密关系带来了更多自己的资源。传统的父权制意识形态正在失去控制力。平等主义婚姻尚未成为规范，但它正变得越来越普遍，并可能成为未来的潮流（Esteve et al., 2012; Kulik, 2011）。

从此幸福美满？婚姻满意度与心理调适

"从此幸福美满"是我们的社会对婚姻持有的浪漫爱理想。婚姻能带来幸福和满足感吗？乍看之下，回答是响亮的"能！"20 多年的研究一致显示，已婚人群报告的幸福感比单身、离异、丧偶或同居人群都要高，他们对自己、对关系以及对总体的生活都感到更为满意（Vanassche et al., 2013）（见图 8.3）。社会科学家将此归因于两个主要原因：婚姻的内在收益（社会支持、经济保障、性伴侣、家庭的基础）和选择偏差（首先更稳定而幸福的人更可能结婚并维持婚姻）。

在很长一段时间里，没有人考虑去探讨这类研究的更大社会背景：婚姻是规范，每个人都被期待结婚这一事实。如果未婚人群没有结婚的压力，如果他们不被视为偏离常规者，他们会不会与已婚人群一样幸福？近期一项在 24 个国家开展的研究考察了这个问题，测量了每个国家对其他生活方式（保持单身、同居不结婚、同性恋／双性恋关系）不予污名化的程度。结果显示，在这些国家中，女性的婚姻状况与幸福感之间没有关系（Vanassche et al., 2013）！这项研究和另一

图 8.3 情感和友谊是婚姻的部分收益。

些研究（Lee & Ono, 2012; Stavrova et al., 2012; Wadsworth, 2016）表明，只有当异性恋婚姻作为规范时，婚姻状况才与幸福感有关。如果其他形式的关系也同样可接受，那么婚姻状况和幸福感也许就完全不相干了。你怎么看？

婚姻幸福感会随时间而改变吗

已婚夫妻的幸福感和满意度在婚姻的不同时期差异很大。几乎所有关于婚姻满意度随时间变化的研究都显示，在最初的"蜜月期"之后，随着第一个孩子出生，幸福感会显著下降。随着时间的推移，妻子比丈夫更可能对婚姻感到不满。当孩子处于学龄期或青少年期时，满意度往往会降到最低。一些研究显示，当孩子长大离家后，伴侣们会在后来的生活中重获早年的幸福感，甚至超越以前。在另一些研究中，幸福感则一直在下降（Amato et al., 2007; Bulanda, 2011; Wendorf et al., 2011）。

如何解释孩子出生后婚姻幸福感的变化？当对 700 多名女性在孕期和第一个孩子出生三个月后进行研究时，这些女性报告说，她们在料理家务和照顾孩子上干的活比预想的要多得多。与她们对婚姻的消极感受有关的是，实际情况背离了她们对平等分担家务的期望。换言之，让这些新晋妈妈不如以前开心的不是家庭琐事的增加，而是她们觉得新的劳动分工不公平。她们之前越期待平等，后来就越不满意（Ruble et al., 1988）。另一些研究表明，那些希望共同分担子女照料工作但未能实现的女性抑郁程度更高。后续研究对这一早期研究进行了跟进，选取了一个族裔多样的样本（美国白人、非裔、亚裔和西班牙裔）中的 119 对准父母，让他们填写了关于孩子出生前后实际的和期望的家务责任的问卷，也观察了他们在育儿方面的互动（Khazan et al., 2008）。该研究发现，女性的愿望越得不到实现，她们的婚姻满意度就降得越多。此外，当女性对平等分担婴儿照料工作的期望被背离时，夫妻双方在育儿方面的互动就会表现出细微的冲突迹象和协作不佳。坦率地说，当新晋爸爸拒绝换尿布或夜里起床照料婴儿时，夫妻双方在养育上的互动就变得不那么友好和合作了，养育也不会那么有效。

你可能会预测，那些感觉受到丈夫尊重和欣赏的女性，幸福感的下降要小一些，这正是一项为期 6 年的夫妻追踪研究所发现的结果。那些生育后婚姻满意度保持不变或有提高的女性说，她们的丈夫会表达爱意，还会调整自己以适应妻子和双方关系。而那些婚姻满意度下降的女性，她们对丈夫的感知是负面的或者认为自己的生活失控且混乱（Shapiro et al., 2000）。

　　孩子长大离家之后，夫妻双方对金钱和时间的需求会降低。许多夫妻在婚姻的这个阶段有了更多自由和灵活性，因此他们的婚姻幸福感增加了。在一项对 300 对中年和老年夫妻进行的研究中，研究者观察了他们在讨论当前冲突以及合作完成任务（计划跑腿差事）时的情况。总体而言，老年夫妻的婚姻满意度更高。在合作时，他们既有温情又有决断力。即使在意见不一致时，他们也没有中年夫妻那么心烦意乱（Smith et al., 2009）。

婚姻与心理幸福感有关吗

　　无论男女，婚姻都与更好的心理调适有关。然而，婚姻的获益并不是平等分配的：男性比女性对婚姻更满意，并且从婚姻中得到了更大的心理健康获益。与单身男性相比，已婚男性的酒精滥用问题更少，犯罪的可能性更小，患有抑郁症等心理障碍的可能性也更低。与未婚、丧偶或离异男性相比，已婚男性的事业更成功、收入更高、身体更健康，寿命也更长（Steil & Hoffman, 2006）。

　　婚姻的心理获益与权力平衡有关。当决策相对平等时，丈夫和妻子都对婚姻最满意（Amato et al., 2007）。权力平衡、婚姻满意度和女性心理幸福感之间的关系在白人中产阶层双事业夫妻中研究得最多（Steil & Turetsky, 1987）。不过，权力相对平等和婚姻满意度之间的关系似乎在其他群体中也同样成立，例如非裔美国夫妻的一个社区样本（Stanik & Bryant, 2012）。在一个拉丁裔第一代移民的样本中，丈夫所持的性别角色态度越传统，与妻子所持的性别角色态度越不同，他们的婚姻满意度就越低（Falconier, 2013）。与单方占主导地位的关系相比，更平等的关系有更具建设性的交流、更多的温情和亲密、更大的性满足以及更高的婚姻总体幸福感（Steil & Hoffman, 2006）。传统婚姻中的女性心理适应状况最差（Steil, 1997; Steil & Turetsky, 1987）。

　　男性在婚姻中获益更多的一个原因是，妻子为丈夫提供的情感支持可能比她们从丈夫那里得到的要多（Steil & Hoffman, 2006）。我们将在第 9 章和第 10 章更详尽地探讨女性的情感劳动。简言之，情感劳动（emotional work）包括吐露想法和感受、询问对方的想法和意见、提供鼓励、倾听以及尊重对方的观点。20 世纪 80 年代以来的研究表明，丈夫通常依靠妻子来获得情感支持，但是他们往往没有对妻子回馈同等的支持。女性缺乏情感支持的回馈，因而她们不如其伴侣幸福。

在一项对 4 000 多名 55 岁及以上已婚人士的研究中，丈夫们表示，他们最可能向妻子吐露心声，然而妻子则不太会向丈夫吐露心声，她们更可能向朋友、姐妹或女儿倾诉。无论男女，向配偶吐露心声的人都比不向配偶吐露心声的人有更高的婚姻满意度和总体心理幸福感（Lee, 1988）。已婚女性所做的关爱和情感支持工作，能够部分解释为何她们的丈夫心理调适更佳。

女同性恋伴侣

在过去几十年开展的小样本调查中，大多数女同性恋者都处于稳定的关系中（Peplau & Spalding, 2000）。但长期以来，人们很难估计到底有多少女同性恋伴侣。直到 2000 年，美国人口普查才加入了未婚伴侣的数据。2010 年的人口普查记录了646 464 户同性伴侣家庭，其中有 332 887 对是女同性恋伴侣。（美国人口普查局没有区分已婚同性伴侣与其他类型同性伴侣，含民事结合中的同性伴侣、登记的家庭伴侣关系中的同性伴侣或法律未承认关系的同性伴侣。这些群体都被标识为同性伴侣家庭。）超过 1/5 的同性伴侣是跨种族或跨族裔的，相比之下，异性恋已婚夫妻中这一比例不到 1/10（Gates, 2012）。同性恋家庭的数量在过去十年中迅速增加。

女同性恋伴侣与异性恋伴侣的比较

当两名女性承诺要作为爱人和朋友一起生活时，她们的关系与传统婚姻有一些相似之处，但是不涉及传统婚姻的制度层面，也没有传统婚姻的标签。到目前为止，很少研究探讨合法结婚的同性伴侣，因为他们数量很少，而且结婚时间不长。

与异性恋者相似，大多数性少数群体（LGBTQ）成员信奉婚姻。（见专栏8.1）。在一项对 27 个国家 1 500 多名 LGBTQ 个体的网络调查中，95% 的人认为，应该允许同性伴侣像异性伴侣一样结婚（Harding & Peel, 2006）。

多年来，研究者和公众都假定，女同性恋伴侣会模仿传统的异性恋角色，一方做"丈夫"（对应 butch），另一方做"妻子"（对应 femme）[1]。这种观念将异性恋

1　作者在后文反驳了这一局外人假说——译者注

专栏 8.1　　值得铭记的婚姻：德尔·马丁和菲利斯·里昂

　　德尔和菲利斯在情人节那天住在了一起。那是 1953 年，她们成为伴侣已经两年了，共同热衷于女性主义和同性恋权益的积极行动。这对伴侣后来在美国建立了第一个女同性恋政治组织"比利蒂斯的女儿"（Daughters of Bilitis），也是该组织的先锋杂志《梯子》（The Ladder）的主编。她们是第一对加入全美女性组织（National Organization for Women）的女同性恋伴侣，并积极参与该组织的领导工作，将女同性恋议题纳入该组织的议程。她们还一起写了两本书，《女同 / 女人》（Lesbian/ Woman, 1972）和《女同之爱与解放》（Lesbian Love and Liberation, 1973）。随着她们一起步入老年，她们也参加了老年人权益运动；二人均曾服务于白宫 1995 年的老龄化会议。

　　2004 年，同性婚姻在旧金山合法化，德尔和菲利斯成为第一对结婚的同性伴侣。然而，6 个月后，她们的婚姻与数千桩其他同性婚姻一道被加州最高法院宣布无效。菲利斯说："德尔 83 岁，我 79 岁。我们在一起 50 多年了，婚姻的权利和保障被剥夺对我们来说是一个沉重打击。在我们这个年纪，我们没有多少时间了。"

　　2008 年 6 月 16 日，同性婚姻再次在加州合法化的那一天，菲利斯和德尔又一次成为第一对结婚的伴侣。遗憾的是，她们作为已婚伴侣的时间很短暂。德尔·马丁于同年 8 月去世，享年 87 岁。在与她深爱的菲利斯一起生活了 55 年之后，她未能在有生之年看到美国最高法院裁定同性婚姻在全美合法化。当 90 岁的菲利斯听到最高法院裁决的新闻时，她高兴地笑了。她说："终于等到这一天！看在上帝的分上。"

Contributed by MC and Annie B. Fox.

脚本应用到了女同性恋关系中。大多数研究表明，女同性恋者并没有清晰的男性化 / 女性化角色偏好（Peplau & Spalding, 2000）。相反，她们的关系往往更类似同伴间的友谊。当女同性恋伴侣描述她们的关系时，她们使用诸如相互尊重、意气相投、共同决策、平等权利以及双方同等重要等词语（Garnets, 2008）。

在女同性恋者和酷儿女性中，butch 和 femme 常常只是用来区分不同的着装和行事风格：那些拒绝女性化着装和行事风格的人，以及那些选择更符合刻板印象的女性化着装和行事风格的人（Goldberg, 2013）。因此，当女同性恋者认同 butch/femme 角色时，其含义可能与异性恋者所假想的并不相同。当研究者让 235 名认同自己为女同性恋者的个体定义这些概念并将它们用到自己身上时，样本中 40% 的人表示她们二者都不是。女性的受教育程度和收入越高，她越可能拥有独立的认同（而非 butch/femme）（Weber, 1996）。只有约 26% 的人认同自己是 butch，34% 的人认同自己是 femme。然而，这些女性并没有使用 butch/femme 来代表丈夫 / 妻子的角色。对她们来说，butch 表示她们不喜欢女孩气的东西，如化妆、裙子、头发造型；femme 表示享受女性化个人风格的自由，但仍然承诺喜欢女性。她们强调，butch 并不意味着占主导地位、举止像男人或不喜欢做女人，femme 也与顺从无关。总之，butch/femme 维度对某些女同性恋者来说是重要的，它与社会阶层有关，但与关系中的支配无关。

女同性恋婚姻和关系的特点

描述异性恋婚姻的维度同样可以描述女同性恋婚姻和关系，包括陪伴、沟通、角色和劳动分工、权力以及满意度。

大多数女同性恋者拒绝性别角色（Peplau & Spalding, 2000）。在寻找长期伴侣时，她们更看重智力和人际敏感性等特征（Regan et al., 2001）。她们比男同性恋者更可能跟伴侣生活在一起、更渴望性忠诚和稳定的单配偶关系。她们珍视情感上的亲近和亲密（Garnets, 2008）。

同性伴侣不会根据性别来分派养家角色，而且他们往往重视独立性。因此，与异性恋婚姻相比，同性伴侣对双方工作兴趣的重视更可能趋于平等。绝大多数女同性恋伴侣和男同性恋伴侣都是双薪或双事业关系模式。就像同性恋伴侣会平衡工作角色一样，女同性恋伴侣也非常有可能平分家务。她们根据偏好、技能和能力分派家务琐事（Goldberg, 2013）。正如一位女性向访谈者解释的那样：

> 有些事情我们中的一方更擅长，所以就自然而然地那样分配了。我更擅长机械操作，所以如果有东西需要组装、修理或类似的事情，我会做得更

好。我的伴侣能记得给植物浇水……我甚至不知道我们养了植物（Kelly & Hauck, 2015, p. 455）。

无论她们如何分配家务，基本原则都是公平。例如，一对伴侣（我称呼她们为苏伊和唐亚）向研究者描述了苏伊是如何为两人管理财务和退休基金的，以及作为回报，唐亚则投入很多时间照顾苏伊年迈的母亲（Bailey & Jackson, 2005）。伴侣双方都会做自己最擅长的事，而且，每一方都会因达成共识的劳动分工而对另一方心存感激。

与异性伴侣相比，同性伴侣往往共同参与更多休闲活动。他们更可能一起跟朋友玩、参加同一俱乐部、有共同的爱好和运动兴趣。也许，由于社会化，两个女人比一男一女更可能有共同的兴趣；也可能大多数人都需要同性至交，而女同性恋者的优势是，在同一个人那里，既可以收获同性朋友，也可以找到配偶。这些纽带可能是许多女同性恋伴侣分手后仍然是好朋友的一个原因（Clarke et al., 2010）。

女同性恋关系中的权力与满意度

大多数女同性恋者都渴望平等主义关系。女同性恋关系的权力差异通常是由同样影响异性恋关系权力差异的那些因素造成的，例如伴侣一方比另一方拥有更多资源（金钱更多、地位更高或受教育程度更高）或者对关系的承诺度更高。然而，就决定女同性恋者之间权力关系的因素而言，平等主义理想可能比地位和金钱更重要。与许多认为男性应该是一家之主的异性恋伴侣不同，女同性恋伴侣更可能一开始就秉持完全平等的信念。因此，金钱和其他资源不会自动等同于权力。帕姆（办公室经理）和琳达（作家）已经作为伴侣相伴 15 年了。帕姆描述了她们关系中的"给予与获取"：

> 有几次我失业了，都是琳达在养家。同样，她失业的时候，我也要承担起我们俩的生活。所以，养家的责任在我们之间转换。从来都没人说过"要养活你，我烦透了"这类话，……从来没有。这永远不会出现在我们的关系里（Bailey & Jackson, 2005, p. 61）。

女同性恋关系相较于异性恋关系的平等性使一些研究者提出建议，异性恋伴侣或许可以向女同性恋伴侣学习如何协商平等的关系（Clarke et al., 2010）。比较这两种关系还可以帮助研究者更多地了解伴侣内部及其周围社会结构中能够促进更加平等生活模式的因素。例如，异性恋伴侣收入高的一方往往拥有更大的权力，相比之下，女同性恋伴侣即使一方工作挣钱，另一方料理家务、做饭和照看孩子，她们的权力平衡也趋向于平等。这可能是因为双方都作为女性接受社会化，被引导去欣赏和珍视女性的家务劳动，将其视为重要、有创造性和有意义的工作（Goldberg, 2013）。

有研究对女同性恋伴侣和异性恋伴侣自我报告的满意度和幸福感进行了比较，结果显示，两者几乎没什么差异。与异性恋女性相似，女同性恋者在有承诺的关系中比在随意的关系中更可能享受性爱（Garnets, 2008; Mark et al., 2015）。当伴侣双方对亲密关系有平等的承诺，当她们有相似的态度和价值观，当她们感觉其关系公平而平衡时，女同性恋关系的满意度会更高。女同性恋关系的满意度也会随时间的推移而降低，其下降的情况与异性恋已婚人群大致相似（Clarke et al., 2010; Kurdek, 2007）。在一项对美国和加拿大 75 对女同性恋伴侣的研究中，伴侣双方都参加了网络调查，接受了人格因素、对平等的感知和关系满意度的测量（Horne & Biss, 2009）。当伴侣感觉她们的关系不平等时，尤其对那些不安全型依恋的个体而言，她们对关系不平等的焦虑会导致更低的关系满意度。这些结果支持了早期研究得出的一个结论：平等对女同性恋伴侣非常重要。

外部压力也会影响亲密关系。喜欢女性的女性不得不应对偏见和歧视。父母和其他家庭成员可能会拒绝一名同性恋女儿或与她断绝关系，将她从遗嘱中除名，拒绝承认她的伴侣或她们之间的关系，不让她们参加家庭聚会，或者怂恿她们分手。对女同性恋者而言，关系满意度的一个重要因素是拥有一个良好的社会支持网络。无论对女同性恋者还是男同性恋者而言，来自朋友和家人的社会支持，不仅关涉他们的个人心理调适，而且关涉他们在亲密关系中的幸福感（Berger, 1990; Kurdek, 1988）。

同性恋积极行动者鼓励女同性恋者冒着被排斥的风险，向朋友和家人出柜，这是正确的建议吗？研究证据并不一致。虽然一些研究表明，向生活中的重要他人（家人、朋友和雇主）出柜的女性报告了更高的亲密关系满意度，不过另一些研究发现，亲密关系满意度与表露自己的女同性恋身份无关（Jordan & Deluty, 2000; Beals & Peplau, 2001）。对女同性恋伴侣的访谈表明，出柜确实会影响她们对同性关系的满意度，因为这有助于她们在应对恐同偏见和歧视时相互支持，并使她们感到与自己的社群联结在一起。一名女性这样表达她的感受：

> 我想与异性恋者拥有同样的社群联结。我希望人们在我们快乐的时候为我们高兴，在我们遇到困难的时候支持我们，我希望能够谈论我们的生活……如果我们不出柜，我们就无法得到这些（Knoble & Linville, 2012, p. 335）。

在美国，既然同性恋者终于能够进入民事结合和合法婚姻了，那么他们会得到与异性恋已婚者同样的心理和健康获益吗？这方面研究才刚起步，但迄今为止，得到的答案是肯定的。与那些没有合法关系的女同性恋者相比，进入民事结合的女同性恋者报告，她们更看重自己的女同性恋身份，从伴侣那里得到了更多支持，更少隐瞒自己的女同性恋认同，并且作为女同性恋者，她们体验到更少的孤立无援和更多的自我接纳（Riggle et al., 2016）。一项使用州健康调查数据的研究表明，合法结婚的同性恋和双性恋人群在心理调适上显著优于同居的同性恋和双性恋人群，这与异性恋人群的典型结果一致。与异性婚姻相比，同性婚姻为同性恋者提供了同样的心理获益，这是得到这一结果的第一项大规模研究（Wight et al., 2013）。当然，对于选择性偏差，我们可以提出同样的异议：起初，调适更好的同性恋和双性恋个体可能更容易结婚。但同样值得思考的是，消除由来已久的污名，且允许人们合法地承认他们对伴侣的爱，这会产生怎样的心理效应。

同居伴侣

今天，许多异性恋伴侣选择一起生活，而不注册结婚。社会学家给这种安排取了一个不怎么浪漫的名字——**同居**（cohabitation）。选择这种生活方式的伴侣通常称之为"一起生活"。

同居的兴起是过去五十年来最引人注目的社会变迁之一。今天，美国所有的初婚夫妻有一半以上在结婚前就同居了。同居伴侣也越来越多地选择一起生养孩子。同居不仅成为婚姻的前奏，甚至成为婚姻的替代模式（Barr et al., 2015）。在一个有代表性的全美女性样本中，大多数同居者都打算结婚，而且大多数人也确实结婚了。但是，随着时间的推移，同居关系走向婚姻的比例越来越低。女性越来越有可能处于一段又一段的同居关系中。选择接连同居的人，其中许多人对婚姻不感兴趣，他们不信奉婚姻制度（Vespa, 2014）。

何人为何同居

人们选择同居的原因多种多样（Noller, 2006）。对一些人来说，这是一段试验期或者婚姻的序曲，"看看我们是否合得来"。另一些人同居，更多是因为便利而不是承诺，两个人付房租和付账单会更轻松。还有一些人，如前所述，同居是因为他们不信奉婚姻，或觉得自己还没准备好结婚。在访谈中，蓝领阶层伴侣更经常提及诸如住房需求和财务等现实原因，中产阶层伴侣则更多提及共度时光与和谐性（Sassler & Miller, 2011）。

一项纵向研究考察了近 200 对已婚夫妻的承诺和关系质量。最初的评估是在他们约会时进行的，之后每年评估一次，直到他们的平均婚龄为 7 年。结果表明，总体而言，女性比男性的婚姻承诺度要高。男性之间也存在一些有趣的差异：与那些订婚后才同居或根本没同居的伴侣相比，订婚前就同居的男性伴侣对妻子的承诺和奉献要少一些（Rhoades et al., 2006）。在这项研究中，**承诺**（commitment）的测量指标包括：伴侣双方团队合作、对未来长久相伴的渴望、优先考虑伴侣，以及愿意为伴侣和关系做出牺牲。该研究表明，如果一对伴侣在订婚前就同居，那么男女双方的承诺度是存在差距的，而且这种差距甚至可能在婚后多年仍然存在。

选择同居的人，往往对宗教、性态和性别角色持开明态度（Willoughby & Carroll, 2012）。与没有同居的人相比，他们有更多性经历，性行为更活跃，而且与已婚关系相比，他们保持单配偶关系的可能性相对较低。在一项全美抽样调查中，研究者考察了 1 200 多名 20~37 岁的女性，结果发现同居女性与伴侣以外的人发生性行为的可能性是已婚女性的 5 倍——大约 1/5 的人在同居期间与其他人发生过性关系，而且研究中的所有族群都是如此（Forste & Tanfer, 1996）。

与已婚伴侣一样，金钱、权力和家庭内外的劳动分工都可能成为同居伴侣之间冲突的来源。同居伴侣的劳动分工通常与现代婚姻的劳动分工类似。他们几乎总是希望双方都能外出工作。然而，与大多数已婚伴侣相似，女性比男性做更多的家务。一项研究考察了 5 个欧洲国家（西班牙、意大利、德国、法国和英国）

同居伴侣和已婚伴侣的时间使用情况，结果显示，未与伴侣正式结婚的女性承担的家务比例仅比已婚女性稍少一点：她们做了 70% 的日常家务，而已婚妻子做了 76%（Dominguez-Folgueraz, 2013）。在美国，对蓝领阶层和中产阶层同居者的访谈显示，只有约一半女性期望平等分担家务。中产阶层女性更希望如此，也更可能平等分担，这不仅是因为她们在关系中拥有更大的权力，也因为中产阶层男性更愿意合作。尽管如此，大多数女性还是做了大部分家务，而且样本中只有 1/3 的人报告在家务分担方面相对平等（Miller & Carlson, 2016）。

一般来说，同居关系的质量不如婚姻关系，同居关系存在更多的分歧、争吵和暴力，感知的公平和幸福感也相对较低。一项在 8 个欧洲国家开展的跨文化研究发现，与已婚伴侣相比，同居伴侣更可能有分手的打算，关系满意度也更低。在同居更被边缘化的国家，同居伴侣和已婚伴侣之间的差距最大（Wiik et al., 2012）。在美国，同居关系的分手率也很高，超过一半的同居伴侣在两年内分手，90% 的同居伴侣在 5 年内分手（Noller, 2006）。在过去 15 年中，美国的同居伴侣变得更容易分手、更不容易过渡到婚姻，即使他们在同居时已经订婚（Guzzo, 2014）。

同居会影响后来的婚姻吗

同居伴侣可能会经历意外怀孕，这就带来了是否要结婚的问题（Sassler et al., 2009）。在所有族群中，同居都与未婚怀孕有关，同居期间拉丁裔女性怀孕的可能性高于白人或非裔女性。怀孕会促使同居者走向婚姻吗？这也取决于伴侣所属的族群及其关系的质量。一项研究显示，同居期间怀孕的白人女性可能会结婚；相比之下，怀孕对非裔女性结婚与否没有影响；而对波多黎各女性而言，怀孕降低了她们在孩子出生前结婚的可能性（Manning & Landale, 1996）。一项对 30 对伴侣进行的深度访谈研究报告，那些相信未来在一起的伴侣表示，他们会对怀孕感到不安和沮丧，不过会生下孩子。一小部分伴侣说他们会终止妊娠。还有一些伴侣对将来怎么做未能达成一致意见（Sassler et al., 2009）。在一项访谈研究中，有孩子的同居者往往说，他们住在一起是因为这是共同抚养孩子和分担费用切实可行的一种方式，但是成为父母并没有增加他们对彼此或对关系的承诺（Reed, 2006）。

同居是否与后来的婚姻满意度有关？如果人们把同居作为试婚，那么那些后续走进婚姻的人似乎应该调适得更好，并且离婚的可能性相对较低。然而，许多研究表明，婚前同居的伴侣更可能离婚（Noller, 2006; Teachman et al., 2006）。不过这也有族裔和种族差异。一项全美抽样调查发现，婚前同居能够预测后来离婚，但这一预测作用仅适用于白人女性，而不适用于非裔或墨西哥裔女性（Phillips & Sweeney, 2005）。当然，婚前同居过的人群离婚率更高并不一定意味着同居是错误的。因为同居的女性（及其伴侣）比不同居的女性更加不遵从传统，更加独立和自主，她们可能不太容易做出承诺，更可能离开不符合她们期望的婚姻（Rhoades et al., 2006; Teachman et al., 2006）。后续的研究表明，婚前同居伴侣的离婚率可能不再高于婚前未同居的伴侣（Manning & Cohen, 2012）。在美国社会中，也许一起生活（同居）正在成为一种正常的模式，它将变得与结婚和离婚都无关。时间和进一步的研究会给出答案。

结束承诺：分手和离婚

美国的离婚率是所有工业化国家中最高的，在经历了一个多世纪的稳步上升之后，近期才趋于平稳。在美国，大约 40% 的婚姻会在 15 年内结束（见图 8.4）。美国人口普查局预计，美国的离婚率将继续位居世界前列。根据过去的趋势预测未来，统计学家估计，今天新缔结的婚姻有 44% 的可能性以离婚告终。其他国家也经历了类似的离婚率增长，尽管没有一个国家像美国这么极端（Copen et al., 2012; Orbuch & Brown, 2006; Teachman et al., 2006）。

关于离婚已有大量研究。相比之下，很少有研究探讨在没有正式离婚的情况下亲密关系结束的过程和结果（Teachman et al., 2006）。这可能以几种方式发生。有些伴侣直接抛弃或放弃了他们的家庭，并没有做财产分割或子女抚养的安排。人们对这些家庭的情况知之甚少。还有一些伴侣会永久分居，但不会离婚（McKelvey & McKenry, 2000）。当同居伴侣之间的关系结束时，分手不涉及合法离婚。有少数几项研究比较了与伴侣分手的男同性恋者、女同性恋者和异性恋者，其中一项研究的每组参与者都给出了相似的分手原因并报告了相似的痛苦程度（Kurdek, 1997）。需要更多的研究来探讨非婚伴侣关系是如何结束的。但就目前而言，我将主要关注离婚的异性恋伴侣。

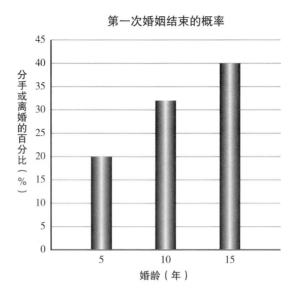

图 8.4　在美国，第一次婚姻有很大比例在 15 年内以离婚告终

资料来源：National Center for Health Statistics (2012). *National Health Statistics Report: First marriages in the United States*. Hyattsville, MD: National Center for Health Statistics.

离婚的原因和后果

在社会层面，有几个因素与离婚率上升有关。无论是美国还是许多其他国家，离婚率都随着女性进入有偿劳动力市场而有所升高。妻子有偿就业通常并非离婚的直接原因。更确切地说，当女性不依赖丈夫的收入生存时，她们就不太会维系令人不满的婚姻（Teachman et al., 2006）。初婚年龄也与离婚高度相关：男性和女性结婚时年龄越小，他们离婚的可能性越大（Bramlet & Mosher, 2001）。与离婚率上升有关的其他因素有法律和态度的变迁；与过去不同，离婚不再是一种耻辱，"无过错离婚法"使离婚变得更容易。

在个体层面，女性和男性就自身婚姻破裂给出的原因往往有些不同。在一项对离婚人群的全美随机抽样调查中，女性比男性更可能把伴侣的不忠行为、物质滥用、精神或身体虐待视为离婚的原因。男性更可能提及沟通不良，或者说他们不知道离婚的原因。还有一些原因，如不和睦，被女性和男性提及的频率相当（Amato & Previti, 2003）（见表 8.1）。

表 8.1　女性和男性感知到的离婚原因

原因	女性（%）	男性（%）
不忠	25	16
不和睦	19	20
酗酒或吸毒	14	5
存在隔阂	10	9
性格问题	8	10
缺乏沟通	6	13
身体或精神虐待	9	0
爱已不在	3	7
不履行家庭责任	5	1
就业问题	4	3
不知道	0	9
婚姻不幸福	3	3

资料来源：Amato, P. R., & Previti, D. (2003). People's reasons for divorcing: Gender, social class, the life course, and adjustment. *Journal of Family Issues*, 24, 602–626, from Table 3 (p. 615).

　　婚姻早期的事件和感受或许能预测后来的离婚。在德国、英国和澳大利亚开展的大规模调查发现，如果女性在婚后第一年不如丈夫幸福，这种"幸福差距"可以预测后来的离婚（Guven et al., 2012）。在另一项研究中，那些在婚后头两年内幻想破灭的人（反映在爱和情感的减少以及矛盾心理的增加）更可能在几年后以离婚收场（Huston et al., 2001）。一项对 450 多名 23 岁时已经结婚的人进行的纵向研究显示，伴侣任何一方的物质滥用都是这些较早结婚者离婚的重要预测因素（Collins et al., 2006）。那些过量饮酒或吸食大麻的人更可能在 29 岁前离婚。

　　无论离婚的原因是什么，离婚都会对女性造成严重而持久的影响。我会探讨三方面的后果：心理调适、经济影响和养育孩子的责任，三者的影响相互交织。

人们如何在心理上适应离婚

　　有相当数量的离异女性（不同样本中 17%~33% 不等）认为离婚几乎没有造成心理上的困扰或痛苦。这些女性认为离婚结束了紧张或无法忍受的局面，可以开启更加自由的生活了。在一项要求再婚夫妻描述先前离婚之影响的研究中，一名女性报告说，"我终于卸下了肩上的重担……没有流泪"；另一名女性说，"我松了一口气，因为这么长时间以来情况一直很糟"（Brimhall et al., 2008）。然而，对大多数女性来说，她们对离婚的适应过程包括愤怒感、无助感和矛盾心理，尤其是，如果提出离婚的一方并非女性。在一项访谈研究中，这些女性感到被抛弃和很受伤（Sakraida, 2005）。分手的同居伴侣遵循同样的轨迹：随着时间的推移，孤独、悲伤和失望等情绪，通常会随着他们对关系结束的适应而逐渐减弱（Halford & Sweeper, 2013）。离婚期间的压力与各种身体健康问题有关。（与所有相关关系研究一样，这些研究不能确定因果关系。）与在婚人士相比，离异人士（无论男女）生病、死亡、酗酒和发生严重事故的比例都更高。

　　总的来说，在离婚的心理调适方面，男性似乎比女性更困难。虽然离异的男性和女性都比同龄的在婚男性和女性更可能自杀，但离异男性自杀的可能性比离异女性高出 50%。他们也更可能出现严重的心理紊乱（Price & McKenry, 1988）。在办理离婚期间和离婚之后，女性似乎更善于建立和维系与亲密朋友和家人的关系（Gerstel, 1988），而男性则可能更怀念伴侣的照顾（见图 8.5）。不过，女性和男性对离婚的反应在很多方面是相似的（Gove & Shin, 1989）。

　　对离婚的心理调适依赖于社会支持。一项对 21 个研究的元分析证实，无论男女，拥有好朋友和成为支持性网络（如教会或社群）的一部分，都有助于离婚之后的心理调适（Krumrei et al., 2007）。女性离婚后的应对方式因不同群体而异。在一项全美抽样调查中，研究者考察了至少有一个孩子的离异或分居女性，其中黑人女性对自己掌控生活和经济状况的能力更有信心（McKelvey & McKenry, 2000）。相较于白人女性，有三个因素有助于非裔女性离婚后更好地进行心理调适：她们更可能生活在多代同堂的家庭中，与父母关系紧密，并且拥有来自教会和朋友的支持（Orbuch & Brown, 2006）。

　　离婚通常作为个人和社会悲剧来讨论。但是，离婚可能是女性反抗婚姻不平等的一种重要方式，是摆脱压迫状况的一种途径，也是女性建立健康的性主体性的一个转折点（Montemurro, 2014）。与不支持、爱挑剔的配偶过婚姻生活的女性报告，她们对离婚后的生活相对更为满意（Bourassa et al., 2015）。对再婚者的研究表明，他们与伴侣的互动更平等了；例如，与第一次婚姻相比，妻子对财务有更大的控制权，并且更多地与丈夫共同决策（Ganong et al., 2006）。大多数关

"再见了，冰箱里给你留了 1 825 顿饭。"

图 8.5

资料来源：© Barbara Smaller/The New Yorker Collection.

于离婚的研究都评估了离婚的消极影响。很少有研究涉及其积极的一面，但当研究者这样问时，很多人都说他们的自尊提升了，生活乐趣增加了，事业也因此获益，并且享受到了令人困扰的亲密关系结束之后的那种自由和独立（Tashiro et al.,2006）。离婚是一种痛苦的家庭转变，但也是一次成长和改变的潜在机会（Stewart et al., 1997）。

离婚有哪些经济影响

在美国，离婚对女性来说是一场经济灾难。20 世纪 60 年代至今的研究已经明确显示，离婚后男性的经济地位提高了，而女性的经济地位则恶化了（Sayer,2006）。黑人女性经济地位的下降甚于白人女性。而且，旨在确保财产公平分割的无过错离婚法事实上使情况变得更糟。正如一位离婚领域的专家所指出的，流行的说法是，亲密关系是建立在浪漫爱情和承诺的基础上，而不是"基于经济动机"。但是，结婚和离婚也是"有经济后果的经济安排"（Sayer, 2006, p. 385）。

为什么离婚会使女性蒙受经济损失？有几个原因，但结构性因素可能比个人因素更为重要（Sayer, 2006）。大多数州的财产法都假定财产属于赚到钱的一方。由于在婚姻中丈夫的挣钱能力通常更强，这些法律使男性能分得夫妻共同财产中的较大份额。妻子无偿劳动的经济价值可能未被考虑。某些州为使离婚对女性更公平，已经努力促使法律规定财产平等分割。然而，大多数离异夫妻（尤其是年轻夫妻）只有很少有价值的财产，也许是一辆车（已还清贷款）、一些家具、一个余额不多的银行账户（被信用卡债务抵消），只有不到一半的夫妻拥有房屋产权。对于大多数夫妻来说，最大的财产是丈夫的挣钱能力，无论是在离婚时还是在未来。

如前所述，无论在单事业还是双事业婚姻中，丈夫的事业通常都更为重要。夫妻双方在丈夫的事业发展上投入更多；妻子通常要承担无偿的家务劳动，从而让丈夫专注于有偿的工作。法庭迟迟没有意识到，丈夫从传统和现代婚姻模式中获得的好处，事实上会转化为离婚后的经济优势。在美国，只有约 15% 的离异女性被裁定可以获得前配偶支付的赡养费，其中大部分的支付时限约为两年。而在过去，被要求提供这种赡养费的男性，实际履行裁定的不到一半（Faludi, 1991; Price & McKenry, 1988）。

子女由谁负责

有 2/3 的离婚会涉及儿童。在美国，一半以上的儿童在 18 岁前会经历父母离异，之后，他们会在单亲家庭中度过平均 5 年左右的时间，绝大多数是跟母亲生活在一起（Arendell, 1997）。带着孩子生活是女性离婚适应的一个重要因素。将抚养权判给女方的好处是，与大多数离异男性相比，大多数离异女性能更好地与子女保持联结，而且能更多地从养育子女中获得情感回报。然而，目前的监护权安排对女性而言也是有代价的。做单亲家长并不容易。单身妈妈可能会被责任压得喘不过气，对孩子与父亲分离感到内疚，并承受着成为超级妈妈的压力。

对离异女性及其子女来说，没有了丈夫的收入是一个很大的不利因素。在得到子女监护权的离异母亲中，大约有 60% 被裁定可获得子女抚养费。不过，平均每年只有约 5 600 美元。子女抚养费显然不能覆盖抚养孩子的实际开销。很少有父亲自愿提供额外的资助。在近些年的研究中，大多数不再与家人一起生活的父亲没有为孩子的衣着、假期或无保险的医疗费用提供经济支持，只有 1/3 的父亲把孩子纳入了他们的医疗保险覆盖范围（Sayer, 2006）。

此外，大多数有权获得子女抚养费的女性实际上并没有收到抚养费。20 世纪 70 年代到 90 年代的几项全美研究表明，被要求支付子女抚养费的男性，实际支付的人只有 25%~50%，包括自愿支付和法院直接从其工资中扣除。许多履行裁决的父亲支付的数额少于裁定的数额；尽管法院下达了命令，仍有 1/4 到 1/3 的父亲从未支付过子女抚养费。近期发表的研究表明情况变得更糟了。在过去的十年中，法庭裁决获得子女抚养费的离异母亲的比例已经下降到 43%，这可能是因为有更多的父亲共享抚养权，但也可能是因为有更多的父亲处于低收入或失业状态（Meyer et al., 2015）。如果父母没有结婚而是同居，母亲获得法庭裁决的子女抚养费以及实际获得任何资助的可能性还会更低（Allen et al., 2011; Sayer, 2006）。

当一段关系结束时，离异或同居分手的女性及其子女不得不适应生活水平的降低。一项对离异和前同居伴侣的全美纵向调查研究系统地探讨了分手的经济影响（Avellar & Somock, 2005）。总的来说，一段关系的结束对女性造成的经济损害比对男性要大；对少数族裔女性的经济损害比白人女性要大；对同居女性的经济损害比对已婚女性要大。失去男性伴侣的收入，女性及其子女往往会沦落到更低的社会经济阶层。在该研究中，同居分手的人尤其容易受到伤害：在关系结束后，几乎 1/4 的白人女性和 1/2 的非裔和西班牙裔女性挣扎地活在贫困线或贫困线以下。对许多有孩子的女性来说，随着婚姻或同居关系的结束，经济困难成为她们生活的焦点问题，决定了她们能住在哪里，她们和孩子能否负担得起医疗保健、健康食品或大学教育，也影响了她们的心理幸福感（Sayer, 2006）。

再　婚

大多数离异的人会再婚，在美国，这一比率约为 85%。初次离婚到再婚，间隔时间的中位数大约是 3 年（Ganong et al., 2006）。其中，男性比女性更可能再婚，白人女性比非裔或西班牙裔女性更可能再婚。中产阶层女性比贫困和低收入女性再婚机会更大（Shafer & Jensen, 2013）。在美国，大约 1/4 的婚姻是由至少第二次结婚的两个人缔结的（Lewis & Kreider, 2015）。讽世者可能会说，再婚代表信念战胜了经历；大多数人在离婚后不会质疑婚姻制度。相反，他们认为，他们上一次主要是选错了伴侣，现在知道如何选择正确的伴侣了。第三次（第四次、第五次……）婚姻的比例在持续上升。显然，人们决心继续尝试，直到找到对的人为止（Ganong et al., 2006）。

第二次婚姻更成功吗？一般来说，第二次婚姻的满意度与第一次婚姻大致相似；与第一次婚姻相似，丈夫的满意度高于妻子（Ihinger-Tallman & Pasley, 1987）。第二次婚姻中的决策可能比第一次婚姻更为平等，但再婚女性仍然比伴侣承担了更多家务，也更多地照顾孩子，无论她们是孩子的亲生母亲还是继母（Ganong & Coleman, 2000; Ganong et al., 2006）。与第一次婚姻相比，第二次婚姻更可能以离婚告终（Lewis & Kreider, 2015）。有一半以上进入第二次婚姻的女性会再一次离婚。

第二次婚姻复杂的家庭结构和家庭动力（"他的""她的"和"他们的"孩子，继父继母、前夫前妻、现配偶的家人、前配偶的家人）可能是压力的来源（见图8.6）。财务问题可能因前夫不支付抚养费而加剧，而且，许多家庭在如何给不

©Purestock/Superstock RF

图 8.6 混合家庭可能过着复杂的生活。

同的家庭成员分配金钱上存在冲突（Ganong et al., 2006）。比如，谁应该支付蒂凡妮的大学学费，是母亲、父亲还是继父继母？第二次婚姻本身可能也不那么稳定，原因是，一旦打破了相守一生的理想，人们就更不愿意继续维持不满意的关系。

许多混合家庭（blended families）发展出了他们的优势和韧性，但很少有研究考察他们是如何做到这一点的。在一项对南非白人开展的小规模研究中，来自38个混合家庭的父母和青少年子女接受了调查，回答了一个开放式问题：是什么帮助家庭度过了那段充满压力的时期（Greeff & Du Toit, 2009）。与良好的家庭调适相关的因素包括：积极的家庭关系、沟通、家庭成员间的相互支持、对精神灵性和宗教的依赖以及有助于家人共度时光的活动。还有些混合家庭报告，他们在做父母和继父母之间感到角色混淆，还会遇到前配偶对养育决策的干扰（Martin-Uzzi & Duval-Tsioles, 2013）。这些研究无法区分原因和结果；对于哪些因素有助于混合家庭亲子的健康，还有待进行更多、更深入的研究。

让转变发生

在本章结尾，我要讨论争取伴侣关系平等的两个重要方面。第一，尽管社会在公正对待 LGBTQ 伴侣方面已经取得了巨大进步，但是，同性恋关系还没有普遍得到与异性恋关系同等的尊重和权利。第二，异性恋关系中女性的权力往往比伴侣要小，即使伴侣双方都信奉平等也是如此。异性恋婚姻中的平等既是个体层面和人际互动层面的问题，也是社会结构层面的问题。

为同性恋伴侣争取平等婚姻权

2015 年，美国最高法院 9 名大法官以 5:4 的投票结果，结束了为争取"同性婚姻"而进行的漫长而艰苦的斗争（见专栏 8.2）。换言之，如果投票结果向相反方向偏移，一票之差就会导致在可预见的未来丧失平等婚姻权。最高法院的裁决是社会正义运动的里程碑，许多进步人士对此感到自豪和感激。然而，LGBT 个体并没有一致认为同性婚姻是 LGBT 积极行动的最佳目标。一些人认为，婚姻是一种有严重父权制缺陷的制度，LGBT 人群可以在自己的社群内创造更好的替代

专栏8.2 　　婚姻平权史上的重要时刻

在美国，争取同性婚姻平等权的斗争已经持续了很长时间，不时会出现胜利和失败的交错，终于，最高法院于2015年裁定所有50个州同性婚姻合法。以下是过去20年间婚姻平权斗争中的一些重要时刻。

1996年9月21日：克林顿总统签署了《婚姻保护法》。出于联邦的目的，《婚姻保护法》将婚姻定义为一名男性与一名女性之间的结合。

1999年9月22日：加利福尼亚成为第一个通过家庭伴侣关系法案的州。

2000年7月1日：民事结合在佛蒙特州合法化。

2003年11月18日：马萨诸塞州成为第一个将同性婚姻合法化的州。

2004年11月2日：11个州通过了宪法修正案，拒绝承认同性婚姻（阿肯色州、佐治亚州、肯塔基州、密歇根州、密西西比州、蒙大拿州、北达科他州、俄亥俄州、俄克拉荷马州、俄勒冈州和犹他州）。

2006年11月7日：7个州通过了宪法修正案，拒绝承认同性婚姻（科罗拉多州、爱达荷州、南卡罗来纳州、南达科他州、田纳西州、弗吉尼亚州和威斯康星州）。

2008年10月10日：康涅狄格州高等法院裁定同性婚姻合法。

2008年11月4日：加利福尼亚州选民通过禁止同性婚姻的8号提案；8提案后来在联邦法院被裁定违宪。

2012年11月6日：缅因州、马里兰州和华盛顿州通过了允许同性婚姻的宪法修正案。

2013年5月：罗得岛州、特拉华州和明尼苏达州的州长签署了允许同性婚姻的法律。

2013年6月26日：最高法院支持联邦法院对加州8号提案违宪的裁决，加州同性婚姻合法化。

2013年11月：夏威夷州、伊利诺伊州和新墨西哥州宣布同性婚姻合法。

2014年11月6日：美国上诉法院支持肯塔基州、俄亥俄州、田纳西州和密歇根州同性婚姻禁令。

2015年6月26日：最高法院以5:4的投票结果裁定全美同性婚姻合法。

Contributed by Annie B. Fox.

选择。另一些人则反对政府将任何关系合法化的权利。这些是 LGBT 社群内部少数人的观点，但是它们反映了看待这个问题的观点的多样性。欲了解更多关于同性恋婚姻和异性恋婚姻的多样化的女性主义观点，请参阅本章结尾的阅读资源。

在全球范围内，同性婚姻权益的前景喜忧参半。许多国家已经将同性婚姻合法化，而且大多数人在接受调查时表示，他们赞成同性婚姻合法化。这些国家包括加拿大、英国、新西兰、法国、西班牙等（Valenza, 2015）。更多国家允许民事结合以及官方认可的其他形式的家庭伴侣关系（Clarke et al., 2010）。然而，还有一些国家，合计人口数量庞大，比如以色列、日本、沙特阿拉伯和印度等，同性恋婚姻仍然是禁止的或违法的。

真正的伴侣关系：异性恋婚姻中的平等

平等主义婚姻可能正在成为未来的一种生活模式。但是，婚姻或长期同居关系中的平等不可能仅仅通过希望就能实现。你听过多少次人们表达这样的信念："如果两个人彼此足够相爱，他们的婚姻就会成功"。这种信念是浪漫爱观念的一部分，也是"爱能战胜一切"的一种变式。一种与之相关的信念是，如果丈夫不打算压迫或支配妻子，压迫和支配就不会发生。那么，幸福的婚姻应该主要（或完全）是选对人的问题。从本章回顾的研究中可以得出一个主要结论：丈夫和妻子之间的权力差异并非仅仅是个体差异的结果。相反，婚姻制度是围绕性别不平等建立起来的。即使是努力改变自己行为的夫妻，也很难在婚姻中实现性别平衡。

为了拥有平等主义婚姻，夫妻双方都必须愿意将工作和家庭责任整合起来，即使社会压力要求他们遵从更传统的角色。那些重视家庭之外的工作、为丈夫和孩子做有限牺牲的女性，可能会被视为冷漠、不够女性化和自私；操持家务、照顾孩子并对自己的事业做有限投入的男性，可能会被视为软弱和没有男子气概。（我的一个孩子曾经恳求我的丈夫不要在他的小伙伴面前系围裙！）所幸，在过去30 年中，人们对两性的工作和家庭角色的态度已经发生了很大的变化，变得更加灵活了（Amato et al., 2007）。

在实现平等主义关系的道路上，女性可能必须在前方开道，因为男性不太可能与带给他们诸多好处的现状作斗争。然而，只有当女性感知到亲密关系中的性别角色不平等和不公正时，她们才有可能开始改变这种状况。为了认识到自身处境的不公，女性必须意识到存在其他可能性，必须为自己争取这些可能性，必须相信自己有权获得它们，并且不要因为没有得到它们就感到自责。

那些坚决要求平等分担家务和子女照料工作的女性更可能得偿所愿。在一项对 81 名有孩子的已婚女性的研究中，受访者提供了关于她们夫妇工作时长、收入和家务分工的信息。她们在两个月的时间里接受了两次访谈，讲述了夫妻二人上次讨论丈夫是否应该更多地做家务或照顾孩子的详情（Mannino & Deutsch, 2007）。与预期相符，婚姻中的权力与一些常见因素有关：夫妻的性别意识形态、他们的相对收入，等等。但是，女性推动变化的尝试也很重要。在第二次访谈中，那些曾试图协商获得更公平婚姻的女性通过与丈夫坚定地讨论自己的感受和愿望而实现了改变。研究者得出结论，当女性意识到不平等并愿意坚持与丈夫讨论这个问题时，变化最可能发生。在另一些以男性为对象的研究中，丈夫往往报告说，他们必须首先意识到自己的性别特权，然后才能看到不平等并尝试改变。其中一个人这样说道："刚结婚的时候，我觉得我可以做财务决策。但是，我很快意识到我们需要好好谈谈"；另一个人则说，他现在提醒自己要公平分担责任，因为"跟她一样，这也是我的房子、我的餐具、我的孩子"（Knudson-Martin & Mahoney, 2005, p. 243）。

在与男性的亲密关系中，哪些社会因素能带给女性更多的谈判权？如果社会允许女性和男性更灵活地投入有偿工作，那么男性的工作或事业排位优先的可能性就会降低。（工作与家庭生活的相互作用将在第 10 章进一步讨论。）经济实力是一个关键因素。平等主义的婚姻和同居关系面临的最大障碍就是男性挣钱能力更强，这导致伴侣双方投资丈夫的事业并把家务劳动留给了妻子。如果我们的社会投入资源以确保男女同工同酬，那么婚姻和其他的承诺关系将很快朝着平等的方向转变。

随着有意识尝试建立平等主义关系的夫妻数量的增加，他们相互之间应该更容易找到彼此，建立支持性的网络。非传统的模式正逐渐被视为合法、正常甚至惯例（Knudson-Martin & Mahoney, 2005）。通过成为 LGBTQ 社群成员，以及见证彼此结合的合法化和被接纳，同性恋伴侣类似的需要也能得到满足。

迈向平等主义关系的运动为女性和男性都能带来益处。少了传统婚姻中的一些经济负担，男性将更自由地参与到孩子的成长和发展中来。女性的心理调适也会更好。无论对于男性还是女性，平等都与更令人满意的关系和更强的亲密感有关。

在长期的承诺关系中，平等为男女双方都提供了一个成为更完整的人的机会。

进一步探索

"改变"（Change）是一个旨在提供广泛的社会运动信息的网站，涉及了女性权利、同性恋者权利及相关环境等领域。通过该网站的在线请愿，你能快捷而简便地参与争取平等权利的积极行动。

《女性主义与心理学》婚姻特辑（*Feminism & Psychology: Special Issues on Marriage*）这本知名期刊向女性主义者（既有女性也有男性）约稿，请他们撰写对 LGBTQ 婚姻和异性恋婚姻的看法。结果收到了大量高质量的研究论文、个人观察和批判性评论，并陆续发表在该期刊上：

2003 年 11 月，第 13 卷第 4 期

2004 年 2 月，第 14 卷第 1 期

2004 年 5 月，第 14 卷第 2 期

Traister, Rebecca (2016). *All the single ladies: Unmarried women and the rise of an independent nation*. Simon & Schuster.

美国女性不仅越来越晚婚，而且越来越多的女性根本不结婚，转而选择接连同居和保持单身。这本有充分研究基础的著作探讨了独立女性正如何成为能为自己发声的新政治力量和社会力量。

第 9 章

母　职

那天，我和丈夫从医院把刚出生的儿子接回家，我抱着他，坐在床上。突然间，我意识到自己爱上了他。那是一种难以形容的爱，生活中任何事物都无法与之比拟。在成为母亲之前，我从来不曾相信这一点（Deutsch, 1999, p. 228）。

母职（motherhood）是女性一生中最具转变意义的事件之一。它似乎是世界上最自然的事情，一种仅赋予女性的生物特权。然而，社会中那些看似最自然的方面，往往最需要进行批判性审视。与婚姻相似，母职也是一种制度，其含义超越了繁殖的生物过程，包含许多习俗、信念、态度、规范和法律意义。如同其他制度一样，它也具有很强的象征成分。然而，为人母的女性都是一个个的个体。"母亲是一种角色；而女性是人"（Bernard, 1974, p. 7）。

母职给女性主义分析提出了一些难题。自由主义女性主义者强调，一直以来，母职制度被用来将女性排除在公共生活之外，她们/他们也说明了母职迷思和母职奥秘是如何让女性恪守"本分"的。与此不同，一些激进女性主义者和文化女性主义者则指出，母职是关于人们何以相互联结和关怀的一种女性中心模型（McMahon, 1995）。虽然母职制度可能是压迫性的，但为人母的生命过程可以是有影响力且有回报的（Bem, 1998; Rich, 1976）。

在本章中，我会采用不同的女性主义视角来阐述母职相关问题。定义母亲和母职的形象和脚本有哪些？女性如何选择是否生孩子，她们在多大程度上可以做选择？母职会使女性发生怎样的改变？女性分娩和养育有什么样的体验？最后，是否应该重新定义母职？

母亲和母职的形象

西方社会对母职有着强烈的信念。母亲是伟大的，我们爱她们，在母亲节那天，用鲜花和早餐为她们庆祝节日。然而，母亲积极形象的背后有一种关于母职的观念，被称为**母职奥秘**（motherhood mystique）。它包括这样一些迷思（Johnston-Robledo, 2000）：

1. 做母亲是一个女人的终极成就。它对所有女人来说都是一种自然而不可或缺的经历。那些不想做母亲的女人在心理上是失调的，那些想做但做不成母亲的女人，是在根本上被剥夺了权利的。
2. 女性天生擅长照顾人，应该负责照顾小婴儿、未成年的孩子、年迈的父母、家庭和丈夫。好母亲喜欢这种工作，不喜欢这种工作的女人是适应不良或失职的。
3. 母亲有无限的耐心，以及为了孩子而牺牲自己的意愿。如果她没有把自己的需求放在最后，她就是个不胜任的母亲。
4. 女人全身心投入养育过程对孩子来说是最好的。外出工作的母亲是不合格的。

尽管这些观点似乎已经过时，但母职奥秘依然存在。对 21 个欧洲国家的调查显示，对于选择不生育的男性和女性，人们更不赞成女性做出这样的选择（Eicher et al., 2015）。在一项美国的研究中，大学生对假设情境中的人物进行评判，他们认为，选择不生育的已婚者的心理成就感比选择生育的已婚者要低，而且，他们对选择不生育的已婚者表达了道德愤慨（不赞成且愤怒）（Ashburn-Nardo, 2017）。在这项研究中，这种消极态度既指向女性又指向男性。人们有一种根深蒂固的信念，认为自愿不生孩子的人是心理适应不良的。作为回应，有些人采取了污名管理策略，例如，使用无子女（child free）这样的词（Morison et al., 2016）。

　　"女性天生就擅长照顾人，孩子总是需要和母亲在一起"，这些观念要如何理解呢？许多父母认为，年幼的孩子几乎所有时间都与母亲在一起，这种"密集母职"（intensive mothering）对孩子来说是最好的，保守派媒体和福音派宗教团体也提倡这种养育方式。诸如"学龄前儿童的母亲"（Mothers of Preschoolers, MOPS）这类美国全国性组织，为那些赞同密集母职理念的全职母亲设立了支持性团体；然而，如果这是一种本能，而女性天生就倾向于这么做，那么就不清楚为何还需要这样一个支持性团体了（Newman & Henderson, 2014）。美国女大学生高估了母亲外出工作对孩子发展的负面影响，这可能是因为她们更熟悉刻板印象而非研究数据（Goldberg & Lucas-Thompson, 2014）。事实上，基于美国全国性样本和元分析，母亲（相对于其他有抚养义务的成年人）花在孩子身上的时间，与孩子的行为表现或学业成绩几乎没有关系；而社会经济地位变量是更好的预测因素（Goldberg & Lucas-Thompson, 2014; Milkie et al., 2015）。

　　那些家有幼儿又外出工作的母亲仍然面临着社会非难。在欧洲开展的前述那项调查研究还发现，人们除了反对自愿不生育，还反对那些在孩子年幼时外出全职工作的母亲（而不是父亲）（Eicher et al., 2015）。在美国开展的一项使用假设情境的研究发现，外出工作的母亲被认为不如全职妈妈称职，而当她们在男性塑型行业中工作时，当她们在工作上取得成功时，当她们是出于个人意愿而非生活所迫而工作时，尤其如此（Okimoto & Heilman, 2012）。事业成功并不会使男性看起来像个糟糕的父亲，但它会破坏女性的形象，因为它使女性看起来格格不入，而合群性（communality）是女性化性别刻板印象的核心组成部分。在 21 世纪，"职场妈妈等于糟糕的妈妈"仍然是母职奥秘的一部分，会被用来让女性产生内疚感。

　　母职奥秘之所以一直存在，是因为它对父权制现状具有重要作用。女性被鼓励为母职而牺牲自己生活的其他方面，这造成了她们对男性的经济依赖，也被用来对女性更低的工作地位和薪酬进行合理化。母职奥秘一直存在，也可能是因为只有在这个领域中，西方社会对联结和关怀的重视胜过了个人成就。那些在经济和政治上拥有最大权力的群体，通过美化母职，且以限制和加重女性负担的方式来定义母职，从中获益。

生孩子的决定

生孩子会深刻地改变女性的生活。抚养孩子的情感成本和经济成本都很高。不过，绝大多数女性会生孩子。

女性为什么选择生孩子

生孩子有一些现实原因，尤其是在传统社会。无论是作为劳动者（在家中以及在职场），还是作为一种传递财产的途径，一种习俗性生活方式，抑或作为一种个人不朽的形式，孩子都是不可或缺的。在某些后殖民地和欠发达社会中，许多儿童死于疾病和营养不良。可能要生 5 个或更多的孩子，才会有 2 个能活到成年；这些孩子可能是父母晚年仅有的经济支柱。

在工业化社会，孩子几乎没有经济价值，事实上，他们是一种沉重的经济负担。心理原因在生孩子的决策中被赋予更大权重。在生孩子的问题上，女性面临着相当大的社会压力，这种压力被称为**母职强制**（motherhood mandate）（Russo, 1979）（见图 9.1）。而且，生一个孩子还不够。人们对独生子女的刻板印象是，他们社交能力不足、自我中心、不快乐且不讨人喜欢。（实际上，没有证据表明独生子女会适应不良。）

母职强制是否因女性主

"那么，你们俩有没有准备要孩子？"

图 9.1

资料来源：© Marisa Acocella Marchetto/The New Yorker Collection/ The Cartoon Bank.

义而有所减弱？当我问学生"为什么要生孩子"时，他们给出了一长串理由：渴望体验怀孕和生产，参与另一个人的成长过程，取悦丈夫，巩固关系，成为一个成年人，被需要和被爱，以及传递家族姓氏、基因或价值观……很少有人提到生孩子的决定仍受母职强制的影响。然而，在美国以及世界上大多数国家，人们仍然期待女性成为母亲，而对男性成为父亲的期待则相对小一些，并且人们仍然认为不生孩子是偏离常规的（Eicher et al., 2015）。婚内生育是所有主要宗教都赞同的，心理学家将其描绘为成年期的一个发展阶段，这表明它仍然是一种规范性选择。

"每个人都应该成为父母"这一期待与**多生育主义**（pronatalism）的意识形态有关。多生育主义假设，生孩子是天然的人类本性，也是异性恋成年期的正常组成部分。没有孩子，一个人无法过上幸福或有意义的生活。政治和宗教机构为了自己的目的而征用多生育主义的话术，例如，鼓励公民把生育作为一项爱国义务，或促进发展大家庭来作为传播宗教的一种方式（Morison et al., 2016）。

无子女是自愿选择还是境遇使然

美国女性自愿不生孩子的人数不到 7%（Pew Research Center, 2010）。与有孩子的女性相比，这些女性更可能受教育程度较高、职业地位较高，且在性别意识形态上不那么传统和保守（Park, 2005）。纵观历史，没有子女的女性一直被视为失败的女性（Phoenix et al., 1991; Rich, 1976）。鉴于这种负面形象的存在，为什么有些女性还是会选择不生孩子呢？原因包括经济考虑、追求教育或事业发展、生育的危险性、担心会生出有残障的孩子、对人口过剩的担忧，以及认为自己不适合养育和照护孩子（Landa, 1990）。美国年轻人越来越担心人口过剩，并且为美国人使用过大比例的世界自然资源而导致气候变化这一事实感到担忧，认为不生育是对生态负责的决定（Hymas, 2013; Ludden, 2016）。

在一项对选择不生育的女性和男性的质性研究中，一些女性报告说，她们的决定是基于她们所见过的养育模式。例如，刚过 30 岁的意大利裔美国女性罗斯说：

> 我妈妈一辈子都在家里操劳……她不仅要照顾我们姐妹几个，还要照顾她的妈妈和患有唐氏综合征的妹妹。所以她一生都在照顾别人。我想我是因为看到了那些情况，看到了她的生活，才告诉自己，我不要过她那样的生活……她没有自己的人生。她的孩子就是她的人生……反正……我不知道……我想

我的人生应该有所不同（Park, 2005, pp. 387–388）。

另一些人则谈到，她们需要工作和闲暇时间。一些女性说她们缺乏"母性本能"，或者只是对孩子不感兴趣。正如有人所说，她不讨厌孩子，但是自己的个性不适合照顾孩子。"如果他们是别人的孩子，我就会觉得他们挺好的，我也可以随时抽身离开"（Park, 2005）。

在这项研究中，女性有时会对自己的决定感到苦恼，甚至质疑自己是否正常：

> 我也不知道怎么了，我一点也不想要孩子，这似乎哪儿有点不对劲。因为，你知道，物种的延续要求我们繁衍后代、生育孩子。我对此毫无兴趣（Park, 2005, p. 394）。

还有一些研究发现了其他一些原因，诸如个体对自主性的强烈需求。一位选择不生育的女性解释说，她甚至没有和她的长期伴侣住在一起：

> 我可以 100% 掌控自己的时间。我真的非常需要独处，这就是我们俩仍然分开住的原因。我需要对我的独处时间有所掌控（Peterson, 2015, p. 188）。

选择不生孩子的人会面临一个问题：在多生育主义弥漫的世界里，如何应对与众不同所伴随的污名？他们要做的是，在别人认为他们适应不良和自私的情况下保持积极的自我认同。一项针对不生育网站上发帖者的研究发现，这些发帖者使用了两种话语来辩护自己的不生育状况：第一种是关于选择的话语，在此，他们将自己描述为理性的、负责任的，比不假思索随波逐流的生育者做出了更明智的选择；第二种是无关选择的话语，例如"我就这样"（Morison et al., 2016）。

当然，无子女并不总是选择的问题。在美国，大约 1/6 的女性存在不育问题，其中寻求医学治疗的女性，只有大约半数能够怀孕。想生育却不能生育的女性可能会遭受污名化，出现内疚感和失败感：

> 他的父母不会放过我。他们觉得我没有尽力。我只是觉得自己很失败，作为女人我是失败的，因为你知道，这就是你在这儿的使命，我真的感觉我辜负了丈夫，因为我没能为他生下一个继承人（Ulrich & Weatherall, 2000, p. 332）。

在过去，不育通常是一种隐藏的耻辱，会导致抑郁、生活满意度下降以及社交孤立。如今，个人和伴侣都可以通过社交媒体来建立关系网络，寻求社会支持（Jansen & Onge, 2015）。然而，在很大程度上，不育的有色人种女性仍被不育研究所忽略，社会可见性也比较低，尽管她们经历不育的概率并不比白人女性低。

罗莎里奥·塞巴罗与合作者（Ceballo et al., 2015）从交叉性视角对 50 名来自不同背景正在应对不育问题的非裔美国女性进行了访谈。这些女性几乎都对自己的不育保持沉默并感到被孤立，她们甚至也不会告诉自己的姐妹和最亲密的朋友。她们对这种选择的解释包括以下几点：感到羞耻，非裔美国人社群关于隐私的文化期待，她们对"非裔美国女性总是很能生且生孩子很轻松"的刻板印象的内化。1/3 的女性报告了关于母职强制的强烈刻板印象：如果不能生孩子，她们作为女人就是失败的。有人还特地将这种信念与《圣经》的教义或非裔美国人社群强烈的集体性和家庭取向联系起来。这项首次关注非裔美国女性不育经历的交叉性研究表明，她们在性别、种族／族裔和社会经济阶层上的认同均与其如何看待自己有关，也与他人如何看待她们有关。

接受无子女是一个逐渐接受现实的过程。一项研究考察了那些经过多年治疗后放弃怀孕的女性。受访者报告说，她们意识到再多的努力也是徒劳。她们筋疲力尽，深切地感到悲伤和空虚。然而，与此同时，她们对终于摆脱那些"医疗器械"感到如释重负，意识到自己有机会回归正常生活，可以继续追求其他目标（Daniluk, 1996）。

不生孩子（出于选择或因非自愿因素）会导致不幸福吗？一项对美国中年女性的经典研究发现，女性是否生孩子与其心理幸福感没有关系（Baruch et al., 1983）。该研究中的女性成长于母职强制盛行的年代，然而，她们中年时的幸福感并没有因为无子女而减损。在近些年的一项访谈研究中，大多数选择不生育的中年已婚女性（处于绝经期）对自己的人生道路并不感到遗憾（DeLyser, 2012）。

对一些国家年长者的研究表明，从未生育的老人拥有的社会关系比有子女的老人要少，他们更可能独自生活或在养老机构中生活，但其生活满意度并不比有子女的老人低（Koropeckyi-Cox & Call, 2007; Park, 2005）。然而，一项在 36 个国家开展的调查发现，与不倾向多生育的国家相比，那些在倾向多生育的国家中生活的无子女成年人感到更不幸福，对生活更不满意；这表明，更大的社会背景会影响无子女人群的幸福感（Tanaka & Johnson, 2016）。总的来说，研究反驳了"生育对女性幸福而言不可或缺"这一观念，但是在许多社会中，母职和坚持不生育是尚未得到同等尊重的选择，直至获得同等尊重，女性才能得到完全解放（Morell, 2000）。

限制女性的选择

女性生育孩子的选择并非发生于社会真空。大多数社会掌控着女性生孩子或不生孩子的权利。此外，现实因素和经济因素也制约着女性的选择，尤其是那些低收入和少数族裔女性。

女性主义者提倡，所有女性都应享有**生育自由**（reproductive freedom），这是一个尚未实现的理想。生育自由概念包括一系列问题，例如，接受全面而无偏见的性教育权，获得安全可靠的避孕方法，终结对贫困和少数族裔女性的强制性绝育和节育，获得安全合法的人工流产渠道（Baber & Allen, 1992; Bishop, 1989）。

生育自由概念的核心是：所有关于生育的选择均应由女性自己做出，那是她的身体，她有权做出选择。因此，女性主义关于生育自由的观点通常被称为**亲选择**（pro-choice）。由于生育自由会影响女性生活的方方面面，因此，它是历史上历次女性主义运动的目标。"不能决定自己的生育命运，女性将永远无法在社会、经济和政治生活中获得平等地位，也将继续在政治上从属于男性，在经济上依附于男性"（Roberts, 1998）。

堕 胎

全世界每年约有 5 600 万例堕胎发生，所有妊娠的 25% 就此终止。与富裕的发达国家中的女性相比，欠发达国家的女性更可能堕胎。在全球范围内，约 75% 的堕胎是为已婚女性实施的（Guttmacher Institute, 2016b）。

北美是世界上堕胎率最低的地区之一。在美国，每年约有 160 万例堕胎，占妊娠总数的 21%。选择堕胎的女性往往比较年轻，其中超过半数是 20 多岁的年轻人。然而，总人数中有近 4% 的人年龄在 17 岁或以下；近半数人的收入低于美国联邦贫困线。与不同族裔女性在人口中的比例相比，非裔和西班牙裔女性比白人女性更可能意外怀孕。在所有堕胎女性中，白人女性占 39%，非裔女性占 28%，西班牙裔女性占 25%，其他族群女性占 9%（Guttmacher Institute, 2016d）。绝大多数堕胎的女性至少生过一个孩子。

堕胎从 1973 年开始在美国合法化，当时美国最高法院在"罗伊诉韦德案"中裁定，女性有权基于宪法赋予的隐私权决定是否终止妊娠。最高法院裁定，堕胎是由女性及其医生来决定的问题。虽然这一裁决肯定了选择权原则，但在实际操作中，女性的选择权仍然受到很多限制和法律约束。

堕胎受到了怎样的限制？自 1976 年开始生效的《海德修正案》禁止使用美国联邦医疗补助金支付堕胎费用，除非是乱伦、强暴以及母亲（在医学上）有生命危险等情况。由于医疗补助计划为低收入家庭提供了医疗保障，因此贫困女性会受到这一限制的影响，她们被迫做出选择，要么支付超出个人承受力的堕胎费用，要么继续孕育一个不想要的孩子。如今在美国，用于贫困女性堕胎的公共资金，99% 必须来自州政府基金（而非联邦政府基金）。但是，州政府可能几乎不为贫困女性提供经费，即使是那些遭受乱伦或强暴的受害者。然而，如前文所述，低收入女性和少数族裔女性尤其需要安全合法的堕胎。《海德修正案》对有色人种女性的影响尤为严重。

那些反对堕胎的人，由于无法说服美国最高法院撤销"罗伊诉韦德案"，已经转向在各州层面制定限制性法律，而且正在加大力度。2000 年，美国 13 个州实施了严格堕胎限制，它们被"亲选择"组织归类为反对堕胎权的州；到 2015 年，这一数字翻了不止一番，达到 27 个州。2011—2016 年，美国各州颁布了 334 项关于堕胎的新限令，例如父母知晓和父母同意法、强制等待期、丈夫或伴侣的同意，以及旨在阻止女性选择堕胎的"教育"课（Guttmacher Institute, 2016c; Mollen, 2014）。一些州还要求那些打算堕胎的女性接受心理咨询，包括有关堕胎的所谓负面心理影响和医学影响的错误信息，如南达科塔州的《自杀咨询法案》（Kelly, 2014）。

2016 年，美国印第安纳州州长迈克·彭斯（2016 年 11 月当选美国副总统）签署了一项法令，禁止女性因胎儿有遗传缺陷而选择堕胎，并要求对所有流产和堕胎的遗体进行埋葬或火化。后一项要求促使部分印第安纳州的女性在脸谱网上创建了名为"向彭斯报告月经"的页面。考虑到甚至在不知道自己可能怀孕的情况下，受精卵可能会在经期被排出体外，印第安纳州的女性意识到，丢弃卫生棉条或卫生巾就可能有"触犯法律"的风险。最好打电话通知州长，让他知道她们的经期情况，因为他太关心她们的福祉了！（印第安纳州的这项法律后来被联邦法院中止。)

令人遗憾的是，对女性的选择权而言，在美国，国家的强制性限制一直具有效力。不过，在 2016 年，美国最高法院裁定得克萨斯州的堕胎限制是违宪的，并对其他 19 个州的类似限制提出了质疑。最高法院意识到，这些法律并非旨在促进女性健康，而是为了限制堕胎的机会，并明确要求法律限制不得对女性施加过重负担。

20 世纪 80 年代，欧洲研发出一种非手术的流产方式，即服用米非司酮，此前称为 RU-486。这是一种片剂药，可通过引起子宫内膜脱落，在怀孕早期安全地诱发流产。十多年来，反堕胎团体阻止 RU-486 在美国合法化，因为他们认为，这会使堕胎变得更加私密和更加便捷（求医者可以直接去医生办公室获取药物，而不用去人工流产诊所），也就不再那么容易受到政治压力的影响（Hyde & DeLamater, 2017）。经过女性健康倡导者的长期努力，在 2000 年，米非司酮终于向美国女性开放。目前，非手术方式堕胎占美国所有堕胎的 23%（Jones & Jerman, 2014）。

另一种限制是人工流产诊所遭受的骚扰和暴力。例如，84% 的诊所报告了频繁的侵扰和骚扰电话（Jerman & Jones, 2014）。在过去 40 年里，实施人工流产手术的医生数量显著下降，部分原因是被跟踪、收到死亡威胁、上了网络攻击名单以及医生和诊所工作人员被谋杀（Cozzarelli & Major, 1998; Jerman & Jones, 2014; Solinger, 2005; Vobejda, 1994）。统计数据显示，美国 89% 的郡县没有可以提供人工流产服务的执业医生（Jones & Jerman, 2014）。侵扰、炸弹威胁和示威对前来就诊的女性也会产生影响。对那些去就诊时需要面对反堕胎抗议者的女性的研究表明，这些遭遇让女性感到愤怒、被冒犯和内疚。不过，这些对女性的堕胎决定不会产生影响（Cozzarelli & Major, 1998）。不必去诊所的药物流产变得越来越普遍，遭受诊所骚扰创伤的女性也越来越少。然而，女学生和低收入女性更可能依赖诸如亲职计划中心等诊所进行保健、体检和医疗检查，因此她们的生育医疗保健仍然容易遭受这种干涉。

在非洲和亚洲的一些欠发达国家，由于医疗设施的缺乏和法律的限制，人们无法获得安全的人工流产服务。在这样的条件下，家境富裕的女性依然可以获得人工流产服务，而家境贫困的女性可能会尝试通过使用腐蚀性药物或将物体插入阴道的方式自行流产。在这些国家中，堕胎女性的死亡率是美国的数百倍（Cohen, 2007; Guttmacher Institute, 2002）。

女性主义者和保守主义者都同意，与通过堕胎来终止妊娠相比，预防意外怀孕是更好的选择。然而，两派在如何实现这一目标上存在分歧，保守主义者强调禁欲和法律限制，而女性主义者则强调性教育和提供多种避孕措施。有关堕胎率的好消息是，无论在美国还是在世界范围内，堕胎率都在稳步下降。发达国家堕胎率的下降幅度更大，尤其是那些堕胎合法且容易获得的国家。在这些国家，避孕措施的使用也一直在增长。这看似矛盾，不过，限制女性的堕胎权并没有像提供更自由的方式那样真正起到减少堕胎的作用。研究表明，减少堕胎的最佳途径是为女性提供其他选择：全面的性教育、生育计划项目、安全有效的避孕方法，以及通过对文化有觉察的方式赋予女性生育控制权（Foster, 2016）。

科学、审查制度和信息战争

用来限制堕胎的一个论点是，堕胎会对个体的身体和心理造成有害的影响。反对堕胎者歪曲地呈现了一些科学证据，而实际上，那些科学证据表明堕胎通常对女性是安全的。关于这些错误信息，其中一个例子是声称堕胎会导致乳腺癌，但这一说法并无科学依据；另一个例子是，认为堕胎的女性通常会遭受内疚、羞愧和长期心理损害的痛苦，即**堕胎后综合征**（post abortion syndrome）（Major et al., 2009; Russo, 2008）。这一伪事实已被反堕胎者在网上广泛传播，并且影响了各州立法机构。现在，至少有 20 个州要求，要向寻求堕胎的女性告知堕胎可能带来的潜在心理影响；其中有 8 个州只提到了负面影响，还有一些州发布了在医学意义上不准确或夸大的信息（Kelly, 2014）。虽然心理学不能解决堕胎观点上的道德分歧，但实证研究可以回答关于堕胎与心理健康之间关系的问题。我们来看一看支持和反对"堕胎后综合征"的证据。

为了确定堕胎对女性心理健康的影响，美国心理学协会赞助并发表了几项对相关科学研究的综述。这些研究综述证实，对大多数女性来说，合法终止意外怀孕不会对其产生负面影响，而且对心理健康的潜在风险低于保留意外怀孕到足月（Major et al., 2009）。心理痛苦的测量值通常在堕胎后会立即下降，并在随访评估中保持较低水平。当一名女性自由选择合法堕胎时，随之而来的典型情绪是感到松了一口气。事实上，堕胎可能是女性掌控自己生活的一个里程碑（Travis & Compton, 2001）。大多数女性甚至在几年后仍然对自己的决定感到满意（Major et al., 2009）。

这并不意味着女性在堕胎后总能完全调适良好。在不同的研究中，0.5%~15%的堕胎者在堕胎后经历了从 1 周到 10 年不等的心理问题。影响女性堕胎后心理调适的最重要因素是她们在堕胎前的适应状况（Major et al., 2009; Russo, 2008）。意外怀孕前的心理健康问题史，会大大增加女性在堕胎后（或生产后）出现心理健康问题的概率。堕胎女性过往遭受身体虐待、性虐待和情感虐待的平均概率远远高于其他女性，这一因素对她们堕胎前的幸福感已然产生了严重影响，并使她们更容易受到生活压力的影响（Russo, 2008）。因此，堕胎后的心理问题可能并非由堕胎引起，而是与堕胎并行发生。

大多数考虑堕胎的女性对堕胎有着复杂的感受。如果一位女性原本有怀孕意愿，那么，即使以前没有心理问题，她也可能在堕胎后感到痛苦：会觉察到与堕胎有关的污名；会感到需要保守秘密；几乎得不到家人或朋友的支持；或预先就认为自己在应对过程中会遇到各种各样的问题（Major et al., 2009）。

堕胎后经历严重痛苦的女性可能希望得到心理咨询。然而，女性不应该因为害怕被贴上"情绪紊乱"的标签而否认自己内心的冲突。

> 与其他道德两难困境一样，堕胎确实会使一部分人的生活受到影响，给她们造成痛苦。对必须做出这一选择的人来说，这种痛苦不会使选择成为一种错误或变得有害，个体也不应因为感到痛苦而被病理化。事实上，承担这种痛苦和道德选择的责任有助于个体的心理成长（Elkind, 1991, p. 3）。

生殖技术与选择

新的生殖技术的发展并不总能增加女性的选择机会。现实情况是，生殖技术已经带来了伦理、道德、权力和选择等方面的棘手问题。实际上，在未来几十年里，身体可能会成为争夺女性权利的主战场。

试管婴儿

一些无法怀孕的夫妻使用了**体外受精**（in vitro fertilization, IVF；也译作试管内受精），俗称"试管婴儿"技术。女性的卵巢受强效生育药物的刺激，从而排出多个卵子，之后通过手术将卵子取出。取出的卵子与通过自慰获得的伴侣的精子在玻璃皿中结合。如果受精发生，胚胎会被置入女性的子宫内进行发育（Williams，1992）。

　　媒体对新的生殖技术持乐观态度。它们经常描绘那种女性很想生孩子但求而不得的令人心碎的故事，然而，这些故事很少分析生孩子的需要是如何被社会建构的。一项对 133 篇关于体外受精的新闻报道的分析发现，其中 64 篇对"生育孩子是成年生活中唯一最重要的成就"这一信念持明确赞同态度，只有两篇报道反驳了这一信念（Condit, 1996）。这表明，我们的社会通过将生育置于女性身份认同的核心，使不育成为一个"不惜一切代价与之抗争的、无法忍受的问题"，为体外受精创造了市场（Williams, 1992）。

　　体外受精存在很多风险。生育药物和手术可能会导致副作用和并发症。情感代价高，且成功率低。与自然怀孕相比，通过体外受精技术怀孕会导致更高水平的心理痛苦，而且大多数夫妻因为这种方式对他们不奏效，不得不应对反复的失败。然而，与对照组自然受孕的母亲相比，那些通过体外受精或其他医学辅助手段成功生育孩子的母亲通常报告，父母和孩子之间有更积极的关系，而且，通过体外受精技术出生的儿童与其他儿童适应得一样好（Hahn, 2001）。

代孕：女性帮助女性还是剥削性租用子宫

　　今天，许多夫妻花钱请代孕母亲为他们生孩子。受精卵被植入代孕母亲的子宫，代孕母亲将其孕育至足月。代孕成为了伦理和道德的辩论场。许多女性主义者认为，代孕是对女性的剥削（Baber & Allen, 1992; Raymond, 1993）。另一些人则认为，如果对代孕监管得当，它会给各方带来实质性收益。在早期的案例中，这项技术的发展速度似乎超越了我们关于监管问题的伦理意识的发展。例如，罗伯特和辛西娅夫妇与一位拉丁裔蓝领阶层女性埃尔维拉签约代孕，但是，罗伯特并没有告诉埃尔维拉他打算和辛西娅离婚。当罗伯特申请离婚时，生父、生母和代孕母亲三方陷入了监护权之争。在另一个案例中，一名 60 岁的英国女性在最后一轮法律诉讼中胜诉，获得了对她女儿冷冻卵子的使用权（2011 年她女儿死于癌症），打算生养自己的外孙，尽管女儿并没有留下允许母亲这样做的特定许可证明（BBC News, 2016）。

　　一个尤其棘手的伦理问题是跨国代孕，即富裕国家的异性恋伴侣和男同性恋伴侣付费给欠发达国家的代孕者。例如，直到近年，印度的国际代孕业务蓬勃发展，客户来自美国和欧洲。具有讽刺意味的是，印度是世界上自然怀孕母亲死亡率很高的国家之一。对承担这项任务的印度贫困女性来说，她们做代孕母亲时的医疗条件比怀自己的孩子时要好。事实上，她们可能不得不抛下自己的孩子成为代孕母亲。她们签订的合约要求她们在集体宿舍里生活一年。在这里，她们的饮食和活动会受到监控，并配有必要的产前医疗保健。她们这项收入有助于她们养家糊口，但却无法使自己长期摆脱贫困（Fixmer-Oraiz, 2013）。那些为代孕服务付费的富裕西方夫妇认为，跨国代孕是一种美好而利他的行为，在世界范围内女性帮助女性；另一种观点则认为，欠发达国家的女性为了几千美元而"出租"子宫，她们的这种需求是一种严重的全球不平等的表现。2016 年，印度政府颁布了一项代孕法案，宣布国际商业代孕行为非法。

许多女性主义者认为，将怀孕的遗传层面和生理层面分离的技术将会使女性面临被剥削的风险。这些技术操纵和实验的正是女性的身体。与富有的女性相比，贫困女性更常被招募去出租她们的子宫。与以往任何时候相比，女性都更可能仅被视为卵子的提供者和孵化器，对母职的界定也更可能是为了迎合那些拥有最高社会权力的人（Fixmer-Oraiz, 2013; Raymond, 1993; Ulrich & Weatherall, 2000）。

向母亲身份转变

成为母亲可能比其他任何单独的生活转变都更能改变女性的生活。怀孕、分娩和向母亲身份转变，既包括生理事件，也包括社会事件。这些事件相互作用，促使女性的生活境况、生活方式和劳动状况发生变化，也使女性与伴侣、父母和其他人的关系发生变化。一旦女性成为母亲，这一角色就是她一生的角色，她将在很大程度上被该角色定义，远超过男性被父亲角色定义的程度。因此，母职会深刻影响女性的自我感也就不足为奇了。下面，我们更仔细地来看看怀孕和母职带来的一些变化，以及它们对女性身份认同的影响。

母职是如何改变女性职业角色和婚姻角色的

20 多项纵向研究表明，孩子的出生会对家庭关系产生负面影响，降低夫妻的心理幸福感和婚姻满意度（Walzer, 1998）。使用美国全国性大样本的研究表明，亲职对女性生活的改变大于对男性生活的改变，因为女性承担了更多照料子女和操持家务的工作（Sanchez & Thomson, 1997）。在英国一项关于亲职适应的研究中，一位新晋妈妈在访谈中表达了这种性别相关的变化：

> 我感觉他只要走出了那扇门，就不用再去想这件事了，直到他再从那扇门回来……早上一离开家，他的生活就一切照旧……跟有孩子之前一样。但对我来说，一切都变得完全不确定了，你懂的，一切都变了（Choi et al., 2005, p. 174）。

许多女性对从有偿工作者转变成无偿全职妈妈，都会倍感压力。从朝九晚五到 24 小时待命，从成人相伴到独自带孩子，从工作的胜任感到感觉被新任务压垮，所有这些都需要适应。重返有偿工作岗位的女性有她自己的压力，要费力应对许多新老要求。母亲们被鼓励对照理想母亲的标准来评价自己，比如光芒四射、宁静安详的圣母玛利亚；又如既能给孩子无尽母爱和充足优质时间，又能兼顾家庭、孩子、丈夫和工作的女超人。一名研究者询问一位新晋妈妈，在成为母亲之前她预料的情况是什么样的，她说她以为孩子会吃饱就睡，她能够"继续做很多事情……成为超级妈妈、超级妻子，超越一切"。遗憾的是，她发现"根本不是那么回事儿"（Choi et al., 2005, p. 173）。女性通常没有准备好面对消极和矛盾的感受，而当这些感受产生时，他们可能就会有挫败感。一名女性回忆了她在第一个孩子出生几周后的感受：

> 我似乎什么都做不好。我感觉很累，孩子不停地哭。我一直在想，这本应是我一生中最有满足感的经历，可为什么感觉这么孤独和痛苦（Ussher, 1989, p. 82）。

初为人母的种种困难，可能会被了解自己正在成长的孩子所带来的回报、相信照顾孩子值得且重要，以及学会做好这件事带来的掌控感所抵消。一项研究评估了澳大利亚女性在孕期和产后 4 个月的状况，大多数女性表示，他们的这一经历在很大程度上是积极的，并且超出了他们的预期（Harwood et al., 2007）。

冲突的发生，通常与孩子出生后女性对伴侣参与的期待和伴侣实际行动之间存在差距有关（Choi et al., 2005）。在一项研究中，新晋妈妈每天记录她们的时间分配情况，并接受了两次访谈。她们每天的劳动时间为 11~17.5 小时不等，平均每天花 6 小时单独带孩子。虽然她们说孩子的父亲是她们主要的支持源，但实际上父亲们每天在照护孩子上只投入 0~2 小时（Croghan, 1991）。在为人母的第一年，感知到的不公平会导致婚姻不和谐。（"我忙得甚至连洗澡的时间都没有，他怎么还能有时间玩电子游戏？"）（Sevón, 2012）。

这些研究表明，当婚姻角色不对等时，新晋妈妈会感到有压力。如果父亲能更多地参与照护婴儿，就会对家庭有益。一项对芬兰新晋母亲第一年亲职的小样本深度研究发现，共同承担孩子照护责任的夫妻，亲职转换最为平稳，婚姻关系也最好。妈妈们为爸爸们在照护孩子方面的可信度和可靠性感到骄傲（Sevón, 2012）。

孕期身体变化对女性心理的影响

与月经周期的激素变化相比，孕期的激素变化要大得多。怀孕女性体内的孕酮和雌激素水平比未怀孕女性要高出许多倍，而且，怀孕早期的许多身体反应可能与激素的快速变化有关。这些身体反应包括乳房胀痛、疲劳以及"晨吐"。实际上，在一天中的任何时候都可能发生孕吐：恶心、一看到或闻到食物就恶心，有时还会呕吐。

此外，还有一些生理变化可能会改变中枢神经系统的功能。怀孕期间，神经递质去甲肾上腺素的水平降低，而与压力相关的激素水平则上升（Treadway et al., 1969）。去甲肾上腺素和孕酮都与抑郁有关。在一项对孕期情绪变化的研究中，研究者在女性怀孕前和孕期分别对她们进行访谈，然后将她们与对照组未怀孕的女性进行比较。对怀孕组女性来说，无论是与自己怀孕前的基线水平还是与对照组相比，她们的情绪变化都增多了，主要集中在怀孕的前三个月（Striegel-Moore et al., 1996）。

怀孕也会对女性的性态产生影响。当女性怀孕时，她们面临着西方社会所特有的许多关于性态的矛盾（见图 9.2）。怀孕和生产凸显了女性的性态。与此同时，社会可能会淡化怀孕女性或母亲的性态，导致女性的身体和自我感之间出现分裂（Ussher, 1989）。几个世纪以来，西方艺术中母职的主要形象是圣母玛利亚，即耶稣的母亲。"一位母亲有性欲就去行动"，这个念头与母亲无私而纯洁的理想形象

©Frank Micelotta/PictureGroup/Newscom

图 9.2   在 2017 年的格莱美颁奖典礼上，怀着双胞胎的歌手碧昂丝简直就是一位充满魅力的女神。

相冲突。

怀孕期间，女性的体重急剧增加且体型显著变化。许多女性对这些变化感到非常矛盾（Ussher, 1989）。她们的反应包括：感觉暂时摆脱了文化对苗条身材的要求，感到敬畏而惊奇，对自己的体型感到害怕和厌恶，以及感到疏离和失控（见专栏 9.1）。在一项对 200 多名女性的研究中，体象的变化是她们报告最多的孕期和母职初期的压力源之一，仅次于身体症状（Affonso & Mayberry, 1989）。随着年轻女性因美国文化普遍存在对女性的客体化而对体象更加担忧，这些压力源可能也会有所增加。"理想化的女性身体被期望没有瑕疵、年轻、光滑、紧致、性感，总是可供异性恋性质的观赏和愉悦"（Malacrida & Boulton, 2012, p. 751）。怀孕和分娩带来的体重增加和体型"走样"，违背了异性恋规范下的女性化理想。

不同的压力源可能在孕期发生交互作用。一项对 413 名非裔和拉丁裔年轻怀孕女性的研究发现，那些遭受歧视的怀孕女性，更有可能体重过度增加，使她们面临以后肥胖以及与之相关的健康风险（Reid et al., 2016）。这项研究显示了孕期心理和身体健康之间的复杂关系，并提醒我们，如第 2 章所述，支配制度具有深远的影响。对所有怀孕的女性来说，她们作为性别化存在的状态，再次被凸显。

事实上，怀孕女性确实对身体失去了一些控制。无论她们做什么，变化都会发生。她们无法管理自己的身体（除非终止妊娠）。然而，社会主要根据她们的身体来定义她们。因此，即便不考虑激素的作用，怀孕女性感到自己不那么女性化、情绪多变或缺乏安全感，也就不足为奇了。

专栏9.1　～　全新的身体：一位女性的怀孕记录

一位女性用日记形式记录了她第一次怀孕时对身体变化的反应。她的怀孕在计划之中，也是她想要的。她和一位支持她的男性保持着稳定的伴侣关系。在不同的社会境况之下，女性对自己不断变化的身体有何不同反应？

- 我感觉我从医生那里带着一个全新的身体回到了家里。我是一个全新的我。看见我的人没一个说我怀孕了，但我知道自己真的怀孕了，这简直太棒了！我寻找每一个微小的迹象来证明这是真的。我不断增大的乳房令人鼓舞，我的乳头也变大了，它有时会立起来，而且至少变深了三个色号。

- 我真的觉得自己很美。事实上，我觉得我的身体是一个很适合宝宝在里面待着和成长的好地方。宜人、圆润又结实，有足够的脂肪，可以为宝宝创设柔软而安全的环境。

- 每天早上淋浴后，我都会在腹部和胸部涂抹可可脂，皮肤变得红润又光滑，我总是忍不住去抚摸。有一天，我坐在书店里，心不在焉地抚摸着自己，在那儿发呆。一位带着孩子的年轻女士从书店的另一头对我喊道："你的肚子真可爱！"

- 我开始感到自己变得庞大。我记得曾听到其他怀孕女性抱怨因自己发胖而烦恼，我从没搞明白这是怎么了。在我看来，她们美丽、圆润、像绽放的花儿。我向自己保证，我永远不会有那样的感受，我爱我隆起的肚子和增加的体重。对，理论上这很棒。但突然有一天，当我照镜子时，发现我的脸是圆的，即使收腹，看起来也真的像个橙子！所以，昨天一整天，我都觉得自己又胖又丑又不可爱。尽管约翰对着我说了很多赞美的话，但我知道，他很快就会发现，我是多么没有吸引力。

- 我从未想到自己会变成这样。我没法越过肚子够到自己的脚，约翰得帮我系鞋带！

- 有时候，我感觉自己好像已经怀孕了一辈子。我都不记得自己没怀孕的时候是什么样子了。

资料来源：Suzanne Arms (1993). Used by permission.

他人对怀孕女性会做出怎样的反应

怀孕女性对他人的行为而言是强刺激。在社会公众眼中，一位被看出怀孕的女性已经开始被定义为母亲了。她的身体象征着女性永恒的力量：

> 我沐浴在一片赞许的氛围中，甚至有来自大街上陌生人的赞许，仿佛我自带光环，将我的怀疑、恐惧和不安统统否定。这就是女人一直在做的事情（Rich, 1976, p. 26）。

怀孕女性可能真的倍受珍视。一位女性"嫁入"了一个波多黎各家庭，她为自己怀孕时所享有的特殊地位感到高兴：

> "婆家人"把我当成一个珍贵而脆弱的人来对待。我……可以坐沙发上最好的位置，可以比其他人先吃饭。当"婆婆"发现我怀上第一个孩子时，她为我准备了特殊的仪式，让我享受温暖、芳香的烛光浴。她把我丈夫小时候的照片贴在镜子上，告诉我她怀孕和分娩的所有经验（Johnson-Robledo, 2000, p. 132–133）。

另一方面，怀孕可能会引发性别主义行为。善意性别主义会被启动，因为怀孕女性被视为脆弱且需要保护。如果怀孕女性不接受传统角色，就可能引发敌意性别主义。善意性别主义者认为，对怀孕女性加以限制是可以的，例如，告诉她们不要摄入过多脂肪，或运动不要过量，等等（Sutton et al., 2011）。敌意性别主义者对没有遵守所有规则（例如，她们喝自来水而不是过滤水，或者偶尔喝点啤酒）的怀孕女性持消极态度（Murphy et al., 2011）。矛盾的性别主义者反对女性享有堕胎权，甚至在危及生命之时（Huang et al., 2014）。

一项现场研究表明，在现实世界中，人们对怀孕女性表现出矛盾的性别主义（Hebl et al., 2007）。在该研究中，女性实验者在腹部填充物的帮助下扮成怀孕女性，去大型商场零售店找工作，或者在大型商场零售店买东西，研究者观察并记录商店员工对待她们的行为。研究得出的好消息是，商店员工没有公开歧视怀孕女性：怀孕女性没有被忽视或被拒绝工作申请。然而，进一步对微妙性别主义的观察却带来了一些不太好的消息。员工们对那些由实验者假扮的怀孕女性顾客（传统而无威胁性的女性角色）表现出更为施恩和仁慈的行为（过度友善、过度帮助、挽扶）；而对那些求职的怀孕女性则表现出更具敌意的行为（粗鲁、盯着看），当她们申请与社会性别不相符（男性化）的工作时，敌意会更大。研究者指出，这种结合，即对传统意义上女性化的女性施加奖励，对打破性别角色的女性施以惩罚，确切来说是一种维持社会不平等的微妙性别主义。怀孕女性可能会受到额外的性别主义对待，因为她们可见的状况启动了性别主义态度。

令人遗憾的是，性别主义态度也会在实际的工作场所被启动。大多数美国女性初次怀孕时都在工作，但是，很少有研究探讨怀孕女性在工作中受到了怎样的对待。一项开创性的纵向研究考察了 142 名女性在孕期和生产之后的状况，她们预期到了同时也确实遭遇了与怀孕有关的污名和歧视：她们被认为更情绪化、有可能会辞职、对工作承诺度更低。当她们遭遇这种歧视时，她们的工作满意度和心理幸福感下降，她们也更可能想在孩子出生后辞职（Fox & Quinn, 2015）。她们生活中的这些剧变不是由怀孕造成的，而是由工作场所中随怀孕而来的污名和歧视造成的。

母职与女性的身份认同

怀孕和做母亲会影响女性的自我感。例如，在加拿大开展的一项研究中，女性体验到自己发生了深刻的改变。中产阶层女性讲述了个人成长和自我实现方面的变化；蓝领阶层女性讲述了"安定下来"的过程。对这两个群体来说，母职都涉及一种道德转变，在这个过程中，她们变得与孩子紧密相连。然而，这种联结的另一面，即感觉要对孩子完全负责，被认为是做母亲最困难的事情之一（McMahon, 1995）。

在另一项研究中，在孕期接受访谈的女性讲述了自己的身份认同发生改变的几种方式。她们谈到把自己塑造成妈妈，并开始与腹中的孩子建立关系。她们还讲述了社会身份的改变，即学习如何在家庭和社会对母职的期望中定位自己。她们说，自己不得不"把母职加入她们社会身份的混合体中"，将她们新的身份与生活的其他部分整合起来（Messias & DeJoseph, 2007）。

对一位怀孕女性的深度个案研究阐明了个人身份认同发生改变的经历（Smith, 1999）。该研究考察了克莱尔在孕早期的变化，包括她对未来孩子的想象。她解释说："一方面，它是一个人，一个完整的人，只是恰巧来到我的身体里；另一方面，它又是不同的存在。"在孕中期，克莱尔与他人（伴侣、母亲和姐妹）的心理联结变得越来越强。在孕晚期，克莱尔认为她已经发生了一些重要的变化，她说："我是两人组合中的一个，我也是三人组合中的一个。"作为孩子父亲的伴侣以及作为孩子的母亲——她的这种身份认同，现在已经整合为她自我的一部分。

已有研究中母亲的原型是白人、中产阶层、异性恋、已婚的女性。然而，当我们更全面地考虑母亲养育时，我们会清晰地发现，人们对怀孕女性和母亲的态度会因她们的社会阶层、种族和性取向的不同而有所不同。异性恋婚姻中的中产阶层女性，在怀孕时可能被视为娇弱而特殊的；而低收入的单身女性，则会被贴上不值得尊重的"福利妈妈"这样的标签。中产阶层妈妈们被强烈要求待在家里带孩子，而家庭收入低的妈妈们则不得不去找工作。异性恋女性与孩子之间的联结被视为积极的，而女同性恋者与孩子之间的联结则可能被病理化。女性作为母亲的身份认同不仅由她们的个人经历所塑造，也由将她们视为母亲的社会背景所塑造。

分娩这件事

如果一位女性正在为即将到来的马拉松、攀岩或户外徒步接受训练，她可能会把这项活动当成一次挑战。她承认她的身体将要付出努力、承受压力，她的勇气将会受到考验，她的生命将会面临风险。然而，她能感受到事情处于她的掌控之中，并为挑战做好准备。她可能将这一经历视为了解自我或发展自身优势和资源的一种方式。分娩虽然是正常的生理过程，具有一些相似的赋权潜能，然而，女性很少被鼓励这样去思考（Reiger & Dempsey, 2006）。相反，人们教导她们，在分娩这件事上，她们是依赖和被动的，要服从权威，而且需要专家的医疗干预。

在几乎所有文化中，分娩都与恐惧、痛苦、敬畏和惊奇联系在一起；它被认为既是人类所能承受的最大痛苦，又是一种高峰体验。然而，关于女性分娩的文学作品却少得可怜，而且西方艺术中也鲜有对女性分娩经历的描绘。描述有关战争和死亡的影像数不胜数，但关于娩出的影像却几乎不存在（Chicago, 1990）（见图9.3）。

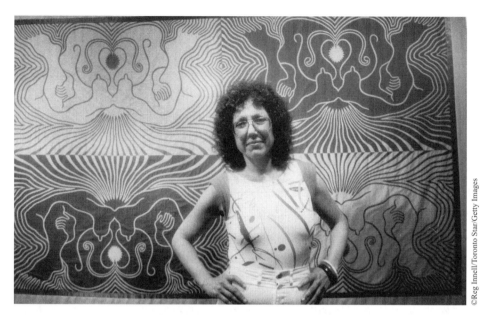

图 9.3　艺术家朱迪·芝加哥和她的作品《王冠》，该作品呈现了婴儿的头部在阴道口初现的时刻。

分娩是一种危急医疗事件吗

在一些国家，分娩被视为一种自然现象，大多数情况下不需要医疗干预。例如，荷兰以家庭分娩率高、医疗干预率低著称（Christiaens et al., 2008）。荷兰人的哲学是，一位健康的女性，如果她足够自信，那么在熟悉的环境中（最好是在自己家里），在助产士等分娩专业人士的照料下，她就能很好地完成分娩任务。

相反，美国采用的是**医学分娩模式**（medical model of birth）。在美国，99% 以上的分娩是在医院进行的（Hyde & DeLamater, 2017），只有大约 8% 的分娩是由助产士陪同，其余则是有医生参与。甚至那些描述分娩的语言也反映了医生的核心地位：人们通常会说婴儿是由医生接生的，而不是由女性所生的。

对女性来说，医学分娩模式是最好的吗？一方面，对怀孕女性进行基本的医疗照护和教育能够挽救生命，促进母婴健康；另一方面，医学垄断可能会导致女性被视为无能且被动的病人，剥夺她们对自己生命中最棒经历之一的控制权。美国社会围绕分娩的许多习惯性程序，在其他社会几乎闻所未闻，而且也不一定对母亲或婴儿最有利。例如，在医院分娩时，女性在分娩过程中是仰卧的，而在大多数文化下，女性是以蹲姿或半坐姿分娩。仰卧会对脊柱造成压力，可能会减慢分娩速度，对抗重力，增加阴道撕裂的风险，并使女性在分娩过程中更难主动推挤胎儿。那么，为什么医院要坚持采用这一姿势呢？因为这对医生来说操作更容易，他们可以更方便地观察分娩过程。

美国女性在分娩时，双脚悬在半空中，被麻醉，被剃掉阴毛，被灌肠清洗，不被允许吃东西和喝水，身上连接着机器和传感器，心理孤立的程度世上少有（Nelson, 1996）。研究表明，在不熟悉的环境中分娩、被陌生人包围、分娩过程中被从一个房间转移到另一个房间，等等，这些做法即使对非人类动物的分娩过程也会产生不利影响，但它们在医疗化的分娩中却属例行程序（MacFarlane, 1977; Newton, 1970）。

在美国，女性通常也会被告知，正常分娩过程中需要止痛。在分娩过程中使用镇静剂、巴比妥酸盐和麻醉剂已经成为常规，但这种做法也存在争议。一方面，药物可以使女性免受不必要的痛苦；另一方面，有充分的证据表明，药物对母亲和胎儿有负面影响（Hyde & DeLamater, 2017）。母亲血液中的麻醉剂会传输给胎儿，使其神经系统受到某种程度的抑制。麻醉剂还可能通过抑制宫缩，使母亲无法帮助推动胎儿通过产道，导致产程延长。在心理层面，药物减弱了女性的意识，也降低了她对人生中最有意义的事件之一的控制能力。

医学分娩模式鼓励医生和怀孕女性关注可能出现的并发症和紧急情况，而这可能导致他们对小概率事件也采取激烈的医学干预。在过去 25 年中，美国剖宫产（手术）分娩的数量急剧增加，从占所有分娩的 4% 猛增到近 33%（Martin et al., 2014）。这一比例远高于其他发达国家，如英国（约 10%），且该比例与婴儿死亡率降低并无关联。在美国，人工引产等其他医学程序的使用频率也在急剧增长（NCHS, 2009）。

为什么医学干预会如此流行？一些批评人士相当讽刺地指出，计划性手术分娩对医生来说更方便、更有利可图。另一些人将这一增长归因于医生对医疗事故诉讼的恐惧。还有观点认为，手术分娩比例高是由于医学界试图保持其在分娩中的主导地位，尽管越来越多的女性坚持认为分娩是一个正常的过程。

许多女性主义积极行动者和健康专家都对分娩的过度医疗化表示担忧。当分娩被界定为医学事件时，为分娩女性提供帮助和支持似乎是不够的，而不畏艰难的医学措施似乎才是恰当的。由于医学和手术干预现在用得非常普遍，正常的阴道分娩开始被认为是困难的，甚至是普通女性无法做到的。年轻女性似乎越来越害怕分娩，对自己的身体应对怀孕和分娩的能力缺乏信心（Reiger & Dempsey, 2006）。

以家庭为中心的分娩

在经历了医学主导的分娩之后，许多第二次浪潮中的女性主义者开始书写她们的经历，并朝着更加以女性和家庭为中心的分娩实践努力。女性组织者于 1960 年建立了国际分娩教育协会。《我们的身体》（*Our Bodies*）《我们自己》（*Ourselves*）、《完美的骗局》（*Immaculate Deception*）、《女人所生》（*Of Woman Born*）和《伟大的美国分娩仪式》（*The Great American Birth Rite*）等一些广为阅读的书籍在 20 世纪 70 年代促进了公众态度的改变。

大约在同一时期，**预备或自然分娩**（prepared or natural childbirth）的方法被介绍给美国公众。最受欢迎的预备分娩法是**拉玛兹法**（Lamaze method），它是以一位法国产科医生的名字命名的。使用这种方法的女性会学习放松和控制呼吸的技巧，放松有助于缓解紧张，降低疼痛感，在分娩过程中保存体力；控制呼吸有助于女性利用每次子宫收缩的力量，而不是与之对抗。拉玛兹法并不排除使用止痛药物，但它强调，如果有恰当的准备，这些药物可能是不需要的，并且它把选择权留给分娩女性。

另外，拉玛兹技术还包括在分娩过程中有一位教练或分娩女性信任的伴侣（通常是孩子的父亲）提供帮助。教练帮助分娩女性放松和控制呼吸，并提供情感支持和鼓励。在医学分娩模式盛行时期，男性会被赶出产房，因为他们被认为容易导致感染，而且很可能会碍事（MacFarlane, 1977）。今天，许多男性意识到，参与孩子的出生是成为父亲的重要一环。

一些研究将使用预备分娩法（如拉玛兹法及其他方法）的女性与未做特殊准备的女性进行了比较，结果显示出与预备分娩有关的获益。这些获益包括：产程更短、并发症更少、麻醉剂使用更少、疼痛报告更少，以及自尊和控制感更高（Hyde & DeLamater, 2017）。我们必须谨慎地解读这些研究。也许报名参加拉玛兹法训练的女性主要是那些在任何情况下都有动力积极体验分娩的女性。换言之，这些研究并没有排除自我选择这一取样偏差。

　　一项关于分娩期间所获支持的研究确实排除了自我选择效应（Kennell et al., 1991）。该研究采用实验设计，将 600 多名怀孕女性（大部分是西班牙裔美国女性、贫困美国女性、未婚美国女性）随机分派到三个组别中。第一组在分娩过程中接受一名受过专门训练的女性帮助者的情感支持。这些从当地社区招募来的帮助者会陪伴在分娩女性身边，鼓励她们，解释分娩过程，提供安抚性触摸并握住她们的手。第二组有一位不进行互动的女性观察者在场，第三组接受标准化的医院护理程序。

　　情感支持组女性的剖宫产率为 8%；相比之下，观察组为 13%，标准化程序组为 18%。情感支持组的女性在分娩过程中感受到的疼痛更少：标准化组需要麻醉的概率几乎是情感支持组的 7 倍。此外，情感支持组女性的分娩时间更短，她们和孩子住院的时间也更短。显然，情感支持起到了很大作用。该研究的负责人估计，投入少量资金以提供这种支持，每年可以节省 20 亿美元的医疗费用。

　　女性试图重新获得对分娩的控制感，这一努力带来了许多不同于 30 年前极端医学模式的变化。今天，孩子父亲更可能陪伴于正在分娩的伴侣身边。更多分娩是在家庭式分娩中心进行的，由助产士陪同。女性及其伴侣更可能参加关于怀孕和分娩的常规过程和一些注意事项的教育课程。这些知识缓解了他们的恐惧和无助感，进而减少了不适。学习分娩过程中可以使用的技术，有助于怀孕女性主动投入和积极应对，而不是被动承受痛苦。然而，新技术不断被引进，每一项新的干预措施都可能被过度使用。

　　目前尚需改善的一个领域是，在伴侣怀孕和分娩期间，帮助孩子的父亲，使他感受到自己是受欢迎的。虽然现在许多夫妻都参加分娩教育课程，但这些课程可能还不足以满足伴侣初次怀孕的男性对怎样为伴侣提供充分支持的需求。一项对 25 个研究的综述显示，怀孕女性的伴侣在怀孕初期常常会有不真实和被排除在外的感觉。（对准爸爸来说，陪准妈妈第一次做超声波检查或者第一次触摸"胎儿凸起"时感觉到胎动，通常意义重大。）在分娩教育课程中，准爸爸们想要知道他们如何可以帮到伴侣，以及他们怎么做对伴侣来说才是有用的。他们担心伴侣分娩过程中会感到强烈疼痛，他们想参与到分娩过程中并受到尊重（Poh et al., 2014）。医疗护理专业人士似乎还没有足够重视将父母双方都纳入分娩教育中，这种整合有助于形成更平等的婚姻和养育模式。

产后抑郁的原因

分娩后的最初几周，即**产后期**（postnatal period），通常是女性容易情绪波动和抑郁的时期。在分娩后的最初几天里，大多数女性都兴高采烈：漫长的等待结束了，分娩完成了，孩子出生了。然而，她们很快会出现不同程度的抑郁和无缘由的哭泣。50%~80% 的女性会经历一两天的情绪波动。约 13% 的女性会出现更长时间的抑郁（6~8 周），包括不胜任和无力应对感、疲劳、流泪和失眠。最严重的形式是一种重性临床障碍，会影响 1‰ 的新晋妈妈（Hyde & DeLamater, 2017）。

产后的心境障碍是由激素变化引起的吗？妊娠期高水平的雌激素和孕激素会在分娩后急剧下降。然而，尚无证据表明激素变化会导致抑郁；事实上，产后激素水平和心境之间没有直接联系（Johnston-Robledo, 2000; Treadway et al., 1969）。妊娠期和产后期的激素变化是真实存在的，它们所引起的身体变化和感觉，必须由正在经历这些过程的女性来解释。然而，进行解释的社会背景是至关重要的；产后抑郁与其说是一种医学状况，不如说是一种社会建构。在许多国家，包括印度、墨西哥和肯尼亚，产后抑郁几乎鲜为人知，这表明至少部分原因是文化因素。

许多生理、社会和人际因素可能导致新晋妈妈的抑郁和情绪波动。一项对 1 200 多名女性的大规模研究显示，剖宫产并没有导致更多的产后抑郁，但产后经历严重疼痛（无论分娩类型）的女性比轻微疼痛的女性在随后几周出现抑郁的风险高出 3 倍（Eisenach et al., 2008）。一项对 42 名产后患重度抑郁症的澳大利亚女性的研究发现，与产后抑郁相关的社会心理风险因素包括：年龄在 16 岁或以下、精神疾病史、孕期经历了应激性生活事件、不幸福的婚姻、缺乏社会支持、易感人格特质和因非自愿性行为而怀孕（Boyce & Hickey, 2005）。在一个法国中产阶层女性样本中，产后抑郁的风险因素包括孕期抑郁、移民身份、伴侣的身体虐待以及产后身体并发症（Gaillard et al., 2014）。在一个加拿大女性样本中，过往抑郁史、移民身份、孕期抑郁以及非母乳喂养都是产后抑郁的风险因素（Davey et al., 2011）。与想要的和计划的怀孕相比，意外怀孕的女性出现产后抑郁的风险更高（Abbasi et al., 2013）。

一项对经历产后抑郁的英国女性进行的小样本深度研究发现，她们对母职的预期与其真实经历之间的差距和冲突是其中一个关键因素。不同的母亲以不同的方式解决了这些冲突，但无论何种情况，女性的康复都是一个接纳自己和拒绝不可能的母职理想的过程（Mauthner, 1998）。这一结果在一项更大规模的研究中得到了重复验证，该研究让 71 名初次怀孕的女性分别在孕期和产后 4 个月填写问卷。如果大多数期望都实现了，她们作为新晋妈妈的经历就是积极的。然而，如果实际经历不符合预期，她们在产后会出现相对较严重的抑郁（Harwood et al., 2007）。

少数族裔、低收入和社会处境不利的女性出现产后抑郁的风险比其他女性更高，因为她们面临的整体压力可能更大。在研发干预措施时，重要的是要记住，产后抑郁并非仅是一个可以通过激素或抗抑郁药物治愈的医学问题。一项元分析表明，最有效的干预措施，尤其是对处境不利的女性群体，恰是那些具有文化敏感性并基于人际关系疗法和人际支持的干预措施（Rojas-Garcia et al., 2014）。新晋妈妈的生活背景对于理解为什么有些女性在分娩后会经历抑郁而其他女性则不会至关重要。

作为一名母亲，我认为，对于产后心境障碍，睡眠剥夺一直是一个被忽视的因素。在怀孕的最后几周，女性可能会因胎儿过重、躁动所引起的不适而睡眠不佳。接下来，在身体辛苦和分娩压力之后，接踵而至的是连续多晚的睡眠紊乱。婴儿在 6 周大之前很少会连续睡 6~7 小时，而且有些婴儿需要很长时间的安抚才能平静下来。虽然新晋妈妈在访谈研究中很容易谈到睡眠剥夺（Choi et al., 2005），但据我所知，还没有关于产后抑郁的研究将"睡眠剥夺"作为一个影响因素来探讨，也鲜有研究将新晋妈妈的心境不佳与睡眠剥夺对照组的心境不佳进行比较。几天不睡觉会让任何人变得暴躁和抑郁。缺乏对这种可能性的关注，是研究女性生活时经常忽视社会文化因素的一个突出的例子。

在产后抑郁罕见的国家，新晋妈妈通常可以休息一段时间并得到特殊照顾，其他女性会为她们提供实际的生活支持和情感支持，周围人不仅积极关注婴儿，也会给予母亲积极关注（Johnston-Robledo, 2000; Mauthner, 1998）。例如，在危地马拉，新晋妈妈可以享受草药浴和按摩。在尼日利亚，新晋妈妈和孩子单独住在一间"月子室"里，她的食物由其他人来准备。类似这样的习俗可能有助于新晋妈妈更积极地解读她的身体变化和感觉，使她更容易适应母职。一位专门研究新晋妈妈的美国心理学家建议，"下次朋友或亲戚生孩子的时候，除了给孩子带礼物，也要给新晋妈妈带一份餐食，并主动帮忙做家务"（Johnston-Robledo, 2000, p.139）。也许其他人可以照顾夜间醒来的婴儿，这样母亲就可以睡个好觉。

母职经历

正如为人母的女性所处的社会环境千差万别一样，母职的现实情况也各不相同。在这一节中，我们来看一看对不同群体的女性来说，母职都涉及哪些方面。

青少年母亲

在美国，每年有 50 多万名 20 岁以下的年轻女性怀孕，约占该年龄段女性的 5%，这些青少年大多未婚。在青少年怀孕案例中，超过半数个体会选择生下孩子；大约 31% 的人会选择人工流产终止妊娠，还有一些则以自然流产告终。有色人种青少年母亲生下孩子的概率比白人青少年女性高得多（Guttmacher Institute, 2016a）。

由于青少年比过去更多采取避孕措施，自 20 世纪 90 年代以来，美国青少年的怀孕率一直在下降，而且在过去十多年中，美国所有种族和族裔的青少年怀孕率都大幅下降（Lindberg et al., 2016）。然而，美国仍然是发达国家中青少年怀孕率最高的国家，比瑞士高出 7 倍多。美国青少年的性活跃程度并不比欧洲青少年高，但是在像瑞士这样的国家，学校为他们提供了全面的性教育，政府对青少年采取避孕措施持积极态度，并且将免费生育计划作为医疗保健服务的一部分。

哪些因素会使青少年女孩面临过早怀孕的风险？首要的是，青少年怀孕和生育与其社会阶层处于弱势地位有关。生活在贫穷或危险的街区、在贫困的单亲家庭长大以及遭受性虐待等因素都与青少年怀孕有关。父母监督和管理青少年的活动、教会他们避免无保护的性行为，可能会在一定程度上降低这一风险（Miller et al., 2001）。

青少年做母亲对她们本人、她们的孩子以及整个社会都会造成严重的后果。这些后果包括她们的教育被迫中断和就业机会减少、婴儿的健康问题以及公共援助和干预成本增加（Barto et al., 2015; Gibb et al., 2015; Venkatesh et al., 2014）。一项纵向研究对印第安纳州 281 名青少年母亲在孕期以及她们孩子 3 岁、5 岁和 8 岁时进行了追踪。这些母亲分娩时的平均年龄是 17 岁；其中近 2/3 是非裔美国人，1/3 是白人，4% 是西班牙裔美国人。尽管大多数孩子出生时体重正常、健康状况良好，但后来他们的身体、情绪和行为问题却越来越多。到 8 岁时，70% 以上的孩子存在学业问题。这些母亲也处于不利境况，她们不太懂得如何照护孩子，也缺乏成熟的认知能力来成为胜任的母亲。孩子出生 5 年后，她们中的大多数人仍然处于受教育程度低和未充分就业的状况，并且受到抑郁、焦虑和压力的困扰。

不过，这个群体内部存在很大的个体差异。大约 18% 的母子关系发展良好：这些母亲有工作，继续接受教育，表现出高自尊，且很少抑郁或焦虑，她们的孩子也发展正常。能够克服过早为人母的不利因素的女性，正是那些一开始就拥有较多优势的女性（例如她们在怀孕前受教育程度相对较高）、那些从伴侣那里能得到情感支持的女性，以及那些应对能力较强且对亲职有较好认知准备的女性（Whitman et al., 2001）。

另一项研究聚焦一群生活在纽约贫民区的处境不利的青少年女孩。她们的年龄在 14~19 岁之间，大多数是非裔美国人或波多黎各人，其中 2/3 来自依靠福利生活的家庭。在为期 5 年的追踪研究中，那些母职完成最好的年轻母亲都能积极地生活，她们通常有工作、在校读书、花时间跟伴侣和家人在一起，也能照顾自己的孩子。哪些因素促成了她们的优势？深度访谈揭示了这样一些主题：她们在严格的家庭环境中长大、家人期望她们有所作为且给予支持、有角色榜样和对教育的支持，以及有信心、有坚强的意志、有追求成功的热情（Leadbeater & Way, 2001）。

这些研究结果表明，单凭统计数据并不能说明青少年怀孕意味着什么。青少年怀孕经常被作为道德滑坡和社会衰败的象征，青少年母亲被指责破坏了家庭价值观。研究显示，青少年母亲是一个多样化的群体，她们常常挣扎于克服那些远超过只是生个孩子的不利因素。许多青少年母亲在克服她们面临的困难时表现出了韧性和勇气。令人惊讶的是，过早为人母并非总是导致永久的处境不利。大多数青少年母亲最终完成了高中学业，找到了稳定的工作，搬进了自己的公寓或房子，她们养大的孩子也没有再成为未成年父母（Leadbeater & Way, 2001）。

我并非主张早育（early childbearing）是可取的，但其含义和后果取决于文化背景。虽然青少年怀孕在今天被视为一个巨大的社会问题，但在 20 世纪 50 年代，青少年怀孕率实际上比现在要高（Nettles & Scott-Jones, 1987）。这在当时并不是什么大问题，因为大多数青少年母亲都已经结婚，或是在怀孕后匆忙成婚。

今天，在对青少年怀孕的接纳方面存在着族裔差异和文化差异。大多数非裔美国青少年母亲都与自己的母亲生活在一起，并得到母亲的支持。在西班牙裔家庭中，只要青少年怀孕后结婚，就不会被认为有问题。有些年轻女性把孩子视为上帝赐予的礼物，无论孩子出生的环境有多么不利（Leadbeater & Way, 2001; Whitman et al., 2001）。还有些青少年母亲会为了孩子而激励自己去改善生活（Leadbeater & Way, 2001）。

年轻母亲需要参加一些有助于她们学习养育技能、完成教育以及掌控自己避孕措施使用的项目。此外，她们还需要来自家庭、社区和教育系统的支持（Barto et al., 2015）。对青少年父亲进行更多的研究也是非常必要的，毕竟生孩子是两个人的事。特别需要开展的是有助于青少年父亲承担各项责任的项目，包括生育控制责任、生育计划责任，以及为孩子提供经济支持和社会支持的责任。在各方面的帮助之下，早育的负面影响可以得到克服。

单身母亲

在过去的 30 年里，由单身女性做户主的家庭数量大幅增长。少数族裔儿童更有可能在单亲家庭长大。根据美国近些年的人口普查，21% 的白人儿童、31% 的西班牙裔儿童和 55% 的非裔儿童生活在单亲家庭中（Vespa et al., 2013）。这些家庭的户主绝大多数是女性。对白人来说，单亲的主要原因是高分手率和离婚率（见第 8 章）。对于西班牙裔和非裔美国女性来说，单亲的主要原因是单身女性的生育率上升。

无论是未婚、分居还是离婚的单身母亲，都比有伴侣在家的母亲更可能保有一份或几份工作。超过半数的单身母亲从事全职工作，另外还有 28% 的单身母亲从事兼职工作。然而，由女性做户主的家庭贫困的可能性远远高于其他家庭；她们的贫困率是普通人群的两倍（Grall, 2009）。女性户主家庭的贫困问题是当今美国最严重的社会问题之一。

为什么女性户主家庭如此容易贫困？造成女性贫困的某些原因与男性相同：她们可能受教育程度低，或缺乏工作技能，抑或生活在工作机会少的地区。但是女性贫困也有与性别相关的原因：女性普遍酬不抵劳且未充分就业（见第 10 章）。此外，由于缺乏有公共补贴的儿童照护服务，单身职场母亲几乎不可能获得成功。如果她以最低工资全职工作，那么，仅儿童照护一项就会花掉她收入的很大一部分，当然，前提是她能找到像样的儿童照护服务。在所有的西方工业化国家中，只有美国未将家庭抚养福利作为一项公共政策（Lorber, 1993）。这些都是社会文化层面的问题，不是单亲妈妈自己能够轻易解决的。

单身母亲贫困的另一个与性别相关的原因是，男性未能为子女提供经济支持。在第 8 章，我们讨论了离婚后缺席的父亲不偿付子女抚养费的问题。当将所有单身母亲视为一个群体时，无论从未结婚还是离婚，数据显示，只有 54% 的单身母亲通过法庭或法律协议获得子女抚养费判决。其中，47% 的人得到了全额子女抚养费，30% 的人只得到部分而非全部抚养费。母亲作为户主的家庭每年平均收到的抚养费仅为 3 350 美元（Grall, 2009）。

在美国，人们对贫困女性化（the feminization of poverty）问题的主要反应似乎是谴责受害者。接受公共援助的女性成了被指责的对象，指责者称她们的问题正是她们自己造成的。1996 年，美国福利改革立法规定，那些领取福利金、家有年幼孩子的母亲必须找一份有偿工作。想想看，许多中产阶层的母亲，她们拥有安全的住所、良好的儿童照护服务、体面的工作和有工作的丈夫，即便如此，当她们的孩子还是婴儿或学步儿时，她们也发现，要应付一份全职工作很困难或根本不可能；然后再想想，那些独自挣钱养家、处于贫困境地、拿最低工资且住在危险街区的单身母亲，她们的情况又会如何？

许多保守派的政策制定者认为，婚姻是解决女性和儿童贫困的办法。然而，大多数未婚生育的女性在怀孕前就是贫困的。即使这些女性跟她们孩子的父亲结婚了，她们仍然会贫困，因为孩子的父亲很可能失业并住在经济萧条地区（Dickerson, 1995）。许多父亲根本就不在其位或者自身就有许多问题，无法帮忙养家。例如，一项对贫民区年轻母亲的研究显示，当她们的第一个孩子 6 岁时，10% 的父亲已经死亡，25% 在监狱里，24% 在贩卖或吸食毒品。只有一部分伴侣会设法生活在一起（Leadbeater & Way, 2001）。即使在中产阶层离异女性中，再婚对于有年幼孩子的母亲来说也并不总能成为一种选择，而且，第二次婚姻比第一次婚姻更可能以离婚告终（见第 8 章）。

但是，单身母亲家庭所面临的并不是只有贫穷和绝望。研究表明，单身母亲为自己能妥善应对一份困难的工作而感到自豪。她们对母职的满意度与婚姻中的母亲是相似的。在白人家庭中，单亲家庭似乎没有双亲家庭那么性别塑型化。她们鼓励孩子做更多性别中立的游戏，使孩子对性别角色形成更灵活的态度（Smith, 1997）。当我们考虑到父亲比母亲更倾向于以性别刻板印象的方式对待孩子（见第

6 章），以及单身母亲的孩子认为母亲既是供养者又是养育者时，这个结果就解释得通了。在非裔美国单亲家庭中，其优势包括角色灵活性（许多成人可能会像母亲一样带孩子）、精神灵性（依靠内在力量而非物质财富获得幸福）和社群意识（"养育一个孩子需要全村之力"）（Randolph, 1995）。

非裔母亲与母权迷思

在奴隶制下，非裔美国人的家庭遭遇了系统性的、广泛的破坏。除了奴隶制遗留的问题，自那以后，非裔男性中成为养家糊口者和丈夫的人也越来越少。造成这种情况的原因包括医疗保健差以及贫穷和歧视的其他影响，这些导致了吸毒、坐牢和暴力死亡。因此，非裔女性一直（而且现在仍然）比白人女性更有可能在没有丈夫的情况下养家糊口。对于非裔美国女性来说，母职并不等于依赖男性（Collins, 1991; Dickerson, 1995）。

非裔女性以多种方式应对压迫。她们通常会建立两三代人一起生活并共享资源的大家庭。外祖母、姐妹、表姐妹和姨妈都会照顾年轻母亲所生的孩子。与白人家庭相比，非裔家庭更不愿意把孩子交给陌生人收养，更愿意收养朋友和亲戚的孩子。在非裔社群，人们认为这些非正式收养比陌生人收养更好，因为孩子可以和母亲保持联系，也能跟他们认识和信任的人生活在一起。这种集体合作育儿可能反映了西非的一种传统（Collins, 1991; George & Dickerson, 1995; Greene, 1990）。

令人遗憾的是，长期以来，非裔女性一直被认为背离了白人中产阶层的规范，即"女性应该顺从并接受传统婚姻安排"（Collins, 1991）。社会学家和精神病学家指责她们不女性化、霸道，"阉割"了她们的丈夫和儿子（Giddings, 1984）。将社会问题归咎于非裔女性，避免了直面种族主义、阶层歧视和性别主义等真正的问题。此外，它也掩盖了非裔美国家庭模式的独特贡献。非裔女性参与社会积极行动通常源于她们对母职的界定：一位好母亲并非仅仅照顾她自己的孩子，还会努力满足整个社群的需要（Collins, 1991; Naples, 1992）。在对已婚并已养育子女的三代中产阶层非裔美国女性的访谈中，这些女性表达的主题包括通过工作来养家糊口、教育孩子要恭敬和服从，以及在教会和社群里照护孩子（Fouquier, 2011）。

LGBT 母亲

大约有 600 万美国人的父母其中一方来自 LGBT 群体。今天，大约 1/5 的同性家庭中有未满 18 岁的子女（Gates, 2013）。有些与男性结婚或同居并在这些关系中生育了子女的女性，后来认同自己为女同性恋者，并在女同性恋家庭中抚养自己的孩子。还有些女同性恋者领养了孩子。一种日益增长的趋势是，借助医学手段生育子女，如供体授精（donor insemination）和体外受精。鉴于同性恋亲职的生物阻碍和社会阻碍，可以有把握地说，LGBT 父母的大多数孩子都是想要和计划怀孕的结果（Renaud, 2007）。

女同性恋母亲面临的特殊问题和压力是什么？最大的潜在问题之一是，如何在边缘化的女同性恋身份与主流的母亲身份之间进行协调（Ben-Ari & Livni, 2006）。女同性恋母亲可能觉得自己的家庭与异性恋家庭没有什么共同之处，异性恋家庭的孩子在学校里不必应对因为有两个母亲而被嘲笑的问题（Breshears, 2011）。向女同性恋社群寻求支持时，她们可能会发现，那些不生育的女同性恋友人的生活与自己的生活截然不同。随着越来越多的女同性恋者决定要孩子，女同性恋家庭的支持群体和支持网络也在增长，家庭咨询师也越来越认识到她们的需要（Erwin, 2007）。

为了与她们的平等主义理想保持一致，女同性恋伴侣通常试图平等地分担养育子女的责任，但这并不容易做到。即使在瑞典这样一个为异性伴侣和同性伴侣双方都提供足够育儿假的国家，一项对女同性恋伴侣进行访谈的话语分析研究发现，许多伴侣必须非常努力才能实现平等育儿，不过并不是每个人都会这样做（Malmquist, 2015）。

与异性恋母亲相比，女同性恋母亲养育孩子的方式会有所不同吗？她们的孩子是否会有不同的发展结果？研究表明，女同性恋家庭的孩子与异性恋家庭的孩子是相似的。

一项研究选取非裔美国女性样本，比较了 26 名异性恋母亲和 26 名女同性恋母亲的态度。这两个群体对孩子的独立性和自立性重视程度相同。然而，女同性恋母亲在规则上对孩子更宽容，对性游戏限制更少，更少关注谦虚，更开放地提供性教育。与异性恋母亲相比，她们认为男孩和女孩更相似，并且期待女儿从事传统上更男性化的活动（Hill, 1987）。另一项研究的参与者为 33 对异性恋伴侣和 33 对女同性恋伴侣，该研究测量了他们学龄前子女的社会性别发展情况（Fulcher et al., 2006）。儿童的性别角色态度与父母的行为有关，而与父母的性取向无关。换言之，平等分担琐事和工作的父母（由此树立了相互尊重的榜样），他们的孩子持有不那么传统的态度，无论这些父母是同性恋者还是异性恋者。

在英国，有研究将具有代表性的女同性恋家庭中的儿童与双亲异性恋家庭和单身母亲异性恋家庭中的儿童进行了比较。家长、教师和儿童精神病学家评估了孩子的适应情况。结果表明，女同性恋母亲和异性恋母亲的养育方式几乎没有什么差别，只是女同性恋母亲更少打孩子，会跟孩子玩更多想象游戏。总的来说，女同性恋母亲的孩子适应良好，跟家长和同伴建立了积极的关系（Golombok et al., 2003）。另一项英国研究追踪了 78 名儿童，追踪跨度从童年中期到成年早期，其中一半儿童由女同性恋母亲抚养，另一半由异性恋单身母亲抚养（Tasker & Golombok, 1997）。到了成年早期，研究者让参与者回顾他们的家庭生活。女同性恋者的孩子比异性恋者的孩子对家庭生活的态度更为积极，尤其是当他们的母亲公开了自己的性取向并积极参与女同性恋政治时。女同性恋者的孩子并无更高概率认同自己是同性恋者，而对于那些确实认同自己是同性恋者的孩子来说，他们比那些异性恋父母的同性恋子女更可能进入一段亲密关系。由女同性恋者养育的孩子报告说，随着他们逐渐长大，母亲会更加开放而自如地跟他们交流性发育和性取向话题。两组参与者在心理适应上没有差异。

总的来说，女同性恋家庭养育的孩子与异性恋家庭的孩子似乎非常相似。有研究综述（Fulcher et al., 2006; Tasker, 2005）发现，同性恋亲职对孩子的认知能力、自尊、性别认同、同伴关系或整体心理适应并不存在不利影响。这些研究减少了人们对同性恋家庭的歧视，并促进了美国一些州和其他国家法律及公共政策的改变（Short, 2007）。

即使是那些在观念上接受了同性恋亲职的人，也仍然可能在想到性别不遵从、非二元或跨性别者做父母时感到不自在。然而，许多跨性别者在转变性别时就已经做父母了，他们不想丢下自己的孩子（Haines et al., 2014）。另一些跨性别和性别不遵从者认为，建立家庭是生活的重要组成部分，并希望有各种选择使之成为可能，如寄养、收养、供体授精和辅助生殖技术等（Dickey et al., 2016）。

从交叉性角度来看，鉴于我们的社会有多生育主义倾向，亲职是享有特权的身份。然而，跨性别者仍然处于被边缘化的地位。简言之，母亲和父亲被认为是伟大的人，但是跨性别的母亲和父亲却没有那么伟大。这两种有冲突的社会地位的交叉为跨性别父母制造了独特的挑战。一项全美在线调查询问了 50 名跨性别父母面临的挑战（Haines et al., 2014）。他们最担心的是，孩子的幸福感会因父母的跨性别身份而受到影响。例如，他们的孩子在学校面临欺凌，跨性别父母会关心自己何时何处出柜可以不使孩子蒙受污名。其次，跨性别父母要处理与共同抚养者之间持续不断的冲突。通常，性别转变会导致关系破裂，进而影响到孩子。最后，跨性别父母努力在自己的性别转变与养育子女和家庭结构变化之间取得平衡。例如，一名跨性别女性（男跨女）家长讲述了她 8 岁的女儿失去父亲的悲痛。到目前为止，关于跨性别父母养育的研究还很少，这应该引发心理学家更多的关注。

让转变发生

抚养孩子是人生的一大乐趣，也是一项令人敬畏的责任。传统上，在西方社会，抚养孩子的职责被划分为两种角色，养育角色被指派给女性，供养角色被指派给男性。这种安排有许多局限性，它没有考虑到人格和能力的个体差异，即有些男性可能更适合做养育者而非供养者，而有些女性可能更适合做供养者而非养育者。这种安排也使女性和儿童在经济上依赖于男性；当男性未履行责任时，家庭会陷入贫困之中。它也忽视了家庭的多样性。单亲家庭、LGBT 家庭和来自不同文化传统的家庭不符合父权制理想。过去几十年的社会变革是不均衡的，虽然现在大多数女性都分担了供养职责，但是大多数男性并没有相应地增加他们对养育孩子的投入。我们的社会应如何支持母亲和孩子，并帮助父亲发展他们的教养潜能？

改变社会政策：重新定义家庭价值

美国的家庭公共政策落后于世界上其他工业化国家，甚至落后于一些较贫穷和欠发达的国家（Crittenden, 2001）。例如，在美国，新晋父母未获一天带薪假保障。对于我们这些生活在美国的人来说，这种情况似乎很正常。然而，美国是世界上唯一没有提供联邦资助的带薪产假的发达经济体。在许多国家，新晋妈妈有 52 周甚至更长的产假。至少 74 个国家保障新晋爸爸有带薪假期，这有助于他们从一开始就能参与照顾孩子（Etehad & Lin, 2016）。美国是仅有的 9 个拒绝为家庭需求提供资助的国家之一。在这里，父母要依靠雇主的善意来享有带薪育儿假和其他家庭友好政策；但只有 12% 的公司提供带薪产假，仅有 7% 的公司提供带薪陪产假（Heymann, 2010）。好在一些雇主已经意识到了这一点：要留住最优秀、最聪明的员工并让他们保持愉快，企业需要顾及员工的家庭生活（见专栏 9.2）。

美国的父母需要育儿假、儿童保育津贴、弹性工作时间以及其他增进家庭福祉的政策。这些社会进步性变革，仅仅通过期待它们是不可能实现的，需要采取有组织的积极行动：选举出那些认识到现代家庭生活现实情况的地方代表、州代表和联邦代表，并让这些议题处于政策辩论的前沿。所幸，女性占美国人口的一半以上，她们对子女福祉的关注是积极行动的长期力量来源（见专栏 9.3）。

专栏 9.2　重新定义父职

©zhang bo/E+/Getty Images RF

在美国，女性是孩子的主要照护者，而男性充当家庭的供养者，这是普遍的甚至是被期待的。美国的产假和育儿假政策反映了这些带有刻板印象的期待。女性通常有 6~12 周产假（一般不带薪），而男性通常只有 1 周甚至更少的假期！遗憾的是，在为男性和女性提供照顾孩子的平等机会方面，美国明显落后于其他国家。

瑞典这方面的法律要进步得多。尽管女性仍然需要比男性花更多时间照护孩子，但她们的丈夫也同样被期待花时间照护孩子。瑞典法律规定，母亲和父亲可以共享 13 个月的育儿假，其中至少两个月的假期必须由父亲来休。因此，瑞典 85% 的男性会休育儿假，而那些不休育儿假的男性会面临来自家庭和职场的指责。

专栏 9.2 ∾ 重新定义父职（续）

在美国，虽然很多公司不愿接受男性对延长育儿假的要求，但顶尖科技公司似乎正在竞相制定最好的育儿假政策。2015年，奈飞公司宣布，在孩子出生后的第一年里，父母可以享受无限期的育儿假。微软随后也宣布，新晋妈妈的带薪假期增加到 20 周，新晋爸爸的带薪假期增加到 12 周。电子商务公司易趣网宣布将为员工提供长达 6 个月的带薪育儿假。谷歌、脸谱网和推特等公司也制定了慷慨的育儿假政策：从 16 周到 30 周不等的带薪育儿假（见下文）。为什么顶尖科技公司纷纷采取措施来改善育儿假政策呢？这可能反映了员工对工作和生活平衡的期望发生了世代转变，也可能反映了科技公司高管对这种休假政策有助于培养员工忠诚度和留住顶尖人才的认可。

当然，父亲抽出时间来养育孩子也会带来经济和社会两方面的收益。在瑞典，离婚率已经有所下降，孩子可以和父母共度时光。女性收入越来越高，男性在晋升时也不会因为休假而受到处罚。最有趣的是，人们关于男性气质的观念已经开始发生转变。欧洲事务部长、育儿假倡导者比吉塔·奥尔松（Birgitta Ohlsson）表示："持有过时价值观的大男子气概的男性，已不再是女性杂志中的十大魅力男性……现在男性可以二者兼得，既可以有一份成功的事业，又可以做一个负责任的父亲。"她补充道："这是一种新的男子气概，它更有益于健康。"希望有更多的美国公司能够跟随科技行业的步伐，这样我们就会在美国看到更多类似的获益！

有优厚父母育儿假政策的美国科技公司

奈飞公司：长达 1 年的带薪父母育儿假（限于在公司流媒体部门的领薪雇员）。

易趣网（Etsy）：长达 6 个月的带薪父母育儿假。

谷歌：18 周带薪产假；第一年长达 12 周的父母照护时间。

脸谱网：16 周带薪父母育儿假。

微软：20 周假期（8 周产假，12 周父母育儿假）。

英特尔：13 周带薪产假，8 周父母照护假（母亲或父亲）。

推特：分娩母亲 20 周产假，伴侣中另一方 10 周育儿假。

资料来源：Bennhold, S. (2010, June 15). Paternity leave law helps to redefine masculinity in Sweden. *The New York Times Online*.

专栏 9.3　**妈妈崛起：女性及其组织联合起来的草根倡导力量**

"妈妈崛起"（MomsRising）是一个线下线上兼营的草根倡导组织，成立于 2006 年。如今，他们拥有超过 100 万的会员、1 000 名博客作者以及大约 300 万在线读者。

"妈妈崛起"致力于改善女性、儿童及其家庭生活，倡导一些重要的政策，如带薪家庭假、带薪病假、可负担的儿童保育服务、改善儿童的营养和健康、终止薪酬歧视和雇佣歧视等。

2013 年，福布斯网站连续四年将"妈妈崛起"评为全球前 100 个女性网站之一。

欲了解更多关于"妈妈崛起"如何努力改善女性、儿童及其家庭生活的信息，请访问他们的网站。

改变社会含义：重新定义亲职

美国社会将子女幸福的责任全部加在母亲身上，其程度之深，在世界或历史上鲜有其他文化如此。这要求母亲在相对孤立的情况下履行自己的职责，却常常得不到所需的支持。此外，它还制造了一些掩盖养育事实的迷思。尽管母亲肩负着巨大责任，又缺乏资源，但她们还是会因孩子出现的一切问题而遭受指责。

"责备母亲就像空气污染"，这种现象如此普遍以至于常常被忽视（Caplan, 1989, p. 39）。心理学和精神医学有将母亲视为所有问题的根源的"悠久"传统。一项研究对 1970—1982 年间发表在心理健康领域重要期刊上的 125 篇文章进行了综述，结果发现，母亲要为子女出现的 72 种不同问题负责。这份问题清单包括：攻击性、广场恐怖症、厌食症、焦虑、纵火、噩梦、尿床、慢性呕吐、犯罪、妄想、抑郁、性欲缺失、多动、乱伦、孤独感、吸食大麻、轻微脑损伤、心境易变、精神分裂症、性功能失调、同胞嫉妒、梦游、发脾气、逃学、无法应对色盲以及自我诱发性电视性癫痫（Caplan & Hall-McCorquodale, 1985）！

过度苛责母亲并非陈年旧事。在近年的一项研究中，参与者想象自己是一起案件的陪审团成员，一位粗心的家长在大热天把婴儿落在车里，导致其意外死亡（Walzer & Czopp, 2011）。与过失家长是父亲相比，当过失家长是母亲时，参与者

会更多地责备她们，将其评价为更不称职的家长，男性参与者还会建议判处她们
更长的监禁。所有关于母亲的善意刻板印象的消极面是，我们对母亲比对父亲有
更多的期待，并且更容易谴责母亲的错误和失败。今天，人们批评女性做"虎妈"
和"直升机家长"，指责女性参与职场妈妈和全职妈妈之间的"妈妈战争"（Crowley,
2015）。作为一名母亲，似乎今天依然无法躲避指责。

重视父亲对家庭的贡献、支持他们努力成为好父亲也是十分重要的。这会为
男性提供平等地与家人建立亲密感和情感联结的机会。"父亲养育"正被视为一个
女性主义议题。许多女性主义者呼吁重新定义父职并帮助男性成为更好的父亲。
做父亲远不只是为家庭提供一份经济收入；好的父亲会对孩子做出及时回应，并
在情感上是可接近的（Silverstein, 2002）（见图 9.4）。目前，美国女性和儿童的贫
困和功能失调问题，很大程度上可能与父亲没有照护子女有关。与其谴责这些男
性为"推卸责任的父亲"，不如社会将他们视为"正在接受培训的父亲"，并提供
社会支持来帮助他们成为更好的父亲（Leadbeater & Way, 2001）。

重新定义亲职会有哪些好处？研究综述已经表明，父爱对孩子有益，当父亲
参与孩子的生活时，孩子的认知和情感会发展得更好（Rohner & Veneziano, 2001;

©Todd Wright/Blend Images LLC RF

图 9.4   父亲投入情感来关爱孩子有助于孩子健康发展。

Silverstein, 1996）。父亲参与养育孩子对夫妻关系有益，他们的婚姻满意度更高，母亲的压力也更小。而且，父亲参与养育孩子对父亲自身也有益，他们对自己作为家长的角色怀有更高的自尊和满足感（Deutsch, 1999）。在一项对瑞典（一个有优厚陪产假的国家）20 位初为人父的男性开展的研究中，这些男性把这段经历描述为有趣、精彩和令人兴奋，并且比他们想象的要美妙得多（Fägerskiöld, 2008）。

重新定义母职和父职是一场已经过去的革命。我们需要的是一个允许家庭模式更具灵活性和多样性的后性别定义（Silverstein & Auerbach, 1999）。

进一步探索

Joan. C. Chrisler (Ed.) (2012). *Reproductive Justice: A Global Concern*. Oxford: Praeger.
这本书共 13 章，由领域内的杰出学者撰写，主题包含避孕和流产、妊娠和产前护理、母乳喂养、不育、辅助生殖技术和性传播感染预防、杀婴现象、性人口贩卖以及有关生育正义公共政策的国际观点，等等。

Goldberg, Susan, & Chloe Brushwood Rose (2009). *And Baby Makes More: Known Donors, Queer Parents, And Our Unexpected Families*. Ontario, Canada: Insomniac Press.
这是一本由同性恋伴侣撰写的有趣而又发人深省的回忆录，讲述了她们采用各种受孕方式和多样化养育方式的经历。

Waldman, Ayelet (2010). *Bad Mother: A Chronicle of Maternal Crimes, Minor Calamities, and Occasional Moments of Grace*. New York: Anchor Books.
瓦尔德曼不是普通的母亲，她是一位生育了 4 个孩子的中产阶层母亲，在本书中如实地讲述了她关于母职奥秘、堕胎和婚姻等方面的内心冲突。

第 10 章

工 作 与 成 就

工作对每位女性而言几乎都是生活的一部分，但工作的世界是一个性别化的世界。通常，女性和男性从事不同类型的工作，在获得满足和成就上面临不同的障碍，并且得到的回报也并不平等。本章将探讨女性的无偿和有偿工作、女性和男性不同的工作模式以及影响女性成就的因素。我们倾听女性的声音，听她们讲述自己的工作：工作中的难题、工作满意度以及工作在她们生活中的位置。

如果她未获酬劳，那还算工作吗

女性所做的大量工作都是无偿的，而且未被正式定义为工作。当把女性照顾家庭、子女和丈夫的劳动都考虑在内时，几乎世界任何地方的女性都比男性劳动时间更长、闲暇时间更少（United Nations, 2010）（见图 10.1）。然而，随着女性获得更多的社会和政治权力，这种模式正逐渐变得不那么极端（Geist & Cohen, 2011）。

家务劳动是真正的工作

第 8 章和第 9 章提到，女性在家务劳动和子女照料方面作出了更多的贡献。

©Halfpoint/Shutterstock RF

图 10.1 女性在家务料理和子女照护上的无偿劳动往往涉及多重任务执行。

让我们来思考一下这类无偿劳动，将它与有偿工作做一下比较。首先，跟许多有偿工作相比，家务劳动每天需要投入更多的时间。在一些欠发达国家，家务劳动可能包括捡柴火、挑水和研磨做饭用的谷物。在工业化国家，新任务取代了老任务。例如，打理大房子、开车送孩子去上体育课和音乐课，这些任务让许多居住在城郊的妈妈们忙个不停。其次，女性的无偿家务劳动往往被认为是理所当然的。正如一位全职妈妈所说：

> 垃圾可能会溢出来而没人会去倒，狗可能需要有人去喂……每个人都依靠妈妈来做这些事……有时候我感觉他们认为我做这些是理所当然的。他们知道我不会出去工作，每过一段时间我就会听到我的一个儿子说，"好吧，你整天什么事都不做"……如果他们没有干净衣服穿了，或者他们的床上用品没有换，抑或类似的事情，他们可能才会意识到妈妈确实做了一些事情。但大多数时候他们意识不到。我觉得男性不会认为女性一整天都在工作（Whitbourne, 1986, p. 165）。

显然，许多家庭都依赖女性的无偿劳动。但她的劳动到底值多少钱呢？它的金钱价值很难估计。一种方法是用有偿工作者（厨师、司机、保姆、门卫等）的劳动代替她的劳动来估算价值。另一种方法是计算家庭主妇在家劳动而未做有偿工作所损失的工资。例如，如果她做银行职员每周能挣 500 美元，那么这 500 美元就是 40 小时家务劳动的价值。然而，倘若使用这种方法，一位每小时能挣 300 美元的女律师与一位每小时挣 10 美元的女餐饮服务员相比，前者所做家务劳动的价值相当于后者做同样家务劳动价值的 30 倍。这两种计算女性无偿劳动之价值的方法都没有真正抓住它独特的特征，因为它不符合工作的男性中心定义。

关系劳动：让每个人都开心

女性在很大程度上要负责关照他人的情感需求。长久以来，保持家庭和谐一直被定义为女性的工作（Parsons & Bales, 1955）。在一项关于婚姻互动的研究中，100 多对伴侣通过日记记录了他们的沟通模式，结果显示，妻子比丈夫做了更多的*关系劳动*（relational work）。她们关注丈夫、朋友和家人，花时间跟他们交谈并倾听他们诉说，更多地谈论关系，努力保持家庭和睦（Ragsdale, 1996）。在另一项对双事业伴侣的研究中，伴侣双方均要回答，他们在跟伴侣倾诉自己的想法和感受、尝试帮助对方摆脱不良情绪、尝试在出现问题时把事情谈清楚等方面花费了多少时间。与男性相比，女性报告做了更多情感劳动，并且对伴侣间情感劳动的分工更不满意（Stevens et al., 2001）。

女性所从事的关系劳动的范围超出了其直系亲属，扩展到了更广泛的亲属网络（Kahn et al., 2011）。女性比男性更可能负责对远亲的拜访以及邮件、短信和电话联系。她们购买礼物，记得给安娜姨妈寄生日贺卡。她们筹备婚礼、家庭聚会和节日庆祝活动，协调冲突，分配任务。尽管家庭仪式的具体内容因社会阶层和族群而异，但家庭对女性劳动的依赖是相似的，无论他们是上层的墨西哥裔美国家庭、蓝领阶层的非裔美国家庭、中产阶层的意大利裔美国家庭、奇卡诺农场工人，还是从日本乡间移居到美国的移民（Di Leonardo, 1987）。

与家务劳动相似，在工作的传统定义中，女性的关系劳动很大程度上被忽略了。关系劳动花费的时间可能是相当多的，因为每个人都依赖母亲来化解情绪危机。毕竟，女性不就是"关系专家"吗？关系劳动也具有经济和社会价值。和同辈女性亲属交换孩子长大后不再穿的衣服，或者把潜在的客户介绍给表亲的公司，这些都是增强关系的方式，也有助于家庭经济资源最大化（Di Leonardo, 1987）。

也许最重要的是，关系劳动能促进婚姻满意度和幸福感。与一方负责做所有情感劳动的夫妻相比，那些能够平衡情感劳动的夫妻，双方承担差不多的工作量，他们对婚姻的满意度更高（Holm et al., 2001; Stevens et al., 2001）。当伴侣在关系劳动方面旗鼓相当时，他们就会变得合拍，对共同生活的协商也会变得更容易。一项对已婚夫妻的访谈研究发现，由相互的关系劳动产生的彼此协调，使伴侣中每一方都可以感到被倾听、被爱和被珍视。例如，鲍勃和波拉不需要过多地讨论怎样分担婴儿照护工作：

> 他们形成了一个照护体系，波拉喂孩子，然后鲍勃给孩子拍嗝。他们说，"非常幸运"，当宝宝需要换尿布或夜里哭闹时，他们可以分担责任（p. 102）。

相比之下，下面这对夫妻则"不太合拍"，因为他们生活中的关系劳动都委派给了莉莉：

> 埃德和莉莉讨论了新婚、高要求的工作和抚养新生儿所带来的压力。埃德说，他会"努力"并"试图去理解"妻子。然而，他说他"对情绪一无所知"……由于他生活中发生的一切，以及他所谓的"火星和金星那些事"[1]，他错过了她的暗示（p. 103）。

因为埃德不能胜任关系劳动，他和莉莉在婚姻中正经历着压力和误解（Jonathan & Knudson-Martin, 2012）。

到 60 多岁时，一些男性在关系劳动方面赶上了女性。他们参与照顾孙辈，帮助家人打理院子和修缮房屋。虽然这并不完全是女性所做的直接的情感劳动，但也是一种表达关爱的方式（Kahn et al., 2011）。还有一些男性在生活的挑战中学习从事关系劳动。在一项对老年夫妻的访谈研究中，格温和哈尔讲述了他们在不同时期，各自是如何面对癌症的。哈尔说，他从这段经历中了解到，情感劳动对双方来说都是必不可少且重要的（Thomeer et al., 2015）。

---

[1] 源于《男人来自火星，女人来自金星》，作者在第 4 章表达了对该书观点的批判——译者注

地位劳动：双人事业

女性的无偿劳动有益于丈夫的事业。**地位提升性工作**（status-enhancing work）和**双人事业**（two-person career）描述了妻子充当丈夫事业的非正式（而且通常不被承认）贡献者的情况（Papanek, 1973; Stevens et al., 2001）。研究者考察最多的是企业家的妻子（Kanter, 1977），另外就是军事人员和大学校长的妻子。政治人物的妻子也是如此，她必须能够"在他不能演讲的时候发表演讲，但在他在场的时候知趣地闭上嘴，崇拜地聆听"（Kanter, 1977, p. 122）。"杰出男性的帮手"这种角色可能带有奖赏性，但它限制了女性在行动上的自由，把她的命运和配偶的命运绑在了一起。如果男方没有成功，或者婚姻解体了，那么女方可能就会因无偿劳动而徒劳无功。

在服务于丈夫事业的过程中，女性会做哪些类型的工作？具体任务会因丈夫的工作性质和职业生涯阶段而异（Kanter, 1977）。她可能会在家里招待客户，结交有助于丈夫事业发展的人。她被期待在任何时候都可以全方位照顾孩子，这样丈夫就可以出差或者在晚上和周末工作。她要参加跟他的职位有关的志愿工作或社区服务。她还可能代替一名有偿雇员提供直接的服务——接听销售电话、保管账簿或税务记录，或安排他的出差行程。最后，她还会提供情感支持。她被期待当他遇到困难时能够倾听，愉快地接纳他的缺位和工作压力，避免让他背负家庭琐事的负担，并激励他发挥最大的潜能。她确实是"男人背后的女人"。

牧师的妻子是双人事业的典型例子。如果你在美国的新教教派中长大，你很可能有一位男性牧师（约 85% 的牧师是男性），这位牧师很可能已经结婚（约 94% 已婚），牧师的妻子被期待以"买一送一"的方式参与到丈夫的工作中。她经常在主日学校任教、带领《圣经》学习、领导女性团体、探望病人、参加服务、在唱诗班唱歌、主持烘焙义卖，并且通常会充当一名全职无薪助理（Murphy-Geiss, 2011）。即使在今天，会众依然期待牧师的妻子弹钢琴和烘焙饼干。

现在，几个主流新教教派正在任命女性做牧师，那么牧师配偶的角色又会发生怎样的变化？一项对 3 000 多名联合卫理公会神职人员配偶（其中 22% 是男性）的调查发现，女牧师的丈夫有全职工作的可能性是男牧师妻子的两倍多，而且，他们在与教会有关的活动中也远不像男牧师的妻子那么传统（Murphy-Geiss, 2011）。

隐形的工作有哪些成本和收益

　　显然，家务劳动、关系劳动和教堂烘焙义卖并不能带来薪酬。传统上，人们认为女性的收益应该源自**替代性成就**（vicarious achievement）（Lipman-Blumen & Leavitt, 1976）。换言之，女性被认为应该认同她的丈夫，并为他的成功感到满足。许多女性确实报告了这种满足感，而另一些女性则感觉自己受到了剥削。一位企业总经理的妻子向访谈者抱怨说："我既没有工作满足感作为回报，也没有得到现金酬劳。我没有选择'总经理妻子'这份工作，我实在受够了"（Kanter, 1977, p. 111）。

　　通过丈夫获得成就的女性是脆弱的。如果婚姻以丈夫去世或离异而告终，如果丈夫没有获得名望和荣誉，那么她可能就没有什么可以写进简历，也没有多少会让未来雇主觉得有价值的技能。一些女性在丈夫的公司担任非正式职员，这也对受雇佣并与男性竞争的女性产生了影响。此外，职场并没有一个与高管妻子相对应的高管丈夫的职位。相反，工作世界假定工作者是男性，而且这些男性有妻子照顾（Wajcman, 1998）。

　　女性员工可能看起来没有她的男同事那么有天赋、有动力，因为她缺少隐形的后援人员。与男性高管相比，女性高管结婚的可能性要小得多。如果她结婚了，她的丈夫不可能把他的未来投资在替代性成就上。一项对 1 600 多名美国企业员工的研究表明，与较低职级的男性和所有职级的女性相比，男性高管拥有全职家庭主妇配偶的可能性要大得多（Burke, 1997）。英国的一项对高层管理人员的研究也发现了类似的结果：88% 的已婚女性的配偶是全职工作者，而配偶是全职工作者的已婚男性的比例只有 27%。换言之，男性的事业成功得到了家中后援人员的无形推动。企业非常清楚这一点，男性通常被看作是两个劳动力，而由于家庭责任的关系，女性只被看作不到一个劳动力（Wajcman, 1998）。

为生计而努力工作：从事有偿劳动的女性

　　今天，外出工作的女性比以往任何时候都多，这是一个全球性的社会变革。大约 57% 的美国女性（和 69% 的美国男性）进入职场工作。在美国有未满 18 岁子女的全部女性中，有将近 70% 身处职场（U.S. Bureau of Labor Statistics, 2015）。从法律上讲，美国女性在几乎所有行业都享有平等的就业机会。实际上，美国和其他国家的工作场所在很大程度上仍然由社会性别所形塑。

职业隔离

女性和男性在就业上的不同分布被称为**职业隔离**（occupational segregation）。当某些劳动者群体，如有色人种或女性，集中在特定的工作时，会导致不平等，因为弱势群体聚集在那些受尊重程度低、安全程度低、收入低的工作中（Gauchet et al., 2012）。在美国，基于性别的职业隔离是如此极端，以至于 40% 的女性或男性不得不更换工作来结束这种隔离（Cha, 2013; Sierminska, 2016）。我们将着眼于两种类型的职业隔离：**水平隔离**（horizontal segregation，也译作横向隔离，女性和男性从事不同工作的趋向）和**垂直隔离**（vertical segregation，也译作纵向隔离，女性集中在职业等级底层的趋向）。

水平职业隔离

没有多少职业中男女比例是大致相当的。相反，有些工作是"女性的工作"，有些工作是"男性的工作"。例如，99% 的牙科保健师和言语病理医师、91% 的接待员、90% 的记账员和 89% 的注册护士是女性。相比之下，98% 的汽车机械师、85% 的电视 / 视频摄像师和剪辑师以及 84% 的计算机系统管理员是男性（U.S. Bureau of Labor Statistics, 2015）。某些职业中男女比例大致相当，但在个人工作场所或个人任务层面仍然存在隔离（Gutek, 2001）。例如，在零售业中，男性更常销售电器、电脑和汽车（昂贵商品），而女性更常销售服装和化妆品。女性更可能在小餐馆做服务员；男性更可能在高档餐厅做服务员或厨师。

工作场所往往是"他的"或"她的"，这是性别制度的产物。女性聚集的工作往往薪酬和地位相对较低，几乎没有工作保障，也缺少职业晋升机会。大多数是服务性工作，并与刻板印象中的女性化特征（例如关怀）相关联（见专栏 10.1）。在全球范围内，女性更有可能被困在酬不抵劳和不受劳动法保护的工作中（U.N. Women, 2016）。

好消息是，自 20 世纪 70 年代以来，美国和欧洲的水平性别隔离程度已大幅下降。专业类和管理类职业不再像以往那样性别塑型化。尽管如此，在较低层的工作中，比如高中毕业生集中就业的领域，性别比则变化不大。总体而言，与 20 世纪 70 年代和 80 年代相比，20 世纪 90 年代女性在职场处境上获得的改善相对较少，水平职业隔离仍然相当严重（Sierminska, 2016）。

垂直职业隔离

在一个组织或行业中，当男性倾向于拥有比女性地位高、薪水多的职位时，垂直隔离就出现了（Sierminska, 2016）。例如，在医疗保健行业，护士的助手、社

专栏 10.1 ～　　女性在做什么工作……什么工作收入高

女性的十大职业

2014 年，从事全职有偿工作的女性最普遍的十大职业是：

1. 秘书和行政助理
2. 中小学教师
3. 注册护士
4. 护理、精神科和家庭保健助手
5. 零售业一线主管
6. 客户服务代表
7. 经理，或其他类似职业
8. 收银员
9. 会计师和审计师
10. 接待员和查询文员

但是，如果你想获得高收入，这些工作就不是合适的选择了。收入最高的女性在制药、高级管理和计算机科学领域。请注意，无一高薪职业出现在女性最普遍职业的列表中。

女性薪酬最高的十个职业

2015 年，在从事全职有偿工作的女性中，周薪中位数最高的十种职业是：

1. 药剂师，1 902 美元
2. 执业护士，1 682 美元
3. 律师，1 590 美元
4. 首席执行官，1 572 美元
5. 计算机和信息系统管理人员，1 529 美元
6. 应用和系统软件开发人员，1 457 美元
7. 物理治疗师，1 307 美元
8. 人力资源经理，1 300 美元
9. 采购经理，1 276 美元
10. 土木工程师，1 275 美元

资料来源：2014 Data from Current Population Survey.

会工作者、实验室技术员、牙科保健员、医疗接待员和护士更可能是女性；内科
医生、外科医生、牙医和医院管理人员更可能是男性。女性更经常被困在没有发
展前景的工作中，甚至在致力于性别平等的瑞典也是如此。研究者对100多万瑞
典工人4年间的薪酬流动性进行了分析，他们发现，女性更有可能从事没有发展
前景的工作，几乎没有机会获得加薪或晋升（Bihagen & Ohls, 2007）。

越接近职级的顶端，女性就越少。尽管在管理性和专业性职位中女性的比
例为51%，但她们很少能拿到最高等级的薪酬（U.S. Bureau of Labor Statistics,
2015）。企业首席执行官职位的26%由女性担任，但在《财富》500强企业中，
这一比例仅为4%（Catalyst, 2016）。在加拿大，只有1/3的管理职位由女性担任，
并且有明确的证据表明，女性在整个经济体系内都面临"玻璃天花板"，因为高薪
公司歧视她们（Javdani, 2015, p. 530）。在澳大利亚，只有15%的首席执行官职
位由女性担任。事实上，世界上任何一个国家，在对女性和男性都开放的领域中，
没有哪个领域位居高层的女性人数比男性多。

这种女性晋升受阻的普遍现象被称为**玻璃天花板**（glass ceiling）：女性可以看
到她的目标，但她会撞上一个隐形且无法逾越的障碍（Casini, 2016）。女性并没有
完全被排除在行业和专业职位之外，但她们发现很难超越中层职位。向上发展的
女性非常真实地感受到了玻璃天花板，但掌权的男性并不认为存在这一阻碍。在
一项对担任公司副总裁的女性的调查中，71%的人表示她们的组织中存在对女性
的玻璃天花板。然而，在相同的组织中，73%的男性首席执行官表示不存在对女
性的玻璃天花板（Federal Glass Ceiling Commission, 1998）。

女性的工作"天经地义"

查看专栏10.1中女性最普遍从事的职业，你可能会注意到，其中许多职业都
涉及为他人服务，类似于妻子和母亲所做的无偿劳动。例如，行政助理处理他人
的待办事项清单，医疗保健助理照顾他人的身体需要。即使当女性和男性从事同
样的工作时，如企业管理，人们也期待女性比男性更具关怀性和支持性。在一项
对企业高级经理人和首席执行官的研究中，男性和女性参与者都认为，女性在照
顾型领导行为（如支持他人和给予表扬）方面比男性更有效力，而男性在管理型
领导行为（如委派和解决问题）方面比女性更有效力（Prime et al., 2009）。这些期

望反映了第 3 章讨论的性别刻板印象的约定俗成性：女性具有养育性，而且她们应该如此。对女性应该比男性更具养育性、支持性和助人性的期望会影响人们对她们工作的评估。在线上大学课程中，当女性（而非男性）讲师不经常在讨论论坛上发帖时，学生对她们的评价就相对较低（Parks-Stamm & Grey, 2016）。学生期待女教师提供更多有助益的互动，当他们的期望没有得到满足时，他们在评价女教师时降低了等级。

因为关怀符合女性化刻板印象，所以它常常被看作身为女性的天然副产品，而不是工作胜任力的一个方面。《纽约时报》的一篇文章介绍了一款可以检测愤怒来电者的新型客户服务软件，文章建议该软件可用于将"网上愤怒的男性"转给"一位安抚人心的女接线员"（*New York Times*, 2002）。读到这里，我想知道女性接线员是否会因为她们的"安抚"技能而获得奖金、晋升或加薪。反正，我对此表示怀疑。毕竟，女性天生就知道如何让愤怒的男性平静下来。

在工作中遭遇性客体化，这也是"天经地义"吗？有些女性在性客体化的环境中工作，比如要求服务员穿暴露服装的猫头鹰餐厅。不出所料，从事这些工作的女性在日常工作环境中会遭遇来自他人的客体化，而这与自我客体化、身体羞耻感、抑郁以及工作满意度低有关（Szymanski & Feltman, 2015）。当人们对女性的刻板印象——无论是擅长养育的母亲还是性客体，被允许用来塑造有关女性在工作世界中"天然"适合做什么的观念时，其结果就是限制和扭曲人类潜能。

工资差距

女性比男性收入低。实际上，正如你在图 10.2 中所见，没有哪组女性的收入中位数与其所在族群的男性持平。记者芭芭拉·埃伦瑞希（Barbara Ehrenreich）记录了普通劳动女性找到合适的工作有多难（见专栏 10.2）。而且，男性和女性的收入差距在每一受教育水平上都存在。尽管年轻人被敦促去接受大学教育以增加收入，但教育的经济回报对男性来说要大得多。经济学家已计算出女性大学毕业生一生的工作收入将比男性大学毕业生少 120 万美元。

在过去 55 年里，工资的性别差距有所缩小。如图 10.3 所示，其中部分原因是女性收入增加，也有部分原因是男性收入减少。目前，就年收入而言，男性每赚取 1 美元，女性赚取 80 美分。对女性劳动者来说，每 1 美元少赚 20 美分是巨

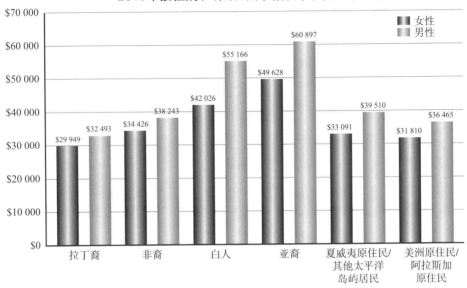

图 10.2 2015 年按性别和种族 / 族裔划分的全职年收入中位数

资料来源：U.S. Census Bureau, 2015 American Community Survey 1-Year Estimates.

专栏 10.2   **在沃尔玛做暗访：作为低薪工人生活**

美国的低薪工人靠他们的周薪可以生

存吗？这是记者芭芭拉·埃伦瑞希假扮成一名技术等级最低的工人进行暗访时尝试回答的问题。埃伦瑞希抛掉了她的教育和社会阶层特权，试图以受教育程度和工作技能偏低的家庭主妇身份重新进入劳动力市场。埃伦瑞希辗转了几个州，在每个地方待大约 1 个月，先后做过家政、服务员和售货员等工作。埃伦瑞希只用工作收入来支付住房、食物、交通和其他生活费用。

埃伦瑞希很快意识到，"最低工资"并不等于能维持最低生活的工资。虽然她

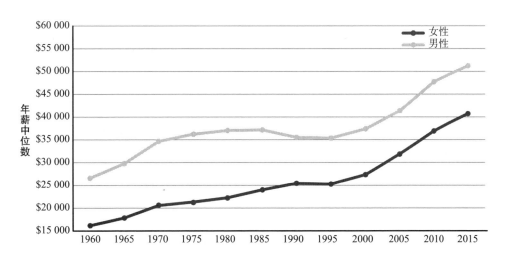

图 10.3　随时间推移而变化的工资差距

如果工资差距以目前的速度持续减小，薪酬公平将于 2059 年得以实现。

资料来源：US census bureau reports and data, Current Population Reports, Median Earning of Worker 15 Years Old and Over by Work Experience and Sex.

大的损失。美国国家薪酬公平委员会曾经（不太算开玩笑）提议，所有职业女性都应该获得一张薪酬公平折扣券，在住房、食物、服装、交通和其他生活费用上享受 20% 的折扣！在世界范围内，工资的性别差距甚至更大，大多数国家女性的收入大约为男性收入的 60%~75%（U.N. Women, 2016）。

为什么薪酬上会存在如此巨大而持久的不平等？一种传统的解释是，女性在工作角色上的投入比男性少——她们对工作的承诺相对较低，获取额外培训和教育的可能性相对较小，缺勤或辞职的可能性相对较大。然而，几乎没有证据支持这些说法。相反，女性比男性更可能在高等教育上投入时间和精力，她们占所有大学生的 57%（Anderson, 2014）。在控制了受教育程度、缺勤、工作时长和工龄等变量后，收入的性别差距仍然很大（Gutek, 2001; Tsui, 1998; Valian, 1998; Wajcman, 1998）。个人投资假说也无法解释，为什么对受教育程度和技能要求较高的女性的工作（如学前教师）比要求较低的男性的工作（如石膏板安装工）报酬要低。

另一种解释聚焦工作而不是工作者的性别——秘书和文员的工资比电工和卡车司机低，而更多女性选择做秘书和文员，所以她们的平均收入就较低。诚然，女性聚集在一些低收入的工作领域，但这完全是一个选择的问题吗？一代又一代，试图进入男性占主导的行业和专业的女性都面临着公然的歧视和骚扰，所以即便是现在，她们在那些领域的高级职位上仍然代表性偏低。此外，即使女性和男性做完全相同的工作，也有可能存在差异。例如，在对不同产业的高级采购人员（首席采购官）进行的一项国际研究中，女性的平均年收入比有同等头衔和职责的男性同行少 38 076 欧元，约为男性收入的 84%（Webb, 2016）。

我们很难不得出这样的结论：男性做任何事都会得到更高的报酬，仅仅因为他们是男性。两性之间的收入差距是高估男性价值和低估女性价值这一更大模式的一部分。

工作场所的“性别实作”

女性在职场的地位并非仅是社会结构的一个静态方面。更确切地说，随着人们在职场做出受性别因素影响的决定，女性在职场的地位不断被重新创建。第 2

章讨论了男性和女性如何在群体内部进行"性别实作",描述了一些维持不平等的认知和社会过程。让我们来更仔细地看看性别主义在工作世界中是如何运作的。特别是,性别如何影响工作评估?如何影响聘用和晋升?

评估女性的表现

一项研究提出了"女性会对女性持有偏见吗?"这一问题,引发了一波关于人们如何评判女性(相对于男性)表现的研究热潮(Goldberg, 1968)。研究者让女大学生评价几篇专业论文的质量和重要性。其中一些论文来自刻板印象中的女性化专业,如营养学;另一些论文则来自刻板印象中的男性化专业,如城市设计;还有一些论文来自相对性别中立的领域。每篇论文都有两个版本,但除了作者的名字不同,比如"约翰·麦凯"或"琼·麦凯",两个版本的内容完全相同。当学生认为这些论文由男性撰写时(包括来自刻板印象化的女性化领域的论文),她们对这些论文的评价更高。其他研究者发现,男性评价者也表现出类似的偏见(Paludi & Bauer, 1983; Paludi & Strayer, 1985)。

另一项早期研究选取心理学家为参与者。研究者把虚构的心理学人资格证书寄给心理学系主任;除申请者性别外,资格证书上的内容均相同。系主任要回答他们有多大可能会雇佣这位申请者,以及他们可能给他/她安排什么职级的工作。与认为自己正在评估男性心理学人相比,当系主任认为他们正在评估一位女性心理学人时,对"她"的评价相对较低,并且认为"她"有资格担任的职位级别相对较低(Fidell, 1970)。

这些以往的实验研究在今天还有价值吗?不幸的是,依然有价值。这些研究的结果在心理学领域和其他领域都得到了重复(Moss-Racusin et al., 2015)。在科学相关领域,对女性的偏见尤为严重。当理科教授对实验室管理者的申请材料(除了申请者的性别,其他内容都相同)进行评价时,无论男教授还是女教授都将男性申请者评价为更有胜任力。他们说,他们更可能雇佣并指导他,而不是她,他们还提议给他一份比她高出近 4 000 美元的起薪(Moss-Racusin et al., 2012)。

这项研究得到了大量宣传,《纽约时报》发表了一篇关于该研究的文章,原研究的作者对网上评论进行了分析。他们发现,许多人都同意性别偏见是存在的,并提出了建设性意见。然而,有 24% 的评论者断言不存在性别偏见,或声称对男性的偏见才是个问题，抑或批评该研究的方法或作者（Moss-Racusin et al., 2015）。人们仍然难以相信对女性的偏见是普遍存在的。

大多数有关评估偏差的研究都以普通（请看成"白人"）女性和男性为评估对象。几乎没有交叉性研究，所以我们并不了解在评估女性表现时，种族 / 族裔偏见和性别偏见如何交互作用。在一项研究中，白人大学生评估了假设情境中的任务表现，并对种族和性别交叉配对组[2]在一项男性化任务（工程公司的软件开发）中的胜任力进行评估。他们将有白人男性成员的配对组评价为更有胜任力，且应得更高的报酬，不过他们没有贬低黑人女性。研究者认为，参与者对黑人女性的评估之所以未受偏见的影响，是因为她们不符合人们对白人女性的性别刻板印象（Biernat & Sesko, 2013）。

评估偏差往往是无意中发生的，是内隐态度和内隐信念的结果。让我们来看一个切中要害的例子：许多大学生每学期期末都要填写的教师评估。这些评估对教师的加薪、晋升和长期聘用都很重要。评估也会给教授们提供关于他们所做工作及如何改进教学的反馈。遗憾的是，这些评估可能存在性别偏见。在近期一项研究中，研究者考察了来自一所法国大学和一所美国大学的学生的评估（Boring et al., 2016）。研究者将法国学生随机分派到男教师或女教师讲授的必修课上。法国男学生给男教师的评价高于女教师，即使他们的期末考试（统一、匿名评分）成绩略低于女老师所教的男学生。对美国学生的研究使用了不同的方法。学生修读一门由一名男教师或女教师负责的在线课程，但有半数教师换掉了名字。学生们，尤其是女生，在关怀、回应等维度上，对他们以为是男性的教师评价更高，甚至在按时反馈作业等通常所谓的客观指标上也是如此。

评估偏差的产生似乎是因为女性的能动性、胜任力和领导力与性别刻板印象不符，而人们在评价他人时会依赖刻板印象。这就为我们减少评估偏差提供了一些线索。要求评价者将注意力集中在被评价者特定的积极行为和消极行为上，通常有助于他们超越刻板印象；要求他们记住关于被评价者的特定事件而不是作一般性陈述，也有同样的效果。可以问学生是否曾尝试在课外与老师交谈，以及老师是否回应，而不是让他们在"关怀"程度上评价老师。

一些企业和大学已经开办了工作坊来教导雇员了解偏见，并帮助他们克服自己对女性区别对待的内隐的、未觉察的习惯。通常，女性和男性都会惊讶地发现，

2　共包括 4 组：两性白人组、两性黑人组、白人女性和黑人男性组、黑人女性和白人男性组——译者注

他们一直在不知不觉中代入了偏见。这位男教师讲述了正视自己的偏见有多困难：

> 我并没有花很多时间思考性别问题。在这个问题上，我大概只用了不到 1%
> 的脑力……所以，当你面对一些你从未真正深入思考过的问题时，它会很烧脑，
> 你明白我的意思吗？（Carnes et al., 2012, p. 70）。

在这些工作坊中，参与者承诺要促进他们组织中的性别平等。

雇佣与晋升歧视

自 1964 年《民权法案》通过以来，就业中的性别歧视就一直是非法的。在此之前，许多雇主的歧视是政策问题。例如，美国电话电报公司（AT&T）只允许女性的薪酬达到特定水平，并且只能在有限的任务范围内工作（Gutek & Larwood, 1987）。许多州都有将女性排除在某些工作之外来"保护"女性的法律。例如，女性被禁止从事夜间工作、与化学品打交道的工作、酒水服务或负重超过 14 公斤的工作（McCormick, 2002）。（想想 3 岁孩子的平均体重是多少？）

今天，虽然雇主不能因为种族或性别而直接拒绝雇佣或提拔申请人，但仍然存在大量歧视。证据之一来自对评估偏差的实验研究，这些研究使用了模拟的工作简历或申请材料。一项包含了 49 项此类研究的元分析显示，当一份工作被认为是男性化的，人们对男性的偏好就尤为强烈，而当一份工作被认为是女性化的，人们也会表现出对女性的偏好，但程度较弱（Davison & Burke, 2000）。遗憾的是，领导角色仍然通常被认为是男性化的（Eagly & Karau, 2002）。一项针对一家大型公司管理者的现实世界研究发现，管理者提拔女性的可能性相对较低，因为他们认为女性不是非常适合那些工作，而且可能面临工作和家庭的冲突（Hoobler et al., 2009）。在华尔街的一家律师事务所中，男性初级律师更可能获得确保他们晋升为合伙人的最高评级，尽管他们与女性初级律师在技术胜任力上没有差异（Biernat et al., 2012）。

有关歧视的更直接的证据来自性别歧视诉讼。曾经被起诉（且支付和解费）的公司有：国有农场（2 亿美元）、家得宝（1.04 亿美元）、诺华（2.5 亿美元）、乐购（9 500 万美元）、美国电话电报公司（6 600 万美元）、三菱汽车（3 400 万美元）、花旗集团（3 300 万美元）和智能手机芯片制造商高通（1 900 万美元）。时尚服装

零售商阿贝克隆比 & 费奇（Abercrombie & Fitch, A & F）公司在一起种族和性别歧视诉讼中支付了 4 000 万美元赔偿金，用于补偿数千名非裔、亚裔和拉丁裔美国人，因为他们求职时遭到拒绝，或被安排打杂而没有被分配到销售岗位。协议书要求 A&F 公司在雇佣和晋升中增加多样性，同时也在广告和产品目录中增加多样性，这些宣传之前描绘的几乎都是白人模特（Greenhouse, 2004）。然而，A&F 公司在 2015 年又一次惹上了官司，最高法院否决了他们的上诉，因为他们拒绝雇佣一位戴头巾的合格申请者（Jamieson, 2015）。

晋升歧视之所以发生，可能是因为女性能力的公开展示对性别等级构成了威胁。一项在美国军中开展的职场评估研究发现，当女性在客观上表现得非常优秀且在薪酬等级和地位上接近评估者时，她们最有可能受到负面评价。对非军事领域的成年人进行的后续实验研究也发现，评估者歧视能力强的女性，不过只有那些社会支配取向高的男性评估者会这样做（Inesi & Cable, 2015）。这是一个令人沮丧的发现，因为在申请工作或申请晋升时，我们中的大多数人，无论男性还是女性，都试图把最好的一面展现出来，自豪地列出我们的成就。而如果你是一名女性，你必须面对一个难以接受的现实：成就高事实上会对你不利。

遗憾的是，我们往往很难发现歧视的模式。例如，如果你是一位拥有学士学位的女性，已经在一家公司工作了 5 年但没有得到晋升，你可能会把自己跟一位得到晋升的男同事作比较。假设这位男性在公司只工作了 3 年，但他拥有硕士学位：这就很难确定你是否受到了歧视。但是，如果你在公司里更进一步观察，你会发现，一位只有高中学历、工作 10 年的男性得到了晋升，而一位有大专学历、工作 8 年的女性却没有得到晋升。一种模式开始形成。只有将许多案例平均计算，这种模式才会显现出来，而考察歧视通常是一次只有一个案例（Crosby et al., 1986）。平权行动计划（affirmative action programs）的一个重要功能是，做好记录以待歧视模式随时间推移而变得明显。如果没人知道问题存在，你就无法解决问题（Crosby, 2004）。

对象征性女性的社会反应

从地方消防部门或焊接车间，到美国参议院、公司董事会，以及介于两者之间的每个地方，从事非传统职业的女性可能都主要与男性一起工作。在高度男性化的工作环境里，她们是少数群体。一名处在男性主导领域里的女性，仅仅待在那里，她就已经十分扎眼了。这也适用于其他处境不利的群体。那个"奇怪的人"，无论是黑人、西班牙裔、残障人士还是女性，成了一个**象征性代表**（token）。一般而言，研究者将象征性代表定义为：若某群体在大群体中占比不足 15%，则该群体成员为象征性代表。例如，女消防员和男护士在他们的工作场所中通常就是象征性代表。

由于他们非常显眼，象征性代表在职场表现上感受到很多压力。正如一位女性所说，"如果被关注看起来像是一件好事，那就等到你犯下第一个大错"（Kanter, 1977, p. 213）。当一名白人男性雇员犯错时，人们会认为这是个人的错误，仅此而已；如果象征性女性或少数族裔犯了类似的错误，人们就会认为这是"那些人"不该被雇佣以及他们注定会失败的证据。矛盾的是，象征性代表一定也会担心过于成功。因为所有人的目光都集中在象征性雇员身上，一个表现出色到足以让支配群体成员难堪的象征性代表，可能会被批评是个工作狂或者过于争强好胜。

象征性代表还会遭受社交孤立并被施加刻板印象。他们被框定在熟悉的角色中，比如母亲、妻子或性客体。一位女性商业飞行员报告说，她的副驾驶质疑她是否在遵从空中交通管制的指示，并以"哦，好吧，我妻子去超市时会迷路"作为质疑理由（Davey & Davidson, 2000, p. 213）。当象征性代表不符合群体角色的刻板印象时，她可能会被描绘成典型的非女性化的"铁娘子"或"悍妇"。

大学里有色人种女教授的经历说明了象征现象中种族和性别的交叉性。在学术界，少数族裔女性的代表性不足。在所有由女性担任的高校教职中，美洲印第安女性占比不到 1%，拉丁裔女性占 4%，亚裔和非裔美国女性各占 7%。一项研究通过焦点团体访谈法，考察了白人居多的大学中的少数族裔女教授，这些女性报告说，自己非常显眼并被密切关注。这是典型的象征现象，她们的能力和胜任力也受到质疑，她们认为这是种族主义造成的。她们的受聘被归因于平权行动，学生不尊重甚至挑衅她们（Turner et al., 2011）。

女性和少数族裔远比男性更可能经历象征处境。当男性成为象征性代表时，他们似乎不会遭受不利影响。在女性主导的行业（护士、图书管理员、小学教师和社会工作者），男性在多个方面都比同一行业中的女性处境要好——他们对工作更满意，得到更好的评价，晋升更快。这被称为**玻璃电梯**（glass escalator），与女性经历的玻璃天花板形成对比（Sierminska, 2016; Williams, 1992）。然而，一项交叉性分析表明，只有异性恋白人男性才能搭上玻璃电梯。例如，成为护士的非裔美国男性并没有比女性晋升得更快。他们经常被误认为是门卫或勤杂工，也会在工作上遭遇歧视。成为小学教师的男同性恋者同样不能从他们的象征处境中获益（Williams, 2013）。一项在英国开展的大型劳动力研究表明，少数族裔男性和残障男性（与女性一起）更可能从事最底层的工作，而且乘坐玻璃电梯脱离这一工作类别的可能性低于其他男性或女性（Woodhams et al., 2015）。

这些比较表明，身为象征性代表而遭遇负面影响并不仅仅因为人数少。相反，这些负面影响反映了地位和权力的差异。当女性或少数族裔成员进入一个以往全由白人男性组成的群体时，他们会被视为闯入者和偏常者（见图 10.4）。一旦女性和少数族裔的占比达到大群体的 35% 左右，象征现象对他们的负面影响就会减少（Yoder, 2002）。但仅仅增加他们的人数并不能解决问题，因为象征性代表仍然被视为地位较低。

如何才能让身处象征位置的人变得更受尊重和更有效力？仅仅得到一份工作和拥有专业技能是不够的。在一项实验研究中，当任命女性为全员男性任务组的

图 10.4

资料来源：DILBERT: © Scott Adams/Dist. by United Feature Syndicate, Inc.

领导者，并提供任务相关的专业技能来帮助她们领导团队时，作为领导者，她们仍然不是很成功，也没有受到欣赏。然而，当一名男性实验者专门告诉团队成员，女性领导者接受过特殊训练并且可以为他们的任务带来有用的信息时，尽管处于象征地位，她仍然能够有效发挥作用（Yoder et al., 1998）。女性的领导地位仍然需要地位高的男性来赋予合法性，这点让人担忧，不过该研究表明，持有公平观念的男性可以利用他们在组织中的权力支持处于象征位置的女性。

指导的重要性

仅仅了解职场的正式规则是不够的。无论你身处公司、工厂、医院还是办公室，都会有一些没有写进员工手册的内部信息和规则。工作者依靠非正式的社交网络来使职场系统对他们有利（Lorber, 1993）。**导师**（mentor）是指那些出于个人兴趣指导新人走向成功的人（Yoder et al., 1985）。成功的年长男性经常在年轻男性向上发展的道路上充当导师，把他们引荐给重要人物，为他们提供特殊培训，提示他们有关办公室政治的迹象。如果这位年轻男性做出了一个有争议的决定，他们可能会站出来支持他，并且他们仅仅通过与他往来就提升了他的地位。

无论对女性还是对男性而言，拥有一位导师都可以增加未来收入、职业满意度和晋升机会。对女性商学院毕业生（Dougherty et al., 2013）、律师（Wallace, 2001）和心理学工作者（Dohm & Cummings, 2002）而言，指导均显示出积极成效。然而，女性比男性更难找到导师。事实上，与白人男性相比，几乎所有人都处于劣势。一项针对 259 所重点大学 6 500 多名不同学术领域教授的研究显示，与来自美国白人男性学生的邮件相比，如果一封请求面谈指导的邮件来自一名女性、西班牙裔、非裔、印度裔或华裔学生，那么教授回复邮件的可能性更低（Milkman et al., 2015）。

女性可能无法接触到维护彼此利益的**老男孩网络**（old-boy network）（Lorber, 1993）。在一项美国全国性调查中，56% 的男性和仅 28% 的女性在找工作时得到过白人男性的帮助。在白人男性工作网络中的人得到的工作机会是其他人的两倍，而且他们联络的是拥有较高地位的人士（McDonald, 2011）。正如一位女性企业高管所言："无论是现在这家公司还是我以前工作的公司，一直都是男性占据高层。他们都相互认识。他们都是通过相同路径发展起来的，组成了男性的圈子"

（Wajcman, 1998, p. 97）。

通常，地位高的男性不愿意指导女性。很简单，他们觉得跟相似的人相处更自在。此外，年轻女性可能并不总是能够意识到寻找导师的重要性。也可能，她们不愿意向资深的男性寻求指导，因为她们害怕这种关系被误解为性关系（Gutek, 2001）。在男性主导和男性化塑型的行业中，拥有一位资深的男性导师对女性来说可能尤为有益（Dougherty et al., 2013）。在一项评估 3 000 多名美国大学生毕业15 年后职业地位的研究中，这一点清楚地显现出来。在那些女性人数很少的行业中——在一种好斗、工程密集、竞争的文化下，拥有男性导师的女性比拥有女性导师或根本没有导师的女性收入更高，并且对自己的职业发展更满意。在严酷的企业氛围下，资深男性导师给予她们合法性和经费支持（Ramaswami et al., 2010），见专栏 10.3。

专栏10.3 〜 创业公司和风险投资业的女性在哪里？

每个月，女性都会扔掉吸满血液的卫生巾和卫生棉条，这些血液中可能含有重要的健康指标。如果你能通过收集和检测经血来判断健康状况，而不是使用针头或其他侵入性且疼痛的检测方法，那会怎么样呢？既作为一名工程师又作为一名女

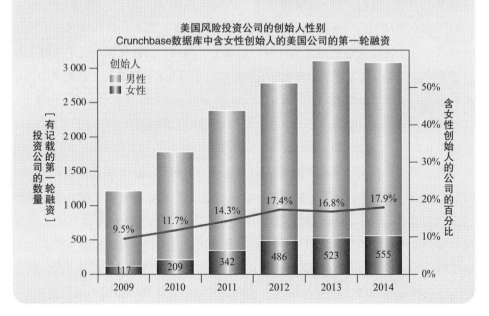

专栏 10.3 〰 **创业公司和风险投资业的女性在哪里？（续）**

性，哈佛大学发明家里奇·塔利亚（Ridhi Tariyal）发现了利用经血进行诊断性医学检测的潜能。塔利亚和她的商业伙伴斯蒂芬·吉尔（Stephen Gire）一起开发了一种收集经血用于医学检测的方法——"未来的卫生棉条"，并申请了专利。

最初，塔利亚和吉尔认为这项技术可以用于性传播疾病的家庭自检。然而，当他们向投资者推荐其发明时，却遭遇了很多阻力。投资者（主要是男性）对以这种方式使用经血的想法并不感兴趣。也有可能，他们认为这不值得投资，因为它只会惠及人口中一半的人。作为对负面反馈的回应，塔利亚和吉尔将他们的产品重新设计为一种可以帮助诊断子宫内膜异位（子宫内膜的疼痛性障碍）和癌症的产品，然后就吸引到了投资者。他们的首批重要投资者之一是亿万富翁、慈善家伦恩·布拉瓦尼克（Len Blavatnik）。为了获得一个女性视角，布拉瓦尼克先让他的顾问帕特丽夏·贝尼特（Patricia Benet）跟进他们的创业启动，之后又投入了更多资金。塔利亚的创业公司的另一位投资者是哈佛大学的前沿研究者帕迪斯·萨比提（Pardis Sabeti）（她碰巧也是一名女性）。塔利亚的创业经历表明，在获得投资者支持方面，女性网络可以发挥重要作用，尤其是在关注女性健康的产品或发明方面。

遗憾的是，创业公司和风险投资领域都缺少女性。收集和分析全球数千家公司商业数据的 Crunchbase 公司，近期对风险投资领域的女性进行了研究。他们发现，总体而言，在前 1 000 家风险投资公司或微型风险投资公司中，女性在投资合伙人中仅占 7%。他们还调查了在 2009—2014 年间创办或共同创办创业公司的女性比例。在这段时间得到资助的 14 341 家创业公司中，约 16% 的公司至少有一位女性创始人。从发展趋势看，女性创业者的比例在 2009—2014 年间几乎翻了一番，表明女性创办的公司数量呈上升趋势（见上图）。希望这种上升趋势能够持续下去，尽管在初创企业和风险投资领域，要达到女性和男性人数均等的局面还有很长的路要走。

Contributed by Annie B. Fox.

如果由女性来指导其他女性，情况又如何？在创建专业自我形象、赋权以及支持性个体咨询方面，女性可能是女性更好的导师（Burke & McKeen, 1997; Gilbert & Rossman, 1992）。在一个女律师样本中，那些由女性指导的律师报告，工

作和家庭之间的冲突更少，职业满意度更高。她们也更有可能继续从事法律工作（Wallace, 2001）。女性导师还提供了女性能够认同的领导模式。在一项对全球经理人的研究中，一家国际电信公司的人力资源经理接受了访谈，她这样说：

> 在我的两位女性导师中，其中一位有孩子，她非常资深，在生活中保持着平衡，也没有变得很男性化，了解到这些真的让我感到耳目一新……看到你也可能像她那样，而不是牺牲自己变得更像男人，这着实令人振奋（Linehan & Scullion, 2008）。

女性在科学、技术、工程和数学（STEM）相关领域代表性最为不足，而这些领域提供了 21 世纪最令人满意且薪酬最高的工作，因此，为 STEM 领域的女性提供指导一直备受关注。一些研究显示，当女性在医学院期间以及开始进入医学院校执教时，为她们提供导师，可以帮助她们变得更有决断力和自信、减少孤立感、提高技能，并能预测事业成功（Geber & Roughneen, 2011; Mayer et al., 2014; Stamm & Buddeberg-Fischer, 2011）。

我希望我已经说服了你，在你的职业道路上找到导师是多么重要。如果你是一名女性或少数族裔成员，这一点尤为重要，尽管你可能需要为此付出更多努力。作为一名本科生，加入教授的研究实验室是一个很好的开始。作为一名研究生或年轻的专业人员，你将有机会参与一些正式的指导项目。例如，美国心理学协会第 35 分会，即女性心理学协会，会将初出茅庐的研究者与成就卓著的研究者进行匹配，以方便指导。美国心理学协会下属的研究生组织资助了一个面向 LGBT 学生的指导项目。

正如前文所提到的，特别需要为科学、技术、工程和数学（STEM）专业的学生和年轻专业人员提供指导，在这些领域，女性代表性严重不足，而且辍学率较高。MentorNet 网站是一个美国全国性电子邮件网络，为工程、数学和科学专业的女性提供与领域内有意支持他人的专家建立联系的机会。MentorNet 报告称，在他们网站上接受指导的学生有 95% 拿到了学位。CareerWISE 是一个在线指导项目，它的特色是提供了 50 多个教育模块，包括沟通技能、克服刻板印象威胁、意识到性别主义以及在 STEM 领域坚持下去的其他优势，还有 STEM 领域 200 多名成功女性的访谈视频剪辑。这些模块建立在心理学研究的基础之上，并且该项目已得到实证检验，显示能够提高应对技能（Dawson et al., 2015）。该项目由美国国家科

图 10.5 随着工作世界变得越来越多样化，女性和少数族裔的"象征性代表"问题及缺乏导师的问题可能会得到缓解。

学基金会赞助，是一个免费的、国际范围内可得的、替代一对一指导模式的指导项目。随着工作世界日益多样化和整合化，可供所有人选择的导师将越来越多（见图 10.5）。

领导力：女性的做法有所不同吗

越来越多的女性正在走上领导岗位。当女性担任领导者时，她们的领导方式与男性会有所不同吗？在心理学历史上的大部分时期，这个问题都被认为不太重要。大多数领导力研究都是以男性为对象开展的；女性，尤其是有色人种女性，完全被排除在研究之外。随着 20 世纪 70 年代女性运动第二次浪潮的兴起，关于女性领导力的研究开始起步，包括对偏见、歧视、刻板印象和所属群体背景如何影响领导者感知的研究（Eagly & Heilman, 2016）。

从那时起，研究者使用几种不同的方法反复测量了人们对领导者的刻板印象。无论如何测量，人们对领导者的刻板印象都与对男性而非女性的刻板印象更为相似：具有能动性而非合群性，男性化而非女性化。近期一项元分析显示，这种情况仍然存在，但随着时间的推移，人们对领导者的刻板印象正在发生改变，开始包含敏感体察和温暖等品质。不过，与女性相比，男性持有过时的男性化领导者刻板印象的程度仍然更高（Koenig et al., 2011）。因此，对女性来说，作为领导者被接受可能仍然是一个问题，因为人们有一种挥之不去的刻板印象：女性缺乏成为领导者的"合适素质"。

与刻板印象相悖，在领导风格上并不存在引人注目的性别差异。一项包含 370 个研究的元分析发现，与男性相比，女性在某种程度上是更民主和更积极参与的领导者。然而，这种差异依赖于情境；例如，实验室研究中的差异比现实生活场景中的差异更大（Eagly & Johnson, 1990）。在实验室研究中，人们通常互不相识，管理者的角色是模拟的，性别角色可能会凸显。在真实的工作场所，人们有清晰的工作职责和长期的关系，对管理者角色的要求可能比性别角色更重要（Eagly & Johannesen-Schmidt, 2001）。

相比男性，女性是否是更有效的领导者？"有效性"通常是指领导者在帮助团队达成既定目标方面做得有多好。一项针对 95 个领导力有效性研究的元分析显示，在这一点上，总体上没有性别差异。然而，在商业领域，女性被评价为较男性更有效的领导者；而在政府和军事组织中，男性被评价为更有效的领导者（Paustian-Underdahl et al., 2014）。这又一次表明，情境的效应显而易见，即军事领导力发生在一个极度男性化的领域，女性在该领域的每个工作团体中都是极少数。

与这些总体相似的发现不同，一项对美国和其他 8 个国家的管理者的研究发现了一些显著的性别差异。女性在一些积极的特质上得到了更高的评价，比如激励他人、对目标持乐观态度、指导他人、体谅他人以及对他人的优秀表现给予奖励。男性更可能对他人的错误持批评态度，在发生危机时缺席或不参与，以及等到问题严重时才试图解决。总的来说，在这项研究中，女性被认为是更有效的管理者（Eagly & Johannesen-Schmidt, 2001）。近年一项元分析发现，当排除领导者的自我评价，只分析其他人对领导者的评价时，女性被评价为较男性更有效的领导者（Paustian-Underdahl et al., 2014）。

综上所述，有证据显示，一旦女性被视为合法的领导者，他们就会与同类职位的男性表现得相似，也同样可能获得成功。然而，在领导风格存在差异之处，女性更可能使用的风格会提升组织的效力。但是，女性在领导风格上具有的任何优势，都可能被掌权男性拒绝接受女性领导力所抵消。对自我评价的元分析显示，与女性对自己的评价相比，男性仍然评价自己是更有效的领导者（Paustian-Underdahl et al., 2014）。似乎，女性不愿意接受"炫耀"自己能力的权利，而男性则不然（Smith & Huntoon, 2014）。随着越来越多的女性进入以往男性化的领域，性别在领导情境中将变得不再那么引人注目，我们希望领导者可以被作为个体来评估。

朝九晚五的性骚扰

2016 年，性骚扰问题骤然进入了美国国民的意识。首先，手握重权的福克斯新闻网主席罗杰·艾尔斯被迫辞职，而且福克斯新闻台支付了 2 000 万美元以解决一起性骚扰诉讼，该诉讼揭示了福克斯公司长期存在的骚扰和权力滥用的文化（Grynbaum & Koblin, 2016）。

其次，世人皆知，共和党总统候选人唐纳德·特朗普被录音吹嘘自己曾猥亵和性侵女性。当特朗普声称他的话只是"更衣室玩笑"时，几名女性站出来说自己曾经受到他的骚扰。特朗普坚持说，这些女性都在说谎，并以前总统克林顿的性行为不端作为反击。很快，全美的媒体便充斥着各种论点和反驳，内容涉及掠夺成性的男人、说谎的女人，以及什么是正常的男子气概而不是性骚扰。骚扰有多丑陋，它对女性有何影响，其核实有多困难，当女性指控骚扰时受到怎样的对待，为侵犯者编造借口——所有这些都以最粗鲁的措辞呈现在公众面前。美国第一夫人米歇尔·奥巴马公开评论了特朗普的那段录音：

> 这是可耻的。不可容忍。无论你隶属哪个党派，民主党、共和党或独立党，任何女性都不应该受到这样的对待（National Public Radio, 2016）。

尽管性骚扰在 2016 年成为媒体关注的焦点，但性骚扰现象已经存在了很长时间；至少在过去 35 年间，研究者已经对性骚扰进行了正式的界定和研究（Gutek & Done, 2001; Pina et al., 2009）。

界定性骚扰

性骚扰的法律界定区分了两种类型。**交换型骚扰**（quid pro quo harassment）是指将不受欢迎的性接近或性行为作为雇佣的条件。换言之，骚扰者明确表示，除非雇员服从性要求，否则她会被解雇、被分配令人不悦的任务、受到负面评价或遭受其他不良后果。例如，一位女性报告说："这个男人追求办公室里的每一个女孩，他也追求我……如果我们不跟他出去，我们就会被解雇"（Gutek, 1985, p. 82）。

第二种性骚扰是制造了一种**敌意的工作环境**（hostile work environment）。这可能包括猥亵的言论、贬低女性的笑话、对员工的性态或个人生活做暗示性评论，以及工作场所存在的有性意味的威胁或攻击性材料。在一个案例中，一名船厂女工在工作场所遭受色情图片和涂鸦的包围。她的男同事还摆了一个镖靶，画得像女性的胸部，以乳头作靶心（Fitzgerald, 1993）。

即便是在性骚扰的法律界定上，也仍存在混乱和分歧。对某个人来说似乎是不受欢迎的接近或充满敌意的环境，对另一个人来说则可能是一种友好的邀请或无恶意的娱乐（Pina et al., 2009）。有时受害者自己也不确定她是否正在受到骚扰。在一项对有色人种女性性骚扰经历的质性研究中，一位受访者讲述了工作场所的性言论以及她对这些言论的矛盾心理：

> 我想，只是有人在说："你有漂亮的大胸"，或诸如此类的话。或者，"她有黑人女孩的翘臀或詹妮弗·洛佩兹的翘臀。"你知道的，但这就是你遇到的问题；而且有时当人们讲笑话时，如果你不知道他们是不是有意的或不清楚他们的话究竟是什么意思，你就很难严肃地对待他们（Richardson & Taylor, 2009, p. 259）。

在过去几十年里，最高法院已经数次修改并扩展了对性骚扰的界定，以涵盖不断变化的社会定义，而且很可能会继续这样做。一些研究者提出了与法律定义不同的心理学定义：如果行为的接收者将该行为感知为冒犯性的，并且有损于她的福祉，那么这一行为就属于性骚扰（Fitzgerald et al., 1997）。在法庭上，既要考虑受害者的观点，也要考虑局外人的观点。受害者必须证明这种行为是严重的或如影随形，有损于她的福祉，并且该行为必须达到一个有理智的人会将其称为骚扰的程度（Gutek & Done, 2001）。

法律定义和心理学定义要将性关注和性骚扰区分开来，这很重要；性骚扰必须是严重的、如影随形且不受欢迎的。例如，如果上司邀请一名员工出去约会，这还算不上性骚扰（尽管这可能不明智，会在办公室造成分裂，或违反公司政策）。然而，如果上司不顾员工明显的惊惶不安或不感兴趣，一再要求约会，或者直接或间接暗示，如果他们在一起，她可能会得到加薪或休假，那么，这位上司就是在违反法律和实施性骚扰。偶尔发生的性别主义笑话或性评论还不足以构成一种敌意氛围，但在办公场所妨碍工作或制造冒犯气氛的性别主义行为模式，就构成了敌意环境型骚扰。

性骚扰的普遍性

类似于针对女性的其他形式的暴力行为（见第 12 章），骚扰行为很可能未被意识到且未得到充分报告，只有最极端的案例才会上法庭。一项元分析显示，当直接询问女性是否遭受过性骚扰时，该报告率远低于向她们提供一份性骚扰行为清单并让她们勾选自己曾遭遇的行为时所得的数据（Ilies et al., 2003）。这表明，受害者可能不会将发生在她们身上的事件贴上骚扰的标签，也就意味着她们不太可能报告这些事，即使它们符合骚扰的法律定义。

随机抽样调查显示，有 35%~50% 的女性曾遭遇过职场性骚扰（Gutek & Done, 2001）。美国其他估计数据表明，14%~75% 的女性曾经在工作中遭遇过性骚扰；在欧洲国家，职场性骚扰的最高估计值为 81%（McDonald, 2012）。对联邦雇员的定期随机抽样调查得到了一些非常一致的数据（U.S. Merit Systems Protection Board, 1981, 1987, 1995）。在这些调查中，42%~44% 的女性员工报告说，她们在过去 24 个月内遭遇过性骚扰，在长达 14 年的研究期间，这一比例一直保持稳定。

任何人都可能受到性骚扰的侵害，但某些因素可能会增加一个人受骚扰的风险。例如，在男性主导的行业中工作的女性，尤其可能遭受骚扰。当女性属于少数群体或处于象征地位时，她们受骚扰的风险会增加（Gutek & Done, 2001; Pina & Gannon, 2012）。在伊拉克战争和阿富汗战争时期服役的退伍军人中，有 41% 的女性和 4% 的男性在服役期间遭受过性骚扰或性侵犯（Barth et al., 2016）。年轻女性以及不依附男性的女性（未婚、离婚或同性恋女性）比年长、已婚女性更可能受到骚扰。有色人种女性比白人女性更可能受到骚扰，尽管很少有研究得出明确的结论。少数族裔女性可能尤其易受骚扰，因为在人们的刻板印象中，她们是性可得的（非裔和拉丁裔美国女性）或温柔而顺从的（亚裔美国女性）。作为一个群体，有色人种女性在职场的权力和地位也低于白人女性，这可能会增加她们受骚扰的风险。男性也会受到性骚扰，尽管这种情况发生的概率远低于男性对女性的骚扰。在这些案例中，骚扰者可能是另一位男性，也可能是一位女性（Gutek & Done, 2001; Pina et al., 2009）。从权力等级来看，性骚扰通常是上对下的骚扰，但并非总是如此。在大约一半的案例中，骚扰者是一位上司，但也可能是同事、客户，甚至是受害者的下属（Gutek & Done, 2001; Pina et al., 2009）。在一项对研究生的研究中，遭遇性骚扰的女性受到其他学生骚扰的可能性（58%）实际上高于受到教师或行政人员骚扰的可能性（38%）（Rosenthal et al., 2016）。在这种情况下，同辈骚扰比基于等级差异的骚扰更为常见。

性骚扰的原因

有这样几种关于性骚扰原因的理论（Tangri & Hayes, 1997）。**性别角色溢出理论**（sex-role spillover theory）认为，当一名女性的性别比她作为工作者的角色更加凸显，男性首先且主要将她视为性客体时，性骚扰就可能会发生。当女性处于象征地位时，性别最为凸显；因此，该理论预测，一个行业越由男性主导，就会有越多的性骚扰发生。如果一种工作带有内置的客体化属性，譬如当女服务员被要求穿短裙或紧身 T 恤时，性别也会格外凸显（Szymanski & Feltman, 2015）。

另一种理论强调，性骚扰是对权力的滥用。男性在组织中拥有更多正式权力，通常也拥有更多非正式影响力。他们可能会滥用权力，将女性作为性客体对待，然后声称那些事情从来没有发生过，或者声称那名女性试图以性来换取高位。该理论与如下证据相符，即与等级性不太强的组织（如大学）相比，性骚扰在等级森严的组织（如军队）中更为普遍（Ilies et al., 2003）。

第三种理论指向男性主导的更广泛的社会文化背景。男性接受的社会化仍然是：性方面要主动、穷追不舍，并感到有权拥有自己想要的一切。女性接受的社会化仍然是：顺从、体谅、充当性守门人的角色，并把他人的需求放在首位。因此，根据社会文化理论，工作中的性骚扰只是男性主导社会的更大模式的一部分

（Tangri & Hayes, 1997）。上述每种理论都得到了一些研究的支持，表明性骚扰可能源于所有这些原因，并因场合（和侵犯者）而异。

迄今为止，还很少有研究探讨实施性骚扰的男性有哪些特征（Pina et al., 2009）。在测量性骚扰可能性的量表上得分高的男性，往往对性关系持有敌对信念。与那些在性骚扰量表上得分更低的男性相比，他们更接受人际暴力，在威权主义和敌意性别主义上得分更高，也更加认同强暴迷思（Pina & Gannon, 2012）。对女性实施其他形式暴力的男性，也持有类似的态度（见第 12 章）。

性骚扰的后果

职场性骚扰给组织带来了巨大的成本。许多研究表明，在挣扎着应对敌意环境或不受欢迎的性接近时，性骚扰的对象从他们的同事、组织和工作中脱离和退缩（Pina & Gannon, 2012）。当员工工作效率降低、请病假或辞职以应对骚扰的影响时，雇主不可避免地会蒙受经济损失。组织不得不招募和培训新人，支付调查和解决投诉的费用，处理士气低落和公司声誉受损（McDonald, 2012）。辞职可能比抗议好一些，正如一位女性所解释的那样：

> 我是唯一的女性，且是唯一的黑人女性……但我不想按他们预期的那样去做。比如"她是黑人，她会大发雷霆"。我甚至不想给他们那种满足感。这是我辞职的另一个原因（Richardson & Taylor, 2009, p. 263）。

性骚扰的心理后果可能是毁灭性的。骚扰行为会干扰女性对工作的承诺及其从工作中获得的满足感，也会影响她们的身体和心理健康（McDonald, 2012; Pina & Gannon, 2012）。一项获奖的研究对涉及近 74 000 名职业女性的 88 个研究进行了元分析，发现影响女性职业幸福感的并不仅仅是最公然和性质严重的骚扰。较小的、日常的轻微性别骚扰也具有同样的破坏性。随着时间的推移，在一个容忍低强度性别主义的组织中工作的女性，她们的工作态度和健康所遭受的影响不亚于严重骚扰的影响（Sojo et al., 2016）。

女性对骚扰的最初反应可能包括自我怀疑、困惑和内疚，因为她会反思自己是否做了什么引起或鼓励骚扰的事情（Richardson & Taylor, 2009）。她可能担心失去工作，或害怕骚扰会升级为强暴，而且她的担忧可能会变成慢性焦虑。她的自信和自尊会下降。遭遇性骚扰可能导致抑郁、易怒、身体症状（极度疲劳及头痛）和心理痛苦（Gutek & Done, 2001; Pina & Gannon, 2012）。一项涉及 3 000 多名女性的美国全国性研究发现，过往遭遇性骚扰的经历与重性抑郁障碍和创伤后应激障碍（PTSD）有关。这种影响是巨大的：未受骚扰的女性只有 9% 患有创伤后应激障碍，而受到骚扰的女性则有近 30% 患有创伤后应激障碍（Dansky & Kilpatrick, 1997）。在一项对 13 000 名美国女军人的调查中，那些近期遭受过性骚扰的女性，心理和身体健康都比同侪要差，她们在履行军事职责、参与军事活动方面也存在一定困难（Millegan et al., 2015）。

　　性骚扰并非不可避免。组织可以通过教育人们认识这个问题，从而减少骚扰的发生，许多组织已经制定了相应的政策和计划。然而，这些计划的制定主要是为了保护公司免受潜在的诉讼。单有这种教育是不够的，组织还必须制定强有力的政策，向员工发出不容忍骚扰的明确信息，并惩罚那些违反规则的人（Gutek, 1985）。元分析显示，组织氛围可以很好地预测是否会发生性骚扰（Pina & Gannon, 2012）。此外，组织应该为受到骚扰的女性提供支持系统，并在她们举报骚扰行为时保护她们免受报复。研究者还需要开展更多的研究，探讨为什么有些男性会骚扰女性而大多数男性则不会（Pina et al., 2009）。防止性骚扰并不仅仅是避免诉讼的问题，更是一个为所有员工创造健康的组织氛围的问题。

女性的职业生涯发展

　　至此，我们对女性工作满意度和职业满意度妨碍因素的讨论，都集中在社会环境因素上。现在我们转向心理因素：信念、价值观、动机和选择的个体差异。

期望、价值观与职业生涯路径

　　60 多年来，心理学家一直在探索一个问题，即为什么有些人会努力争取成功。**成就动机**（achievement motivation）指的是想要完成某些有价值且重要的事，达到高水平卓越的渴望。从 20 世纪 50 年代开始，研究者设计了测量成就动机和预测成就导向行为的测验（McClelland et al., 1953）。从理论上讲，任何类型的成就行为，从跑马拉松到"选美"比赛获胜，都可以通过一个人在成就动机测验上的得分来预测。不过，就研究目的而言，该测验分数常被用来预测人们在学业情境下的成绩，以及在实验室竞争性博弈中的表现。

　　早期研究表明，成就动机得分能够预测男性的成就行为，但不能预测女性的成就行为。为什么女性的成就表现相对于男性而言更不可预测呢？作为当时研究者的强烈性别偏见的一种反映，这一耐人寻味的问题并未得到探讨。反而，研究者只是将女性排除在他们的未来研究之外，并得出结论认为她们肯定缺乏成就动机（Veroff et al., 1953）。

　　今天，研究者承认，女性和男性具有相似的成就动机，但这种动机可能被引导到不同的方向。在成长过程中，女孩和男孩都会不断有意识或无意识地对如何使用时间和精力做出选择。这一决策是复杂而多维的（Hyde & Kling, 2001）。当前，可用于理解这些选择及其与成就动机关系的最重要理论是**期望—价值模型**（expectancy-value model），它是由女性主义心理学家杰奎琳·埃克尔斯（Jacqueline Eccles）提出的（Eccles, 1994; 2011）。

　　该理论的期望部分涉及个人对成功的期望。研究表明，初中和高中学生对成功的期望与性别有关：男孩对数学更有信心，女孩对英语更有信心。但是，即使一个女孩相信她能成功完成一项任务，她也未必会去尝试，除非那项任务对她而言是重要的——这就是该理论的价值部分。各种选择的主观价值（我喜欢英语胜过数学吗？对我所选择的职业生涯来说，我真的需要数学吗？）强烈地影响了决策；例如，与男孩相比，女孩通常认为数学对她们没那么有用，也没那么重要。

　　期望和价值观是由父母的归因（"我女儿数学得 A 是因为她学习努力，我儿子数学得 A 是因为他聪明"）、性别角色信念（"科学家都是书呆男"）和自我感知（"我不会做物理题"）塑造的。性别社会化会影响价值观，影响对成功的定义，也会影响被视为对个人身份认同至关重要的活动，因此，它几乎影响着成就相关决策的方方面面。

　　"做父母这件事有多重要"是价值观社会化存在差异的一个例子。一项对大学生开展的研究显示，在生孩子这件事的主观价值上存在性别差异，并且这种主观价值会影响职业生涯规划（Stone & McKee, 2000）。在填答问卷时，无论女性还是男性都非常事业导向。然而，对同一批大学生的访谈则得出了不同的结果。男性始终计划把事业放在首位，而大多数女性计划在生完孩子后减少对事业的投入或暂时放下事业。正如一位女性所说："一旦我为人母，我的职业生涯就会暂停。"也许正是由于这些亲职相关价值观的差异，对于个体计划进入的领域而言，女性拥有的知识比男性少很多（所需的研究生阶段训练，以及能挣到多少钱），也未能获得尽可能多的相关工作经验。虽然她们期望去工作并获得成功，但女性的家庭生活价值观却导致她们较少对未来职业生涯做出规划和准备。这项研究是 20 年前开展的。如果今天重做该研究，你认为会得到同样的结果吗？

更近期的一项研究直接询问了大学生在四个方面的价值观：未来收入、权力、与家人相处的时间以及帮助他人。在权力动机上没有显著的性别差异，但男生在获取金钱的动机上得分更高，女生在想要有时间与家人相处以及帮助他人上得分更高。这些价值观预测了他们／她们规划的未来职业，例如，女性选择了传统意义上更女性化的职业，如从事教学工作（Weisgram et al., 2011）。

经济学家指出，价值观差异对工资的性别差距至关重要，因为它们把学生引向了不同的领域。美国和欧洲的大学专业在很大程度上仍然是性别隔离的，男性集中在科学和技术领域，而女性集中在人文和关怀领域（Barone, 2011）。这些专业会导向非常不同的工作机会和职业路径，随之而来的是对男性有利的薪酬差异。

期望—价值理论推动了大量研究，尤其是探讨为什么即使女孩在整个高中阶段数学和科学成绩都比男孩高，也往往不追求 STEM 领域的职业（Eccles, 2011）。这一理论成功地表明，主观期望和价值至少能够预测职业抉择，也能够预测对能力的客观测量。例如，一项对 10 000 多名澳大利亚高中生的纵向研究显示，他们关于数学的自我概念以及他们对数学价值的评价，可以预测他们是否去修高等数学课程，是否继续上大学，以及是否选择 STEM 领域（Guo et al., 2015）。一项对美国高中生的纵向研究显示，对于进入 STEM 职业可能性的个体差异和性别差异而言，与在"差异性能力测验"上得到的数学分数相比，职业价值观和生活方式价值观以及关于数学能力的自我概念具有更强的预测作用（Eccles & Wang, 2016）。期望—价值理论适用于不同的族裔群体。在白人、非裔、拉丁裔和亚裔美国高中生中，所有族群的男生都有更高的数学自我概念，对在数学上取得成功也有更高期望（Else-Quest et al., 2013）。在另一项研究中，一群拉丁裔、白人、非裔和亚裔美国初高中女孩对自己在数学和科学上获得成功的期望，与几个社会因素有关。母亲和同伴的支持、以往对女性主义的了解以及性别平等信念，都与女孩在数学和科学方面追求卓越的动机呈正相关。这些信念和知识帮助女孩克服了将数学和科学视为男孩领域的刻板印象（Leaper et al., 2012）。总体而言，期望—价值理论认为，鼓励年轻女性进入回报高的非传统职业（并最终减少职业隔离）的长久之计是以符合她们价值观的方式呈现这些领域。

高成就女性

获得职业成功的女性仍然相对较少。然而，尽管存在许多障碍，一些女性还是获得了成功。这些女性有什么不同呢？她们的人格和成长背景中的哪些因素促成了高成就？

哪些因素会影响女性的职业生涯发展

一般而言，高成就女性所处的环境，能够给她们提供相对不受束缚的自我感，以及内涵丰富的女性能力视角（Lemkau, 1983）。她们的家庭和她们接受的教养是正向且不同寻常的（见表 10.1）。正如社会学习理论所预测的，那些较少接触到性别刻板印象期望的女孩更有可能成为高成就者。进入女校和女子学院可以接触到女性领导力的角色榜样，并得到发挥领导力的机会。毫无疑问，父母扮演着重要的角色。职场母亲（尤其是当她们喜欢自己的工作并且取得成功时）提供了一个追求成就的重要榜样。由于父亲通常比母亲更鼓励孩子性别塑型，因此一个支持和鼓励女儿取得成就的父亲可能尤其具有影响力（Weitzman, 1979）。一位成为杰出内科医生的黑人女性，生动地讲述了父母对她持有的信念：

> 我的父母告诉我，作为女性，我可以做任何我想做的事。他们告诉我，我的皮肤有一种美丽的颜色。这种对积极自我形象持续而内隐的强化是父母给予我的最宝贵的礼物。我从小就热爱我的肤色，享受我是一名女性这个事实……在学校里，我成绩很好，因为我的父母期望我取得好成绩。当我进入高中时，我理所当然地选修了大学预备课程（Hunter, 1974, pp. 58–59）。

设定高目标且百折不挠是女性职业生涯发展的重要因素。在一项对 200 多名非裔美国女律师的调查中，80% 的参与者表示，家人和老师都鼓励她们努力工作并设立高目标。她们还表示，她们受益于接触黑人女性榜样和平等机会计划（Simpson, 1996）。一项纵向研究对 1980 年时对数学和科学职业生涯感兴趣的多

表 10.1　与女性成就有关的特征

研究显示，某些特征往往能够预测女性后来的成就：

个体特征	家庭和背景特征
高自我效能	非传统的母亲
非传统的价值观和态度	支持性的父亲
兼具工具性和表达性特质（双性化人格）	父母受教育程度高
高自尊	家庭强调努力工作和成就

教育和工作特征
青少年时有工作经历
曾就读于女校和女子学院
继续修数学课程
接受过高等教育

资料来源：Betz, N. & Fitzgerald, L.F. (1987). *The Career Psychology of Women*. Boston: Academic Press. Betz, N. (2008). Women's career development. In F.L. Denmark & M. A. Paludi (Eds.), *Psychology of Women: A Handbook of Issues and Theories* (2nd ed., pp. 717–752). Westport, CT: Praeger. Whiston, S. C., & Keller, B. K. (2004). The influences of the family of origin on career development: a review and analysis. *The Counseling Psychologist*, 32, 493–568.

族裔高中女生进行了长达 13 年的追踪。那些已经实现目标的女性，在高中时选修了更多数学和科学课程，为自己设定了高标准，并强调当困难出现时"坚持下去"的重要性。那些经历了父母离异的女性尤其有动力取得经济独立，因为她们看到了不得不独自抚养孩子的女性都经历了什么。在那组没有实现目标的女性中，有些人受到了家庭社会化（她们被教导女性最重要的目标是结婚）或意外怀孕等重要生活事件的阻碍（Farmer et al., 1997）。

成功女性的多样性

表 10.1 中总结的研究有助于帮助心理学家理解女性获得成就的动态系统，但这些研究也存在一定局限。显然，并非所有高成就女性都具有这些特征。一些不具备其中任何特征的女性也设法取得了成功，有些人甚至报告说，父母不赞成或试图阻挠她们反而激励了她们（Weitzman, 1979）。在一项研究中，来自贫困家庭且父母都没有读完高中的黑人和白人女性接受了全面的访谈。尽管这些女性来自处境不利的成长环境，但她们在商界、学术界或政府服务部门取得了非凡的成就。

这些不畏逆境的成功者对她们掌控自己生活的能力有着异常强烈的信念。她们相信"只要你用心，你可以做成任何事"（Boardman et al., 1987）。

对高成就女性的研究主要以白人女性为研究对象。研究者还需要以多样化的高成就女性群体为对象，开展更多交叉性研究，以得出成功女性的完整面貌。家庭背景和社会化可能对西班牙裔、亚裔和非裔美国女性有不同的影响。例如，非裔女性在成长过程中通常希望能够自力更生；一些亚裔群体强调学业成就，但也期望孩子顺从家庭。种族主义和性别主义很可能在有色人种女性的职业生涯发展中交互作用（Sanchez-Hucles & Davis, 2010）。

基于异性恋者形成的职业生涯发展模型对同性恋和双性恋女性的适用性可能有限。对个人而言，出柜和接纳女同性恋认同的过程非常劳神（见第 7 章），而且在某些情况下，可能会耽搁职业生涯发展。然而，对于同性恋和双性恋女性来说，出柜是一个正常的阶段，职业生涯咨询应该将这一阶段考虑在内（Boatwright et al., 1996）。

原因还是结果

通过考察成功女性来研究促进成功的因素是**回溯性研究**（retrospective research）的一个例子，在这类研究中，参与者回顾那些早期影响她们的因素。回溯性研究可以向我们展示成功女性通常具有哪些共同特征。然而，这类研究可能也会引导我们想当然地认为，我们了解了成功的原因，而实际上我们可能只是观察到了成功的结果。

换言之，那些（无论由于什么原因）有机会在高要求的职业中考验自己的女性，可能会因其成功而发展出高水平的自尊、决断力、独立性和成就动机。从这个角度看，机会创造了"成功"的人格，而不是相反（Kanter, 1977）。回溯性记忆也并不总是准确的。与不那么成功的女性相比，成功女性能记住更多成长环境和童年时期关于成就的强调，可能仅仅是因为成就维度与她们成年后的发展状况有关（Nieva & Gutek, 1981）。

获得顶级事业成功和领导成就的女性往往会开辟独立的路径，而不是照搬一种男性化的成功模式。她们的事业成功并不是因为她们把所有时间都花在了工作上。对这些高成就女性的研究，尤其是对那些同时还拥有配偶和家庭的女性的研究表明，她们在设定明确的目标和优先级时兼顾了家庭和工作。她们擅长时间管理和多任务处理。她们不会因为没有烤饼干或缝制小布莱克万圣节装而感到内疚。相反，就像她们在工作中那样，她们也会在家里委派和外包工作。这些女性远非试图做到一切的女超人，而是以适合自己能力的方式来定义自己作为母亲、配偶和员工的角色，并让其他所有事顺其自然（Cheung & Halpern, 2010; Ford et al., 2007; Friedman & Greenhaus, 2000）。

平衡工作和家庭

平衡行为通常是指兼顾身为配偶、父母和工作者的多重义务和责任。让我们来看看，平衡行为对职业女性及其家庭而言的一些成本和收益。

平衡工作和家庭要付出什么成本

无疑，无论对女性还是男性来说，兼顾工作和家庭都是困难的。许多女性每天要做双份工作，一份有偿工作和一份无偿工作，这要求非常之高。**角色冲突**（role conflict）是指面对一系列不相容的期望或要求而产生的心理效应；**角色超载**（role overload）是指满足这些期望所面临的困难。想想一位接到通知临时要加班、必须赶紧找人带孩子的秘书。她可能既会经历角色冲突（在自己的两项责任之间感到被撕扯），又会经历角色超载（她一边为逾期未交的报告调格式，一边找人带孩子）。这时，她作为母亲和工作者的角色是不相容的，而且也没有真正令人满意的冲突解决方案。研究一致表明，女性工作者会经历角色冲突（Crosby, 1991; Gilbert, 1993; Wajcman, 1998）。长期的角色冲突和角色超载与内疚、焦虑和抑郁有关，并会导致疲劳、易怒和疾病抵抗力下降。

女性和男性都有可能在工作责任和家庭责任之间挣扎着保持平衡。在一项对27个欧洲国家的24 000多名工作者的调查中，参与者被问及他们在工作和生活的平衡上做得如何，以及他们的健康状况。无论男性还是女性，工作和生活平衡较差均与更多健康问题有关。最佳平衡状态出现在斯堪的纳维亚国家，这些国家的政府政策对家庭最为友好（Lunau et al., 2014）。在美国的研究中，女性比男性更有可能围绕家庭责任来调整自己的工作（Mennino & Brayfield, 2002）。例如，女性更可能安排弹性工作时间、做兼职工作、拒绝晋升机会或拒绝加班，以及利用自己的病假时间照顾他人。

在这个智能手机、电子邮件和即时通信普及的时代，老板随时随地都能够找到你，要把私人生活和工作分开比以往任何时候都更困难。在迪尔伯特的一幅漫画中，一位老板说，"我们不再使用'工作和生活平衡'这个词，因为它意味着生活很重要"（Brett, 2011）。

平衡工作和家庭有什么收益

与揭示角色冲突和角色超载普遍存在的研究并存，大量研究也显示出与多重角色相关的收益。的确，一项又一项研究表明，投入到配偶、父母和工作者角色中对男性和女性都是有益的。工作和家庭平衡的价值体现在更好的心理健康、身体健康、关系质量以及更高的工作满意度上（Barnett & Hyde, 2001; King et al., 2009）。

为何投入到多种角色有益于健康和幸福？其中一个原因可能是工作或事业通常是自尊和社会参与的一个来源（Steil, 1997）。另一个原因是，在一个领域成功可以帮助人们全面地看待其他领域的问题（Crosby, 1982, 1991）。如果一个人愉快地领导着一支女童子军，那么失去晋升机会似乎就不算是个大灾难；如果一个人在办公室里能够受到尊重，那么在家和一个难相处的青少年打交道可能就会变得容易一些。

就业也会增加女性在家庭中的权力（见第 8 章）。就业为家庭带来了更多的收入，这对每个人都有益，也减轻了配偶的压力（Barnett & Hyde, 2001）。参与照顾孩子的男性常常惊讶地发现，照顾孩子带来了很大的回报，并表示他们会一直这样做下去（Deutsch, 1999）。

这个领域的研究也存在一些局限。研究样本是自我选择的，在被研究之前，人们已经将自己划分到就业组和未就业组。有可能，多重角色和幸福感同时存在，仅仅是因为适应能力更强的人更可能一开始就尝试多重角色。此外，大多数关于多重角色收益的研究是针对收入和地位双高的白人异性恋已婚人士开展的。目前尚不清楚这些收益是否适用于低收入家庭或 LGBT 家庭。

让转变发生：女性、工作和社会政策

显然，工作世界给女性带来了很多难题。对女性劳动者来说，公平虽然不是一个不可实现的梦想，但它涉及的不仅仅是女性的个人奋斗。

社会结构层面的一种分析取向关注组织对其成员的影响。该取向认为，一个人所处的情境塑造了他或她的行为。从这个角度来看，如果女性能够拥有真正的晋升机会，她们就会得到晋升。为了实现公平，必须改变制度，而不是改变个人（见专栏 10.4）。这种观点并没有把女性群体视为独特的群体，而是把女性面临的问题看成与少数族裔等其他处境不利群体面临的问题相似。机会均等立法是变革的途径之一。在过去的 30 年里，平权行动帮助女性、非裔美国人和美洲原住民在专业职位上获得了几个百分点的增长。其中大部分进展在 20 世纪 90 年代初达到顶峰（Kurtulus, 2012; 2016），这表明虽然平权行动很有价值，但它并不是唯一方法。家庭休假政策和可负担的高质量儿童保育也是重要的结构性变革。

另一种分析取向基于群际权力（intergroup power），这是本书一直强调的视角，也是第 2 章的焦点。从这个视角看，当男性拥有更大的社会权力时，女性会被视为一个外群体。这个模型解释了为什么女性的工作被贬低，为什么男性的职业生涯模式、工作理念和成就标准被视为规范，以及为什么行业间最终常常以性别形成隔离。关于两性间差异的刻板印象强化了内群体和外群体的区分。

群际视角认为，职场的变革依赖于社会变革。对人们进行刻板印象相关的教育可能在短期内有所帮助，但根本性的转变依赖于权力结构的改变。权力取向的策略包括通过并执行机会均等立法、提高女性政治权力以及建立女性组织和网络，为社会变革施加压力。今天，许多女性和男性都在参与这些策略。

通过展示歧视是如何运作的，心理学研究有助于指出变革的方向。怎样才能消除聘用和晋升中的性别偏见？个人和组织都必须做出改变（Valian, 1998）：

- 制定清晰、具体的绩效评估标准，并使员工对达到这些标准负责。
- 为绩效评估留出足够的时间和注意力。决策越快、越自动化，人们就越依赖对女性不利的认知偏见。
- 增加候选池中女性的数量，从而降低性别的凸显性。
- 任命致力于性别平等的领导者。

专栏 10.4 　《莉莉·莱德贝特同工同酬法案》

©Mark Wilson/Getty Images

……同工同酬绝不仅仅是女性的问题，它也是家庭的问题……在这种经济环境下，当很多人已经更加努力工作但仍然收入减少、挣扎度日时，他们最不能承受的就是每月工资的一部分因简单直白的歧视而损失掉……归根结底，同工同酬不仅仅是数百万美国人及其家庭的经济问题，它还关系到我们是谁，我们是否真正实现了我们的基本理想，我们是否会像前几代人那样，尽我们的一份力，确保那些 200 年前的白纸黑字真正落到实处。

——贝拉克·奥巴马总统
于 2009 年 1 月 29 日签署
《莉莉·莱德贝特公平薪酬法案》

1998 年，莉莉·莱德贝特已经在固特异轮胎橡胶公司工作了将近 20 年，她是少数几位女性主管之一，当发现做同样工作的男性主管的收入显著高于她的收入时，她决定起诉雇主薪酬歧视。陪审团裁决，她可以获得超过 300 万美元的欠薪和惩罚性赔偿金。然而，这个案件后来被推翻，并被提交至最高法院。

2007 年，最高法院裁定，如果歧视性事件发生已超过 180 天，雇员就不能以薪酬歧视为由起诉雇主。这意味着，如果薪酬决定发生在过去，那么由于歧视而长期酬不抵劳的雇员就不能提起诉讼。当然，雇员可能直到一段时间之后才知道薪酬歧视的存在，因为他们无法获取其他人的薪酬数据。此前的法律解释将每一张新的薪水支票视为一次新的歧视行为，允许个人对薪酬歧视提起诉讼，即便最初的歧视性事件发生在 180 天以前。最高法院的裁决

专栏 10.4 ∞ 《莉莉·莱德贝特同工同酬法案》（续）

实质上束缚了雇员的手脚，使起诉雇主薪酬歧视变得极为困难。

2009 年 1 月 29 日，奥巴马总统签署了《莉莉·莱德贝特公平薪酬法案》，该法案推翻了最高法院的裁决。在薪酬歧视索赔案中，"薪酬累加规则"将再次被启用，这意味着员工收到的歧视性工资随时间推移而累积，从而重新设置了人们可以提出歧视索赔的时间。自奥巴马总统签署该法案以来，法庭已经恢复了许多因最高法院 2007 年的裁决而被推翻的薪酬歧视索赔。莉莉·莱德贝特得到了她应得的收入。

Contributed by Annie B. Fox.

● 制定明确的关于性别平等和性骚扰的制度性政策。确保将它们传达给所有相关人员并在贯彻执行中保持一致。

还需要进行一些平行的变革，以消除因种族、族群、性取向、年龄、残障和其他不利因素而产生的偏见。

第 8~10 章的信息和分析表明，女性在亲密关系、家庭和职场的经历是相互依存的。在工作中无法获得经济平等的女性，在婚姻中也会因权力较少而处于弱势地位。女性所做的大量工作是无偿且被低估的。职场的性别歧视会影响工作效率和生活质量。如果女性想要拥有与男性相同的职业机会，她们必须能够决定是否生孩子以及何时生孩子。当社会政策是建立在母职迷思的基础上而不是基于当代生活的现实时，家庭就会遭殃。这些只是家庭角色与职场问题之间复杂关系的几个例子。今天，尽管社会政策不能满足职业女性的需求，权力失衡导致了不易觉察（和显而易见）的歧视，但职业女性仍然取得了成就。在纠正这些不公平上，我们已经取得了很大的进展，还须取得更多的进展，朝向每位女性都能充分发挥潜能的世界迈进。

进一步探索

Alice H. Eagly, & Linda L. Carli (2007). *Through the labyrinth: The truth about how women become leaders*. Boston: Harvard Business School Press.

女性如何及为何被排除在领导角色之外，这方面的情况正在发生怎样的变化，以及如何实现领导力多样性的女性主义理想，这本书对关于这些问题的心理学及其他社会科学研究进行了通俗易懂的分析。

Crosby, Faye, Sabattini, Laura, & Aizawa, Michiko (2013). Affirmative action and gender equality. In M. K. Ryan & N. R. Branscombe (Eds.), *The Sage Handbook of Gender and Psychology* (pp. 485–499). London: Sage.

平权行动政策有助于在美国和其他国家实现性别平等。《性别与心理学手册》中的"平权行动与性别平等"章节通过准确描述什么是平权行动政策解释了平权行动如何促进机会均等。接下来，作者分析了平权行动计划的有效性。最后，作者探讨了人们对平权行动的态度，以及为什么即使人们声称自己秉持性别平等和公平的信念却依然会抵制平权行动。

女性政策研究所（Institute for Women's Policy Research）

该研究所与全美各地的政策制定者、学者和公共利益团体合作，设计、执行和传播阐明影响女性和家庭的社会政策问题的研究，并建立由个人和组织组成的网络，开展和利用女性取向的政策研究。

美国国家薪酬公平委员会（National Committee on Pay Equity）

美国国家薪酬公平委员会是一个由女性组织、民权组织、工会、宗教协会、专业协会、法律协会、教育协会、女性委员会、州及地方薪酬公平联盟以及个人所结成的联盟，共同致力于消除基于性别和种族的薪酬歧视。

第 11 章

∽

后半生：中年与老化

- 辛西娅是一位白人女性，生于 1930 年。在十几岁时，她感觉自己被其他女性吸引，却又无法用语言来表达，不知道其他人是否也有同样的感觉。当同性恋权利运动兴起时，她 41 岁；当《精神障碍诊断与统计手册》将同性恋从精神障碍分类中移除时，她 45 岁；当电视节目主持人艾伦公开表露同性恋身份时，她 70 岁。经历了多年的保密和压力后，辛西娅感觉自己在年老时获得了正向的女同性恋身份认同（Kimmel & Martin, 2001）。

- 58 岁的丽贝卡是一位白人中上阶层女性，结婚 40 年了。她的丈夫 67 岁，退休前是一位企业高管。在他们的 5 个孩子尚未离开家的时候，她就负责照顾丈夫年迈的父亲。老人跟他们一起生活了几年，直到去世。现在，她还要照顾自己 84 岁的母亲。她一直希望在孩子离开家后，她可以去旅行，发展新的兴趣爱好，但这是不可能的。丽贝卡患上了抑郁症（Brody, 2004）。

- 多萝西是一位非裔美国女性，出生在美国南方一个小镇，在种族隔离的环境下长大。她获得了高中学历，想成为一名秘书，但在那个时候，只有白人女性可以获得这类文书工作。她一生都在为白人家庭打扫房子。作为一名丧偶女性，她每年只能靠 6 000 美元维持生计，不得不向家人求助来获取食物、药物等生活必需品（Ralston, 1997）。

- 梅塞德斯是一位墨西哥裔美国女性，快 70 岁了。在她的成长过程中，父亲并没有认识到送女儿去上学的意义。她早早就结婚了，她记得自己很想和朋友们一起玩跳绳，却不得不为丈夫做饭。她有 6 个孩子，他们现在都住在附近。人们称她为阿拉埃拉（祖母），以示尊敬。梅塞德斯所在的社区有很多人将她视为库兰德拉——能治愈心灵和身体的人（Facio, 1997）。

- 安妮特属于婴儿潮一代，即出生于 1946—1964 年的美国人。她是第一代服用避孕药的女性，她并不急于结婚。自从她唯一的孩子上学以来，她就一直在外工作。在早年对职场性别歧视做出抗争之后，她获得了一份令自己满意的工作。离婚后，她独自生活，没有多少积蓄，正怀着复杂的心情期待着退休（Scott, 1997）。

人们常说，年龄面前人人平等，变老发生在每个人身上。正如上述这些现实生活中的例子所示，个体变老的经历因社会阶层和族裔背景而异。另一个重要因素是个体的**年龄世代**（age cohort），即同一个年代（十年）内出生的人所组成的群体。例如，20 世纪 50 年代大学毕业的女性比 70 年代毕业的女性更可能表示她们后悔将家庭置于事业之上（Newton et al., 2012）。与 20 世纪 50 年代毕业的女性不同，70 年代毕业的女性是在女性主义第二次浪潮中长大的。

在本章中，我们探讨中年和老年女性的生活。中年通常被界定为从 45 岁开始到 65 岁结束的这段时期，而老年通常被界定为 65 岁以后的时期。传统上，心理学对个体后半生的关注比对前半生的关注要少，这很令人遗憾，因为人生的后半程可以像前半程一样充满惊喜、挑战和收获。就让我们从社会如何定义年龄开始吧。

不仅仅是一个数字：年龄的社会意义

对十几岁的青少年来说，45 岁的人似乎已经很年长了；但是我 85 岁的姨妈说，老年人是指比她年长 5 岁的人。你会如何定义"老"？当你到了一定年纪，你就老了吗？当你成为祖父母时，你就老了吗？当你退休时，你就老了吗？还是说，你觉得自己是多大年纪，你就多大？年龄是主观的。年龄的含义是由社会共识所界定的。年龄与能力或角色只有较弱的相关；它充其量只是一个把完全不同的人混在一起的方便的数字。一位 70 岁的女性可能住进了疗养院，而另一位 70 岁的女性则可能正在做考古发掘的志愿工作、在大学教数学，或者为其他老人送餐。

人们对老化持有双重标准吗

　　许多人持**老化双重标准**（double standard of aging）。他们认为女性比男性老得更早，而且把女性变老看得更加负面。历史上，女性的价值和地位往往取决于她们的性吸引力和生育能力。相比之下，男性的地位则来自于他们的成就。因此，当女性不再吸引男性或不能生育时，就被认为老了；而男性只有在心理或身体上丧失能力时，才被认为老了。许多实验研究表明，人们对女性与年龄相关的身体特征（如皱纹和白发）的评价比对男性更为负面（Canetto, 2001）。

　　从媒体对老年女性和男性的描绘中，我们经常可以看到对老化的双重标准。稍后我会更详细地讨论媒体形象，现在先看一个例子。对一份面向老年人的英国杂志进行的内容分析发现，除了一位正在使用吸尘器的头发花白的女性，广告中出现的所有女性都在 50 岁以下。相比之下，出现在老年铁路周游券广告中的一位头发花白的男性则身穿潜水服，踏着一块冲浪板冲进了海浪。广告语是："60 岁不再是过去的样子了。有风景可看，有朋友可见，有海浪可追"（Blytheway, 2003, p. 46）。

　　虽然对老化的双重标准普遍存在，但随着年龄的增长，失去地位的不仅是女性。男性也可能会被认为不再那么有能力（Kite et al., 2005），并且在友好、合作、耐心和慷慨等积极特征上，老年女性有时会比老年男性得到更高的评价（Narayan, 2008）。看来，"女性更友善"的刻板印象可以胜过老化双重标准。

　　人们会把双重标准用到自己身上吗？一项对瑞典 20~85 岁人群进行的全国性随机抽样调查探讨了人们对年龄的感知（Öberg, 2003）。图 11.1 显示了 30 岁以上的人报告自己受年龄相关外貌变化所困扰的比例。从中你可以看到性别差异，女性比男性表达了更多对自己身体的不满意。不过，这种差异并没有随着年龄的增长而增加。在一项英国的访谈研究中，老年女性对外貌的变化感到更苦恼，而老年男性则对身体功能的变化（耐力丧失、跑步速度减慢等）感到更苦恼。男性将他们正在变老的身体作为一个整体来描述，而女性描述的则是身体部位（腿部、大腿、脖子等）（Halliwell & Dittmar, 2003）。这两项研究的结果均反映了普遍存在的对女性身体的客体化。

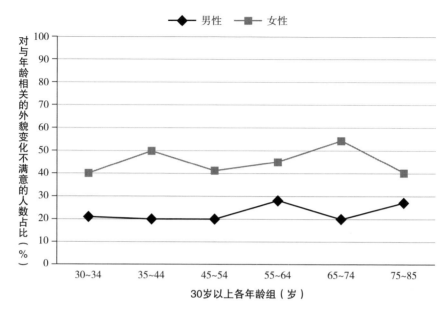

图 11.1 与性别和年龄相关的外貌变化

一项对瑞典成人的研究发现，每个年龄段的女性都比同龄男性更可能对年龄带来的外貌变化感到不满意。你认为这个结果在美国会是相似还是不同？

资料来源：Adapted from Öberg, P. (2003). Images versus experience of the aging body. In Christopher A. Faircloth, (Ed.), *Aging Bodies: Images and Everyday Experience* (New York: Alta Mira Press), Figure 4.4 (p. 118).

年龄歧视

基于年龄的偏见和歧视被称为**年龄歧视**（ageism）。心理学研究表明，年龄歧视是非常真实的。一项元分析纳入了 232 项比较公众对年轻人和老年人态度及信念的研究，结果发现，人们总体上更青睐年轻人，更少以刻板印象评价年轻人，认为年轻人比老年人更有吸引力和胜任力，而且给予他们更有利的评价（Kite et al., 2005）。

年龄歧视态度最强的是中年人，而不是年轻人（Kite et al., 2005）。不过，在大学生中，某些因素预测了年龄歧视。在一个族裔多样化（亚裔、非裔、拉丁裔和白人）的美国女大学生样本中，她们越相信"苗条和年轻的外貌是女性价值的核心"，对老年人的态度就越消极（Haboush et al., 2012）。无论在男大学生还是女大学生中，自我客体化以及对看起来老和实际老的焦虑都与年龄歧视有关（Gendron

& Lydecker, 2016）。这些研究表明，随着媒体对体象和自我客体化施加的影响越来越大，年龄歧视可能会加剧。

我们为什么要关注年龄歧视？首先，它是普遍存在的。在一项调查中，近80%的老年人报告遭遇过年龄歧视（Palmore, 2001）。其次，任何人都可能遭受年龄歧视，因为老化会发生在每个活得足够久的人身上。再次，年龄歧视会导致医疗护理和就业方面的歧视（Palmore, 2015）。在一项实验研究中，研究者让参与者看求职者的简介，这些求职者具有刻板印象中与年长工作者（如礼貌待人）或年轻工作者（如迅速决策）有关的积极特质。虽然参与者并不知道求职者的年龄，但他们绝大多数选择雇佣具有"年轻"特质的工作者（Abrams et al., 2016）。所有特质都是积极的，但参与者对与年轻相关的特质有强烈的偏好。最后，当老年人因年龄而遭受歧视时，他们可能会将这种歧视转向内部，对自己正在老化的心智和身体形成消极、自我挫败的信念和态度，这种态度会导致晚年抑郁（Han & Richardson, 2015）。

跨文化差异

美国白人文化是个人主义和物质主义的。这些价值观最适合年轻力壮者。中年人通常能应对得相当不错，但当以"坚毅的个人主义"来进行评判时，"老年人注定会失败"（Cruikshank, 2003, p.10）。一个人年龄越大，保持完全自主和独立的可能性就越小。随着日益老化，人们开始需要他人的帮助，但在美国文化中，这种需要通常被认为是可耻的。在看重相倚和联结的文化中，老年人和年轻人依赖他人的意愿可能没有太大的不同。因此，"老年"的含义取决于文化。

有些文化，无论是过去还是现在，都将老人视为知识的守护者来尊重和敬仰。例如，佛教传统尊崇年长的教师，美洲原住民部落依靠长者传递知识。睿智的长者（最常被赋予男性身份）是一个古老的原型，至今仍存在于我们的文化和社会中（想想欧比旺·肯诺比和甘道夫）。

当老年人在社会中扮演有意义的角色时，人们就会较少关注他们的身体，而更多关注他们的贡献。作为和平维护者、调解者、疗愈者或对传统的守护者，老年人可能具有特殊的地位。在一些亚洲社会，人们认为随着身体的衰老虚弱，精神力量会有所增强。在一些非裔美国人和美洲原住民群体中，老年女性享有给孩子取名的权利。在北美社会中，老年人扮演重要角色在少数族裔社群中最常见。例如，老年非裔女性是黑人教会和公民团体的重要影响力来源。

然而，与美国社会相比，认为老年人在其他社会总是更受尊敬的观点过于简单化了。正如在美国社会一样，在前工业社会，除了年龄，老年人受到的待遇还取决于性别、地位和权力。在某些欠发达国家，老年人可能不得不尽可能久地从事重体力劳动，退休则是个未知数。女性可能主要因作为他人的照顾者而受到重视，但随着年岁增长，她们越来越难胜任这一角色。宗教信仰可能强调尊重长者，但现实并不总是如此。几乎在任何地方，身体虚弱、疾病和失能都会降低一个人的地位。

自我身份与社会身份

与其他形式的偏见相似，年龄歧视也会被内化，影响个体的身份认同和自尊。"这是年龄歧视的核心：我们否认自己正在变老，而且当我们被迫面对老化时，我们把它看成是丑陋而悲惨的"（Calasanti & Slevin, 2001, p. 186）。例如，一位 65 岁的女性可能拒绝去老年活动中心或退休社区，因为她不想与"那些老年人"在一起。

在一项研究中，研究者让芬兰的老年人对着镜子描述自己的镜像。一位 79 岁的女性说："这不是我的真实写照。我很了解自己……在精神层面，我不觉得自己老。我不会说，'噢，天哪，我这么老了'，但我可以从外表看到岁月的痕迹"（Öberg, 2003, p. 107）。这位女性将她的自我身份（她对年龄的主观感受）和她的社会身份（她在别人眼中的样子）区分开来。

瑞典的一项研究探讨了自我身份和社会身份之间的差异（Öberg, 2003），20~85 岁的参与者回答了如下问题：

在我内心深处，我感觉我现在像是 _____ 岁。

我最希望自己是 _____ 岁。

我认为在其他人看来我是 _____ 岁。

图 11.2 显示，除 20 岁组之外，各年龄组报告的实际年龄都与其主观年龄之间存在差异。绝大多数人说他们感觉自己更年轻一些，想要更年轻一些，并认为在

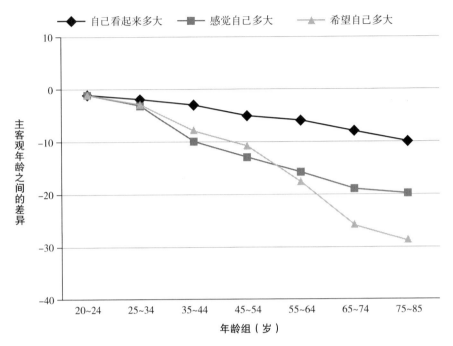

图 11.2 不同年龄组的参与者在认为自己看起来多大、感觉自己多大与希望自己多大之间的差异

资料来源：Öberg and Tomstam, 2001, as summarized in Öberg, 2003.

别人看来自己也比实际年龄要年轻。自我身份、理想身份和社会身份之间的差距随着年龄的增长而增长。80多岁的参与者希望自己50岁，感觉自己像60岁，认为在别人看来，自己像70岁。

"远离自己的年龄"可能是一种抵抗年老污名的方式。当一位91岁的女性笑着说，"老年女性"这个词"说的是别人，不是我"的时候，她可能就是在拒绝让有关老年女性的负面刻板印象来定义自己的身份（Quéniart & Charpentier, 2012, p. 992）。然而，脱离自己的年龄就是与自我的一个重要部分脱离。当每个老年人都将自己视为例外时，老年人就不太可能彼此紧密联系或通过共同行动来改变那些建构如此负面老年形象的社会文化力量。我们每个人都认为，变老只发生在别人身上。

老年女性形象

想一想你最近看过的几部电视剧或情景喜剧。有没有 40 岁以上的女性担任主角？正如我在第 9 章中提到的，老年女性极少出现在各类媒体上，而且那些实际出现的老年女性，往往也被描绘成负面形象。

隐　形

随着女性年龄的增长，她们在各种形式的媒体上可见度越来越低，就好像她们多么令人厌恶，以至于没人愿意看她们。老年男性同样代表性不足，但程度要轻得多。一项对最佳电影的分析显示，主要男性角色的数量几乎是主要女性角色数量的 3 倍；大多数男性角色是三四十岁，而大多数女性角色则比男性角色年轻 10~20 岁。与所占人口比例相比，60 岁及以上的女性和男性均代表性不足。例如，尽管 60 多岁的女性占总人口的 22%，但她们得到的角色只有 8%。有差距的不仅仅是数字！与同年龄段女性相比，40 多岁、50 多岁和 60 多岁的男性获得了更多有关领导、权力和成就的角色（Lauzen & Dozier, 2005）。在某种程度上，大众文化似乎允许男性变得成熟，而女性则被期待始终是 20 多岁的宝贝——时光停滞了。

随着年龄的增长，女性比男性更早地从大屏幕上消失。40 多岁的女性扮演的角色显著少于 40 多岁的男性。到了 60 多岁，女性和男性几乎都从电视屏幕上消失了（Women's Media Center, 2015）。他们偶尔会出现在广告中，但广告商似乎认为老年女性只会购买泻药和拖把。电视广告对老年女性的负面和简单化描绘，在不同文化中均存在。在日本和英国，老年女性在电视广告中出现的频率只有老年男性的一半，而且她们更经常出现在家庭场景中；而男性则出现在工作或户外场景中，自主而独立（Kay & Furnham, 2013; Prieler et al., 2011）。

老年女性最隐形的一面是她们的性态。尽管年轻女性的身体受到媒体的性客体化和剥削，但老年女性几乎从来不会被描绘为还有性的一面，除非拿她们的性欲作为嘲笑的对象。在广告中，年轻女性的身体被用于营销从渔具到伏特加酒的一切商品，但老年女性的身体则被刻意回避了。这种隐形"剥夺了所有年龄段女性对年老身体的了解……通过老年女性的形态来表达美的方式还不得而知"

（Cruikshank, 2003, p. 149）。老年男性的活力，常常是通过呈现他们与年轻女性而非与同龄女性的交往来展现的。在爱情电影中，60 岁的杰克·尼科尔森和 34 岁的海伦·亨特搭档，53 岁的迈克尔·道格拉斯和 25 岁的格温妮丝·帕特洛搭档，60 岁的杰夫·布里奇斯和 32 岁的玛吉·吉伦哈尔搭档。

老年 LGBTQ 人群不仅在主流媒体中隐形，甚至在针对同性恋社群的媒体中也被忽视。在一项对诸如《出柜》《拥护者》等 LGBTQ 杂志的分析中，542 页文本中只有 2 篇关于老年人的文章，而且照片上的人根本没有一位看起来像 60 岁以上（Apuzzo, 2001）。好在，社会对 LGBTQ 人群的接受度越来越高，将更多不同年龄段的女同性恋者带入了公共生活：43 岁的瑞秋·玛多、58 岁的艾伦·德杰尼勒斯；在 60 岁以上人群中，有喜剧演员莉莉·汤普琳和金融专家苏茜·欧曼（Rose & Hospital, 2015）。

祖母和女巫：老年女性的形象与对老年女性的刻板印象

人们对老年人的刻板印象，既有正面的（温和、善良），也有负面的（缓慢、衰弱）（Chrisler et al., 2015）。正面的老年刻板印象与温暖有关，而负面的老年刻板印象则与胜任力有关（Cuddy & Fiske, 2002; Nelson, 2009）。总体来说，那是一种"年迈衰弱但可爱"的刻板印象：老年人被认为是可爱和让人想拥抱的，但不太有活力或不太有能力（Andreoletti et al., 2015; Cuddy et al., 2005）。

老年女性最普遍的形象之一是慈祥的祖母，这一形象与人们对温暖和养育这类特质的刻板印象是一致的（Canetto, 2001）。在媒体呈现中，老年女性的服装和道具强化了祖母形象。祖母形象被刻画为披着披肩或系着围裙，坐在摇椅上编织，或在炉子旁搅拌锅中的食物。挽成发髻的花白头发、陈旧过时的衣服，这些都表明她跟不上时代的步伐。祖母形象在过去 60 年拍摄的电影中比比皆是（Markson, 2003），也充斥于儿童绘本中。尽管在儿童读物中，祖父母通常被描绘成正面形象，但即便是在 21 世纪出版的图书中，仍有 1/4 的祖母系着围裙或挽着花白发髻（Crawford & Bhattacharya, 2014; Danowski & Robinson, 2012）。

媒体中关于老年女性的其他原型还有来自地狱的婆婆、控制欲极强且自私的老母亲、滑稽但无权无势的"小老太太"（Cruickshank, 2003），更不用说各种恶毒的皇后（如《权力的游戏》中的瑟曦）以及邪恶的"迪士尼继母"了。一项对迪士尼电影的分析得出了这样的结论：老年女性被描绘为丑陋、邪恶、贪婪、权力欲强和疯狂（Perry, 1999）。直到通过《海洋奇缘》中的祖母塔拉，迪士尼才推出了睿智且有保护性的老年女性形象，甚至塔拉也称自己为"乡村疯女人"。

年龄刻板印象的影响

年龄刻板印象会潜在地影响人们对老年人的评判。在一项研究中，大学生们先听一段用性别和年龄均中立的声音讲课的录音，然后对这位"教授"的教学技能进行评价。一部分大学生被告知教授的年龄在 35 岁以下，另一部分大学生被告知教授的年龄在 55 岁以上。尽管所有评价者听到的讲课录音是相同的，但与其他实验条件相比，当学生认为教授年轻且为男性时，他们将教授评价为更热情、声音更具表现力，并表现出更大的兴趣（Arbuckle & Williams, 2003）。这项研究显示了年龄刻板印象和性别刻板印象的交互作用：学生的评价受到了他们对老教授和女教授的负面刻板印象的影响。

年龄刻板印象甚至会影响老年人的医疗保健。医生也未能避免年龄刻板印象的影响，他们可能会部分基于其有关老年患者认知能力和动机下降的观念来做出治疗决策（Chrisler et al., 2016）。但是，年龄刻板印象最糟糕的影响可能是，一旦它们被老年人自己内化所造成的损害。当一位老人开始相信老化的负面刻板印象时，自身的技能和能力可能会受到非常真实的影响。我们来看几个例子。

在与老年人交谈时，人们有时会改用**哄老语**（elderspeak）（Nelson, 2009）。哄老语类似"婴语"（成年人对小孩子说话的语式）或人们对宠物说话的方式：语法简化、多次重复、语速放慢、音调夸张。只有听力受损或失智的听者才会觉得哄老语有帮助。对大多数老年人来说，这是一种居高临下的态度，传达了老年人不能理解正常言语的预期。哄老语是简化的，传递的信息更少，因而导致老年人以更简单的方式做出回应，同时也强化了他们认为自己不胜任的信念（Ruscher, 2001）。最终的结果是，老年人可能会被**幼儿化**（infantilized），或被像孩子一样对待：人们会给予他们关于复杂问题的过于简单的信息，会保护他们免受自己认为可能使其不安的信息的影响，也会忽视他们的意见（Nelson, 2009）。

刻板印象也会以其他方式留下它们的印记。有研究者对 82 项测量刻板印象威胁的研究进行了元分析，结果显示，当老年人面临着证实他们记忆力差或不能完成认知任务的负面刻板印象的风险时，他们在这些任务上的表现就会受到负面影响（Lamont et al., 2015）。唤起积极刻板印象则会产生相反的影响。确实，年龄刻板印象可能会成为自我实现预言。

变老女性的身体

随着年龄的增长，身体会发生变化。承认并接受这一事实是老化的重要组成部分。然而，身体老化的意义并非只是生理状态的问题，它取决于社会背景。田径运动员在 35 岁（女性）和 40 岁（男性）时被降级到老将行列（Masters status）。相比之下，交响乐指挥家往往到了 80 多岁还会指挥大型管弦乐队，一些美国参议员会一直供职到 90 多岁（Calasanti & Slevin, 2001）。当 68 岁的希拉里·克林顿竞选总统时，人们公开称她为女巫，而且拉什·林堡问他的听众："这个国家真的希望每天目睹一个女人在他们眼前变老吗？"（Talbot, 2016b）。她的体力和健康一再受到质疑，人们说她年纪太大，无法胜任这项工作，尽管她的竞选对手已经 70 岁了。与男性相比，女性一生中都更多地承受他人通过身体来评价自己，因此，活在一个变老的身体里对女性来说无疑是一项特殊的挑战。

中年期和老年期的身体健康

老年期女性健康的测量指标多少有些相互矛盾。一方面，女性的预期寿命更长，平均寿命比男性长。另一方面，随着年龄的增长，女性比男性更可能患上慢性疾病、出现失能问题（Canetto, 2001; Chrisler et al., 2015）。接下来，我们看看老年女性最常见的一些健康问题。

心脏病

你猜猜美国女性的三大死亡原因是什么？许多人的列表里会有乳腺癌。尽管 1/9 的女性在有生之年会被诊断出乳腺癌，但美国女性死亡的前三大原因是心脏病、各类癌症、慢性呼吸道疾病，而中风紧随其后，位居第四（CDC, 2013）。肺癌导致的女性死亡人数比乳腺癌更多（Lobo, 2016）。在过去 35 年里，男性死于心脏病的人数事实上有所减少，而女性则有所增加，且少数族裔女性的死亡率高于其他女性。事实上，非裔美国女性和美洲原住民女性的心脏病死亡率是所有人群中最高的（Mather, 2008）。

因为大多数关于心脏病的研究是以男性为研究对象，因此缺乏关于女性症状的信息，其可能与男性有所不同。治疗方面也存在严重的性别差异。心理学家谢丽尔·特拉维斯分析了一个包含 1 000 多万病例的全美数据库，发现男性接受可挽救生命的搭桥手术的可能性是具有相似医学症状女性的两倍（Travis, 2005）。没有人确切知道，为什么内科医生和医疗系统中的其他人员在识别和治疗女性的心脏病方面反应迟钝，但一个可能的解释是，他们的认知偏见起了干扰作用。当想到一个心脏病患者时，大多数人的印象是一个超重、久坐的白人男性。由于患有心脏病的女性与原型不符，她们的生命被置于危险之中。

一项对 200 多名女性心脏病患者的调查显示，性别偏见明显影响了医生对她们病情的诊断和治疗（Marcuccio et al., 2003）。有些参与者表示，她们的病情最初被误诊为惊恐障碍、绝经期症状或疑病症。样本中只有 60% 的人被转介到心脏保健科。其他研究也表明，在确诊心脏病后，女性很少得到有关运动、节食和体重控制方面的咨询服务，这方面远远少于男性。所幸，在过去的十多年中，医疗保健提供者、政策制定者和科学家一直在努力提高人们对女性患心脏病的风险的认识，并努力减少研究和护理中的性别偏见（Mosca et al., 2011）。

慢性病

中年和老年女性很可能患有慢性病，如关节炎和糖尿病。限制身体活动的疾病（如脊柱退变、静脉曲张和关节问题）在 75 岁以上女性中出现的比率是同龄男性的 2~3 倍。所有这些疾病发生的概率都随年龄的增长而增加。70 多岁的女性同时有多种慢性健康问题的情况并不罕见，如关节炎、心脏病、高血压、背痛和糖尿病（Canetto, 2001）。

慢性病会在心理层面对身份认同产生影响。它迫使人们持续关注身体：在身体好的日子里，生活会继续；但在身体差的日子里，受损的身体会定义并限制一个人（Gubrium & Holstein, 2003）。患者必须面对一个事实：她的疾病无法治愈。反而，她必须要应对疾病带来的身体上的各种疼痛和限制。疾病和日常活动能力的丧失降低了老年人的生活质量（Bourque et al., 2005）。无怪乎，许多慢性病患者都会伴发抑郁症（Chrisler, 2001）。另一方面，学会管理慢性病对女性来说是一种赋权，因为一辈子都在照顾他人，现在她开始花时间照顾自己了（Chrisler et al., 2015）。

族裔与健康

西班牙裔和非裔美国女性的健康状况比欧裔美国女性要差，她们更有可能死于那些若获得良好医疗保健就可以治愈或得到管理的疾病（Cox, 2005）。例如，黑人女性更容易患高血压，如果不治疗，高血压又可能导致中风（Cruikshank, 2003）。非裔、原住民和西班牙裔美国女性的糖尿病死亡率也高于欧裔美国女性（Canetto, 2001）。无论男女，有色人种的平均寿命都比白人短，随着年龄的增长，他们会更多患上慢性病，也更可能失能（Carreon & Noymer, 2011; Warner & Brown, 2011）。

社会经济地位是预测老年人健康状况最重要的单一因素，也可能是健康状况的族裔差异，以及有色人种寿命相对较短的根本原因。贫穷与健康状况不佳和早逝有关，因为它与许多生理和心理应激源相关联，如失业、拥挤、不良的饮食、不卫生的生活条件、暴露在污染和暴力下（Chrisler, 2001）。对于与贫困相关的慢性病，穷人不太可能得到稳定而高质量的保健。贫困和健康状况差之间的关联在美洲原住民的健康状况中体现得十分明显，他们患严重慢性病的概率比其他人口高出 600%，他们 45 岁时的失能状况与人口中其他人群 65 岁时的失能状况相似（Cox, 2005）。低社会经济地位的影响会在个体一生中不断累积，进而降低生活质量，缩短寿命。

绝经期

美国的医疗和制药系统似乎迫切要解决一个影响数百万女性的巨大问题。遗憾的是，这个"问题"不是一种疾病或障碍，而是老化的一个自然表现，那些"治疗"可能是不必要的，甚至是有害的。

绝经期（menopause）是指月经周期及月经来潮的结束。这是由卵巢分泌的雌激素和孕酮的减少引起的。它可以发生在 40~60 岁的任何时候，但平均年龄在 50 岁左右。

绝经期的体证

随着月经周期变得不规律，绝经过渡期便开始了，通常会持续几年时间。如果一名女性一整年都无月经来潮，她就可以确定自己进入了绝经期。

绝经期可能会伴随其他的身体变化。在西方社会，大约 50%~85% 的女性会经历**潮热**（hot flashes）：心率、体温和出汗骤增的短暂发作。潮热可能每月发生一次，也可能一小时内发生数次。它是由引发绝经期的雌激素水平下降引起的。随着时间的推移，身体会适应较低的雌激素水平，潮热会消失。

许多女性在绝经期也会经历阴道的变化：该区域的皮肤和黏膜变得更薄、更干燥，因而女性在伴侣性交插入时可能会感到不适。不过，这可以用润滑凝胶来改善。在一项社区研究中，20% 的绝经女性报告了这种情况，其中只有 15% 的人报告说这给她们带来了烦恼（Boston Women's Health Book Collective, 1998）。

绝经期的体征并不具有普遍性。日本和中国的女性以及墨西哥的玛雅女性就很少经历绝经期潮热（Richard-Davis & Wellons, 2013）。绝经期症状在族裔和文化上的差异会受到社会经济地位、个人和社会对老年女性的态度、婚姻状况、饮食、吸烟、锻炼和身体状况的影响（Richard-Davis & Wellons, 2013）。即使在绝经期症状很常见的地区，人们可能也不会觉得这些症状是应激性的。在一些研究中，女性报告称她们将这些症状视为中年期正常和暂时的一部分，并不特别为此感到烦恼（Hyde & DeLamater, 2017）。

绝经期的心理体验

长期以来，人们把女性的心理困扰归咎于她们的生殖系统。自 19 世纪 60 年代起，精神医学便开始为绝经女性的所谓"疯狂"创建诊断类别，包括"老处女精神失常"和"更年期忧郁症"（抑郁症的一种形式）（Markson, 2003）。诸如更年期忧郁症之类的精神医学诊断，是"女性因生殖激素而精神不稳定"这一迷思的一部分：猛烈的"经前期综合征"激素使我们在育龄阶段变得疯狂，而衰退的激素在后来的岁月中仍会让我们疯狂。这种认为女性会在绝经期变得抑郁、喜怒无常、易怒和异常敏感的观念，在医务工作者和女性自己头脑中仍然普遍存在（Avis, 2003）。

与这些观念不同，研究显示，没有证据表明正常绝经期的来临会导致抑郁，也没有证据表明女性绝经后比绝经前更容易抑郁。相反，有证据表明，过往的抑郁、健康问题和社会因素可预测女性在绝经过渡期的抑郁。抑郁不是绝经期的正常组成部分（Avis, 2003; Georgakis et al., 2016）。

绝经期可能与一些女性的短期情绪多变和易激惹有关（Prairie et al., 2015）。在美国，白人女性报告的心理变化多于黑人女性（Richard-Davis & Wellons, 2013）。情绪多变可能部分是由于激素变化，部分是由于与之相关的身体变化；当睡眠被潮热扰乱时，会导致易激惹。情绪多变也可能由刻板印象导致的预期造成。如果每个人都预期绝经期女性会变得喜怒无常，那么，由应激性生活事件引起的情绪变化就可能被错误地归因于激素。

对绝经期的一种老式表达是"人生转变"。的确，像月经初潮一样，它标志着女性特有的一种重大生活变化。一项针对 2 500 名女性的研究发现，当经历这一变化时，大多数人的感受是中性或积极的（Avis & McKinlay, 1991）。在比较非裔和欧裔美国女性的研究中，黑人女性的态度比白人女性更积极，她们将绝经期视为生活中正常且平常的一部分（Sampselle et al., 2002; Sommer et al., 1999）。女性可能会因为不会再怀孕、可以停止采取节育措施而感到轻松；她们可能会高兴地跟卫生巾、卫生棉条和腹痛说再见。很少会有 50 多岁的人想要生孩子。与那些认为绝经期女性疯狂、喜怒无常的刻板印象相反，大多数女性在应对绝经期征兆时一般不会大惊小怪，这一转变并非她们生活中最重要的事情。

运动和健身是保持绝经期平稳过渡的重要因素。一项以 133 名平均年龄为 51 岁的女性为对象的相关关系研究表明，积极锻炼身体与更高的自我价值感、更少的身体症状、更好的生活质量有关（Elavsky & McAuley, 2005）。基于这些研究结果，同组研究者又进行了一项为期 4 个月的随机对照运动实验，将参与者（164 名平均年龄为 50 岁的相对较少运动的女性）分配到步行组、瑜伽组或不运动的对照组。步行和瑜伽都带来了非常积极的结果，包括情绪更佳、围绕绝经期议题的自评生活质量更好，并且随着体适能的提高，绝经期症状会减少（Elavsky & McAuley, 2007）。与不运动的对照组相比，运动组的女性心理健康问题也更少。研究者得出结论，增加有氧运动是减少绝经期症状对女性身心影响的好方法。

绝经期的医疗化

由于美国半数以上的成年人会经历绝经期，因此，把绝经期当作一种"疾病"来治疗是非常有利可图的。美国社会越来越倾向将老化定义为一种可以治疗和治愈的疾病（Calasanti & Slevin, 2001）。这一趋势在使用生殖激素缓解绝经期症状和预防老化迹象方面非常明显，基于单独使用雌激素还是联合使用多种激素，这种治疗被称为**雌激素替代疗法**（estrogen replacement therapy, ERT）或**激素替代疗法**（hormone replacement therapy, HRT）。支持者认为，雌激素 / 激素替代疗法可以预防骨质疏松（骨密度下降）、心脏病和某些癌症。一些人声称，它还可以预防与年龄相关的认知变化（如记忆力减退及失智）和外貌变化（如长皱纹、体重增加）。制药公司、一些科学家和许多医生，纷纷敦促女性服用激素来消除绝经期，永葆青春。

然而，这些主张是未经充分研究就提出的。后来，一项对全美取样的 25 000 名 50~79 岁女性的研究，考察了饮食、锻炼和雌激素 / 激素替代疗法对心脏病、癌症和骨质疏松的影响。当研究结果表明激素替代疗法与乳腺癌、心脏病和中风的风险略增有关时，该研究的激素替代疗法部分就提前结束了（Mather, 2008）。不久之后，研究者对雌激素替代疗法结果的分析同样表明，风险大过了获益。雌激素替代疗法与中风风险增加有关，对预防心脏病没有作用（Women's Health Initiative Steering Committee, 2004）。此外，激素替代疗法和雌激素替代疗法都与认知受损增加有关，如记忆力减退和失智（Espeland et al., 2004; Shumaker, 2004）。在缺乏科学证据表明其有益的情况下，便在众多女性中使用这种"疗法"，怎能不让女性健康积极行动者愤怒。在使用此疗法的过程中，许多女性很可能受到了伤害。

对激素替代疗法的研究仍在继续。新的研究和元分析显示，在高危女性群体（指绝经期症状）中，当激素替代疗法被用于缓解严重的绝经期症状和预防骨质疏松时，获益可能大于风险。激素替代疗法应该在尽可能短的时间内使用最低有效剂量。然而，医学专家在激素替代疗法的"最有效剂量"上仍未达成共识，而且在过去十多年中，很少有医生接受过关于使用激素替代疗法的培训（Lobo, 2016）。显然，还需要更多的研究来探讨激素替代疗法的风险和获益。总的来说，女性可以通过抵制对绝经期和老化的医疗化来更好地掌控自己的生活。

建构欲望的客体

女性和男性都越来越多地被期待尽全力去掩饰或消除随年龄增长而出现的身体变化。对男性来说,"伟哥"被大肆宣传为一种有助于恢复年轻时性活力的药物。对女性来说,她们被认为需要的远多于一粒药丸。随着年龄的增长,许多女性把自己的身体视为一项越来越艰难的工程,目标是将自己伪装成一名年轻女性(Calasanti & Slevin, 2001)。

当然,避免变老的尝试终究是徒劳的。尽管如此,在抗衰老产品大肆营销的推动下,西方社会中试图避免外表衰老的行为正在迅速增加。广告商怂恿女性与自己的身体作战,去"对抗""抵制""战胜"和"智取"衰老。这些信息主要针对白人中产阶层女性和富有女性。研究表明,处境最有利的女性最关注自己的外表,也最倾向将自己的身体视为一项改进工程来投资,而蓝领阶层女性更多地从功能角度来看待自己的身体(Calasanti & Slevin, 2001)。

2015 年,美国的整形手术达到了近 1 600 万例,其中 92% 发生在女性身上(American Society of Plastic Surgeons, 2015),许多手术旨在改善衰老的外表:隆胸、腹壁整形(腹部除皱)和面部提拉。肉毒杆菌(一种麻痹面部肌肉的神经毒素)注射、皮肤磨削术和化学皮肤剥脱术等非手术医疗技术也变得越来越受欢迎,而且女性被鼓励每隔几个月就去做一次,以避免出现可怕的面部皱纹。类似《改头换面》这样的电视节目提高了审美标准,推崇为了追求完美(年轻)容貌,即使是最激进、最可怕、最痛苦的外科手术也是正当的。这种炒作并未提及,整形手术和其他医疗程序是昂贵的,也不包含在医疗保险范围内,存在毁容甚至死亡的风险,而且必须定期重复手术才能保持效果。尽管如此,在一个中年女性样本中,38% 的人报告她们至少有过一次整形经历,且 81% 的人表示,如果费用不是问题,她们会愿意尝试。她们是否认同自己为女性主义者对其整形意愿没有影响(Chrisler et al., 2012)。

女性主义理论家对如此之多中老年女性做的这种"美容功课"的意涵存在分歧。一些女性主义理论家认为,它代表了一种错误意识,因为女性接受了年轻的吸引力是自身唯一重要之物这一性别主义态度,并屈服于自我客体化。还有一些女性主义理论家则认为,关注外表实乃老年女性的一种理性选择,因为有充分的证据表明存在年龄歧视,而且女性比男性要面临更多基于外表的偏见和歧视。因此，对女性来说，随着年龄的增长，在面部和身体上下功夫是保持自己社会权力的一种方式（Clarke, 2007; Clarke & Griffin, 2008）。

女性似乎对"美容功课"也颇感困惑。在一项对 44 名 50~70 岁女性的访谈研究中，许多受访者希望自己不用下功夫也能看起来年轻。她们的理想是"自然"或"优雅"地变老。然而，她们的行为却一点也不自然，因为她们报告使用了各种方法来避免外貌的老化，从化妆（84%）和染发（61%），到肉毒杆菌注射、化学皮肤剥离、皮下填充物注射、微晶磨皮、吸脂以及乳房整形手术等（Clarke & Griffin, 2008）。她们给出的一个理由是：职场年龄歧视。

> 我 52 岁了……今天，在我身上发生了一件事。我被解雇了，她却留了下来。她身材高挑、金发碧眼、双腿修长，会和老板调情；但她缺乏计算机专业技能，只有接待经验。而我有 15 年的工作经验和计算机专业背景，并且我和同事一直相处得很好。（p. 663）

女性做"美容功课"的另一个原因是，相信有必要抓到或留住一个男人，正如这位 59 岁的单身女性所说：

> 我的脸部下垂，可又正处在寻找一个新伴侣的人生阶段，希望能和他共度余生……所以，现在我的外表对我而言很重要。跟我年龄相仿的男人几乎都跟年轻女人约会……我正在认真地考虑……脸部做个大手术。（p. 665）

第三个原因是，老年女性痛苦地意识到了社交隐形。一位 55 岁的女性说：

> 所有年龄的男人都觉得年轻女人有魅力。这到底是怎么回事？……真可耻，将年轻视为理想，而不是年长且睿智。多么可悲啊，我们这个社会看不到岁月积淀之美。（p. 667）

在接受访谈的 44 名女性中，只有两人没有采用过任何美容干预措施，可是就连她们也对自己的选择感到矛盾。一位 65 岁的女性这样说：

> 随着年龄的增长，看到皱纹悄然出现、皮肤逐渐失去弹性，我真的有些难过。一方面，我持有的激进女性主义观点告诉我"别那么荒谬"；可另一方面，我自己却在挣扎。当我翻阅杂志，看到各种关于抗皱面霜和整形手术的广告时，我真的感到非常震惊……但我也考虑过去除这些皱纹、做做面部提拉之类。我不知道自己会不会付诸行动，但我确实考虑过。（p. 668）

面对保持年轻外表的压力，一些女性的回应是在中年时就选择退出。如果社会要求她们必须做自己显然无法做到的事（苗条、健美、皮肤光滑和年轻），那么她们会选择不参与客体化游戏。取而代之的是，她们穿宽松的衣服、舒适的鞋子，以自在和行动自如来定义女性化外表（见图 11.3）。

运动与健康

在后半生保持健康，最重要的因素之一就是有规律的运动。运动的益处既有心理层面的（改善情绪稳定性、提升能量水平和身体自尊），又有身体层面的（降低患糖尿病、高血压、肥胖症和心脏病等危及生命的疾病的风险）（Gutiérrez et al., 2012; Klusmann et al., 2012）。运动可以减轻关节炎疼痛，保持身体力量和姿态，增强免疫力，有益于思考和记忆，并改善肤质。对老年人而言，运动有助于避免那些容易导致摔倒、骨折和永久性残障的肌张力丧失。科学研究明确表明，运动对老年人有益，不仅对那些健康、健美的人有益，对那些常年久坐不动甚至 90 多岁的老人也有益（Cruikshank, 2003）。

在每个年龄段，女性的运动量都少于男性，而且女性的运动量还会随着年龄的增长而减少（Milne et al., 2014）。2/3 的美国老年女性根本不做定期运动（Chrisler & Palatino, 2016）。年轻女性如果不健身可能会感到内疚；而 65~75 岁的女性则不太会对此感到担心。一项焦点团体研究表明，这个年龄段的女性错误地以为，步行到公交车站或做做家务，就可以获得足够的锻炼了（Milne et al., 2014）。

所幸，任何时候开始运动都不晚（见图 11.4）。力量训练确实可以扭转任何年龄段个体的肌肉萎缩。塔夫茨大学的开创性研究表明，疗养院里虚弱的老年男性经过力量训练后，肌肉力量、行走能力和平衡能力都大大提高。这类研究也将研究对象扩展到了绝经后的女性，并得到了显著的结果：与对照组相比，运动组女性的骨密度、肌张力、平衡性和灵活性都得到了改善，变得更加精力充沛和活跃（Nelson, 2000）。

如果针对老年女性的运动计划能现实地认识到所存在的障碍，并为她们提供跟同辈进行社会互动的机会，那么这些运动计划最有可能获得成功（Chrisler & Palatino, 2016; Kelly et al., 2016）。太极拳、瑜伽、水上有氧运动、广场散步、群体观鸟远足和排排舞等运动，都是增进健康和获得快乐的方式。

图 11.3

资料来源：© Roz Chast/The New Yorker Collection.

©Ariel Skelley/Getty Images RF

图 11.4　运动在人生的每个阶段都能给身心带来收益。

中年期和老年期的性

想象一位穿迷你裙的老年女性。你对这一形象的第一反应是什么？你认为你的朋友们会有何反应？

老年女性穿迷你裙是"离经叛道"的，因为她胆敢在过了生育年龄后还表现出性的一面（Calasanti & Slevin, 2001）。老年人的性和性行为被普遍认为是令人厌恶或荒唐的。在一项研究中，大学生认为，与他们的同龄人相比，65 岁以上的人对拥抱、性交和观看情色内容的兴趣要低，而且老年女性的兴趣最低（Lai & Hynie, 2011）。无论（假设的）性行为是为了亲密还是愉悦，老年女性都被认为几乎没有性行为。甚至那些关于老年人性行为的笑话也带有性别偏见，很多针对老年男性使用"伟哥"的笑话是肯定和接受的，但对老年女性的性则有巨大的文化负面性。然而，许多年长者对性活动表现出了持续的兴趣、愉悦和满足感；在一些质性研究中，他们描述了中年和老年时期积极、持续和多样的性生活（Bradway & Beard, 2015; McHugh & Interligi, 2015; Ussher et al., 2015）。

没有足够可匹配的男性是限制老年异性恋女性性表达的因素之一。由于女性比男性寿命长，因此，在大约 60 岁以上的人口中，女性人数比男性多。与欧裔或亚裔美国女性相比，有色人种女性，尤其是非裔美国女性，面临的人口性别差距更为突出，并且这种差距随年龄的增长而加剧。在美国 85 岁以上的人口中，女性人数大约是男性的两倍（U.S. Census Bureau, 2014）。这意味着异性恋女性可能会在没有婚姻伴侣或性伴侣的情况下度过生命的最后几十年。

老年女性建立亲密关系的机会有限，不仅因为男性偏少，还因为男性通常会选择更年轻的伴侣。研究一致表明，缺少伴侣是影响中老年女性性活跃度的最主要因素之一（DeLamater & Sill, 2005; McHugh & Interligi, 2015）。

对 40 岁以上的女性来说，一种新的性脚本正在兴起吗？不再是因年轻女性受青睐而被拒绝的中年出局者，她成了"美洲狮"，"穿着系带高跟鞋，露出乳沟，有点浓妆艳抹，两眼放光"，相对年长的单身女性主动追求相对年轻的男性作为寻欢对象（Montemurro & Siefken, 2014, p. 35）。这种关于年长女性的刻板印象出现在 20 世纪 90 年代，人们对其反应不一。一项对 84 名女性的访谈研究发现，大多数人对"美洲狮"这个标签具有消极或复杂的感受。她们的主要反对理由是美洲狮与掠食行为相关联。她们不喜欢把女性视为富有攻击性、只专注于征服的人。她们觉得，年长女性和年轻男性约会往往是出于共同的兴趣和情感，而不是年长女性在"寻找性伴侣"。另一些人则认为，"美洲狮"这个标签延续了双重标准，因为人们并没有给那些与年轻女性约会的年长男性起绰号。还有一些人认为，追求年轻男性的年长女性是荒唐的，她们是怜悯或鄙视的对象。

那些喜欢这一措辞的人认为，"美洲狮"指的是那些掌控自己的性并采取果断行动去获取自身所求的女性。然而，她们又认为，只有富有、知名或特别有魅力的女性才能成为"美洲狮"。

"美洲狮"这一形象打破了年长女性无性欲和无吸引力的观念。那么，"美洲狮"是一个知道自己在性方面的需求并果断追求的性感年长女人吗？她行为不得体吗？太富有攻击性吗？抑或只是可怜？还是我们应该避免对女性的性选择和关系选择贴标签？你的看法呢？

老年期的性欲与性满足

在性研究中，老年人几乎完全被忽视了。然而，医学研究和行为研究表明，许多人到了老年仍然渴望并能够享受性亲密（见专栏 11.1）。无论男女，如果他们

专栏 11.1 ～～   研究焦点：老年人的网上约会

"网上约会"已经成为各年龄段成年人寻找浪漫爱情伴侣最流行的方式之一。虽然互联网约会网站的广告让你相信，只有 20 多岁的年轻人会从网上寻找爱情，但老年人也会利用网络寻找爱情。

老年人在婚配中寻求什么？一项针对在线约会平台个人简介的研究发现，与年轻人相比，老年人更少在他们的简介中使用指涉自身的语言，这可能反映出，人们在老年期更加关注关系，而不是自我。而且与年轻人相比，老年人更可能在个人简介中提及财务和健康状况，这表明在老年期，财务稳定和健康良好是建立亲密关系的重要考虑因素。

除了这些代际差异，研究还表明，关于年长者在潜在伴侣身上寻求什么，也存在性别差异。一项针对在线个人征友广告的研究发现，各个年龄段的女性都在寻找地位更高的男性，而男性则在寻找更有吸引力的女性。一般来说，男性更喜欢年轻些的伴侣，女性更喜欢年长些的伴侣。有趣的是，随着男性年龄的增长，他们寻求的伴侣的年龄与其自身年龄之间的差距在逐渐增大。换言之，25 岁的男性可能喜欢 24 岁以下的女性，60 岁的男性喜欢 52 岁以下的女性，75 岁的男性想找 65 岁以下的女性。对女性来说，她们的年龄与所觅伴侣的年龄之间的差距则随时间推移而逐渐减小。到 75 岁时，女性会寻找比自己年轻一些的男性。一项对年长的网络约会人士的质性研究发现，年长男性和年长女性寻求的关系类型也存在差异。年长男性寻求有承诺的关系，而年长女性则对再婚不那么感兴趣。取而代之，女性寻求亲密的陪伴关系，而不必担负起照顾者的角色。这些差异凸显了性别化的关系规范和经历对老年人网络约会期望的影响。

资料来源：Alterovitz, S., & Mendelsohn, G. A. (2009). Partner preferences across the life span: Online dating by older adults. *Psychology and Aging*, 24, 513–517.

McWilliams, S., & Barrett, A. E. (2014). Online dating in middle and later life: Gendered expectations and experiences. *Journal of Family Issues*, 35(3), 411–436.

Davis, E. M., & Fingerman, K. L. (2016). Digital Dating: Online Profile Content of Older and Younger Adults. *The Journals of Gerontology Series B: Psychological Sciences and Social Sciences*, 71, 959–967.

Contributed by Annie B. Fox.

身心健康、对性持有积极态度并拥有健康的伴侣，那么他们往往在七八十岁时仍然保持性活跃（DeLamater, 2012）。一项研究考察了 400 多名招募自希腊老年中心的已婚人士，在这些 60~90 岁的参与者中，超过 50% 的人报告他们仍然性活跃，平均每周做爱一次。社会经济因素和人际因素比生物医学因素更为重要。例如，因爱结婚并仍然相爱的伴侣性行为更活跃（Papaharitou et al., 2008）。

很少有研究关注年长女同性恋者的性态。大多数研究者似乎还未意识到，并非所有老年人都是异性恋者。而且，对年长世代的 LGBTQ 人群进行研究并不容易。在当前处于老年期的女性中，那些曾与其他女性有过亲密关系的女性往往没有出柜，也不会用女同性恋者这个词来描述自己；因此，她们在研究中可能被忽略了。

英国一项对 300 多名 50~70 岁同性恋和双性恋者的研究发现，60% 的女性正处于一段亲密关系中，其中将近一半与伴侣生活在一起（Heaphy et al., 2004）。参与者表示，拥有一段亲密关系是非常重要的，而且随着年龄的增长，会变得愈加重要。一项对 450 多名年龄中位数为 62 岁的美国女同性恋者的在线调查显示，60% 的人处于亲密关系中，大多数是终身伴侣关系。她们表示，随着时间的推移，她们的关系已经朝着"身体激情减少而情感愈发成熟"的方向转变；与年轻时相比，关系的"跌宕起伏"减少了，但是关系变得更紧密了（Averett et al., 2012）。

关系：连续与变化

在后半生，除了身体自我概念的变化，还会发生很多事情。中年往往是一段与伴侣、朋友和家人的关系发生重大变化的时期。子女长大后离开家；孙辈出生；丈夫可能要依赖妻子的日常帮助和照顾，也可能发生意料之外的死亡。下面，我们来看看女性在中老年期的一些重要关系。

朋友和家人

年长女性往往拥有丰富的朋友和家庭关系网络。与同龄男性相比，她们拥有更多朋友，跟朋友的关系也更紧密（Canetto, 2001）。与他人保持联结有助于健康度过老年期。在一个 65 岁以上的美国公民样本中，相比社交网络有限的人，那些拥有朋友、家人、宗教团体和社群等更多样化社交网络的人更快乐，也更少感到孤独、焦虑和抑郁，即使在控制了健康和财富等背景变量后，仍然如此（Litwin, 2011; Litwin & Shiovitz-Ezra, 2011）。

对年长的女同性恋者来说，关系紧密的朋友可能尤为重要；一项对 60 岁及以上同性恋和双性恋女性的研究发现，几乎所有参与者都认为朋友是非常重要的支持源（Grossman et al., 2001; Heaphy et al., 2004）。现年 70 多岁的女同性恋者，多半成长于隐藏自己的性取向并与家人疏远的背景下。与同龄的异性恋女性相比，她们独自生活的可能性更大，定期跟家人见面的可能性更小（Wilkens, 2015），这使得她们在老年期更容易遭受社交孤立。年长女同性恋者往往依靠"自选家庭"和有组织、定期聚会的社交群体来解决这一问题（Traies, 2015; Wilkens, 2015）。

非裔美国女性比欧裔美国女性更多地卷入家庭生活，这与她们的大家庭模式一致。与年长的白人女性相比，年长黑人女性与其成年子女的关系更加紧密，接触也更频繁。她们还更多地卷入孙辈的生活，并可能跟孙女 / 外孙女建立特别密切的教养关系（Ralston, 1997）。

所幸，科技使人们更容易与朋友和家人保持联系。与刻板印象相反，大多数老年人对现代科技持积极态度。在一个具有全美代表性的样本中，约 3/4 近 70 岁的成人报告，他们喜欢使用电子邮件、社交媒体、即时通信、智能手机和视频聊天，并且感觉学起来很容易（Chopik, 2016）。更多使用这些技术的人，孤独和抑郁程度更低，总体幸福感更高。甚至非常年长的人也开始使用高科技。在一个具有全美代表性的 80~93 岁老年样本中，研究者发现，使用科技与所爱的人保持联系，与更高的生活满意度、更低的孤独感和更好的目标实现有关（Sims et al., 2016）。通信技术帮助老年人与他人保持联结，这有益于他们的幸福和健康。

与朋友和家人来往既有付出也有回报。如同第 8 章和第 9 章讨论的年轻女性，年长女性相比年长男性为他人提供了更多不同方面的照顾，无论她们是否同样在外工作（Canetto, 2001）。我们很快会回到对老年期照顾工作的成本和收益的讨论。

成为祖母或外祖母

祖母或外祖母是年长女性为数不多的正面形象之一。这很容易让人联想到：满头白发、慈祥而温暖，端出自制的饼干，免费照看孩子，并且溺爱孙辈。用谷

歌搜索"grandma"（祖母 / 外祖母）一词，会出现许多感伤的语句，比如"祖母 /
外祖母是裹了很多糖霜的妈妈"。

适应新角色

隔代养育（grandparenting）赋予了中老年女性有意义且重要的家庭地位。人们
常常依靠祖母或外祖母来照顾幼儿，获取建议、危机支援、情感支持、经济援助，
以及维持家庭习俗和仪式。所有这一切都为年轻的家庭成员提供了重要的缓冲。
对祖父母来说，看到家族延续，再次体验到来自小孩子的爱，令其非常有满足感
（Scott, 1997，见图 11.5）。然而，成为祖母或外祖母是一种非自愿的角色转变。这
一角色的意涵及其对女性生活的影响，远比其形象所暗示的更复杂。

从 30 多岁到 70 多岁，女性在这之间的任何时候都有可能成为祖母或外祖母。
成为祖母或外祖母的时间点是一个重要因素，它会影响女性的适应状况以及是否
突然感觉自己"老了"（Bordone & Arpino, 2016）。比较年轻的祖母或外祖母可能
还没有准备好：

©Leah Warkentin/Design Pics RF

图 11.5　祖母或外祖母得到的回报。

> 我女儿从佛罗里达打电话告诉我，我现在做外祖母了，可我一点也高兴
> 不起来。我最近再婚了，觉得自己还是一个年轻、充满激情的爱人。我不想
> 把自己看作一位外祖母。（Doress-Worters & Siegal, 1994, pp. 139–140）

由于人们对祖母或外祖母的角色期待如此强烈，一些祖母或外祖母觉得有必
要设定限度。例如，在一项对中年墨西哥裔美国人的研究中，一位女性谈到做祖
母时说："我喜欢这个角色，不过，我可不是那种坐下来只会编织小物件的祖母。"
另一位表示，她会在需要的时候帮忙，但不会 "待在家里照顾孩子，让女儿玩得
开心……祖父母有权在老年享受自由和快乐"（Facio, 1997, p. 343）。这些女性认识
到，祖母或外祖母给予的照顾可能被认为是理所当然的，她们选择自己来定义隔
代亲职。

族裔、社会阶层与祖母角色

族裔是女性将如何经历祖母角色的决定性因素。在美洲原住民家庭中，祖母
是家庭的中心，是维系家庭联结的人。美洲原住民女性通常在较年轻时就成为祖
母，这一转变甚至被认为比成为母亲还重要，因为它承载着有象征意义的责任。
祖母和孙辈之间的关系温暖而充满爱意，祖母不仅是照料者，也是把部落知识传
递给下一代的故事讲述者和老师。在美洲原住民社群，孩子要求与祖父母一起生
活是很常见的，而且这种要求通常都会得到允许（John et al., 1997）。

在非裔美国人社群中，几代同堂的大家庭也为祖父母或外祖父母参与孙辈的
日常生活提供了空间。即使控制了社会经济地位变量，黑人祖父母或外祖父母仍
与孙辈有更多接触，也更多地卷入孙辈的生活，这意味着它是一种文化差异而非
经济差异（Ralston, 1997）。当奥巴马一家搬进白宫的时候，米歇尔·奥巴马的母
亲玛丽安·罗宾逊夫人也一起入住，帮他们照顾女儿（Gibson, 2014）。

由于离婚率和单身母亲生育率较高，再加上艾滋病和毒品在蓝领阶层和少数
族裔社群中蔓延，越来越多的祖父母 / 外祖父母正在承担着照顾孙辈的主要责任。
有些祖母或外祖母为外出工作的单身母亲提供全天候照护孩子的帮助；还有一些
则接管并抚养她们的孙辈，无论有没有合法监护权。少数族裔美国女性比欧裔美
国女性更可能对一个或多个孙辈承担主要的照护责任。美国的人口普查估计，有
490 万儿童在祖父母或外祖父母家中生活，有 250 万祖父母或外祖父母拥有孙辈

的完全监护权（U.S. Census Bureau, 2010）。许多成为全天候照护者的祖母或外祖母称，这似乎是迫不得已的选择：面对孙辈的父母因毒品成瘾、身体疾病或精神失能而丧失民事行为能力的情况，祖母或外祖母的态度是"这是你必须要做的事"（Scott, 1997）。

超过 57% 的独居祖母或外祖母是贫困的（Calasanti & Slevin, 2001）。处于这种境况下的女性有多重压力，这些压力会损害她们的身体健康、幸福感和经济安全（Crowther et al., 2015）。与其他祖父母相比，她们报告的抑郁程度更高，身体健康状况也更差（Calasanti & Slevin, 2001）。抚养孙辈的祖母或外祖母常常为她们晚年经济安全和自由的梦想感到忧伤。这些女性是默默无闻的英雄,常常牺牲自己，为下一代的成长做贡献。正如一位 69 岁的非裔美国祖母所说：

> 我爱这个孩子，祈求上帝赐予我更长的生命，让我看着他长大……他不知道我为他做出的牺牲……我不想让他知道；我只想让他知道奶奶就在他身边。（Conway et al., 2011, p. 122）

照护：成本与收益

女性的照护工作不限于她们的子女和孙辈。她们还要照护年迈的父母和自己的配偶。

照护年迈的父母

随着老年人数量的增长，为他们提供照护的需求也越来越大。一项美国全国性调查显示，在 65 岁以上的人群中，大约 17% 的人有各种形式的失能，需要他人长期照护（Brody, 2004）。有身体或认知失能的老年人可能需要基本生活自理方面的协助，如上下床、洗澡、穿衣、吃饭、如厕，以及做饭、做家务、购物、出行和理财等生活任务。

照护老年人的绝大多数是女性。负责照护年迈父母、丈夫的父母和其他亲属的女性通常被称为"夹在中间的女性"，因为她们大多身处中年，是家庭中的中间一代，并且她们作为妻子、母亲、工作者和照护者被裹挟在各种角色要求之间（Brody, 2004）。她们也身处各种价值观的冲突中,因为她们可能有自己想做的工作、事业或想参与的活动，但传统价值观仍然将照护工作视为她们的责任。直至近期，这一女性群体的规模以及她们的困境仍被社会所忽视。

照护配偶

女性会与比自己年长的男性结婚，但男性的预期寿命相对较短，因此在异性恋夫妻中，很有可能是丈夫而不是妻子在晚年和最终患病时得到配偶的照护（Calasanti & Slevin, 2001; Cox, 2005）。我们的社会普遍认为，老年女性需要承担照护更年长的丈夫的责任。已婚女性年龄越大，越有可能要承担照护老人的体力劳动和情感劳动，尽管她自己也面临健康问题。

露西的照护史是白人蓝领阶层照护者的典型代表：

> 露西的丈夫卧床不起，她承担了全部的照护工作。这份责任给她带来了巨大压力，她把自己的心脏问题归咎于此。他们的经济并不宽裕，两人每月只有约 500 美元收入，这也让她感到忧愁……现年 74 岁的露西希望自己仍能有份工作，这不仅因为她需要钱，还因为她需要走出家门。她告诉访谈者，她仅有的外出是去诊所、药房和杂货店。"亲爱的，我已经好几年没有在市中心的商店里买过东西了。"（Calasanti & Slevin, 2001, p. 136）

当涉及身体或心理能力的持久恶化时，照护年老的配偶可能是令人心碎的。萨拉女士在阿尔茨海默病照护者支持小组中谈到了她的担忧：

> 我能否彻底将他从我生活中抹去，然后说，"好了，都完成了，一切都结束了。他走了"？我怎样能确切地知道那个可怜的男人没有藏起来，躲在所有那些混乱背后，试图伸出手来对我说："我爱你，萨拉？"（Faircloth, 2003, pp. 217–218）

女同性恋伴侣跟异性恋伴侣有着相似的照护经历，但她们还需要应对可能会增加其压力的异性恋主义。为伴侣寻求帮助可能意味着关系的暴露，如果伴侣的亲属不赞成这段关系，他们可能会拒绝提供帮助（Hash, 2001）。

照护工作的成本

照护工作会损害女性的经济安全主要是因为它不可能与全职有偿工作相结合。

在一项关于老年人照护的美国全国性研究中，33% 的女性照护者减少了外出工作的时间，29% 的人放弃了工作晋升的机会，22% 的人请过假，13% 的人提前退休（Cox, 2005）。这些决定不仅会导致照护者当前的收入减少，也会降低他们年老时的社会保障和退休福利。在全美范围内对 59~61 岁女性开展的一项纵向研究评估了她们每周照顾年迈父母的时长，以及 9 年后的经济状况（Wakabayashi & Donato, 2006）。投入照护时间最多的女性（每周 20 小时以上）更可能最终生活在贫困线以下，需要接受诸如食品券等公共援助。她们的照护责任迫使她们陷入贫困状态。

照护的经济成本主要落在那些一开始就较贫困的女性身上。其他负面影响对中产阶层和穷人来说是相似的，比如影响照护者的心理幸福感、身体健康、家庭关系和生活方式等。情绪紧张这一症状是从事照护工作最普遍的后果。在一项又一项研究中，照护者报告了抑郁、愤怒、焦虑、内疚、无助感和情感耗竭（Friedemann & Buckwalter, 2014; Unson et al., 2016）。

女性常常试图争取让他人来帮她们做照护工作，但收效甚微。有一位丈夫安装了蜂鸣器，这样只要他 95 岁的母亲从楼上房间呼叫，妻子就可以立即做出回应，而他自己却一动不动。另一位女性迫切需要休息一段时间，于是把母亲送到了妹妹家。但她报告说，"几周后，母亲就被妹夫送上出租车，又回到了我们家"（Brody, 2004, p. 105）。虽然有些家庭成员确实分担了照护工作，但照护工作大多数时候都是由其他人认为合适的女儿承担的，或者只有她会提供照护。女性做出巨大牺牲来照护年老体弱者，很大程度上被社会认为是理所当然的。

女性承担更多照护工作的原因

鉴于照护工作会带来较大的心理成本和经济成本，为什么女性还会持续做照护工作，甚至到了老年也依然如此？一些照护配偶或父母的女性表示，他们愿意做这份工作，从中也会有所收益，即履行重大责任、遵循宗教教义、表达爱意和回报过往关爱诸项所带来的满足感。正如这两位女儿所说：

> 我从不后悔照顾她，她是我唯一的母亲。（Brody, 2004, p. 118）
>
> 他（父亲）给了我那么多，那么关爱我，全心全意地爱我。我为他做多少都不算多。这不是交换，这是他应得的照顾。（Brody, 2004, p. 137）

一些心理学家和社会学家认为，养育是女性身份认同的核心；另一些人则认为，女性对有偿劳动的依恋程度相对较低，因而可以更自由地从事无偿劳动。然而，研究表明，在分派谁来承担照护工作这一问题上，人格特质的影响甚微，一半以上的女性照护者仍然继续外出工作，尽管她们承担了照护责任（Martire & Stephens, 2003）。

照护工作并不单纯是一种自由选择。相反，照护他人的责任是由家庭中基于性别的劳动分工、对无偿劳动价值的贬低，以及社会不愿为有需要的人提供社会服务所构成的。对大多数家庭来说，有偿照护太昂贵了，而且几十年来美国联邦经费一直在削减。正如一位研究者所说，女性终生致力于照护他人，"这可能看起来很'自然'，是一种'选择'，但是有什么其他办法吗"？用女性照护者自己的话说，"还有谁会去做呢？"（Calasanti & Slevin, 2001, p. 149）。

失去人生伴侣

65 岁以上的美国女性中有近一半丧偶（Koren, 2016）。平均而言，女性在伴侣去世后还会活 15 年以上（Canetto, 2001）；但相比白人女性，非裔美国女性丧偶时往往更年轻，作为丧偶者生活的时间也更长（Williams et al., 2012）。

丧偶是人生中最艰难的经历之一。丹麦一项对平均年龄为 75 岁的丧偶女性和男性的研究表明，在配偶去世后不久，27% 的丧偶者达到了创伤后应激综合征的诊断标准（Elklit & O'Connor, 2005）。悲伤、孤独、痛苦和绝望是常见的，也是哀伤的正常表现（Dutton & Zisook, 2005）。虽然心理痛苦的症状会随时间的推移而减少，但它们可能永远不会完全消失。一位年近八旬的女性说，"一旦你和丈夫同床共枕了 53 年，晚上独自一人就会变得难熬"（Covan, 2005, p. 11）。

与男性相比，女性似乎能更好地应对丧偶这一事件（Koren, 2016）。虽然她们报告的情绪痛苦和悲伤程度较高，但与相似情况的男性相比，她们较少出现严重的抑郁和身体健康问题。在配偶去世后，她们酗酒、心脏病发作或自杀的可能性相对较低（Canetto, 2001; Stroebe et al., 2001）。

在应对丧偶问题上存在的性别差异，可能由这样几个因素造成。首先，丧偶的男性失去了一位照护者，而丧偶的女性通常此前一直在为丈夫操持事务。其次，女性应对得更好，还有可能是因为丧偶时她们相对更年轻，而且"女性会预计到她们会作为丧偶者度过余生"（Canetto, 2001, p. 187）。几乎每一位 60 岁以上的女性都认识其他年纪相仿的丧偶女性，在某种程度上，她们可能在心理上已为丧偶状态做好了准备。这有些悲哀，但却是事实。

许多心理学家认为，女性能更好地应对丧偶是因为她们拥有支持网络。然而，一项使用前瞻性纵向方法检验这一假设的研究发现了令人惊讶的结果。研究者测量了参与者社交网络的规模和质量，并在他们丧偶前的一个时间点和丧偶后的多个时间点测量其幸福感。如果社会支持有助于人们适应丧偶生活，那么随着时间的推移，那些拥有更好社交网络的人将会通过重获之前的幸福感而适应更佳。采用来自德国、英国和澳大利亚三国的全国代表性样本，研究者发现，无论对男性还是对女性来说，没有任何证据表明更好的社会支持会使失去人生伴侣的人好过一些（Anusic & Lucas, 2014）。这可能是因为，对一个人的社交网络而言，妻子或丈夫是如此重要，以至于生活中的所有其他人都无法弥补配偶的角色。

关于女同性恋伴侣的丧偶情况，人们还知之甚少。异性恋主义使得应对丧失同性伴侣变得更加困难（Cruikshank, 2003）。一项对 55 岁以上多样化女同性恋者的在线调查发现，大多数失去终身伴侣的人，皆因处于女同性恋关系而遭遇了法律、经济或社会方面的阻碍（Averett et al., 2011）。如果一对伴侣没有向朋友和家人出柜，那么她可能就不得不独自承受哀伤。其他人不会意识到，她"逝去的朋友"可不仅仅是个朋友。

随着时间的推移，大多数失去人生伴侣的人都表示，他们会再次积极地感受生活。在一项关于丧偶后心理韧性的研究中（Dutton & Zisook, 2005, p. 884），许多受访者，比如这位 54 岁的女性，谈到了他们是如何应对丧偶的以及从中领会到了什么：

> 失去我深爱的丈夫这一经历，使我更加深刻地意识到日常生活中的美好，以及需要去分享他人的痛苦和快乐……它支撑着我，让我怀着比以往更热切的感恩之心迎接每一天的挑战。

工作与成就

对于社会经济地位优越的女性来说，中年可能是一段非常积极而充实的时光。此外，近几代女性可能要身兼伴侣、母亲和有偿劳动者等多重角色，这也可能带来更好的心理适应。中年对（某些）女性来说是人生的黄金期吗？

处于人生黄金期的女性

有几项研究表明，对受过大学教育的女性而言，中年通常是充满自信、成就感和幸福感的时期。一组年龄为 45~65 岁的加拿大女性称，她们对自己和自己的成就感到满意，并对变老持乐观态度（Quirouette & Pushkar, 1999）。研究者在美国女性的样本中发现了相似的结果。例如，在一项纵向研究中，女性的积极身份认同和对个人权力的自信在 20~60 岁逐渐增强。女性对自己正在为世界作贡献和照护下一代的信念持续增强，直到中年期，然后趋于稳定（Zucker et al., 2002）。这种信念与成功应对老化密切相关（Versey et al., 2013）。

在另一项对 26~80 岁具有大学学历人员的研究中，50 岁出头的女性生活满意度最高。与其他年龄群体（无论更年长还是更年轻）相比，这些中年女性承担的照护孩子的责任相对较少，健康状况更好，收入也更高。她们自信且融入世界之中（Mitchell & Helson, 1990）。研究者认为，50 多岁是女性一生的黄金期。

对一些女性来说，中年是一个探索新的职业生涯方向或重返学校的时机。有关人格发展的心理学理论忽视了这一发展路径，因为那些理论主要建立在白人中产男性规范（完成学业、找一份工作、工作到退休或去世，顺序不分先后）的基础上。对女性而言，刺激她们做出改变的因素各不相同。对一些人来说，一个年龄相仿的朋友或家人重病或去世会促使她们意识到，时间是有限的，充分利用时间非常重要。对另一些女性来说，离婚是开辟人生新道路的催化剂。还有一些女性第一次卸下了照护孩子的责任，决定去追寻一个久违的梦想：

> 我有生以来一直梦想成为一名护士，但却做了秘书。后来，在我 57 岁那年，也就是我们最小的孩子大学毕业时，我终于从平凡乏味的世界中走出来，花了一年时间求学，成为一名注册实习护士。在州考试委员会举行的护士资格考试中，我拿了全班最高分（Boston Women's Health Book Collective, 1998, p. 552）。

中年的变化模式因社会经济阶层而异。与处境相对有利的女性相比，来自贫困或蓝领阶层背景的女性出现健康问题的时间往往更早，因为她们从事的工作对体力要求更高、更加危险，获得的医疗保健也相对较差。对这些女性来说，放慢速度而不是加快速度，可能是中年期的一个主要目标（Boston Women's Health Book Collective, 1998）。然而，对其他女性来说，教育成为重新定义自我的重要手段。在那些最勤奋、最专注的大学生中，不乏一些年长的蓝领阶层女性，她们正在补偿 18 岁时负担不起的教育（Cruickshank, 2003）。教育可以是一个终生的过程（见图 11.6）。

©Peathegee Inc/Blend Images/Corbis RF

图 11.6　对一些女性来说，中年期是一个实现久违了的目标的时机。

退　休

关于男性退休的心理学理论认为，退休是一次重大的人生转变。退休人员的社会地位、权力和收入都下降了。他们获得了大量的闲暇时间，但失去了与同事的日常接触，日常活动和人际互动发生了巨大变化。

这一关于退休的理论模型并不适用于女性（Canetto, 2001; Duberley et al., 2014）。直到近年，仍然很少有女性拥有那种能提供高地位、高权力和高收入的工作。对女性来说，退休往往意味着离开地位较低的工作和从属职位。此外，女性比男性更常因为与工作无关的事件而决定退休，比如丈夫退休并迫使妻子也退休，或者家里有人需要照护（Duberley et al., 2014; Duberley & Carmichael, 2016）。许多低收入劳动者不得不尽可能长时间工作，以维持收支平衡。低收入女性往往作为"非正式员工"一直工作到老，未能积累养老金或福利（Cruikshank, 2003）。

当女性，尤其是蓝领阶层女性，从有偿工作中退休后，她们的劳动总量可能不会发生很大的变化，因为她们还要从事很多无偿劳动。对于一个照护年迈父母、为丈夫做饭、打扫卫生、照护活泼孙辈的女性来说，退休可能不会带来什么不同。事实上，她的无偿劳动可能会增加。正如一位女性在访谈中所说，她喜欢退休状态，因为"我现在有时间做我的工作了"（Calasanti & Slevin, 2001, p. 130）。

离婚或从未结婚的女性往往比已婚女性工作更长的时间，因为她们负担不起较早退休的生活。很少有研究探讨同性恋个体的退休问题。一项研究显示，女同性恋伴侣退休前的平均收入低于男同性恋伴侣、异性恋已婚伴侣及异性恋同居伴侣（Mock, 2001）。女同性恋者比异性恋女性更有可能在成年期持续不中断地工作，但长年的工作可能仍不能给她们带来有经济保障的退休生活（Kitzinger, 2001）。

在媒体形象中，退休人员是热衷于旅游和休闲产品的消费者——健康、微笑的长者在乡间小路上骑行、乘船游览、在户外餐馆品尝葡萄酒。对退休保持积极态度可能是个好主意。研究者测量了老年人对退休的刻板印象，并在 23 年后对他们进行追踪测量，结果发现，在控制了客观因素后，那些态度最积极的人多活了几年（Ng et al., 2016）。

老年贫困

老年女性的贫困反映了一生中与性别有关的不平等的累积。目前，老年女性的工作收入低于男性，拥有养老金的可能性也小得多。很可能，她们曾从有偿工作中抽出时间来照护子女（Sugar, 2007）。如果一位女性常年都在照护孩子、配偶或年迈的家庭成员，那么除非她已经参加了 35 年以上的有偿工作，否则她的社会保障账户工龄统计会被记为零。"把老年女性的照护年数定义为'零年'是公然的性别歧视。女性正因从事社会期待她们从事的劳动而受到惩罚"（Cruikshank, 2003, p. 128）。

在美国，大约 2/3 的贫困老人是女性，其中大部分是少数族裔女性（Schein & Haruni, 2015）。在欠发达国家，由于在教育、就业和获得土地等财富方面存在性别歧视，老年女性的贫困一直是一个问题。然而，在工业化国家，只有美国有大量的老年女性生活在贫困中。在瑞典、法国和荷兰，独居老年女性的贫困率不到 2%；而在美国，这一比例为 17%（Cruikshank, 2003; Schein & Haruni, 2015）。

老年在婚女性比同龄的单身或丧偶女性经济状况要好一些，因为她们的伴侣拥有经济资源。然而，一个依赖丈夫退休计划的中产阶层女性，可能会随年龄的增长而逐渐陷入贫困。通常情况下，积蓄会在丈夫患病临终期耗尽。他的养老金可能会随其去世而终止，而她的社会保障福利也会下降。

女性在有收入时期所处的社会阶层与其年老时贫困的概率有很大关系：

> 20 多岁的中产阶层职业女性每年都能买得起一份退休储蓄基金，但是打扫他们办公室的女性却负担不起。45 年后，前者可能已经积累了几十万美元，而后者却账无分文。为了获得这笔财富，前者要做的是只需活着……蓝领阶层女性的父母可能会更早地需要她们的照护和帮助……在晚年，拥有住房通常是财务安全的关键，但是，如果有色人种蓝领阶层拥有的房子在贫民区，他们房产的价值可能会下降。（Cruikshank, 2003, pp. 116–117.）

老年贫困女性的困境是任何人都不希望在晚年遭遇的：

> 我尽量买最便宜的东西。我总是冲奶粉代替牛奶……如果我需要衣服，我会穿过街道去旧货商店。我会留意别人家的旧货售卖……如果我有80美分，我会去老龄委员会吃一顿热乎乎的午餐，但是每个月的后半段总是很艰难……我只剩最后10美元了，还有两个多星期要过。（一位七十多岁女性的自述，Doress-Worters & Siegal, 1994, p. 192。）

未来世代的女性年老时能避免贫困吗？经济学家估计，即使是今天的劳动女性，要想为退休后的基本生活开支存够钱，也会面临巨大的挑战。据他们计算，目前处于最低收入水平的女性，无论她们多早开始工作或多么努力，都不能存到足够的钱。婴儿潮一代女性退休后，1/3 以上会处于单身状态。2011 年，单身女性家庭的净资产中位数为 22 184 美元，而已婚夫妇家庭的净资产中位数为 139 024 美元（U.S. Census Bureau, 2011）。资源上的差距反映了女性一生的收入仍然比男性低很多的事实。

让转变发生

年龄是人生的一个维度，既是生物性的也是文化性的。生理、心理和社会因素交互作用，定义了个体的年龄及其含义。虽然变老和死亡是不可避免的，但老年生活质量欠佳并非不可避免。

改变社会：老年能动主义

由于老年人在人口中的比例越来越大，他们的政治影响力也越来越大。美国人口普查局预测，到 2050 年，美国 65 岁及以上的人口将接近 8 400 万，几乎是目前数量的两倍。人数庞大的婴儿潮一代从 2011 年开始步入 65 岁；到 2050 年，婴儿潮一代依然健在者都将超过 85 岁。人口老龄化将对社会保障和医疗保险等计划产生广泛的影响（Ortman & Velkoff, 2014），并可能以不可预见的方式影响家庭、企业和流行文化。

有许多组织致力于参与为 60 岁以上老年人争取权益的政治积极行动。然而，这些组织有时将老年人视为性别中性群体，忽视了女性尤为关注的那些问题。女性组织关注的又往往是生育权等对年轻女性更为重要的问题。此外，致力于女性问题的组织和致力于老年人问题的组织也很少相互联系。因此，我们社会中老年女性的问题才刚开始被认识和处理。

由于婴儿潮一代已经到了退休年龄，为老年女性和男性争取权益的积极行动可能会增加。这代人是伴随着民权运动、女性运动以及和平与环境运动成长起来的。相比前几代人，他们受过更好的教育，期待更高的生活水平，并且他们也知道，当涉及改变社会政策时，往往是"会哭的孩子有奶吃"。此外，他们已经建立了一个组织网络，为老年人提供教育和支持（见专栏 11.2）。

改变社会互动：掌控后半生

在当前一代中年女性中，有些人正在为她们的老年生活设想新的道路。与以往几代人相比，今天，中年期的女性更可能单身、丧偶或离异，而且这些女性意识到，她们年老时不能指望配偶的陪伴或退休养老金。一些女性选择与其他女性共同生活，不仅更经济，而且可以获得相互陪伴和支持。这一选择是基于女性的一项优势，即她们终生都与女性朋友维系着紧密联系（Adams, 1997）。

《纽约时报》的一篇文章（Grand, 2004）讲述了一些结伴养老的女性。克里斯蒂娜是一位 60 多岁的立约人，她为自己和三个朋友建了一座房子共同居住，房子里还有健身房和热水浴池。另有两名 60 多岁的女性在城市的一栋高层建筑里买了相邻的公寓，打算在能力所及的情况下，相互帮助，享受生活。目前还没有官方

专栏 11.2 ～　*积极行动的资源*

....

　　有很多方法有助于你成为为老年女性争取权益的积极行动者。下面是一些致力于提升女性社会权益尤其是老年女性健康和福祉的美国国家组织。

　　黑人女性健康促进会：一个通过教育、研究、倡导和领导力发展等方式关注非裔美国人健康的机构。该组织是非裔美国女性健康的领导力量，促进黑人女性在身体、心理和精神方面实现最佳健康状况。

　　灰豹：一个由两代积极行动者组成的美国国家组织，致力于改变有关和平、就业、住房、反歧视（年龄歧视、性别主义、种族主义）和家庭保障等问题的社会政策。多年来，"灰豹"这一组织已经终止了 65 岁强制退休的做法，披露了养老院虐待问题，并致力于实现全民医疗。

　　美国国家拉丁裔生殖健康研究所：通过倡导健康、组织和拓展社群、发展领导力和制定公共政策，致力于实现生殖正义、提升拉丁裔的健康和尊严。

　　老年正义：为贫困的老年公民提供法律服务支持，倡导促进低收入老年人和老年残障人士的独立及福祉。

　　美国国家女性健康信息中心：这是健康和人类服务部女性健康办公室提供的一项服务，该中心提供了一系列女性健康信息和资源，包括少数族裔女性的健康。

　　美国国家女性健康网：促进对健康议题的批判性分析，以影响政策并支持消费者决策。

　　为男同性恋、女同性恋、双性恋和跨性别年长者提供服务和支持：世界上最早且最大的致力于满足男同性恋、女同性恋、双性恋和跨性别年长者需求的组织。

　　老年女性联盟：一个专门关注中老年女性相关议题的民间组织。该组织在全美有 60 多个分会，其成员针对 40 岁及以上女性在经济、社会和健康方面的平等开展研究，并为她们提供支持。

Contributed by Michelle R. Kaufman and Annie B. Fox.

统计数据表明有多少老年女性正在选择创建自选家庭，不过人们对这种生活选择的兴趣正在迅速增长。婴儿潮一代的女性通常都有集体生活的经历，习惯于掌控自己的生活。老年女性联盟执行董事劳拉·杨评论说（Gross, 2004）："我们以前一起住在宿舍和女子联谊会，毕业之后我们合住公寓。我们一起旅行。我们互相帮助度过了离婚和父母离世的日子。为什么不更进一步呢？"

目前，新的集体生活似乎在很大程度上成为中产阶层的一种趋势。然而，为老年人维权的积极行动者早就指出，公共补贴住房在设计上通常基于这样一种假设：承租人要么是已婚夫妻，要么是独自居住的女性。为什么没有为两名女性设计的既有私人空间又有共享空间的单元（Cruikshank, 2003）？友谊对女性如此重要，因此，老年女性的生活质量可能取决于她们能够选择如何生活，以及跟谁一起生活。这利害攸关，因为女性寻求避免老年孤独和贫困。

改变自己：抵制年龄歧视

你可能已经看到过几百个声称可以阻止或逆转衰老的面霜和化妆品广告，但很难找到关于消除年龄歧视的工作坊或研讨会的信息（Palmore, 2015）。年龄歧视是美国社会最不被承认的偏见和歧视形式之一。一项综述回顾了58项关于如何改变大学生对老年人的认知和态度的研究，结果发现，虽然通过课程材料可以很容易地提供相关知识，但改变态度的最佳方式是直接与社群中的老年人接触（Chonody, 2015）。通常，社交网络中存在年龄隔离现象，大学生认识的老年人可能只有他们的祖父母或外祖父母。

作为存在年龄歧视的社会的一员，我们谁也不能声称自己完全没有年龄歧视。然而，我们可以设法分析和抵制它。我们是否经常以刻板印象描绘老年女性？当我们称赞某人"你看上去比实际年龄年轻"时，隐含的意思是，如果她看起来跟实际年龄相符，那会是一种不幸。当我们称赞一位老年女性总是活跃或忙碌时，我们忘了年轻人其实不必为了被视为有价值的人而总是忙个不停。当你遇到一位说自己已经退休的女性时，你是否觉得跟她没什么可聊的？当有人用"老"这个词来贬低别人时，你会保持沉默吗？

即使那些看似正向的刻板印象，也可能是有害的，因为它们把一个类别中的所有成员都看成相似的并设定了行为标准。媒体往往只关注跑马拉松或蹦极的老年人，这就是在暗示：那些不是特别健康或活跃的老年人，在某种程度上未能成功应对老化。另一个正向但也许有潜在危害的形象是"睿智长者"刻板印象。不是每个老年人都是睿智的！与年轻人相似，老年人也都是独立的个体。他们想要自己定义自己，并获得他们所需的社会支持以发展自己。作为一个社会整体，我们应该给予老年人应得的尊重和关怀。

进一步探索

Cruikshank, Margaret (2003). *Learning to Be Old: Gender, Culture, and Aging.* Westport, CT: Greenwood Press.

正如书名所示，这本书将社会性别置于老化问题分析的首位。该书的女性主义视角引出了许多关于女性年龄增长的新见解，以及许多对社会变革的具体建议。

Muhlbauer, Varda, Chrisler, Joan C., & Denmark, Florence L. (Eds.) (2015). *Women and Aging: An International, Intersectional Power Perspective.* New York: Springer.

在每种文化下，权力的差异都影响女性如何变老。该书汇集了一组开展多样化研究的研究者，探讨的主题包括：老年女性、权力和身体；多重角色；领导力；性态，包括老年女同性恋者；为老年女性赋权的干预项目。

Positive Aging.

该电子通讯由心理学家玛丽·格根（Mary Gergen）和肯尼斯·格根（Kenneth Gergen）联合创办。它对老化领域的新研究进行了汇总，并提供了有助于最大程度过好后半生的各种资源。

第五编

性别与幸福感

第 12 章

对女性的暴力

安妮·福克斯、玛丽·克劳福德

父权制社会制度在世界范围内造成的危害，最明显的表现也许就是对女孩和成年女性的暴力。基于性别的暴力具有一些共同特点。第一，尽管它普遍存在，但是往往非常隐蔽。第二，它往往被低估；有关侵害女孩和成年女性的犯罪统计数据常常不可靠，通常会错误地低估这一问题。在前面的章节中，我们讨论了杀害女婴、同伴和教师对女孩的性别相关骚扰（第 6 章）、强制性生殖器手术或切除（第 7 章）以及职场性骚扰（第 10 章）。在本章中，我们将探讨其他形式的性别相关暴力，并描述对女性的暴力如何关涉性别制度的各个层面：社会文化层面、人际层面和个体层面。让我们通过一个美国社会中对女性的父权制暴力的例子，看看这几个层面是如何相互关联的。

2012 年，贝勒大学的一名女生两次遭到校橄榄球队一名队员的强暴。她向韦科市警察局报案，那名橄榄球队队员因性侵犯而被捕。最终，他被橄榄球队除名，也被大学开除，并被判两项性侵犯罪名成立。虽然表面上看起来似乎正义得到了伸张，但这个故事还有很多内情。那名女生感到她的安全受到了威胁，因为攻击者曾是该校的一名学生并且仍然待在那片区域。当她向校园警察告知强暴事件时，警察告诉她，他们做不了什么。学生健康中心和学业服务部门也告诉她，他们为她做不了什么。由于无法获得有助于恢复的资源，也就是那些法律要求学院和大学为性侵犯受害者提供的服务，她最终离开了贝勒大学，去了一所社区学院

（Lavigne, 2016）。

　　这不是一个孤立事件。另有 5 名女性报告说，在 2009—2012 年，她们也曾遭到那名橄榄球队队员强暴或侵犯，但他在那段时间仍然在学校打橄榄球（Lavigne, 2016）。而且他不是唯一被控性侵犯的贝勒橄榄球队队员。事实上，针对贝勒大学橄榄球队成员的性侵犯投诉相当普遍，但令人不安的是，这些投诉被忽略了。一项独立调查显示，2011—2015 年，有 17 名女性报告了 19 名橄榄球运动员的性侵犯或伴侣暴力，包括 4 起团伙强暴（Reagan, 2016）。

　　在性别制度最广义的层面（社会文化层面），大学里拥有社会和政治权力的男性——橄榄球队的教练和队员以及高级行政人员，默许了一种对女性充满敌意和威胁的氛围。对贝勒大学性侵犯案件处理的独立调查显示，橄榄球队教练会见了受害者和她们的父母，却试图诋毁他们，阻碍他们告发侵犯事件，并营造了一种橄榄球运动员似乎可以不按规则行事、几乎不会被追究责任的氛围（Baylor Report）。在人际层面，侵犯同学的橄榄球运动员滥用了他们作为橄榄球运动员以及作为男性的地位和权力。在个体层面，这些侵犯对女性造成了创伤；她们不被相信，教练试图诋毁她们，而且当她们说出侵犯事件时又被拒绝提供有助于恢复的服务，这些都加重了创伤。

　　不幸的是，贝勒大学的丑闻并不是一起孤立的事件。相反，这只是过去几年爆发的几起备受瞩目的性侵犯丑闻之一，其他的还有蒙大拿大学案件（Krakauer, 2015）、斯坦福大学案件（Chappell, 2016）、范德比尔特大学案件（Ellis, 2016）和田纳西大学案件（Andrusewicz, 2016）。事实上，大学校园性暴力已经变得如此普遍，以至于国家层面已对此作出回应（如：《克莱利法案》、《校园拯救法案》、保护学生免受性侵犯的白宫特别工作组）。

　　如何能够制止此类暴力？干预措施必须涵盖性别制度的所有层面。在本章的最后，我们将回到贝勒大学案件，阐述如何通过在性别制度的三个层面进行干预来终结针对女孩和成年女性的暴力这个更大的问题。如果由你负责解决这个问题，你会从哪个层面开始？

对女孩和成年女性的暴力：全球视角

据联合国报道（García-Moreno et al., 2005; UNIFEM, 2007），暴力侵害女性是全球最普遍的人权侵犯行为之一。据估计，全世界有 35% 的女性在一生中遭受过身体暴力或性暴力。在一些国家，这一数字高达 70%（WHO, 2013; United Nations, 2015）。通常，当思考针对女性的暴力时，人们会把侵犯者或受害者作为个体来看待。然而，暴力侵害女性行为的普遍存在，表明它的根源和机制在于性别制度的社会文化层面。

性别制度与暴力

性别相关暴力（gender-linked violence）通常会被合理化、纵容或忽视。几乎在每种文化下，某些对女孩和成年女性的暴力行为都被视为理所当然。有些形式的暴力，如对有婚外情的女性（而非男性）施以石刑[1]，可能还得到了国家的官方许可；另一些形式的暴力则代表了一种半官方或非官方的恐怖主义。

已有研究记录了性别化暴力盛行的许多例子：

- 在全球范围内，38% 的女性命案受害者是被她们的男性伴侣杀害的（WHO, 2013）。

- 在世界各地的战区和难民营中，强暴及其他针对女性的暴力行为普遍存在（Kristoff & WuDunn, 2009）。

- 目前有超过 1.25 亿女孩和成年女性曾遭受生殖器切割（United Nations, 2015）。

虽然不是每位女性都会直接遭遇暴力，但暴力相向的威胁是所有女性日常生活的一个重要部分。这种暴力在文化上可以被视为控制女孩和成年女性的一种奏效的方式。从基于性别的暴力对女性身体健康和心理福祉所造成的深刻负面影响中，就可以看出单纯作为女性本身所附带的危险。对于那些直接经历暴力的人来说，暴力不仅会造成身体伤害，还会导致慢性疼痛、残障、意外怀孕、性传播疾病、抑郁、焦虑、自杀风险升高、药物滥用和创伤后应激综合征（United Nations

---

[1]　乱石钝击致死——译者注

Development Program, 2014）。女性遭受的不平等和压迫致使一位公共健康专家宣称："生为女性对你的健康来说是危险的"（Murphy, 2003, p. 205）。

世界卫生组织认为，各种形式的性别相关暴力有一个共同的深层原因："女性的社会地位低，以及将女性视为男性财产的观念"（as cited Murphy, 2003, p. 208）。针对女性的暴力与男性统治和控制这一社会背景密不可分。父权制社会观念赋予男性相较于女性更高的价值。人们理所当然地认为，男性应该在政治、经济和社会世界中占主导地位，包括在家庭生活和人际关系中。这被视为正常且自然。对女性的暴力是一种宣示，宣示男性可对女性施加权力和控制（White et al., 2000）。

有强暴倾向的社会

在不同文化下，女性的地位均与针对女性的暴力行为的发生率有强相关（Archer, 2006; Vandello & Cohen, 2006）。在女性有机会获得权力和资源的社会中，虐待妻子等暴力侵害女性行为的发生率相对较低（Rudman & Glick, 2008）。在有强暴倾向的社会中，强暴的发生率高与男性气概的表达有关，而且强暴被视为惩罚和控制女性的一种可接受的工具。相比之下，在没有强暴倾向的社会中，强暴和性攻击比较少见，因为这些社会重视并尊敬女性，男性和女性的权力相对平衡（Sanday, 1981, 1983）。如你所料，有强暴倾向的社会要比没有强暴倾向的社会多得多。让我们来看一个有强暴倾向的社会的例子。

在南非，女性获得权力和资源的机会有限，强暴和性暴力司空见惯。一项研究发现，有40%的女性报告遭受过性侵犯（Kalichman et al., 2005）。此外，调查研究表明，近1/3青春期女孩的初次性经历涉及胁迫性性行为（Jewkes & Abrahams, 2002）。文化观念和社会规范将男性气质与对女性的性支配和控制联系起来。南非的男性和女性都赞同，女性应该是被动和顺从的，并且有相当比例的人赞同强暴迷思，将性暴力归咎于女性（Kalichman et al., 2005）。由于女性被期待处于从属地位，而男性被期待控制亲密关系，因此女性无法拒绝性行为、无法要求伴侣使用安全套或阻止伴侣参与多重性关系，这使她们面临遭遇性暴力以及感染艾滋病等性传播疾病的更大风险。2002年的一项研究估计，南非有13%的女性是人类免疫缺陷病毒感染者，而感染了人类免疫缺陷病毒的女性更可能遭受性暴力（Shisana & Simbayi, 2002）。

基于"荣誉"的暴力

基于"荣誉"的暴力是社会文化因素导致暴力侵害女性的另一个例子。基于"荣誉"的暴力包括由父权制家庭价值观和社会价值观导致的、任何形式的指向女性的暴力，那些价值观常常将"荣誉"与对女性性行为的管理和控制联系在一起（Gill & Brah, 2014）。荣誉谋杀（honor killings）发生在当一名女性的行为被认为给其男性亲属带来了耻辱时；荣誉蒙羞可由多种原因引起。这名女性可能拒绝了一场包办婚姻，可能与其他宗教或种姓的人结婚了，也可能被指控有婚外情。抑或是，她可能遭到了性侵犯或强暴。在这些情况下，只有通过杀死这名女性才能恢复荣誉。据联合国估计，每年有 5 000 名女性在荣誉谋杀中被杀害（UNFPA, 2000），这一数字可能低估了荣誉谋杀的发生率，因为许多案件并未被报告（Solberg, 2009）。荣誉谋杀发生在世界各地的许多国家，包括阿富汗、伊朗、埃及、以色列、黎巴嫩、英国以及美国等。

在许多发生荣誉谋杀的国家，法律会减轻或免除对杀害妻子的男性的惩罚；还有些国家虽然制定了旨在保护女性免受暴力侵害的法律，但是这些法律却被忽视了（Parrot & Cummings, 2006）。在巴西，杀死妻子、女儿或姐妹的男性可以声称这是"对荣誉的正当防卫"，以逃避惩罚。尽管在巴西的任何刑法条款中都找不到这样一种辩护，但该理由仍然被使用，有时还可能辩护成功（Pimental et al., 2006）。荣誉谋杀得到了所在国执法部门和政府的宽恕、忽略或法律许可，这表明在许多社会中，对女性的贬低是多么根深蒂固。

在发生武装冲突和战争的国家，如塞拉利昂、利比里亚、苏丹、乌干达和刚果等，群体强暴已经成为一种战争工具。荣誉强暴（honor rapes）的目的不仅在于羞辱受害者，还在于羞辱她的部落、宗族或族群。通常，遭遇强暴的女性没有追索权。如果她们去医院寻求治疗或者报警，她们可能会因非婚性行为而被投入监狱（Kristoff & WuDunn, 2009）。一份联合国报告估计，在利比里亚内战期间，90% 的 3 岁以上女孩和成年女性遭到了性侵犯（Kristoff & WuDunn, 2009）。一位联合国前官员评论道："在武装冲突中，女性的处境可能比士兵更危险"（Kristoff & WuDunn, 2009）。直到近年，强暴才被认定为战争罪。2016 年 3 月，海牙国际刑事法院裁定刚果民主共和国前副总统犯有反人类罪，包括在他指挥期间他的部队犯下的强暴罪行（UN News, 2016）。

性人口贩卖

　　贩卖女孩和成年女性的行为几乎发生在世界上每个国家，包括美国（Banks & Kyckelhahn, 2011; McCabe & Manian, 2010; U.S. Department of State, 2016）。据联合国儿童基金会估计，仅在东南亚，每年就有 100 万儿童被贩卖到商业性性工作中（Meier, 2000）（见专栏 12.1）。性人口贩卖有许多形式。在泰国，旅游胜地附近的城市贫民窟里的儿童，可能会被指使向有恋童癖的西方游客卖淫（Montgomery, 2001）。在尼泊尔，农村女孩可能被诱骗或卖给人贩子，后者把她们带到印度的妓院工作，在那里她们完全没有人身自由（Crawford, 2010）。联合国已将人口贩卖，包括以性剥削为目的的人口贩卖，认定为一个全球性问题（United Nations, 2000）。它是全世界第三大犯罪活动，仅次于毒品贩卖和武器贩卖（Crawford, 2016）。然而，性人口贩卖产业的规模和范围仍然难以准确估计。不过，我们知道性人口贩卖依旧是一个巨大且赢利的产业。数以百万计的女性和儿童被贩卖到性交易中。全球范围内，与性交易有关的利润估计在 300 亿到 500 亿美元之间（Belser, 2005; Kara, 2009）。在美国，仅佐治亚州亚特兰大市的非法性产业每年就有 2.9 亿美元收入（Dank et al., 2014）。

　　人口贩卖的模式是由性别相关的物质资源不平等所塑造的（Farr, 2005）。一般而言，被贩卖的女孩和成年女性来自欠发达、不富裕、政治不稳定的国家。某些欠发达国家和高失业率的工业化国家往往是人口贩卖的源头。更富裕的国家是人口贩卖的目的地，在那里，被贩卖的女孩和成年女性被奴役在卖淫场所，或以其他方式被强制参与卖淫。有些国家是交易中心，多国人口贩卖者在那里买卖女性。交易国通常有高度发达的性产业（如泰国、菲律宾）或强大的有组织犯罪集团（如阿尔巴尼亚、土耳其、尼日利亚）。

　　尽管极端贫困往往起着重要作用，但女性和儿童易遭贩卖有多种原因，包括全球化、社会和政治不稳定、战争、性别不平等和压迫，以及使家庭易受伤害的选择受限（APA, 2014）。例如，在泰国，一些父母接受他们的孩子遭受性虐待是因为，除此之外，孩子唯一的生存选择就是每天在垃圾桶里捡 12 小时垃圾（Montgomery, 2001）。在尼泊尔，农村贫困、内战和缺乏受教育机会使许多女孩想去印度，尽管有最终进入卖淫场所的风险（Crawford, 2010）。此外，艾滋病的流行使世界很多地方年幼女孩的市场价值提高，因为男性寻求无经验性伴侣以避免

专栏12.1 ∽　　莱克：一个"童妓"的故事

莱克在泰国一个旅游胜地附近的贫民窟长大。人类学家希瑟·蒙哥马利在一项民族志研究中记录了她从很小的时候就遭受性剥削的故事：

莱克3岁时被她的8岁邻居塔伊引介到性交易中。塔伊带她去见英国商人詹姆斯……莱克记得看到詹姆斯付钱给塔伊，让塔伊为他手淫。几周后，莱克也做了同样的事，并持续这样做，直到她6岁时开始与他性交。作为回报，詹姆斯给了莱克家人钱……从那以后，她成了一名卖淫者，平均每年大约接待20名男性，尽管她最常规的收入来源仍然是詹姆斯。她拒绝称他为客户或顾客，而是把他称为男朋友。她也拒绝把他看作剥削者；她说，"他对我这么好，你怎么能说他坏呢？"

当我见到莱克的时候，她12岁了，还怀着另一个外国客人的孩子。她早产了，生了一个女孩……莱克考虑过把孩子送进孤儿院，但最终还是决定不这么做，而是又回到卖淫行业，以此来抚养孩子。家里没有钱支付孩子出生时的医疗费用，于是她向表亲努克的客人求助，一个叫保罗的60岁的澳大利亚人。保罗支付了她所有的医疗费，作为回报，她在生完孩子后跟保罗进行了性交易。在孩子出生6周后，她又继续回去卖淫……

资料来源：From Heather Montgomery, *Modern Babylon? Prostituting Children in Thailand* (New York: Berghahn Books, 2001), p.80. Reprinted by permission of the publisher. All rights reserved.

感染艾滋病病毒。

　　人口贩卖是对成年女性和女孩基本人权的严重侵犯。关于被迫卖淫的悲惨、痛苦和屈辱，幸存者[2]及其支持者提供了许多证词（Crawford, 2010; Kristoff & WuDunn, 2009; McCabe & Manian, 2010）。虽然关于人口贩卖的生理和心理后果尚研究有限，但现有研究表明，幸存者出现焦虑、抑郁、创伤后应激障碍、性传播疾病、艾滋病以及各种身体问题（如慢性头痛、头晕、疲劳和记忆问题）的风险

2　与"受害者"相比，"幸存者"有主动求存之意——译者注

增加（APA, 2014; Crawford, 2017）。性人口贩卖的幸存者可能也面临着返乡困境，因为她们遭遇了严重的创伤，也因从事性交易而受到污名化。

消除人口贩卖的努力包括反人口贩卖立法，为高风险人群及其社区提供教育项目，为幸存者提供救援、庇护所和医疗/心理照护，以及起诉人口贩卖者。一些国际组织致力于终止对儿童的性人口贩卖并消除使其加剧的贫困问题，这些组织包括乐施会和亚洲基金会。然而，导致性人口贩卖的不仅仅是贫困，还有对女性价值的贬低以及认为她们是财产而不是人的观念。

暴力与媒体

我们注意到，对女孩和成年女性的暴力往往被正常化，甚至被纵容。通常，媒体对暴力的报道通过淡化侵犯者、暴力或其后果而参与了这一过程。

娱乐化的性别暴力

无论儿童还是成人，人们每天都会在电视节目和电影中目睹性别暴力。不幸的是，电视上描绘的暴力往往不能准确地呈现暴力犯罪的真实侵犯者和受害者的情况。最近一项对网络电视中犯罪题材剧目的内容分析发现，在这些剧目中，与白人男性、黑人男性和黑人女性相比，白人女性更可能被陌生人强暴、谋杀或攻击（Parrott & Parrott, 2015）。然而，美国国家犯罪统计数据显示，男性更经常是谋杀等暴力犯罪的受害者（FBI, 2015）。电视上普遍存在的对女性的暴力是为了恫吓女性，给她们一种错误的印象，让她们以为自己处于被陌生人谋杀或强暴的危险之中。然而，对女性来说，真正的威胁可能来自她们认识或爱的人。

儿童接触媒体暴力是一个特别需要关注的影响因素。大多数电视节目和电子游戏都含有暴力，而且暴力行为常常被描绘为无关紧要、正当或有趣的。当一个美国孩子读完小学时，他/她已经在电视上看到过10万多次暴力行为，其中包括8 000多次谋杀。三十年来的研究已明确显示，接触媒体暴力与儿童和青少年攻击性情绪、思维和行为的增加有关（Anderson et al., 2003; Anderson & Carnagey, 2009）。媒体暴力使人们对真正的暴力感到麻木，同时建构了一种图式，即世界是一个危险、可怕的地方，一个人要生存必须要有攻击性（Fanti et al., 2009; Larson, 2003）。

电子游戏是最新的一种使儿童变得有攻击性的媒体形式（见图 12.1）。在美国和日本，85% 以上受欢迎的电子游戏都包含一些暴力内容。许多心理学家担心，电子游戏甚至比其他形式的媒体更有可能助长暴力，因为儿童会积极地参与游戏中的暴力。元分析表明，接触暴力电子游戏与攻击性思维、信念、态度、情绪和行为的增加有关，并会减少帮助他人等积极的社会行为（Anderson et al., 2003; Greitemeyer & Mügge, 2014）。对儿童和青少年的纵向研究发现，习惯性或持续性地玩暴力电子游戏与数月甚至数年后的攻击行为增加有关（Anderson et al., 2008; Willoughby et al., 2012）。另一项对青少年的纵向研究发现，大量使用暴力电子游戏等攻击性媒体会导致青少年对暴力持更接纳的态度。对暴力更接纳的态度又与后来约会暴力发生率的增加有关（Friedlander et al., 2013）。

女性人物在电子游戏中很少见，但当她们出现时，往往被描绘成乱交的性客体或攻击的目标（Burgess et al., 2007; Dill & Thill, 2007）。在最畅销的电子游戏《侠盗猎车手》系列中，玩家可以雇佣卖淫者，与其进行露骨和有辱人格的性交谈，

©Andrey_Popov/Shutterstock RF

图 12.1 研究表明，如果儿童大量玩暴力电子游戏，他们后来可能会变得更具攻击性。

发生性行为，然后杀死卖淫者以拿回本金。在电子游戏中做出这样的行为会如何影响他们对女性的态度和行为？凯伦·迪尔与合作者（Dill et al., 2008）让大学生参与者观看电子游戏（包括《侠盗猎车手》）中男性和女性的"刻板印象化性形象"（sex-stereotypical images），或中性的男性和女性形象。然后，参与者阅读一个涉及复杂且模棱两可的性骚扰事件的真实故事，并回答该事件是否构成性骚扰。研究者发现，与观看中性女性形象的男性相比，观看电子游戏中刻板印象化女性形象的男性更能容忍性骚扰事件，而且长远来看，玩暴力电子游戏与支持强暴的态度呈正相关（Dill et al., 2008）。

当对女性的暴力行为被视为一种娱乐形式时，人们可能会觉得它更容易接受、危害也更小。它还强化了一种观点，即女性是软弱的，使用武力去控制她们是可接受的。影像观看设备（如高清电视和 3D 电视）的技术进步意味着电视上呈现的对女性的暴力行为越来越形象和生动。虚拟现实技术也越来越受欢迎，人们可以沉浸在虚拟世界中。高科技图像和虚拟现实旨在提升观看体验，但它们对人们有关暴力侵害女性行为的态度有什么影响，它们如何影响媒体暴力与攻击行为之间业已确立的关系？这些问题仍然有待探讨。

色情产品

在所有对女性的描绘中，最受争议的可能是色情产品对女性的描绘。如何对待色情产品是女性主义研究者和积极行动者内部存在争议的一个话题。一些人认为，色情产品是对女性的暴力行为的一种形式，应该加以禁止。另一些人则认为，一幅图像是否带有色情意味取决于观看者的视角：有些人认为色情的东西，另一些人可能认为是艺术；有些人认为道德上令人反感或性别主义的东西，另一些人可能认为是言论自由。下面，我们从多个角度来审视色情产品。

什么是"色情产品"

似乎很难准确地确定什么是色情产品、什么不是，但性图像可以根据其潜在的心理影响和社会后果来区分。社会心理学实验表明，材料的性露骨程度并没有那么重要，重要的是性主题是否在暴力或侮辱的背景下呈现。因此，一些学者建议，**色情产品**（pornography）一词应专指将性主题与暴力、非人化、侮辱或虐待相结合的材料，而那些仅仅涉及性唤起而不包含暴力、非人化等上述主题的材料，可能最好将其称为**情欲作品**（erotica）（e.g., Longino, 1980; Russell, 1993; Scott, 2008; Steinem, 1980）。在大多数色情产品中，女性都是遭受侮辱和虐待的人。当研究者从 2004 年和 2005 年租用最多的 44 部成人影片中随机抽取 122 个场景进行内容分析时，他们发现共有近 1 500 次身体攻击和言语攻击行为，其中 87% 针对的是女性（Sun et al., 2008）。

色情产品普遍存在

在过去 30 年中，无论男性还是女性、成人还是儿童，所有美国公民都越来越容易接触到色情产品中的女性形象。色情产业从 20 世纪 90 年代开始迅猛发展，主要是由于成人视频的流行、有线电视的订阅以及互联网的发展。网络色情产品泛滥成风。在 2010 年最受欢迎的 100 万个网站中，有 4.2% 被归类为色情网站，而且从 2009 年到 2010 年，大约 13% 的网络搜索是为了查找色情产品（Ogas & Gaddam, 2011）。色情网站每月的点击量比亚马逊、网飞和推特等热门网站还要高（*Huffington Post*, 2013）。研究者估计，很快将会有 2.5 亿人使用手机和平板电脑访问网络上的成人内容（Juniper Research, 2013）。

随着色情产业的蓬勃发展，它对美国流行文化产生了切实的影响。色情文化以前所未有的方式成为主流。广告商利用色情题材来销售手表和牛仔裤等普通物品，并招募色情影视明星去兜售运动鞋等产品。在黄金时段电视节目和好莱坞电影中，色情产品被提及以及色情影视明星亮相都越来越普遍（Farrell, 2003）。也许，色情文化主流化的最显著证据就是互联网"电视"频道的丰富性，其中包含了大量由业余爱好者和专业人士上传的色情视频（Hyde & DeLamater, 2017）。

色情产品是针对女性的暴力的一种形式吗

那些认为色情产品应该受到限制的女性主义者认为，色情图像之所以特别令人关切，不仅是因为它们描绘了性暴力，还因为色情产品的创作和使用与对女性的真实暴力密切相关。近年来，许多描绘公然对女性实施暴力的色情图像不仅是"图像"，而且是对真实性暴力或性羞辱的记录。这些画面中的女性可能是自愿接受这样的对待，以换取收入或其他报酬，但是根据第一手资料，有些人可能是被迫的。

参与色情产品制作的女性并不是唯一受其伤害的人。我们从实验研究中得知，与情欲产品相比，色情产品更能够至少暂时性地对男性有关女性的态度和行为产生负面影响。涉及性暴力或性侮辱的图像，无论是否露骨，都会加重男性对女性的支配行为和客体化，增强男性的强暴迷思观念，提升男性对暴力侵害女性行为的接受度，并降低他们对性平等的支持度（e.g., Linz et al., 1987; Mulac et al., 2002; Wright & Tokunaga, 2016）。出于现实和伦理方面的原因，研究者不能用实验研究来检验现实世界中色情产品与对女性的暴力行为之间的关系；然而，相关关系研究支持了这一关联。一项对非实验研究的元分析发现，男性观看色情产品的程度与其支持对女性的暴力行为的态度之间存在显著正相关（Hald et al., 2010），也与其实施性攻击行为的可能性呈正相关（Wright et al., 2015）。在对受暴女性的访谈中，研究者发现40%~60%的施虐者使用了色情产品，试图强迫受害者表演其中的暴力场面（Cole, 1987; Cramer & McFarlane, 1994; Sommers & Check, 1987）。

我们无法从这项研究中得出色情产品导致男性对女性的暴力这一结论，但很显然，色情产品与性暴力有关，而且它可以为有攻击冲动的男性提供性唤醒的行为脚本。当男性观看色情产品自慰时，他们可能是在使自己的身体对暴力侵害女性的行为形成愉快的条件反射（e.g., Reed, 1994; Seto et al., 2001）。

一些女性主义者认为，在美国文化所有流行的女性媒体形象中，色情形象最具潜在的破坏性。詹森（Jensen, 2007）认为，色情产品反映并延续了美国社会对女性的看法：女性是男性性支配的客体。另一方面，也有女性主义者希望在词汇／图像与行为之间保持清晰的区分。一些女性主义者认为，审查色情产品可能会导致对女性的普遍审查。历史上，女性被以"保护"之名剥夺了接触与自身的性有关的信息。将色情产品视为淫秽品并因此对其进行审查是一种滑坡，可能导致对任何人认为有冒犯性的任何材料均进行审查，如女同性恋情欲作品或以女性为中心的性教育材料。

并非所有色情产品都是由异性恋男性消费的。异性恋女性、女同性恋者和男同性恋者也会购买和使用色情产品。有些人担心，由于在界限划定问题上存在分歧，审查色情产品可能会导致人们无法接触到他们感觉有趣、有愉悦感以及与他们正常、健康的性表达有关的材料。这种观点认为，色情产品可以帮助对性尝试感兴趣的女性。此外，一些伴侣会使用色情产品来激发两相情愿的性活动。

关于色情产品问题的女性主义辩论不太可能很快得到解决，双方都有颇具说服力的理由。然而，如果辩论能让双方都批判性地思考情欲和色情媒体中对女性的描绘，那么这场辩论就会富有成效。

暴力与社交媒体

根据近期的一项研究，大约 75% 的青少年拥有手机或有机会使用手机，92%的青少年报告说每天都会上网，且主要是通过移动设备上网（Lenhart, 2015）。无处不在的手机和即时可达的互联网已经改变了儿童、青少年和成年人相互交流的方式。尽管这些技术进步给人际联结带来了很多好处，但也有不利的一面。社交媒体已经成为一种骚扰和欺凌的工具，而且照片和视频分享的便捷性意味着，那些曾经属于私人的信息，只要点击按键就可以迅速分发给数百万人。

在青少年和成年人中，**发送性信息**（sexting），即通过短信或电子邮件发送自己的性外显的照片或视频，已经变得越来越普遍。目前关于这一现象的研究还非常有限。不过，一项对大学生性信息使用情况的描述性研究发现，超过 3/4 的参与者曾向恋爱对象发送过露骨的文字类性信息，三分之一到一半的人曾发送过有性意味的照片或视频（Drouin et al., 2013）。另一项对大学生的研究发现，虽然30% 发送性信息的人是自愿这样做的，但超过 50% 的人表示自己至少在某些时候感到被施压或被迫这样做，12% 的人表示他们总是感到被施压或被迫发送性信息（Englander, 2015）。迫于压力的性信息发送者更可能是女性，并且更可能是在向一位潜在的男朋友发送（Englander, 2015）。

发送性信息的一个危险之处在于，这些信息很容易被转发给远超预期数量的观看者。两项针对青少年的研究发现，25%~30% 的被调查者曾将收到的裸照转发给其他人（Englander, 2014; Strassberg et al., 2013）。在某些情况下，被发布到网上的照片或视频是**非自愿色情产品**（non-consensual pornography）。非自愿色情产品是指未经照片或视频中人物的许可而发布和传播的性外显素材。当这些图像被作为对分手的报复而发布到网上时，它被称为"报复性色情产品"。姓名、地址和其他个人信息可能与性素材一起被发布，这会使受害者遭受进一步的骚扰。例如，在一个案例中，一名女性发现前男友在一个 X 级（限制级）网站上发布了她的裸照，以及她的全名、电话号码和她居住的街道与城镇。她的照片和身份信息是与一份可以联系她索取口交的邀请一同发布的（Talbot, 2016a）。在另一个案例中，一名女性的前男友在社交媒体、"应召女郎"网站和色情网站伪造了她的个人主页，并在阴道照片旁边公布了她的面部照片。这居然还不够，他还说她"享受团伙强暴"且有性传播疾病（Talbot, 2016a）。尽管男性和女性都可能成为非自愿和报复性色情产品的受害者，但在受影响的群体中，成年女性和女孩的比例远远超过男性（Cyber Civil Rights Initiative, 2014）。

由于互联网上信息传播迅速，因此完全删除非自愿色情产品可能非常困难。即使受害者花费数百小时在网上搜索并发送合法的删除警告，那些图像和信息仍然可能在其他网站上弹出。非自愿色情产品的受害者可能会发现自己的生活被彻底颠覆了。她们可能害怕自己的朋友、家人或雇主发现那些图像。她们可能会经历心理痛苦，包括抑郁、焦虑或社会退缩。当她们的姓名和地址被公布在网络上时，她们也可能担心自己的人身安全。

2013年，美国只有3个州有禁止非自愿色情产品的法律。然而，这一数字在短短3年内大幅上升。到了2016年，34个州和哥伦比亚特区都已经颁布了有关报复性色情产品的法案。此外，《亲密隐私保护法》（Intimate Privacy Protection Act）也被提交到国会。这项法案将传播报复性色情产品定为联邦罪行，最高可判处5年监禁（Franks, 2016）。

对儿童的暴力

对女孩和成年女性的暴力行为，在人生的任何阶段和几乎所有场景之下都有可能发生。下面，我们将探讨主要发生在家庭关系中的针对儿童的暴力。

儿童期性虐待

在儿童期，孩子并不都是有玩具和书籍环绕，生活在安全的环境中，获得安全感以及父母的宠爱。由于儿童幼小并且依赖他人，他们很容易受到成人的伤害和剥削。不幸的事实是，有些孩子过早地知道了"父权制的重要一课：强者控制弱者"（White et al., 2001）。

有相当一部分儿童经历过**儿童期性虐待**（childhood sexual abuse），即儿童和成人之间的强制性性互动。据 2014 年美国国家儿童虐待和忽视数据系统的数据显示，8.3% 的疑似虐待报案涉及对儿童的性虐待。此外，美国及其他国家的研究表明，女孩比男孩更可能受到虐待（Barth et al., 2013; White et al., 2001）。在一个成人样本中，27% 的女性和 16% 的男性报告他们在儿童期遭受过性虐待；在一个 10~16 岁青少年的样本中，15% 的女孩和 6% 的男孩报告曾经遭受虐待。可能有超过 1/4 的美国女性在儿童期遭受过性虐待（Gazmarian et al., 2000）。可悲的是，儿童，尤其是女孩，最常被认识和信任的人虐待。近 90% 的强暴儿童案件是家庭成员和熟人所为。在家庭中，年长的亲戚、兄弟、生父或继父是向女孩施虐的主要人员（Laumann et al., 1994）。

谁遭受儿童期性虐待的风险最大？任何儿童都可能受到虐待，并且各族裔和种族群体之间受虐待儿童的比例似乎差异并不大。事实上，某些特定类型的家庭为虐待提供了温床。存在虐待的家庭往往在情感上疏远和冷漠。这些家庭通常是高度父权制的：父亲是一家之主，母亲处于从属地位，孩子们被教导要毫无疑问地服从。最后，在这类家庭中，家庭成员之间存在很多冲突（White et al., 2001）。

在虐待开始之前，施虐者可能通过对这个孩子格外好来逐渐赢得她的爱和信任。施虐者可能会给她买玩具，晚上给她盖好被子，或者带她出去吃美食。他可能会逐渐地增加不恰当的接触，例如，从盖被子开始到触摸和拍打孩子的背部，再到性触摸。等到孩子意识到这种行为带有性意味并且错误时，它已经成为已建立模式的一部分。在每次虐待发生之后，他可能会道歉并保证再也不会发生。然而，在一个虐待周期中，这种包含爱意和歉意的行为使施虐者获得了孩子接下来的信任，然后是更多的性侵犯。由于施虐者具有凌驾于孩子之上的权力和权威，甚至还可能住在同一个屋檐下，因此孩子可能会感到不知所措、无处求助。生活在一个父权制、专制的家庭中，儿童期性虐待的受害者可能在情感上受到忽视，不敢质疑成人的权力和权威。在这种情况下，施虐者可能会成功地让儿童相信，他们的关系是一个特殊的、充满爱的秘密，而不是犯罪和对信任的背叛（White et al., 2001）。

性虐待可能会对儿童的情绪、认知和社会性发展的许多方面产生负面影响。例如，儿童可能会表现出一些看似不合理的情绪，比如怕黑、晚上害怕睡觉或害怕单独待着。之后，儿童可能会经历抑郁和退缩。行为反应包括在校行为问题、尿床、做噩梦，以及后来离家出走或很小就变得性活跃。成年后，经历过儿童期性虐待的个体与亲密伴侣的关系可能受损，遭受亲密伴侣暴力的风险增高，并且关系满意度较低（Daigneault et al., 2009; Walker, et al., 2009）。一篇关于儿童期性虐待后果的文献综述发现，幸存者更容易出现各种心理障碍，包括抑郁障碍、焦虑障碍、进食障碍、性功能失调、人格障碍和药物滥用（Mangiolio, 2009）。他们的自杀意念更强，自杀企图和完成自杀的风险也更高（Devries et al., 2014; Miller et al., 2013）。

在一项关于成年幸存者康复情况的叙事研究中，一些幸存者指出，尽管他们认为康复是可能的，但真正的疗愈却是不可能的。其中一位幸存者说：

> 我觉得永远无法被疗愈。如果你在一次意外事故中失去了右臂，你将永远无法失而复得，但是你会学会继续前行和应对。这并不意味着你不能拥有美好的生活。只是它（伤痕）永远都会在那里（Anderson & Hiersteiner, 2008, p. 418）。

疗愈与被治愈或重获完整有关，这些幸存者认为这是不可能的。不过，自我表露、支持性的关系以及尝试为经历赋予意义均有助于康复（Anderson & Hiersteiner, 2008）。一项对心理功能良好的成年幸存者的研究表明，这些女性已经找到了应对策略，使她们不会在心理上向虐待投降。她们梦想未来，沉浸于学业成就或创造性活动（如写作）中，以应对她们的痛苦（DiPalma, 1994）。尽管尝试寻找应对策略，但大多数儿童期遭受过虐待的成年女性表示，虐待经历严重影响了她们的整个人生（Laumann et al., 1994）。

如何终结对儿童的虐待

在美国，许多学校现在都资助了一些项目，教导儿童他们有权拒绝不恰当的触摸，并且鼓励他们，如果有人对他们做出有性意味的举动，就告诉成年人（Wurtele, 2002）。然而，这些项目有其局限性，因为它们很大程度上把预防的责任放在了儿童身上。另外一些旨在终结虐待儿童行为的项目侧重于教育父母、家庭和整个社区。儿童虐待预防协会设有美国国家儿童虐待/忽视热线，并推动各种家庭支持和心理咨询服务。他们为家庭提供了一个教授有效沟通技能的项目，也为暴力风险高的家庭提供家庭评估和干预。随着儿童就读年级的升高，教师和学校行政人员需要密切关注潜在的虐待迹象和症状。在儿童期及早识别并终结虐待可能有助于改善受害者长大后的状况。如前文所述，施虐者会利用儿童受害者的认知局限性和情感脆弱性，因而受虐儿童遭受的心理创伤可能比身体创伤更大。儿童期性虐待是任何儿童都不应遭受的剥削。

亲密关系中的暴力

总的来说，男性更可能遭受来自陌生人的暴力，而女性则更可能遭受来自朋友、恋人、熟人和家人的暴力侵害。

下面我们来看看亲密关系中的言语攻击、身体攻击和性攻击。当身体攻击和暴力发生于一段关系之中时，它通常被称为**亲密伴侣暴力**（intimate partner violence, IPV）。亲密伴侣暴力发生在所有类型的亲密关系中，包括恋爱中的伴侣和已婚的伴侣。

约会暴力

约会和浪漫关系可以提供许多宝贵的体验，如亲密、陪伴、性尝试以及学习如何协调冲突和差异（White et al., 2001）。然而，许多约会关系还有不太积极的另一面。关系中的问题会导致愤怒、沮丧和困惑。不幸的是，在性接触和浪漫关系中，暴力是施加控制的一种非常常见的手段。

约会暴力是一个普遍存在的问题。它非常常见，几乎每个人都目睹过伴侣间相互尖叫、争吵或谩骂，或者一方满腹怨气或气急败坏地跺脚离开。在美国的全国性调查中，超过 80% 的大学生表示，在过去一年中，他们曾发起或承受这种言语攻击。此外，超过 1/3 的人报告说，在上述时间段内，他们曾进行身体攻击：抓、推、扔东西、打。女性和男性报告的攻击率具有跨族群、跨地区和跨院校类型的相似性。

某些研究显示，与男性相比，女性更可能对伴侣发起攻击（Archer, 2000; Capaldi et al., 2012）。然而，关于女性发起伴侣暴力的质性研究发现，虽然女性说她们比伴侣更常发起攻击,但女性在如何定义"发起"上存在很大差异。对一些人来说,"发起"就是变得生气或心烦,引发一次冲突,或者不断试图跟伴侣谈论某件事(Olson & Lloyd, 2005)。性别刻板印象把女性定义为关系的守护者。因此,当亲密关系中出现暴力或攻击时,女性可能会感到要为此负责,故而当被问及是否曾发起攻击时,她们会做出肯定的回答。然而,当深入探究女性如何定义"发起"时,很明显,女性所谓的发起暴力可能根本不是暴力。

虽然女性和男性报告的攻击率相似,但双方的动机往往不同。对男性而言,保持掌控通常是一个重要的亲密关系目标(Lloyd, 1991)。男性更可能说他们攻击是为了威胁或恐吓伴侣并控制关系,而女性则表示她们那样做是出于自卫或因为她们控制不住自己(Campbell, 1992)。女性攻击的另一个动机是对受伤害的可能性较为敏感。过去曾经历攻击事件的女性,例如那些目睹过父母暴力或曾处于虐待关系中的女性,可能已经形成预备状态以更多的攻击来回应攻击,甚至主动发起攻击(White et al., 2001)。

我们能够预测伴侣是否有暴力倾向吗?研究表明,有暴力倾向的男性和女性,其特征模式都具有一致性。无论男性还是女性,财务压力和亲职压力都与亲密伴侣暴力的实施有关(Capaldi et al., 2012)。对男性而言,这些特征与支配和控制的需求有关。有暴力倾向的男性很容易发火,以往也曾使用暴力来达到目的。他们相信暴力有助于赢得争论,对伴侣的暴力是情有可原的。他们没有仁慈对待和保护女性的观念。他们比其他男性更可能吸毒、父母离异,并承受生活压力。对女性而言,预测因素则有些不同:儿童期虐待史、焦虑、抑郁、低自尊和物质滥用都增加了她们攻击的可能性(Capaldi et al., 2012; Sullivan et al., 2005; White et al., 2001)。然而,也存在一些性别相似性:无论男女,最能预测攻击行为的因素是有一个攻击型的伴侣。的确,暴力会引发更多暴力。

约会暴力对女性的影响比对男性更为严重。女性在暴力情境下感受到更多恐惧,而且她们因约会暴力而遭受重性情感创伤和严重身体伤害的可能性是男性的三到四倍(Makepeace, 1986; Sugarman & Hotaling, 1989)。遭受过亲密伴侣暴力的女性更可能报告患有糖尿病、胃肠道症状以及疼痛障碍、呼吸障碍和心血管障碍。其心理影响几乎可以扩散到生活的每一个领域,会影响情绪状态(过度唤醒、焦虑和抑郁)、认知功能(学习或工作中不能集中注意力且表现不佳,记忆受损)和认同(低自尊)(Dillon et al., 2013)。约会暴力还与意外怀孕、药物滥用、自杀、进食障碍和高危性行为的风险有关（Hanson, 2002; Silverman et al., 2001）。总之，身为约会暴力的承受方，女性在许多重要方面的健康发展受到了影响。

跟　踪

　　跟踪是人际关系中心理或身体暴力的另一种表现方式。一般来说，**跟踪**（stalking）是指使受害者感到受威胁或害怕的反复且不受欢迎的骚扰行为（Sptizberg & Cupach, 2014）。与媒体描绘的陌生人疯狂追逐名人不同，大约 80% 的跟踪案件中侵犯者和受害者曾经是恋人（Spitzberg & Cupach, 2007）。跟踪往往涉及对亲密关系的渴望，尽管并不总是如此。当存在建立关系的动机时，跟踪行为有时被称为**不受欢迎的追求行为**（unwanted pursuit behaviors, UPBS）。与跟踪不同，不受欢迎的追求行为未必会令受害者感到害怕或受威胁（De Smet et al., 2015）。跟踪和不受欢迎的追求行为的范围是从不那么严重的行为（如打电话、发短信或主动送出礼物）到较为严重和有威胁性的行为（包括威胁人身伤害、损坏财产，甚至绑架）。

　　对被跟踪事件发生率的估计，因样本（如大学生相对于一般公众）而异，也因如何定义跟踪（即定义中是否包括害怕或威胁）而异。无论定义或样本如何，与男性相比，女性更容易成为跟踪的受害者（Lyndon et al., 2012）。一项较全面的元分析发现，28.6% 的女性和 13.9% 的男性曾经是跟踪的受害者（Spitzberg et al., 2010）。不过跟踪的受害者更可能是女性，跟踪的实施者更可能是男性。一项对跟踪侵犯行为的元分析发现，近 24% 的男性有过跟踪行为，相比之下，只有 12% 的女性有过此类行为（Spitzberg et al., 2010）。

　　随着技术的进步，跟踪的方式和方法也随之"进步"。**网络跟踪**（cyberstalking）涉及通过使用电脑和其他电子设备（如手机）在虚拟空间发生的反复的、不想要的和不受欢迎的追求行为（Reyns, Henson, & Fisher, 2012）。手机短信、社交媒体，甚至 GPS 追踪应用程序都可用于跟踪。目前针对网络跟踪的研究还很有限，但正在不断增加。唯一一项全美范围的网络跟踪研究发现，26% 的被调查者遭受过网络跟踪，近 8% 的被调查者称他们曾受到电子监控（Baum et al., 2009）。

　　由于跟踪的受害者经常处于应激状态，他们可能会经历一系列负面的生理和心理影响。被跟踪的女性可能会经历焦虑、抑郁、自杀意念、创伤后应激障碍、头痛以及睡眠和进食紊乱。她们可能会变得过度警觉，与家人和朋友隔绝。她们可能需要搬到一个新的城市或州，或需要找一份新工作。家人和朋友也可能受到影响，甚至也成为被跟踪的目标，尤其是当跟踪者将他们视为一种威胁时。显然，跟踪可能对女性生活的各个方面都有不利影响。

性胁迫和熟人强暴

强暴（rape）被定义为未经当事人同意，通过武力或威胁伤害，或在当事人无法表达意愿的情况下实施的性插入（Bachar & Koss, 2001）。更具一般性的术语**性侵犯**（sexual assault）和**性胁迫**（sexual coercion）还包括其他类型的不受欢迎的性接触（如摸索和抚弄）（White et al., 2004）。下面我们来探讨人际关系中的性胁迫。

根据"美国国家亲密伴侣暴力和性暴力调查"的数据，估计近20%的女性在一生中曾遭遇强暴，近44%的女性遭受过其他形式的性暴力，如性胁迫或不受欢迎的性接触（Breiding et al., 2014）。美国大学协会开展了一项大规模的校园性侵犯调查研究（Cantor et al., 2015）。他们发现，约1/3的大学高年级女生在就读期间至少经历过一次非自愿的性接触事件，其中大约一半是强制性插入。不幸的是，在遭受过强迫插入（即强暴）而没有报案的受害者中，有1/3是因为她们觉得报案了也不会有什么用，另有35.9%是因为她们感到"尴尬、羞耻或在情感上有严重困难"（Cantor et al., 2015）。

大多数不为人知的强暴是受害者相识之人所为。

> 丽诺尔出去玩的时候顺道去了男朋友的公寓，不巧的是，他不在。男朋友的室友，一名外国交换生，邀请丽诺尔进室内去等，随后提议两人一起看一个性爱视频。丽诺尔感到很不自在，但她想，也许他不知道如何与美国女孩相处，为了不让他难堪，她通过转移话题拒绝了看性爱视频。然后他开始亲吻和抚摸她，尽管她说男朋友可能会回来，她对他也不感兴趣。他强迫丽诺尔在沙发上发生了性行为，之后打开门让她起身离开。丽诺尔并没有认为自己遭遇了强暴，但她知道自己感觉很糟糕，因为她并不想发生性行为。（经授权使用的一位匿名学生的叙述。）

由约会对象或受害者认识的人实施的性侵犯被称为**熟人强暴**（acquaintance

rape）。提到强暴，大多数公众会想到一个陌生人从黑暗的巷子里蹿出来，但熟人强暴远比陌生人强暴更常发生。与其他形式的对女性的暴力行为相似，熟人强暴在很大程度上是一种隐匿的犯罪（Parrot & Bechhofer, 1991）。那些鼓励女性保持被动和进行象征性抵抗的性脚本助长了熟人强暴。它们鼓励男性在身体上采取主动并忽视女性的拒绝。

在一项研究中，约 20% 的女大学生参与者报告曾遭遇性胁迫，例如在下面这个案例中，这名女性（因饮酒）功能受损太严重而无法表达意愿：

> 我们喝醉了。我无法控制自己，也没有"说不"的认知能力。我什么都记不起来，但是我知道我们发生了性行为，如果我清醒的话，事情就不会发生。我根本无法控制自己（Kahn et al., 2003, p. 241）。

女性也经常报告说，她们会屈服于不想要的性行为，因为伴侣会不停地乞求、抱怨和恳求："如果他真的兴致勃勃而我没兴致，他就不能接受拒绝。我们会争论不休，直到我让步……"（Kahn et al., 2003, p. 240）。即使这些女性中有些人的经历符合强暴，也只有当男性使用了武力和恐吓手段，或当她醒来发现他正在侵入自己的身体时，她才可能使用强暴这个词。如果她醉酒严重而无法表达意愿，她通常不太会称这一事件为强暴。一些女性主义者认为，使用"强暴"这个标签很重要；没有它，这类事件就不会被认定为犯罪，也不会被报告和惩罚。此外，当事女性也不太可能得到她需要的帮助和支持。另一些人指出，女性对标签的选择可能是她如何应对性侵犯的一部分，她有权定义自己的经历（Kahn et al., 2003）。难以定义强暴以及难以将事件贴上强暴的标签，可能部分是因为美国社会对正常异性恋性行为的界定就包括一定程度的男性攻击和不易觉察的胁迫（Gavey, 2005）。

许多研究表明，与其他类型暴力的受害者相似，性胁迫的受害者会在情绪功能（焦虑、恐惧和抑郁）、社会关系（失去信任、性功能失调）和认同（低自尊）等方面遭受一些心理后果。身体方面的后果包括在强暴过程中受伤、意外怀孕和性传播感染。受害者还可能会遭受创伤和焦虑对身体的影响，如做噩梦和无法入睡。当侵犯者是熟人或男朋友时，强暴的心理影响比侵犯者是陌生人时更为严重，因为熟人强暴不仅侵犯了女性的身体，还破坏了她的信任。如果女性认识强暴她的人，她也更可能为发生之事自责（Katz, 1991）。强暴所产生的身体、情绪和心理后果会发生相互作用，损害女性的心理—社会功能，有时会非常严重（Koss & Kilpatrick, 2001）。

2016 年 3 月，斯坦福大学学生布罗克·特纳被控在垃圾箱后面性侵一名失去意识的 23 岁女性。法官只判处特纳 6 个月监禁（其中他只须服刑 3 个月），并称监狱会对他"造成严重影响"，以此为轻判辩护。但是，受害者在量刑时所做的影响陈述（impact statement）详细地描述了她的生活如何被（特纳的父亲轻蔑地称之为"20 分钟行动"）剧烈而永久性地改变了。她说：

> 我受到的伤害是内在的、看不见的，它一直都跟着我。你夺走了我的价值感、我的隐私、我的活力、我的时间、我的安全、我的亲密感、我的信心、我自己的声音，直到今天……我的独立、天生的快乐、温和以及曾经享受的稳定的生活方式都已经被扭曲得面目全非。我变得封闭、愤怒、自贬、疲惫、易怒、空虚（Baker, 2016）。

在她的陈述中，她还表示自己在庭审过程中受到了二次伤害，因为她那天晚上的个人生活和行为的每个细节都受到了质疑和剖析。许多女性在遭到强暴或侵犯后决定不采取法律行动的原因之一就是，她们害怕被迫再次体验那段经历，或者害怕那次侵犯被改写为她们自己的过错。

谁有可能实施胁迫性性行为？遗憾的是，并无简单方法可以预先识别一个潜在的强暴者，因为大多数实施熟人强暴的男性看起来以及行为上都与其他男性非常相似。不过，男性的背景、人格和社会情境中的某些因素与对女性的性攻击有关。背景因素包括来自暴力或虐待型家庭、青少年时期因惹事惊动了警察以及年纪很小就性行为异常活跃。人格因素包括冲动性、支配女性的需要以及低自尊。社会环境因素包括参加运动队或兄弟会、饮酒、接触色情产品，以及有恣意其性征服和客体化女性的朋友（Frintner & Rubinson, 1993; Koss & Gaines, 1993; Seto et al., 2001; White & Koss, 1993）。

强暴迷思也在胁迫性性行为中扮演着重要角色。**强暴迷思**（rape myths）是关于强暴、强暴受害者和强暴者的普遍的、刻板印象的、错误的信念，它使男性对女性的性暴力得以长期存在和正常化（Brownmiller, 1975; Burt, 1980; Lonsway & Fitzgerald, 1994）。强暴迷思携带了关于性侵受害者和侵犯者的强劲的文化信息。"所有女人内心都渴望被强暴"，"那个女人'是自找的'"，"女人如果喝醉了或穿着'挑逗'就对强暴的发生负有责任",这些观念都是强暴迷思的例子(见专栏12.2)。强暴迷思将男性的性攻击合理化为自然的,将性侵犯的严重性最小化,并且怂恿人们谴责受害者(Lonsway & Fitzgerald, 1995)。

男性往往比女性更赞同强暴迷思(Aosved & Long, 2006; Hayes, Lorenz, & Bell, 2013; Hayes, Abbott, & Cook, 2016),而且赞同强暴迷思的男性更可能认可强暴倾向(Ben-David & Schneider, 2005)。此外,赞同强暴迷思与更高水平的压迫和不包容态度有关,如敌意性别主义、种族主义、同性恋恐惧症、年龄歧视、阶层歧视、保守主义和右翼威权主义等(Aosved & Long, 2006; Chapleau et al., 2007; Hockett et al., 2009)。强暴迷思对女性也有一点"用处"。它们可能提供了一种控制感,因为

专栏12.2　研究焦点：测量人们对强暴的态度

研究者设计了一些量表来测量人们对强暴迷思的赞同程度。《伊利诺伊强暴迷思接受度量表》(*Illilnois Rape Myth Acceptance Scale*)是使用较广的量表之一,长版有45个条目,简版有20个条目。量表中的条目反映了7种较广义的强暴迷思。以下是量表中的一些条目以及它们所反映的更广义的强暴迷思(以楷体表示)。

1. 如果女性在醉酒时被强暴,那么她至少对事情失控负有一定责任。*她自找的。*

2. 虽然大多数女性不会承认,但她们普遍发现,身体上被强迫发生性行为真的令她性唤起。*她想要。*

3. 如果一个女人愿意和一个男人"亲热",那么他更进一步并发起性行为就

没什么大不了的。*强暴是件小事。*

4. 如果女性没有做出身体上的反抗,那么你就不能说那是强暴。*那不是真正的强暴。*

5. 来自正派中产家庭的男性几乎从不强暴。*强暴是一种偏常事件。*

6. 强暴指控往往被用作一种报复男性的方式。*她说谎。*

7. 男性通常没有打算强迫女性发生性行为,但是有时他们过于受性欲驱使。*他并非有意如此。*

资料来源: D. L., Lonsway, K. A., & Fitzgerald, L. F. (1999). Rape myth acceptance: Exploration of its structure and its measurement using the *Illinois Rape Myth Acceptance Scale. Journal of Research in Personality*, 33, 27–68.
Contributed by Annie B. Fox.

它们暗示，女性可以采取一些行动来避免被强暴。例如，一种常见的强暴迷思是，穿着"挑逗"的女性是在要求被强暴。由于女性穿什么取决于她自己，她或许可以选择更保守的衣着，并假定这会减少被强暴的风险。不幸的是，虽然女性对强暴迷思的赞同可能提供了一种控制感，但没有证据表明这会降低她们的风险，而且接受强暴迷思会使人更容易去谴责遭遇强暴的女性。

强暴迷思也会影响受害者如何看待自己以及发生在自己身上的事件。有研究者对一项全美犯罪调查中的受害者叙述进行了分析，结果发现20%的叙述至少包含一种强暴迷思（Weiss, 2009）。例如，女性为事件的发生自责，或通过称男性的性攻击是自然的而将事件合理化。就美国文化对性的理解而言，强暴迷思占据了其中很大的一部分，以至于连受害者自己都会用它们来理解自身经历。不幸的是，只要女性仍然责备自己而不是谴责侵犯者，并且在报案上犹豫不决，性胁迫就仍然是可接受的。

长期关系中的暴力

全世界有大量女性遭受过来自她们男性伴侣（包括丈夫、男朋友、同居伴侣和前伴侣）的暴力。根据联合国发布的一份报告，各国曾遭受伴侣身体侵犯或性侵犯的女性比例从6%（科摩罗）到64%（刚果民主共和国）不等（United Nations, 2015）。社会学家和执法人员使用家庭暴力（domestic violence）这个通用术语来指称这种虐待。然而，这个看似性别中立的术语掩盖了一个事实，即迄今为止最严重的"家庭"暴力是男性对女性实施的。

在多种文化背景下，伴侣的虐待都是造成女性身体伤害的最常见原因之一（United Nations Children's Fund, 2000）。在美国，研究者估计，一生中遭遇亲密伴侣身体暴力的比率为31.5%，22.3%的女性一生中至少遭受过一次严重的身体暴力（Breiding et al., 2014）。欧洲的发生率与美国相似（European Union Agency for Fundamental Rights, 2014），非洲、亚洲和拉丁美洲的发生率更高，估计为13%~62%（WHO, 2012）。统计数据可能低估了伴侣虐待的实际发生率，出于羞耻、恐惧和预期事件不会得到处理，这类事件有时并未被报告（Ellsberg et al., 2001）。此外，有身体残障或精神残障的女性可能更容易在亲密关系中遭受暴力（Brownridge, 2009）。一项研究发现，在一个残障女性样本中，有68%的人报告在过去一年中至少遭受过一次虐待（身体、情感或性虐待）（Curry et al., 2009）。通过自我报告的数据，世界卫生组织的一项研究发现，在世界范围内，报告遭受伴侣暴力的女性也报告整体健康状况较差（Ellsberg et al., 2008）。在美国，到医院急诊室就诊的女性中，有 1/3 到 1/2 是遭到丈夫或男朋友伤害（Warshaw, 2001）。显然，亲密伴侣对女性的暴力所造成的影响是一个全球性的公共卫生问题。

对伴侣的身体暴力几乎总是伴随心理虐待，女性可能受到威胁、公开羞辱、指责和贬低。施虐者可能极度嫉妒，利用不忠指控来阻止她会见朋友或外出。心理虐待带来的创伤可能与身体虐待同样严重（Walker, 2000），二者的结合很可能是毁灭性的，因为女性的生活会被威胁伤害所支配：

> 但我每天都生活在恐惧之中。我害怕洗澡的时候他会进来……我会等个时机去洗澡。我会迅速地洗完。我的意思是，我知道我的腋下和两腿之间还没有洗干净，但是就那样了，因为我必须在 1 分半钟内洗完……因为我害怕他会进来，你知道，突然爆发（Smith et al., 1999, p. 184）。

发现隐藏的问题

多年来，家庭暴力一直是一个隐藏的问题，因为它发生在家庭的私密空间里。此外，传统态度纵容了男性支配和控制妻子或伴侣的权利。尽管令人遗憾，但殴打妻子被认为是生活中正常的一部分。即便是今天，在父权制意识形态很强的国家，殴打妻子也可能被认为是一种道德上可接受的控制手段（Crawford, 2010; Nordberg, 2014）。例如，在阿富汗，父权制价值观使人们可以接受男性殴打妻子。离婚是不可接受的，对那些试图离开虐待关系的女性来说，她们几乎无路可逃（Nordberg, 2014）。在美国，伴侣暴力的范围和影响已通过两类重要的研究得以显现：随机抽样调查以及对医院、法院和受暴女性庇护所中的女性的研究。对一般人群的调查和对虐待事件幸存者的研究揭示了不同类型和数量的暴力（Johnson, 1995）。

在问卷调查中，女性和男性报告的对伴侣施暴的频率大致相当（Straus, 1999）。这种相对性别中立的暴力被称为**普通伴侣暴力**（common couples violence）（Johnson, 1995）。这种形式的暴力在一段关系中并不经常发生，也很少会随时间的推移而逐步升级，它会在伴侣双方的应对技能不足以应对某个特定冲突时发生。

换言之，普通伴侣暴力是由伴侣双方建设性地处理冲突的能力出现问题而造成的。它在同性恋关系中发生的可能性与在异性恋关系中可能差不多。然而，在异性恋伴侣中，普通伴侣暴力并不完全是性别中立的。当亲密关系中发生相互的暴力时，男性更可能是主要施暴者。问卷调查显示，女性对伴侣施加的暴力并不像她们所遭受的暴力那么频繁或严重（Weston et al., 2005）。女性遭受身体伤害的可能性也远远大于她们施加身体伤害的可能性，而且她们的攻击行为常常是出于自卫。

有关受暴女性的研究呈现出一种严重且不断升级的男性暴力模式，这种情况下女性很少反击，且几乎从未发起攻击。这种暴力被称为**父权式恐怖主义**（patriarchal terrorism）或**亲密关系恐怖主义**（intimate terrorism），一直是女性主义研究和积极行动的主要关注点（Johnson, 1995; Johnson & Feranro, 2000）（见图12.2）。在一段关系中，这种暴力比普通伴侣暴力要频繁得多，遍布伴侣互动的全部情境。它的动机植根于父权制传统：男性侵犯者认为他拥有他的女人，并有权以任何必要的手段控制她。无论是作为受害者的女性（Eisikovits & Buchbinder, 1999）还是作为施暴者的男性（Anderson & Umberson, 2001; Reitz, 1999），双方都报告说，如果没有这种控制，施暴者会感觉自己不像个真正的男人。为了实施和展现他的控制，施暴者会使用各种心理战术。这些战术可能包括使用胁迫和威胁、恐吓或情感虐待。例如，他可能侮辱她、骂她或在她的朋友面前羞辱她。他可能会阻止她找工作，或让她靠一点零用钱生活，在经济上控制她。他可能会使用孤立策略，控制她去哪里以及跟谁交往，并可能试图在她和她的亲友之间制造隔阂。他可能会像对待仆人一样对待她，或利用孩子来对付她。如果她试图离开，他甚

图 12.2 有些研究者对普通伴侣暴力（左图）和父权式恐怖主义（右图）进行了区分，前者发生在伴侣双方无法建设性地处理冲突时，后者则是一种旨在控制女性的严重且不断升级的虐待模式。

至可能会将虐待归咎于她，或用自残或自杀来威胁她。持续存在的心理虐待不时夹杂着身体暴力，随着时间的推移，身体暴力的强度和频率不断上升。因此，对受害者而言，父权式恐怖主义是一个持续不断的过程，使她们暴露在长期而严重的应激和恐惧之下（Frieze, 2005）。以下这些条目取自一份旨在测量女性受暴经历的量表（Smith et al., 1999, p. 189），根据受暴女性的真实陈述编制：

> 他让我感觉在自己家里也不安全。
>
> 他对我做的事让我感到羞耻。
>
> 我尽量不挑事，因为我害怕他可能会做的事情。
>
> 我有一种被囚禁的感觉。
>
> 他不碰我也能把我吓到。
>
> 他直视我的眼神好像能够穿透我，让我害怕。

"她为什么不离开？"

人们对婚姻和同居关系中虐待女性问题的态度正在发生改变。在美国的研究中，大多数参与者认为虐待伴侣是错误的（Drout, 1997; Locke & Richman, 1999）。由于女性主义积极行动的影响，它不再是一个隐藏的问题；现在有更多人承认，虐待发生得太频繁了，任何女性——富有的、贫穷的、中产阶层的、已婚的、同居的、任何族裔或种族群体的，都是易受伤害的。然而，仍然存在一些关于虐待的迷思。最普遍的一种观点是，人们认为虐待问题有一个迅速而简单的解决方法："她为什么不离开？"让我们来看看有关结束一段虐待关系的研究证据。

女性在离开施虐伴侣时会面临许多阻碍。其中一些是现实问题：她可能没有钱，没有工作，也没有安全的地方可去。她可能没有车，无法驾车离开。如果她把孩子带出学校，会使孩子感到不安，也会引起当局的注意；如果她留下孩子自己走，虐待者可能会伤害孩子，她也可能会失去监护权。

一个非常重要的现实考虑是，试图离开可能会增加暴力。研究表明，与生活在一起时相比，女性在离开伴侣之后更可能遭到伴侣严重伤害或杀害（Jacobson & Gottman, 1998）。打开报纸，类似这样的标题很常见，"女子在西黑文被男子谋杀，男子随后自杀身亡"，令人不寒而栗（Becker, 2010）。该报道解释说，这名被谋杀的 25 岁女性两天前收到要防范其丈夫的保护令，他数月前曾因家暴被捕。他们的案件尚在家庭暴力项目中等待处理。在谋杀发生的当天，警察接到911报警电话后两次去了他们家。第二次去的时候，警察发现那名女性已经被枪杀身亡，她的丈夫也已开枪自杀身亡。根据美国司法统计局的数据（Catalano, 2013），2010年，39%的谋杀案女性受害者是被现任或前任伴侣杀害，而谋杀案男性受害者的这一比例仅为3%。有暴力倾向的男性经常让对方明确地感受到无处可逃。一名幸存者报告说，"他总是威胁我说，如果我决定离开，他就会像猎狗一样追捕我，射杀我和女儿"（Smith et al., 1999, p. 185）。

除现实问题和风险之外，离开施虐者的决定还涉及心理问题。许多（虽然不是全部）虐待是**周期性的**（cyclical）：施虐者首先进入一个情绪日趋紧绷激烈的阶段，然后是暴力发作阶段，最后进入一个充满"爱意"的阶段（Frieze, 2005; Walker, 2000）。周期性的施虐者会在暴力事件发生后道歉和表达悔意，这时女性可能会相信他要做出改变的承诺。她可能感到自己被对他和孩子的爱所捆绑，并且她可能基于浪漫爱观念接受了这样一种信念：一个女人要做的就是支持她的男人，用她的爱来改变他。

在遭受长期虐待之后，女性可能会感到太过无力以至于无法想象逃离。她觉得自己愚蠢、没有价值，对暴力的发生负有责任。超过一半的受虐女性表现出达到临床诊断标准的抑郁障碍（Warshaw, 2001）。正如一名女性所说，"他操纵了我很长一段时间"（Smith et al., 1999, p. 186）。她可能会患上**受暴女性综合征**（battered women's syndrome），一种创伤后应激障碍（Stein & Kennedy, 2001; Walker, 2000）。她可能变得无法为自己采取行动。

不过，处于虐待关系中的女性确实会试图应对暴力并寻求帮助。女性可能会在情感上退缩，或尽量淡化虐待，以应对自己正在经历的应激（Frieze, 2005）。另一种应对策略是"管理"，女性试图通过预测并避免任何可能让伴侣生气的事情来维持和平。然而，最终，她的努力失败了，因为是由那个男人自己来决定他是否有理由生气。一名受暴女性总结道，"我没有办法知道接下来会发生什么，因为我们的大多数争吵都不是关于什么严重的事情……就像'你买错了面包'或者'我不喜欢那种糖果棒'"（Smith et al., 1999, pp. 184–185）。

当应对策略失败时，女性往往会向神职人员、家庭成员、警察、心理咨询师和助人机构寻求帮助。当女性向家人求助时，她们可能会被告知婚姻是神圣的，她们应该回家、道歉并且更努力，或仅仅是"承担你犯错的后果"。她们常常不被相信，或因虐待而受到指责，甚至那些受过训练的助人者也会如此对待她们（Dutton, 1996）。女性主义治疗（见第 13 章）是一种可以为处于虐待关系中的女性提供帮助的有效方法，因为女性主义治疗师很可能清楚妻子受虐待的父权制基础。然而，并不是每个人都能负担得起治疗费用或能接触到女性主义治疗师。而且，有些女性群体，如移民和非裔美国女性，往往不信任社会服务部门，也不想把她们的麻烦托付给陌生人（Joseph, 1997）。

为数不多的关于虐待长期后果的研究表明，绝大多数处于虐待关系中的女性确实会设法结束那段关系。然而，离开是一个漫长的过程，一些女性在能够做到最终分手之前不止一次地回到了施虐者身边（Bell et al., 2009）。也许这种情况部分是由于她们从施虐配偶和其他人那里收到了混杂的信息。

在一项纵向研究中，玛格丽特·贝尔与合作者（Bell et al., 2009）考察了女性在一年中经历的暴力数量与其去留之间的关系。她们发现，在一年中，与那些多次离开又重新回到关系中的女性相比，彻底离开或始终留在伴侣身边的女性遭受的暴力相对较少（尽管她们仍然遭受了一些暴力）。玛格丽特·贝尔与合作者建议，当女性想要离开一段关系时，她们最好等到具备了情绪资源和经济资源后再离开，这样她们就能以更有利的条件远离。

如何终结关系暴力

父权制意识形态是针对女性的暴力行为的根本原因。如果一个社会接受男性支配女性的权利以及女性的次等地位，那么异性恋关系中的暴力就不可避免（Bograd, 1988）。父权制意识形态导致了物质上的不平等，使女性容易受到暴力侵害。丈夫通常比妻子收入高，职业地位高，而且拥有更多的决策权（见第 8 章）。当女性寻求帮助时，她们可能会遭遇来自社会服务部门、执法机构和法庭系统的父权制态度。为了真正终结关系暴力，不仅要改变个体，还要改变社会结构。

受暴女性运动（battered women's movement）是一项国际性运动，旨在对公众进行家庭暴力问题教育、改革法律制度并为遭受伴侣暴力的女性提供直接帮助。在过去 30 年的积极行动中，这项运动在改变社会对伴侣虐待的看法方面起到了很大的作用。例如，美国 50 个州全部通过了旨在保护受暴女性以及将婚内强暴定为刑事犯罪的法律（Roberts, 1996）。现在，许多地区的警察都接受了更好的培训，以识别家庭虐待并采取干预措施保护女性。医生也越来越多地被教导，在对女患者问诊时，要甄别家庭虐待（Eisenstat & Bancroft, 1999）。这些变化使女性更容易报告虐待并得到帮助，尽管她们可能会感到无力、羞耻和恐惧。

受暴女性庇护所（battered women's shelters）是一种避难所，女性可以在这里获得暂时的安全、情感支持以及有关她们合法权利的信息，有时还可以获得心理咨询服务。1964 年，第一家为受暴女性开设的庇护所在伦敦成立；1974 年，美国的第一家受暴女性庇护所成立。目前，至少有 44 个国家设有庇护所（Global Network of Women's Shelters, GNWS, 2012），美国大约有 1 500 家庇护所。遗憾的是，这还远远不够；每年有数千名女性因没有空位而无法进入庇护所（GNWS, 2012）。庇护所常常资金短缺，这意味着它们必须依靠志愿者，工作人员不得不花时间筹集资金而不是为女性提供服务。

受暴女性运动促进了庇护所的发展，为女性创设了安全区，使成千上万的女性和儿童免遭进一步伤害。当询问受暴女性什么对她们应对虐待帮助最大时，她们最常说的是有庇护所可去（Gordon, 1996）。然而，庇护所计划在美国这样的个人主义社会可能比在集体主义社会更有用，在集体主义社会，女性是更大的家庭结构的一部分。例如，在印度或巴基斯坦，离开家的女性会失去重要的社会关系网络以及她作为社会成员的身份。在集体主义社会，以及在美国社会内部处理集体主义群体（如非裔美国女性和美洲原住民女性）的事宜时，还需要寻找其他方法（Haaken & Yragui, 2003）。

在约会暴力和熟人强暴问题上，大学校园的预防项目往往针对的是女性，提供关于如何降低侵犯风险的建议（不要喝太多酒、不要太相信别人、要明确地说"不"）。通常，这些项目旨在帮助女性避免遭受陌生人强暴，但很少帮助她们避免遭受熟人攻击，而且可能导致女性在遭强暴后责备自己（Frieze, 2005）。此外，采取这些限制措施真的能够保护女性免受性侵害吗？证据还很有限。在首批关于强暴预防项目的随机控制实验中，加拿大研究者的一项研究发现，与对照组相比，参加性侵抵制项目的大一女生遭受强暴和强暴未遂的风险有所降低（Senn et al., 2015）。该项目涉及多个方面，其中包括评估和认识到受熟人侵犯的风险、自我防卫策略，以及与探索性态度和性沟通策略有关的内容。虽然这项研究表明，针对女性的强暴预防项目能够降低她们遭受侵犯的风险，但对于消除暴力侵害女性问题的根本原因而言，它们只是多管齐下的途径的一部分。

女性主义关于防止约会暴力和强暴的一个重要倡议是把关注点放在侵犯者身上。研究表明，男性运作的针对男性的项目对改变男性的行为最为有效。其中一些项目是通过男性联谊会或运动队来组织的。例如，美国各地的高中、学院、大学以及美国大学体育协会，甚至军方都参加了面向运动员的暴力预防指导者项目（Mentors in Violence Prevention），教育他们参与预防对女性的暴力。通过致力于终结对女性的暴力，男性可以为女性主义和女性的生活作出重要贡献。这一目标推动了由男性发起并针对男性的国际运动，包括白丝带运动[3]和"他为她"（HeforShe）运动。

在家庭虐待问题上，对侵犯者的关注包括开展研究以了解暴力男性的态度、人格特征和家族史。这类研究很难做，因为大多数有虐待倾向的男性否认或尽力淡化他们的暴力行为，并将其归咎于他们的妻子或女朋友。在一项原创性研究中，正在法庭要求的项目中接受教育的男性家庭暴力施暴者参加了访谈，讲述了自己对所犯暴力事件的看法。一名男性弄断了妻子的脖子；另一名男性把刀架在了妻子的脸上，威胁要杀了她。这些男性把自己与他人的关系框定为一种输赢情境，他们在其中要么感觉良好、愉快、强大，要么感觉糟糕、沮丧、弱小。从他们的视角看，世界是一个充满威胁的地方，他们可能很容易就会变得无能为力，他们对此作出的反应是试图征服伴侣（Reitz, 1999）。这类研究对向暴力男性提供心理咨询有启示作用。例如，认知疗法与行为疗法相结合可能会奏效，其中认知疗法有助于男性将其对亲密关系的对立观念进行重构，行为疗法有助于他们管理愤怒。

迄今为止，关于男性治疗项目有效性的研究还相当缺乏。很少有暴力男性自愿参加旨在改变他们的项目，而那些确实自愿参加的男性，也有很多在中途退出。当法庭下令要求他们参加时，那些设法完成治疗项目的男性在未来被指控虐待的可能性降低，这表明此类项目确实有助于改变态度和行为（Shepard et al., 2002）。然而，对施暴者干预项目的元分析表明，这些项目并没有达到应有的效果（Feder et al., 2008）。这可能是因为大多数项目采取"单一"视角，关注权力和控制问题，而没有关注可能导致暴力的其他因素。例如，酒精和药物滥用与亲密伴侣暴力有关。如果不首先解决酒精或药物滥用问题，暴力预防项目可能不会成功（Cantos & O'Leary, 2014）。同样重要的是，刑事司法系统要通过逮捕和起诉罪犯来坚决反对

3　男性佩戴白丝带代表个人承诺不对女性施暴以及对暴行不再沉默——译者注

暴力。研究表明，逮捕和定罪有效地阻止了男性后来实施虐待（Garner & Maxwell, 2000; Wooldredge & Thistlewaite, 2002）。显然，亲密关系中伴侣对女性的心理和身体虐待是一个复杂的问题，需要从多个方面进行干预：改变父权制社会结构、帮助受害者以及阻止侵犯者。

老年期暴力

即使到了老年期，女性也无法摆脱暴力的威胁。不幸的是，老年女性遭受的虐待往往是一个会产生破坏性后果的隐蔽性问题。在全球范围内，老年女性所遭受的身体、情感和性虐待，通常来自她们的看护者。下面我们来探讨女性可能在老年期遭受的几种暴力。

老年期虐待

对老年人的暴力，专业术语为**老年期虐待**（elder abuse），可能涉及身体虐待、情感或心理虐待、性暴力、忽视以及挪用受害者的财产或金钱（Carp, 1997; Lachs & Pillemer, 2015）。老年期虐待所造成的伤害大部分是由女性承受的，而且大多数虐待老人事件发生在老人和家人一起生活时。当举报可能意味着失去自己的家园时，老年人不愿意举报虐待，家庭成员也不愿意举报彼此（Carp, 1997）。

虐待老人与其他形式的亲密关系暴力有许多共同之处。它反映了父权制下的权力不平衡，发生在私人场所，并且其隐秘性和受害者孤立无援的状态也助长了这种行为（White et al., 2001）。与其他形式的家庭暴力相似，虐待老人可能是长期存在的家庭秘密。遗憾的是，人们对虐待老人问题的研究远远落后于对其他暴力问题的研究（U.S. Department of Justice, 2014）。全面评估老年期虐待发生率的研究还非常少，但最近的一项随机抽样研究发现，过去一年中，情感虐待、身体虐待和忽视的发生率分别为 1.9%、1.8% 和 1.8%，总的发生率为 4.6%（Burnes et al., 2015）。随着 65 岁以上人口所占比例的增长，老年期虐待的发生率可能会继续增长；到 2030 年，可能有 200 万以上的老年人会成为虐待的受害者（Baker, 2007）。

老年女性也未能幸免于丈夫和男友施加的暴力。遗憾的是，她们不太可能去报告虐待事件。在一项对遭受家庭暴力的老年女性的质性研究中，这些女性确认了寻求帮助的一些阻碍。她们感到无力，并责备自己。她们想要避免家人或配偶遭受牢狱之灾。在施虐者也同样是老年人的案例中，样本中年龄最大的女性报告说，她们想要照顾配偶，而不是报告虐待事件。一些女性报告说，在长期婚姻生活中，她们觉得没有什么办法可以终结虐待。她们那一代的价值观禁止将离婚作为一种选择，并鼓励对家庭事务保密。许多女性还报告说，她们觉得家庭暴力服务部门是面向年轻人的，她们会对那些服务部门提供的帮助感到不适（Beaulauriet et al., 2008）。

对老年人的性虐待问题虽然已经开始受到关注，但它在很大程度上仍然是一个禁忌话题。一项英国的研究报告称，受害者中女性和男性的比例是 6:1，而施虐者通常是家庭成员，且儿子比丈夫更常施虐。养老院的老年女性可能会遭遇强暴和性虐待。养老院居住者的记忆缺损和身体虚弱使她们很容易受害，也不太可能起诉（White et al., 2001）。强暴迷思导致人们对老年期性虐待认识不足。老年女性通常被认为缺乏身体或性吸引力，也不符合人们对可能遭强暴者的刻板印象。此外，由于今天的年长女性成长于性别主义观念占主导的时代，如果她们受到侵犯，她们可能会自责并感到内疚（Vierthaler, 2008）。

与其他类型对女性的暴力相似，老年期虐待与一些负面的生理和心理后果有关。老年期虐待的受害者可能会经历抑郁、创伤后应激障碍、慢性应激或其他心理痛苦。与遭受虐待有关的压力可能会加剧已有的身体或心理问题，导致早亡（Baker, 2007）。

虐待丧偶女性

正如第 11 章所述，失去配偶或伴侣后可能会经历一段艰难的时期，因为女性在情感上和经济上都要适应没有丈夫的生活。不幸的是，在世界上许多国家，失去丈夫的状况会因遭受排斥、无家可归、贫困、忽视以及身体虐待或性虐待而雪上加霜。虐待丧偶女性在很大程度上是一个未受关注的问题。在一些欠发达国家，有关发展、健康和贫困的报告往往未将丧偶女性纳入其中。根据联合国妇女发展署 2001 年的报告，"没有哪个群体比丧偶女性群体更易受忽略之罪的影响"（p. 2）。这个被忽略的群体并非仅有少数女性。据联合国妇女署（2013）估计，目前有超过 1.15 亿丧偶女性生活在贫困之中，有 8 100 万丧偶女性遭受过身体虐待。某些欠发达国家的丧偶女性人数众多，因为这些国家有年轻女性"嫁给"比她年长很多的男性的习俗。例如，印度是世界上丧偶女性比率最高的国家之一，60 岁以上的女性中有 54% 是丧偶女性。

在非洲和亚洲，丧偶女性可能会被认为是邪恶的，甚至被称为"妓女"或乞丐。在尼泊尔和印度等国，一些丧偶女性因被视为女巫而遭受回避、折磨甚至谋杀（Crawford, 2010）。在较高的种姓中，女性不被允许再婚。通常，她们被视为家庭的负担，可能会被赶出家门。许多国家的继承法和习俗禁止丧偶女性继承金钱或财产，这令她们陷入贫困潦倒、无家可归的境地。丧偶女性可能会遭受身体虐待，甚至遭到谋杀，这样"婆家"就可以留下她们的嫁妆。

如何终止老年期虐待

老年期虐待是一个会带来毁灭性后果的隐蔽性问题。随着未来几十年老年人比例的增加，可能会有超过 100 万的女性在老年期遭受虐待，使得这一问题成为一个亟待解决的问题。我们还需要开展更系统的研究来了解老年期虐待的性质和程度。为了减少和消除老年期虐待，必须对常规或紧急照顾老人的医疗保健专业人员进行有关虐待相关风险因素的教育（Baker, 2007; Lachs & Pillemer, 2015）。因为大量老年期虐待事件没有被报告，所以需要进行准确的评估，以确定某人是否正在遭受虐待。许多受虐待的老年女性没有能力为自己争取权益。

社区服务提供者之间的合作，似乎是提高对性虐待受害者服务的数量和质量的一种方式，至少在美国等发达国家如此。例如，为期 3 年的宾夕法尼亚州老年期性虐待防治项目旨在鼓励强暴危机中心和成人保护部门合作，以更好地解决老年期性虐待问题（Vierthaler, 2008）。对这两个部门的工作人员最初的访谈发现，这些服务提供者很少接触受害者，而且不清楚老年期性虐待的征兆和症状。该项目对来自两个部门的工作人员进行了关于老年期性虐待的交叉培训，并且资助了一项提升人们对老年期性虐待的认识的运动。强暴危机倡议者被邀请加入老年期性虐待特别任务小组，且在一些案例中，成人保护部门的工作人员被邀请加入性侵犯反应小组。人们对这个项目的总体反应是积极的，对老年期性虐待问题的认识有所提升，社区服务提供者也成功地进行了合作（Vierthaler, 2008）。

让转变发生

在本章的开头，我们强调了贝勒大学的性侵犯丑闻如何反映了性别制度的三个层面之间的联系。从性别制度的角度思考问题，也有助于设计干预措施，以预防、减少和消除对女性的暴力。让我们回到贝勒大学的案例，看看在终结对女性的暴力方面，性别制度是如何参与其中的。

丑闻爆发后，贝勒大学开始采取行动预防性骚扰和性侵犯，并为受害女性提供恰当的资源。在社会文化层面，他们成立了特别任务小组，以确保对性侵犯的处理方式进行结构性和行政性改革，并在校园内培养关怀和尊重的文化。在"教育法修正案第九条"（Title IX）协调员的指导下，贝勒大学的研究者正在对可能会阻碍性侵报案的校园氛围进行量化和质性研究。在人际层面，教师、行政人员和学生都要在学年初接受强制性的性侵犯问题培训。刚入学的新生也要参加由白宫和时任副总统发起的性侵犯意识项目"这是我们的责任"（见专栏 12.3）。在个体层面，受侵犯的学生现在可以从大学获得各种支持服务，包括来自对创伤知情的专业人士提供的心理咨询服务、受害者权益保护以及工余时间的危机干预热线。

贝勒大学所做的改变将对性侵犯的发生率以及人们对性侵犯的反应产生怎样的影响，还有待观察。如前所述，性侵犯是美国大学校园普遍存在的一个问题。北美大学联盟校园性侵调查的结果显示，在大学期间，有 1/4 的大学生至少经历过一次非自愿的性接触事件，约 12% 的大学生经历过通过武力、武力威胁或使自身丧失行为能力施加的非自愿性接触（Cantor et al., 2015）。截至 2016 年 1 月，共有 159 所学院和大学因违反"教育法修正案第九条"而受到调查。尽管已经取得了一些进展，但要解决大学校园性暴力问题仍有很多工作要做。

多途径干预措施

许多旨在预防、减少或消除对女性的暴力行为的干预措施都是在性别制度的个体层面进行的。在美国各地的中小学和大学里，女孩和成年女性接受的是关于怎样可以避免遭受侵犯的教育。例如，女性通常被告知，不要单独走夜路，不要过量饮酒。儿童也被教导，如果有人不恰当地触摸他们，要告诉成年人。这类自

专栏 12.3 这是我们的责任

©Mark Ralston/AFP/Getty Images

消除校园性暴力是奥巴马政府的一项首要任务。2013 年 3 月，奥巴马总统重新批准了《暴力侵害女性防治法》（Violence Against Women Act, VAWA），其中包括新增的《校园性暴力消除法》（Campus Sexual Violence Elimination Act, 简称 Campus SaVE）。《校园性暴力消除法》扩展了《克莱利法》（Clery Act），为性暴力、约会暴力和家庭暴力的受害者提供了更多的权利。2014 年，奥巴马总统成立了"保护学生免受性侵犯白宫特别任务组"，并发起了"这是我们的责任"运动，以终结校园性侵犯。这项运动的目标是"以一种赋权、教育和吸引大学生做一些事情（无论大小）来防止性侵犯的方式，重新构建围绕性侵犯的对话"。任何人都可以登录网站，并做出"这是我们的责任"的承诺（见下文）。该运动还举办了全美行动周，其中的每一天都设有一个重要的主题（如，获

得同意、支持幸存者，或不要仅仅做个旁观者）。这个综合性网站提供了一些想法、资源和工具，学生们可以利用它们来组织自己校园的"这是我们的责任"活动。

在第 88 届奥斯卡颁奖典礼上，时任副总统乔·拜登也谈到了预防大学校园性侵犯，并鼓励人们登陆"这是我们的责任"网站去做出承诺。

"这是我们的责任"运动誓词

认识到非自愿的性行为是一种性侵犯。

识别可能发生性侵犯的情境。

在当事人没有同意或不能表达意愿的情况下进行干预。

创造一个不接受性侵犯且支持幸存者的环境。

资料来源：The "It's On Us" website. Contributed by Annie B. Fox.

我保护策略也许有用，但它们可能是有问题的。首先，它们把预防的责任放在了
个体身上。然而，因年龄、身体 / 心智残障或者说出去可能会危及自身安全等因素，
有些女性和儿童可能无法自己说出来。其次，针对潜在受害者而非潜在侵犯者的
干预措施，或许会增加受害者受谴责的可能性。如果一名女性穿了"有暗示性"
的衣服，独自走夜路，那么一旦她受到攻击，人们可能更倾向于指责她，因为她
没有遵循可以保护自己的行事方式。因此，虽然教给女性和儿童保护自己的方法
是有益的，但必须制定既针对侵犯者又针对使暴力侵害女性行为持续存在的文化
规范的干预措施。

　　如前文所述，由男性运作并针对男性的干预措施对改变男性行为和减少性侵
犯是有效的。为了在更大范围内改变人们对暴力侵害女性行为的接受度，还需要
有更多这种类型的干预措施。美国各地的学院和大学开始实施分别针对男性和女
性的强暴预防项目。例如，"男性的项目"就是由男性运作并针对男性，旨在教导
参与者如何帮助遭受强暴的女性，以期能够减少男性实施强暴的可能性。其他类
型的强暴预防项目也能够有效地减少对女性的暴力。有些项目主张关注社会规范
在强暴预防中的作用（e.g., Fabiano et al., 2003），而另一些项目则侧重为旁观者赋
权（e.g., McMahon & Farmer, 2009）。

　　在社会文化层面，诸如"受暴女性运动"等运动有助于消除终结暴力侵害女
性行为所面临的结构性障碍。遭受暴力的女性常常会在寻求帮助或举报虐待时遇
到阻力。虽然美国各地都有严格的法律保护女性免受暴力侵害，但这些法律需要
由警察和法庭系统执行。警务人员以及司法和医疗专业人员需要接受有关虐待迹
象和后果的教育，并在执法和保护女性方面保持警觉。其他能引发人们关注暴力
侵害女性现象普遍性的地区性和全国性运动也是有益的。例如，"性侵犯意识月"
和前面提到的"这是我们的责任"运动都是教育人们防止暴力侵害女性行为的方式。

女性的权利就是人权

　　针对女性的暴力在每个国家都会发生，是全世界最普遍的人权侵犯行为之一
（见专栏 12.4）。所有年龄段的女性都容易遭受虐待伤害，因为大多数社会都存在
父权制下的权力不平衡。在许多国家，女性被剥夺了基本权利。她们被视为财产，
被买卖、被使用且被虐待。女性被剥夺了受教育、就业和拥有财产的权利。全球

普遍存在的性别不平等使女性更容易遭受暴力。

要终结基于性别的暴力，最重要的方式之一就是促进对女性的经济赋权。例如，发展中国家的一些银行正在向贫困女性提供小额信贷或小额贷款，使她们可以自己创业。小额信贷可以使女性获得工作，并开始独立积累她们的财富。这些项目已经成功地减少了贫困女性的数量。一些小额信贷项目，比如印度的手拉手项目，不只是提供少量资金。这个项目还提供广泛的商业和财务培训，旨在提高经营成功的可能性。"手拉手"项目非常成功，已经扩展到阿富汗、南非和中国（Colvin, 2009）。

在巴基斯坦，女性可以从卡胥夫基金会（Kashf Foundation）获得小额贷款。卡胥夫基金会向女性团体提供贷款，她们每两周会面一次，还款并讨论重要的社会问题。一旦女性还清了初始贷款，她们就可以申请更大额的贷款。虽然巴基斯坦女性在未经丈夫许可的情况下不得离开家门，但她们的丈夫允许她们参与商业活动，因为他们可以从妻子生意的成功中获益。一位女性说，"现在女人赚钱了，所以她们的丈夫更尊重她们……如果我丈夫开始打我，我会告诉他别再打了，否则明年我就得不到新的贷款。然后他就会坐下并安静下来"（Kristoff & WuDunn, 2009）。

在经济上为女性赋权是女性实现与男性更大程度的平等并降低自身遭受暴力的可能性的一种方式。克里斯托夫（纪思道）和伍邓恩（伍洁芳）（Kristoff & WuDunn）认为："小额信贷在提高女性地位和保护她们免受虐待方面所做的工作比任何法律都要多。事实证明，资本主义有时可以实现慈善和善意无法实现的目标。"但是我们也需要挑战现有的关于性别、权力和不平等的观点。倡导者、游说者以及联合国妇女署（见专栏 12.4）和国际特赦组织等国际组织继续努力引导人们关注这一重要的人权问题，但是，除非各国政府采取行动并共同努力，否则暴力侵害女性问题还将在全球范围内继续存在。

专栏12.4　　妮可·基德曼与联合国妇女发展基金会

©George Pimentel/WireImage/Getty Images

妮可·基德曼、联合国妇女发展基金会以及终结暴力侵害女性行为的全球性斗争

妮可·基德曼不仅是奥斯卡获奖女演员，还是联合国妇女署（前身为联合国妇女发展基金会）的一名亲善大使。基德曼的主要目标是引起国际社会对全球范围内终结暴力侵害女性行为的关注。作为终结暴力侵害女性行为的倡导者，基德曼获得了一项和平电影奖，并在国会作证支持《国际反暴力侵害女性法案》。在她的证词中，基德曼谈及她与联合国妇女发展基金会的合作，以及她接触到的那些遭受极端暴力后幸存的女性。她说，

这些斗争者需要并应该得到我们的支持。不是用一盒创可贴，而是用一种全面的、有充足资金支持的方式，从法律和政策上确认女性的权利就是人权。现在是时候制定政策，有意地让社会中的关键群体——从卫生和教育部门到治安和司法部门——参与进来兑现这一承诺了。要取得成功，就需要最高层的政治意愿。

除了履行联合国妇女署大使的职责，基德曼还是联合国妇女署"说不——联合起来终结暴力侵害女性之倡议"的国际发言人。"说不"运动始于2009年11月，目标是鼓励个人、组织和政府采取行动以终止针对女性的暴力。

联合运动（UNiTE campaign）试图通过每月25日举行的"橙色日"等方式提高人们对暴力侵害女性问题的关注。每个月都有一个"行动主题"，旨在提高对有助于终结暴力侵害女性行为的全球发展目标的关注。例如，2016年8月的主题是"促进持久、包容和可持续的经济增长，充分就业以及为所有人提供体面的工作"。

基德曼还是联合国"共同面对"运动（"Face It Together" campaign）的发言人。"共同面对"运动于2016年3月启动，鼓励世界各地的人们拍下自己的照片并分享，以作为支持终结对女性的暴力的承诺。

资料来源：UNIFEM (2009). UNIFEM Goodwill Ambassador Nicole Kidman and UN Trust Fund Grantee testify at U.S. House Committee on Foreign Affairs—Press release.
Say NO—UniTE to End Violence Against women website.
Contributed by Annie B. Fox.

进一步探索

Crawford, M. (2010). *Sex trafficking in South Asia: Telling Maya's story*. New York: Routledge.

作者当时居住在尼泊尔，与一个女性组织合作。该组织为从印度卖淫场所中获救的女孩和成年女性提供庇护所、心理咨询和康复服务。这本书是关于这项工作的一部个人回忆录，也是对如何终结性人口贩卖的女性主义分析。

Krakauer, J. (2015). *Missoula: Rape and the justice system in a college town*. New York, NY: Doubleday.

一位著名记者调查了在蒙大拿州一所大学里的性侵犯事件中，学生运动员为什么没有被追究责任，以探寻该校性侵犯事件的普遍模式。这是对校园性侵犯事件复杂性的一次深入探讨。

Gavey, N. (2005). *Just sex? The cultural scaffolding of rape*. New York: Routledge.

这本重要的著作采用社会建构主义视角，分析了异性恋关系的规范脚本如何赞同某种程度的胁迫，从而助长了文化对强暴的接受程度。

Mendes, K. (2015). *SlutWalk: Feminism, activism, and media*. Palgrave Macmillan.

这本书是对全球反强暴运动的研究，该运动始于一名多伦多警官建议女性可以通过"不穿得像荡妇"来避免性侵犯。该书记录了运动的规模，包括在 8 个国家的有组织游行，以及主流新闻媒体和女性主义博客圈对这场运动的支持。书中包含对 22 位运动组织者的访谈以及对这项运动的评论，全面而深入地分析了这项使用社交媒体来挑战强暴文化的 21 世纪积极行动。

第 13 章

∾

心理障碍、治疗与女性的福祉

看到本章的标题，你认为它的含义是什么？它是否意味着女性的心理障碍可以通过治疗而痊愈，从而提升她们的福祉？不完全是。它是否简单列出了一系列即将依次讨论的主题：首先是女性的心理问题，其次是如何治疗这些心理问题，最后是一些关于女性心理健康的内容？也不完全是。把"与"换成"对"[1]（versus），你会更好地理解本章的要旨。在讨论女性主义治疗如何促进女性福祉，以及你如何改变社会和自己以促进女性福祉之前，我们会先来看看传统精神医学和心理学实务有时是如何起到反作用的。主题包括心理障碍诊断中的性别主义偏见，性别角色和性别刻板印象如何与我们对失调行为的理解相互作用，以及历史上精神科医生如何用禁闭或镇静剂来对付女性不遵循传统规范的行为。在介绍了传统心理治疗取向对女性不太友好的一些方面之后，我们会转向女性主义治疗取向。

心理障碍界定中的性别主义偏见

苏珊娜·凯森（Kaysen，1993）在她的自传体回忆录《冰箱里的灯》（*Girl,*

1　作者意指传统心理障碍诊断和治疗与女性福祉之间是对立关系——译者注

Interrupted）中仔细思考了心理疾病的成因。她请读者从一系列对非典型行为的解释中进行选择，这些解释包括：当事人是"被附体了""女巫""坏人""病了""社会对偏常行为容忍度低的受害者"以及"在疯狂的世界中保持理智"。今天，生活在美国的大多数人都不太可能会用"恶魔附体"或"巫术"来解释不寻常的行为，我们更倾向于接受心理疾病这种解释。目前，我们将心理疾病归因于生物因素和社会因素，而不是灵性因素。我们认为，心理痛苦和心理障碍是可以治疗的，而且受其折磨的人理应得到治疗。但是，我们如何判定谁患上了心理疾病、谁又是正常的？有时候，此类判定并不取决于行为本身，而是取决于社会对那种行为的看法。

对"异常"的社会建构

"正常"是一个相对的概念。我们可以根据统计概率将某些事物定义为正常。例如，我们可以说，如果它在人群均值附近的某个范围内，它就是正常的。这似乎是定义"正常"的一种客观方法，但在日常生活中，我们很少会在给一个特征或行为贴上标签之前就知道它的统计概率。而且，即使我们对那些数字有了一些了解，也未必会受其引导。以身高为例。美国女性的平均身高为 1.62 米（National Center for Health Statistics, 2012），而"小号"身型则是指身高为 1.62 米及以下。为什么女性的平均身高会被冠以特殊称谓？社会因素（本例中指时尚业的标准）会影响某些在统计意义上很可能出现的事物是否被视为"正常"。

社会因素也会从一开始就影响一种行为是否具有统计上的可能性。人们的行为会因文化和历史时期而异。例如，几千年来，在耳朵以外的身体部位穿孔在许多土著文化中都很常见，但直到近些年，这种行为才在西方工业化国家变得平常。就在 25 年前，一个戴鼻环的大学生在传统标准下还会被认为是异常的，而在今天，她可能被视为有点另类，但并没有太超出规范。

规范本身也是由社会因素决定的，例如评判者和被评判者的地位和相对权力。那些在人群中处于支配地位的人能够指定什么是正常的，并且很可能有权界定与他们自己有关的规范。在像美国这样的父权制社会中，普遍存在一种将男性视为规范，将女性视为特殊类别的倾向（Tavris, 1992）。这会对女性产生负面影响。

女性的行为被视为异常

总的来说，在以男性为中心的文化中，女性一直被贴上"不可理喻"和"疯狂"的标签。在科学、宗教、文学、艺术领域和幽默作品中，女性的"疯狂"总是与男性的"理性"形成对比（Showalter, 1986; Ehrenreich & English, 1973）。女性会因为挑战传统女性化性别角色的限制而被称为疯子，而且，因为这种被贬值的角色限制了她们获得教育、经济独立、性自我表达和政治权力的机会，她们体验到了真实的心理痛苦。

在心理学中，"以男性为规范"这一视角影响了研究者和临床工作者对女性行为的看法。在 20 世纪 70 年代末女性主义学术在心理学领域站稳脚跟之前，精神病学家和心理学家通常会将女性的行为与一种男性标准进行比较，将其贴上有障碍或有缺陷的标签。他们将这种障碍归因于生殖病理问题和先天的女性化脆弱（e.g., Chesler, 2005; Ussher, 1992）。

"以男性为规范"的偏见不仅渗透到了心理学学术界，也渗透到了大众心理学。大多数答疑解惑专栏和自助书籍都是针对女性的。女性被告知，她们自尊低、过于情绪化、过于依赖他人。不过这是将她们跟谁相比呢？如果女性是比较的标准，那么是否会有更多写给男性的自助书籍，指导他们收敛膨胀的自尊、培养敏锐体察的技能、变得不那么过于独立？是否不再是女性去阅读《无法付出爱的男人》和《付出太多爱的女人》，而可能是男性去阅读关于"如何付出跟女人一样多的爱"之类主题的书籍？也许男性通常会成为自助书籍的目标读者，而不是女性不断地收到信息，说她们是需要改变的人。

将心理痛苦和障碍归咎于女性

1909 年，西格蒙德·弗洛伊德应美国心理学协会前任主席斯坦利·霍尔的邀请，第一次（也是唯一一次）造访美国。弗洛伊德在克拉克大学做了一系列关于精神分析的讲座，激起了进步派听众的热情，他们对他率直地承认人类之性感到激动。女性主义者认为他早期关于女性的性的观点很有前景，鼓励他写更多关于女性的文章；然而，当他写了更多关于女性的文章之后，许多女性却倍感失望。弗洛伊德对女性的性和女性化人格的界定，是基于其与男性规范的差异。根据弗洛伊德的观点，女性在勉强接受自己低劣的生殖器的过程中，发展出了特定的女性化人格特征，包括受虐倾向（Freud，1933）。受虐倾向被定义为从自己的痛苦中获得快乐。

女性有受虐倾向的观点之所以流行，也许是因为它为女性的从属地位以及她们在施虐男性那里遭受的痛苦提供了一个"合理化"解释；如果女性喜欢受苦，那么就没有必要对促使她们受苦的环境进行批判性审视。许多精神分析学家都赞同弗洛伊德的观点，许多其他取向的精神病学家和心理治疗师也赞同这一观点。"女性天生有受虐倾向"的假设导致他们"合乎逻辑"地得出结论：她们通过寻求不健康的关系和破坏性的情境，从而让自己陷入问题之中。葆拉·卡普兰（Caplan，1985）在《女性受虐倾向的迷思》（*The Myth of Women's Masochism*）一书中讲述了一个生动的例子：

> 一名研究生在当地一家医院实习，为患者做心理治疗。她有一位患者叫希尔维娅，其第一任丈夫婚后拒绝与其发生任何性关系，并开始殴打她。他们很快就离婚了。过了一段时间，希尔维娅又跟另一个男人结婚了。婚后，她患上了贪食症，持续暴食，然后再强迫自己呕吐，直到喉咙流血。主治精神科医生认为希尔维娅是个受虐狂。他说："你看她的受虐倾向表现得有多严重。""没有了第一任丈夫的殴打，她就将自己变成了她的第一任丈夫，强迫自己呕吐直到流血。他不再伤害她，于是她自己开始伤害自己。"（p. 192）

除了认为"她是个受虐狂"，希尔维娅的贪食症还可能有什么其他的解释吗？

女性不仅被指责造成了她们自身的心理痛苦和障碍，还被指责导致周围其他人出现心理痛苦和障碍。尤其是，母亲会因其子女的心理问题而受到指责。第9章中描述的责备母亲现象由来已久。一个早期的例子出现在1875年伦敦出版的《精神错乱的边缘》（*The Borderland of Insanity*）一书中。作者声称，精神错乱遗传自母亲的概率是遗传自父亲的两倍；然而，并没有科学证据支持这一论断（Russell，1995）。

在美国，责备母亲现象在第二次世界大战期间及之后变得流行起来。人们认为母亲不仅要对孩子的福祉负责，而且要对整个社会的健康负责。一位将社会中的问题行为归咎于母亲的知名作家菲利浦·威利，在他1942年出版的《毒蛇一代》（*A Generation of Vipers*）一书中这样写道：

　　　　妈妈走出了育儿室和厨房……她也获得了选举权，尽管她对政治从来不
　　感兴趣（除非她特别天真，像长着头发的雾角，或像只 40 码的大号蝎子），
　　但她对社会造成的破坏是如此巨大、如此迅速，以至于最优秀的男性也迷失
　　了方向。妈妈优雅地出现在投票箱前，大概与此同时，我们的社会也开始进
　　入新的历史低点，充斥着政治败坏、强盗行径、帮派斗争、劳资冲突、残暴
　　行为、道德堕落、市政腐败、走私、贿赂、盗窃、谋杀……经济萧条、混乱
　　和战争，等等。（pp. 188-189）

　　当然，并不是母亲们在行凶抢劫和发动战争，但威利等人认为她们应该为此
负责。威利充满敌意的长篇大论，继续将典型的中产阶层中年母亲描绘为毫无用
处、令人厌恶、让人窒息、控制欲强的社会累赘，她们强烈要求儿子效忠，因而
榨干了他的男性化自主性。从威利及其同代人的观点来看，美国男性是娇惯、扭捏、
懦弱的母亲崇拜者。

　　由于所谓的黑人母权制（matriarchy），这种号称由母亲造成的逃避男性气概
的流行现象，被认为在非裔美国社群中尤为严重（Buhle, 1998）。非裔美国男性被
批评为幼稚、冲动、控制欲强和不理性，这些特征被归因于一个现实，即大多数
非裔美国家庭是由经济独立的职场母亲掌管的。如第 9 章所述，那些责备母亲的
人，忽略了制度性种族主义在塑造非裔美国家庭结构和扭曲人们对非裔美国男性
的看法方面所起的作用。

　　二战后的婴儿潮时期是一个极端多生育主义的时代，"母亲养育"被提升到爱
国公共服务的地位。在两次世界大战中，当男性外出战斗时，女性被征召从事有
偿劳动。在两次世界大战之间的大萧条时期，当男性处于失业状态时，女性往往
是主要的养家糊口者。第二次世界大战后，女性被鼓励（甚至被压制着）重新回
归家庭。整个国家依靠人口增长和科学技术来恢复被战争和大萧条所破坏的繁荣
和进步。在家庭领域，对科学的应用不仅体现在小巧机械的创新上，还体现在基
于专业知识的育儿方法上。母亲的努力面临着前所未有的审视。女性杂志频繁刊
登有关父母养育不当有何危险的权威警告，其来源包括现已成为传奇人物的本杰
明·斯波克博士（Ehrenreich & English, 2005; Walker, 1998）。医生和心理学家比以
往任何时候都更加强调，母亲对养育出心理健康（或不健康）的孩子起主要作用。

　　爱德华·斯特雷克博士是责备母亲之书《母亲的儿子：对一个美国问题的精

神医学审视》的作者，1946 年，他在贝尔维尤医院给 700 名医学生做了一场讲座，提出有几类（不称职的）母亲。他认为，这些母亲对近 200 万因心理因素而不适合在二战中服役的男性以及 60 万因精神疾患退伍的男性负有不可推御的责任（Hartwell, 1996）。看来，大萧条和第二次世界大战带来的恐怖，尚不足以解释这些男性的精神病理问题。

精神障碍诊断与统计手册（DSM）

《精神障碍诊断与统计手册》（*The Diagnostic and Statistical Manual for Mental Disorder, DSM*）由美国精神医学学会编制，供临床工作者使用[2]。该手册对已被认可的障碍进行了分类，列出了这些障碍的背景信息和诊断标准。含 1952 年的第一版在内，*DSM* 已经出版了 7 个版本（第 I 版、第 II 版、第 III 版、第 III 版修订版、第 IV 版、第 IV 版文字修订版和第 5 版）。最新的版本 *DSM-5* 于 2013 年 5 月发布。在某些情况下，修订是必要的，因为有研究对已知障碍进行了澄清或者提出了新的障碍。修订也会因更为主观的因素而开展。例如，在 1973 年以前，同性恋曾被作为一种精神障碍编入 *DSM*。由于性取向研究的进展和政治压力，美国精神医学学会选择将其从 *DSM-III* 中移除。

根据 *DSM-5*，"精神障碍"是以个体在思维、情绪或行为上"有临床意义"的受损为特征。这些受损可能是影响心理功能的"心理、生物或发育过程中的功能失调"的结果。精神障碍可能会对一个人的人际关系、职业功能或其他日常活动产生负面影响。对诸如所爱之人死亡这类事件的"可预期的或文化上认可的反应"则不被视为精神障碍。这个定义中的一些术语是主观的。谁来判定某个状况是否是"有临床意义的"，是否是"可预期的或文化上认可的反应"，或者是否是"功能失调"？正如生物性别和社会性别是社会建构的（如第 5 章所述），精神障碍也是如此。

我们对宽泛的精神疾病构念（construct of mental illness）和特定精神疾病的界定，其本身就反映了关于什么是"正常"人类行为的主流社会观点。此外，主导

2　精神医学领域习惯使用"精神障碍"（mental disorder）一词，心理学领域习惯使用"心理障碍"（psychological disorder）一词，在障碍诊断上都参考 DSM 系统和 ICD 系统——译者注

我们如何理解生物性别和社会性别的生物医学模式，同样塑造着我们对心理障碍的理解。这种生物医学模式没有承认那些正在经受心理困扰的人具有独特的生活经历，而是将重点放在了列出症状和对障碍进行分类上。

心理学家盖尔·霍恩斯坦（Hornstein, 2013）在她的文章中呼吁从现象学角度来看待心理诊断和治疗，她提出了两个重要问题：

> "如果我们更深入地倾听人们对自身经历（甚至是极度痛苦的经历）的真实看法，而不是把他们的精神生活主要看作推进我们的障碍分类和理论建构的工具，将会怎样呢？如果我们不把人们的自我陈述看作胡言乱语，或某种需要我们去破译的代码，而是将其视为有意义而准确（即使支离破碎、相互矛盾）理解他们心智和生命史的方式，又将会怎样呢？"（p. 32）

DSM 并非只是精神障碍的目录册。它触及面广，影响面大。它被用于设定研究议程、分配研究经费，还被用来确定获得保险覆盖、残障津贴和特殊教育服务的资格。在司法体系中，它常常被用于刑事责任的认定（Mareke & Gavey, 2013）。但 *DSM* 并非毫无争议。对 *DSM-5* 最重要的批评之一与制药业的影响有关。在 *DSM-5* 特别工作组和监督修订工作的人员中，69% 的人与制药行业有关联（Cosgrove & Krimsky, 2012; Cosgrove & Wheeler, 2013）。对于那些一线治疗方法通常是药物治疗的精神障碍（如心境障碍、精神分裂症和精神病性障碍），在相关的 *DSM-5* 专门小组内部，经济利益冲突也最为激烈（Cosgrove & Krimsky, 2012; Cosgrove & Wheeler, 2013）。

DSM-5 中有 15 项新的诊断，包括暴食障碍（见下文描述）。这些障碍现在可能已经成了制药公司的目标，他们希望从这些"新"障碍中获利。2015 年 2 月，美国食品药品监督管理局批准使用二甲磺酸赖右苯丙胺（商品名 Vyvanse[3]）来治疗暴食障碍。二甲磺酸赖右苯丙胺最初被用来治疗注意缺陷 / 多动障碍（ADHD），但现在可以卖给近 300 万被认为有暴食障碍的人。*DSM-5* 也放宽了某些障碍的诊断标准。例如，*DSM-5* 在抑郁障碍的诊断标准中删除了丧亲之痛排除标准。以往，在所爱之人逝去后的头两个月内，一个因丧亲而哀伤的人不能被诊断为抑郁障碍。删除这一排除标准，实则为制药公司向那些因丧亲而哀伤的人销售抗抑郁药敞开

3　该药物尚无正式的中文商品名——译者注

了大门，尽管二者是截然不同的心理体验（Wieczner, 2013）。

一些对 *DSM* 持批评态度的女性主义者认为，性别、种族 / 族裔和阶层都会影响既定文化背景下特定个体的行为是否得到包容。她们反对勾画严格的界限来区别正常与异常、区分一种障碍和另一种障碍，认为这种"鸽笼式分类"模糊了特定社会环境下行为及其成因的复杂可变性（Caplan, 1995）。例如，临床工作者在什么情况下可以得出结论，认为一名女性拼命节食和剥夺自己充足营养的不健康模式是一种进食障碍？在一名大学生所住的宿舍里，如果室友们接受甚至鼓励暴食和清除行为，并将之作为应对社会施加的保持苗条压力的一种合理反应，那么，假如她也加入其中，是否可以说她患上了神经性贪食症？

批评者对 *DSM* 取向提出的另一个担忧是，该手册有可能使那些具有深远影响的诊断标签合法化，即使那些诊断标签缺乏可靠的科学证据支持。*DSM* 的一个附录列出了需要进一步研究的暂定类别。尽管附录中的诊断标签尚待确认，但临床工作者可能会用它们来做诊断。例如，*DSM-IV* 的附录中包括了经前期烦躁障碍（Pre-menstrual Dysphoric Disorder, PMDD），临床工作者会在没有确凿研究证据证明该障碍存在的情况下用它来做诊断（Chrisler & Caplan, 2002）。此外，即使经前期烦躁障碍并没有被"官方"认定为一种障碍，美国食品药品监督管理局还是批准使用抗抑郁药百优解（Prozac, 商品名变更为 Sarafem）对其进行治疗。

女性主义批评家提出的另一个担忧是诊断标准中存在性别偏见。例如，在一项探讨当时人格障碍诊断标准（根据 *DSM-IV*）的研究中，研究者对近 600 名受访者进行了访谈，发现病理水平相似的女性和男性在 6 个特定诊断标准上回答有所不同；男性更可能认同某些条目，而女性更可能认同另一些条目。这些条目似乎并不是性别中立的（Jane et al., 2007）。问题仍然是，是否应该通过纳入性别特定的诊断标准（gender-specific criteria）或制定更加性别中立的诊断标准来纠正性别偏见（Riecher-Rössler, 2010）。你怎么看？

性别相关的心理障碍

在今天使用的诊断标签中，有几种标签用在女性和男性身上的概率有所不同。女性比男性更可能被诊断患有进食障碍、心境障碍、焦虑障碍以及某些人格障碍。

另一方面，与男性相比，女性被诊断患有物质使用障碍、某些反社会品行障碍和各类性障碍[4]（sexual disorders）的可能性则相对较低。我们将首先考虑可能导致诊断率出现性别相关差异的一般性原因，然后更深入地探讨为什么某些特定障碍更常出现在女性身上。我们将女性和男性之间这些诊断率差异称为社会性别而非生物性别相关差异，因为不可能确定这些差异是与生物性别（biological sex）还是文化性别（cultural gender）更相关，或者不同障碍的影响因素是否有所不同。

心理障碍的发生率是否存在与性别相关的差异

心理障碍的发生率是否存在与性别相关的差异？在回答这个问题之前，我们必须首先考虑到目前所报告的性别比例可能是不准确的。临床样本并不是随机样本，可能不能代表心理障碍在一般人群中的性别比例（Hartung & Widiger, 1998）。心理障碍研究中使用的样本通常也是非随机和非代表性的样本。取样上的这种偏差会导致对心理障碍的理解产生偏差，进而导致诊断标准出现偏差，又进而可能导致对诊断标准的应用出现差异……这是一个恶性循环。例如，*DSM-IV* 的**躯体化障碍**（somatization disorder）以表现出无已知生理原因的躯体症状为特征，最初被诊断为**歇斯底里**（hysteria, 癔症），其字面含义为"游走的子宫"（Hartung & Widiger, 1998）。这一障碍的名称已被更改，但诊断标准仍然包括仅适用于女性的生殖相关症状（如月经不规律）。为了避免诊断中的性别偏见，*DSM-IV* 的编纂者增加了一组他们认为针对男性的平行症状（如勃起障碍），但这并没有基于任何对男性的研究。诊断标准是完全基于女性样本的研究得出的，因此，无论这种障碍是否事实上在女性中发生率更高，都可能导致其在女性中有更高的诊断率。

假定至少有一些关于心理障碍性别比例的报告是比较准确的，人们可能会禁不住要将生物因素作为差异的来源。例如，人们会很容易得出这样的结论，女性患上抑郁障碍是因为她们的雌性激素，男性产生恋物癖是因为他们的雄性激素。诚然，生物因素会使某些个体易于患上特定的心理障碍，但是这些因素多半在两性身上都存在；例如，女性和男性都可能有患抑郁障碍的遗传倾向。有一些证据表明，在心理障碍方面，两性间的遗传和激素差异可能导致了一些特定的性别相

4　在 *DSM-5* 中，性障碍含性欲倒错障碍和性功能失调两大类——译者注

关差异，例如，相比男性，患有双相障碍的女性在抑郁发作和躁狂发作之间的循环更快（Leibenluft, 1996）。然而，到目前为止，心理障碍方面的大多数性别相关差异还不能用生物因素来解释。

女性更容易被诊断为患有某些心理障碍，可能是因为女性更可能报告她们的痛苦并寻求帮助；寻求帮助更符合女性化性别角色而非男性化性别角色（e.g., Addis & Mahalik, 2003）。一些研究考察了女性和男性寻求心理帮助的相对可能性，结果显示，女性报告了更强的寻求心理帮助的意愿（e.g., Oliver et al., 2005）；然而，某些心理障碍在男性中诊断率更高的事实表明，即使女性比男性更愿意寻求心理学或精神医学临床服务，这也不足以解释所有观测到的心理障碍诊断率上的性别差异。

仔细查看那些在男性和女性群体中诊断率不同的心理障碍，就会发现一种与传统性别角色和性别刻板印象相一致的模式。受性别社会化的影响，女性可能会在**内化障碍**（internalizing disorder，即消极情感向内转化）上的诊断率更高，男性可能会在**外化障碍**（externalizing disorder，即消极行为向外表达）上的诊断率更高（Rosenfield, 2000）。喜怒无常和恐惧是刻板印象化女性气质的特征，而酗酒、攻击和性表达则被视为更男性化的行为。

当女性和男性表现出同样的行为时，性别刻板印象可能会使人们对相同行为产生不同的感知并为其贴上不同的标签。治疗师自身有关性别的先入之见，有可能使他们对两性来访者的解读带上不同的色彩，进而导致他们对女性的某些状况做出过度诊断，而对另一些状况又诊断不足。例如，对于同样一组症状，临床人员可能更倾向于对女性而非男性做出抑郁诊断（Potts et al., 1991），或者可能将女性诊断为"边缘型"或"表演型"人格障碍，而将男性诊断为"反社会型"人格障碍（Becker & Lamb, 1994; Samuel & Widiger, 2009）。对女性的刻板印象可能导致矛盾的诊断偏差（Lopez, 1989; Robinson & Worell, 2002）：有时它们会导致对女性心理病理状况的过度诊断，因为女性是发疯的一群人；有时它们又会导致临床工作者忽视女性真实的问题，因为情绪困扰毕竟在女性身上很常见，不是吗？

最终，某些障碍事实上更常在女性身上出现，因此它们在女性群体中诊断率可能更高——这是因为性别角色和性别偏见，而并非单纯因为生物因素。例如，由于女性气质和外貌压力之间存在紧密关联，女性可能更容易患上进食障碍（Mussap, 2007）。由于性别歧视等性别特定压力源，她们可能更容易患上含抑郁障碍和焦虑障碍在内的其他一些障碍。伊丽莎白·克洛诺夫与合作者（Klonoff et al., 2000）发现了支持这一观点的证据。他们在测量女性遭遇性别主义事件（遭遇如"婊子"和"小妞"之类性别主义称呼，或听到性别主义玩笑）的频率之后，对女性和男性的精神症状进行了比较。结果发现，只有那些经常遭遇性别主义压力源的女性报告了比男性更多的症状。正如本书前面章节所述，日常的性别主义烦扰、微攻击、性骚扰以及世界范围内暴力侵害女性行为的普遍存在，对女性的心理健康造成了巨大的影响。

哪些心理障碍在女性群体中诊断率相对较高

下面讨论的这些障碍在女性群体中的诊断率均高于男性。虽然我们将这些障碍分开讨论，但请记住它们常常会发生共病；受抑郁障碍困扰的女性往往也会表现出焦虑障碍、进食障碍、边缘型和依赖型人格障碍（Sprock & Yoder, 1997; Widiger & Anderson, 2003）。

抑郁障碍

女性患**重性抑郁障碍**（major depressive disorder）的可能性是男性的两倍，患长期的**持续性抑郁障碍**（persistent depressive disorder, 见 *DSM-5*；以往称之为心境恶劣障碍）的可能性是男性的两到三倍。这两种障碍的特征都是长期心境低落，并伴有诸如明显丧失活动兴趣、食欲改变、睡眠紊乱、疲劳、无法集中注意力和消极思维过度等失能症状。女性的抑郁障碍在青少年期发病率较高（Hilt & Nolen-Hoeksema, 2009），且已被发现具有跨文化相似性（Grant & Weissman, 2007）。对抑郁障碍在女孩和成年女性群体中发生率较高的解释，主要集中在遗传、激素和认知风格等内部因素，以及性别主义、贫困和暴力等外部因素上。最新的理论模型提出，这些因素以复杂的方式交互作用，导致了所观测到的抑郁障碍的性别差异（e.g., Hyde et al., 2008）。

抑郁障碍和其他心境相关障碍都有遗传成分。以血清素这种神经递质为例，作为一种遗传倾向，血清素水平低的个体比血清素处于平均水平的个体更可能患抑郁障碍。抑郁障碍具有家族遗传性，但遗传给男性和女性的概率是相同的（Agrawal et al., 2004），因此，仅基因本身无法解释性别差异。我们对抑郁障碍的特异性遗传标记还知之甚少。全基因组关联研究会观察大样本人群的基因组，以探究遗传变异（genetic variants, 被称为单核苷酸多态性）和特定疾病之间是否存在关系（NIH Fact Sheet, 2015）。对重性抑郁障碍全基因组关联研究进行的元分析未能发现与抑郁障碍有关的单个单核苷酸多态性的证据，表明基因和环境的交互作用可能是理解抑郁障碍遗传成因的关键（Ripke et al., 2013; Hek et al., 2013）。一些研究表明，性激素可能与应激激素交互作用，使女性在抑郁障碍和焦虑障碍上的易感性高于男性（Solomon & Herman, 2009），但一般来说，激素说不足以充分解释抑郁障碍的性别相关差异（Kessler, 2003）。

　　对于抑郁障碍的性别相关差异，认知取向的解释认为，女孩和成年女性可能会以导致心境低落的思维模式对消极生活事件作出反应。例如，女性比男性更多地进行**反刍思维**（rumination），被动地沉湎于痛苦及其原因和后果，而不是主动转移自己的注意力或寻求社会支持（见图 13.1）。反刍思维可以预测抑郁发作，也会导致抑郁恶化（Nolen-Hoeksema et al., 2009）。与此相关，反刍思维的性别差异可以部分解释抑郁障碍和焦虑障碍的性别差异（Nolen-Hoeksema, 2012）。女性的从属性社会地位，可能导致她们对生活和情绪的控制感弱于男性，但又觉得自己对维持与他人的积极关系负有更多责任；因此，她们倾向于担忧而不是行动（Nolen-Hoeksema et al., 1999; Nolen-Hoeksema & Jackson, 2001）。人们对消极生活事件进行解释时的归因方式也可能使他们易患抑郁障碍。女性比男性更倾向表现出一种"无助"的风格，将消极事件归因于稳定的、整体的、内部的原因，而不会认为"好吧，这就是个一次性事件，只是我生活的一个方面，而且不是我的错！"

图 13.1　相对于男性，女性的社会地位较低，这可能导致她们容易产生反刍思维，反刍思维是抑郁的预测因素。

©Yuri Arcurs/Cuteaster RF

（Abramson & Alloy, 2006; Hankin & Abrahmson, 2001）。

　　单有生物易感性和认知易感性未必会导致抑郁障碍。大多数时候，抑郁障碍由消极或应激性生活境况或事件触发。贫困是应激性生活境况的一个例子，女性更多受其影响。贫困及相关困难与抑郁存在相关关系，尤其在有年幼子女的母亲群体中（Belle & Doucet, 2003; Heflin & Iceland, 2009）。另一个预测女性抑郁的外部因素是人际暴力（Golding, 1999）。儿童期性虐待、强暴和殴打均与女性抑郁水平高有关（Koss et al., 2003）。在美国，大多数关于抑郁的研究是以白人女性为对象开展的，但研究表明，暴力也预测了来自不同文化背景女性的抑郁，包括非裔美国女性（Banyard et al., 2002）、拉丁裔女性（Hazen et al., 2008）、美洲原住民女性（Bohn, 2003）、华裔美国女性（Hicks & Li, 2003），以及挪威（Nerøien & Schei, 2008）、北爱尔兰（Dorahy et al., 2007）、巴西（Ludermir et al., 2008）和撒哈拉以南非洲（Gelaye et al., 2009）的女性。

　　如前文所述，经前期烦躁障碍在 *DSM-IV* 中是一个暂定诊断[5]，随着 *DSM-5* 的发布而成为正式诊断。经前期烦躁障碍被归到抑郁障碍这一类别[6]之下。经前期烦躁障碍的症状出现在黄体期（月经开始前的时期），并必然会在月经开始后的几天消退。症状可能包括明显的情绪波动、易激惹、愤怒、抑郁心境，或焦虑、活动兴趣降低、难以集中注意力、嗜睡、睡眠紊乱，以及腹胀、头痛和体重增加等身体症状。要做出这一确诊，女性必须在过去一年的大部分月经周期中至少经历 5 种症状（其中至少要有一种症状与心境有关），并且它们必须造成有临床意义的痛苦（*DSM-5*）。根据 *DSM-5*，经前期烦躁障碍的风险因素包括应激、创伤以及女性性别角色的社会文化层面。正如经前期烦躁障碍的批评者所指出的（Caplan, 2004, 2008; Chrisler & Gorman, 2015），就好像大多数育龄女性都处于危险之中！

　　关于将经前期烦躁障碍纳入 *DSM* 的争论仍在继续。支持者声称，它是一种可识别的临床综合征，将其纳入 *DSM* 对于正式对待某些女性的周期性痛苦是重要的（e.g., Pearlstein, 2010）。一些批评者也认为，对女性体验的确认是重要的，但他们主张，女性不需要通过寻求精神疾病诊断来引起他人对月经相关身体和情绪症状的关注（Browne, 2015; Caplan, 2004）。

---

[5]　在 *DSM-IV* 附录中作为建议性诊断提出——译者注

[6]　在 *DSM-5* 中，抑郁障碍这一章包括重性抑郁障碍、持续性抑郁障碍、经前期烦躁障碍、破坏性心境失调障碍——译者注

制药行业也可能参与了将经前期烦躁障碍确认为精神障碍的过程。礼来公司将抗抑郁药沙拉芬（见专栏 13.1）作为治疗经前期烦躁障碍的药物进行销售。美国食品药品监督管理局批准使用这种药物来治疗月经痛苦，是基于专家认为经前期烦躁障碍是一种明确的精神障碍。当然，对制药公司来说，这种每月会影响一半 50 岁以下人口的所谓精神障碍是有利可图的。在决定将经前期烦躁障碍纳入 *DSM-IV* 的 6 位精神病学家中，就有 5 位与礼来公司有财务关系（Cosgrove et al., 2006）。

一些学者认为，经前期烦躁障碍是一种**文化相关综合征**（culture-bound syndrome）。文化相关综合征是指在一种文化（而非其他文化）下共同构成一种疾病的一组症状（Browne, 2015; Chrisler, 2012）。在一项探讨美国少数族裔经前期烦躁障碍流行率的研究中，皮尔弗等研究者（Pilver et al., 2011）发现，女性在美国

专栏 13.1 ∽   百优解、沙拉芬以及精神类药物商品名的变更

1972 年，制药业巨头礼来（Eli Lilly）公司发现了抗抑郁药百优解（Prozac）[*] 的活性成分氟西汀。他们最初是把它作为治疗高血压和肥胖的药物进行测试的，后来科学家发现它对一小部分抑郁障碍患者有积极作用。该药物最终获得美国食品药品监督管理局批准，用于治疗抑郁障碍。1988 年，礼来公司开始销售新命名的百优解，不到一年，就有近 250 万份处方被开出。在百优解临床使用的鼎盛时期，礼来公司每年从中可赚取 26 亿美元。

20 世纪 90 年代末，礼来公司对氟西汀持有的专利即将到期，同时还在法庭上受到了仿制药竞争对手的挑战。为了寻找扩大百优解利润的方法，礼来公司对几种

"拓展策略"进行了研究。如果礼来公司能够证明氟西汀可以成功地治疗另一种精神疾病，他们就可以延长专利。在礼来公司的推动下，经前期烦躁障碍被确认存在，且可用百优解治愈[**]。美国食品药品监督管理局最终批准将百优解用于治疗所谓的经前期烦躁障碍。此后，礼来公司得以延长他们的一项氟西汀专利，将其更名为沙拉芬，以治疗经前期烦躁障碍。虽然礼来公司最终失去了氟西汀的大部分专利（和

---

[*]   百优解和沙拉芬（Sarafem）均为商品名——译者注

[**]   作者质疑对"经前期烦躁障碍"的过度诊断和过度治疗，揭露背后的利益驱动——译者注

专栏13.1　百优解、沙拉芬以及精神类药物商品名的变更（续）

利润），但在 2001 年，他们的销售额仍达到 2.85 亿美元。礼来公司向有经前期症状的女性大力推销沙拉芬。他们甚至被迫撤下早期的一个广告，因为它未能对经前期烦躁障碍进行定义。他们的广告也没有提到沙拉芬就是百优解，这可能使接受处方的女性不知道自己正在服用一种抗抑郁药。

将百优解更名为沙拉芬以保留专利、维持利润，这并不是孤立的个例。制药商在专利到期前就开始对盈利可观的抗抑郁药进行"调整"，这也并不罕见。如果他们能够稍微改变其现有抗抑郁药的化学结构，他们就能获得一项新的专利并扩大利润。惠氏公司生产的怡诺思（Effexor），已被更改配方并命名为倍思乐（Pristiq）。两种药物含有相同的代谢物，尽管它们在体内的转化方式略有不同。不出意料，惠氏公司鼓励精神科医生将患者的药物从怡诺思更换为倍思乐。喜普妙（Celexa）和来士普（Lexapro）也有类似的历史，两种药物均由灵北（Lundbeck）制药公司生

产。2013 年，美国食品药品监督管理局批准使用抗抑郁药百可舒（Paxil）的更名药物 Brisdelle*** 来治疗潮热。然而，美国食品药品监督管理局的一个咨询委员会建议不批准使用该药物，因为与安慰剂相比，其有效性的统计结果只是边缘显著。尽管如此，Brisdelle 的使用还是获得了批准，现在正被作为一种治疗潮热的"非激素"药物进行销售。

资料来源：Psychiatry Report, T. (2013). Pristiq vs. Effexor. *Psych Central.*

Mukherjee, S. (2012, April 19). Post-Prozac Nation. *The New York Times Magazine.*

Shorter, E. (2014). The 25th anniversary of the launch of Prozac gives pause for thought: Where did we go wrong? *The British Journal of Psychiatry*, 204, 331–332.

McLean, B. (2001, August 13). A Bitter Pill Prozac made Eli Lilly. Then along came a feisty generic maker called Barr Labs. Their battle gives new meaning to the term 'drug war.' *Fortune Magazine.*

Contributed by Annie B. Fox.

***　该药物尚无正式的中文商品名，其活性成分为帕罗西汀——译者注

生活的时间越长，出现经前期烦躁障碍的可能性越大。换言之，少数族裔女性接触美国文化越多，出现经前期烦躁障碍的可能性越大。

批评者还认为，对女性痛苦的医疗化最终会伤害女性，因为它忽视或曲解了这些痛苦的成因（Browne, 2015; Chrisler, 2012; Chrisler & Gorman, 2015）。例如，

对有经前综合征（premenstrual syndrome, PMS）或经前期烦躁障碍（PMDD）的女性的研究发现，与没有经历这两种困扰的女性相比，前者有生活压力、特质焦虑[7]、抑郁和创伤（如性虐待或性侵犯）的可能性更高（Chrisler & Gorman, 2015）。此外，将女性的心境病理化意味着，当女性体验到强烈的消极情绪时，她们就是出问题了，需要治疗。

许多女性确实经历了与月经周期有关的正常的、周期性的身体和心境变化。对极少数女性而言，那些每月一次的变化损害了她们的日常功能。这是否就意味着经前期烦躁障碍应该被视为一种精神障碍，并将抗抑郁药作为首选治疗方法呢？你怎么看？

焦虑障碍

广泛性焦虑障碍在女性中比在男性中更为常见，但惊恐障碍呈现出了更明显的性别相关差异。如果一个人反复经历不可预料的、突发的强烈恐惧或不适（伴有如心悸、眩晕、颤抖和窒息感等身体症状），随后至少一个月的时间都在担心再次出现惊恐发作，就会被诊断为**惊恐障碍**（panic disorder）。这种发作可能发生在公共场所，因此惊恐障碍和**广场恐怖症**（agoraphobia）有关就不足为奇了。广场恐怖症是指对身处难以逃离或者出现窘迫状况时难以逃离的场所（如独自在户外、在人群之中或坐飞机）感到强烈恐惧。惊恐障碍和广场恐怖症在女性中的诊断率是男性的两倍（Kessler et al., 2012）。

女性化社会化（feminine socialization）可能造成了女性对公共空间有更强的恐惧。传统上，人们鼓励女孩和成年女性待在家庭和私人领域内，并且不鼓励她们在公共领域表达自己的观点。此外，公共场所可能让女性反感，因为她们可能遭受性别歧视、性客体化、性骚扰和性暴力。另一些对性别相关诊断差异的解释指出，这种差异可能是一种人为的结果：也许男性也害怕公共空间，但是，由于男性化性别角色期待男性应该大胆进入公共领域，他们可能不愿意承认自己的恐惧，而是选择用饮酒等应对行为来掩饰（e.g., Bekker, 1996）。

大多数其他类型的恐惧症在女性中的患病率大约都是男性的两倍，但不同类

7　特质焦虑属于人格特质范畴，与状态焦虑相对——译者注

型恐惧症的性别比例有所不同[8]。例如，在自然环境型和动物型恐惧症个体中，有75%~90% 是女性（*DSM-5*）。这一点特别有趣，因为许多文化和宗教中都有一个悠久的传统，视女性为养育者和生命创造者，相较于男性，倾向于将女性更紧密地与大自然联系在一起（Merchant, 1995）。以大地为基础的灵性传统崇敬大地女神和大自然母亲，然而，今天的美国女性比男性更可能表现出对自然的强烈恐惧。也许，女性对自然环境和动物的恐惧根源于性别社会化，它阻碍女孩探索野外和接受自然的身体自我。

进食障碍

被诊断为**神经性厌食症**（anorexia nervosa）和**神经性贪食症**（bulimia nervosa）的个体，90% 以上是女性（*DSM-5*）。厌食症一词虽有食欲丧失之意，但有神经性厌食症的个体通常不会失去食欲；相反，他们会严格控制自己的食物摄入量和身体活动水平，以达到低于正常体重的目的。对体形的扭曲感知是厌食症的典型特征。虽然医学专业人士和普通公众相对较晚才开始普遍关注女孩和成年女性群体中神经性厌食症的盛行，但女性的自我挨饿行为早在中世纪就有记载（Bemporad, 1996; Brumberg, 2000; Liles & Woods, 1999）。与厌食症相似，贪食症也与对体重增加的极度关注有关，但表现出贪食症的个体通常体重正常或高于正常体重。他们往往不限制自己的食物摄入量，而是在暴食之后，通过催吐或使用泻药来进行清除。许多女孩和成年女性养成了不健康的进食习惯，并遭受令人痛苦的身体先占观念[9]的困扰，但并未达到这些障碍的特定诊断标准。

暴食障碍（binge-eating disorder, BED）在 *DSM-5* 中成为一项正式的诊断，其特征是反复发作的大量进食（即暴食），并在暴食期间感到失控。在暴食发作期间，个体可能比平时吃得更快，可能并不觉得饿，也可能在暴食后感到尴尬、厌恶、沮丧或内疚（*DSM-5*）。虽然暴食障碍的患病率存在性别差异，但不像厌食症和贪食症的性别差异那么明显。女性被诊断为暴食障碍的概率大约是男性的两倍（*DSM-5*; Kessler et al., 2013）。暴食与压力有关，暴食的女性可能比不暴食的女性承受着更多的压力（Wolff et al., 2000）。

8　*DSM-5* 中，特定恐惧症有不同的亚型——译者注

9　指某种想法抢先占据了思考空间——译者注

女性的抑郁和焦虑常常与进食障碍同时发生（e.g., Godart et al., 2007; Swinbourne & Touyz, 2007），尽管这一关系的确切性质尚不清楚。抑郁和焦虑可能会使女性易患进食障碍（Keel et al., 2001; Strober et al., 2007）。也有可能，负向社会比较、人际问题、低自尊和对身体不满意等其他因素，既影响心境又导致进食障碍（Ansell et al., 2012; Green et al., 2009）。客体化理论提出了进食障碍产生的两种可能路径。进食障碍可能是自我客体化的一个直接后果，也可能是由长期自我客体化相关的身体羞耻感和外貌焦虑发展而来（Roberts, 2016）。关于这些因素之间关系的研究，大多数是相关关系研究，因此难以确定它们之间的因果关系。然而，对客体化理论的少量实验研究确实表明，状态自我客体化（state self-objectification, SSO）会导致与进食有关的后果（Fredrickson et al., 1998; Moradi et al., 2005; Moradi & Huang, 2008）。

我们已经明确地知道，在不同女性族群中，抑郁、焦虑、身体不满意与进食障碍之间的关系是不同的。例如，一项对墨西哥裔美国女性的研究发现，赞同美国社会价值观（包括强调女性要苗条）与贪食症状显著相关，而同组研究者对非裔美国女性进行的一项研究发现，这两个因素之间没有关联，抑郁症状和贪食症状之间也没有关联（Lester & Petrie, 1995; 1998）。一项针对产后女性的研究发现，美国白人女性怀孕期间的体重增加与抑郁有关，而非裔美国女性则并非如此（Cameron et al., 1996）。这也许是因为非裔美国女性不像美国白人女性那么容易对怀孕相关的身体变化产生消极感知（Walker et al., 2002）。

一般而言，进食障碍的患病率在不同女性族群之间也存在差异，尽管这些差异可能正在缩小。某些女性群体可能不太容易患上进食障碍，因为她们与主流审美理想（即不仅要苗条，还要年轻、肤白、异性恋、来自中产阶层）相去甚远。对于不符合这些类别的女性来说，她们可能更容易拒绝主流标准（e.g., Gilbert, 2003）。随着少数族裔女孩和成年女性越来越认同主流社会，即文化**涵化** (acculturation)，她们比过去更容易患进食障碍（Gowen et al., 1999; Cachelin, et al., 2000）。这可能不仅是由于文化涵化本身，也是由于努力融入不同于自己原生文化的另一种文化所带来的压力（Gordon et al., 2010; Kroon Van Diest et al., 2014）。

进食障碍患病率之种族和族裔差异的另一种解释可能是，在进食障碍症状的体验和报告上存在文化差异。例如，一项对亚裔美国人和非拉丁裔白人的研究发现，尽管亚裔美国女性与白人女性报告的暴食率相当，但与白人女性相比，她们报告失控、痛苦感等暴食障碍其他症状的可能性相对较低（Lee-Winn et al., 2014）。这可能是因为，进食障碍的诊断标准并未捕捉到来自其他文化背景的女性经历进食障碍的方式（Cummins et al., 2005）。

边缘型和依赖型人格障碍

有几种人格障碍的患病率显示出了性别相关差异，包括反社会型人格障碍和自恋型人格障碍（在男性中诊断率较高），以及依赖型人格障碍和边缘型人格障碍（在女性中诊断率较高）。大量文献都在争论：这些差异是否属实、不精确取样的人为因素、诊断标准存在偏见所导致的后果，以及由临床工作者或自我报告工具造成的评估偏差。

前文提到的小说《冰箱里的灯》的作者曾被诊断为**边缘型人格障碍**（borderline personality disorder, BPD），该障碍的特征是在人际关系、自我概念和情绪方面呈现出一种不稳定模式，伴有冲动性和对被抛弃的严重恐惧（*DSM-5*）。在临床上被诊断为边缘型人格障碍的个体中，75% 是女性；然而，一些关于一般人群中边缘型人格障碍患病率的研究却没有发现性别差异，因此，其中可能存在取样偏差（Skodol & Bender, 2003）。以临床诊断率为代表，几位研究者探讨了边缘型人格障碍的诊断标准是否可能存在性别主义偏见。在一项研究中，大学生根据每条诊断标准在多大程度上反映女性或男性的特征，对人格障碍的诊断标准进行分类（Sprock et al., 1990）。除了强烈的、不恰当的愤怒，边缘型人格障碍的所有诊断标准都被评价为更具女性特征。

依赖型人格障碍（dependent personality disorder, DPD）是以过度需要爱护从而导致顺从和依附行为为特征（*DSM-IV-TR*）。具有依赖型人格特质的个体强烈渴望被爱、被养育和被保护。他们极难做出独立决策，即便是很小的日常决策，他们也需要大量的保证和建议。他们很难表达与他人不同的意见，因为他们担心这会导致自己失去支持或认可。他们很难启动项目，因为他们对自己的能力缺乏自信。很重要的一点是，这些依赖行为只有在逾越了与年龄或文化相适应的规范时才被认为是人格障碍的征兆。那么，与性别相适应的规范要不要考虑呢？在性别社会化和性别角色上的差异要不要考虑呢？与性别相混淆的那些因素，如经济依赖或家庭虐待受害者的身份，要不要考虑呢？

心理障碍治疗中的性别主义偏见

从广义上讲，心理障碍的治疗可以用两种普遍的取向来界定：一种是依赖药物和住院等医学治疗的精神医学取向，另一种是非医疗的心理治疗取向。精神分析，这一最初由弗洛伊德发展起来的疗法，兼具两种属性，属于一种非医疗的"谈话"疗法，但由（相对较少的）一部分精神科医生在实践。无论是精神医学取向还是心理治疗取向，二者都受到性别偏见的影响。本节将首先探讨在精神医疗机构化和药物治疗中普遍存在的性别主义，然后介绍对传统心理治疗的批评。

机构化：将女性关在机构中

在当今社会中，为有严重精神疾病或发育缺陷的人士所提供的居住设施发挥着重要的照护和康复功能。然而，有时人们会受到不公正的关押（e.g., Szasz, 1973）。审视美国和欧洲将女性置于机构中的这段历史，一种无正当理由的强制监管模式昭然若揭：女性因不愿或无法遵守社会规定的女性化性别角色限制而受到惩罚（Appignanesi, 2008; Showalter, 1986; Ripa, 1990; Chesler, 2005; Ussher, 1992）。

沙可、弗洛伊德和萨尔佩特里尔收容院

从 17 世纪到 19 世纪，巴黎萨尔佩特里尔收容院是一个声名狼藉的机构，主要收容女性。这个机构最初是作为一家火药厂建造的，后来在路易十四统治时期，它被改造和扩建成一所救济院，收容了 4 万名（占巴黎市人口的 10%）无家可归的巴黎人（Vallois, 1998）。许多被迫居住在萨尔佩特里尔收容院的女性是卖淫者，她们后来被海运到路易斯安那州和加拿大，为法国新领地填充人口。那些被认为"迟钝"或"精神错乱"（按当时的说法）的女性通常被锁链拴在墙上。

19 世纪，那些无家可归的女性、疑似或确知的卖淫女性、仅仅是行为偏常（如说话声大或有攻击性）的女性，都有可能会被强制关进萨尔佩特里尔收容院。现代神经学的创始人让－马丁·沙可（Jean-Martin Charcot）在萨尔佩特里尔开设了一家诊所，研究表现出**歇斯底里症状**（hysterical symptoms）的人，他们的躯体问题没有明显的器质性原因。沙可并不同意前人提出的"歇斯底里是由子宫漫游引起"这一观点（因为他在男性身上也发现了歇斯底里），但他确实把歇斯底里归因于性

功能失调。沙可的大多数患者是女性。其中最著名、最受偏爱的是布兰奇·威特曼，绰号为"歇斯底里女王"，她对歇斯底里的戏剧性表现很好地服务了沙可向同行们所做的戏剧性演讲，正如安德烈·布劳伊莱特的画作《在萨尔佩特里尔的一堂临床课》（见图 13.2）中所描绘的那样。

沙可关于歇斯底里的研究对年轻的弗洛伊德产生了很大的影响。弗洛伊德对沙可运用催眠来引发和缓解歇斯底里症状的能力印象深刻。这是潜意识心智可能与某种形式的身体痛苦有关的最初提示。沙可对弗洛伊德的另一个影响是，弗洛伊德无意中听到沙可悄悄地对一位同事断言，歇斯底里的起因"总是与生殖器有关，总是……总是……总是"（Freud, 1914, p. 14）。

在萨尔佩特里尔逗留期间，弗洛伊德首次形成了他关于歇斯底里及其起源于儿童期性创伤的观点。后来，弗洛伊德收回了他之前的断言，即他在维也纳诊所

©Bettmann/Getty Images

图 13.2　安德烈·布劳伊莱特创作的《在萨尔佩特里尔的一堂临床课》。

观察到的女性患者的歇斯底里是由真实的儿童期性创伤所导致，并提出了另一种解释，认为这些症状源于与渴望式性幻想有关的无意识冲突。弗洛伊德在思想上的这种彻底改变，可能是由于他的理论在医学界同行中引起了负面反响；毕竟，他本质上是在声称儿童期性虐待在地位显赫的家庭中很常见（Masson, 1984）。无疑，这一观点的转变对确实遭受过虐待的女性所接受的治疗产生了重大影响。

维多利亚时代"真正的女人"和"疯女人"

在 19 世纪中后期，美国中产及上层阶层中也有由丈夫或其他家庭成员强制监管的"疯女人"，因为家庭成员发现她们的态度或行为会引起麻烦、不可接受或不可控制。当时，经济优越的女性被期待追求"真正的女性状态"，成为被动接受的、虔诚的、喜爱家庭生活的和道德上纯洁的女性（Welter, 1966）。基于当时的医学智慧，诸如追求高等教育或参与社会改革行动这样的智力活动，对女性而言是禁忌。社会推荐给她们的唯一活动是生孩子；然而，这在某种程度上是一种双重束缚，因为怀孕和哺乳也被认为是女性精神疾病的原因（Geller & Harris, 1994）。

由于女性的生殖器官被认为是其精神痛苦的主要来源，因此，医生使用了专门针对女性的疗法，包括手术切除卵巢、电击子宫、向阴道注射热水和烧灼阴蒂（Geller & Harris, 1994; Russell, 1995）。一位有影响力的医生塞拉斯·维尔·米切尔推广了"休养疗法"，即数月卧床，不做任何活动，甚至连一本书都不能看。维尔·米切尔的思路是，女性享受生病，使生病时的状况变得极其令人厌恶，如此可以加速她们的康复。他的治疗取向将女性视为需要接受父权式规训的不守规矩的孩童。女性参政论者、女性主义先驱夏洛特·珀金斯·吉尔曼在短篇小说《黄色壁纸》（Gilman, 1892）中，以第一人称讲述了一个故事，描述了一名女性因其医生丈夫对其实施休养疗法而陷入了疯狂。

> 如果一位地位显赫的医生，同时也是我的丈夫，向朋友和亲戚保证，我没有多大问题，只是暂时的神经性抑郁（一种轻微的歇斯底里倾向），那我该怎么办呢？……我被完全禁止"工作"，直到恢复健康……就我个人而言，我认为合意的、富于刺激和变化的工作，也许对我有益。（p. 1）

故事中的这位女性开始产生妄想，觉得一个女囚正潜伏在她房间里剥落墙纸上那些俗艳图案的后面。1887 年，珀金斯·吉尔曼被送进了医院，由维尔·米切尔对她进行了一个月的休养治疗。她在女儿出生后患上了"神经衰弱"（如果是在今天，她可能被诊断为产后抑郁）。出院回家后，她被要求"尽可能地过一种居家生活"，把每天的智力活动限制在 2 小时以内，并且不要再写一个字。在遵守这一规定几个月后，吉尔曼"危险地接近失去理智"。离婚后，她恢复了健康（见图 13.3）。专栏 13.2 介绍了19 世纪后半期被关在疯人院的其他女性的故事。

图 13.3　夏洛特·珀金斯·吉尔曼

女性与去机构化

20 世纪 60 年代和 70 年代，美国和欧洲的一些作家撰写了反精神医学的批判性著作，聚焦有关精神失常的社会建构以及精神医疗机构实施的威权主义虐待（e.g., Goffman, 1961; Laing, 1970; Szasz, 1970）。一种观点认为，所谓的精神疾病患者，只不过是另一个被边缘化的群体，其因不遵循传统规范的行为而被贴上标签并受到惩罚，这一主张在民权运动和反主流文化运动的背景下，具有特别的吸引力。随后出现了一种趋势，即推动对精神疾病患者的去机构化[10]（deinstitutionalization），促进他们依靠社区医疗保健设施。遗憾的是，这类设施缺少资助且数量有限。结果，许多受心理痛苦困扰的人最终无处可去、无家可归（Isaac & Armat, 1990）。

去机构化对女性具有特殊的影响。当家庭和社区护理取代机构护理时，谁会成为主要的照顾者？大多数时候是女性（Ascher-Svanum & Sobel, 1989; Bachrach, 1984; Thurer, 1983）。去机构化还以其他方式与女性在家庭中作为主要照顾者的角色发生关联：与没有社区门诊服务时相比，去机构化后，患有严重精神障碍的女性更有可能在家庭中抚养她们的子女（Oyserman et al., 2000）。此外，与生活在提供生育计划服务的机构内的女性相比，离开机构的女性更有可能成为母亲（Bachrach, 1984）。

---

10 指走出精神医疗机构，回归社区——译者注

专栏13.2 ～～　来自19世纪疯人院的女性声音

我以一个姐姐所有的温柔情感爱着我年幼的弟弟，我希望他能接受教育。于是，我在工厂里工作赚钱，资助他接受教育。可是将姐姐送进监狱，雇佣男人做实验，对她施以强暴，并以她的痛苦为乐！一个弟弟，或者一个人，有可能会因为宗教有别而变得如此冷酷或残忍吗？……难道这就是我们这个国家的现状吗？女性的权利被践踏……

——伊丽莎白·斯通

（Elizabeth T. Stone, 1840—1842）

自从人们发现我疯了，到现在已经21年了，这一切都是因为我无法接受任何流行的庸俗观念……我发现，充满思想和才智的活跃的神经气质，需要有足够的空间来释放其能量，如若不然，就会变得极其兴奋。这样的头脑不能忍受待在一个狭小的地方，这就是女性比男性更容易激动的一个主要原因，因为她们的思想更活跃；但她们却因为身为女人而必须一直待在一个坚果壳里。

——菲比·戴维斯

（Phebe B. Davis, 1850—1853）

那是在一次《圣经》课上……我为一些宗教观点辩护……这给我带来了"精神错乱"的指控……1860年6月18日清晨，当我从床上起来准备晨浴的时候，我看见我的丈夫带着两名医生来到我的门口，医生是他们教会和我们圣经班的成员……因为我害怕裸露的身体被他们看到，就急忙锁上了门……（但是）我丈夫用斧子砍破窗户，强行进到了我的房间！……而我，为了遮挡和避免在几乎全裸的状态下暴露，跳上了床……三个人走到我的床边，两个医生分别摸了我的脉搏，一个问题都没问，他们就都说我疯了。

——伊丽莎白·帕森斯·韦尔·帕卡德

（Elizabeth Parsons Ware Packard, 1860—1863）

那些有智慧、有灵性、有教养的女性拥有住所和家庭，而且有能力去抚慰、珍惜和为这一切增色。在这里，她们却只能陷入停滞……她们是囚犯。人们普遍认为……疯人院只拘禁那些暴力的、危险的或完全低能的人……这是一个广为传播的错误。

——艾德琳·伦特

（Adeline T. P. Lunt, 住院日期不详）

资料来源：All excerpts from Geller, J. L., & Harris, M. (1994). *Women of the asylum: Voices from behind the walls*, 1840–1945. New York: Anchor Books.

对女性的药物治疗

与机构护理相似，如果使用得当，精神类药物也可以成为治疗多种形式心理痛苦的有效组成部分。然而，如同机构化收容一样，对精神科药物治疗历史的分析表明，女性一直过多地被作为药物治疗的候选目标，尤其是当她们经历的困扰与作为母亲和家庭主妇这样的传统女性角色有关时。

"妈妈的小帮手"

自 20 世纪 50 年代首次广泛使用安定剂和镇静剂以来，医生一直都更常将这些药物开给女性，而不是男性（Herzberg, 2009; Metzl, 2003）。这种差异的部分原因可能是，女性在一些适合使用这类药物治疗的心理障碍上患病率更高。这一差异也可归因于一种性别主义偏见，源自人们认为女性的某些行为扰乱了社会秩序。与本章前述 20 世纪中叶的责备母亲现象同期，安定剂被《女士家庭杂志》和《时尚》等杂志宣传为一种治疗女性"性欲缺失""不忠"、单身、事业心强和拒绝母职的药物（Herzberg, 2009; Metzl, 2003）。

眠尔通[11] 是一种肌肉松弛剂，于 1955 年进入美国公众视野。人们对它的需求很快就超过了以往任何一种处方药。到 1956 年底，每 20 个美国人中就有 1 人在服用安定剂，其中大部分是女性（Metzl, 2003）。1969 年，瓦利姆[12] 成为美国使用最广泛的处方药，每 10 个美国人中就有 1 人在服用瓦利姆，其中 3/4 是女性（Chambers, 1972）。在北美和欧洲，安定剂常常被开给已婚的中产阶层女性，因此它们获得了"妈妈的小帮手"这一绰号，并在 1966 年滚石乐队一首同名歌曲中广为流传，艺术家朱迪·奥劳森对此进行了讽刺（见图 13.4）。20 世纪 50 年代到 70 年代，安定剂被推荐给女性使用，不仅是为了减轻她们自身的痛苦，也是为了减轻男性与"麻烦"的女性生活在一起所经历的痛苦（Metzl, 2003）。

向精神科医生推销药物

制药公司花费大量资金向医学界和消费者推销药物。新闻调查组织"为了公

---

11 眠尔通（Miltown），又称安宁，具有中枢性松弛作用和安定作用——译者注

12 瓦利姆（Valium），活性成分为地西泮，是一种苯二氮䓬类药物，具有抗焦虑作用——译者注

Mother's Little Helpers, ©Judy Olausen

图 13.4　"妈妈的小帮手"，由朱迪·奥劳森拍摄。

众网"（ProPublica）[13] 维护着一个数据库，记录了由制药公司向美国各地医生和医院支付的具体款项。根据他们的数据，制药公司每年向医生支付约 20 亿美元，另外向教学医院支付 6 亿美元（Jones et al., 2016）。早在直接向消费者打广告宣传处方药这一行为合法化之前，制药公司就通过医学杂志上的广告瞄准了医生。时至今日，超过 80% 的促销费用都花在了面向医生的广告　上（U.S. General Accountability Office, 2002）。研究者在这些广告的内容中发现了与现实相悖的性别化模式。

一项对美国医学期刊上 200 多个各类处方药广告的研究发现，当女性和男性都在广告画面中出现时，女性被描绘成药物消费者的可能性是男性的两倍。然而，当时的美国国家卫生统计数据表明，女性去医疗机构看病的次数少于男性，且住院时间也比男性短（Hawkins & Aber, 1993）。与第 3 章提到的广告中的面部主义一致，女性的身体部位被拍摄的频率显著高于男性，而且，女性裸体的出现频率是男性的 4 倍。一项对美国和加拿大医学期刊中女性形象的分析发现，药物广告强化了对女性的负面刻板印象（Ford, 1986）。例如，一则广告在第一页放了一位男公交车司机的图片，广告语为"他有雌激素缺乏症"[14]；第二页的图片是一位似乎正在大声说话的年长女性乘客，广告语则是"原因就是她"。另一些广告则把女性描绘成孩子气、爱抱怨和难应付的人。

对一本家庭医生杂志 4 年内刊登的所有精神类药物广告的分析显示，77% 的广告描绘的是女性患者（Hansen & Osborne, 1995）。研究者还发现，在这本家庭医

13 Propublica 是一家独立的非营利性新闻机构，致力于深度调查性新闻。其名称源自拉丁语"propublica"，意为"为了公众"——译者注

14 男性雌激素缺乏可能导致情绪问题——译者注

生杂志以及另一本精神医学杂志中，几乎所有抗抑郁药广告描绘的都是女性消费者——分别为 100% 和 80%。这些百分比与抑郁障碍诊断中典型的 2:1 的性别比例明显不一致。

抗抑郁药广告歪曲了事实，因为它们往往描绘刻板印象式理想化生活状况，微妙地阻碍医生探索女性抑郁障碍的社会成因，如性别主义、贫困和亲密伴侣暴力（Nikelly, 1995）。精神科药物治疗的广告也忽略了种族主义这一心理痛苦来源。1974 年，期刊《普通精神医学档案》上刊登的一则广告，标题是"有攻击性且好斗？合作常常始于氟哌啶醇"[15]，描绘了一位非裔美国女性，她身着职业装，看上去来势汹汹，举起一只拳头（Metzl, 2003）。这则广告刊登于民权运动和女性主义第二次浪潮的鼎盛时期，暗示着处理非裔美国女性愤怒的方式是药物治疗而非社会变革。

抗抑郁药广告具有误导性，还在于它们暗示这些药物治疗是一种普遍有效的治疗方式。研究者对提交给美国食品药品监督管理局的 35 项药物实验进行元分析，发现抗抑郁药的效果取决于患者最初的抑郁程度。抗抑郁药对最严重的抑郁患者疗效显著，但对抑郁程度较低的患者，百可舒和百优解这些药物并未比安慰剂更有效（Kirsch et al., 2008）。由于临床工作者一直被引导着相信抗抑郁药对大多数抑郁个体都有效，很可能出现过度开药。

那些直接面向消费者的抗抑郁药广告也可能导致过度开药，这对女性的影响尤为严重，因为她们更可能经历抑郁，也更可能寻求治疗。在直接面向消费者的广告费用支出最高的年份，被诊断为抑郁障碍的个体更有可能开始进行药物治疗（Donohue & Berndt, 2004）。在一项有趣的实验研究中，理查德·克拉维兹与合作者（Kravitz et al., 2005）随机分派了专业演员来扮演因抑郁障碍或适应障碍而寻求治疗的患者。药物治疗是抑郁障碍的一线治疗方法，但对适应障碍并非如此。在演员扮演的患者去看医生时，他们要么要求开一种在商业广告中见过的特定品牌的抗抑郁药，要么要求开一种常规抗抑郁药，要么不要求治疗。结果发现，在要求开特定品牌抗抑郁药的情况下，医生分别给 53% 的抑郁障碍"患者"和 55% 的适应障碍"患者"开了那种抗抑郁药。当演员扮演的患者要求开常规抗抑郁药时，医生给 76% 的抑郁障碍"患者"开具了处方，只给 39% 的适应障碍"患者"开

---

15 氟哌啶醇（HALDOL）是一种抗精神病药——译者注

具了处方。当演员扮演的患者完全没有提出任何要求时，医生给 31% 的抑郁障碍"患者"开了抗抑郁药，而仅给 10% 的适应障碍"患者"开了抗抑郁药。因此，即使不是首选治疗方法，医生也可能给患者开抗抑郁药，而且患者的要求似乎对医生开药有很大的影响。

直接向女性销售药物

1985 年，美国食品药品监督管理局解除了对直接面向消费者的处方药广告的禁令。自 1999 年以来，每年提交给美国食品药品监督管理局审批的直接面向消费者的药物销售申请数量翻了两番（U.S. General Accountability Office, 2008）。根据美国食品药品监督管理局的指南，药品生产商可以向消费者发布三种类型的广告：一种是产品声明广告，描述该药物及其作用，且必须包括关于风险和副作用的信息；第二种是提示性广告，只提到该药物的名称，但不对药物的作用做任何声明，因而也无须包括风险信息；第三种是求助性广告，描述一种障碍或健康状况，但不会提及某种特定药物，也不受监管（U.S. General Accountability Office, 2002）。

研究者对美国最畅销的 10 种杂志进行内容分析，发现处方药广告在针对女性的出版物中出现的频率高于针对男性或一般读者的出版物（Woloshin et al., 2001）。当女性读者经常在《自我》（Self）和《嘉人》（Marie Claire）等杂志中关于如何变得更有吸引力和如何找到爱情的文章旁边看到抗抑郁药广告时，她们会得出什么结论呢（Metzl, 2003）？抗抑郁药百可舒的平面广告自 1993 年就出现了，广告中的主角绝大多数是女性——她们恰巧都是年轻的白人，具有传统意义上的吸引力，身材苗条，衣着得体，并且是异性恋者（Hanganu-Bresch, 2008）。在其中一个广告中，一名女性跟她无助的丈夫和儿子分开站在两边，文案赫然写着："你和你的生活之间有什么阻隔？"在"后来"（用药后）的画面中，她蹲在儿子身旁并拥抱他，幸福地仰望着（她的丈夫？）。她作为母亲和妻子的正常生活已经恢复。

由于精神类药物使用中存在性别偏见，一些精神病学家和心理学家提倡女性主义精神药理学（feminist psychopharmacology）（e.g., Hamilton & Jensvold, 1995; Marsh, 1995）。他们认为，女性主义视角将有助于对抗精神科诊断和处方药模式中的性别主义。此外，他们还认为，女性主义视角将为生物学取向的研究增加社会和文化背景，这些研究涉及对精神类药物的反应和药物效果方面的性别差异。有关治疗结果的研究尤其缺乏对族裔和种族因素的考虑；虽然精神科医生似乎特别倾向于为有色人种个体选择药物治疗而非其他形式的治疗，但是针对有色人种女性的精神药理学治疗的研究却相当缺乏（Jacobsen, 1994）。当代女性主义取向会将族裔和种族因素与性别因素结合起来考虑。

传统心理治疗

对传统心理治疗的批评，不仅涉及 20 世纪 70 年代女性主义治疗实务兴起之前的心理治疗，还涉及那些未能采用非性别主义取向或女性主义取向的当代临床工作者的工作。对传统心理治疗的主要批评包括以下几方面：

1. 引导治疗师评估来访者痛苦并指导其治疗实务的理论取向或个人视角，可能建立在性别刻板印象和性别主义态度的基础上。
2. 传统心理治疗取向聚焦个体，认为心理痛苦源自个体，很少或根本不考虑可能导致来访者问题的社会背景因素，如性别主义和种族主义。
3. 治疗师和来访者之间的关系是一种不平等的关系，治疗师是拥有更大权力的专家，而来访者则处于从属的、易受伤害的地位。

后两个批评适用于女性主义治疗兴起前的心理治疗，而第一个批评适用于个体治疗师或主要适用于精神分析及其分支。

心理治疗中的性别主义

今天，大多数治疗师在治疗取向上是**兼收并蓄的**（eclectic），他们借鉴了经典的行为疗法、认知疗法、弗洛伊德和后弗洛伊德学派的心理动力学思想，根据具体来访者和具体问题来按需定制治疗取向。最受欢迎的一派治疗取向是**认知行为疗法**（cognitive-behavioral therapy），治疗师和来访者不仅致力于改变适应不良的行为模式，还致力于改变破坏性的思维模式。这一治疗取向本身并不带有性别主义色彩；然而，如果治疗师的思考方式受性别刻板印象影响，就可能存在偏见。例如，当一位女性来访者持续地担忧自己不能胜任母职角色时，传统的认知行为治疗师可能会建议她去学习一门养育课程来提高自己的技能，而不会去批判性地审视普遍存在于美国文化中的不切实际且理想化的母亲养育要求。除非治疗师为治疗过程注入清晰的女性主义视角，否则，认知行为取向对女性而言可能就不是最理想的治疗选择（e.g., Cohen, 2008; Hurst & Genest, 1995）。

无论治疗师采用何种治疗取向，一位接受传统教育且不采用女性主义取向的治疗师，往往会忽视来访者的性别、性取向、种族、族裔、残障状况或其他可能影响女性经历的社会类别因素。传统治疗师只关注内部心理因素，如人格和反效果思维模式（counterproductive thought patterns），而忽视可能导致女性痛苦的外部因素。他们不会挑战那些因素，可能更关注来访者对其境况的适应不良反应，帮助来访者去改变她可控制的因素，以及找到新的方法来应对无法控制的因素。传统疗法的目标是使来访者适应社会环境，而不是批判性地审视社会环境本身。

治疗师的不当性行为

当人们寻求心理治疗时，治疗关系中存在一种权力不平衡。患者是易受伤害的一方，处于需要帮助的位置，这就自动导致他们的权力小于他们所求助的治疗师。他们在心理上感到痛苦，渴望感觉好些，因此，他们可能比通常与陌生人建立新关系时更加坦诚、更加信任对方。再加上治疗师令人钦佩的头衔和学术资历，这种关系最终确实会变得非常不平衡。这一权力差距并不必然会成为一个问题，毕竟在许多情况下，人们需要让自己在别人面前脆弱一些；然而，一些治疗师滥用了他们相对较高的地位。最令人震惊的滥用形式是，治疗师和来访者之间的不当性行为，在绝大多数情况下，涉及的是男性治疗师和女性来访者。

在美国的全国性研究中，大约 7% 的男性治疗师报告曾与来访者发生过性关系，而女性治疗师的这一比例为 1.5%（Pope, 2001）。治疗师—来访者关系是一种亲密的关系，治疗师和来访者之间产生性吸引也不罕见；然而，在美国，治疗师的职业伦理准则禁止他们与来访者发生性关系。美国各州都通过认证管理条例来禁止这种关系；违反者可能会因渎职而面临民事诉讼，在某些州还可能被指控有犯罪行为（Pope, 2001）。治疗师和来访者之间的性关系之所以被认为不符合伦理，主要是因为他们之间存在权力不平衡。

治疗师和来访者之间的性关系可能会对来访者造成心理伤害，当然也可能对治疗师及其家庭产生影响。与治疗师发生过性关系的女性来访者后来报告了各种消极感受，包括羞耻、内疚、愤怒、无助感和无力感（Nachmani & Somer, 2007; Somer & Saadon, 1999; Pope, 2001）。在一项对 958 名曾与治疗师发生性关系的来访者的调查中，90% 的人报告受到了这一经历的伤害，14% 的人将尝试自杀归因于这一经历,另有 11% 的人在康复期间需要住院治疗(Pope & Vetter, 1991)。有时,这些消极感受与一种虚幻的成就感交织在一起,这种成就感源于自己被选为性伴侣,并以为因此可以控制治疗师(Nachmani & Somer, 2007);或是与一种浪漫爱情的感觉交织,这种浪漫爱的感觉可能会暂时为女性抵挡虐待关系最终的负面影响(Somer & Nachmani, 2005)。

女性主义治疗

定义女性主义治疗的各条特征,看起来就像是对上述传统治疗问题采取的一系列改进措施。许多作者已经对女性主义治疗的一般原则进行了概述(e.g., Brown, 2010; Ballou et al., 2008; Enns, 2004; Worell & Remer, 2003)。从女性主义治疗的角度来看:

1. 鉴于心理学理论中充斥着男性中心主义,关注女性的主观体验既是有效的,也是重要的。
2. 并非所有问题都源自个体,有时,"个人"问题并不只是个体层面的问题,也是社会问题和政治问题。
3. 心理治疗应该是治疗师和来访者之间的平等合作,而不是一种等级关系。
4. 心理治疗的目标是帮助女性对自己产生积极的感受,赋权她们去推动社会变革,而不是教导她们,让她们知道自己出了什么问题。
5. 治疗师必须意识到一个事实,女性具有多样性,她们的经历会受到年龄、种族、族裔、性取向、阶层、残障状况等社会类别因素的影响。

女性主义治疗并不是一种像认知—行为主义或精神分析那样的理论取向;相反,它是一套可以在各种治疗背景下应用的价值观。

开展女性主义治疗

在一项对女性主义治疗师的调查研究中,希尔和巴卢(Hill & Ballou, 1998)询问治疗师是否"对特定的治疗策略做些调整,使之成为女性主义治疗"。参与者解释了她们/他们如何采用认知技术和释梦等传统手段，并对之加以更改，以纳入女性主义原则。例如，一位治疗师质询女性来访者的消极思维是否是一种对性别期待的习得反应，以此来挑战她们；另一位治疗师教来访者自我催眠，而不是使用标准催眠，因为自我催眠是一种可由来访者掌控的技术，而标准催眠可能会给人一种治疗师在控制来访者的感觉。

有研究依据治疗师是否认同自己是女性主义治疗师而将他们分为两类，并对这两类治疗师的治疗实务进行了比较。结果表明，即使在使用传统治疗手段时，女性主义治疗也与非女性主义治疗有明显不同。对诸如"我从性别角色角度考虑来访者的问题"之类的条目，女性主义治疗师和非女性主义治疗师做出了不同的反应（Worell & Johnson, 2001）。在一项研究中，与接受非女性主义治疗师治疗的来访者相比，接受女性主义治疗师治疗的来访者报告自己感到更受尊重、更被认可和更有赋权感（Piran, 1999）。在另一项研究中，来访者报告说，与传统治疗师的治疗相比，女性主义治疗师的治疗是更为平等的（Rader & Gilbert, 2005）。

虽然女性主义治疗师使用的大多是传统技术，并对这些技术进行调整，使其符合女性主义治疗的原则，但有些女性主义治疗师也会使用一些尚未在传统心理治疗中稳固确立的新技术，其中一个例子是运动疗法。从 20 世纪 80 年代开始，人们才对运动在精神疾病治疗中的应用开展了大量的研究（Rejeski & Thompson, 1993）。一些研究表明，运动对治疗焦虑障碍和抑郁障碍有效（Salmon, 2001），而这两种障碍在女性中均比在男性中更为常见。不过，运动疗法之所以吸引了一些女性主义治疗师，并不只是因为运动具有抗抑郁和抗焦虑的效果。女性参与运动有助于实现女性主义治疗的目标：一方面，运动具有赋权的作用；另一方面，针对"力量和活力是不适宜女性的"这一压迫性观念，运动则是一种抵抗形式（Chrisler & Lamont, 2002）。

虽然运动疗法可能使女性获益，但使用运动疗法的治疗师应该意识到，文化因素可能会影响女性个体对运动的态度。例如，非裔美国女性对运动的看法可能与白人女性有所不同（e.g., Hall, 1998）。许多其他因素也会影响女性对运动疗法的接受度以及可采用的运动形式，包括社会经济地位（是否有闲暇时间？是否有运动设施可用？）、家庭情况（如果她是位家庭主妇，有年幼的孩子，她运动的时候有人照看孩子吗？）和身体状况。所幸，运动的形式多种多样（散步、游泳、跳舞、瑜伽或力量训练），它可以被改造成一种几乎适用于所有女性的积极的女性主义治疗形式。

交叉性与女性主义治疗

女性主义治疗的一个统一原则是，治疗师要对年龄、种族、族裔、性取向、阶层和残障状况等交叉性个人特征保持敏感（见图 13.5）。当然，我们并没有给出影响女性经历的全部身份交叉的列表，但它们是女性主义治疗文献中主要探讨的交叉点。本节将简要介绍对三个特定女性群体开展女性主义治疗时出现的一些问题，这三个特定女性群体分别是老年女性、有色人种女性、同性恋和双性恋女性。

年龄增长中的女性

将年龄视为一个多样性特征似乎有点奇怪。大多数女性（如果幸运的话）最终都会步入老人或长者的行列。然而，正如她们在更广泛的社会背景下的存在状态一样，在临床背景下，老年女性也是相对不可见的。例如，尽管许多女性都会

图 13.5 女性主义治疗师对来访者的年龄、族裔、性取向和社会阶层等个人特征是敏感的。

为随年龄增长而出现的身体外貌变化感到担忧，而且老年女性群体中的进食障碍患病率也在增长（Gura, 2007），但研究者在探讨体象和进食障碍时，通常只关注年轻女性（Chrisler & Ghiz, 1993; Hurd, 2000; Midlarsky & Nitzburg, 2008）。在我们这个年轻至上的社会，五六十岁的女性可能会经历珀尔曼（Pearlman, 1993）所说的"中年后期惊愕"（late midlife astonishmen），即突然意识到，在这一文化中，她们已经被污名化，变得不重要和不受欢迎，而这主要是因为她们被视为丧失了身体吸引力和性吸引力。

随着女性步入人生的中后期，她们可能不得不去处理那些在年轻时并不紧迫、甚至可能根本不相干的问题。回想一下第 11 章，你能回忆起这些议题吗？退休、经济压力、失去生活伴侣（并且找到新伴侣的前景日益渺茫）、失去同伴、身体受限、照顾年迈的父母（也许同时还要照顾孙辈）、健康问题、独自生活、老年贫困、年龄歧视……这份清单还可以继续列下去。

女性主义治疗师已经充分意识到性别刻板印象会如何影响感知和行为；当对老年女性进行治疗时，她们／他们还必须同样意识到年龄刻板印象对女性心理健康的影响。例如，人们对老年女性的刻板印象是虚弱和缺乏女性气质。女性主义治疗可以帮助女性重新定义什么是有力量和有价值的，将这些概念从强调年轻的主流文化中剥离出来（Dougherty et al., 2016; Mitchell & Bruns, 2010）。

如果依赖年龄刻板印象，那么试图理解老年女性心理痛苦根源的治疗师，可能就不会想到去探索某些可能性。例如，不能仅仅因为一位女性年龄较大且与一位年长伴侣生活在一起，就认为她不会受到身体或情感虐待（Bonomi et al., 2007）。不能仅仅因为她是一位祖母，就认为她不会受到酗酒或药物成瘾问题的困扰（Katz, 2002）。她可能已经过了绝经期，住在疗养院，但这并不意味着性功能对她不重要（Aizenberg et al., 2002）。传统的医疗保健提供者在为老年女性服务时，有时会表现出狭隘的思维和屈尊俯就的态度（Feldman, 1999），如果医疗保健提供者采用对年龄有觉察的女性主义视角，则有望最大限度地减少这种思维和态度。

有色人种女性

为有色人种女性提供治疗的女性主义治疗师必须首先理解一个基本事实：虽然"有色人种"女性通常具有共同的经历，比如成为种族或族裔偏见的目标，但同样被标识为"有色人种"的女性，其经历也千差万别（Comas-Díaz & Greene,

1994; Sanchez-Hucles, 2016）。对美洲原住民女性来说至关重要的问题，可能与刚移民到美国的索马里女性担忧的问题有所不同。非裔美国女性与亚裔美国女性的文化背景非常不同。居住在得克萨斯州的拉丁裔女性与居住在明尼苏达州的苗族[16]女性截然不同。然而，所有这些女性以及更多的女性在美国通常都被视为"有色人种女性"。

一些有色人种女性比白人女性更不愿意寻求精神医疗保健服务。这有时是因为文化规范反对寻求帮助。例如，亚裔美国女性不寻求精神医疗保健，可能是担心家庭和社群因此遭受污名。寻求治疗被视为一种软弱的表现，暴露了家庭隐私，给家庭带来耻辱（Augsberger et al., 2015）。有色人种女性犹豫是否寻求治疗，也可能是因为她们唯一的选择是去找一位欧洲血统的白人治疗师。这位治疗师可能没有亲身体验过种族主义，可能不会流利地使用英语以外的其他语言，受教育程度较高，经济上比较宽裕，对自己的族裔或宗教文化之外的其他族裔或宗教文化了解有限。治疗师可能已经习得了与来访者的国家、种族、文化和宗教有关的刻板印象。

对女性主义治疗而言，特别值得注意的是，女性主义理想——起初主要由西欧传统下的白人中产阶层女性提出——与有色人种女性从其原有文化中带来的性别观念可能存在潜在的差异。亚裔和南亚裔女性可能认同僵化的性别角色，即女孩从出生起就被视为财产，并在整个儿童期为最终的包办婚姻做好准备（Jayakar, 1994）。美洲原住民女性可能习惯于各种灵活的性别角色，例如，加拿大黑脚族中女性绝经后所扮演的大胆而有决断力的"内心男性化"（manly-hearted）角色，以及第 5 章描述的许多北美印第安文化中性别转向者所扮演的双灵角色（LaFramboise et al., 1994）。同样有意义的一个问题是，治疗师对来访者原有文化中的性别角色的先入之见。例如，你对拉丁文化中的性别关系有什么刻板印象？你只想到了处于支配地位的大男子主义的男性，以及顺从的、处于二等公民地位的女性吗？许多学者以这种方式来描绘拉丁文化，但也有一些研究认为，这种刻板印象是一种夸大和过度概括（Vasquez, 1994）。女性主义治疗师必须谨慎，不要假定自己了解一位有色人种女性如何看待社会性别。同时，与非女性主义治疗师相比，女性主义治疗师做了更充分的准备，以处理有色人种女性在性别、种族和

---

16 苗族为跨境民族——译者注

族裔上的交叉性。

同性恋和双性恋女性

在传统的心理学理论和实务中，"健康的"性取向的定义非常狭隘。有关异性恋和同性恋的假设充斥于文献之中（Worell & Remer, 2003; Garnets & Peplau, 2001; Peplau & Garnets, 2000）。异性恋被认为是正常的，而同性恋和双性恋则被病理化。性取向被假定在一生中是稳定的，这就使人对后来的性取向转变产生了怀疑。社会性别和性取向被混为一谈，以至于女同性恋者都被认为是男性化的。性取向被界定为一种个体属性，而不是一种受女性生活的社会和文化背景影响的情欲和浪漫吸引的可变模式（Garnets & Peplau, 2001）。

琳达·加内斯和利蒂希娅·佩普罗（Garnets & Peplau, 2001）建议治疗师摒弃这些过时的女性性取向模型。相反，她们赞同一种既不将女性的性取向进行分类，也不将其归于单一原因的模型。她们认为大部分关于性取向的理论都建立在男性规范的基础上。正如第 7 章所讨论的，在整个生命周期，女性的性取向可能比男性的性取向更可变；因此，如果一位感觉自己性取向认同已经确立的女性来访者，后来在经历性吸引的转变时感到困惑和苦恼，治疗师不应感到惊讶。当一名女性确实经历了这样的转变时，治疗师不应假定来访者新的性取向是她"真正的"性取向认同。

对男性来访者的女性主义治疗

男性可以从女性主义治疗中获益吗？一些女性主义治疗师认为是可以的，而且其中一些治疗师本身就是男性（Remer & Rostosky, 2001a; 2001b）。由于女性主义治疗对性取向是敏感的，因此与传统治疗取向相比，它可以为同性恋和双性恋男性提供更多思路。还有一些女性主义治疗师认为，异性恋男性也可以从其与女性主义女治疗师的治疗关系中获益，因为这有助于阐明他们与女性的关系中容易被传统治疗师错过的一些方面（Remer & Rostosky, 2001b）。最后，女性主义治疗师也许能够帮助男性来访者意识到严格遵从传统男性化性别角色的代价（Remer & Rostotsky, 2001a）。例如，女性主义治疗框架可以通过探讨性别角色和军事社会化来提升治疗投入度，并培养个人赋权感，以使患有创伤后应激障碍的退伍军人受益（Carr & McKernan, 2015）。

评估女性主义治疗的有效性

原则上，女性主义治疗师会努力弥补传统疗法的不足，但她们／他们成功了吗？在这一点上，我们几乎没有关于女性主义治疗取向有效性的正式数据（Vasquez & Vasquez, 2017; Worell & Johnson, 2001）。据悉，女性主义治疗师在识别和治疗女性特有的心理痛苦方面非常成功，例如性侵犯、乱伦和家暴事件幸存者所遭受的创伤，这些都是此前的治疗师未命名和未处理的议题（Chesler, 2005; Marecek, 1999）。一些女性主义治疗师也已经发表了成功治疗其他类型痛苦的报告（Brown, 2006）。此外，如果 20 世纪 70 年代以来女性主义治疗的全球性增长象征了什么的话，那便是人们对那些对女性友好、对社会性别有觉察且对多样性敏感的治疗有巨大的需求（Chesler, 2005）。

然而，为女性主义治疗的有效性提供实质性的支持，而不只是停留在传闻上，无疑变得越来越重要。研究者通常通过**结果研究**（outcome studies）对个人痛苦减轻的程度进行测量，以评估心理治疗的有效性。然而，女性主义治疗本身的性质，使研究者很难在控制性实验中将其成分分离出来进行研究（Brown, 2010）。虽然关于女性主义治疗有效性的具体结果研究还很缺乏，但有证据表明，女性主义治疗的一些关键成分改善了女性的心理健康结果（Norcross, 2002）。意识提升、社会角色和性别角色分析以及重新社会化，这些都可以对女性产生积极影响（Israeli & Santor, 2000）。还有一个问题是，在检验女性主义治疗的有效性时，何为恰当的结果变量？虽然传统心理治疗聚焦减轻痛苦，但是，女性主义治疗先驱朱迪思·沃勒尔（Worell, 2001）认为，评估也应测量赋权。也就是说，她认为，如果女性主义治疗不仅使女性感觉更好了，而且能激励她为其社群的社会变革作出努力，那么治疗就是成功的。

无论如何，鉴于医疗保健和医疗保险的当前趋势都是循证实务，即只提供有科学研究实证支持的治疗，女性主义治疗缺乏结果数据，会受到有关其可行性的质疑（Brown, 2006）。如果一位心理治疗从业者提供一种有实证支持的治疗，如认知行为疗法，并将女性主义视角融入其中，那便不会受到质疑；然而，如果一位治疗师想要正式且完全将她／他的治疗认定为"女性主义治疗"，那么保险公司可能会提出疑问（Brown, 2006）。

女性主义治疗并非没有批评者。即使是这一取向的支持者也指出了其局限性。

简·阿瑟（Ussher, 1992）指出，女性主义治疗师受教育程度高、有专业认证资格，跟传统治疗师一样，仍然代表着一个优势群体。她提醒道，由精英学者和积极行动者提出的女性主义理论未必适用于所有女性，也并非所有女性都能接触到。由著述和践行女性主义治疗的学者和临床工作者所构成的群体，远不及整个女性群体多样化。

　　说到整个女性群体，一些批评者提醒女性主义治疗师，不要认为所有女性都共有"女性特有的特征"（e.g., Cosgrove, 2003）。例如，当研究者通过访谈了解一些女性主义治疗师的实务时，她们／他们中许多人的表述隐含了一种关于根本的女性化本性的观念，即"作为女性的本质"和"女性化性格"（Marecek & Kravetz, 1998, p. 18）。假定所有女性都共有一种独特的女性化视角，势必会忽视女性的多样性。这会造成有偏颇的态度，即将女性视为一个具有特殊品质的群体——一种善意性别主义，对女性来说，既有益处又有代价。

专栏13.3 　　朱迪思·沃勒尔：女性主义治疗先驱

朱迪思·沃勒尔（Judith Worell）是女性主义治疗发展进程中颇具影响力的早期贡献者。她与合作者帕姆·雷默（Pam Remer）一起提出了女性主义治疗赋权模型（the empowerment model of feminist therapy）。赋权模型对女性的力量和能力持积极态度，女性主义治疗师可以针对这些目标来改善女性的福祉。

　　根据赋权模型，有10种与女性的健康和福祉有关的结果：

- 积极的自我评价
- 心理舒适和痛苦之间的正向平衡
- 对性别角色和文化角色的觉察
- 个人控制感与自我效能感
- 自我关怀与自我照顾
- 有效的问题解决技能
- 决断力技能
- 能够获取社会经济资源和社群资源
- 行为具有性别灵活性和文化灵活性
- 参与有社会建设性的积极行动

专栏13.3　朱迪思·沃勒尔：女性主义治疗先驱（续）

沃勒尔的女性主义身份认同可以追溯到她的童年。她生活在一个有严格性别角色和性别规范的正统派犹太教家庭，从很小的时候起，她便质疑她在父母关系中看到的不平等的权力动态。

虽然沃勒尔的家庭生活有严格的性别规范，但她在纽约市思想进步地区格林威治村长大，并就读于一所她描述为"政治激进"的非传统学校。她还参加了培训年轻人成为社群领袖的公民营。这些早期生活经历对于她发展女性主义观点和社会积极行动起到了重要作用。

后来，沃勒尔考入纽约的皇后学院学习心理学。她在那里遇到了她的第一任丈夫。他们随后一同进入俄亥俄州立大学继续深造，学习临床心理学。在她获得学位的那个时代，很少有女性在大学里工作。当她的丈夫担任教职时，她则在一家私人执业的家庭精神健康诊所工作，后来又在一所精神病院做研究工作。在她丈夫就职的每一所大学里，沃勒尔都是心理学系的第一位女教员。1968 年，她和丈夫都获得了肯塔基大学的教职，此后她一直在那里工作，直到 1999 年退休。

20 世纪 70 年代女性主义运动兴起，催化了沃勒尔的女性主义认同。她在东南部心理学协会的工作使她有机会接触到心理学界的其他女性，她开始意识到，在心理学系受贬低的经历并非她独有，而是一种结构性歧视。她也开始与合作者谈论性暴力的普遍性。她帮助肯塔基大学制定了第一部性骚扰防治行为准则，并设立了女性主义心理咨询和转介服务。

沃勒尔还曾担任《女性心理学季刊》的主编。作为主编，她认为该期刊上的所有文章都要有女性主义成分，而不仅仅是关于女性的，这一点很重要。她曾担任美国心理学协会第 35 分会女性心理学协会、肯塔基州心理学协会和东南部心理学协会的主席。因对女性心理学贡献卓著，她获得了终身成就奖，包括第 35 分会的卡罗琳·谢里夫奖（2001 年）以及传承奖（2004 年）。2010 年，她荣获美国心理学基金会心理学实务终身成就金奖。

资料来源：MacKay, J. (2010). Profile of Judith Worell. In A. Rutherford (Ed.), *Psychology's Feminist Voices Multimedia Internet Archive*.

Worell, J. P. (2010). Gold Medal Award for Life Achievement in the Practice of Psychology. *American Psychologist*, 65(5), 373–375.

Worell, J., & Johnson, D. M. (2002). Feminist approaches to psychotherapy. In J. Worell (Ed.) *Encyclopedia of Women and Gender*, pp. 425–438. San Diego, CA: Academic Press.

Contributed by Annie B. Fox.

让转变发生

至此，对于本章为何从"传统临床实务可能与女性福祉相悖"的思考写起，你已经有了更好的理解。女性主义治疗朝着改善女性精神健康环境的正确方向迈出了一步。与此同等重要的是社会变革，它将挑战基于男性规范来看待"女性的疯狂"，减少导致女性真实心理痛苦的外部因素。

改变自己：寻找（或成为）女性主义治疗师

并非所有女性主义治疗师都是一样的。事实上，并非所有自称女性主义治疗师的人都一定是女性主义治疗师。如果一名治疗师的工作没有真正遵循女性主义治疗原则，那么他/她为什么要采用女性主义标签呢？说不定，一个不道德的临床工作者会为了吸引生意而这样做（Caplan, 1992）。但也有可能，一位自称女性主义治疗师的人看起来并不像女性主义治疗师，因为人们对女性主义的含义有不同的看法。

女性主义理论有很多流派，相应地，女性主义治疗也有多种不同的风格。那么，如何找到合适的女性主义治疗师呢？除了家人、朋友或临床人员的推荐，寻找女性主义治疗师的人还可以在网上查阅一些治疗师资源网站，其中大多数网站将女性主义治疗列为一个独立的专业领域选项。一些大都市地区拥有以女性为中心的社会服务，例如加州伯克利的女性主义治疗转介项目，可以引导人们找到女性主义临床工作者。

如果你是一名想要成为治疗师的心理学学生，可以考虑一下女性主义治疗是否适合你未来的实务。目前来说，还没有培训女性主义治疗师的集中机构；即使有这种培训机会，也往往是以零星的形式开展，如继续教育课程或会议工作坊（Brown, 2010）。尽管如此，鉴于几乎所有女性主义治疗实务的创始人今天都还健在（并且仍在著述和讲授女性主义治疗），未来的女性主义治疗师可能仍然有机会直接向第一代前辈学习（Brown, 2010）。

改变社会关系：挑战"疯女人"刻板印象

你听过多少次有人在女性月经期间开玩笑说她们"发疯了"？你有没有遇到过一个家伙（或他的新女友）不寒而栗地告诉你，他所有的前女友都是"精神病"？你和你的朋友都觉得你们的妈妈常"发疯"吗？女性作为一个群体而患有精神疾病的观点充斥于我们的文化之中。从现在开始，请注意你在日常对话、电影电视、犯罪报道、咨询专栏和单口喜剧桥段中遇到的例子。留心有人根据男性的理性和健康标准将女性的行为病理化的情况。然后：挑战它！挑战你自己和你认识的人，不参与关于"疯女人"的评论和玩笑。以女性应得的尊重来对待女性的观点和经历（如果你是女性，也包括你自己的观点和经历）。质疑那些会让我们认为女性不理性、不合逻辑、过于依赖或情绪过度紧张的"专家"。

另一种挑战"疯女人"刻板印象的方式是，成为女性精神疾病患者的知情支持者。有意者可以从美国国家精神疾病联盟（National Alliance on Mental Illness）开始，这是一个草根组织，它为帮助精神疾病患者已经做了 30 多年的支持、教育、辩护和研究工作。美国国家精神疾病联盟网站提供了多种参与方式，比如成为一名"污名终结者"。目前全世界有 20 000 多人公开反对媒体对精神疾病不准确和有伤害的报道，力图减少精神疾病患者及其家庭普遍遭受的偏见和歧视。

改变社会：促进女性的心理福祉

显然，女性的福祉与她们所处的社会环境密切相关。性别主义、种族主义、贫困和暴力，所有这一切都是造成女性心理痛苦的重要因素。长期以来，女性一直被告知，解除她们痛苦的方式是个人改变（或药物治疗，或住院治疗），但如果问题的根源是经济不平等、性骚扰或家庭虐待，那么对女性个人进行再多治疗也不能减轻她们的症状。女性主义治疗师鼓励来访者通过社会变革来寻求缓解。通过采取积极行动来解决女性面临的社会问题，你也可以为促进女性的精神健康作出贡献。

进一步探索

Ballou, M. (2008) (Ed.). *Feminist therapy theory and practice: A contemporary perspective*. New York: Springer.

不同的撰稿人讨论了女性主义治疗的关键问题，以及在实际的治疗实务中它们是如何体现的。

Chesler, P. (2005). *Women and madness* (Revised and updated for the first time in 30 years). New York: Palgrave Macmillan.

这本开创性的著作于 1972 年首次出版，挑战了对疯狂的传统定义，批判了将精神医学用作社会对女性的一种控制形式。

Comas-Diaz, L., & Weiner, M. B. (Eds.) *Women psychotherapists: Journeys in healing*. Lanham, MD: The Rowman & Littlefield Publishing Group, 2011. ISBN 978076570787

这本书记录了 11 位有着多样化身份认同的女性的丰富个人叙述，她们讲述了自己成为女性主义心理治疗师和疗愈者的历程。

Mussap, A. J. (2007). The relationship between feminine gender role stress and disordered eating symptomatology in women. *Stress and Health*, 23(5), 343–348.

Worell, J., & Remer, P. (2003). *Feminist perspectives in therapy: Empowering diverse women*. Hoboken, NJ: Wiley.

两位女性主义治疗的开创者向我们展示了女性主义治疗不仅关乎适应，而且关乎赋权。

第 14 章

让转变发生：
为了女性更加美好的未来

纵观历史，女性一直在努力让人们听到她们的声音，认可她们对社会的贡献。150 多年来，女性运动已经为社会变革提供了强大的力量。

第一次女性运动浪潮的女性主义积极行动者包括 20 世纪初为女性赢得选举权的女性参政论者。第二次浪潮的积极行动始于 20 世纪 60 年代，致力于生育权利、工作场所平等、媒体中的性别主义、无性别主义儿童养育、女性融入科学和政治领域以及终结对女性的暴力等议题。今天，第三次浪潮的女性主义者延续着以前的传统，致力于继续处理女性主义第二次浪潮所关注的那些不平等议题，并增加了一些新议题，如对女性的持续客体化、高科技时代的生育权利、对女孩和成年女性的全球范围的性人口贩卖、LGBTQ 群体的权利，等等。

当代女性主义

女性主义者在国籍、族裔、社会阶层和宗教等方面是一个多样化的群体。这

图 14.1　希曼曼达·恩戈齐·阿迪奇。你可以在网上看到她那场传播广泛的 TED 演讲"我们都应该是女性主义者"。

种多样性是一种优势，因为它鼓励人们为众多领域的社会变革作出努力，也鼓励人们使用多种多样的策略。纵观全书，我们已经了解到，蓝领阶层女性所面临的问题与专业领域中产阶层女性有很大的不同。与年轻女性相比，年长女性经历了不同形式的性别主义。做母亲的女性与未做母亲的女性遭遇了不同类型的刻板印象化和不平等。任何在性取向上有别于异性恋规范的人，都可能因此遭遇偏见和歧视。那些被认为身体上有不同之处的人群正在努力为自己所属的多样性争取权利，正如为雌雄间性和跨性别人群争取权利的积极行动所表现的那样。有色人种女性已经在女性主义领导和积极行动中获得了她们应有的地位，来自世界各地的女性也都在谈论各自社会的问题。麦克阿瑟"天才"奖的获得者、出生于尼日利亚的作家希曼曼达·恩戈齐·阿迪奇（Chimamanda Ngozi Adichie）做了一场主题为"我们都应该是女性主义者"的 TED 演讲，获得了超过 320 万次的浏览，也被艺人碧昂丝引用到她的一首歌中（见图 14.1）。

　　"尊重差异"是女性主义哲学和积极行动的基石。女性主义者也有其他共同的价值观和目标。在最基本的层面，女性主义者认同女性的价值。正如 20 世纪 70

年代的保险杠贴纸所宣称的那样，"女性主义是一种认为女性是人的激进观念"[1]。此外，女性主义者认识到，社会变革是必要的，没有人能够独自创造社会正义。女性主义者认为，人们应该共同努力改变社会，使女性可以过上更加安全、满意和有成就感的生活。通过**集体行动**（collective action）或群体团结来促进社会变革的这种信念，将女性主义与仅是个体女性获得成功区分开来。

女性主义日益成为一场全球性的社会运动。一些国际性会议，比如 1995 年召开的具有里程碑意义的北京大会（即北京世界妇女大会）以及 2010 年的北京大会15 周年论坛，将女性聚集在一起，相互了解父权制在每个社会中的具体表现形式，并分享有效的变革策略。国际性积极行动也正在增长，因为人们认识到，"对女性人权的承诺尚未兑现"是 21 世纪最大的问题之一（见专栏 14.1）。

专栏 14.1 ∿ 半边天：将全世界女性遭受的压迫转变为机会

"半边天"是一个动员令，一种对帮助的召唤，对贡献的召唤，也是对志愿者的召唤。它要求我们睁开双眼来关注这个巨大的人道主义问题……我真的认为这是我评论过的最重要的著作之一。

——卡罗琳·西，《华盛顿邮报》

尼古拉斯·克里斯多夫（纪思道）和谢丽尔·伍邓恩（伍洁芳）都是记者，也是普利策奖的获得者，最重要的是，他们是全球女性权利的坚定拥护者。2009年，他们出版了《半边天：将全世界女性遭受的压迫转变为机会》*（*Half the Sky: Turning Oppression into Opportunity for Women Worldwide*）。"半边天"一词来自中国谚语"妇女能顶半边天"。

在书中，纪思道和伍洁芳讲述了某些欠发达国家那些勇敢女性的故事。这些女性遭遇了最恶劣的暴力和压迫，从人口贩卖和强迫卖淫，到生殖器切割和强暴。这本书也引起了人们对孕产女性死亡率问题的关注，每年有许多女性因得不到充分的医疗服务而遭受不必要的死亡。虽然这些故事是传闻，但它们有力地提醒着人们，在受暴力和贫困影响的国家，女性每天都要遭受的各种经历。

---

* 中文版书名为《天空的另一半》——译者注

---

1 使用"激进"以凸显现实的荒谬性，具有讽刺意味——译者注

专栏 14.1 　半边天：将全世界女性遭受的压迫转变为机会（续）

纪思道和伍洁芳对改善女性生活所做的最重要贡献，也许就是他们倡导"局外人"（我们！）参与对女性的教育赋权和经济赋权。一个人只要拿出几美元，就可以资助一个小女孩的教育，或者为一名女性提供小额信贷来创业。这样的小行动可以极大地改善全球女性的生活。

除了通过《半边天》这本书来鼓励积极行动，纪思道和伍洁芳还建立了一个网站，为希望参与积极行动以消除贫困和暴力侵害女性行为的人们提供一个信息中心。该网站提供了 40 多个组织的链接，这些组织关注和处理的问题包括：对女性的暴力、经济赋权、教育、孕产女性死亡、性人口贩卖以及人道主义救济，等等。他们还鼓励人们使用脸谱网和推特等社交媒体来传递信息。

2009 年 9 月，纪思道和伍洁芳向华盛顿特区的政府代表和媒体提到了他们的书，并强调需要将改善全球女性的生活作为最优先事项。纪思道说："关于这个问题，已经到了一个关键的转折点……现在，人们越来越认识到，女性所起的作用不仅是一件好事，也是一个社会安全议题，还是一个经济议题，所有这些都正在一起涌现出来，我认为，是时候真正把这个问题作为我们这个时代的事业来对待了。"

资料来源：Half the Sky Movement. "Nick Kristof and Sheryl WuDunn bring their Half the Sky global women's movement to Washington." *White House Correspondents: Insider.*
Contributed by Annie B. Fox.

形象与态度

与其他争取社会正义的进步运动一样，女性主义也遭到了那些从不平等中获利之人的抵制。每当女性主义观点的影响力提升时，就会出现反冲，即企图把女性，尤其是女性主义者，拉回到原来的位置（Faludi, 1991）。在历史上的不同时期，反冲会以不同的形式出现，但也有一些特征性模式会反复出现。反冲的一种形式是将女性主义者及其观点贴上"疯狂"的标签。如第 13 章所述，直到近年，如果女性想要独立思考或行动，她们仍面临被贴上这一标签的风险。今天，这个标签更可能是"女同性恋者"或"仇男者"。让我们来更详细地看看女性主义遭遇的抵制。

女性主义者的形象与对女性主义者的刻板印象

当第一次女性运动浪潮中的女性主义者开始组织起来争取选举权的时候，政治漫画家用一些今天看来很熟悉的方式描绘她们。图 14.2 的漫画将女性参政论者描绘成了丑陋的、恼火的、抽雪茄的女人，她们把孩子硬塞给男人。露出的小腿代表着她们危险而失控的性。她们被贴上了打扮花哨、言语尖刻的驭男者的标签。

20 世纪 70 年代，这些形象和刻板印象重新浮出水面。第二次女性运动浪潮中的女性主义者在媒体中的形象是负面的：

> 新闻报道和评论专栏作家制造了一种新的刻板印象，即狂热分子，称她们为"不戴胸罩的蠢货""亚马逊女战士""愤怒的人"和"一群狂野的女同性恋者"。结果就是我们都知道女性主义者是什么样子了。她们声音尖锐、过于好斗、憎恨男性、踢男人裆、自私自利、毛发旺盛、言行过激，是处处都能看到性别主义、故意不讨人喜欢且毫无幽默感的女人。她们使男人的睾丸萎缩到豌豆大小。她们厌恶家庭，认为所有孩子都应该被驱逐或淹死。女性主义者不放弃、不饶人、不愿屈服或妥协；美国的离婚率居高不下、体面男人短缺以及勃肯鞋 [2] 不幸泛滥，都是她们一手造成的（Douglas, 1994, p. 7）。

到了 20 世纪 80 年代，媒体开始宣称女性主义已经过时，声称权利平等已经完全实现，社会正处在一个"后女性主义"时代。而且，由于主张女性主义伴随着可怕的代价，女性当时正在放弃女性主义。在 20 世纪 80 年代的那轮反冲中，从不育到社会分崩离析，一切都被归咎于女性主义，并且女性主义时代被宣称早已过去（Faludi, 1991）。

今天，女性主义者的公众形象既有积极的方面，也有消极的方面。在积极方面，女性主义者被看作共同努力去实现目标的女性群体；在消极方面，她们被看作憎恨男性的极端分子。即使人们自己并未持有消极看法，他们也会认为其他人持有消极看法。在一项研究中，研究者首先测量了 171 名女性自身对女性主义的态度，然后又测量了她们认为其他人对女性主义的态度如何。结果显示，女性主义者和非女性主义者都认为其他人对女性主义者持负面看法，并且认为女性主

2　一种厚底、舒适、宽带的休闲鞋，不同于传统女性化的鞋——译者注

图 14.2 第一次女性运动浪潮中的女性主义者所遭遇的反冲。

义者更可能是女同性恋者而相对较低的可能性是异性恋者（Ramsey et al., 2007）。男性的态度同样正负参半。对英国高中男生和成年男性的访谈发现，他们认为女性主义者具有"双重人格"：她们既是合乎情理的、只求平等的女性，也是丑陋的、憎恨男人的女同性恋者，到处"大吵大闹"，只想让男人"跳河"。出乎意料的是，许多男性都兼有这两种相互矛盾的看法（Edley & Wetherell, 2001）。

这些刻板印象中反复出现的一个主题是，女性主义者是仇男者。心理学家克莉丝汀·安德森与合作者决定收集一些关于该论断的实证证据（Anderson et al., 2009）。在一个包含近 500 名大学生的族裔多样化样本中，她们 / 他们发现，女性主义者对男性的敌意显著低于非女性主义者。在对近年研究的一篇综述中，克莉丝汀·安德森仍旧发现："没有任何实证证据支持女性主义者对男性的态度比非女性主义者消极"（Anderson, 2015, p. 66）。

具有媒体影响力的保守派利用了所有负面的刻板印象。在 9·11 悲剧发生两天后，电视福音布道家杰里·福尔韦尔和帕特·罗伯逊一致认为，"异教徒、为他人堕胎者、女性主义者、男同性恋者和女同性恋者"破坏了道德标准，导致上帝停止保护美国，从而造成了这次袭击。在新闻媒体上，保守派评论员试图通过指称"女权纳粹"以及将任何对现状的批评都定性为"对男性的抨击"，以使男性感到恐惧，并阻止女性为平等而做出共同努力。一个最受欢迎的右翼词汇是"好战的女性主义者"，尽管它的含义并不明确。就我个人而言，我从未见过携带攻击性武器的女性主义者，也从没听说过有任何女性主义军队要闯进国会或男性更衣室去示威。女性主义当然不是要"痛击"男性或向男性开战，女性主义致力于从社会结构层面、人际互动层面和个体层面去改变那种使女孩和成年女性处于不利地位的性别制度。

对女性主义的态度

女性主义和女性主义者的社会形象无疑会影响人们的态度。一方面，20 世纪 80 年代和 90 年代的研究显示，女大学生将女性主义者描述为有力量、关怀、有能力、思想开放、有知识和有智慧（Berryman-Fink & Verderber, 1985）。另一方面，被标识为女性主义者会带来某种污名。当研究者让女大学生报告她们自己的信念以及"典型的女性主义者"的信念时，即使那些认同自己是女性主义者的女生也觉得，典型的女性主义者在信念上比她们自己要极端（Liss et al., 2000）。许多女性不愿给自己贴上女性主义者的标签。在一项问卷调查中，78% 的女大学生说自己不是女性主义者，尽管大多数人赞同女性运动的部分或大部分目标（Liss et al., 2001）。甚至女性主义者也报告说，她们并不总是公开承认自己是女性主义者！

尽管存在负面刻板印象，但一些女性确实认同自己是女性主义者，并支持采取集体行动来为女性争取社会变革。心理学家米里亚姆·利斯（Miriam Liss）、明迪·埃尔赫尔（Mindy Erchull）与合作者探讨了女性主义认同及其相关因素。例如，她们 / 他们开展了几项研究，探讨预测女性是否会选择认同自己是女性主义者的因素。接触女性主义思想、对女性主义者普遍持积极看法以及意识到歧视的存在，这些都是重要的预测因素（Liss et al., 2001）。在一项对 282 名女大学生的研究中，她们 / 他们又发现，母亲是女性主义者、修过一门女性研究的课程、自身遭遇过性别主义事件等经历均可预测自由主义信念。而后，这些信念又促使人们认同自己是女性主义者并信奉集体行动（Nelson et al., 2008）。如果一名女性说"我是女性主义者"，那么与其他对性别平等有相似信念但并不自称女性主义者的女性相比，前者更有可能参与为女性争取权益的积极行动（Yoder, et al., 2011）。换言之，女性主义认同与女性主义积极行动有关。

关于不同族裔女性对女性主义的态度，系统研究还非常少，而关于不同族裔男性对女性主义的态度，研究更是几乎没有。非裔、亚裔和拉丁裔美国女性是否会认同自己是女性主义者？这些族裔的男性又如何呢？一项研究招募了一所市区大学的 1 140 名学生，通过问卷调查来探讨这些问题（Robnett & Anderson, 2016）。研究者请学生回答他们对女性主义的定义，以及他们认同或不认同自己是女性主义者的理由。

总体而言，4/5 的参与者从性别平等角度定义女性主义。例如，一名拉丁裔美国男性说，女性主义是"一场要求女性权利与男性平等的运动"。然而，每个族群中都有一些学生赞同刻板印象；一位欧裔美国女性说，女性主义者是"认为男性不如她们以及女性应该统治世界的激进女性"（Robnett & Anderson, 2016, pp. 3, 4）。欧裔美国女性最有可能认同自己为女性主义者，其次是拉丁裔美国女性、非裔美国女性，最后是亚裔美国女性。非裔和亚裔美国女性认同自己为女性主义者的可能性要低得多，这一发现表明女性主义运动需要在与这些族群相关的目标上做更多工作。男性参与者方面，在任一族群中都只有极少数男性认同自己是女性主义者。此外，在不认同自己是女性主义者的男性中，有 24% 的人说这是因为他们是男性。这一结果令人沮丧，因为说男性不能成为女性主义者，就如同说白人不能参加民权运动。持平等观念的男性对女性来说是重要且宝贵的盟友，自女性主义诞生以来就一直如此。

请你批判性地思考美国社会描绘女性主义者和女性主义的方式。与刻板印象不同，女性主义者不是怪物。在一项研究中，650 多名女性填写了一份关于她们的女性主义信念和女性主义认同的在线问卷，那些称自己为女性主义者的女性认识到了性别主义的存在，认为当前的性别制度是不公正的，并且认为女性应该共同努力去改变它（Liss & Erchull, 2010）。此外，称自己为女性主义者的女性支持女性运动的目标，并且往往不会持有保守主义信念（Liss et al., 2001）。她们既不憎恨男性，也不会将男性理想化（Anderson et al., 2009）。

女性主义者比非女性主义者更有可能看穿和拒绝针对女性的不切实际的"理想"观念或标准，比如过分强调极致的苗条、外貌和浪漫关系（Hurt et al., 2007）。在关于女性主义态度和心理幸福感之间关系的一篇研究综述中，克莉丝汀·安德森（Anderson, 2015）发现，在已测量的几乎所有领域，女性主义态度和女性主义认同都对女性有积极作用，包括更令人满意的异性恋关系、更健康的性态度、更高的自我效能感、赋权感，以及更积极的体象。然而，重要的是要记住，关于态度和幸福感的研究是相关关系研究。我们无法得知是女性主义带来了心理幸福感上的积极变化，还是具有这些特征的女性更有可能成为女性主义者，抑或其他因素在起作用。我们只是知道，平均而言，女性主义者比非女性主义者拥有更高的心理幸福感。

就我个人而言，我自豪地称自己为女性主义者，同时我也对媒体对女性主义者和女性主义的扭曲描绘深感不安。试想一个问题：如果一场旨在终结性别主义和对女性的压迫的运动，被描绘成疯狂的、受误导的、完全不必要的，那么这是服务于谁的利益呢？然而，女性主义运动是不可阻挡的。2017 年 1 月 21 日，在世界各地的城市和乡镇，超过 250 万人参加了女性权利游行，抗议唐纳德·特朗普就职美国总统（Przybyla & Schouten, 2017）。在华盛顿特区，粉色猫角帽（pussycat）成为女性反抗父权制控制的一个新标志（见图 14.3）。

女性的权利（women's rights）就是人权。它们是如此重要，以至于女性主义者没有采用不灵活的政党路线，而是一直鼓励辩论和多元视角。在写作本书的过

图 14.3　2017 年 1 月 21 日，唐纳德·特朗普就职典礼后，在美国首都（左图）、美国各地的乡镇和城市（如加利福尼亚州圣克鲁斯）（右图）以及全球各地的城市，数百万人游行支持女性权利。

程中，我尝试呈现多种女性主义视角，目的是鼓励你对这些视角进行批判性思考。

女性主义心理学与社会变革

第二次女性运动浪潮对心理学产生了重要影响。最基本的一个变化是：女性在心理学领域中人数的增加和地位的提升。比数字更重要的是女性主义理论和研究的影响力。

心理学面貌的转变

就在若干年前，那些碰巧是女性的心理学家还不能被地位显赫的大学录用，也很少被当作科学家来认真对待（Rutherford et al., 2012）。少数族裔心理学家也被边缘化（Jenkins et al., 2002）。如今，在获得了心理学硕博学位的人士中，女性占了大多数。女心理学家和少数族裔心理学家领导着成熟的专业组织，出版了许多书籍和期刊，也参与了心理学研究、教学和实务的方方面面。

我最近看到了一个小例子，表明心理学内部的性别规范正在发生转变。在我任职的大学，有定期为学者和研究生举办的"午餐学术讲座"。有一次，主讲人是共同开展研究的一对已婚夫妻（有不同的姓氏）。他们带着两个孩子，4 岁的儿子和 1 个月大的婴儿。那位男士先开始讲述他们的研究，女士带着孩子们在外面玩。这是性别主义的吗？不算是。讲座进行到一半时，她回来了，男士接着带孩子们出去玩，她对这项研究的内容和讨论做了总结。无论对女性还是对男性而言，午餐时间的心理学学术活动成为合作研究、共同育儿和多重角色平衡的一个例子。

然而，进步是参差不齐的。很可能还需要一段时间，这样的场景才会成为常态，人们才会认为其理当如此。心理学领域中的女性仍然很难跻身顶尖行列；平均而言，她们的论文发表量和研究被引用量少于其男性同侪（Eagly & Miller, 2016）。很难确定这在多大程度上是由公然的歧视造成的，又在多大程度上是由本书讨论的更大的社会文化因素造成的，如刻板印象威胁、对有能动性的女性的反冲、家庭内部劳动分工不平等，以及美国工薪家庭缺乏政策支持（如带薪育儿假和政府支持的儿童保育）。

想象一个世界……

　　想象这样一个世界，那里没有针对女孩和成年女性的暴力。想象这样一个世界，丈夫承担一半家务，每个孩子都受到呵护，免遭性虐待，老年女性不会被迫在贫困中结束自己的一生。想象这样一个世界，在每个国家，企业高管、法官、将军以及议会或国会议员有一半是女性。如果所有的怀孕都是自主的选择，所有孩子都是家人所期待的，世界会如何？如果人类产生情感和共情的能力被认为既适合男性又适合女性，世界会如何？如果所有体型和身材尺码都被接受，没有女性觉得自己必须忍饥挨饿才能看起来不错，世界会如何？

　　诚然，这些愿景距离成为现实还非常遥远。不过，对于那些塑造女性生活的父权制权力失衡，没有人预期能够轻而易举将其纠正。女性与性别心理学为迈向一个更加公正的社会作出了巨大贡献。它的贡献始于指出心理学理论和研究中存在的男性中心主义与性别主义。此后，许多新的研究主题和理论得到持续发展。回想一下本书中介绍的数百篇研究论文。这些研究现在已经被整合到几乎每个心理学分支，包括社会心理学、发展心理学、生物心理学、人格心理学和临床心理学。在这个过程中，这些研究正在改变心理学人思考女性与性别的方式，并有助于建立一门更好的、更具包容性的人类行为科学。

　　女性主义心理学家还创立了一些组织，如女性心理学协会和心理学女性协会（AWP），创办了新的研究期刊（几十年来一直蓬勃发展），还发展了心理咨询和治疗的女性主义取向，帮助了很多女性和男性。心理学领域中的女性主义学者、临床工作者和专业组织中的积极行动者，她们 / 他们的工作阐释了以女性主义价值观"做重要而有意义的工作"的原则（Yoder, 2015, p. 427）。

一名学生能做什么

　　永远不要怀疑，一小群有思想、有决心的人能够改变世界。
　　实际上，世界只曾被这些人改变。

——玛格丽特·米德

　　作为一名学生，你可以通过为女性与性别心理学研究作贡献，以及运用你所掌握的女性与性别心理学知识来促成转变。如果有机会自选主题，你可以在心理学、历史学和文学课程中撰写关于女性或性别的学期论文。你可以做关于女性与性别的独立研究或学位论文。当课程阅读材料和授课内容将女性排除在外或轻视女性时，你可以在课堂上提出质疑。这些策略都有助于提升你和他人的意识。

你可以和学校里的女性中心取得联系。如果你的学校没有女性中心或女性研究学位项目，那么请开始质疑。通过选修聚焦女性与性别的课程，并向其他人推荐这些课程，你可以向学校行政部门表明学生们需要这些知识。

你可以加入一个为女性争取平等的组织，比如美国国家女性组织或女性主义多数人基金会。你缴纳的会费将支持为所有女性争取权益的积极行动，你也可以随时了解到性别平等议题的最新情况。另一种保持更新和联系的方式是关注女性主义博客，如 Feministing（女性主义进行中）和 Everyday Feminism（女性主义每一天）。你还可以花时间做志愿者。许多女性主义组织为大学生提供了实习机会，只需查看相应网站即可获取信息。你还可以成为为有需要的女孩或男孩提供指导的大姐姐或大哥哥。你也可以在社区的强暴危机热线或家庭暴力庇护所做一份实习或志愿工作，或者帮助一位需要援助的老年女性或单身母亲。

你的女性与性别心理学知识将助力你的职业生涯规划。如果你计划申请心理学专业（或任何其他领域）的硕士或博士学位项目，那么请认真看一下你所考虑的学位项目中女性教师的人数，以及其中有多少人有终身教职。在学校课程目录中查找有关女性与性别的课程，并了解是否有女性研究和族裔研究的学位项目，以及是否有女性中心。当你造访那所学校时，可以询问一下学校对女性主义学术研究的支持程度。心理学专业的学生（无论女生还是男生）可以加入心理学女性协会或美国心理学协会第 35 分会，成为学生会员，以获取有关各类性别议题的信息和支持。这些组织使学生有机会融入由志同道合者组成的网络。通过这样的组织，你可以与价值观相似的人发展友谊，共同为社会变革作出努力。

如果你即将毕业、正在找工作，请仔细了解目标公司的性别相关政策和家庭敏感度。它们有没有弹性工作时间、在地日托服务、育儿假和同性伴侣福利？医疗保健计划是否包含女性生育需求保障？管理层中女性的比例是多少？女性在公司内部获得晋升的机会如何？该公司具有族裔和种族多样性吗？该公司的性骚扰投诉记录如何？请基于你的女性与性别心理学知识继续发问。

你能做的最重要的事情之一是：继续了解女孩和成年女性所面临的问题。即便你已经读完了这本书，也修完了这门课，仍然请继续挑战你所受教育中的男性中心主义以及你周围世界的性别主义。这将有助于你批判性地思考你在其他教科书、课堂和媒体中读到、听到和接触到的内容，也将有助于你毕业后成为亲密关系中平等的伴侣、有成效的员工和负责任的公民。

对于女性为什么想要充分的人权，为什么应该享有这些权利，心理学研究和理论提供了大量的证据和理由。在本书中，我把各种研究和理论作为资源和礼物，一一呈现了出来。只有接受这份礼物的人，才能使它变得有意义。你会如何运用你的心理学知识让转变发生？

进一步探索

Anderson, Kristin J. (2015). *Modern misogyny: Anti-feminism in a post-feminist era*. New York: Oxford University Press.

保守主义和反女性主义的作者在媒体上声称，男孩和成年男性都是女性主义的受害者，女性主义者是憎恨男性、不幸福、适应不良的女人。针对这些错误信息，克莉丝汀·安德森提供了具有启发性的看法，展现了心理学研究如何驳斥此类反女性主义论调。

Roberts, Tomi-Ann, Curtin, Nicola, Duncan, Lauren E., & Cortina, Lilia M. (eds) (2016). *Feminist Perspectives on Building a Better Psychological Science of Gender*. Switzerland: Springer International.

这部由领衔女性主义学者合作撰写的著作，首先概述了性别研究的最新成果，而后对具体领域进行了反思。最后一部分探讨了在男性与男性气质、体重污名、客体化、健康心理学和情绪等多样化领域的创新。这部著作是对女性主义心理学及其未来道路的极佳指南。

参 考 文 献

Abbasi, S., Chuang, C. H., Dagher, R., Zhu, J., & Kjerulff, K. (2013). Unintended pregnancy and postpartum depression among first-time mothers. *Journal of Women's Health, 22*(5), 412–416.

Abrams, D., Swift, H. J., & Drury, L. (2016). Old and unemployable? How age-based stereotypes affect willingness to hire job candidates. Journal of Social Issues, 72(1), 105–121.

Abramson, L. Y., & Alloy, L. B. (2006). Cognitive vulnerability to depression: Current status and developmental origins. In T. E. Joiner, J. S. Brown, & J. Kistner (Eds.), *The interpersonal, cognitive, and social nature of depression* (pp. 83–100). Mahwah, NJ: Erlbaum.

Abusharaf, R. M. (1998, March/April). Unmasking tradition. *The Sciences,* 22–27.

Adachi, T. (2013). Occupational gender stereotypes: Is the ratio of women to men a powerful determinant? *Psychological Reports, 112*(2), 640–650. doi:10.2466/17.07.PR0.112.2.640–650.

Adams, R. C. (1997). Friendship patterns among older women. In J. M. Coyle (Ed.), *Handbook on women and aging* (pp. 400–417). Westport, CT: Greenwood Press.

Addis, M. E., & Mahalik, J. R. (2003). Men, masculinity, and the contexts of help seeking. *American Psychologist, 58,* 5–14.

Ader, D. N., & Johnson, S. B. (1994). Sample description, reporting and analysis of sex in psychological research: A look at APA and APA division journals in 1990. *American Psychologist, 49,* 216–218.

Affonso, D. D., & Mayberry, L. J. (1989). Common stressors reported by a group of childbearing American women. In P. N. Stern (Ed.), *Pregnancy and parenting* (pp. 41–55). New York: Hemisphere.

Agrawal, A., Jacobson, K. C., Gardner, C. O., Prescott, C. A., & Kendler, K. S. (2004). Population-based twin study of sex differences in depressive symptoms. *Twin Research, 7,* 176–181.

Ahlqvist, S., Halim, M. L., Greulich, F. K., Lurye, L. E., & Ruble, D. (2013). The potential benefits and risks of identifying as a tomboy: A social identity perspective. *Self and Identity, 12*(5), 563–581. doi:10.1080/15298868.2012.717709.

Aizenberg, D., Weizman, A., & Barak, Y. (2002). Attitudes toward sexuality among nursing home residents. *Sexuality and Disability, 20,* 185–189.

Algoe, S. B., Buswell, B. N., & DeLamater, J. D. (2000). Gender and job status as contextual cues for the interpretation of facial expression of emotion. *Sex Roles, 42,* 183–208.

Alindogan-Medina, N. (2006). Women's studies: A struggle for a better life. In M. Crawford & R. Unger (Eds.), *In our own words: Writings from women's lives* (2nd ed., pp. 45–57). Long Grove, IL: Waveland Press.

Allen, B. D., Nunley, J. M., & Seals, A. (2011). The effect of joint-child-custody legislation on the child-support receipt of single mothers. *Journal of Family and Economic Issues, 32*(1), 124–139. doi:10.1007/s10834-010-9193-4.

Allison, R., & Risman, B. J. (2013). A double standard for "hooking up": How far have we come toward gender equality? *Social Science Research, 42*(5), 1191–1206. doi:10.1016/j.ssresearch.2013.04.006.

Alter, J. (2016). The Carters' platinum anniversary. *The New Yorker.*

Alvarez, M. J., & Garcia-Marques, L. (2009). Condom inclusion in cognitive representations of sexual encounters. *Journal of Sex Research, 45,* 358–370.

Amanatullah, E. T., & Tinsley, C. H. (2013). Punishing female negotiators for asserting too much . . . or not enough: Exploring why advocacy moderates backlash against assertive female negotiators. *Organizational Behavior and Human Decision Processes, 120*(1), 110–122. doi:10.1016/j.obhdp.2012.03.006.

Amaro, H., Raj, A., & Reed, E. (2001). Women's sexual health: The need for feminist analyses in public health in the decade of behavior. *Psychology of Women Quarterly, 25,* 324–334.

Amato, P. R., Booth, A., Johnson, D. R., & Rogers, S. J. (2007). *Alone together: How marriage in America is changing.* Cambridge, MA: Harvard University Press.

Amato, P. R., & Previti, D. (2003). People's reasons for divorcing: Gender, social class, the life course, and adjustment. *Journal of Family Issues, 24,* 602–626.

American Association of University Women Educational Foundation. (2001). *Hostile hallways: Bullying, teasing and sexual harassment in school.* Washington, DC: Author.

如需完整参考文献，请关注微信公号 "新曲线心理"，后台回复 "转变"；或联系 nccpsy@163.com。